Schwartmann/Pabst
Bauvorhaben auf Altlasten

Bauvorhaben auf Altlasten

Bodenschutz – Investitionen – Risikominimierung

von

Dr. Rolf Schwartmann
Wissenschaftlicher Assistent,
Johannes Gutenberg-Universität Mainz,
zuvor Fachanwalt für Verwaltungsrecht

und

Dr. Heinz-Joachim Pabst
Wissenschaftlicher Assistent,
Universität zu Köln

Verlag C. H. Beck München 2001

Die Deutsche Bibliothek – CIP-Einheitsaufnahme

Schwartmann, Rolf:
Bauvorhaben auf Altlasten : Bodenschutz - Investitionen -
Risikominimierung / von Rolf Schwartmann und
Heinz-Joachim Pabst. - München : Beck, 2001
(C. H. Beck Baurecht)
  ISBN 3-406-48306-2

ISBN 3-406 48306 2

© 2001 Verlag C. H. Beck oHG
Wilhelmstraße 9, 80801 München

Druck: Druckerei C. H. Beck, Nördlingen
(Adresse wie Verlag)

Satz: Fotosatz H. Buck
Zweikirchener Straße 7, 84036 Kumhausen

Gedruckt auf säurefreiem, alterungsbeständigem Papier
(hergestellt aus chlorfrei gebleichtem Zellstoff)

Vorwort

Seit 1999 gilt das neue Bodenschutzrecht des Bundes. Es gibt die rechtlichen Rahmenbedingungen für die Behandlung der mehr als 300.000 in Deutschland registrierten Altlasten bzw. altlastenverdächtigen Flächen vor und hat aufgrund dessen in kurzer Zeit eine besondere Bedeutung für die Bau- und Immobilienwirtschaft erlangt. Die Kenntnis des neuen Rechts ist nicht nur für im Bau- und Immobilienrecht tätige Rechtsanwälte und Juristen oder für Behörden von Belang. Jede Berufsgruppe in der Bau- und Immobilienbranche muss, wenn sie mit derartigen Brachflächen umgeht, die rechtlichen Vorgaben beachten und einhalten. Dies gilt gleichermaßen für Architekten, Bauunternehmer, Bodengutachter, Ingenieure und Investoren.

Die Praxis ist damit vor eine schwierige Aufgabe gestellt. Das Bodenschutzrecht ist komplex, es bewegt sich im Schnittbereich von Polizei- und Ordnungsrecht, Umweltrecht und eigentumsbezogenem Verfassungsrecht. Der Gesetzgeber hat darüber hinaus mit einem Federstrich die herkömmliche Störerdogmatik des Polizei- und Ordnungsrechts durchbrochen und zugleich handels- und gesellschaftsrechtliche sowie erbrechtliche Rechtsgrundsätze in das öffentliche Recht hineingetragen. Welche Auswirkungen dieser rechtsdogmatische Kraftakt für die Beteiligten hat, ist nicht vorhersehbar; die Diskussion um diese Fragen entwickelt sich und steht noch am Anfang.

Die Rechtsprechung hat bereits begonnen, überschießende Auslegungsansätze der zuständigen Behörden zu korrigieren. Die Länder müssen das Bodenschutzrecht umsetzen und im Rahmen ihrer Kompetenz ergänzen. Die ersten vorgelegten landesrechtlichen Regelungen verschärfen die Pflichten für die Rechtsbetroffenen. Auch diese Vorschriften werden zunehmend auf den gerichtlichen Prüfstand gehoben.

Das Buch soll einen Beitrag zu einem möglichst leichten Umgang mit dem vielschichtigen Bodenschutzrecht leisten. Sein Konzept ist der Beratungssituation in der Praxis angeglichen. Die Materie wird über typischerweise auftretende Fragen erschlossen. Die Betrachtung orientiert sich zudem am Ablauf von Investitionsvorhaben, gegliedert nach dem Verhalten vor, während und nach dem Kauf eines Altlastengrundstücks. Dieser Aufbau aus dem Blickwinkel des Rechtsanwenders erleichtert den Zugang für denjenigen, der bislang noch keinerlei Einblick in das Bodenschutzrecht hat. Für die juristische Sachbearbeitung ist zudem eine tiefe und rechtlich fundierte Durchdringung des Arbeitsgebietes unumgänglich. Diese beiden Anforderungen in Übereinstimmung zu bringen, ist wesentliches Anliegen des vorliegenden Bandes.

Vorwort

Rechtsprechung und Literatur befinden sich auf dem Stand von Juni 2001. Zu Anregungen und Kritik laden wir herzlich ein (schwartm@mail.jura.uni-mainz.de und achim.pabst@uni-koeln.de).

Mainz und Köln, im Oktober 2001   Rolf Schwartmann
                                                                       Heinz-Joachim Pabst

Inhaltsübersicht

	Seite
A Probleme bei Planung und Errichtung von Bauvorhaben auf Industiebrachen	1
I. „Altlastenhysterie"	2
II. Komplexe und schwierige Rechtslage	3
III. Großes finanzielles Risiko auf allen Seiten	3
IV. Sonstige nicht auszuschließende Risiken	3
V. Sachverstand aus verschiedenen Bereichen erforderlich	4
VI. Verschiedene Zuständigkeiten und Interessenlagen innerhalb der Behörde	4
VII. Oftmals gegenläufige Interessen bei Käufer und Verkäufer	5
VIII. Oftmals Verhinderungswille bei Nachbarn	6
IX. Die Benutzung dieses Buches	6
B Quellen und Grundlagen des Bodenschutzrechts	9
I. Bodenschutzrecht des Bundes	9
II. Bodenschutz nach sonstigem Bundesrecht	12
III. Bodenschutzrecht der Länder	19
C Das Bodenschutzrecht in der Bau- und Immobilienwirtschaft	31
I. Die Bedeutung des Bodenschutzrechts für die Erhaltung und Wiederherstellung des Bodens als Grundlage für gefahrloses Wohnen und Arbeiten	31
II. Die Bedeutung des Bodenschutzrechts für die Bauförderung und Investitionserleichterung	31
III. Die Bedeutung des Bodenschutzrechts für die Bauausführung	32
IV. Die Bedeutung des Bodenschutzrechts für die Verfahrensbeschleunigung und Konfliktvermeidung beim Brachflächenrecycling	33
D Praxisrelevante Fragen des Bodenschutzrechts bei Bauvorhaben	35
I. Wann greift das neue Bodenschutzrecht?	35
II. Wie wird der Bodenschutz beim Bauen verwirklicht?	40
III. Welche Pflichten normiert das BBodSchG und wer ist sanierungspflichtig?	42

Inhaltsübersicht

    IV. Wie wird der Bodenschutz auf Bundesebene um- und durchgesetzt? 60
    V. Wie wird das BBodSchG auf Landesebene um- und durchgesetzt? 75
    VI. Wer trägt die Kosten der Sanierung? 75
    VII. Wie wird der Ausgleich zwischen mehreren potentiell Sanierungspflichtigen herbeigeführt? 80
    VIII. Wie wird ein Wertausgleich für die öffentliche Hand hergestellt, wenn die Sanierung aus öffentlichen Mitteln bezahlt wird? ... 95
    IX. Welche straf- und ordnungsrechtlichen Konsequenzen können Verstöße gegen bodenschutzrechtliche Pflichten und Bodenverunreinigungen haben? 99

E Problembewältigung bei Bauvorhaben auf Industriebrachen . 107
    I. Das Verhalten vor dem Erwerb des Standorts 107
    II. Die vertragliche Absicherung bei Erwerb des Standorts 125
    III. Das Verhalten nach Erwerb des Standorts 140
    IV. Sanierungsuntersuchungen, Sanierungsplan, Sanierungsvertrag, §§ 13 f. BBodSchG 156
    V. Exkurs: Versicherbarkeit von Altlastenrisiken und öffentliche Förderung von Sanierungsvorhaben 185

F Ausgestaltung und Muster eines Sanierungsvertrages 193
    I. Allgemeine Ausgestaltung 193
    II. Vertragsmuster 199

G Anhang-Texte 211
    I. Bundes-Bodenschutzgesetz (BBodSchG) 213
    II. Bundes-Bodenschutz- und Altlastenverordnung (BBodSchV) mit Anlagen 231
    III. Bekanntmachung über Methoden und Maßstäbe für die Ableitung der Prüf- und Maßnahmenwerte nach der Bundes-Bodenschutz- und Altlastenverordnung (BBodSchV) 283
    IV. Verordnung über die Eintragung des Bodenschutzlastvermerks . 345
    V. Musterentwurf der Länderarbeitsgemeinschaft Boden (LABO) . 347
    VI. Allgemeine Bedingungen für die Versicherung von Kosten für die Dekontamination von Erdreich (ABKDE 98) 357

Sachverzeichnis 373

Inhaltsverzeichnis

	Rdn.	Seite
Vorwort		V
Inhaltsübersicht		VII
Literaturverzeichnis		XXIII
A. Probleme bei Planung und Errichtung von Bauvorhaben auf Industriebrachen		1
I. „Altlastenhysterie"	4	2
II. Komplexe und schwierige Rechtslage	5	3
III. Großes finanzielles Risiko auf allen Seiten	6	3
IV. Sonstige nicht auszuschließende Risiken	8	3
V. Sachverstand aus verschiedenen Bereichen erforderlich	9	4
VI. Verschiedene Zuständigkeiten und Interessenlagen innerhalb der Behörde	11	4
VII. Oftmals gegenläufige Interessen bei Käufer und Verkäufer	13	5
VIII. Oftmals Verhinderungswille bei Nachbarn	14	6
IX. Die Benutzung dieses Buches	15	6
B. Quellen und Grundlagen des Bodenschutzrechts	17	9
I. Bodenschutzrecht des Bundes	18	9
II. Bodenschutz nach sonstigem Bundesrecht	23	12
1. Anwendungsbereich des BBodSchG	24	12
2. Sonstige Bodenschutzrecht des Bundes im Überblick . .	29	14
a) Bodenschützende Normen in grundsätzlich vorrangigem Fachrecht	30	14
b) Bodenschützende Normen in grundsätzlich gleichrangigem Fachrecht	40	17
III. Bodenschutzrecht der Länder	47	19
1. Das Verhältnis zwischen dem Bodenschutzrecht des Bundes und der Länder	48	19
a) Allgemeines	49	19
aa) Abschließend geregelte Bereiche	50	20
(1) Sanierungsverpflichtete	51	20

Inhaltsverzeichnis

	Rdn.	Seite
(a) Abschließende Aufzählung der Sanierungspflichtigen nach der Rechtsprechung des Bundesverwaltungsgerichts	52	20
(b) Abschließende Aufzählung der Sanierungspflichtigen nach dem Willen des Gesetzgebers	54	21
(2) Abschließende Regelung von Sanierungswerten	55	22
(a) Rechtssicherheit durch Maßnahmen-, Prüf- und Vorsorgewerte	56	22
(b) Vorgabe zur Lückenfüllung	57	23
(c) Anwendbarkeit der „Listen" nach Schaffung des BBodSchG	58	23
(aa) Anwendbarkeit der Listen nach OVG Lüneburg	59	24
(bb) Verstoß gegen die Vorgabe des Bodenschutzrechts	60	24
b) Verbliebene Zuständigkeiten für die Länder	61	25
2. Beispiele landesgesetzlicher Regelungen	63	25
a) Musterentwurf eines Landesbodenschutzgesetzes ...	64	26
b) Einzelheiten landesrechtlicher Ausgestaltungen	65	26
aa) Die Regelung in Bayern	67	26
bb) Die Regelung in Niedersachsen	68	27
cc) Die Regelung in Nordrhein-Westfalen	69	27
dd) Die Regelung im Saarland	73	28
ee) Die Regelung in Baden-Württemberg	75	29
ff) Die Regelung in Hessen	76	29

C. Das Bodenschutzrecht in der Bau- und Immobilienwirtschaft .... 77 — 31

I. Die Bedeutung des Bodenschutzrechts für die Einhaltung und Wiederherstellung des Bodens als Grundlage für gefahrloses Wohnen und Arbeiten	79	31
II. Die Bedeutung des Bodenschutzrechts für die Bauförderung- und Investitionserleichterung	80	31
III. Die Bedeutung des Bodenschutzrechts für die Bauausführung	81	32
IV. Die Bedeutung des Bodenschutzrechts für die Verfahrensbeschleunigung und Konfliktvermeidung beim Brachflächenrecycling	82	33

Inhaltsverzeichnis

	Rdn.	Seite
D. Praxisrelevante Fragen des Bodenschutzrechts bei Bauvorhaben	84	35
I. Wann greift das neue Bodenschutzrecht?	87	35
1. Boden im Sinne des BBodSchG	88	36
a) Natürliche Bodenfunktionen	90	36
b) Archivfunktion	91	36
c) Ökonomische Funktionen	92	37
2. Schädliche Bodenveränderungen	93	37
a) Beeinträchtigung von Bodenfunktionen	94	37
b) Relevanz der Beeinträchtigung	95	38
aa) Gefahr	96	38
bb) Nachteil und Belästigung	97	38
3. Altlasten, altlastverdächtige Flächen und Verdachtsflächen im Sinne des BBodSchG	98	39
a) Altlasten sind Altablagerungen und Altstandorte	99	39
b) Altlastenverdächtige Flächen und Verdachtsflächen	101	39
II. Wie wird der Bodenschutz beim Bauen verwirklicht?	102	40
1. Stufenverhältnis zwischen Sanierungs- und Schutz- und Beschränkungsmaßnahmen	103	40
2. Grundsätzliche Gleichrangigkeit im Verhältnis der Sanierungsmaßnahmen untereinander	104	41
3. Vorrang von Dekontaminierungsmaßnahmen bei neuen Altlasten („Neulasten")	105	41
4. Besondere Vorgaben für das Auf- und Einbringen von Baumaterial auf oder in den Boden	106	42
III. Welche Pflichten normiert das BBodSchG und wer ist sanierungspflichtig?	108	42
1. Pflichten auf Grund behördlicher Anordnung und Pflichtige nach BBodSchG	109	43
a) Die Pflichten nach dem BBodSchG	110	43
b) Die Verantwortlichen nach § 4 BBodSchG	114	43
aa) Verhaltensverantwortlichkeit	120	45
(1) Verschuldensunabhängigkeit und Legalisierungswirkung	121	45
(2) Mehrere Verursacher	122	46
(3) Nachfolge in die abstrakte Verhaltensverantwortung	123	46
(a) Rechtsnachfolge in abstrakte Verhaltensverantwortlichkeit	126	48
(b) Zeitlicher Anwendungsbereich von § 4 Abs. 3 S. 1 BBodSchG	127	48

Inhaltsverzeichnis

	Rdn.	Seite
(c) Beschränkung der Erbenhaftung nach BBodSchG	128	48
bb) Zustandverantwortung des Eigentümers und Besitzers	129	49
(1) Verschuldensunabhängigkeit	131	49
(2) Haftungsgrenzen	131	50
(3) Weitere Haftungstatbestände und Haftungserweiterungen	136	51
(a) Dereliktion und sittenwidrige Übertragungen	137	51
(b) Einstandspflicht aus handels- oder gesellschaftsrechtlichem Rechtsgrund	138	51
(aa) Einstandpflicht nach Gesellschaftsrecht	140	52
(bb) Einstandspflicht nach Handelsrecht	145	53
(c) Nachhaftung des früheren Eigentümers	147	53
(aa) Keine Nachhaftung für Fälle vor dem 1.3.1999	148	53
(bb) Keine Haftung bei Gutgläubigkeit des früheren Eigentümers	150	54
2. Keine Heranziehung von Nichtstörern	151	55
3. Spezielle Pflicht zur Entsiegelung nach § 5 BBodSchG	155	56
a) Adressaten der Entsiegelungspflicht	157	56
b) Versiegelte Flächen	159	57
c) Weitere Voraussetzungen	160	57
d) Einzelfallanordnungen als Übergangsrecht	162	58
4. Spezielle Pflicht zum Nachweis der erfolgten Dekontamination	163	58
5. Grundsätze der Störerauswahl	164	58
IV. Wie wird der Bodenschutz auf Bundesebene um- und durchgesetzt?	169	60
1. Die behördliche Gefährdungsabschätzung nach § 9 BBodSchG	170	60
a) Verdichtung von Verdachtsmomenten nach § 9 Abs. 1 BBodSchG	172	61
aa) Was sind Anhaltspunkte und wann liegen sie vor?	173	62
bb) Was sind „konkrete Anhaltspunkte" und wann liegen sie aufgrund eines „hinreichenden Verdachts" vor?	176	63
(1) Keine Gefahr bei Unterschreitung von Prüfwerten nach orientierender Untersuchung durch die Behörde	178	63

Inhaltsverzeichnis

	Rdn.	Seite
(2) Detailuntersuchung des Sanierungspflichtigen bei Überschreitung von Maßnahmenwerten	179	63
cc) Wo sind Prüf-, Maßnahmen- und Vorsorgewerte festgelegt und wie werden sie angewandt?	180	64
(1) Die besondere praktische Bedeutung der Prüf- und Maßnahmenwerte zur Vereinheitlichung der Anforderungen im Altlastenrecht	183	64
(2) Unterschiedliche Anforderungen an unterschiedliche Nutzungen	185	65
(3) Welche Nutzung ist bei Überschneidungen maßgeblich?	187	66
(a) Beispiel 1: „Wilder Kinderspielplatz" auf dem abgrenzbaren Teil einer Gewerbefläche	188	66
(b) Beispiel 2: Ganze Gewerbefläche als „wilder Kinderspielplatz"	189	66
dd) Der Umfang der behördlichen Gefährdungsabschätzung im Rahmen von § 9 Abs. 1 BBodSchG	190	67
ee) Gesetzliche Anforderungen an die Darlegung der Überschreitung von Prüfwerten	193	68
ff) Die Bedeutung des Begriffes „soll" in § 9 Abs. 1 S. 1 BBodSchG	196	69
b) Anordnung notwendiger Untersuchungsmaßnahmen zur Gefährdungsabschätzung nach § 9 Abs. 2 BBodSchG	197	71
2. Übersicht über sonstige behördliche Anordnungen und Möglichkeiten zur Erfüllung und Durchsetzung bodenschutzrechtlicher Pflichten	198	71
a) Die zentrale Ermächtigungsnorm des § 10 Abs. 1 S. 1 BBodSchG zur Durchsetzung der bodenschutzrechtlichen Pflichten	200	72
b) Ermächtigung zum Erlass von Verfügungen zur Umsetzung der Pflichten zur Ermittlung und Bewertung von Gefahren nach §§ 13–15 BBodSchG	202	73
aa) Sanierungsuntersuchung und Sanierungsplan	203	73
bb) Sanierungsvertrag	204	73
cc) Überwachungsmaßnahmen	205	74
c) Ergänzende Anordnungsbefugnisse nach § 16 Abs. 1 BBodSchG	206	74
V. Wie wird das BBodSchG auf Landesebene um- und durchgesetzt?	207	75
VI. Wer trägt die Kosten der Sanierung?	209	75
1. Die Kostentragung nach § 24 Abs. 1 BBodSchG	211	75
a) Kosten der Gefahrabschätzung	214	76

Inhaltsverzeichnis

	Rdn.	Seite
aa) Kosten der Amtsermittlung nach § 9 Abs. 1 BBodSchG	215	76
bb) Kostentragung bei Bestehen eines hinreichenden und konkreten Verdachts	216	77
(1) Bestätigung des hinreichenden und konkreten Verdachts	218	77
(2) Nichtbestätigung des Verdachts oder Fall des § 10 Abs. 2 BBodSchG	219	77
b) Kostentragung für Sanierungsmaßnahmen	226	79
VII. Wie wird der Ausgleich zwischen mehreren potentiell Sanierungspflichtigen herbeigeführt?	228	80
1. Ausgleichsberechtigte und -verpflichtete	230	80
a) Nur Verhaltensstörer	231	81
b) Inanspruchnahme von Zustandsstörern untereinander	233	81
2. Ausgestaltung des Ausgleichsanspruchs	235	82
a) Verursachungsbeitrag als Anknüpfungspunkt	236	82
b) Prüfungsumfang des Zivilgerichts	237	82
aa) Streitpunkte bei der Geltendmachung des Ausgleichsanspruchs	238	82
bb) Noch fehlende behördliche Inanspruchnahme oder bestandkräftige Sanierungsverfügung	240	83
c) Durchsetzung des Ausgleichsanspruchs	242	83
aa) Probleme bei der Beweisführung	247	85
(1) Beweiserleichterungen	248	85
(a) Anwendung des Rechtsgedankens der Beweisregel nach Umwelthaftungsgesetz	249	86
(b) Beweiserleichterungen in der zivilgerichtlichen Rechtsprechung zur Haftung für Umweltschäden	252	87
(c) Regelung der Beweislastverteilung im Kauf- und Sanierungsvertrag	253	88
(2) Geltendmachung des Ausgleichsbetrages im Wege der zivilgerichtlichen Klage	254	88
(a) Grundsätzlich Leistungsklage	255	89
(b) Gegebenenfalls Feststellungsklage	256	89
(c) Problem der mangelnden Bestimmheit	257	90
(d) Spezialproblem der Konkurrenz von § 24 Abs. 2 BBodSchG zu § 558 BGB (ab 1.9.2001 § 548 BGB)	259	91
(3) Verfahrensrechtliche Einbindung potentieller Mitverantwortlicher	261	92
(a) Im Verwaltungsverfahren	262	92
(b) Im verwaltungsgerichtlichen Verfahren	263	92

Inhaltsverzeichnis

	Rdn.	Seite
(c) Im Zivilprozeß	263	93
d) Verjährung	265	93
aa) Grundsätzlich kurze Verjährung	266	94
(1) Eigenvornahme von Sanierungsmaßnahmen durch die Behörde	267	94
(2) Ausführung der Maßnahme durch den Pflichtigen	268	94
(3) Anforderungen an den Verjährungsbeginn	269	94
bb) Ausnahmsweise lange Verjährung	271	95
VIII. Wie wird ein Wertausgleich für die öffentliche Hand hergestellt, wenn die Sanierung aus öffentlichen Mitteln bezahlt wird?	272	95
1. Voraussetzungen des Wertausgleichsanspruchs	273	95
a) Einsatz öffentlicher Mittel	273	95
b) ... zur Sanierung	276	96
c) Wertzuwachs	277	96
d) Keine oder nicht vollständige Kostentragung durch den Eigentümer	280	97
2. Rechtsfolge	282	98
a) Abschöpfen des Wertzuwachses	283	98
b) Ausnahmen und Konkurrenzen	284	98
c) Fälligkeit	286	98
d) Absehen von der Erhebung	287	98
IX. Welche straf- und ordnungsrechtlichen Konsequenzen können Verstöße gegen bodenschutzrechtliche Pflichten und Bodenverunreinigungen haben?	288	99
1. Straftatbestände bei Bodenverunreinigungen im Zusammenhang mit der Durchführung von Bauarbeiten	290	99
a) Bodenverunreinigung	291	100
b) Gewässerverunreinigung	292	100
c) Unerlaubter Umgang mit gefährlichen Abfällen	293	101
d) Arten der Begehung von Umweltdelikten	295	101
aa) Strafbarkeit durch fahrlässiges Handeln	296	101
bb) Strafbares Unterlassen	297	102
(1) Bloßes Nichtstun ist nur unter engen Voraussetzungen strafbar	299	103
(2) Handlungspflicht bei Verschlimmerung des Zustands infolge des Nichtstuns	301	104
e) Keine Legalisierung durch alte Genehmigungen oder behördliche Duldungen	302	104
aa) Behördliche Genehmigungen	303	104
bb) Behördliche Duldungen	304	105

Inhaltsverzeichnis

	Rdn.	Seite
2. Ordnungswidrigkeiten nach dem Bodenschutzrecht des Bundes und der Länder	306	105

E. Problembewältigung bei Bauvorhaben auf Industriebrachen ... 307 ... 107

    I. Das Verhalten vor dem Erwerb des Standorts ... 309 ... 107
        1. Nutzungszweck festlegen und politischen Willen für diese Nutzung ermitteln ... 310 ... 108
        2. Allgemeine Prüfung bei unverdächtiger Fläche ... 311 ... 108
            a) Lässt sich dieser Nutzungszweck unter Berücksichtigung der örtlichen bauplanungsrechtlichen Vorgaben und aus naturschutzrechtlicher Sicht realisieren? ... 312 ... 108
                aa) Grobplanung im Flächennutzungsplan ... 313 ... 109
                bb) Detailplanung für den „beplanten Innenbereich" im Bebauungsplan i.V.m. BauNVO ... 314 ... 110
                    (1) Festsetzungen im Bebauungsplan ... 315 ... 110
                    (2) Ergänzung des Bebauungsplans durch die BauNVO ... 316 ... 110
                cc) Ist ein Vorhaben- und Erschließungsplan sinnvoll? ... 318 ... 111
                dd) Vorhaben im unbeplanten Innenbereich ... 319 ... 112
                ee) Vorhaben im Außenbereich ... 320 ... 112
                ff) Naturschutz ... 321 ... 112
                gg) Sicherung der Erschließung ... 322 ... 113
            b) Stehen dem Nutzungszweck bauordnungsrechtliche Vorgaben entgegen? ... 323 ... 114
            c) Besteht ein Baugrundrisiko? ... 324 ... 114
            d) Ist das Vorhaben in der Kommune politisch erwünscht und wie ist die Entwicklungstendenz? ... 325 ... 114
            e) Ist berechtigter Protest von Nachbarn zu erwarten? ... 326 ... 115
        3. Zusatzprüfungen bei Vermutung oder Bestehen von schädlichen Bodenveränderungen oder Altlasten ... 327 ... 115
            a) Ersterkundung bei Erwerb einer Altlast oder einer Verdachtsfläche oder altlastenverdächtigen Fläche ... 328 ... 116
                aa) Bisherige Nutzung erkunden ... 330 ... 117
                bb) Heranziehung von Behördenakten ... 332 ... 117
                cc) Information nach Umweltinformationsgesetz ... 335 ... 118
                dd) Heranziehung sonstiger Unterlagen ... 336 ... 119
            b) Tiefergehende Erkundung bei Erwerb eines produzierenden oder noch nicht niedergelegten Unternehmens ... 337 ... 119

Inhaltsverzeichnis

	Rdn.	Seite
aa) Betriebsstätte/Produktion/Genehmigungen und Auflagen	338	120
bb) Behandlung von umweltrelevanten Problemen seitens des Altbetreibers	339	121
(1) Altlastenbehandlung	340	121
(2) Abfallbehandlung	341	121
(3) Einhaltung wasserrechtlicher Anforderungen	342	122
(4) Einhaltung immissionsschutzrechtlicher Anforderungen	343	122
(5) Überprüfung sachgemäßer Lagerung von Problemstoffen	344	122
cc) Betriebsorganisation und Dokumentation seitens des Altbetreibers	345	122
(1) Überprüfung der Betriebsorganisation	346	123
(2) Überprüfung der Dokumentation unternehmensinterner Vorgänge	347	123
dd) Informationsquellen zur tiefergehenden Erkundung	349	123
c) Abwägung der Investitionsentscheidung auf vermuteten Problemflächen	350	124
II. Die vertragliche Absicherung bei Erwerb des Standorts	351	125
1. Erwerb aus privater Hand	353	126
a) Vorüberlegungen	354	127
b) Die Bedeutung einer sorgfältigen Klärung von Begriffen	355	127
c) Übersicht über wichtige Regelungsinhalte des Kaufvertrages	357	128
d) Worauf sollte der Käufer als neuer Eigentümer achten?	358	129
aa) Ausprägungen des Altlastenbegriffs	359	129
(1) Schädliche Bodenveränderungen und Altlasten	360	129
(2) Altlastenverdacht	361	130
(3) Boden und Grundwasser	362	131
bb) Zusicherungen	363	131
(1) Gegenstand der Zusicherung	364	132
(2) Reichweite der Zusicherung	365	132
(3) Nichtbestehen einer Bodenschutzlast als spezieller Zusicherungsgegenstand	366	133
cc) Beweislast	367	133
dd) Verlängerung der Verjährungsfrist	368	133
ee) Absicherung einer Freistellungsverpflichtung	369	134

Inhaltsverzeichnis

	Rdn.	Seite
e) Worauf sollte der Verkäufer als früherer Eigentümer achten?	370	134
aa) Gewährleistungsausschluss	371	134
bb) Ausschluss des Ausgleichsanspruchs nach § 24 Abs. 2 S. 1 BBodSchG	375	136
cc) Vertragliche Klarstellung der Offenbarung von Mängeln	376	137
2. Erwerb aus öffentlicher Hand	377	137
a) Großzügigerer Haftungsmaßstab zugunsten der öffentlichen Hand	378	137
b) Zusicherung als Absicherungsmöglichkeit	379	138
3. Exkurs: Haftung der Gemeinde wegen der Überplanung von Altlasten	381	139
III. Das Verhalten nach Erwerb des Standorts	382	140
1. Verfahrensrechtliche Vorgaben und Fehlerquellen behördlicher Entscheidungen auf dem Weg zur eigentlichen Sanierungsentscheidung	384	142
a) Pflicht der Behörde zur Sachverhaltsaufklärung (§ 24, 26 Abs. 1 VwVfG) und Mitwirkungspflicht des Adressaten (§ 26 Abs. 2 VwVfG)	386	143
b) Pflicht der Behörde zu Beratung und Auskunft (§ 25 VwVfG)	389	145
c) Anhörung (§ 28 VwVfG)	390	145
d) Akteneinsichtsrecht (§ 29 VwVfG und Umweltinformationsgesetz)	392	147
aa) Akteneinsichtsrecht für Verfahrensbeteiligte	393	147
bb) Der verfahrensunabhängige Umweltinformationsanspruch für Jedermann nach UIG	394	148
e) Bestimmtheit der Ordnungsverfügung (§ 37 VwVfG)	396	149
aa) Sanierungsanordnungen in komplexen Fällen	397	150
bb) Anforderungen an das Bestimmtheitserfordernis in weniger komplexen Fällen	398	151
f) Wahrung des Verhältnismäßigkeitsgrundsatzes	401	152
aa) Eignung einer Sanierung des Grundwassers	404	153
bb) Erforderlichkeit der Maßnahme	405	154
cc) Zweck-Mittel-Relation	406	154
g) Sofortvollzug	408	155
h) Rechtsbehelfsbelehrung	410	156
IV. Sanierungsuntersuchungen, Sanierungsplan, Sanierungsvertrag, §§ 13 f. BBodSchG	411	156
1. Sanierungsuntersuchungen und Sanierungsplan	412	157
a) Voraussetzungen für die Anordnung von Sanierungsuntersuchungen und Sanierungsplan	414	157

	Rdn.	Seite
aa) Überschreiten der Verdachtsschwelle	414	157
bb) Hinreichend qualifizierte Altlast	415	157
(1) Qualifikation aufgrund Gefährlichkeit der Altlast	417	158
(2) Qualifikation aufgrund Komplexität	421	158
(3) Qualifikation aufgrund der Notwendigkeit abgestimmten Verhaltens	422	159
(4) Fehlende Qualifikation der Altlast	423	159
b) Rechtsfolge: Regelmäßig Aufgabe von Sanierungsuntersuchungen und eines Sanierungsplans	424	159
aa) Pflichtige	426	160
bb) Sanierungsuntersuchungen	427	160
(1) Prüfprogramm	428	160
(2) Abgrenzung zur Gefährdungsabschätzung	431	161
(3) Einschaltung Dritter	432	162
(a) Anordnung einer Sanierung durch Sachverständige	433	162
(b) Mitsprachemöglichkeit des Pflichtigen	434	163
cc) Sanierungsplan	436	164
(1) Funktion	437	164
(2) Inhalt	438	164
(3) Information Dritter	442	165
(4) Exkurs: Sanierungsplanung durch die Behörde, § 14 BBodSchG	444	166
(a) Wann darf die Behörde die Sanierungsplanung an sich ziehen?	445	166
(aa) Der Pflichtige hat den Plan nicht, nicht rechtzeitig, oder unzureichend erstellt (§ 14 Abs. 1 Nr. 1 BBodSchG)	446	166
(bb) Ein Pflichtiger kann nicht oder nicht rechtzeitig herangezogen werden (§ 14 Abs. 1 Nr. 2 BBodSchG)	450	168
(cc) Notwendigkeit koordinierten Vorgehens wegen Ausdehnung der Altlast oder Vielzahl der Pflichtigen (§ 14 Abs. 1 Nr. 3 BBodSchG)	453	168
(b) Mögliche Rechtsfolgen behördlicher Planung	455	169
(c) Vergabe von Sanierungsleistungen durch Behörden	460	169
(5) Verbindlicherklärung	461	170
(a) Rechtsnatur der Verbindlicherklärung	462	170
(b) Rechtswirkungen der Verbindlicherklärung	465	171

Inhaltsverzeichnis

	Rdn.	Seite
(aa) Grundlage der weiteren Sanierung ...	466	171
(bb) Verbleibende Notwendigkeit einer Sanierungsverfügung	467	171
(cc) Umfang der Konzentrationswirkung ..	470	172
(dd) Ist eine Verbindlicherklärung erstrebenswert?	473	173
2. Sanierungsvertrag	474	173
a) Die Bedeutung des öffentlich-rechtlichen Vertrages im Umweltrecht	475	173
b) Sanierungsvertrag im weiteren und im engeren Sinne	476	174
c) Die Ausgestaltung des Sanierungsvertrages anhand des Verwaltungsverfahrensgesetzes	480	175
aa) Formerfordernisse	481	175
bb) Vertragsformen nach dem VwVfG	482	175
(1) Der Sanierungsvertrag als Vergleichsvertrag ...	484	176
(a) Unsicherheiten im Tatsächlichen	486	176
(b) Unsicherheiten im Rechtlichen	488	177
(c) Überschneidungen von Unsicherheiten ...	489	177
(d) Wann ist ein Vergleichsvertrag sinnvoll? ...	491	178
(2) Der Sanierungsvertrag als Austauschvertrag ..	492	178
cc) Einbeziehung Dritter in den Vertrag	496	179
(1) Einbeziehung Dritter bei Verträge im engeren Sinne	497	179
(2) Einbeziehung Dritter beim Vertrag im weiteren Sinne	499	180
(3) Zustimmung Dritter	500	181
dd) Nichtigkeitsgründe für Sanierungsverträge	501	181
(1) Nichtigkeitsgründe nach § 59 Abs. 1 VwVfG	502	181
(2) Nichtigkeitsgründe nach § 59 Abs. 2 VwVfG	504	182
(a) Nichtigkeit nach § 59 Abs. 2 Nr. 1 VwVfG	506	182
(b) Nichtigkeit nach § 59 Abs. 2 Nr. 2 VwVfG	507	182
(c) Nichtigkeit nach § 59 Abs. 2 Nr. 3 VwVfG	508	182
(d) Nichtigkeit nach § 59 Abs. 2 Nr. 4 VwVfG	509	183
ee) Anpassung und Kündigung von Sanierungsverträgen	510	183
ff) Unterwerfung unter die sofortige Vollstreckung ..	512	183
gg) Leistungsstörungen	513	184
d) Fazit	514	184
V. Exkurs: Versicherbarkeit von Altlastenrisiken und öffentliche Förderung von Sanierungsvorhaben	516	185
1. Versicherbarkeit von Risiken durch Bodenkontaminationen	517	185

Inhaltsverzeichnis

	Rdn.	Seite
a) Betriebshaftpflichtversicherungen und Gewässerhaftpflichtversicherungen	518	185
b) Echte Altlasten-Versicherungen	520	186
aa) Bedeutung von Altlasten-Versicherungen	521	186
bb) Existierende Modelle von Altlasten-Versicherungen	522	186
2. Inanspruchnahme öffentlicher Förderungen für Sanierungsvorhaben	528	187
a) Allgemeines	528	187
b) Beispiele öffentlicher Förder- und Finanzierungsprogramme	531	188
aa) Förderprogramme auf EU-Ebene	531	188
bb) Förderprogramme auf Bundesebene	532	188
cc) Förderprogramme auf Landesebene	533	188
(1) Baden-Württemberg	535	189
(2) Bayern	536	189
(3) Brandenburg	538	189
(4) Berlin	540	189
(5) Bremen	541	189
(6) Hessen	542	189
(7) Mecklenburg-Vorpommern	543	190
(8) Nordrhein-Westfalen	544	190
(9) Rheinland-Pfalz	546	190
(10) Saarland	547	190
(11) Sachsen	548	190
(12) Sachsen-Anhalt	549	190
(13) Schleswig-Holstein	550	190
(14) Thüringen	551	191

F. Ausgestaltung und Muster eines Sanierungsvertrages ... 552   193

I. Allgemeine Ausgestaltung	554	193
1. Vertragsparteien und Präambel	554	193
2. Sanierungsziele, Sanierungsmaßnahmen und Gegenleistungen der Behörde	555	194
a) Sanierungsziele	555	194
b) Sanierungsmaßnahmen	556	194
c) Gegenleistung der Behörde	559	195
3. Sachverständigenbestellung	560	196
4. Sicherheiten/Vertragsstrafe/Vollstreckungsunterwerfung	561	196
5. Drittbeteiligte	563	197
a) Beteiligung Privater	564	197
b) Beteiligung anderer Behörden	568	197

Inhaltsverzeichnis

	Rdn.	Seite
6. Salvatorische Klauseln	570	198
7. Anlagen	571	198
II. Vertragsmuster	573	199

G. Anhang-Texte 211
    I. Bundes-Bodenschutzgesetz (BBodSchG) 213
    II. Bundes-Bodenschutz- und Altlastenverordnung
       (BBodSchV) 231
    III. Bekanntmachung über Methoden und Maßstäbe für
       die Ableitung der Prüf- und Maßnahmenwerte nach
       der Bundes-Bodenschutz- und Altlastenverordnung
       (BBodSchV) 283
    IV. Verordnung über die Eintragung des Bodenschutz-
       lastvermerks 345
    V. Musterentwurf der Länderarbeitsgemeinschaft Boden
       (LABO) 347
    VI. Allgemeine Bedingungen für die Versicherung von Kosten
       für die Dekontamination von Erdreich (ABKDE 98) ... 357

Sachverzeichnis 373

Literaturverzeichnis

Albrecht, Eike/Teifel, Jürgen: Auswirkungen der Wertausgleichsregelung im neuen Bundes-Bodenschutzgesetz auf die Kreditsicherung durch Grundstücke, RPfleger 1999, 366

Bannick, Claus G./Leuchs, Wolfgang/Ruf, Joachim: Boden- und Altlastensanierung zum Schutz des Grundwassers – die Vorgaben der Bundes-Bodenschutz und Altlastenverordnung (BBodSchV) zum Ermessen im Einzelfall, altlasten spektrum 2000, 236

Barth, Michael/Demmke, Christoph/Ludwig, Gritt: Die Europäisierung des nationalen Verwaltungsverfahrens- und Verwaltungsorganisationsrechts im Bereich des Umweltrechts, NuR 2001, 133

Becker, Bernd: Bundes-Bodenschutzgesetz (BBodSchG), Kommentar, Starnberg, Stand 1/2000

Becker, Bernd: Die neue öffentlich-rechtliche Haftung für die Sanierung schädlicher Bodenveränderungen und Altlasten nach § 4 III BBodSchG, DVBl. 1999, 134

Becker, Bernd: Überblick über die öffentlich-rechtlichen und privatrechtlichen Folgen des Verkaufs und Kaufs eines kontaminierten Grundstücks unter dem neuen Bundes-Bodenschutzgesetz (BBodSchG), DVBl. 2000, 595

Becker, Bernd: Die neue öffentlich-rechtliche Haftung für die Sanierung schädlicher Bodenveränderungen und Altlasten nach § 4 III BBodSchG, DVBl. 1999, 134

Bender, Bernd/Sparwasser, Reinhard/Engel, Rüdiger: Umweltrecht, 4. Auflage, Heidelberg 2000

Bickel, Christian: Die Sanierungspflichtigen nach dem BBodSchG und die behördlichen Gesichtspunkte der Störerauswahl, altlasten spektrum 2001, 61

Bickel, Christian: Grenzen der Zustandshaftung des Eigentümers für die Grundstückssanierung bei Altlasten, NJW 2000, 2562

Bickel, Christian: Verdrängung von Landesrecht durch das Bundesbodenschutzgesetz, NVwZ 2000, 1133

Birk, Hans-Jörg: Der Vorhaben- und Erschließungsplan: praxisbedeutsame Schwerpunkte, NVwZ 1995, 625

Birk, Hans-Jörg: Städtebaulicher Vertrag und Erschließungsvertrag – Gemeinsamkeiten und Unterschiede, BauR 1999, 205

Boecker, Bernhard/Bosch, Jürgen/Lenz, Wolfgang/Kracht, Michael: Es geht um Ihren Standort, hrsg. durch die IHK Köln, 4. Auflage, Köln 1998

Brandt, Edmund/Kiesewetter, Rudolf: Der Umfang der Zustandshaftung des Eigentümers bei der Sanierung von Altlasten nach dem Beschluss des Bundesverfassungsgerichts, in Franzius, Volker/Wolf, Klaus/Brandt, Edmund, Handbuch der Altlastensanierung, 2. Auflage, Heidelberg, Stand: März 2001, Nr. 10152

Brandt, Edmund/Sanden, Joachim: Verstärkter Bodenschutz durch die Verzahnung zwischen Bau- und Raumordnungsrecht und Bodenschutzrecht, UPR 1999, 367

Brandt, Edmund: Bodenschutzrecht, Baden-Baden, 2000

Brasch, Jörg-Hartwig: Versicherungsmöglichkeiten im Altlastenbereich (Haftpflicht- Bodenkaskoversicherung), in Franzius, Volker/Wolf, Klaus/Brandt, Edmund, Handbuch der Altlastensanierung, 2. Auflage, Heidelberg, Stand: März 2001, Nr. 10513

Brohm, Winfried: Städtebauliche Verträge zwischen Privat- und Öffentlichem Recht, JZ 2000, 321

Buch, Ulrich von: Die Gesetzgebungskompetenz für das Bundes-Bodenschutzgesetz, NVwZ 1998, 822

Buck, Carsten: Die Störerhaftung nach dem Bundes-Bodenschutzgesetz, NVwZ 2001, 51

Bundesministerium der Justiz (Hrsg.): Handbuch der Rechtsförmlichkeit, 2. Auflage, Bonn 1999

Bundesverband Boden (BVB) (Hrsg.): Bodenschutz in der Bauleitplanung, Berlin 1999

Bunk, Jürgen/Burmeier, Harald/Kloppenburg, Veiko/Nowak, Erik/Wahl, Marion: Die Vergabe von Leistungen zur Altlastenbehandlung, altlasten spektrum 1999, 211

Dahs, Hans/Pape, Kay Artur: Die behördliche Duldung als Rechtfertigungsgrund im Gewässerstrafrecht (§ 324 StGB), NStZ 1988, 393

Di Fabio, Udo: Vertrag statt Gesetz, DVBl. 1990, 338

Literaturverzeichnis

Diehr, Uwe: Der Sanierungsplan nach dem Bundes-Bodenschutzgesetz, UPR 1998, 128
Doerfert, Carsten: Die Haftung des Rechtsnachfolgers nach dem Bundes-Bodenschutzgesetz, VR 1999, 229
Dombert, Matthias: Die „Konzentrationswirkung" des öffentlich-rechtlichen Vertrages im Rahmen der Altlastensanierung, altlasten spektrum 1999, 272
Dombert, Matthias: Öffentlich-rechtlicher Mustervertrag, altlasten spektrum 2000, 19
Dombert, Matthias: Streben nach effektivem Bodenschutz an den Grenzen des Grundgesetzes, NJW 2001, 927
Eckert, Rainer P.: Die Entwicklung des Abfallrechts, NVwZ 1999, 1181
Eilers, Christoph/Thiel, Sandra: Unternehmenskauf/Environmental Due Diligence, M&A Review 1992, 408
Enders, Rainald: Die zivilrechtliche Verantwortlichkeit für Altlasten und Abfälle, Berlin, Bielefeld, München 1999
Engelhardt, Helmut A.: Environmental Due Diligence, WiB 1996, 299
Erbguth, Wilfried/Stollmann, Frank: Das neue Bodenschutzrecht des Bundes, GewArch 1999, 223
Erbguth, Wilfried/Stollmann, Frank: Einzelfragen der Sanierung und des Altlastenmanagements im Bundes-Bodenschutzgesetz, NuR 1999, 127
Erbguth, Wilfried/Stollmann, Frank: Zum Anwendungsbereich des Bundes-Bodenschutzrechts, NuR 2001, 241
Etzold, Ruben Diemo: Der bodenrechtliche Umgang mit Rüstungsaltlasten, in Franzius,Volker/Wolf, Klaus/Brandt, Edmund, Handbuch der Altlastensanierung, 2. Auflage, Heidelberg, Stand: März 2001, Nr. 10911
Fabis, Henrich: Altlastenhaftung des Voreigentümers nach dem Bundes-Bodenschutzgesetz und Gestaltung von Immobilienkaufverträgen, ZfIR 1999, 633
Fachkommission „Städtebau" der ARGEBAU: Mustererlass „Berücksichtigung von Flächen mit Altlasten bei der Bauleitplanung und im Baugenehmigungsverfahren", in: Franzius, Volker/Wolf, Klaus/Brandt, Edmund, Handbuch der Altlastensanierung Nr. 15223
Fischer, Hartmut: Bundes-Bodenschutzgesetz verdrängt Landesrecht – Handlungsbedarf für Altlastenbetroffene?, altlasten spektrum 2000, 360
Fischer, Hartmut: Sanierungsverträge in der Praxis, BauR 2000, 833
Fluck, Jürgen: Die Information Betroffener bei der Altlastensanierung nach § 12 BBodSchG, NVwZ 2001, 9
Frenz, Walter: Bundes-Bodenschutzgesetz, Kommentar, München 2000
Frenz, Walter/Heßler, Pascal: Altlastensanierung und öffentlich-rechtlicher Sanierungsvertrag, NVwZ 2001, 13
Friedemann, Jens: Neues Leben auf Industriebrachen, F.A.Z. Nr. 28 v. 02.02.2001, S. 55.
Gebel, Titus/Gündling, Benjamin: Ausgleichsansprüche in Altlastenfällen – Rechtslage nach Inkrafttreten des neuen Bodenschutzrechtes, altlasten spektrum 2000, 325
Grigoleit, Klaus Joachim: Gemeindliche Abwehrplanung gegen fachplanerische Inanspruchnahme, NJ 1998, 356
Grzeszick, Bernd: Eigentum verpflichtet – auf ewig? NvwZ 2001, 721
Hasche, Frank: Die Pflichten des Bundes-Bodenschutzgesetzes, DVBl. 2000, 91
Hipp, Ludwig/Rech, Burghard/Turian, Günther: Das Bundes-Bodenschutzgesetz, München 2000
Holzapfel, Hans J./Pöllath, Reinhard: Unternehmenskauf in Recht und Praxis, 9. Auflage, Köln 2000
Holzwarth, Fritz/Radtke, Hansjörg/Hilger, Bernd/Bachmann, Günther: Bundes-Bodenschutzgesetz, Handkommentar, 2. Auflage, Berlin. Bielefeld München 2000
Hoppe, Werner/Grotefels, Susan: Öffentliches Baurecht, München 1995
Hufen, Friedhelm: Fehler im Verwaltungsverfahren, 3. Auflage, Baden-Baden 1998
Kebekus, Frank: Altlasten in der Insolvenz – aus Verwaltersicht, NZI 2001, 63
Kersten, Martin: Das Bundes-Bodenschutzgesetz und seine Auswirkungen auf Gewährleistungsregelungen im Grundstückskaufvertrag, BWNotZ 2000, 73
Kirchhof, Ferdinand: Opferlage als Grenze der Altlastenhaftung?, in: Claus Dieter Classen, Armin Dittmann, Franf Fechner, Ulrich M. Gassner, Michael Kilian (Hrsg.): „In einem vereinten Europa dem Frieden der Welt zu dienen ...", Liber amicorum Thomas Oppermann, Berlin 2001, S. 639
Kloepfer, Michael: Umweltrecht, 2. Auflage, München 1998
Knack, Hans-Joachim (Begr.): Verwaltungsverfahrensgesetz, Kommentar, Köln, Berlin, Bonn, München, 6. Auflage 1998

Literaturverzeichnis

Knoche, Joachim P.: Altlasten und Haftung, 2001
Knoche, Joachim P.: Die Überwachung von Altlasten und altlastenverdächtigen Flächen, GewArch 2000, 221
Knoche, Joachim P.: Ausgleichsansprüche nach § 24 II BBodSchG ohne behördliche Verpflichtung eines Sanierungsverantwortlichen?, NVwZ 1999, 1198
Knoche, Joachim P.: Sachmängelgewährleistung beim Kauf eines Altlastengrundstücks, NJW 1995, 1985
Knopp, Lothar/Löhr, Dirk: BBodSchG in der betrieblichen und steuerlichen Praxis, Heidelberg 2000
Knopp, Lothar: Begrenzung der Haftung des zustandsverantwortlichen Grundstückseigentümers, BB 2000, 1373
Knopp, Lothar: Vertragliche Altlastenregelungen zwischen Sanierungspflichtigen i. S. des § 4 III BBodSchG, NJW 2000, 905
Knopp, Lothar: Bundes-Bodenschutzgesetz: Katalog der Sanierungsverantwortlichen und Wertausgleichsregelung, ZUR 1999, 210
Knopp, Lothar: „Flucht aus der Zustandsverantwortung?" und neues Bundes-Bodenschutzgesetz, DVBl. 1999, 1010
Knopp, Lothar/Heinze, Anke: Vorsorgender Bodenschutz und Bundes-Bodenschutzgesetz – Eine kritische Bestandaufnahme –, altlasten spektrum 2000, 227
Knopp, Lothar: Bundes-Bodenschutzgesetz und erste Rechtsprechung, DÖV 2001, 441
Kobes, Stefan: Endlich: Haftungsbegrenzung für den Zustandsstörer. Zur Haftung des Eigentümers für von ihm nicht verursachte Altlasten, altlasten spektrum 2000, 273
Kobes, Stefan/Spies v. Büllesheim, Florian: Praxis des Freistellungsverfahrens in den neuen Bundesländern, VIZ 1999, 249
Kobes, Stefan: Das Bundes-Bodenschutzgesetz, NVwZ 1998, 786
Koeble, Wolfgang/Kniffka, Rolf: Münchener Prozeßformularhandbuch, Band 2: Privates Baurecht, München 1999
Kohls, Malte: Vertrauensschutz für Erben von Altlastengrundstücken?, ZUR 2001.
Kopp, Ferdinand O./Schenke, Wolf-Rüdiger: Verwaltungsgerichtsordnung, 11. Auflage, München 1998
Koschwitz, Anja/Webert, Michaela/Weßling, Dorothea: Aufgaben von Planern und Architekten beim Bauen auf Altlasten und altlastverdächtigen Flächen, in: Franzius, Volker/Wolf, Klaus/Brandt, Edmund, Handbuch der Altlastensanierung, 2. Auflage, Heidelberg, Stand: März 2001, Nr. 10614.
Kothe, Peter: Altlasten in der Insolvenz, Köln 1999
Kothe, Peter: Was ändert sich im Umgang mit Altlasten und Verdachtsflächen?, UPR 1999, 96
Kratzenberg, Rüdiger: Bodenschutz in der Bauleitplanung, UPR 1997, 177
Kremer, Peter: Städtebaurecht für Architekten und Stadtplaner, München 1999
Kugelmann, Dieter: Die informatorische Rechtsstellung des Bürgers, Tübingen 2001
Kühn, Wolfgang: Die Amtshaftung der Gemeinden wegen der Überplanung von Altlasten, Berlin 1997

Landmann, Robert von/Rohmer, Gustav: Umweltrecht, 34. Auflage, München Stand Okt. 2000
Leitzke, Claus: Der normsetzende Vertrag – ein zukunftsfähiges Instrument im Umweltrecht?, UPR 2000, 361
Leitzke, Claus: Die Bundes-Bodenschutzverordnung: Das Aus für die Landeslisten, altlasten spektrum 2000, 111
Lepsius, Oliver: Zu den Grenzen der Zustandshaftung des Grundstückseigentümers, JZ 2001, 22
Lübbe-Wolff, Gertrude: IVU-Richtlinie und Europäisches Vorsorgeprinzip, NVwZ 1998, 777
Lwowski, Hans-Jürgen/Tetzlaff, Christian: Altlasten in der Insolvenz – Die insolvenzrechtliche Qualifikation der Ersatzvornahmekosten für die Beseitigung von Umweltaltlasten, NZI 2001, 57
Lwowski, Hans-Jürgen/Tetzlaff, Christian: Banken und Umweltschäden – Auswirkungen des neuen Bundes-Bodenschutzgesetzes auf die Kreditwirtschaft, WM 2001, 385 ff. (Teil I) und 437 ff. (Teil II)

Mangoldt, Hermann von/Klein, Friedrich/Starck, Christian: Das Bonner Grundgesetz, Kommentar, Band 2, Art. 20–78, 4. Auflage, München 2000
Mathews, Thomas: Hinweise zur Anwendung der Prüfwerte nach Bundes-Bodenschutzverordnung für den Pfad Boden-Grundwasser – Abschätzung des Stoffeintrages in das Grundwasser und Sickerwasserprognose nach BBodSchV – Einsatz von Stofftransportmodellen, altlasten spektrum 2000, 167
Meißner, Martin: Anmerkung zu BVerfG Beschl. v. 16.02.2000–1 BvR 242/91 (BVerwG) und 1 BvR 315/99 (VGH München), ZfIR 2000, 471

Literaturverzeichnis

Meißner, Martin: Die Sanierungsverantwortlichkeit der gewerblichen Wirtschaft nach dem Bundes-Bodenschutzgesetz, ZfIR 1999, 411
Meißner, Martin: Due Diligence Check List für Immobilien-Projektentwickler, ZfIR 1998, 437
Michel, Thomas: Altlastenfreistellung in der Rechtsprechung, LKV 2000, 465
Mohr, Hellmuth: Die Urteil des Bundesverfassungsgerichts zur Haftung des Zustandsstörers: Meilensteine oder Stolpersteine, altlasten spektrum 2001, 36
Mohr, Hellmuth:Nochmals: Zur Begrenzung der Zustandshaftung im Altlastenrecht, NVwZ 2001, 540
*Müggenborg, Hans-Jürgen:*Die Haftung des früheren Eigentümers nach § 4 VI BBodSchG, NVwZ 2000, 50
*Müggenborg, Hans-Jürgen:*Grundfragen des Bodenschutz- und Altlastenrechts nach dem Bundes-Bodenschutzgesetz, SächsVBl. 2000, 77 (Teil 1) und 108 (Teil 2)
Müggenborg, Hans-Jürgen: Zur Begrenzung der Zustandshaftung bei Altlasten, NVwZ 2001, 39
Müllmann, Christoph: Altlastensanierung und Kooperationsprinzip – der öffentlich-rechtliche Vertrag als Alternative zur Ordnungsverfügung, NVwZ 1994, 876
Mutius, Albert von/Nolte, Martin: Die Rechtsnachfolge nach dem Bundes-Bodenschutzgesetz, DÖV 2000, 1
Nicklas, Cornelia: Der Vollzug des Bundes-Bodenschutzgesetzes (BBodSchG) und der Bundes-Bodenschutz- und Altlastenverordnung (BBodSchV) im Land Brandenburg, LKV 2000, 376
Niewerth, Johannes: Kostenumlegung bei der Altlastensanierung – Zu § 24 Abs. 2 des neuen Bundes-Bodenschutzgesetzes, NuR 1999, 558
Nolte, Martin: Gesamtrechtsnachfolge in die abstrakte Verhaltensverantwortlichkeit vor und nach In-Kraft-Treten des § 4 III 1 Alt. 2 BBodSchG, NVwZ 2000, 1135
o. Verf.: Altlasten und Bauen, Flächendeckende historische Erhebung altlastenverdächtiger Flächen im Landkreis Calw, in: Franzius, Volker/Wolf, Klaus/Brandt, Edmund, Handbuch der Altlastensanierung, 2. Auflage, Heidelberg, Stand: März 2001, Nr. 15222
o. Verf.: Bauchfachliche Richtlinie für die Planung und Ausführung der Sanierung von schädlichen Bodenveränderungen und Grundwasserverunreinigungen (Stand: Juni 2000), in: Franzius, Volker/Wolf, Klaus/Brandt, Edmund, Handbuch der Altlastensanierung, 2. Auflage, Heidelberg, Stand: März 2001, Nr. 15226
Obermayer, Klaus: Verwaltungsverfahrensgesetz, 3. Auflage, Neuwied, Kriftel 1999
Oerder, Michael/Numberger, Ulrich/Schönfeld, Thomas: Bundes-Bodenschutzgesetz, Kommentar, Stuttgart, München, Hannover, Berlin, Weimar, Dresden 1999
Oerder, Michael: Altlasten in der anwaltlichen Praxis, DVBl. 1992, 691
Oerder, Michael: Ordnungspflichten und Altlasten, NVwZ 1992, 1031
Ohms, Martin J.: Städtebaulicher Vertrag stattplanerischer Festsetzung – Vorrang konsensualer Instrumente in der Bauleitplanung, BauR 2000, 983
Palandt, Otto: Bürgerliches Gesetzbuch (BGB), Kommentar, 60. Aufl. 2001
Peine, Franz-Josef: Bodensanierungen und Übergangsrecht, NuR 2000, 255
Peine, Franz-Josef: Das Bundes-Bodenschutzgesetz, NuR 1999, 121
Peine, Franz-Josef: Die Ausweisung von Bodenschutzgebieten nach § 21 Abs. 3 BBodSchG, NuR 2001, 246
Picot, Gerhard/Müller-Eising, Karsten/Heubeck, Klaus u.a.: Unternehmenskauf und Restrukturierung, 2. Auflage, München 1998
Pützenbacher, Stefan: Der Ausgleichsanspruch nach § 24 II BBodSchG, NJW 1999, 1137
Queitsch, Peter: Bundes-Bodenschutzgesetz, 2. Auflage, Köln 1999
Reinig, Heinrich: Die Bedeutung der Ergebnisse einer gem. § 23 LAbfG durchgeführten Erhebung altlastenverdächtiger Flächen für Baugenehmigungsverfahren, VBlBW 1997, 163
Rengeling, Hans-Werner: Bedeutung und Anwendbarkeit des Vorsorgeprinzips im europäischen Umweltrecht, DVBl. 2000, 1473
Reschke-Kessler, Hilmar: Amtshaftung, vertragliche Haftung und Störerausgleich bei Altlasten, NJW 1993, 2275
Riedel, Ulrike: Anforderungen an die Sanierung und der Umfang der Vorsorgepflicht nach dem Bundes-Bodenschutzgesetz, UPR 1999, 92
Röger, Ralf: Umweltinformationsgesetz, Köln, Berlin, Bonn, München 1995
Sahm, Christoph: Der öffentlich-rechtliche Sanierungsvertrag nach dem Bundes-Bodenschutzgesetz, UPR 1999, 374

Literaturverzeichnis

Salzwedel, Jürgen: Kapitel 16, in: Arbeitskreis für Umweltrecht (Hrsg.): Grundzüge des Umweltrechts, Berlin, Bielefeld, München, 1998
Samson, Erich: Konflikte zwischen öffentlichem und strafrechtlichem Umweltschutz, JZ 1988, 800
Sanden, Joachim / Schoeneck, Stefan: Bundes-Bodenschutzgesetz, Heidelberg 1998
Sanden, Joachim: Altlasten-Risiko-Bewältigung durch Kreditgeber, Versicherer und Konkursverwalter, in Franzius, Volker/Wolf, Klaus/Brandt, Edmund, Handbuch der Altlastensanierung, 2. Auflage, Heidelberg, Stand: März 2001, Nr. 10513
Sandner, Wolfram: Wer sind die Beteiligten des Anspruchs auf Ausgleich der Sanierungskosten nach § 24 II BBodSchG?, NJW 2001, 245
Schapmann, Carsten: Der Sanierungsvertrag, Baden-Baden 1998
Scherer-Leydecker, Christian: Altlastengefahrenfeststellung und – sanierungszielfestsetzung für das Schutzgut Grundwasser- Eine rechtliche Betrachtung zum Bundes-Bodenschutzrecht –, altlasten spektrum 2000, 149
Schimikowski, Peter: Umwelthaftungsrecht und Umwelthaftpflichtversicherung, Karlsruhe, 3. Auflage 1994
Schink, Alexander: Der Bodenschutz und seine Bedeutung für die nachhaltige städtebauliche Entwicklung, DVBl. 2000, 221
Schink, Alexander: Die Bedeutung umweltschützender Belange für die Flächennutzungsplanung, ZfBR 2000, 154
Schink, Alexander: Verantwortlichkeit für die Gefahrenabwehr und die Sanierung schädlicher Bodenveränderungen nach dem Bundesbodenschutzgesetz, DÖV 1999, 797
Schlabach, Erhard / Heck, Matthias: Die Verantwortlichkeit des Zustandsstörers für schädliche Bodenveränderungen und Altlasten nach dem BBodSchG, VBlBW 1999, 406
Schlabach, Erhard / Simon, Alexander: Die Rechtsnachfolge beim Verhaltensstörer, NVwZ 1992, 143
Schlemminger, Horst / Attendorf, Thorsten: Überlagert die kurze mietrechtliche Verjährungsfrist konkurrierende Ausgleichsansprüche nach § 24 II BBodSchG?, NZM 1999, 97
Schlette, Volker: Ausgleichsansprüche zwischen mehreren Umweltstörern gemäß § 24 Abs. 2 Bundes-Bodenschutzgesetz, VerwArch 2000, 41
Schlichter, Otto / Stich, Rudolf: Berliner Kommentar zum BauGB 1998, Köln Berlin Bonn München 1998
Schmidt, Frauke / Vogel, A. Olrik: Anmerkung zu BGH, Urteil vom 20.10.2000 –V ZR 285/99, ZMR 2001, 100
Schmidt-Assmann, Eberhard (Hrsg.): Besonderes Verwaltungsrecht, 11. Auflage, Berlin, New York 1999
Schmidt-Räntsch, Annette / Sanden, Joachim: Das untergesetzliche Regelwerk zum Bundes-Bodenschutzgesetz, NuR 1999, 555
Schmitz-Rode, Wolfgang / Bank, Stephan: Die konzernrechtliche Haftung nach dem Bundesbodenschutzgesetz, DB 1999, 417
Schoch, Friedrich / Schmidt-Assmann, Eberhard / Pietzner, Rainer: Verwaltungsgerichtsordnung, Kommentar, 5. Auflage, München Stand 1/2000
Schrader, Christian: Altlastensanierung nach dem Verursacherprinzip, Berlin, Bielefeld, München 1988
Schröder, Holger: Die praxisorientierte Verwendung von Altlastenklauseln beim Grundstückskauf, NZBau 2001, 113
Schröter, Frank: Bauleitplanung und Bodenschutz – veränderte Rahmenbedingungen durch BBodSchG und BBodSchV - in: Franzius, Volker/Wolf, Klaus/Brandt, Edmund, Handbuch der Altlastensanierung, 2. Auflage, Heidelberg, Stand: März 2001, Nr. 10616
Schwartmann, Rolf: Anmerkung zu BGH, Urteil vom 20.10.2000, V ZR 285/99, DStR 2001, 37
Schwartmann, Rolf: Bodenschutzrecht, Fach H, Kap. 2 VI, in: Steuerberater Rechtshandbuch, Bonn Stand 12/1999
Schwartmann, Rolf: Bundes-Bodenschutz- und Altlastenverordnung, in: Das Deutsche Bundesrecht IL 75 a, Baden-Baden Stand: 2001
Schwartmann, Rolf: Bundes-Bodenschutzgesetz, in: Das Deutsche Bundesrecht, IL 75, Baden-Baden Stand: 2001
Schwartmann, Rolf: Das neue Bundes-Bodenschutzgesetz: Altlastenrisiko, Konzernhaftung und Gesamtschuldnerausgleich, DStR 1999, 324
Schwartmann, Rolf: Neues zur kommunalen Altlastenhaftung – Die Auswirkungen des Bodenschutzrechts auf Grundstückskaufverträge mit Gemeinden, DStR 2000, 205
Schwartmann, Rolf: Zur Befreiung des Insolvenzverwalters aus der ordnungsrechtlichen Verantwortlichkeit durch Freigabe, NZI 2001, 69

Literaturverzeichnis

Schwartmann, Rolf: Rechtsschutz gegen unzureichende Altlastenfreistellungsbescheide nach dem Umweltrahmengesetz, WiB 1997, 286

Schwartmann, Rolf: Zur Einschränkung der Haftung des Gesamtrechtsnachfolgers gem. § 4 III S. 1 BBodSchG, ZfIR 2000, 256

Schwartmann, Rolf/Vogelheim, Markus: Die Beschränkung der öffentlich-rechtlichen Altlastenhaftung des Erben, ZEV 2001, 101

Schwartmann, Rolf/Vogelheim Markus: Die bodenschutzrechtliche Zustandshaftung geerbter Grundstücke, ZEV 2001, 343

Schwartmann, Rolf/Walber, Georg: Altlastensanierung nach der Bundes-Bodenschutz- und Altlastenverordnung – Investitionssicherheit in Grenzen, ZfIR 1999, 804

Simon, Stefan: Gibt es Sachverständige nach § 18 Bundesbodenschutzgesetz?, altlasten spektrum 2001, 101

Sondermann, Wolf-Dieter/Terfehr, Stephanie: Beurteilung von Bodenverunreinigungen in der Bauleitplanung und Ermittlung von Sanierungszielwerten – Ein Beitrag zur Beseitigung von Hemmnissen beim Flächenrecycling, altlasten spektrum 2000, 107

Sorge, Hans-Ulrich: Das Bundes-Bodenschutzgesetz und seine Auswirkungen auf den Grundstückskaufvertrag, MittBayNot 1999, 232

Spieth, Wolf Friedrich: Öffentlich-rechtlicher Vertrag bei Altlasten, altlasten spektrum 1996, 163

Spieth, Wolf Friedrich/Wolfers, Benedikt: Die neuen Störer: Zur Ausdehnung der Altlastenhaftung in § 4 BBodSchG, NVwZ 1999, 355

Spieth, Wolf Friedrich/Wolfers, Benedikt: Haftung ohne Grenzen?, altlasten spektrum 1999, 75

Spieth, Wolf Friedrich: Sanierungsverantwortung für Altlasten im Umbruch – Neue Rechtsprechung zu den Grenzen der Störerhaftung nach BBodSchG, Der Syndicus 2001, 59

Steffen, Ulrich/Popp, Petra: Das Bundes-Bodenschutzgesetz in der zivil- und verwaltungsrechtlichen Vertragsgestaltung, ZNotP 1999, 303

Stelkens, Paul/Bonk, Heinz-Joachim/Sachs, Michael u.a.: Verwaltungsverfahrensgesetz, Kommentar, 5. Auflage, München 1998

Stich, Rudolf: Überplanung problematischer Flächen für Zwecke der Bebauung, DVBl. 2001, 409

Stüer, Bernhard: Bau- und Fachplanungsgesetze, München Stand 2/1999

Stüer, Bernhard: Der Bebauungsplan, München 2000

Stüer, Bernhard: Handbuch des Bau- und Fachplanungsrechts, 2. Auflage, München 1998

Süßkraut, Georg/Visser, Wilma/Burgers, Albert: Leitfaden über Finanzierungsmöglichkeiten und -hilfen in der Altlastenbearbeitung und im Brachflächenrecycling, hrsg. vom Umweltbundesamt, Text 04/01

Theuer, Andreas: Die Sanierungsverantwortlichkeit des Gesamtrechtsnachfolgers nach dem Bundesbodenschutzgesetz am Beispiel der Spaltung von Unternehmen, DB 1999, 622

Trurnit, Christoph: Grenzen der Zustandverantwortlichkeit für Altlasten, altlasten spektrum 2000, 270

Turiaux, André/Knigge, Dagmar: Bundes-Bodenschutzgesetz – Altlastsanierung und Konzernhaftung, BB 1999, 377

Turiaux, André/Knigge, Dagmar: Umweltrisiken bei M & A-Transaktionen, BB 1999, 913

Turiaux, André: Der vorhabenbezogene Bebauungsplan nach § 12 BauGB: Beschleunigungspotential, Durchführungsverpflichtung und praktische Probleme, NJW 1999, 391

Turiaux, André: Umweltinformationsgesetz (UIG), Kommentar, München 1995

Vierhaus, Hans-Peter: Das Bundes-Bodenschutzgesetz, NJW 1998, 1262

Vogelsang-Rempe, Barbara: Strafbarkeit und Strafverfolgung bei Boden- und Grundwasserverunreinigungen, in: Franzius, Volker/Wolf, Klaus/Brandt, Edmund, Handbuch der Altlastensanierung, 2. Auflage, Heidelberg, Stand: März 2001, Nr. 10553

Wächter, Gerd H.: Praktische Fragen der Gestaltung und Auslegung von Altlastenklauseln in Grundstücks- und Unternehmenskaufverträgen, NJW 1997, 2073

Wagner, Gerhard: Ausgleichsansprüche unter mehreren Verantwortlichen nach dem Bundes-Bodenschutzgesetz, BB 2000, 417

Wasmuth, Johannes/Koch, Matthias: Rechtfertigende Wirkung der behördlichen Duldung im Umweltstrafrecht, NJW 1990, 2434.

Werner, Ulrich/Pastor, Walter: Der Bauprozeß, 9. Auflage, Düsseldorf 1999

Wolf, Rainer: Bodenfunktionen, Bodenschutz und Naturschutz, NuR 1999, 545

Abkürzungsverzeichnis

a.A.	anderer Auffassung
a.a.O.	am angegebenen Ort
a.E.	am Ende
Abs.	Absatz
AEG	Allgemeines Eisenbahngesetz
AG GBG	Arbeitsgruppe Gefahrenbeurteilung von Bodenverunreinigungen
AG	Aktiengesellschaft
AGB	Allgemeine Geschäftsbedingungen
AkTG	Aktiengesetz
Alt.	Alternative
altlasten spektrum	Organ des ITVA e.V. (Zeitschrift)
Anm.	Anmerkung
ARGEBAU	Ausschuss für Bauwesen und Städtebau
Art.	Artikel
AtG	Atomgesetz
Bad.-Württ.	Baden-Württemberg
BauGB	Baugesetzbuch
BauNVO	Baunutzungsverordnung
BauR	Zeitschrift für das gesamte öffentliche und private Baurecht
BayBodSchG	Bayerisches Bodenschutzgesetz
BayVBl.	Bayerische Verwaltungsblätter (Zeitschrift)
BayVGH	Bayerischer Verwaltungsgerichtshof
BayVwVfG	Bayerisches Verwaltungsverfahrensgesetz
BB	Betriebsberater (Zeitschrift)
BBergG	Bundesberggesetz
BBodSchG	Bundes-Bodenschutzgesetz
BBodSchV	Bundes-Bodenschutz- und Altlastenverordnung
Bd.	Band
BDSG	Bundesdatenschutzgesetz
BerlBodSchG	Berliner Bodenschutzgesetz
Beschl.	Beschluss
BGB	Bürgerliches Gesetzbuch
BGBl.	Bundesgesetzblatt
BGH	Bundesgerichtshof
BGHZ	Amtliche Sammlung der Entscheidungen des Bundesgerichtshofes in Zivilsachen
BImSchG	Bundes-Immissionsschutzgesetz
BMJ	Bundesministerium der Justiz
BMU	Bundesministerium für Umwelt, Naturschutz und Reaktorsicherheit
BMVBW	Bundesministerium für Verkehr, Bau- und Wohnungswesen
BMVg	Bundesministerium für Verteidigung
BNatSchG	Bundesnaturschutzgesetz
BNnotO	Bundesnotarordnung
Bodenschutz	Organ des BVB e.V. (Zeitschrift)
BR-Drs.	Bundesrats-Drucksache
BT-Drs.	Bundestags-Drucksache
BVB	Bundesverband Boden e.V.
BVerfG	Bundesverfassungsgericht
BVerfGE	Amtliche Sammlung der Entscheidungen des Bundesverfassungsgerichts

Abkürzungsverzeichnis

BVerwG	Bundesverwaltungsgericht
BVerwGE	Amtliche Sammlung der Entscheidungen des Bundesverwaltungsgerichts
BvS	Bundesanstalt für vereinigungsbedingte Sonderaufgaben
BWaldG	Bundeswaldgesetz
BWNotZ	Baden-Württembergische Notarzeitung
bzgl.	bezüglich
c.i.c.	culpa in contrahendo
ChemG	Chemikaliengesetz
d.h.	das heißt
DASMIN	Deutsche Akkreditierungsstelle Mineralöl GmbH
DB	Der Betrieb (Zeitschrift)
DBU	Deutsche Bundesstiftung Umweltrecht
DIN	Deutsches Institut für Normung
DMG	Düngemittelgesetz
DMV	Düngemittelverordnung
DNotI	Deutsches Notarinstitut
DNotI-Report	Report des Deutschen Notarinstituts (Zeitschrift)
DNS	Desoxyribonukleinsäure
DÖV	Die öffentliche Verwaltung (Zeitschrift)
DStR	Deutsches Steuerrecht (Zeitschrift)
DtA	Deutsche Ausgleichsbank
DV	Düngeverordnung
DVBl.	Deutsches Verwaltungsblatt (Zeitschrift)
DVWK	Deutscher Verband für Wasserwirtschaft und Kulturbau
EfbV	Verordnung über Entsorgungsfachbetriebe
EG	Europäische Gemeinschaft
EGV	Vertrag über die Europäischen Gemeinschaften
ErHISTE	erweiterte historische Erhebung
f.	folgende
F.A.Z.	Frankfurter Allgemeine Zeitung
ff.	fortfolgende
FlurbG	Flurbereinigungsgesetz
FMV	Futtermittelverordnung
Fn.	Fußnote
FStrG	Fernstraßengesetz
GABl.	Gemeinsames Amtsblatt
GBG	Konzept zur Gefahrenbeurteilung Boden-Grundwasser
GBl.	Gesetzblatt
GBO	Grundbuchordnung
GbR	Gesellschaft des bürgerlichen Rechts
GefStoffV	Gefahrstoffverordnung
GenTG	Gentechnikgesetz
GenTSV	Gentechnik-Verfahrensordnung
GewArch	Gewerbearchiv (Zeitschrift)
GewO	Gewerbeordnung
GG	Grundgesetz
GKG	Gerichtskostengesetz
GmbH	Gesellschaft mit beschränkter Haftung
GmbHG	GmbH-Gesetz
GO	Gemeindeordnung
GVBl.	Gesetz- und Verordnungsblatt
GVG	Gerichtsverfassungsgesetz
h.M.	herrschende Meinung
HAltlastG	Hessisches Altlastengesetz
HdA	Handbuch der Altlastensanierung
HGB	Handelsgesetzbuch
Histe	Historische Erhebung

Abkürzungsverzeichnis

Hrsg./hrsg.	Herausgeber/herausgegeben
Hs.	Halbsatz
i.d.F.	in der Fassung
i.d.R.	in der Regel
i.e.S.	im engeren Sinne
i.S.d.	im Sinne des
I.V.m.	in Verbindung mit
ITVA	Ingenieurtechnischer Verband Altlasten e.V.
JA	Juristische Arbeitsblätter (Zeitschrift)
JuS	Juristische Schulung (Zeitschrift)
JZ	Juristenzeitung (Zeitschrift)
Kap.	Kapitel
KfW	Kreditanstalt für Wiederaufbau
Kfz	Kraftfahrzeug
KGaA	Kommanditgesellschaft auf Aktien
kg	Kilogramm
KG	Kommanditgesellschaft
KO	Konkursordnung
krW-/AbfG	Kreislaufwirtschafts- und Abfallgesetz
LAbfG NW	Landesabfallgesetz Nordrhein-Westfalen
LABO	Bund/Länder-Arbeitsgemeinschaft Boden
LABO-E	Musterentwurf der Bund/Länder-Arbeitsgemeinschaft Boden
LAGA	Länderarbeitsgemeinschaft Abfall
LAWA	Länderarbeitsgemeinschaft Wasser
LBbauO RP	Landesbauordnung Rheinland-Pfalz
LbodSchG NW	Landesbodenschutzgesetz Nordrhein-Westfalen
LBodSchG	Landesbodenschutzgesetz
LG	Landgericht
LKV	Landes- und Kommunalverwaltung (Zeitschrift)
LT-Drs.	Landtags-Drucksache
LUA	Landesumweltamt
LuftVG	Luftverkehrsgesetz
M&A Review	Mergers and Aquisition Review (Zeitschrift)
m.w.N.	mit weiteren Nachweisen
mg	Milligramm
MinBl. NW	Ministerialblatt Nordrhein-Westfalen
MittBayNot	Mitteilungen der Bayerischen Notarkammer (Zeitschrift)
MPa	Megapascal (= 10 bar)
MURL NW	Ministerium für Umwelt Raumordnung und Landwirtschaft des Landes Nordrhein-Westfalen
µg	Myogramm
NBodSchG	Niedersächsisches Bodenschutzgesetz
NJ	Neue Justiz (Zeitschrift)
NJW	Neue Juristische Wochenzeitschrift
NJW-RR	NJW-Rechtsprechungs-Report – Zivilrecht (Zeitschrift)
Nr.	Nummer
NStZ	Neue Zeitschrift für Strafrecht
NuR	Natur und Recht (Zeitschrift)
NVwZ	Neue Zeitschrift für Verwaltungsrecht
NVwZ-RR	NVwZ-Rechtsprechungs-Report Verwaltungsrecht (Zeitschrift)
NWVBl.	Nordrhein-Westfälische Verwaltungsblätter (Zeitschrift)
NZBau	Neue Zeitschrift für Bau- und Vergaberecht
NZI	Neue Zeitschrift für Insolvenzrecht
NZM	Neue Zeitschrift für Mietrecht
o.g.	oben genannt/oben genannte
OBG NW	Nordrhein-westfälisches Ordnungsbehördengesetz

Abkürzungsverzeichnis

oHG	Offene Handelsgesellschaft
OVG	Oberverwaltungsgericht
OWiG	Ordnungswidrigkeitengesetz
PBefG	Personenbeförderungsgesetz
PCB	Polychlorierte Biphenyle
PflSchG	Pflanzenschutzgesetz
PlanzV 90	Planzeichenverordnung 1990
Rn.	Randnummer
ROG	Raumordnungsgesetz
RP	Rheinland-Pfalz
RPfleger	Der Deutsche Rechtspfleger (Zeitschrift)
S.	Seite
SächsEGAB	Sächsisches Abfallwirtschafts- und Bodenschutzgesetz
SächsVBl.	Sächsische Verwaltungsblätter (Zeitschrift)
SAWG	Saarländisches Abfallwirtschaftsgesetz
SBV	Schädliche Bodenveränderung/Schädliche Bodenveränderungen
Sp.	Spalte
st. Rsopr.	ständige Rechtsprechung
StGB	Strafgesetzbuch
TM	Trockenmasse
Tz.	Textziffer
u.a.	unter anderem/und andere
UGBE	Umweltgesetzbuch-Entwurf
UGBE-BT	Entwurf Umweltgesetzbuch-Besonderer Teil
UIG	Umweltinformationsgesetz
UIR	Umweltinformationsrichtlinie
UmweltHG	Umwelthaftungsgesetz
UmwG	Umwandlungsgesetz
UmwRG	Umweltrahmengesetz
UPR	Umwelt- und Planungsrecht (Zeitschrift)
Urt.	Urteil
UVP	Umweltverträglichkeitsprüfung
UVPG	Gesetz über die Umweltverträglichkeitsprüfung
UVPG BW	Gesetz über die Umweltverträglichkeit Baden-Württemberg
Var.	Variante
VBlBW	Verwaltungsblätter Baden-Württemberg (Zeitschrift)
VerwArch	Verwaltungsarchiv (Zeitschrift)
VG	Verwaltungsgericht
VGH	Verwaltungsgerichtshof
vgl.	vergleiche
VIZ	Zeitschrift für Vermögens- und Investitionsrecht
VR	Verwaltungsrundschau (Zeitschrift)
VwGO	Verwaltungsgerichtsordnung
VwV	Verwaltungsvorschrift
VwVfG	Verwaltungsverfahrensgesetz des Bundes
WAStrG	Wasserstraßengesetz
WertV	Wertermittlungsverordnung
WG	Wassergesetz
WHG	Wasserhaushaltsgesetz
WiB	Wirtschaftrechtliche Beratung (Zeitschrift)
WM	Wertpapiermitteilungen (Zeitschrift)
z.B.	zum Beispiel
ZEV	Zeitschrift für Erbrecht und Vermögensnachfolge
ZfBR	Zeitschrift für Baurecht
ZflR	Zeitschrift für Immobilienrecht
ZfU	Zeitschrift für Umweltpolitik und Umweltrecht

Abkürzungsverzeichnis

ZfW	Zeitschrift für Wasserrecht
Ziff.	Ziffer
ZIP	Zeitschrift für Wirtschaftsrecht und Insolvenzpraxis
ZMR	Zeitschrift für Miet- und Raumrecht
ZNotP	Zeitschrift der Notarpraxis
ZPO	Zivilprozessordnung
ZUR	Zeitschrift für Umweltrecht

A. Probleme bei Planung und Errichtung von Bauvorhaben auf Industriebrachen

In Innenstädten herrscht erheblicher Flächenmängel für Nutzungen jeder Art, insbesondere für Wohn- und Büronutzung, aber auch für umweltschonende gewerbliche Nutzung. Gerade dort entstehen aber im Laufe der Zeit riesige Freiflächen. Diese werden von Gewerbe- und Industriebetrieben zurückgelassen, die ihren Sitz in günstigere Gebiete jenseits der Stadtgrenzen verlagern. Den für die Neuplanung dieser oftmals gewaltigen Areale zuständigen Gebietskörperschaften ist die Wiedernutzbarmachung eines brachliegenden Standortes, zumal in lukrativer Lage, schon aus wirtschaftlichen Erwägungen heraus ein wichtiges Anliegen. Der Kampf gegen die Verödung solcher Grundstücke ist aber insbesondere auch ein wesentlicher Leitsatz für die Bauleitplanung. Nach § 1a Abs. 1 BauGB soll mit Grund und Boden sparsam umgegangen werden. Eine Brachfläche in zentraler Lage verträgt sich mit dieser Vorgabe nicht. Städte und Gemeinden sind in Zeiten finanzieller Engpässe häufig nicht dazu in der Lage, ein stillliegendes Industrieareal wiederzubeleben. Aus diesem Grund stehen sie Planungs- und Projektentwicklungsvorhaben, die von privater Seite angetragen werden, offen gegenüber. Da das Engagement der Bau- und Immobilienwirtschaft sowohl Bau- als auch Umweltbehörden willkommen ist, gestaltet sich auch die Zusammenarbeit mit den Behörden oft kooperativer als in anderen Bereichen[1]. 1

Der Erwerb eines brachliegenden Industriestandortes mit aufstehenden Bauten und Betriebsstätten kann also ein **lohnendes Geschäft** sein. Dies ist jedoch in aller Regel mit Problemen belastet, die aus der ehemaligen Nutzung herrühren. Sie betreffen fast immer Verunreinigungen von Boden und Grundwasser, die im Zusammenhang mit der Vornutzung entstanden sind. Diese Schwierigkeiten können so groß sein, dass sie am Ende den Erwerb des Standortes unrentabel machen. Dies ist aber bei weitem nicht in der Mehrzahl der Fälle zu befürchten. In aller Regel können festgestellte Bodenverunreinigungen so saniert werden, dass eine Folgenutzung möglich ist. Besondere Probleme treten bei Grundwasserverunreinigungen auf. Diese müssen entweder auszuschließen oder aber ihrerseits mit einem angemessenen Aufwand zu beseitigen sein. Auf der anderen Seite dürfen die Augen auch nicht davor verschlossen werden, dass sich ein **Restrisiko** sowohl aus tatsächlichen als auch aus rechtlichen Gründen nie ganz ausschließen lässt. 2

---

[1] Vgl. dazu *Friedemann*, Neues Leben auf Industriebrachen, F.A.Z. Nr. 28 v. 2.2.2001, S. 55.

3 Die Entscheidung zur Investition in eine Industriebrache ist also eine Risikoentscheidung, die oft weitgehend, aber nie völlig kalkuliert werden kann. Deswegen ist es bei Kauf eines belasteten Grundstücks – genauso wie bei Erwerb eines noch produzierenden Unternehmens[2] – wichtig, bei und nach dem Erwerb höchst sorgfältig vorzugehen. Zugleich muss geschäftliches Handeln in diesem Bereich aber besonders effizient sein. Die zu lösenden **Probleme** sind vielschichtig und haben unterschiedliche Ursachen. Die folgende Zusammenstellung auftretender Schwierigkeiten erhebt keinen Anspruch auf Vollständigkeit. Sie beschränkt sich auf Probleme, die im Vorfeld der Entscheidung für die Verwirklichung eines Vorhabens auf einer Industriebrache und im Zusammenhang mit der Durchführung der Sanierung entstehen können. Nicht behandelt werden zum einen Fragen der technischen Betreuung durch den Architekten, beginnend bei der Planung des Vorhabens und der Vergabe der Bauleistungen bis hin zur Objektüberwachung und Betreuung. Zum anderen werden die auch in Altlastenfällen vorkommenden spezifischen Fragen der Finanzierung[3] und steuerlichen Beurteilung des Bauvorhabens und der steuerlichen Bewertung von Altlastengrundstücken[4], sowie solche der Vermarktung und Verwertung des fertigen Objekts[5] ausgeklammert.

I. „Altlastenhysterie"

4 Die Worte „Altlasten" oder „Umweltgifte" lösen in der Bevölkerung Unbehagen, oft Angst und bisweilen Hysterie aus. Dass die Wiedernutzbarmachung eines Standorts gerade auch aus ökologischer Sicht dienlich ist, wird häufig übersehen. Das nachvollziehbare Bedürfnis nach einer nutzungsorientierten Sanierung mit einem überschaubaren finanziellen Aufwand und das Kämpfen des Investors um eine „nur" nutzungsorientierte Sanierung gerade auch aus Kostengründen wird häufig in das Licht der Kostenersparnis zur Profitsteigerung gerückt. Aus diesem Grund können Diskussionen oder auch Verhandlungen um Investitionen auf Industriebrachen nicht immer mit der gebotenen Sachlichkeit geführt werden.

---

[2] Dazu *Turiaux/Knigge*, BB 1999, 913 ff. m.w.N.
[3] Vgl. zu Auswirkungen des BBodSchG auf die Kreditwirtschaft *Lwowski/Tetzlaff*, WM 2001, 385 ff. und 437 ff.
[4] Dazu eingehend *Knopp/Löhr*, BBodSchG in der betrieblichen Praxis, Rn. 666 ff.
[5] Vgl. dazu die Checkliste von *Meißner*, ZfIR 1998, 437, 440 ff.

II. Komplexe und schwierige Rechtslage

Bei der Wiedernutzbarmachung einer Industriebrache überschneiden sich verschiedene Rechtsbereiche[6]. Dies veranschaulicht bereits der umfassende Katalog des § 3 BBodSchG. Obwohl BBodSchG und BBodSchV einen gewissen Beitrag zur Vereinheitlichung der Rechtslage leisten, hat das neue Bodenschutzrecht nicht zur Vereinfachung des rechtlichen Umgangs mit Industriebrachen geführt. In vielen Fällen ist das Gegenteil richtig. Dies ergibt sich aus den an anderer Stelle[7] aufgezeigten rechtlichen Problemen, die das neue Bodenschutzrecht aufwirft. Auch im Verwaltungsrecht versierten Juristen ist die Materie in ihrer gesamten Breite regelmäßig nur bei besonderer Spezialisierung zugänglich. Ohne genaue Kenntnis der Spezialmaterie birgt die juristische und insbesondere die anwaltliche Sachbearbeitung erhebliche Risiken für alle Beteiligten.

III. Großes finanzielles Risiko auf allen Seiten

Die Entscheidung zur Investition in ein Altlastengrundstück ist in aller Regel kostspielig. Den Großteil der Kosten verursacht häufig nicht der Erwerb des verunreinigten Grundstücks. Teuer sind vielmehr bereits die Leistungen, welche zum Ausschluss von Risiken erbracht werden müssen. Dies sind zunächst in erster Linie die Kosten für Bodengutachten und anwaltliche Beratung.

Wenn es zur Durchführung des Projekts kommt, treten Sanierungskosten bzw. Kosten für Schutz- und Beschränkungs- sowie Nachsorgemaßnahmen dazu.

IV. Sonstige nicht auszuschließende Risiken

Die Sanierung eines Altlastengrundstücks ist nur mit Rücksicht auf die spätere Nutzung und damit auf die planungsrechtliche Lage des Areals möglich. Der **behördliche Planungswille** kann sich bis zum Ende der Projektplanungsphase ändern und im schlimmsten Fall aufgegeben werden. Die bis dahin entstandenen Kosten, etwa für Baugrunduntersuchungen und sonstige Bodenuntersuchungen auf schädliche Bodenveränderungen, auf die sonstige rechtliche und tatsächliche Eignung des Standorts und für anwaltliche Leistungen etwa bei der Gestaltung eines Sanierungsvertrages verbleiben beim Investor. Die **tatsächliche Situation** kann sich verschlimmern. Stellen sich bei der Durchführung von Sanierungsar-

---

[6] Siehe dazu oben Rn. 24 ff.
[7] Siehe dazu oben Rn. 84 ff.

beiten ungeahnte weitere Schäden heraus oder verschärft sich die Rechtslage, so geht dies häufig zu Lasten des Investors. Dieses Risiko lässt sich nicht unbedingt im Verhältnis zur Behörde[8], wohl aber im Verhältnis zum Veräußerer oder zu anderen Verursachern der Schäden auffangen[9]. Es bleibt jedoch das Risiko der mangelnden Solvenz dieser anderen Beteiligten.

V. Sachverstand aus verschiedenen Bereichen erforderlich

9   Bei Altlastensanierungen kommt es auf die Zusammenarbeit unterschiedlicher Spezialisten verschiedener Fachrichtungen an. Beteiligt sind zum Beispiel – gegebenenfalls jeweils auf Seiten des Investors und der Behörde –:

- Ingenieure und Fachleute zur Planung und Projektentwicklung
- Bodengutachter für das Erheben von Daten und Auswertung von Daten, sowie für die technische Durchführung und Überwachung der Sanierung
- Spezialfirmen für die Durchführung von Probebohrungen
- Toxikologen zur Bewertung der Gesundheitsschädlichkeit der Belastungen in Boden, Wasser und niederzulegender Bausubstanz
- Sonderfachleute zur Durchführung der Sanierungsarbeiten
- Juristen zur Vertragsverhandlung und -gestaltung, zur Überprüfung der sonstigen Zulässigkeit des Vorhabens sowie zur rechtlichen Abschätzung der Risiken des Standorts und zur Koordination des Verfahrensablaufs insgesamt
- Banken und Versicherungen

10   Es gilt, die Zusammenarbeit dieser Sonderfachleute zu koordinieren und für ein effektives Vorgehen zu sorgen.

VI. Verschiedene Zuständigkeiten und Interessenlagen innerhalb der Behörde

11   Aufgrund der unterschiedlichen Rechtsregimes unterliegenden Materien[10] sind allein auf behördlicher Seite verschiedene Ämter betroffen. Für den Vollzug des Bodenschutzrechts sind zunächst die nach Landesrecht zuständigen **Sonderord-**

---

[8] Von Ausnahmen bei vertraglichen Gestaltungen abgesehen, vgl. unten Rn. 474 ff.
[9] Siehe dazu unten Rn. 309 ff., 351 ff., 474 ff.
[10] Siehe dazu oben Rn. 24 ff.

nungsbehörden der Städte und Kreise zur Gefahrenabwehr zuständig. In die Prüfungen eingebunden sind zudem aus dem Bereich der Umweltbehörden die oberen und unteren **Wasserbehörden**, die oberen und unteren **Abfallbehörden** sowie ggf. die **Bergämter** und Oberbergämter. Hinsichtlich des Bauplanungsrechts sind die Gemeinden als **Träger der Bauleitplanung** einzubinden, während eine Bauvoranfrage oder ein Bauantrag bei den unteren **Bauaufsichtsbehörden** einzureichen ist. Bei einem Erwerb aus öffentlicher Hand sind an den Verhandlungen ferner die **Liegenschaftsämter** maßgeblich beteiligt. Schließlich finden sich bei den **Ordnungsämtern** Hinweise über häufig aussagekräftige Gewerbeab- oder -ummeldungen aus früherer Zeit.

Wenn es um die Überplanung oder Bebauung einer Industriebrache geht, unterscheidet sich die Interessenlage bereits innerhalb der zuständigen Behörden häufig. Soll etwa eine gemeindliche Liegenschaft verkauft werden, besteht häufig ein erhebliches Interesse des Liegenschaftsamts an einem zügigen Verkauf. Dieses Interesse kann den ordnungsbehördlichen Anforderungen an eine vorherige Sanierung oder zumindest gründliche Untersuchung der Liegenschaft entgegenstehen. Ähnliche Konflikte können zwischen Bauplanungs- und Umweltbehörden entstehen. Baubehörden sehen regelmäßig das dringende Erfordernis nach einer nutzungsorientierten Sanierung und sind aus diesem Grunde oft kooperationsbereiter als Umweltbehörden, etwa die Ordnungs-, Wasser- oder Abfallbehörden[11]. Auf diese Besonderheiten gilt es bei Verhandlungen Rücksicht zu nehmen.

VII. Oftmals gegenläufige Interessen bei Käufer und Verkäufer

In vielen Fällen laufen die Interessen von Veräußerer und Erwerber von Altlastengrundstücken auseinander. Während es dem Verkäufer in aller Regel um eine vertragliche Übergabe des gesamten Risikos geht, kommt es dem Käufer darauf an, Rücktrittsrechte für den Fall einer wesentlichen Verschlechterung seiner Position oder eine möglichst umfassende Freistellung durch den Veräußerer zu erhalten[12]. Normalerweise ist die Belastung des Grundstücks entscheidend für die Kaufpreisverhandlungen.

---

[11] Eine ähnliche Konstellation findet sich in der Praxis im Verhältnis der Bau- zur Denkmalbehörden.
[12] Siehe dazu unten Rn. 369, 371 ff.

VIII. Oftmals Verhinderungswille bei Nachbarn

14 Die Bebauung einer kontaminierten Brachfläche und die damit verbundene Errichtung eines neuen Standorts stoßen oft auf Ablehnung bei Grundstücksnachbarn. Vielfach wird die neue Nutzung die vorherige aufgreifen und Nachbarn (weiter) belasten. Oftmals wird auch ein Altlastenproblem erst durch Untersuchungen im Zusammenhang mit der Planung eines neuen Standorts offenbar. Aus manchmal wenig nachvollziehbaren Gründen regt sich in solchen Fällen häufig Widerstand gegen das neue Vorhaben.

IX. Die Benutzung dieses Buches

15 Das vorliegende Buch wendet sich vornehmlich an Investoren, Architekten und Rechtsberater, die im Zuge eines Investitionsvorhabens erstmals mit dem Problem einer möglichen Altlastenbelastung des für die Investition ins Auge gefassten Grundstücks konfrontiert werden. Es soll eine Anleitung geben, welche wesentlichen Schritte in dieser Lage einzuhalten sind, welche Risiken drohen und wie diese minimiert werden. Auch der in diesem Bereich nicht häufig tätige Rechtsanwalt soll anhand des Buches in die Lage versetzt werden, ein Investitionsvorhaben im Lichte des neuen Bodenschutzrechts in geeigneter Weise zu begleiten. Teilweise werden hierzu erste Einblicke in die genannte Rechtsmaterie gegeben. Daneben finden sich, je nach ihrer Bedeutung, vertiefte Problembeschreibungen und/oder weiterführende Hinweise, die zur Erarbeitung einzelfallbezogener Lösungen dienen.

16 Im Anschluss an diese Einleitung (**Teil A**) wird zunächst eine Übersicht über die Rechtsquellen des Bodenschutzrechts auf Bundes- und Landesebene gegeben, und das Bodenschutzrecht in das Verhältnis zu anderen öffentlich-rechtlichen Regelungen mit bodenrechtlichem Bezug gesetzt (**Teil B**). Danach wird kurz die Bedeutung des Bodenschutzrechts für die Bau- und Investitionstätigkeit auf Industriebrachen skizziert (**Teil C**). Im Anschluss daran werden umfangreich praxisrelevante Fragen des Bodenschutzrechts aufgearbeitet (**Teil D**). Hier findet sich zunächst die Klärung der einschlägigen Begriffe, Fragen der Verwirklichung des Bodenschutzes beim Bauen, die Darstellung der Pflichten und der Pflichtigen nach dem BBodSchG, sowie eine Behandlung der Durchsetzung des Bodenschutzrechts auf Bundes- und Landesebene. Weiterhin werden Fragen der Kostentragung, des Ausgleichs unter mehreren Sanierungspflichtigen und des Wertausgleichs bei Sanierungen durch die öffentliche Hand behandelt, ebenso wie abschließend Fragen der strafrechtlichen und ordnungswidrigkeitenrechtlichen Verantwortlichkeit im Altlastenbereich. Anschließend (**Teil E**) widmet sich das Buch der Frage der Problembewältigung bei Bauvorhaben auf Industriebrachen. Es werden Hinweise und Anleitungen gegeben für das Verhalten vor, bei und nach Erwerb eines Standortes. Für das Verhalten nach Erwerb eines Standortes werden, getrennt nach Erwerb von durchschnittlich belasteten Grundstücken und besonders komplexen Altlastenflächen, die Möglichkeiten behördlicher Inanspruchnahmen und die angemessenen Reaktionen hierauf dargestellt. Der abschließende Teil (**Teil F**) widmet sich der Frage einer vertraglichen Regelung von Sanierungsmaßnahmen zwischen Pflichtigem und Behörde. Hierzu wird ein Muster vorgelegt, das als Leitlinie für die Abfassung derartiger Verträge dienen soll und Merkposten für den Inhalt von Sanierungsverträgen enthält. Im Anhang (**Teil G**) sind Gesetzes- und Verordnungstexte sowie weitere Dokumente aufgenommen, die im Kontext des Bodenschutzrechts von Interesse sind.

B. Quellen und Grundlagen des Bodenschutzrechts

Das Bodenschutzrecht des Bundes im engeren Sinne ist im Bundes-Boden- **17** schutzgesetz (BBodSchG)[1] und seinem untergesetzlichen Regelwerk normiert. Letzteres besteht vornehmlich aus der Bundes-Bodenschutz- und Altlastenverordnung (BBodSchV)[2] mit ihren 4 technischen Anhängen, die (Anhang 2) insbesondere erste verbindliche Grenzwerte für Bodenverunreinigungen enthalten (Maßnahmen-, Prüf- und Vorsorgewerte) und der Verordnung über die Eintragung des sog. Bodenschutzlastvermerk[3]. Unabhängig von vorgenannten Regelungen gewähren weitere Bundesgesetze losgelöst von BBodSchG und BBodSchV dem Umweltmedium Boden Schutz. Sie gehen dem BBodSchG grundsätzlich vor, wenn sie materielle Anforderungen an den Bodenschutz enthalten[4]. Das neue Bodenschutzrecht des Bundes ist für den dort geregelten Bereich abschließend[5]. Den Bundesländern ist nach der Konzeption des Gesetzes ein gewisser Spielraum verblieben, der zur Ergänzung und Umsetzung des Bundesrechts im wesentlichen in Verfahrensfragen berechtigt[6].

I. Bodenschutzrecht des Bundes

Das BBodSchG ist in fünf Teile untergliedert. Der erste Teil des BBodSchG – **18** §§ 1–3 – enthält allgemeine Vorschriften. Diese betreffen den Gesetzeszweck, enthalten Begriffsbestimmungen und legen den Anwendungsbereich des BBodSchG fest. Definiert sind in § 2 BBodSchG etwa Zentralbegriffe des Altlastenrechts wie „Altlasten" und „schädliche Bodenveränderungen" und die in Betracht kommenden Sanierungsmaßnahmen. Ergänzende Begriffsbestimmungen enthält § 2 BBodSchV. Diese betreffen vornehmlich die Durchführung der Sanierung, beschreiben aber mit der Orientierenden Untersuchung (§ 2 Nr. 3 BBodSchV) und der Detailuntersuchung (§ 2 Nr. 4 BBodSchV) auch die zentralen Untersuchungsarten des neuen Bodenschutzrechts zur Gefahrerforschung.

---

[1] Gesetz v. 17.3.1998, BGBl. I, S. 502.
[2] Verordnung v. 12.9.1999, BGBl. I, S. 1554.
[3] Verordnung v. 18.3.1999, BGBl. I, S. 497.
[4] Vgl. zu diesem Konkurrenzverhältnis siehe unten Rn. 25 ff.
[5] *BVerwG*, NVwZ 1999, 421; *BVerwG*, NVwZ 2000, 1179 ff.; vgl. hierzu *Fischer*, altlasten spektrum 2000, 360, 360 f.
[6] Siehe unten Rn. 61 ff.

19 Der zweite Teil des BBodSchG normiert Grundsätze und Pflichten des neuen Bodenschutzrechts (§§ 4–10 BBodSchG). Geregelt sind zunächst die Pflichten zur Gefahrenabwehr (§ 4 Abs. 1 und 2 BBodSchG) und die zur Gefahrenabwehr verpflichteten Störer nach § 4 Abs. 3 und 6 BBodSchG. § 4 Abs. 4 BBodSchG regelt die Bestimmung des Sanierungsziels. Die Norm enthält das für das Baurecht wichtige Gebot der **nutzungsorientierten Sanierung**, das unter dem Vorbehalt der Vereinbarkeit mit dem Schutz der Bodenfunktionen in § 2 Nr. 2 BBodSchG steht. § 4 Abs. 5 BBodSchG enthält eine Regelung für sog. „Neulasten", die nach dem 1. März 1999 eingetreten sind oder eintreten. Auf § 4 BBodSchG nimmt § 5 BBodSchV Bezug. Diese Norm regelt Anforderungen an die Sanierung von schädlichen Bodenveränderungen und Altlasten, an die Eignung von Sanierungsmaßnahmen und deren Verhältnis zueinander. § 5 BBodSchG enthält ein Entsiegelungsgebot für ehemals genutzte Flächen, deren **Versiegelung einer baulichen Nutzung entgegensteht**, und ergänzt den Pflichtenkatalog des § 4 BBodSchG damit um eine weitere Pflicht für den Grundstückseigentümer. § 6 BBodSchG enthält eine Verordnungsermächtigung zur Regelung des Ein- und Aufbringens von Material bei Bodenarbeiten, also insbesondere Bauarbeiten. Der Verordnungsgeber hat hiervon in § 12 BBodSchV Gebrauch gemacht. § 7 BBodSchG normiert als Ausprägung des allgemeinen umweltrechtlichen Vorsorgeprinzips[7] eine zukunftsgerichtete nachhaltige Gefahrenbekämpfung. Die Norm hat einen weiten Adressatenkreis. Sie richtet sich an jeden, der auf einem Grundstück oder in dessen Einwirkungsbereich berechtigt oder unberechtigt bodenbezogene Nutzungen vornimmt[8] und wird durch §§ 9 ff. BBodSchV i.V.m. Anhang 2 zur BBodSchV umgesetzt. § 8 BBodSchG enthält eine besonders weitreichende und wichtige Ermächtigung an den Verordnungsgeber. Er ist Grundlage für die Konkretisierung der Sanierungspflichten aus § 4 BBodSchG und die Vorsorgepflichten aus § 7 BBodSchG in §§ 3, 4, 5, 8 BBodSchV – hierzu ermächtigt § 8 Abs. 1 BBodSchG – sowie §§ 10 und 11 BBodSchV, zu deren Erlass § 8 Abs. 2 BBodSchG berechtigt. §§ 3 und 4 BBodSchV sehen für die Bodenuntersuchung (§ 3) und deren Bewertung (§ 4) ein gestuftes behördliches Verfahren vor. Dessen Durchführung richtet sich nach den Vorgaben in § 9 BBodSchG. Das dort vorgesehene gestufte Verfahren unterscheidet zwischen behördlichen Anhaltspunkten für eine schädliche Bodenveränderung oder Altlast auf der **ersten** (Abs. 1) und **konkreten Anhaltspunkten** für den **hinreichenden Verdacht** einer schädlichen Bodenveränderung oder Altlast (Abs. 2) auf der **zweiten** Stufe. § 10 BBodSchG enthält in Abs. 1 S. 1 die Ermächtigung zum Erlass bodenschutzrechtlicher Verwaltungsakte und befugt die Behörde zur Durchsetzung bodenschutzrechtlicher Anordnungen. Wenn schädliche Bodenveränderungen oder Altlasten eingetreten sind, richtet sich das weitere Vorgehen nach § 4 Abs. 3 S. 1 BBodSchG. Die dort genannten Störer sind dann verpflichtet, „den Boden und

---

[7] Dazu *Kloepfer*, Umweltrecht § 4 Rn. 5 ff.; *Knopp/Heinze*, altlasten spektrum 2000, 227, 229; zur europarechtlichen Ausprägung *Lübbe-Wolff*, NVwZ 1998, 777, 777 f.; *Rengeling*, DVBl. 2000, 1473 ff.
[8] *Schönfeld* in Oerder/Numberger/Schönfeld, BBodSchG, § 7 Rn. 12.

I. Bodenschutzrecht des Bundes **B**

Altlasten sowie durch schädliche Bodenveränderungen oder Altlasten verursachte Verunreinigungen von Gewässern so zu sanieren, dass dauerhaft keine Gefahren, erheblichen Nachteile oder erheblichen Belästigungen für den einzelnen oder die Allgemeinheit entstehen". Weitere Vorgaben enthalten § 4 Abs. 3 S. 2–3 BBodSchG. 10 Abs. 2 BBodSchG sieht für den land- und forstwirtschaftlichen Bereich einen Ausgleichsanspruch für Eigentümer oder Inhaber der tatsächlichen Gewalt vor, sofern deren Inanspruchnahme nach § 4 BBodSchG ein Sonderopfer darstellt.[9]

Der dritte Teil des BBodSchG enthält unter der Überschrift „Ergänzende Vorschriften für Altlasten" in §§ 11–15 verschiedene Regelungen, zu deren Durchsetzung § 16 BBodSchG gesondert ermächtigt. § 11 BBodSchG legt die Altlastenerfassung in die Hand der Bundesländer. § 12 BBodSchG regelt die Verpflichtung, betroffene Dritte von Sanierungsmaßnahmen zu unterrichten. In § 13 BBodSchG werden unter der Überschrift „Sanierungsuntersuchungen und Sanierungsplanung" Verfahrensvorgaben für die Behandlung besonders komplexer Altlastensanierungen gemacht. Die Behörde kann in diesem Fall von dem nach § 4 BBodSchG Pflichtigen eine komplexe Sanierungsuntersuchung und die Erstellung eines Sanierungsplanes, gegebenenfalls durch einen besonders qualifizierten Sachverständigen (§ 18 BBodSchG) verlangen. Eine nähere Ausgestaltung der inhaltlichen Anforderungen an Sanierungsuntersuchung und Sanierungsplanung findet sich in § 6 BBodSchV i.V.m. deren Anhang 3. Das Gesetz räumt dem Pflichtigen in § 13 Abs. 4 BBodSchG aber auch ausdrücklich die Möglichkeit ein, an die Behörde mit einem **Sanierungsvertrag** heranzutreten und hierdurch Gestaltungsmöglichkeiten zu erweitern. Kommt der Verpflichtete seiner Pflicht zur Planerstellung nicht nach, so normiert § 14 BBodSchG ein Selbsteintrittsrecht für die Behörde. Nach § 15 BBodSchG unterliegen Sanierungsmaßnahmen der Überwachung durch die zuständige Behörde. Diese kann den Betroffenen auch dazu verpflichten, Eigenkontrollmaßnahmen durchzuführen und deren Ergebnisse auf Verlangen mitzuteilen. **20**

Der vierte Teil besteht allein aus § 17 BBodSchG, der die Bodennutzung für die Land- und Forstwirtschaft regelt. Hier gelten Sonderregelungen, die den dortigen Sachzwängen Rechnung tragen. **21**

Der fünfte Teil des BBodSchG enthält in §§ 18–26 zum Teil sehr bedeutsame Schlussvorschriften. In § 18 BBodSchG werden die Länder ermächtigt, besondere Anforderungen an Sachverständige im Bodenschutzbereich aufzustellen. § 19 BBodSchG betrifft die behördeninterne Datenübermittlung, § 20 BBodSchG enthält eine Verordnungsermächtigung zur Anhörung beteiligter Kreise, § 21 BBodSchG beinhaltet eine allgemeine Ermächtigung für den Erlass von Landesbodenschutzrecht. § 23 BBodSchG enthält eine Bestimmung zur Erfüllung bindender Beschlüsse der Europäischen Gemeinschaften sowie eine Verordnungsermächtigung für den Verteidigungsfall. Besonders bedeutsam sind die Vorschriften **22**

---

[9] *Schönfeld* in Oerder/Numberger/Schönfeld, BBodSchG, § 10 Rn. 11 ff.

der **§§ 24 und 25 BBodSchG**. § 24 BBodSchG regelt die Kostentragung bei Sanierungsvorhaben. Die Norm behandelt in Abs. 1 das „vertikale" Verhältnis zwischen Behörde und Sanierungspflichtigen. In dem hiervon unabhängigen Abs. 2 ist das „horizontale" Verhältnis mehrerer Sanierungspflichtiger untereinander normiert, insbesondere ein vor den Zivilgerichten durchsetzbarer Ausgleichsanspruch. Von großer praktischer Bedeutung ist darüber hinaus die Wertausgleichsregelung des § 25 BBodSchG, die greift, soweit die öffentliche Hand Pflichten nach § 4 BBodSchG erfüllt und durch die damit verbundene Sanierung den Grundstückswert nicht nur unwesentlich erhöht. § 26 BBodSchG schließlich enthält Bußgeldtatbestände für den Fall einer Verletzung bodenschutzrechtlicher Pflichten.

II. Bodenschutz nach sonstigem Bundesrecht

23 Auch nach der Schaffung von BBodSchG und BBodSchV existiert kein einheitliches Bodenschutzrecht auf Bundesebene. Nach wie vor existieren außerhalb von BBodSchG und BBodSchV weit gestreute Regelungen für den Bodenschutz im Fachrecht. Das jetzt neu kodifizierte Bodenschutzrecht des Bundes stellt gewissermaßen das Bodenschutzrecht „im engeren Sinne" dar, das die Lücken im sonstigen bodenschützenden Fachrecht schließen soll[10]. Daneben findet sich auch solches in einem „weiteren Sinne". Bodenschützende Normen sind etwa in Vorschriften enthalten, die vornehmlich anderen Zwecken als dem Bodenschutz dienen.

1. Anwendungsbereich des BBodSchG

24 Nach der Systematik des § 3 BBodSchG tritt dieses auch bei Vorliegen schädlicher Bodenveränderungen oder Altlasten hinter das in § 3 Abs. 1–3 genannte Recht zurück. So genießen zum Beispiel die in § 3 Abs. 1 BBodSchG genannten Bereiche folgenden Fachrechts Vorrang vor dem BBodSchG, *soweit* dort Einwirkungen auf den Boden geregelt sind:

- Kreislaufwirtschafts- und Abfallrecht (§ 3 Abs. 1 Nrn. 1 und 2),
- Gefahrgüterrecht (Nr. 3)
- Düngemittel- und Pflanzenschutzrecht (Nr. 4)
- Gentechnikrecht (Nr. 5)
- Waldrecht (Nr. 6)

---

[10] *Schink*, DVBl. 2000, 221, 223.

II. Bodenschutz nach sonstigem Bundesrecht B

- Flurbereinigungsrecht (Nr. 7)
- Verkehrswegerecht (Nr. 8)
- Bauplanungs- und Bauordnungsrecht (Nr. 9)
- Bergrecht (Nr. 10),
- Immissionsschutzrecht (Nr. 11 i.V.m. Abs. 3)

Dieser Katalog des § 3 Abs. 1 BBodSchG ist bei näherem Hinsehen weit weniger 25 umfassend, als es auf den ersten Blick scheint. Das sonstige Fachrecht findet nämlich auf schädliche Bodenveränderungen und Altlasten nur Anwendung, *soweit dieses Einwirkungen auf den Boden in einem materiellen Sinne regelt*[11]. Dies ist vielfach nicht der Fall. Das Fachrecht enthält in der Regel nämlich keine materiellen Maßstäbe zum Bodenschutz, sondern beschränkt sich auf Verfahrensvorgaben. Die materiellen Maßstäbe zum Bodenschutz sind dann dem BBodSchG zu entnehmen[12].

Als **Beispiel** mag das in der Begründung zum BBodSchG erwähnte Fernstra- 26 ßenrecht dienen[13]. Hier findet sich zugleich ein Beleg dafür, dass der bodenschützende Gehalt des Fachrechts sich nicht immer sofort aufdrängt. Er liegt nur manchmal – wie z.B. in § 1 Abs. 1 BImSchG oder in § 1 Abs. 5 S. 1 BauGB für die Bauleitplanung oder in § 1a BauGB für die bauplanungsrechtliche Abwägung – offen, kann aber auch versteckt sein. Sind etwa schädliche Chemikalien von einem Parkplatz an einer Bundesfernstraße zu entfernen, so gelten hierfür nach § 3 Abs. 1 Nr. 8 BBodSchG die Vorschriften über die Unterhaltung und den Betrieb von Verkehrswegen. Für die Bundesfernstraße wäre das Bundesfernstraßengesetz (FStrG) einschlägig. Dieses enthält nur auf den ersten Blick keine bodenschützende Norm. Nach § 17 Abs. 1 S. 2 FStrG ist nämlich die Umweltverträglichkeit ein Abwägungsbelang, der im Rahmen der straßenrechtlichen Planfeststellung beim Fernstraßenbau zu berücksichtigen ist. Die Ermittlung der Umweltverträglichkeit wiederum richtet sich nach § 2 Abs. 1 S. 2 Nr. 1 UVPG. Dort ist die Ermittlung der Auswirkungen eines Vorhabens auf den Boden erwähnt. Allerdings finden sich auch an dieser Stelle keine materiellen Vorgaben für die Beseitigung schädlicher Bodenveränderungen im Bereich von Bundesfernstraßen; diese ergeben sich letztlich wieder aus dem BBodSchG. Daher sind die materiellen Maßstäbe für die Gewährung des Bodenschutzes in diesem Fall nicht aus dem in § 3 Abs. 1 Nr. 8 BBodSchG erwähnten Fachrecht, sondern aus dem BBodSchG selbst zu entnehmen.[14]

---

[11] *Eckert*, NVwZ 1999, 1181, 1185; *Radtke* in Holzwarth/Radtke/Hilger/Bachmann, BBodSchG, § 3 Rn. 6.
[12] Vgl. etwa *BVerwG*, NVwZ 1999, 421 für das Verhältnis von § 3 Abs. 1 Nr. 8 BBodSchG zum Bundesfernstraßengesetz. *Eckert*, NVwZ 1999, 1181, 1185; *Radtke* in Holzwarth/Radtke/Hilger/Bachmann, BBodSchG, § 3 Rn. 6.
[13] BT-Drs. 13/6701, S. 32.
[14] So *BVerwG*, NVwZ 1999, 421.

27 § 3 Abs. 2 BBodSchG erklärt zudem das Atom- und Kampfmittelrecht generell für vorrangig, wobei insbesondere letzteres wegen der auch heute noch anzutreffenden Funde von Kampfmitteln aus Kriegszeiten für das Bodenschutzrecht von Bedeutung ist[15].

28 § 3 Abs. 1 Nr. 11 i.V.m. Abs. 3 BBodSchG verzahnt BBodSchG und BImSchG für die Errichtung und den Betrieb von Anlagen – nicht aber für die Betriebseinstellung – auf besondere Weise. Der Grundgedanke der komplizierten Regelung basiert darauf, dass sowohl das die Errichtung als auch das den Betrieb von Anlagen betreffende Immissionsschutzrecht gleichermaßen den Boden schützt (§ 1 i.V.m. § 3 Abs. 1 BImSchG). Dem trägt die Fiktion des § 3 Abs. 3 S. 1 BBodSchG Rechnung. Danach gelten „schädliche Bodenveränderungen" im Sinne von § 2 Abs. 3 BBodSchG im Hinblick auf das Schutzgut Boden als „schädliche Umwelteinwirkungen" nach § 3 Abs. 1 BImSchG bzw. als „erhebliche Nachteile oder erhebliche Belästigungen" nach § 5 Abs. 1 Nr. 1 BImSchG. Letztere liegen also vor, wenn nach BBodSchG und BBodSchV eine schädliche Bodenveränderung gegeben ist. Durch diese Gleichschaltung werden materielle Belastungen des Bodens durch den Anlagenbetrieb dem Regime des „Bodenschutzrechts im engeren Sinne" unterstellt. Für immissionsschutzrechtliche Verfahrensfragen und die Anlagengenehmigung gilt weiterhin das BImSchG.[16]

2. Sonstiges Bodenschutzrecht des Bundes im Überblick

29 Neben dem Bodenschutzrecht nach BBodSchG finden sich zahlreiche materielle Regelungen zum Bodenschutz im öffentlich-rechtlichen Fachrecht des Bundes. Zu differenzieren ist nach der Systematik von § 3 BBodSchG zwischen grundsätzlich vorrangigem und grundsätzlich gleichrangigem Fachrecht. Einen Überblick über das Bodenschutzrecht außerhalb des BBodSchG mag folgende nicht abschließende Aufzählung des weit verstreuten bodenschützenden Fachrechts verschaffen.

a) Bodenschützende Normen in grundsätzlich vorrangigem Fachrecht

30 Zunächst soll grundsätzlich vorrangiges, also den Regelungen des BBodSchG vorgehendes Recht betrachtet werden, das sich etwa in den folgenden Gesetzen findet.

---

[15] *Etzold* in Franzius/Wolf/Brandt, HdA, Nr. 10911.
[16] Vgl. dazu *Nicklas*, LKV 2000, 376, 378 f.; *Becker*, BBodSchG § 3 Rn. 30; *Peine*, NuR 1999, 121, 123, *Erbguth/Stollmann*, NuR 2001, 241, 244.

II. Bodenschutz nach sonstigem Bundesrecht **B**

▶ **Kreislaufwirtschafts- und Abfallrecht**[17] (§ 3 Abs. 1 Nrn. 1 und 2), **31**

- § 10 Abs. 4 S. 2 Nr. 3 KrW-/AbfG: Abfallbeseitigung unter Vermeidung schädlicher Beeinflussung des Bodens
- § 29 Abs. 1 S. 3 KrW-/AbfG: Ausweisung von Standorten für Abfallbeseitigungsanlagen unter Berücksichtigung des Wohls der Allgemeinheit
- §§ 30 f. KrW-/AbfG: Umweltverträgliche Zulassung von Abfallbeseitigungsanlagen im Wege der Planfeststellung mit Bodenschutz aus UVP (§ 31 Abs. 2 S. 1 KrW-/AbfG) oder nach BImSchG mit Bodenschutz über § 1 Abs. 1 S. 1 BImSchG (§ 31 Abs. 1 S. 1 KrW-/AbfG)

▶ **Düngemittelrecht** (Nr. 4) **32**

- § 1a Abs. 1 Düngemittelgesetz: Bodenfruchtbarkeit
- § 1 Abs. 2 Düngemittelverordnung: Inverkehrbringen von Düngemitteln nur bei Unschädlichkeit für den Boden zulässig
- § 2 Düngemittelverordnung: Bodenschonende Anwendung von Düngemitteln

▶ **Pflanzenschutzrecht** (Nr. 4) **33**

- § 1 Nr. 4 i.V.m. § 2 Nr. 6 Pflanzenschutzgesetz (PflSchG): Abwendung von Gefahren für den Boden als Teil des Naturhaushalts
- § 6 Abs. 1 S. 2 PflSchG: Keine Anwendung von Pflanzenschutzmitteln bei zu erwartenden schädlichen Auswirkungen auf den Boden als Teil des Naturhaushalts
- § 2 Pflanzenschutz-Anwendungsverordnung i.V.m. Anlage 2: Anwendungsbeschränkungen und -verbote für bodenschädigende Pflanzenschutzmittel

▶ **Waldrecht** (Nr. 6) **34**

- § 1 Nr. 1 Bundeswaldgesetz (BWaldG): Erhaltung der Bodenfruchtbarkeit
- § 7 BWaldG: Forstliche Rahmenpläne unter Berücksichtigung der Bodenfruchtbarkeit
- § 12 Abs. 1 S. 2 BWaldG: Erklärung zum Schutzwald zum Schutz des Bodens gegen Erosion und Wasser

---

[17] Von besonderer Bedeutung ist, dass stillgelegte Deponien dem Altlastenbegriff nach § 2 Abs. 5 BBodSchG entsprechen und damit dem Regime des BBodSchG unterfallen. § 36 Abs. 2.5.1 KrW-/AbfG scheidet als Ermächtigungsgrundlage zur Anordnung der Sanierung einer stillgelegten Deponie aus. So ausdrücklich OVG Münster, UPR 2001, 194, 195.

35 ▶ **Verkehrswegerecht** (Nr. 8)

- § 17 Abs. 1 S. 2 Bundesfernstraßengesetz (FStrG) i.V.m. § 2 Abs. 1 S. 1 Nr. UVPG: Abwägung der Auswirkungen des Vorhabens auf den Boden im Rahmen der Planfeststellung nach §§ 72 ff. VwVfG

  Entsprechendes gilt nach:
- § 18 Abs. 1 S. 2 Eisenbahngesetz (AEG)
- § 14 Abs. 1 Wasserstraßengesetz (WaStrG)
- § 28 Abs. 1 Personenbeförderungsgesetz (PBefG)
- § 8 Abs. 1 S. 2 Luftverkehrsgesetz (LuftVG)

36 ▶ **Raumordnungsrecht**

- § 2 Abs. 2 Nr. 1–3, 8 Raumordnungsgesetz (ROG) in Verbindung mit Landesplanungsrecht: Erhaltung und Wiederherstellung der Funktionsfähigkeit des Naturhaushalts von Flächen und schonender Umgang hiermit.

37 ▶ **Bauplanungs- und Bauordnungsrecht** (Nr. 9)

- § 1 Abs. 5 BauGB: Sicherung sozialgerechter Bodennutzung durch Bauleitplanung
- § 1a BauGB: „Bodenschutzklausel" zum sparsamen und schonenden Umgang mit Boden
- § 5 Abs. 2 Nr. 10 BauGB: Bodenschutz durch Darstellung von Flächen zum Schutz des Bodens im Flächennutzungsplan
- § 9 Abs. 1 Nr. 14 BauGB: Bodenschutz durch Festsetzung von Flächen im Bebauungsplan zur Rückhaltung und Versickerung von Niederschlagswasser zum Schutz vor Bodenerosion
- § 9 Abs. 1 Nr. 20 BauGB: Bodenschutz durch Festsetzung von Flächen m Bebauungsplan zum Schutz des Bodens
- § 35 Abs. 5 S. 1 BauGB: Bodenschutz bei Vorhaben im Außenbereich
- § 179 Abs. 1 S. 2 BauGB: Bodenschutz durch Verbot der Entsiegelung
- §§ 16–21a BauNVO: Bodenschutz durch die Vorschriften über das Maß der baulichen Nutzung in Hinblick auf die Ausnutzung oder Dichte der Bebauung gem. § 19 Abs. 4 S. 4 Nr. 1 BauNVO.

II. Bodenschutz nach sonstigem Bundesrecht B

▶ **Bergrecht**[18] (Nr. 10) 38

- § 55 Abs. 1 Nr. 7, Nr. 9 Bundesberggesetz (BBergG): Vorsorge für Wiedernutzbarmachung von bergbaulichen Oberflächen im Betriebsplan
- § 55 Abs. 2 Nr. S. 1 Nr. 2 BBergG: Sicherstellung der Wiedernutzbarmachung von bergbaulichen Oberflächen im Abschlussbetriebsplan
- § 48 Abs. 2 S. 1 BBergG: Keine Zulassung eines bergrechtlichen Betriebsplanes bei Entgegenstehen „überwiegender öffentlicher Interessen", auch des Bodenschutzes

▶ **Immissionsschutzrecht** (Nr. 11 i.V.m. Abs. 3) 39

- § 1 BImSchG: Bodenschutz als Gesetzeszweck
- § 3 Abs. 1 i.V.m. 2 i.V.m. § 5 Abs. 1 BImSchG: Pflicht zum Anlagenbetrieb ohne Verursachung von Immissionen als schädliche Umwelteinwirkungen auf den Boden

b) Bodenschützende Normen in grundsätzlich gleichrangigem Fachrecht

§ 3 BBodSchG regelt kein Konkurrenzverhältnis zum Wasser- und zum Natur- 40 schutzrecht, so dass die Subsidiarität des Bodenschutzrechts insoweit nicht gilt.

▶ **Wasserrecht** 41

Das BBodSchG klammert in § 2 Abs. 1 das Grundwasser und die Gewässerbetten 42 aus seinem Anwendungsbereich aus. Weder das Wasserhaushaltsgesetz des Bundes (WHG) – § 1 WHG erstreckt den Geltungsbereich des WHG auf Gewässer und das Grundwasser – noch die Wassergesetze der Länder nennen den Boden ausdrücklich als Schutzgut. Gleichwohl liegt die Relevanz des Wasserrechts für den Bodenschutz auf der Hand. Schadstoffe gelangen in erster Linie über den Boden in Gewässer und in das Grundwasser. Dieses Problem entsteht namentlich bei Altlastenstandorten, aus deren Erdreich Schadstoffe in Gewässer und/oder das Grundwasser getragen werden. Obwohl das Wasser nicht Schutzgut des BBodSchG ist, enthält dieses in § 4 Abs. 3 S. 1 BBodSchG die Verpflichtung zur Sanierung von Gewässern, wenn Verschmutzungen durch schädliche Bodenveränderungen oder Altlasten verursacht wurden.[19] Die Sanierungsverpflichtung

---

[18] Im Falle des Bergrechts greift die Subsidiaritätsklausel, da das Bergrecht selbst weitgehende bodenschützende Vorschriften enthält. Das Bergrecht unterfällt daher auch weiterhin im wesentlichen seinem eigenen Regime.
[19] Vorgaben für die Probenahme im Wirkungspfad Boden-Grundwasser enthält Anhang 1 Ziff. 2.1.3 BBodSchV.

nach BBodSchG knüpft also daran an, ob ein Gewässerverunreinigung Folge einer Bodenverunreinigung ist oder ob sie auf sonstige Weise – etwa durch direktes Einleiten oder Eindringen – erfolgt ist. Im ersten Fall ergibt sich die Pflicht zur Einleitung von Sanierungsmaßnahmen nach dem BBodSchG (§ 4 Abs. 3 S. 1 BBodSchG). Die Durchführung der Sanierung unterliegt aber gem. § 4 Abs. 4 S. 3 BBodSchG dem Regime des Wasserrechts[20]. Im zweiten Fall – also bei direkter Verunreinigung des Gewässers nicht über den Boden – richtet sich bereits die grundsätzliche Sanierungspflicht nach Wasserrecht[21]. Dies gilt nach § 7 S. 6 BBodSchG auch für die Vorsorge für das Grundwasser[22].

43 Als zumindest mittelbar bodenschützende Vorschriften des Wasserrechts ist folgende Vorschrift zu nennen:

> – § 19 Wasserhaushaltsgesetz (WHG): Festsetzung von Wasserschutzgebieten zum Schutz von Gewässern und Grundwasser vor nachteiligen Einwirkungen, die gerade auch über den Boden eingebracht werden können.

44 ▶ **Naturschutzrecht**

45 § 3 BBodSchG erwähnt das Naturschutzrecht nicht, so dass BBodSchG und BNatSchG gleichrangig nebeneinander stehen[23]. Überschneidungen der Bereiche kommen in erster Linie im Rahmen der naturschutzrechtlichen Eingriffsregelung nach § 8 Abs. 1 BNatSchG in Betracht. Soweit ein Eingriff in Natur und Landschaft zugleich die Bodenfunktionen gem. § 2 Abs. 3 BBodSchG beeinträchtigt, geht das spezielle bodenschutzrechtliche Regime des BBodSchG dem Naturschutzrecht vor[24].

46 Bodenschützende Vorschriften im Naturschutzrecht sind etwa:

> – § 2 Abs. 1 Nr. 4 Bundesnaturschutzgesetz (BNatSchG): Erhaltung des Bodens und seiner Fruchtbarkeit
> – § 2 Abs. 1 Nr. 5 BNatSchG: Ausgleich unvermeidbarer Beeinträchtigungen im Zusammenhang mit dem Bodenabbau
> – §§ 5, 6 BNatSchG: Bodenschutz im Rahmen der Landschaftsplanung

---

[20] Zur Bewertung von Gefahren, die von Verdachtsflächen oder altlastenverdächtigen Flächen für das Grundwasser ausgehen, schreibt § 4 Abs. 3 S. 1 BBodSchV eine sog. Sickerwasserprognose vor. Vgl. dazu Rn. 191 ff.
[21] Vgl. zu der auch nach dem Erlass des BBodSchG noch umstrittenen Frage, ob nur bewirtschaftete Gewässer oder wegen der Reichweite des Besorgnisgrundsatzes zugunsten des Grundwassers nach § 34 Abs. WHG umfassenden wasserrechtlichen Schutz genießen: *Schink*, DÖV 1999, 797, 807.
[22] Vgl. hierzu grundsätzlich auch *Erbguth/Stollmann*, NuR 2001, 241, 245.
[23] *Erbguth/Stollmann*, GewArch 1999, 223, 227; *Wolf*, NuR 1999, 545, 545 f., *Müggenborg*, SächsVBl. 2000, 77, 78.
[24] *Schönfeld* in Oerder/Numberger/Schönfeld, § 3 BBodSchG Rn. 51.

> – § 8 Abs. 1 BNatSchG: Schutz vor Eingriffen in den Boden als Bestandteil des Naturhaushalts
> – §§ 12 ff. BNatSchG: Bodenschutz durch Schutzgebietsausweisungen

III. Bodenschutzrecht der Länder

Das ergänzende Bodenschutzrecht der Länder ist in mehrfacher Hinsicht von Interesse. Einerseits ist zu klären, in welchem Verhältnis dieses Recht zum Bodenschutzrecht des Bundes steht und welche Regelungsbereiche für den Landesgesetzgeber noch bleiben. Andererseits weisen die Landesgesetzgebungen verschiedene Ausprägungen auf, die beispielhaft erläutert werden sollen. 47

1. Das Verhältnis zwischen dem Bodenschutzrecht des Bundes und der Länder

Zunächst soll die Frage des Verhältnisses von Landes- zu Bundesbodenschutzrecht und das Problem der verbleibenden Regelungskompetenz der Länder geklärt werden. 48

a) Allgemeines

Mit dem Erlass des BBodSchG und seines untergesetzlichen Regelwerks hat der Bundesgesetzgeber von seiner konkurrierenden Gesetzgebungskompetenz aus Art. 74 GG Gebrauch gemacht. In diesem Bereich haben die Länder nur Gesetzgebungsbefugnis, solange und soweit der Bund sein Gesetzgebungsrecht nicht in Anspruch nimmt. Die Zuständigkeit des Bundes zur Regelung des Bodenschutzrechts ergibt sich aus Art. 74 Abs. 1 Nr. 18 GG, der u.a. das „Bodenrecht" nennt[25]. Dies hat die Pflicht zur Anpassung des Landesrechts an die Vorgaben des BBodSchG zur Folge[26]. In den Ländern, die ihr Altlastenrecht den Vorgaben des BBodSchG noch nicht angepasst haben, stellt sich die Frage, ob und inwieweit das existierende alte Landesrecht neben dem BBodSchG noch zur Anwendung gelangen kann. In den Ländern, die ihr Landesrecht bereits novelliert haben, ist das dortige Bodenschutzrecht auf die Einhaltung der bundesrechtlichen Vorgaben zu überprüfen. Die Regelungsbefugnis der Länder besteht nur noch für die Be- 49

---

[25] Vgl. statt vieler jetzt *BVerwG*, NVwZ 2000, 1179, 1181; *VGH Kassel*, ZfIR 2000, 305, 306; *VG Frankfurt a.M.*, NuR 1999, 711, 712. A.A. Oeter in von Mangoldt/Klein/Starck, Art. 74 GG Rn. 161; Buch, NVwZ 1998, 822 f., der eine Rahmenkompetenz des Bundes auf Art. 75 Abs. 1 Nr. 3 (Naturschutz) für gegeben hält.
[26] Siehe unten Rn. 50 ff.

reiche, in denen der Bund ausdrücklich oder stillschweigend Regelungsspielräume gelassen hat. Eindeutig ist, dass die Landesgesetzgeber eine bundesrechtlich abschließend geregelte Materie auch dann nicht ergänzen dürfen, wenn sie die Bundesregelung für „unzulänglich und deshalb reformbedürftig halten; das Grundgesetz weist ihnen nicht die Aufgabe zu, kompetenzgemäß getroffene Entscheidungen ‚nachzubessern'"[27]. Ob der Bundesgesetzgeber einen Bereich abschließend geregelt hat, ist abstrakt nicht präzise festgelegt. Gerade im Falle der bewussten Nichtregelung eines gesperrten Bereichs besteht Auslegungsbedarf. Auskunft geben in erster Linie der Wortlaut des Gesetzes selbst, in zweiter Linie der Zweck der Regelung und schließlich die Gesetzgebungsgeschichte und die Gesetzesmaterialien[28].

aa) Abschließend geregelte Bereiche

50 Für die Praxis bedeutsam ist insbesondere, ob der bundesrechtlich in § 4 Abs. 3 und 6 BBodSchG vorgegebene Kreis der Sanierungspflichtigen und die in Anhang 2 der BBodSchV vorgegebenen Sanierungsgrenzwerte abschließend sind. Beide Fragen waren bereits Gegenstand gerichtlicher Entscheidungen.

(1) Sanierungsverpflichtete

51 Zum abschließenden Charakter des § 4 Abs. 3 BBodSchG hat neben dem Schrifttum[29] insbesondere das Bundesverwaltungsgericht Stellung genommen.

(a) Abschließende Aufzählung der Sanierungspflichtigen nach der Rechtsprechung des Bundesverwaltungsgerichts

52 Dieses hatte durch seinen 7. Senat bereits nach Verabschiedung, aber schon vor In-Kraft-Treten des § 4 BBodSchG ausgeführt, dass das BBodSchG die Fragen der ordnungsrechtlichen Verantwortlichkeit für Bodenverunreinigungen bundeseinheitlich regele, so dass es keines Rückgriffs mehr auf das allgemeine Landesordnungsrecht oder das Abfallrecht bedürfe[30]. Unter Geltung des neuen Bodenschutzrechts des Bundes hat der 3. Senat den abschließenden Charakter der Regelung der Sanierungsverantwortlichen bekräftigt. Zugrunde lag ein Fall aus Hessen. Nach § 12 Abs. 1 Nr. 1 und 4 des dortigen HAltlastG – der im Laufe des verwaltungsgerichtlichen Verfahrens an die Stelle des § 21 HAbfAG getreten war – waren zur Durchführung einer Sanierung Personen verpflichtet, die aufgrund anderer Vorschriften als den im HAltlastG genannten eine Verantwortung für Verunreinigungen oder für hiervon ausgehende Beeinträchtigungen des Wohles der

---

[27] *BVerfG*, NWVBl. 2000, 330, 333 für eine Norm des nordrhein-westfälischen Abfallrechts. Für das BBodSchG *BVerwG*, NVwZ 2000, 1179, 1181.
[28] *BVerwG*, NVwZ 2000, 1179, 1181.
[29] *Bickel*, NJW 2000, 2562, 2563; *ders.*, NVwZ 2000, 1133 ff.
[30] *BVerwG*, NVwZ 1999, 421, 421.

III. Bodenschutzrecht der Länder

Allgemeinheit traf. Dies waren nach § 12 Abs. 1 Nr. 1 HAltlastG Betreiber und ehemalige Betreiber von Anlagen auf Altlasten sowie deren Rechtsnachfolger, soweit Verunreinigungen durch diese Anlagen verursacht wurden. Nach Nr. 2 vorgenannter Norm hafteten Personen, die auf Grund anderer Rechtsvorschriften eine Verantwortung für Verunreinigungen oder für hiervon ausgehende Beeinträchtigungen des Wohles der Allgemeinheit traf. Sowohl das HAltlastG als auch das HAbfAG stammten aus der Zeit vor Erlass des BBodSchG.

Eine Kollision mit dem Bundesrecht entstand, weil die Behörde ein Unternehmen vor dem Hintergrund einer möglichen späteren Inanspruchnahme zum Gerichtsverfahren hinzuziehen wollte; das Unternehmen hatte nach § 25 Abs. 1 HGB die Firma eines 1974 erworbenen Handelsgeschäfts fortgeführt, welches 1991 aus dem Handelsregister gelöscht worden war. Es kam also jedenfalls eine Haftung nach „anderen Rechtsvorschriften" in Betracht. Wie der VGH Kassel[31] als Vorinstanz kam auch das Bundesverwaltungsgericht zur Rechtswidrigkeit der Hinzuziehung und nutzte die Gelegenheit, grundsätzlich zum abschließenden Charakter der Festlegung des Kreises der Sanierungspflichtigen im BBodSchG Stellung zu nehmen[32]. Für das Bundesverwaltungsgericht entspricht das Regelungsprogramm des Bundes hinsichtlich der Festlegung der Verantwortlichen weitestgehend dem in Hessen. Die Bundesregelung sehe bei der Festlegung „der konkreten rechtlichen Zuordnungen überwiegend gleiche oder vergleichbare Anknüpfungspunkte für eine Sanierungspflicht" vor[33]. Es komme bei der Beurteilung des abschließenden Charakters der Regelung nicht darauf an, ob die Bundesregelung strenger oder weniger streng sei. Allein entscheidend sei, ob ein Bereich bei Würdigung der Gesamtumstände ausdrücklich oder durch bewusste Nicht-Regelung abschließend behandelt sei. Diese deutliche Aussage des Bundesverwaltungsgerichts ist für die Praxis wichtig, weil sie einen wesentlichen Beitrag zur Rechtssicherheit im neuen Bodenschutzrecht leistet.

(b) Abschließende Aufzählung der Sanierungspflichtigen nach dem Willen des Gesetzgebers

Bei der Schaffung eines einheitlichen Bodenschutzrecht des Bundes war das Herbeiführen von Rechtssicherheit ein zentrales Anliegen für den Gesetzgeber[34]. Die zerklüfteten und in den Ländern uneinheitlichen Regelungen zur Altlastenhaftung waren nicht nur aus rechtsstaatlicher Sicht bedenklich, sondern zudem ein entscheidender Unsicherheitsfaktor bei Investitionen[35]. Die Parameter für die Heranziehung zu Altlastensanierungsmaßnahmen waren von Bundesland zu Bundesland verschieden. Dies galt namentlich auch hinsichtlich des Kreises der

---

[31] *VGH Kassel*, ZfIR 2000, 305 ff., dazu *Schwartmann*, ZfIR 2000, 256 ff.
[32] *BVerwG*, NVwZ 2000, 1179 ff., dazu *Knopp*, DÖV 2001, 441, 444 ff.
[33] *BVerwG*, NVwZ 2000, 1179, 1181.
[34] *Knopp/Löhr*, BBodSchG in der betrieblichen Praxis, Rn. 35 ff; Sanden/Schoeneck, BBodSchG, Einführung Rn. 16 f.
[35] *Knopp/Löhr*, BBodSchG in der betrieblichen Praxis, Rn. 35 ff; m.w.N.

Sanierungspflichtigen. Vor diesem Hintergrund ist es insbesondere unter Berücksichtigung des Regelungszweckes des BBodSchG mit guten Gründen nur schwerlich vertretbar, neben diesem das vielschichtige Landesrecht aus der Zeit vor dem In-Kraft-Treten des neuen Bundesrechts anzuwenden[36]. In der Regelung des Kreises der Sanierungspflichtigen in § 4 Abs. 3 und 6 BBodSchG hat sich zudem im Vermittlungsausschuss aus Bund und Ländern in erheblichem Maße der Wille der Länder niedergeschlagen. Die Länder haben in entscheidenden Punkten Erweiterungen durchgesetzt. Zugleich ist die Regelung aber damit im Hinblick auf die Interessen der Länder sorgfältig abgewogen. Dafür, dass die Regelung als abschließend konzipiert ist, spricht gerade deren weite Fassung. Es würde angesichts des schon weitgefassten Tatbestandes keinen Sinn machen, den zum Zweck der Rechtsvereinheitlichung mühsam erarbeiteten Konsens zwischen Bund und Ländern durch die Einräumung zusätzlicher Kompetenzen für die Länder zu verwässern.

(2) Abschließende Regelung von Sanierungswerten

55 Ein vergleichbares Problem stellt der behördliche Rückgriff auf sogenannte „Listen" dar. Vor der Schaffung von BBodSchG und BBodSchV mit ihren technischen Anhängen existierten im Bundesgebiet über 30 „Listen". Diese entstammten der Altlastenbürokratie und enthielten Zielwerte für bestimmte Schadstoffkonzentrationen bei Sanierungsvorhaben. Obwohl diese Listen keinem demokratisch legitimierten Rechtssetzungsakt entstammten und rechtlich auch keine Pflicht zu deren Anwendung bestand, gaben sie in der Praxis die Ziele einer Sanierung vor, weil ihre Verwendung ordnungsbehördlich de facto vorgegeben wurde. Die Anforderungen an eine Sanierung differierten je nach Bundesland und ohne erkennbaren Anlass[37].

(a) Rechtssicherheit durch Maßnahmen-, Prüf- und Vorsorgewerte

56 Im Rahmen der Vereinheitlichung war es ein wesentliches Anliegen des Gesetzgebers, bundeseinheitliche Werte für die Sanierung vorzugeben[38] und damit gleichzeitig der Anwendung dieser „Listen" ein Ende zu bereiten. Anhang 2 zur BBodSchV enthält deswegen sogenannte Maßnahmen-, Prüf- und Vorsorgewerte. Diese legen unter Berücksichtigung der Wirkungspfade, Boden-Mensch (direkter Kontakt), Boden-Nutzpflanze, Boden-Grundwasser, und der beabsichtigten baulichen Nutzung – differenziert nach Kinderspielflächen, Wohngebieten, Park- und Freizeitanlagen sowie Industrie und Gewerbeflächen – unterschiedlich

---

[36] Gründe für den nicht abschließenden Charakter des Bundesrechts werden auch kaum genannt. Es finden sich lediglich apodiktische Postulate. Etwa *Bickel*, NJW 2000, 2562, 2563; *ders.*, NVwZ 2000, 1133 ff.
[37] Vgl. dazu *Knopp/Löhr*, BBodSchG in der betrieblichen Praxis, Rn. 35 ff; *Schwartmann*, DStR 1999, 324 ff.; *ders.*, DStR 2000, 205 ff.
[38] Nachweise: *Sanden/Schoeneck*, BBodSchG, Einführung Rn. 17; *Vierhaus*, NJW 1998, 1262, 1264 f.; *Schwartmann/Walber*, ZfIR 1999, 804, 809.

III. Bodenschutzrecht der Länder

strenge, verbindliche Werte für die Grenze des zulässigen zum unzulässigen Schadstoffgehalt fest. Die durch den Verordnungsgeber, also aufgrund Gesetzes, festgelegten Werte geben Aufschluss darüber, ob und wann nach dem Willen des Gesetzgebers Sanierungsmaßnahmen erforderlich sind oder nicht.[39]

(b) Vorgabe zur Lückenfüllung

Bislang sind in Anhang 2 zur BBodSchV erst für wenige Schadstoffe Werte festgelegt. So ist etwa für den direkten Kontakt des Menschen mit dem Boden bislang nur für Dioxine/Furane ein Maßnahmenwert bestimmt, dessen Überschreitung Sanierungsmaßnahmen veranlasst. Der Verordnungsgeber hat dieses Problem gesehen und gibt in § 4 Abs. 5 BBodSchV vor, wie diese Lücke zu füllen ist. Soweit – so heißt es in der Norm – „für einen Schadstoff kein Prüf- oder Maßnahmenwert festgelegt ist, sind für die Bewertung (der Ergebnisse einer orientierenden Untersuchung zur Feststellung, ob ein Verdacht ausgeräumt ist oder besteht) die zur Ableitung der entsprechenden Werte in Anhang 2 herangezogenen Methoden und Maßstäbe zu beachten. Diese sind im Bundesanzeiger Nr. 161a vom 28. August 1999 veröffentlicht." Die Veröffentlichung im Bundesanzeiger trägt den Titel: „Bekanntmachung über Methoden und Maßstäbe für die Ableitung der Prüf- und Maßnahmenwerte nach der Bundes-Bodenschutz und Altlastenverordnung (BBodSchV) vom 18.6.1999"[40]. Sie enthält die Methoden und Maßstäbe für die Ermittlung der in Anhang 2 Nr. 1 und 2 aufgeführten Prüf- und Maßnahmenwerte für die Wirkungspfade Boden-Mensch und Boden-Nutzpflanze[41]. Nach dem Willen des Verordnungsgebers sind Abweichungen von den Methoden und Maßstäben nur bei Vorliegen neuerer gesicherter wissenschaftlicher Erkenntnisse zulässig.

57

(c) Anwendbarkeit der „Listen" nach Schaffung des BBodSchG

Im Einleitungstext zur Bekanntmachung hat der Verordnungsgeber das Ziel der Veröffentlichung der Werte niedergelegt. Bei Stoffen, für die in der BBodSchV keine Prüf- und Maßnahmenwerte genannt sind, sollen gleichwertige Einzelfallentscheidungen sichergestellt werden[42]. Es soll also verhindert werden, dass die uneinheitliche Rechtsanwendung der „Listen" fortschreitet; vielmehr sind im Einzelfall unter Berücksichtigung der bundesrechtlichen Vorgaben neue Werte zu ermitteln[43]. Die damit angestrebte Vermeidung eines Rückgriffs auf die Listen erklärt sich aus dem zentralen Anliegens der Gesetzgebers, ein einheitliches Boden-

58

---

[39] Siehe dazu eingehend unten Rn. 57 ff., 178 ff.
[40] Bundesanzeiger Nr. 161a vom 28.8.99. Abgedruckt in Teil G, III.
[41] Die Werte für den Wirkungspfad Boden-Grundwasser wurden von der LAWA (Länderarbeitsgemeinschaft Wasser) übernommen. Dazu *Knopp/Löhr*, BBodSchG in der betrieblichen Praxis, Rn. 495.
[42] *Knopp/Löhr*, BBodSchG in der betrieblichen Praxis, Rn. 495, unter Verweis auf Bundesanzeiger Nr. 161a.
[43] Vgl. hierzu *Leitzke*, altlasten spektrum 2000, 111, 112 f.; *Schwartmann*, DStR 2000, 205, 209. Ähnlich *Knopp/Löhr*, BBodSchG in der betrieblichen Praxis, Rn. 496.

schutzrecht des Bundes zu schaffen. Trotz der insoweit eindeutigen Rechtslage ist die Frage der Unanwendbarkeit der „Listen" nach Schaffung des BBodSchG umstritten.

(aa) Anwendbarkeit der „Listen" nach OVG Lüneburg

59 Das OVG Lüneburg steht auf dem Standpunkt, dass, sofern die BBodSchV keine verbindlichen Prüf- und Maßnahmenwerte enthalte, auf bestehende Landeslisten, oder aber auf ausländische Listen, etwa die sogenannte Hollandliste, zurückgegriffen werden könne[44]. Dies folge zunächst daraus, dass das BBodSchG und in dessen Folge die BBodSchV etwa die Heranziehung wasserrechtlicher Kriterien für Sonderfälle zulasse und damit selbst eine Einschränkung der Anwendungsbereiche vornehme. Weiterhin soll sich die abschließende Wirkung der Werte in Anhang 2 zur BBodSchV nur auf die dort genannten Stoffe beziehen; bewährte ältere Regelwerke, die nicht im Widerspruch zu diesen Angaben stünden, sollten weiterhin Geltung beanspruchen dürfen[45].

(bb) Verstoß gegen die Vorgaben des Bodenschutzrechts

60 Diese Ansicht steht jedenfalls mit der Bekanntmachung über Methoden und Maßstäbe für die Ableitung der Prüf- und Maßnahmenwerte nach der BBodSchV nicht in Einklang. Die Bekanntmachung geht gerade von Möglichkeit einer Schaffung von Prüf- und Maßnahmenwerten aus und besagt, wie eine Berechnung der Werte für weitere bodenbelastende Stoffe vorzunehmen ist. Die Möglichkeit der Berechnung sollte aber den Rückgriff auf landesrechtliche Regelungen versperren. Auch wenn die Berechnung von bisher fehlenden Prüf- und Maßnahmenwerten anhand der oben genannten Bekanntmachung im Einzelfall nicht einfach sein dürfte[46], ist dieser Berechnung dennoch der Vorzug vor der Verwendung alter regionaler Listenwerte zu geben.

> **Praxistipp:**
> Das Bestehen auf einem bestimmten Sanierungswert kann in der Praxis Sinn machen, wenn die Werte der „Liste", die im konkreten Fall zur Anwendung gelangen soll, nach der Einschätzung des eigenen Gutachters zu streng sind und höhere Sanierungskosten als erforderlich verursachen. Sollte die Behörde in einem Einzelfall auf die Anwendung der „Listen" bestehen, so muss sie dies gut und nachvollziehbar begründen. Im Zweifel muss sie wissenschaftlichen Sachverstand heranziehen, wenn sie nicht ermessensfehlerhaft und damit rechtswidrig handeln will. Bestehen Zweifel, ob der Listenwert auch unter Be-

---

[44] Vgl. *OVG Lüneburg*, NVwZ 2000, 1194, 1195 f. Dazu auch *Knopp*, DÖV 2001, 441, 452 f.
[45] Vgl. *OVG Lüneburg*, NVwZ 2000, 1194, 1195.
[46] Siehe das Berechnungsbeispiel und die bei der Berechnung möglicherweise auftretenden Probleme bei *Knopp/Löhr*, BBodSchG in der betrieblichen Praxis, Rn. 497 ff. Die weitere Anwendbarkeit der Landeslisten dagegen bejahend *Bender/Sparwasser/Engel*, Umweltrecht, Kap. 7, Rn. 157.

III. Bodenschutzrecht der Länder **B**

> rücksichtigung der beschriebenen Ableitungsparameter noch Stand hält, so muss die Behörde die Einwände des eigenen Sachverständigen sorgfältig prüfen und im Ergebnis im Wege eines Gegengutachtens entkräften lassen. Unterlässt sie dies, so handelt sie gegebenenfalls ermessensfehlerhaft und damit rechtswidrig[47].

b) Verbliebene Zuständigkeiten für die Länder

Für den Bereich landesrechtlicher Regelungen bleibt damit im wesentlichen die Festlegung der zuständigen Behörden, sowie das Zur Verfügung Stellen des rechtlichen Instrumentariums zur Ermittlung der Pflichtigkeit nach BBodSchG und zur Durchsetzung der Pflichten nach Bundesrecht, sofern das BBodSchG dieses Instrumentarium nicht schon zur Verfügung stellt[48]. Zu nennen sind hier im wesentlichen die Auferlegung von Auskunfts- und Duldungspflichten, um das Bestehen von schädlichen Bodenveränderungen abschätzen zu können. Hierhin gehört auch die Normierung von Betretungsrechten und die Auferlegung von Pflichten zur Eigenkontrolle. Stets sind diese Pflichten jedoch gegen Pflichtige zu richten, die im Kanon des insoweit abschließenden § 4 BBodSchG genannt sind. Nicht zulässig ist die Festlegung neuer, über den Kreis der im Bundesrecht Genannten hinausgehender Pflichtiger. **61**

Auch in den Regelungsbereich der Länder fällt die nur regional zu leistende Festlegung von Bodenbelastungsgebieten, also solchen Gebieten, die aufgrund der geschichtlichen Entwicklung eine erhöhte Wahrscheinlichkeit für die Kontaminierung einzelner Flächen bieten[49]. In diesen Kontext gehört auch die Erstellung von Boden- und Altlasteninformationssystemen, sowie die Regelung zu den in diesem Zusammenhang entstehenden Kosten und eventuellen Schäden der Betroffenen. **62**

2. Beispiele landesgesetzlicher Regelungen

Im folgenden sollen Beispiele landesrechtlicher Regelungen aufgezeigt werden, die teilweise unproblematisch, teilweise aber auch im Lichte der bundesrechtlichen Regelungen kritisch zu betrachten sind[50]. **63**

---

[47] Vgl. dazu mit weiteren Nachweisen *Hufen*, Fehler im Verwaltungsverfahren, Rn. 129 ff., insbes. Rn. 132 ff. Siehe zu typischen Fehlern bei Sanierungsverfügungen eingehend unten Rn. 384 ff.
[48] Vgl. *Schwartmann*, Das Deutsche Bundesrecht, zu § 21 BBodSchG, S. 35.
[49] Vgl. hierzu *Peine*, NuR 2001, 246 ff.
[50] Vgl. hierzu insgesamt auch *Schwartmann*, Steuerberater Rechtshandbuch, Fach H, Kap. 2 VI, Bodenschutzrecht, Rn. 434 ff.

a) Musterentwurf eines Landesbodenschutzgesetzes

64 Die Bund/Länder Arbeitsgemeinschaft Bodenschutz (LABO) hat den Entwurf eines Ausführungs- und Ergänzungsgesetzes zum BBodSchG vorgelegt[51], der sich, insbesondere im Bereich der Pflichtigen, am BBodSchG, hier § 4 Abs. 3 BBodSchG orientiert und den Pflichtigen Auskunfts- und Mitteilungspflichten sowie bestimmte Duldungspflichten auferlegt, § 2 LABO-E. Im übrigen trifft der Entwurf vornehmlich Regelungen zum Verfahren, orientiert an den Verhältnissen in einem Flächenland, und bezogen auf Zuständigkeiten, wiederum orientiert an dem in Flächenländern üblichen dreistufigen Verwaltungsaufbau.

b) Einzelheiten landesrechtlicher Ausgestaltungen

65 Die Länder haben im Zuge des BBodSchG teilweise eigene Landesbodenschutzgesetze erlassen[52], teilweise bestehende Regelungen in den Landesabfallgesetzen revidiert oder neu eingefügt[53]. Hierbei zeigt sich, dass der LABO-Entwurf zwar einerseits darauf gerichtet ist, die Rechtszersplitterung innerhalb der Materie des Bodenschutzrechts möglichst zu vermeiden, andererseits aber keinerlei bindende Vorgaben für die Länder enthält.

66 Im weiteren soll auszugsweise die Regelungstechnik in verschiedenen Ländern, auch hinsichtlich im Einzelfall problematischer Regelungen, dargestellt werden[54].

aa) Die Regelung in Bayern

67 Der Adressatenkreis der Mitwirkungspflichten nach dem bayerischen Gesetz zur Ausführung und des Bundes-Bodenschutzgesetzes (BayBodSchG)[55] orientiert sich an § 4 Abs. 3 und 6 BBodSchG. Art. 1 Satz 1 normiert eine unverzüglich – also ohne schuldhaftes Zögern – zu erfüllende, aber bei Verletzung nicht bußgeldbewehrte Mitteilungspflicht über das Vorliegen konkreter Anhaltspunkte für schädliche Bodenveränderungen und Altlasten. Art. 1 Satz 2 normiert eine bußgeldbewehrte Pflicht zur Vorlage von Unterlagen und Auskunfterteilung auf Verlangen der zuständigen Behörde[56]. Art. 4 Abs. 1 regelt ein Betretungsrecht für die Behörde und eine damit korrespondierende Duldungspflicht für den Betroffenen. Dies gilt für die Errichtung von Messstellen und das Betreten von Geschäfts-

---

[51] Abgedruckt in Teil G, V.
[52] Nordrhein-Westfalen, Niedersachsen, Bayern; das Berliner Gesetz zur Vermeidung und Sanierung von Bodenverunreinigungen (BerlBodSchG) aus dem Jahre 1995 soll novelliert werden. Hamburg und Bremen streben eigene Kodifizierungen an.
[53] So Baden-Württemberg und Sachsen, daneben Brandenburg, Hessen, Mecklenburg-Vorpommern, Rheinland-Pfalz und Thüringen.
[54] Vgl. zu den einzelnen landesrechtlichen Regelungsmodellen *Knopp/Löhr*, BBodSchG in der betrieblichen Praxis, Rn. 543 ff.
[55] Abgedruckt bei *Brandt*, Bodenschutzrecht, Nr. 4, S. 95 ff.
[56] Allerdings besteht nach Art. 1 Satz 3 ein Auskunftsverweigerungsrecht für den Adressaten und seine Angehörigen, wenn die Gefahr einer Strafverfolgung oder ein Bußgeld zu befürchten ist.

III. Bodenschutzrecht der Länder

und Privaträumen. Art. 4 Abs. 2 enthält allerdings ein Rücksichtnahmegebot für die Behörde und einen Entschädigungsanspruch des Pflichtigen. Art. 5 Abs. 2 regelt die bußgeldbewehrte Verpflichtung zur Errichtung von Sanierungs- und Eigenkontrollmaßnahmen bei besonders gefährlichen schädlichen Bodenveränderungen. Art. 9 Sätze 1 und 2 regeln bußgeldbewehrte Mitwirkungs- und Duldungspflichten für behördliche Maßnahmen, die im Zusammenhang mit der Errichtung eines Bodeninformationssystems gem. Art. 8 stehen. Zugleich enthält das Gesetz aber auch Entschädigungsregelungen für eventuell entstehende Schäden.

bb) Die Regelung in Niedersachsen

Angelehnt an den Entwurf der LABO betrifft auch das Niedersächsische Bodenschutzgesetz (NBodSchG)[57] alle Verpflichteten nach § 4 BBodSchG bis auf die aus handels- und gesellschaftsrechtlichen Grundsätzen Einstandspflichtigen. § 1 Abs. 1 Satz 1 regelt eine bußgeldbewehrte Auskunftspflicht. Der zuständigen Behörde und deren Beauftragten sind alle verlangten Auskünfte zu erteilen und Unterlagen vorzulegen, die diese zur Erfüllung der Aufgaben nach BBodSchG oder NBodSchG benötigen[58]. § 2 Abs. 1 regelt ein Betretungsrecht von Grundstücken sowie von Wohn- und Geschäftsräumen durch Vertreter der zuständigen Behörde. Auch sind die behördliche Errichtung von Messstellen und Probenahmen zu dulden. Betretungstermine müssen regelmäßig vorher bekannt gegeben werden; in besonderen Fällen ist gemäß § 2 Abs. 2 allerdings auch ein Betreten außerhalb der Betriebszeit zulässig[59]. Wie im Bayerischen Recht ist nach § 2 Abs. 3 derjenige Eigentümer und Besitzer zu entschädigen, dem bei Errichtung eines Bodeninformationssystems gem. § 8 Schäden entstehen.

cc) Die Regelung in Nordrhein-Westfalen

Besonders weitgehende Mitwirkungspflichten enthält das Landesbodenschutzgesetz für das Land Nordrhein-Westfalen (LbodSchG NW)[60]. Adressaten sind zunächst die in § 4 Abs. 3 und 6 BBodSchG genannten Personen. Dieser Kreis erfährt aber eine erhebliche Weiterung. Nach § 2 Abs. 1 LbodSchG NW besteht die Pflicht zur unverzüglichen Mitteilung über bekannte Anhaltspunkte (§ 9 Abs. 1 BBodSchG) von schädlichen Bodenveränderungen oder Altlasten. Bei Baumaßnahmen und ähnlichen Eingriffen in Boden und Untergrund trifft diese bußgeldbewehrte Pflicht über den Wortlaut des § 4 BBodSchG hinaus auch Bauherrinnen und Bauherren[61]. Nach § 2 Abs. 2 LbodSchG NW besteht eine weitere

---

[57] Abgedruckt bei *Brandt*, Bodenschutzrecht, Nr. 13, S. 171 ff.
[58] Auch das niedersächsische Recht gesteht in § 1 Abs. 1 S. 2 ein Auskunftsverweigerungsrecht für den Adressaten und seine Angehörigen zu, wenn die Gefahr einer Strafverfolgung oder ein Bußgeld zu befürchten ist.
[59] Vgl. zu den rechtlichen Voraussetzungen VGH Mannheim, NVwZ 2001, 574, 575.
[60] LbodSchG NW v. 9.5.2000, GVBl. NW Nr. 29 v. 29.5.2000, S. 439 ff.
[61] Der Vorentwurf hatte darüber hinaus auch noch „weitere am Bau Beteiligte" als Pflichtige vorgesehen.

Pflicht zur Selbstanzeige, wenn das Auf- oder Einbringen von Material über 800 m³ in den Boden vorgesehen ist. Diese bußgeldbewehrte Pflicht trifft jeden, der die Einbringung vornimmt und damit wiederum solche, die nach BBodSchG nicht als Pflichtige vorgesehen sind. Jeder, der solche Arbeiten ausübt oder in Auftrag gibt, muss dies mindestens vier Wochen vorher bei der zuständigen Behörde anzeigen, sofern die Maßnahme nicht ausnahmsweise Gegenstand eines verbindlichen Sanierungsplanes (§ 13 Abs. 6 BBodSchG[62]) oder einer anderen behördlichen Entscheidung ist.

70 § 3 Abs. 1 LbodSchG NW regelt eine Pflicht zur Erteilung erforderlicher Auskünfte und zur Vorlage erforderlicher Unterlagen; ein Auskunftsverweigerungsrecht besteht nicht. § 3 Abs. 2 LbodSchG NW regelt eine Pflicht zur Duldung behördlicher Ermittlungen und der Einrichtung und des Betriebes von Messstellen. Maßnahmen müssen unter bestimmten Voraussetzungen auch außerhalb der Betriebs- und Geschäftszeiten geduldet werden.

71 Insbesondere die Pflicht nach § 2 Abs. 1 LbodSchG NW, Anhaltspunkte für das Vorliegen schädlicher Bodenveränderungen oder Altlasten der zuständigen Behörde mitzuteilen, begegnet verfassungsrechtlichen Bedenken, soweit sie nach Satz 2 der Vorschrift auch auf Bauherrinnen und Bauherren ausgedehnt wird. Diese können, müssen aber nicht Störer i.S.d. § 4 BBodSchG sein; sofern sie nicht Störer im Sinne des Bundesrechtes sind, fehlt jegliche Anknüpfung an die Handlungs- oder Zustandsverantwortung, wie sie in § 4 BBodSchG vorausgesetzt wird. Soweit § 2 Abs. 1 LbodSchG NW mit Nennung von Bauherrinnen und Bauherren neue Störer kreiert, verstößt die Vorschrift gegen den abschließenden[63] § 4 BBodSchG und damit gegen höherrangiges Recht. Da die Verfassungswidrigkeit dieser Vorschrift jedoch nicht positiv festgestellt ist, läuft der Bauherr, der entgegen der Landesvorschrift handelt, Gefahr, mit einem Bußgeld nach § 20 Abs. 1 Nr. 1 LbodSchG NW – bis zu einer Höhe von 10.000,- DM – belegt zu werden.

72 Unklar ist insoweit auch der Adressatenkreis der Anzeigepflicht nach § 2 Abs. 2 LbodSchG NW. Neben dem Veranlasser der Bodenaufbringung („oder hierzu einen Auftrag erteilt") ist auch der Handelnde („Wer ... auf- oder einbringt") anzeigepflichtig. Diese Pflicht müsste letztlich auch die unmittelbar Tätigen, bis hin zum Bagger- oder LKW-Fahrer treffen, die aber, regelmäßig als reine Verrichtungsgehilfen des eigentlich Polizeipflichtigen tätig werden, wiederum nicht zum Adressatenkreis der §§ 4, 7 BBodSchG zählen[64].

dd) Die Regelung im Saarland

73 Durch Ergänzung des Landesabfallrechts hat das Saarland Vorschriften zur Altlastenerfassung und -untersuchung eingeführt, §§ 34 ff. Saarländisches Abfallwirtschaftsgesetz (SAWG). Das Gesetz enthält Betretungsrechte für Grundstücke, § 38

---

[62] Vgl. dazu unten Rn. 436 ff.
[63] *BVerwG*, NVwZ 2000, 1179, 1180 f.
[64] Vgl. dazu oben Rn. 51 ff.

Abs. 2, und Informationspflichten seitens Grundstücksbesitzern und Grundstückseigentümern, sowie seitens Ablagerern und Erzeugern von Stoffen, die auf altlastenverdächtigen Flächen lagern, § 38 Abs. 3. Es können jeweils auch deren Rechtsnachfolger pflichtig sein. § 38 Abs. 4 normiert zudem die Anordnung von Eigenkontrollmaßnahmen gegenüber den Pflichtigen nach § 38 Abs. 3. Ein Verstoß gegen die vorgenannten Pflichten kann mit Bußgeldern belegt werden.

Zweifelhaft erscheint, ob Eigenkontrollmaßnahmen insbesondere gegenüber **74** Ablagerern und Erzeugern dort lagernder Stoffe angeordnet werden dürfen, wenn diese nicht Inhaber der tatsächlichen Gewalt über das Grundstück oder Eigentümer sind. Eine Abweichung gegenüber den Störervorschriften nach BBodSchG ergibt sich insoweit, als § 38 Abs. 3 hinsichtlich der Pflichtigkeit von Ablagerern und Erzeugern von Stoffen, die als Verhaltensstörer in Anspruch genommen werden, zusätzlich generell den Rechtsnachfolger, ohne Unterscheidung zwischen Gesamt- oder Einzelrechtsnachfolgern, für potentiell pflichtig erklärt.

ee) Die Regelung in Baden-Württemberg

Anders als die vorgenannten Gesetze verzichtet Baden-Württemberg im wesent- **75** lichen auf die Bestimmung von Pflichtigen und legt im ergänzten Landesabfallgesetz[65] lediglich die Befugnisse der Wasserbehörde in Bezug auf Erfassung, Erkundung, Sanierung und Überwachung von Altlasten fest, wobei die Befugnisse im wesentlichen, ohne näher umschrieben zu werden, solche nach BBodSchG sind.

ff) Die Regelung in Hessen

Die hessische Regelung im HAltlastG[66] zeichnet sich in § 12 HAltlastG in einem **76** entscheidenden Punkt durch die über die Vorgaben von § 4 Abs. 3 und 6 BBodSchG hinausgehende Regelung der Sanierungsverantwortlichkeit aus. Dass diese Norm den bundesrechtlichen Vorgaben des BBodSchG nicht Stand hält, hat das Bundesverwaltungsgericht klargestellt[67].

---

[65] Landesabfallgesetz Baden-Württemberg, i.d.F. vom 15.10.1996 (GBl. S. 617), zuletzt geändert durch Gesetz vom 18.10.1999 (GBl. S. 409).
[66] Hessisches Altlastengesetz i.d.F. vom 20.12.1994 (GVBl. I S. 764) zuletzt geändert durch Änderungsgesetz vom 31.10.1998 (GVBl. I S. 413).
[67] *BVerwG*, NVwZ 2000, 1179, 1181. Siehe dazu oben Rn. 52 ff.

C. Das Bodenschutzrecht in der Bau- und Immobilienwirtschaft

Das neue Bodenschutzrecht ist für die Bau- und Immobilienwirtschaft von großer Bedeutung. So wurde bereits im Jahre 1991 der Kostenaufwand für Sanierungsvorhaben in der Bundesrepublik auf bis zu 400 Mio. DM geschätzt[1], ein Betrag, der in Anbetracht der eher wachsenden Zahl von Altlasten- und Altlastenverdachtsflächen noch steigen wird.   77

Die Auswirkungen des neuen Bodenschutzrechts, das in viele Rechtsbereiche „rund um das Bauen" hineinreicht und von erheblichem Bedeutungsgehalt für die Bau- und Immobilienwirtschaft ist, lassen sich wie folgt systematisieren.   78

I. Die Bedeutung des Bodenschutzrechts für die Erhaltung und Wiederherstellung des Bodens als Grundlage für gefahrloses Wohnen und Arbeiten

Das Bodenschutzrecht dient der Gefahrenabwehr und verfolgt in erster Linie einen Schutzauftrag. Das BBodSchG dient nach dessen § 1 der nachhaltigen Sicherung oder Wiederherstellung der in § 2 Abs. 2 BBodSchG genannten Bodenfunktionen. § 1 BBodSchG normiert einen bodenbezogenen staatlichen Schutzauftrag, dem durch vorsorgende Gefahrenabwehrpflichten und durch Sanierungspflichten Rechnung zu tragen ist. Die Bodennutzung zur Verwirklichung baulicher Zwecke – sei es zur Besiedlung oder zur sonstigen wirtschaftlichen Nutzung – erkennt das Gesetz in § 2 Abs. 2 BBodSchG ausdrücklich an.   79

II. Die Bedeutung des Bodenschutzrechts für die Bauförderung- und Investitionserleichterung

Nach der Bodenschutzklausel des 1a Abs. 1 BauGB ist Brachflächenrecycling ein baurechtliches Gebot. Die Sanierung und Bebauung von Industriebrachen ist aber zugleich eine besonders intensive Nutzungsform mit langfristigen Folgen für den Bauherrn, die am Bau Beteiligten und die Nutzer der errichteten Bauten,   80

---

[1] *Sanden* in Franzius/Wolf/Brandt, HdA Nr. 10513, Rn. 2.

sowie für betroffene Dritte, insbesondere Nachbarn. Neben den baurechtlichen Vorgaben, die in vielen Bereichen der Ausschöpfung des Baurechts als einer wichtigen Ausprägung des Eigentumsgrundrechts und der wirtschaftlichen Betätigungsfreiheit zu gute kommen, dient das Bodenschutzrecht der Abwehr von Gefahren, die von schädlichen Bodenveränderungen und Altlasten ausgehen. Dieses Spannungsverhältnis zwischen Bauherrn und/oder Investor und Behörde wird gerade im Verhältnis zwischen Bau- und Bodenschutzrecht deutlich. Das Baurecht ist in der Praxis vielfach die Einbruchstelle für den Bodenschutz durch Sanierungsplanung und -durchführung. Das Bodenschutzrecht erlaubt und verlangt in § 4 Abs. 4 BBodSchG eine nutzungsbezogene Sanierung. Die Maßstäbe setzt das jeweilige örtliche Bauplanungsrecht.[2] Der Nutzungsbezug reicht weit. Eine Sanierungsanordnung ist letztlich unzulässig, wenn unter Berücksichtigung nutzungsangemessener Ziele[3] kein Schutzbedürfnis besteht. Grundsätzlich sind sowohl Luxus- als auch Billigsanierungen unerwünscht[4]. Insgesamt enthält das Bodenschutzrecht eine Reihe von Möglichkeiten zur besseren Durchsetzung von Baurecht auf Industriebrachen, auf die näher einzugehen sein wird[5].

III. Die Bedeutung des Bodenschutzrechts für die Bauausführung

81 Das Bodenschutzrecht hat einschneidende Auswirkungen für die Bauausführung. Zwei Fälle seien an dieser Stelle beispielhaft erwähnt. § 12 BBodSchV etwa enthält genaue Vorgaben für das Auf- und Einbringen von Material im Zuge von Bauarbeiten. Auch im Bodenschutzrecht der Länder finden sich Pflichten. Die Bundesländer sind ermächtigt, Verfahrensvorschriften unter Berücksichtigung der Vorgaben des BBodSchG zu erlassen. Hiervon haben sie bereits teilweise Gebrauch gemacht. So findet sich etwa im nordrhein-westfälischen Landesrecht eine Anzeigepflicht für das Aufbringen von Material ab einer bestimmten Größenordnung (§ 2 Abs. 3 LbodSchG NW[6]). Ist diese erreicht, muss derjenige, der die Anschüttung vornimmt, dies der zuständigen Behörde melden. Das Bodenschutzrecht ist im Zusammenhang mit der Ausführung von Bauarbeiten auch aus

---

[2] *Schoeneck* in Sanden/Schoeneck, BBodSchG, § 4 Rn. 52 f.; *Oerder* in Oerder/Numberger/Schönfeld, BBodSchG, § 4 Rn. 44; *Schink*, DÖV 1999, 797, 806.

[3] *Becker*, BBodSchG, § 4 Rn. 50 f.; *Kobes*, NVwZ 1998, 786, 791; *Schoeneck* in Sanden/Schoeneck, BBodSchG, § 4 Rn. 52 f.

[4] *Schink*, DÖV 1999, 797, 805 f.

[5] Vgl. zum Verhältnis von Bau- und Bodenschutzrecht etwa *Brandt/Sanden* UPR 1999, 367 ff.; *Schink*, ZfBR 2000, 154 ff.; *ders.*, DVBl 2000, 221 ff.; *Reinig*, VBlBW 1997, 163 ff.; *Kratzenberg*, UPR 1997, 177 ff. Zu den veränderten Belangen der Bauleitplanung unter Geltung des neuen Bodenschutzrechts auch *Schröter* in Franzius/Wolf/Brandt, HdA Nr. 10616 sowie die Baufachlichen Richtlinien für die Planung und Ausführung der Sanierung von schädlichen Bodenveränderungen und Grundwasserverunreinigungen (Stand Juni 2000), in Franzius/Wolf/Brandt, HdA Nr. 15226.

[6] Siehe unten Rn. 69.

straf- und ordnungsrechtlicher Sicht relevant. So ist kann etwa nach geltendem Umwelt- und Umweltstrafrecht das unkontrollierte und nicht angezeigte Liegenlassen kontaminierten Baumaterials[7] oder die unterlassene Anzeige gefährlichen Aushubs[8] strafbar bzw. ordnungswidrig sein.

IV. Die Bedeutung des Bodenschutzrechts für die Verfahrensbeschleunigung und Konfliktvermeidung beim Brachflächenrecycling

Die Abschätzung der Gefahr einer schädlichen Bodenveränderung oder Altlast und die Einschätzung des erforderlichen Sanierungsaufwandes, sowie insbesondere die Organisation und Durchführung der Sanierung einer komplexen Industriebrache sind aufwendig und nehmen oft viele Jahre in Anspruch. Das BBodSchG erkennt dies und nennt als Mittel zur Durchführung der Sanierung komplexerer Altlasten den **Sanierungsvertrag** (§ 13 Abs. 4 BBodSchG). Mit dessen Hilfe kann die Wiedernutzbarmachung einer Industriebrache von der Gefährdungsabschätzung über die Niederlegung und Entsorgung kontaminierten Gebäudebestands und Erdreichs über die Durchführung der Sanierung bis zur Planung und Errichtung einer neuen Nutzung beschleunigt und in manchen Fällen erst ermöglicht werden. Der Entwurf eines Sanierungsvertrages und die Verhandlungen bis zu seinem Abschluss sind rechtlich anspruchsvoll und arbeitsaufwendig. Es ist die Koordination zahlreicher, vielfach gegenläufiger Interessen erforderlich, so dass auch die Entscheidung für die Handlungsform des Vertrages gut überlegt sein will. Der Sanierungsvertrag war als öffentlich-rechtlicher Vertrag nach § 54 ff. VwVfG auch bislang ein geeignetes Mittel zur Bewältigung größerer Sanierungsvorhaben; so erwähnt § 11 Abs. 1 Nr. 1 BauGB als einen Gegenstand des städtebaulichen Vertrages den Vertrag über die Durchführung städtebaulicher Maßnahmen unter Einschluss der Bodensanierung. Er wird nun vom Gesetzgeber in § 13 Abs. 4 BBodSchG eigens erwähnt und damit mehr in den Mittelpunkt gerückt[9].

Die damit angesprochenen Problemfelder sollen im Folgenden in ihrem praktischen Kontext aufgegriffen und behandelt werden.

---

[7] Siehe unten Rn. 291.
[8] Siehe oben Rn. 69.
[9] Vgl. dazu unten ausführlich Rn. 474 ff. und 552 ff.

D. Praxisrelevante Fragen des Bodenschutzrechts bei Bauvorhaben

Die in Teil C aufgezeigten praktischen Auswirkungen des neuen Bodenschutzrechts führen dessen Tragweite im Zusammenhang mit der Planung und Errichtung von Bauvorhaben auf Industriebrachen vor Augen. Aus rechtlicher Sicht ist das BBodSchG insbesondere wegen seines Zusammenspiels mit der BBodSchV und deren Anhängen sowie wegen der Komplexität der geregelten Rechtsfragen nicht leicht zu begreifen. Gerade für den juristisch nicht vorgebildeten am Bau Beteiligten stellen sich im Hinblick auf das neue Bodenschutzrecht und die Behandlungen von Altlastenproblemen eine Reihe von **Fragen**.

Etwa die, wann das Gesetz inhaltlich greift (**I.**) und wie der Bodenschutz beim Bauen verwirklicht wird (**II.**). Wer sind die Sanierungspflichtigen nach dem neuen Recht (**III.**)? Wichtig ist auch, wie die Vorgaben des Bodenschutzrechts gerade in Bezug auf Bauvorhaben auf Bundes- (**IV.**) und auf Landesebene (**V.**) um- und durchgesetzt werden und welche Möglichkeiten das neue Recht hier eröffnet. In der Praxis ist auch besonders bedeutsam, wer die Kosten für eine Altlastensanierung trägt (**VI.**) und ob es einen Ausgleichsanspruch unter mehreren Ausgleichspflichtigen gibt, der es demjenigen, der die Sanierung durchgeführt hat, ermöglicht, verauslagte Kosten von Mitverantwortlichen zurückzuholen (**VII.**). Auch ist von Interesse, ob und unter welchen Voraussetzungen eine Behörde einen Wertausgleich von einem Privatmann fordern kann, wenn sie eine Altlastensanierung auf eigene Kosten durchführen lässt und auf diese Weise den Wert des Grundstücks auf Kosten der Staatskasse erhöht (**VIII.**). Schließlich fragt sich, welche straf- und ordnungsrechtlichen Folgen Verstöße gegen bodenschutzrechtliche Pflichten nach sich ziehen, welche Strategien es zur Vermeidung von Verstößen gibt, und wie man sich verhält, wenn es zu Verstößen gekommen ist (**IX.**).

All diese Fragen wirft das neue Bodenschutzrecht auf. Befriedigende Antworten gibt das neue Recht aber nur wenige[1]. Ein Beitrag zur Beantwortung dieser Fragen soll im folgenden geleistet werden.

I. Wann greift das neue Bodenschutzrecht?

Der sachliche Geltungsbereich des neuen Bodenschutzrechts im engeren Sinne im Verhältnis zu dem weit verstreuten Bodenschutzrecht im weiteren Sinne au-

---

[1] In diese Richtung sehr pointiert *VGH Mannheim*, DÖV 2000, 782, 783.

ßerhalb von BBodSchG und BBodSchV wurde bereits behandelt[2]. In der Praxis ist aber insbesondere auch die Frage relevant, wann begrifflich eine Altlast, eine schädliche Bodenveränderung oder eine Altlastenverdachtsfläche vorliegt und was mit Boden im Sinne des BBodSchG gemeint ist. Vorgenannte bislang bundesgesetzlich nicht festgelegten Begriffe definiert § 2 BBodSchG.

1. Boden im Sinne des BBodSchG

88 Das BBodSchG gilt für **Boden**, den es in § 2 definiert. Zu diesem Umweltmedium gehören neben dessen festen Bestandteilen auch die flüssigen (Bodenlösung) und gasförmigen (Bodenluft). Das Gesetz grenzt Grundwasser und Gewässerbetten aus der Begriffsdefinition und damit aus dem Anwendungsbereich des Gesetzes aus. Ersteres fällt gem. § 1 Abs. 1 Nr. 2 WHG i.V.m. Landeswasserrecht in den Schutzbereich des Wasserrechts. Gewässerbetten bilden nach § 1 Abs. 1 Nr. 1 WHG eine rechtliche Einheit mit den sie durchfließenden Gewässern und genießen daher ebenfalls wasserrechtlichen Schutz[3].

89 Bei der Definition des Bodens kommt auf es nicht auf dessen räumliche Ausdehnung, sondern auf die Erfüllung bestimmter **Funktionen** an. Das Gesetz differenziert in § 2 Abs. 2 BBodSchG nach natürlichen Bodenfunktionen (Nr. 1) nach der Funktion als Archiv der Natur- und Kulturgeschichte (Nr. 2) und nach der Nutzungsfunktion des Bodens (Nr. 3). Ergänzende Begriffsbestimmungen enthält § 2 BBodSchV, nämlich die des Bodenmaterials in Nr. 1, die der Erosionsfläche in Nr. 10 und die der durchwurzelbaren Bodenschicht in Nr. 11[4].

a) Natürliche Bodenfunktionen

90 Die natürlichen Bodenfunktionen sollen den Boden als umfassende Lebensgrundlage schützen, für den Menschen, aber auch für die etwa aus Insekten und anderen Kleinlebewesen bestehende Bodenfauna, die für die Abbau- und Ausgleichsfunktion des Bodens nach § 2 Abs. 2 Nr. 1 c) BBodSchG von Bedeutung ist[5].

b) Archivfunktion

91 Daneben ist der Boden als natur- und kulturhistorisch bedeutsames Archiv geschützt. Diese Nutzungsfunktion schlägt etwa dann durch, wenn sich unterhalb einer Industriebrache archäologisch bedeutsame Reste von frühzeitlichen Gebäuden oder Siedlungsanlagen finden. In diesem Falle kann mit Bauarbeiten und

---

[2] Siehe oben Rn. 24 ff.
[3] *Numberger* in Oerder/Numberger/Schoenfeld, BBodSchG, § 2 Rn. 2. Vgl. zum Verhältnis des BBodSchG zum Wasserrecht auch oben Rn. 41 ff.
[4] Vgl. dazu *Schwartmann*, Das Deutsche Bundesrecht IL 75 a (BBodSchV) zu § 2.
[5] Vgl. *Bundesverband Boden* (BVB) (Hrsg.), Bodenschutz in der Bauleitplanung, S. 45 ff.

I. Wann greift das neue Bodenschutzrecht?

Ausschachtungsarbeiten erst dann begonnen werden, wenn die Funde katalogisiert, ausgewertet und gegebenenfalls gehoben sind. In solchen Fällen „archäologischer Altlasten" trifft die Kostenlast für die zu treffenden Maßnahmen in der Regel den Grundstückseigentümer.

c) Ökonomische Funktionen

§ 2 Abs. 2 Nr. 3 BBodSchG weist dem Boden eine Reihe von im weiteren und engeren Sinne wirtschaftlich bedeutsamen Funktionen zu. So ist der Boden in seiner Eigenschaft als Lagerstätte für die etwa 40 Arten der in der Bundesrepublik vorhandenen Bodenschätze geschützt oder als Fläche für die landwirtschaftliche Nutzung. Für das Bauen sind die in § 2 Abs. 2 Nr. 3 b) und c) BBodSchG genannten Nutzungszwecke von besonderer Bedeutung. Danach ist der Boden sowohl als Fläche für die Erholung und Siedlung als auch als Standort für sonstige wirtschaftliche und öffentliche Nutzungen, sowie für Verkehr, Ver- und Entsorgung von Belang. Diese ökonomischen Nutzungsfunktionen sind nach der Konzeption des § 2 BBodSchG gegenüber den zuvor genannten natürlichen Bodenfunktionen nicht nachrangig[6]. Ein Bauvorhaben kann also bei einem Standort, der sich für bauliche Zwecke anbietet, in dem sich aber zugleich Bodenschätze finden oder der archäologisch von Bedeutung ist, nicht unter genereller Berufung auf den Vorrang der letztgenannten Nutzungsfunktionen untersagt werden.

2. Schädliche Bodenveränderungen

Die Anwendung des BBodSchG hängt zudem von der Existenz von Bodenverunreinigungen ab. Diese können im Ergebnis nur in Form von **schädlichen Bodenveränderungen** nach § 2 Abs. 3 BBodSchG auftreten. Die anlagen- und flächenbezogenen Begriffsbestimmungen in Abs. 4–6 bauen auf diesem Kernbegriff auf. Von schädlichen Bodenveränderungen spricht man, wenn zwei Voraussetzungen erfüllt sind. Zum einen muss mindestens eine der genannten Bodenfunktionen beeinträchtigt sein. Zum anderen müssen diese Beeinträchtigungen Schäden herbeiführen können, also eine gewisse Relevanz besitzen.

a) Beeinträchtigung von Bodenfunktionen

Die **Beeinträchtigung** einer Bodenfunktion liegt immer schon dann vor, wenn die Bodenbeschaffenheit, sei es durch chemische, physikalische oder biologische Vorgänge, verändert wird[7]. Auch bereits vorbelastete Böden können durch wei-

---

[6] *Sanden* in Sanden/Schoeneck, BBodSchG, § 2 Rn. 25. Für einen Vorrang der ökonomischen Nutzungsfunktionen in Nr. 3 spricht sich *Numberger* in Oerder/Numberger/Schönfeld, BBodSchG, § 2 Rn. 13 aus.
[7] *Sanden* in Sanden/Schoeneck, BBodSchG, § 2 Rn. 36.

tere nachteilige Behandlung noch beeinträchtigt werden und insofern Gegenstand einer schädlichen Bodenveränderung sein[8]. Wichtig ist es in einem solchen Fall aber, genau zu definieren, wie weit die Vorbelastung ging und in welcher Weise sie messbar verstärkt oder verfestigt wurde.

b) Relevanz der Beeinträchtigung

95 Nicht jede nachteilige Bodenveränderung ist bodenschutzrechtlich relevant. Die Beeinträchtigung einer Bodenfunktion wird erst zur schädlichen Bodenveränderung, wenn sie dazu geeignet ist, „Gefahren, erhebliche Nachteile oder erhebliche Belästigungen für den einzelnen oder die Allgemeinheit hervorzurufen".

aa) Gefahr

96 Eine **Gefahr** wird man erst annehmen können, wenn eine nachhaltige und dauerhafte Störung von Bodenfunktionen aufgrund der Einschätzung eines sachkundigen Betrachters befürchtet werden muss[9]. Mit dem Ansteigen der Bedeutung des bedrohten Schutzgutes sinkt die Schwelle für die Annahme einer Gefahr. Wenn also ein erheblicher Schaden droht, kann die Wahrscheinlichkeit seines tatsächlichen Eintretens eher gering sein[10]. Die Schwelle sinkt weiter, wenn das Schutzgut – wie z.B. das Grundwasser – besonders sensibel ist.

bb) Nachteil und Belästigung

97 Während die Gefahr des Schadenseintritts sich auf die Zukunft bezieht – also ein Schaden nur möglich und noch zu verhindern ist –, ist er im Falle eines **Nachteils** und einer **Belästigung** bereits eingetreten. Auch hier liegt es aber auf der Hand, dass nicht jede messbare nachteilige Einflussnahme auf eine Bodenfunktion die Voraussetzungen einer schädlichen Bodenveränderung erfüllt. Insoweit hat der Gesetzgeber die Schwelle durch das Erfordernis der **Erheblichkeit** erhöht. Die Beeinträchtigung muss also bei wertender Betrachtung ein gewisses Ausmaß erreichen, um die Grenze zur bloßen Unannehmlichkeit zu überschreiten. Gesundheitsschäden – also realisierte Gesundheitsgefahren –, sind immer erheblich.

Beispiel:
Sind etwa ordnungsgemäß durchgeführten Ausschachtungsarbeiten mit Lärm durch den Bagger und an- und abfahrende Baustellenfahrzeuge verbunden, so dürfte allein hierdurch auch einem geräuschempfindlichen Menschen noch keine Gefahr für die Gesundheit oder sein Eigentum, etwa durch Setzrisse drohen. Droht aber der längerfristige Einsatz einer besonderen Lärm verursachenden Abrissbirne oder gar eine Sprengung, dann kann die Gefahrenschwelle hierdurch überschritten werden.

---

[8] *Numberger* in Oerder/Numberger/Schönfeld, BBodSchG, § 2 Rn. 24.
[9] BR-Drs. 702/96, S. 86.
[10] *Oerder*, NVwZ 1992, 1031, 1033.

I. Wann greift das neue Bodenschutzrecht? **D**

3. Altlasten, altlastverdächtige Flächen und Verdachtsflächen im Sinne des BBodSchG

Das BBodSchG ist auf drei Arten von Flächen anwendbar, nämlich **98**

- auf Altlasten,
- auf Altstandorte und
- auf altlastenverdächtige Flächen

a) Altlasten sind Altablagerungen und Altstandorte

Im landläufigen Sprachgebrauch wird der Begriff Altlast als umfassendes Synonym für Bodenverunreinigungen gebraucht. Im Sinne des Bodenschutzrechts handelt es sich dabei hingegen nur um den Spezialfall einer Kontamination. **99**

Nach § 2 Abs. 5 BBodSchG sind **Altlasten** Altablagerungen und Altstandorte, also in jedem Fall stillgelegte Anlagen. Ab dem Zeitpunkt der Stilllegung ist die Altlast alt. Einen genaueren Anhalt gibt das Gesetz nicht[11]. Auf noch in Betrieb befindliche Anlagen findet die Norm damit begrifflich keine Anwendung. Von einer **Altablagerung** nach Nr. 1 spricht man bei ehemaligen Abfallbeseitigungsanlagen und bei „wilden Müllkippen" als den wesentlichen sonstigen Grundstücken. Unter **Altstandorten** versteht der Gesetzgeber Grundstücke stillgelegter Anlagen. Die Altlast ihrerseits – gleich ob Altablagerung oder Altstandort – muss schädliche Bodenveränderungen oder sonstige Gefahren für den einzelnen oder die Allgemeinheit hervorrufen. **100**

b) Altlastenverdächtige Flächen und Verdachtsflächen

Neben der Altlast kennt das BBodSchG Grundstücke bzw. Anlagen, bei denen das Überschreiten der Gefahrenschwelle nicht sicher ist, sondern erst Verdachtsmomente hierfür vorliegen. Die **altlastenverdächtige Fläche** nach § 2 Abs. 4 BBodSchG unterscheidet sich von der Altlast dadurch, dass bei erstgenannter sicher ist, dass eine Altablagerung oder ein Altstandort vorliegt, aber offen ist, ob hiervon schädliche Bodenveränderungen oder sonstige Gefahren für den einzelnen oder die Allgemeinheit hervorgerufen werden. Ist letzteres gegeben macht dies die altlastenverdächtige Fläche zur Altlast. Anders als die altlastenverdächtige Fläche – die nur eine Altablagerung oder ein Altstandort sein kann – kann die **Verdachtsfläche** nach § 2 Abs. 4 BBodSchG jedes Grundstück sein, für das der Verdacht einer schädlichen Bodenveränderung besteht. Die altlastenverdächtige Fläche ist damit ein Spezialfall der Verdachtsfläche. **101**

---

[11] Kritisch dazu *Numberger* in Oerder/Numberger/Schönfeld, BBodSchG, § 2 Rn. 35; *Sanden* in Sanden/Schoeneck, BBodSchG, § 2 Rn. 110.

II. Wie wird der Bodenschutz beim Bauen verwirklicht?[12]

102 Zur Verwirklichung des Bodenschutzes sehen BBodSchG und BBodSchV ein Zusammenspiel verschiedener Maßnahmen vor, wobei grundsätzlich eine Zweiteilung in **Sanierungsmaßnahmen** nach § 2 Abs. 7 BBodSchG auf der einen und **Schutz- und Beschränkungsmaßnahmen** gemäß § 2 Abs. 8 BBodSchG auf der anderen Seite erfolgt. Diese beiden Typen von Maßnahmen verfolgen unterschiedlichen Ziele, haben unterschiedliche Auswirkungen auf die Beschaffenheit des Bodens und sie unterscheiden sich schließlich durch ihre Eingriffsintensität gegenüber dem Betroffenen. Während Sanierungsmaßnahmen eine Verbesserung der Bodenqualität bringen sollen, verändern Schutz- und Beschränkungsmaßnahmen bereits definitionsgemäß und von ihrem Ansatz her nichts an einer schädlichen Bodenveränderung und deren Gefährlichkeit. Mit deren Hilfe sollen und können lediglich die Auswirkungen der schädlichen Bodenveränderung auf den Menschen und die Umwelt verhindert oder auch nur reduziert werden.

1. Stufenverhältnis zwischen Sanierungs- und Schutz- und Beschränkungsmaßnahmen

103 Diese Sanierungsmaßnahmen auf der einen und Schutz- und Beschränkungsmaßnahmen auf der anderen Seite stehen in einem Stufenverhältnis zueinander. Dies ergibt sich aus § 4 Abs. 3 BBodSchG. Vorrang genießen danach Sanierungsmaßnahmen, innerhalb derer der Gesetzgeber wiederum in Dekontaminations- und Sicherungsmaßnahmen sowie Maßnahmen zur Beseitigung oder Verhinderung differenziert (§ 2 Abs. 7 Nr. 1–3). Soweit Sanierungsmaßnahmen unter Berücksichtigung aller rechtlichen und technischen Besonderheiten nicht zumutbar sind, darf auf die wesentlich weniger einschneidenden Schutz- und Beschränkungsmaßnahmen zurückgegriffen werden. Es liegt auf der Hand, dass eine nicht sanierungsfähige Altlast nicht ihrem Schicksal überlassen werden darf. Vielmehr sind hier nutzungsbezogene Maßnahmen zu ergreifen, welche den weiteren Gebrauch der Fläche so gefahrlos wie möglich machen. Damit wird aber auch deutlich, dass ein nicht saniertes und damit noch verunreinigtes Grundstück, dessen Gefährdungspotential nicht ausgeschlossen werden kann, auch weniger intensiv nutzbar ist. Aus diesem Grund führt § 2 Abs. 8 BBodSchG als Hauptfall der Schutz- und Beschränkungsmaßnahme die Nutzungsbeschränkung auf, die – in extremen Ausnahmefällen – auch zu einer dauerhaften Nutzungsuntersagung führen kann.

---

[12] *Numberger* in Oerder/Numberger/Schönfeld BBodSchG, § 2 Rn. 46.

II. Wie wird der Bodenschutz beim Bauen verwirklicht? **D**

2. Grundsätzliche Gleichrangigkeit im Verhältnis der Sanierungsmaßnahmen untereinander

Grundsätzlich in einem Verhältnis der Gleichrangigkeit untereinander stehen **104** demgegenüber die einzelnen in § 2 Abs. 7 genannten Sanierungsmaßnahmen, obwohl diese unterschiedlich wirksam sind. Dekontaminationsmaßnahmen (Nr. 1), zielen direkt auf die Beseitigung von Schadstoffen, durch Entfernung, Umwandlung oder Umlagerung verunreinigten Erdreichs, oder auf deren Verminderung ab. Schadstoffe sind Stoffe, die aufgrund ihrer chemischen Zusammensetzung geeignet sind, eine Störung von Bodenfunktionen herbeizuführen (§ 2 Abs. 6 BBodSchV). Mit der Anwendung von Sicherungsmaßnahmen (Nr. 2) wird im Gegensatz dazu nur der Zweck verfolgt, die Ausbreitung des Schadstoffes im Boden – etwa durch Immobilisierung auf physikalischem oder chemischem Wege – oder dessen Austrag aus dem Boden zu verhindern, zum Beispiel (§ 5 Abs. 4 BBodSchV) durch eine Abdeckung oder Versiegelung des Bodens[13]. Einen eigenen Anwendungsbereich haben die sonstigen Beseitigungs- und Verminderungsmaßnahmen (Nr. 3). Diese zielen speziell auf die Verminderung schädlicher Veränderungen der physikalischen, chemischen oder biologischen Bodenbeschaffenheit ab[14]. Wann Sanierungsmaßnahmen auch wirklich zur Sanierung geeignet sind, ist in § 5 BBodSchV näher behandelt[15]. Bestandteil der Eignung von Dekontaminationsmaßnahmen ist danach ausdrücklich, dass sie auf technisch und wirtschaftlich durchführbaren Verfahren beruhen, die sich in der Praxis bewährt haben. In § 5 Abs. 5 BBodSchV findet sich etwas darüber, dass Nutzungsanpassungen im landwirtschaftlichen Bereich als Schutz- und Beschränkungsmaßnahmen vornehmlich in Betracht kommen.

3. Vorrang von Dekontaminierungsmaßnahmen bei neuen Altlasten („Neulasten")

Nur ausnahmsweise, nämlich bei Altlasten, die nach dem 1. März 1999 entstehen, **105** hat die Dekontamination gemäß § 4 Abs. 5 BBodSchG Vorrang vor den anderen Sanierungsmaßnahmen[16]. Allerdings schützt § 4 Abs. 5 S. 2 BBodSchG denjenigen, der sich bei der Verursachung einer schädlichen Bodenveränderung oder Altlast nach gewissenhafter Prüfung subjektiv und objektiv nachvollziehbar gewissenhaft verhalten und aufgrund dessen darauf vertraut hat, keine Verunreinigung herbeizuführen[17]. Vor einer Inanspruchnahme ist im Falle einer neu entstehenden

---

[13] Vgl. *Frenz*, BBodSchG, § 2 Rn. 114 ff.
[14] Vgl. zu den einzelnen Sanierungsmaßnahmen *Sanden* in Sanden/Schoeneck, BBodSchG, § 2 Rn. 97 ff.
[15] Dazu *Schmidt-Räntsch/Sanden*, NuR 1999, 555, 556.
[16] *Hilger* in Holzwarth/Radtke/Hilger/Bachmann, BBodSchG, § 4 Rn. 126; *Oerder* in Oerder/Numberger/Schönfeld, BBodSchG, § 4 Rn. 50.
[17] *Schink*, DÖV 1999, 797, 805.

D   Fragen des Bodenschutzrechts bei Bauvorhaben

Altlast in § 4 Abs. 5 S. 1 a.E. BBodSchG ausdrücklich auch die Vorbelastung des Grundstücks als Abwägungsparameter genannt. Präzisiert wird dies in § 5 Abs. 2 BBodSchV. Danach muss der Sanierungspflichtige grundsätzlich die Leistungen erbringen, die er ohne Vorbelastung erbringen müsste. Es müssen nur die Nutzungsmöglichkeiten vor Entstehung der neuen Altlast wieder hergestellt werden.

4. Besondere Vorgaben für das Auf- und Einbringen von Baumaterial auf oder in den Boden

106   Eine für das Baurecht wichtige Vorschrift zur Verwirklichung des Bodenschutzrechts enthält der auf Grundlage von § 6 BBodSchG erlassene § 12 BBodSchV. Diese kompliziert gefasste Vorschrift enthält rechtliche Anforderungen an das Auf- und Einbringen von Materialien auf oder in den Boden. Je nach Nutzung und Verwendungszweck formuliert die Vorschrift technische Anforderungen, die bei der Durchführung von Bodenarbeiten einzuhalten sind.

107   Sie geht von verschiedenen Fallgestaltungen aus und trifft Regelungen für das Auf- und Einbringen von Material in und auf den Boden[18] (§ 12 Abs. 7, 8, 9 BBodSchV) und durchwurzelbare Bodenschichten[19] (§ 12 Abs. 2 S. 1 BBodSchV), und die zu verwendenden Materialien bei der Herstellung durchwurzelbarer Bodenschichten (§ 12 Abs. 1 und 2 BBodSchV). In letzterem Fall differenziert die Norm nach Rekultivierungsvorhaben einschließlich der Wiedernutzbarmachung unabhängig von der Folgenutzung (§ 12 Abs. 2 und 6 BBodSchV) und bezogen auf landwirtschaftliche Folgenutzung (§ 12 Abs. 6 BBodSchV). Sonderregeln gelten zudem für Materialien bei landwirtschaftlicher Folgenutzung (§ 12 Abs. 4 BBodSchV) und für Bodenmaterial auf landwirtschaftlich einschließlich gartenbaulich genutzten Böden (§ 12 Abs. 5 BBodSchV)[20]. Die auf das Gebiet eines für verbindlich erklärten Sanierungsplans bezogene Sonderregelung des § 5 Abs. 6 BBodSchV bleibt von § 12 BBodSchV unberührt.

III. Welche Pflichten normiert das BBodSchG und wer ist sanierungspflichtig?

108   Das Bodenschutzrecht normiert einerseits Pflichten, die zum Schutz des Mediums Boden zu erfüllen sind. Andererseits nennt es Pflichtige, also Personen, die aufgrund behördlicher Entscheidung zu Adressaten der vorgenannten Pflichten gemacht werden können.

---

[18] Definiert in § 2 Abs. 1 BBodSchG.
[19] Definiert in § 2 Nr. 11 BBodSchV.
[20] Vgl. zu dieser Systematik *Hipp/Rech/Turian*, BBodSchG Rn. 842. Zu dieser Vorschrift insgesamt eingehend a.a.O. Rn. 840 ff.

III. Welche Pflichten normiert das BBodSchG? **D**

1. Pflichten auf Grund behördlicher Anordnung und Pflichtige nach BBodSchG

Das BBodSchG benennt insbesondere in §§ 4 und 5 Pflichten zur Vermeidung 109
und zur Abwehr schädlicher Bodenveränderungen und legt zugleich den Kreis
der Pflichtigen fest.

a) Die Pflichten nach dem BBodSchG

§ 4 BBodSchG regelt die Pflichten zur Gefahrenabwehr nach dem BBodSchG, 110
die teilweise im Vorfeld des Entstehens von schädlichen Bodenveränderungen
oder Altlasten angesiedelt sind, und teilweise nach deren Entstehen.

Daneben wird in § 7 Abs. 1 BBodSchG für Grundstückseigentümer und 111
Grundstücksbesitzer eine Vorsorgepflicht normiert, der zufolge zusätzlich zu der
allgemeinen Verhaltenspflicht Vorsorge gegen schädliche Bodenveränderungen zu
treffen ist. Dies gilt insbesondere dann, wenn die Auswirkungen der langfristigen
Nutzung eines Grundstücks die Besorgnis einer schädlichen Bodenveränderung
entstehen lassen[21].

§ 4 Abs. 1 BBodSchG normiert eine im Vorfeld einer Bodenveränderung be- 112
stehende sogenannte Jedermann-Pflicht, der zufolge jeder, der auf den Boden
einwirkt, sich so zu verhalten hat, dass er negative Bodeneinwirkungen vermeidet. Hinzu tritt die Pflicht zur Abwehr schädlicher Bodenveränderungen für das
eigene Grundstück und für Grundstücke Dritter nach § 4 Abs. 2 BBodSchG; Adressaten sind wiederum Grundstückseigentümer und Inhaber der tatsächlichen
Gewalt. Die Abwehrpflicht entsteht – und insoweit unterscheidet sie sich von der
Vorsorgepflicht –, wenn mit hinreichender Wahrscheinlichkeit der Eintritt von
schädlichen Bodenveränderungen zu erwarten ist[22]; sie liegt also auf der Schwelle zur Entstehung schädlicher Bodenveränderungen.

Ist bereits eine schädliche Bodenveränderung eingetreten, trifft die Verant- 113
wortlichen die Sanierungspflicht gemäß § 4 Abs. 3–5 BBodSchG, die darauf gerichtet ist, das Grundstück so zu sanieren, dass dauerhaft keine Gefahren, erhebliche Nachteile oder erhebliche Belästigungen für Einzelne oder die Allgemeinheit von dem Grundstück ausgehen. Die Sanierungspflicht ist deshalb ein Akt des
nachsorgenden, reparierenden Bodenschutzes[23].

b) Die Verantwortlichen nach § 4 BBodSchG

Das Bodenschutzrecht ist eine Materie des Polizei- und Ordnungsrechts. Be- 114
hördliche Maßnahmen zur Feststellung oder Behandlung von schädlichen Bo-

---

[21] Vgl. *Hasche*, DVBl. 2000, 91, 92 und *Riedel*, UPR 1999, 92, 94 ff.
[22] Vgl. *Hipp/Rech/Turian*, BBodSchG, Rn. 227.
[23] *Hipp/Rech/Turian*, BBodSchG, Rn. 230.

denveränderungen oder Altlasten richten sich deswegen gegen die sogenannten Störer als die nach Polizei- und Ordnungsrecht Verantwortlichen[24]. Das BBodSchG orientiert sich einerseits an dem klassischen Störerbegriff, andererseits erfährt der Kreis der Verantwortlichen nach dem BBodSchG empfindliche Ausweitungen gegenüber dem sonstigen Polizei- und Ordnungsrecht. Es kann so erhebliche Risiken für den Grundstücksverkehr von Unternehmen und Investoren bergen.

115 Gängige Kategorien von Störern nach dem klassischen Polizei- und Ordnungsrecht sind:

116 der **Verhaltensstörer**, also derjenige, der durch sein Verhalten eine Störung oder eine Gefahr für die öffentliche Sicherheit herbeiführt. Verhaltenshaftung ist sowohl Haftung für positives Tun als auch für Unterlassen, sofern eine öffentlich-rechtliche Pflicht zu einem bestimmten Handeln besteht. Eine Handlungspflicht kann sich insbesondere aus vorangegangenem, potentiell gefahrträchtigem Tun ergeben; so mögen nach Stillegung einer legal betriebenen Anlage schädliche Bodenverunreinigungen festgestellt werden, zu deren Beseitigung das früher betreibende Unternehmen verpflichtet ist[25]. Vor allem setzt die Verhaltenshaftung kein Verschulden des Handelnden voraus,

117 der **Zustandsstörer**, also derjenige, der Eigentümer einer Sache oder Inhaber der tatsächlichen Gewalt über eine Sache ist, von der Gefahren oder Störungen ausgehen. Anknüpfungspunkt für die Zustandshaftung ist vornehmlich die tatsächliche und rechtliche Sachherrschaft[26],

118 der **Nichtstörer**, der einerseits Inhaber eines Mittels zur Gefahrenabwehr ist, andererseits aber keinerlei Verursachungsbeiträge zur Gefahrentstehung geleistet hat oder über die gefahrträchtige Sache verfügen kann. Im Falle erhöhter Gefahr und bei Unmöglichkeit anderweitiger Abwehrmöglichkeiten, insbesondere durch Vorgehen gegen Verhaltens- oder Zustandsstörer, ist nach allgemeinem Polizei- und Ordnungsrecht eine Inanspruchnahme auch eines unbeteiligten Dritten als Nichtstörer zulässig[27].

119 Das BBodSchG nimmt zumindest die zwei erstgenannten Störer in Bezug, wenn es in § 4 die Verantwortlichen zur Gefahrenabwehr festlegt. So legt § 4 Abs. 1 BBodSchG für jedermann eine Verhaltenspflicht zur Vermeidung von Bodenbelastungen fest. Ebenso ist gemäß § 4 Abs. 2 BBodSchG bei drohenden Gefahren durch ein Grundstück dessen Eigentümer oder der Inhaber der tatsächlichen Gewalt, also der Zustandsstörer, zur Abwehr dieser Gefahren verpflichtet. Dies gilt gleichermaßen, wenn § 4 Abs. 3 S. 1 BBodSchG einerseits denjenigen für sanierungspflichtig erklärt, der die schädliche Bodenveränderung oder die Altlast,

---

[24] In diesem Sinne auch *Spieth/Wolfers*, NVwZ 1999, 355, 355.
[25] Vgl. *VGH Mannheim*, NVwZ 1993, 1014, 1015.
[26] Vgl. *Friauf*, Polizei- und Ordnungsrecht, in Badura/Breuer, Besonderes Verwaltungsrecht, Rn. 86.
[27] Vgl. *Friauf*, Polizei- und Ordnungsrecht, in Badura/Breuer, Besonderes Verwaltungsrecht, Rn. 108 ff.

III. Welche Pflichten normiert das BBodSchG?

also die polizeirechtliche Gefahr, verursacht hat (Verhaltensstörer), andererseits die Verantwortung desjenigen anordnet, der Grundstückseigentümer oder Inhaber der tatsächlichen Gewalt über ein Grundstück ist (Zustandsstörer).

aa) Verhaltensverantwortlichkeit

Verhaltensstörer im Sinne des § 4 Abs. 3 S. 1 BBodSchG ist derjenige, dessen Verhalten selbst unmittelbar die konkrete Gefahr oder Störung herbeigeführt hat und damit die Gefahrgrenze überschreitet[28]. Adressaten einer Verfügung können sowohl natürliche als auch juristische Personen, also etwa eingetragener Verein, GmbH, AG, Genossenschaft oder KG aA sein, wobei letztere für das Verhalten ihrer verfassungsmäßigen Vertreter einzustehen haben. Auch Personengesellschaften nach BGB und HGB, etwa GbR, oHG und KG, sind als Verhaltensstörer taugliche Adressaten einer Ordnungsverfügung. Als Verhaltensstörer kommt insbesondere auch der Insolvenzverwalter in Betracht, der eine Anlage – die er in Verwaltung nimmt – weiterführt[29].

120

(1) Verschuldensunabhängigkeit und Legalisierungswirkung

Ein Grundsatz der allgemeinen Polizei- und Ordnungsrechts ist die Verschuldensunabhängigkeit der Verhaltenshaftung, die uneingeschränkt auch für die Haftung nach dem BBodSchG gilt. Die Nichterkennbarkeit der Gefährlichkeit eigenen Handelns geht zu Lasten des Verursachers. Auch geht die Legalisierungswirkung einer etwaigen Anlagengenehmigung, also der Ausschluss der Verhaltensverantwortlichkeit durch das grundsätzliche Erlaubtsein des Anlagenbetriebs, nur so weit, wie die Behörde bestimmte Risiken im Genehmigungsverfahren gewürdigt hat[30]. Zur Zeit der Genehmigungserteilung unabsehbare Risiken sind, wie andere nicht vorab erkennbare Umweltverfahren, dem Anlagenbetreiber zuzurechnen und können deshalb trotz Anlagengenehmigung eine spätere Verhaltensverantwortlichkeit auslösen[31].

121

Praxistipp:

Die Nichterkennbarkeit von Gefahren kann auf der Rechtsfolgenseite im Rahmen von Zumutbarkeitserwägungen berücksichtigt werden. Hierauf sollte der Rechtsanwalt bei der Überprüfung einer Ermessensentscheidung zur Heranziehung seines Mandanten achten.

---

[28] So *Hipp/Rech/Turian*, BBodSchG, Rn. 284 unter Bezugnahme auf die „Theorie der unmittelbaren Verursachung".

[29] Vgl. zu den vielschichtigen Problemen in diesem Zusammenhang *Kothe*, Altlasten in der Insolvenz (1999), Rn. 343 ff. Zu häufigen Sonderproblemen in der Insolvenz jeweils m.w.N. aus Rechtsprechung und Literatur *Lwowski/Tetzlaff*, NZI 2001, 57 ff.; *Kebekus*, NZI 2001, 63 ff.; *Schwartmann*, NZI 2001, 69 ff.

[30] Siehe dazu unten Rn. 303.

[31] Ebenso *Hipp/Rech/Turian*, BBodSchG, Rn. 287, 290 f.

(2) Mehrere Verursacher

122 Schwierig zu beantworten ist die Frage nach der Haftung mehrerer Mitverursacher, die unabhängig voneinander wesentliche Verursachungsbeiträge geleistet haben. Diese sind, da eine Trennung verschiedener Verursachungsbeiträge in der Regel schwer vorzunehmen sein wird, jeder voll als Verhaltensstörer haftbar. Eine Inanspruchnahme je nach Verursachungsbeitrag dürfte insoweit schwierig zu realisieren sein, da insbesondere infolge der Betroffenheit desselben Grundstücks durch verschiedene Beiträge auch eine getrennte Sanierbarkeit nach Verursachungsbeiträgen regelmäßig ausscheiden wird[32]. Ist aber eine Trennung denkbar und gleichzeitig eine Sanierung einer abgrenzbaren verunreinigten Teilfläche eines Grundstücks durch den jeweiligen Verursacher möglich, insbesondere wenn Grundwasserbeeinträchtigungen, die sich regelmäßig über weite Teile des Grundstücks erstrecken werden, nicht vorliegen, ist eine getrennte Inanspruchnahme mehrerer Verursacher für einzelne Verunreinigungen nicht ausgeschlossen.

> **Praxistipp**:
>
> Es ist die Aufgabe der eingeschalteten technischen Sachverständigen, genau zu ermitteln, ob sich Verursachungsbeiträge voneinander abgrenzen lassen. Auch wenn sich das Alter von Verunreinigungen über einen Zeitraum von etwa zwei Jahren hinaus kaum noch nachweisen lässt, sollte auf diesen Punkt größte Sorgfalt verwandt werden. Ist eine rechnerische Zuordnung eines Schadens zu einem bestimmten Verursacher nicht möglich, so sind andere Möglichkeiten zu prüfen. Häufig sprechen Indizien für unterschiedliche Verursacher. Ist etwa auf einem Standort ein Tank eingelassen und ist in dessen näherem Umfeld ein weit größerer Schaden zu verzeichnen als auf dem übrigen Gelände, so kann der Tank ein Leck haben. Dies braucht aber nicht die einzige Ursache zu sein. Möglich ist nämlich auch, dass bei dem Befüllen eines Tanks in der Vergangenheit ein Unfall passiert ist, etwa weil ein Füllschlauch geplatzt ist oder sich von einem Einfüllstutzen gelöst hat. Derartige tatsächlichen Umstände sollten geklärt sein, bevor es zur Inanspruchnahme eines Störers kommt.

(3) Nachfolge in die abstrakte Verhaltensverantwortung

123 Gegenüber den klassischen Störerbegriffen kommt nach BBodSchG im Bereich der Verhaltenshaftung eine neue Störerkategorie hinzu. Tritt über ein kontaminiertes Grundstück die Gesamtrechtsnachfolge ein, so kann der Rechtsnachfolger unter bestimmten Voraussetzungen für das Verhalten des Rechtsvorgängers haftbar gemacht werden. Gesamtrechtsnachfolge liegt vor, wenn alle Rechte und Pflichten hinsichtlich des Grundstücks übernommen werden. Die wesentlichen für das BBodSchG relevanten Gesamtrechtsnachfolgetatbestände sind:

---

[32] So auch *Hipp/Rech/Turian*, BBodSchG, Rn. 287.

III. Welche Pflichten normiert das BBodSchG? **D**

- Erbfolge nach § 1922, 1967 BGB
- Verschmelzung, Umwandlung und Spaltung von Unternehmen nach §§ 346, 353, 359 Abs. 2 AktG und § 25 UmwG

Keine Gesamtsrechtnachfolgetatbestände sind Vermögensübernahmen nach § 419 **124** BGB, da § 419 BGB lediglich wie ein Schuldbeitritt wirkt[33] und Firmenübernahmen nach § 25 HGB, da auch insoweit nur ein Schuldbeitritt vorliegt[34].

Praxistipp:
Bei der Spaltung und Umwandlung von Unternehmen ist im zugrundeliegenden Spaltungs- oder Umwandlungsvertrag tunlichst eine Regelung hinsichtlich der Verteilung der Verhaltensverantwortlichkeit zu treffen. Fehlt eine ausdrückliche Regelung, sollte versucht werden, durch Auslegung den Verantwortlichen zu ermitteln. Ist etwa die Verhaltensverantwortung abgrenzbar auf einen übergehenden Teilbetrieb zu beziehen und geht dieser auf einen bestimmten Rechtsträger über, ist dieser im Zweifel auch der Verhaltensverantwortliche im Wege der Gesamtrechtsnachfolge. Ist auch durch Auslegung keine Risikoverteilung zu ermitteln, handelt es sich bei der Verhaltenshaftung also um eine „vergessene" öffentlich-rechtliche Verbindlichkeit, ist je nach Form der Spaltung zu unterscheiden. Handelt es sich um eine Aufspaltung, haftet im Zweifel der übernehmende Rechtsträger, bei Abspaltung und Ausgliederung der übertragende Rechtsträger[35].

Bei der Rechtsnachfolge in die Verhaltensverantwortlichkeit ist zu unterscheiden **125** zwischen der Nachfolge in konkretisierte, d.h. bereits durch Verwaltungsakt festgestellte Ordnungspflichten und der Nachfolge in abstrakte Ordnungspflichten, also in solche, die zum Zeitpunkt der Rechtsnachfolge noch nicht durch Verfügung konkretisiert waren. Seit langem unumstritten ist die Möglichkeit der Rechtsnachfolge in eine konkretisierte Verhaltensverantwortlichkeit[36].

---

[33] *Knopp/Löhr*, BBodSchG in der betrieblichen Praxis, Rn. 61; als Gesamtrechtsnachfolgetatbestand mit der Folge einer Haftung nach § 4 BBodSchG angenommen wird § 419 BGB von *Hipp/Rech/Turian*, BBodSchG Rn. 294, wobei die Norm im übrigen mit Wirkung zum 31.12.1998 aufgehoben worden ist; vgl. insoweit § 223a EGBGB.

[34] So auch *Knopp/Löhr*, BBodSchG in der betrieblichen Praxis, Rn. 61. Anders wiederum *Hipp/Rech/Turian*, BBodSchG, Rn. 294. Zum Übergang der Zustandsverantwortlichkeit nach handelsrechtlichen Gesichtspunkten vgl. aber unten Rn. 145ff.

[35] Vgl. hierzu etwa *Theuer*, DB 1999, 621, 623; *Knopp/Löhr*, BBodSchG in der betrieblichen Praxis, Rn. 81ff.

[36] Zur Rechtslage vor Erlass des BBodSchG vgl. *Schalbach/Simon*, NVwZ 1992, 143, 144f.

D Fragen des Bodenschutzrechts bei Bauvorhaben

(a) Rechtsnachfolge in abstrakte Verhaltensverantwortlichkeit

126 Die lange umstrittene Frage, inwieweit eine Rechtsnachfolge in eine abstrakte Verhaltensverantwortlichkeit möglich ist[37], hat der Gesetzgeber für das BBodSchG in § 4 Abs. 3 S. 1 2. Alt. BBodSchG dahingehend entschieden, dass der Gesamtrechtsnachfolger auch in die abstrakte Ordnungspflicht eintritt[38]. Sicher ist damit jedenfalls, dass nicht jeder Käufer eines Grundstücks in die abstrakte Verhaltenshaftung eintritt, da sich der Kauf als Tatbestand der Einzelrechtsnachfolge, begrenzt auf das jeweilige Grundstück, darstellt.

(b) Zeitlicher Anwendungsbereich von § 4 Abs. 3 S. 1 BBodSchG

127 Dennoch wirft die Regelung erhebliche Probleme für die Anwendungspraxis auf. Insbesondere nicht geklärt ist der zeitliche Anwendungsbereich der Norm. Während teilweise eine Geltung auch für in der Vergangenheit abgeschlossene Gesamtrechtsnachfolgen angenommen wird[39], ist richtigerweise davon auszugehen, dass das Gesetz solche Gesamtrechtsnachfolgen nicht erfasst, die vor dem 05.02.1998 abgeschlossen wurden, dem Tag, an dem der Bundestag die Haftung des Gesamtrechtsnachfolgers in § 4 Abs. 3 S. 1 2. Alt. BBodSchG beschloss[40]. Ansonsten wäre von einer den verfassungsrechtlichen Vertrauensschutz der Betroffenen verletzenden, echten Rückwirkung des Gesetzes auszugehen, die mit der Rechtsprechung des Bundesverfassungsgericht nicht in Einklang stünde[41].

(c) Beschränkung der Erbenhaftung nach BBodSchG

128 Ungeklärt ist, ob und inwieweit ein Erbe seine öffentlich-rechtliche Altlastenhaftung beschränken kann und ob ihm hierzu die Möglichkeiten des zivilen Erbrechts zustehen. Da eine Erbschaft innerhalb von sechs Wochen ausgeschlagen werden muss und schädliche Bodenveränderungen und Altlasten oft erst nach Jahren entdeckt werden, ist diese Frage bedeutsam[42]. Die Beantragung einer Nachlassverwaltung oder -insolvenz nach § 1975 BGB knüpft an den Erbfall an. Die Haftung nach § 4 Abs. 3 S. 1 BBodSchG bezieht sich auf eine abstrakte Ordnungspflicht, die aus einer polizeirechtlichen Haftungsnorm außerhalb des Erbrechts resultiert. Sie wird nicht wie eine Erbfallschuld vererbt, so dass das zivil-

---

[37] Vgl. hierzu die umfangreichen Nachweise bei *Hipp/Rech/Turian*, BBodSchG, Rn. 293.

[38] Vgl. *Doerfert*, VR 1999, 229, 231 f.

[39] Etwa *Hipp/Rech/Turian*, BBodSchG Rn. 293; *Becker*, DVBl. 1999, 134, 136 f.; *v. Mutius/Nolte*, DÖV 2000, 1, 3 ff.; die beiden letzteren unter Ausschluss sogenannter „Ur-Altlasten", aus den Jahren vor Mitte der achtziger Jahre bzw. vor 1960, also vor Inkrafttreten moderner, strenger Umweltgesetze. *Knopp/Löhr*, BBodSchG in der betrieblichen Praxis, Rn. 89 f., gehen vom Verlust des Vertrauensschutzes ab dem Jahre 1996 aus. Vgl. zu „Ur-Altlasten" insgesamt *Spieth*, IWS-Schriftenreihe, Bd. 28, S. 19 ff.

[40] BT-Drs. 13/9637; BR-Drs. 90/98.

[41] In diesem Sinne *Spieth/Wolfers*, altlasten spektrum 1998, 75, 76; *dies.*, NVwZ 1999, 355, 359; auch *Schwartmann*, DStR 1999, 324, 326. Offen gelassen in *VGH Mannheim*, NVwZ 2000, 1199, 1200.

[42] Dazu *Schwartmann/Vogelheim*, ZEV 2001, 101, 101 f.; zur Haftung des Erben als Zustandsstörer *Schwartmann/Vogelheim*, ZEV 2001, 343.

III. Welche Pflichten normiert das BBodSchG?

rechtliche Instrumentarium zum Schutz des Erben nicht greift[43]. In dieser Situation ist die Begrenzung der Haftung auf das geerbte Vermögen angebracht[44]. Zu erwägen ist, ob es auch unter Berücksichtigung der Rechtsprechung des Bundesverfassungsgerichts zur Haftungsbegrenzung eines Zustandsstörers in einer Opfersituation[45] zu einer Haftungsbegrenzung des Erben kommen kann. Diese lässt sich – auch wenn es sich in dem einen Falle um eine Zustandsstörerhaftung und in dem anderen Fall um eine Verursacherhaftung handelt – von der Wertung her auf den gutgläubigen Erben übertragen. Dies gilt jedenfalls dann, wenn auf dem geerbten Grundstück nach Ablauf der Frist zur Ausschlagung des Erbes Verunreinigungen festgestellt werden, die den Wert des Erbes übersteigen. Der Erbe in seiner Eigenschaft als Gesamtrechtsnachfolger des Verursachers befindet sich in diesem Fall, wie der gutgläubige Zustandsstörer, in einer Opferposition und ist sowohl nach Bodenschutz-, nach allgemeinem Polizei- und Ordnungsrecht, aber auch nach Zivilrecht schutzlos und müsste danach sein gesamtes Vermögen für die Sanierung eines Grundstücks aufbringen, zu dessen Verunreinigung er nichts beigetragen hat und von der er nichts wusste. Wie beim Zustandsstörer ist das Verhältnis von Nutzungsmöglichkeit und Belastung gestört. Wegen des unterschiedlichen dogmatischen Anknüpfungspunktes bei Handlungs- und Zustandsstörerhaftung kann die Rechtsprechung des Bundesverfassungsgerichts nicht direkt übertragen, sondern nur im Rahmen der Verhältnismäßigkeitsprüfung berücksichtigt werden[46].

bb) Zustandsverantwortung des Eigentümers und Besitzers

Angelehnt an die Begrifflichkeit des klassischen Polizei- und Ordnungsrechts ist derjenige sanierungspflichtig, der Eigentümer des Grundstücks oder, insbesondere als Mieter oder Pächter, Besitzer und damit Inhaber der tatsächlichen Gewalt über das Grundstück ist. Eigentümer ist der im Grundbuch als solcher Eingetragene; solange also der Erwerb eines Grundstücks grundbuchmäßig noch nicht vollzogen ist, tritt keine Zustandsverantwortlichkeit des Erwerbers ein. **129**

(1) Verschuldensunabhängigkeit

Die Zustandsverantwortung ist wiederum verschuldensunabhängig und eine Verursachung der von dem Grundstück ausgehenden Gefahr wird zudem gerade nicht vorausgesetzt. Auch eine Einstandspflicht für Gefahren aufgrund höherer Gewalt, Naturereignissen oder Kriegsfolgen ist im Rahmen der Zustandsverantwortlichkeit grundsätzlich nicht ausgeschlossen[47]. **130**

---

[43] *Schwartmann/Vogelheim*, ZEV 2001, 101, 103 f.; a.A. *Frenz*, BBodSchG, § 4 Rn. 57.
[44] So *Nolte*, NVwZ 2000, 1135, 1136
[45] Siehe dazu unten Rn. 133 ff.
[46] *Schwartmann/Vogelheim*, ZEV 2001, 101, 102 f. Vgl. dazu, ob die Vertrauensschutzklausel des § 4 Abs. 6 S. 2 BBodSchG dem Erben zugute kommt *Kohls*, ZuR 2001, 183, 183 ff.
[47] *Knopp/Löhr*, BBodSchG in der betrieblichen Praxis, Rn. 100.

(2) Haftungsgrenzen

131 Umstritten war lange die Frage, inwieweit eine Einschränkung der Zustandshaftung denkbar ist, und zwar sowohl hinsichtlich der Kenntnis von der Verunreinigung bei Erwerb als auch wertmäßig[48].

132 Zunächst vertrat das Bundesverwaltungsgericht[49] in seiner Rechtsprechung die Ansicht, bereits der Umstand, dass der Erwerber bei Erwerb des Grundstücks, etwa aus einer ihm bekannten vorherigen Nutzung, auf die Möglichkeit einer schädlichen Bodenveränderung hätte schließen können, reiche zur Begründung der Zustandshaftung aus. Gleichwohl wurde die Möglichkeit einer Opfergrenze für die Einstandspflicht anerkannt, etwa dort, wo der privatnützige Gebrauch des Eigentums durch die Sanierungslasten aufgehoben sei[50].

133 In einer vielbeachteten Entscheidung hob das Bundesverfassungsgericht[51] die vorgenannte Entscheidung des Bundesverwaltungsgericht auf und legte die Grenzen der Zustandshaftung dar[52]. Verwaltungsbehörden und Gerichte haben nach der neuen Rechtsprechung des Bundesverfassungsgerichts bei Auslegung und Anwendung der Vorschriften über die Zustandsverantwortlichkeit die verfassungsrechtlichen Vorgaben nach Art. 14 Abs. 1 und 2 GG zu beachten. Sie haben in Anwendung des Verhältnismäßigkeitsgrundsatzes in Betracht zu ziehen, dass die Belastungsgrenze für eine Sanierungsmaßnahme nicht überschritten werden darf. Diese Grenze sei dort zu ziehen, wo der Eigentümer durch das Grundstück und seine Sanierung an seinem Vermögen Verluste erleide und die Verwendung des Eigentums zum eigenen Nutzen unmöglich gemacht werde. Als Grenze der Zumutbarkeit sieht das Bundesverfassungsgericht dabei den Verkehrswert des Grundstücks an[53].

134 Zumutbar sei eine über diese Grenze hinausgehende Kostenbelastung allerdings dort, wo positive Kenntnis des Eigentümers von der Belastung des Grundstücks vorliege oder dieser eine risikoreiche Nutzung des Grundstücks bewusst zulasse; fahrlässige Unkenntnis von der Belastung schade dagegen nicht[54].

135 Eine weitere Begrenzung der Haftung des Eigentümers sieht das Bundesverfassungsgericht dort, wo eine Belastung über den Verkehrswert grundsätzlich zumutbar ist. So dürfe nicht die vollständige wirtschaftliche Leistungsfähigkeit des Eigentümers in Mitleidenschaft gezogen werden. Vielmehr reiche die Verantwortlichkeit nur so weit, wie das sonstige Vermögen im rechtlichen oder wirtschaftli-

---

[48] Vgl. hierzu auch *Schlabach/Heck*, VBlBW 1999, 406, 413 f.
[49] So etwa in *BVerwG*, NVwZ 1991, 475, 475 f.
[50] *BVerwG*, NVwZ 1991, 475, 475 f.
[51] *BVerfGE* 102, 1 ff. = NJW 2000, 2573 ff.
[52] Vgl. zu dieser Entscheidung etwa oft zustimmend, teils sehr kritisch: *Bickel*, NJW 2000, 2562 f.; *Knopp*, BB 2000, 1373 ff.; *Knopp*, DÖV 2001, 441, 448 ff.; *Meißner*, ZfIR 2000, 471 ff.; *Thurnit*, altlasten spektrum 2000, 270 ff.; *Kobes*, altlasten spektrum 2000, 273 ff.; *Lepsius*, JZ 2001, 22 ff.; *Mohr*, altlasten spektrum 2001, 36 f.; *Müggenborg*, NVwZ 2001, 39 ff.; *Brandt/Kiesewetter* in Franzius/Wolf/Brandt, HdA, Nr. 10152; *Kirchhof*, Liber amicorum Oppermann, S. 639 ff.; *Spieth*, Der Syndikus 2001, 59 ff.
[53] *BVerfGE*, 102, 1, 20.
[54] *BVerfGE*, 102, 1, 20 ff.

III. Welche Pflichten normiert das BBodSchG? **D**

chen Zusammenhang mit dem Grundstück stehe; besteht somit eine „funktionale Einheit" des Grundstücks mit einem Betrieb des Eigentümers, ist dessen Haftung wiederum auf den Wert dieses Betriebes begrenzt[55].

(3) Weitere Haftungstatbestände und Haftungserweiterungen

Das BBodSchG normiert darüber hinaus weitere Haftungstatbestände und schafft Haftungserweiterungen, die dem Polizei- und Ordnungsrecht in dieser Form teilweise neu sind. **136**

(a) Dereliktion und sittenwidrige Übertragungen

Keine Enthaftung tritt insbesondere ein, wenn das Eigentum an dem betroffenen Grundstück aufgegeben wird (Dereliktion, § 4 Abs. 3 S. 4 letzte Variante BBodSchG), jedenfalls soweit Kenntnis von der Kontamination des Grundstücks vorlag. Damit ist die abweichende Rechtslage in den Bundesländern, die nicht alle eine Weiterhaftung des Derelinquenten vorsahen, bundeseinheitlich angeglichen worden. Ebenso haftet weiter, wer ein Grundstück aufgrund eines sittenwidrigen Übertragungsvorgangs auf Dritte übergehen lässt. So wurde die Übertragung eines kontaminierten Grundstücks auf eine vermögenslose ausländische Kapitalgesellschaft, die eigens zu diesem Zweck gegründet worden war, für nichtig erklärt; der ursprüngliche Eigentümer verblieb somit in der Zustandshaftung[56]. **137**

(b) Einstandspflicht aus handels- oder gesellschaftsrechtlichem Rechtsgrund

Gegenüber dem bisherigen Recht enthält § 4 Abs. 3 S. 4 1. Hs. BBodSchG eine erhebliche Haftungserweiterung. Nach der Regelung ist zur Sanierung auch verpflichtet, wer aus handels- oder gesellschaftlichem Rechtsgrund für eine juristische Person einzustehen hat. Zwar sieht die Gesetzesbegründung vor, dass pflichtig insoweit auch der Inhaber der tatsächlichen Gewalt sein könne[57], diese Vorstellung deckt sich aber nicht mit dem Gesetzeswortlaut, der eindeutig von „gehört" spricht und damit an das Eigentum anknüpft[58]. Die Regelung soll zur Abstimmung zwischen dem zur Gewährleistung des Bodenschutzes bestehenden ordnungsrechtlichen Instrumentarium und den rechtsgeschäftlichen Befugnissen des Sanierungsverantwortlichen dienen. **138**

Zeitlich gilt die Vorschrift nur für solche Fälle, bei denen die Einstandspflicht im Zeitpunkt des Inkrafttretens der Vorschrift oder danach entstand. Nicht verantwortlich ist zudem, wer aus handels- oder gesellschaftsrechtlichem Rechtsgrund für eine juristische Person eintreten musste, die früherer Eigentümer des Grundstücks war. **139**

---

[55] *BVerfGE*, 102, 1, 22 ff. Vgl. hierzu auch *Mohr*, NVwZ 2001, 540.
[56] So *VGH Mannheim*, VBlBW 1998, 312 f.; anders noch, die Zulässigkeit der Übertragung anerkennend, der VGH im Verfahren des einstweiligen Rechtsschutzes im gleichen Sachverhalt, *VGH Mannheim*, NVwZ 1996, 1036 ff.; vgl. auch Knopp, DVBl. 1999, 1010, 1013.
[57] BT-Drs. 13/6701, S. 51.
[58] So auch *Kobes*, NVwZ 1998, 786, 790.

(aa) Einstandspflicht nach Gesellschaftsrecht

140 Die der Vorschrift zugrundeliegenden Konstellationen sind in erster Linie Missbrauchsfälle wie die Unterkapitalisierung von Tochterunternehmen und der qualifizierten Konzernabhängigkeit.

141 Tatbestände der Durchgriffshaftung sind nach der Rechtsprechung des BGH

- die Sphärenvermischung,
- die Beherrschung der nachgeordneten Gesellschaft,
- die Unterkapitalisierung.

142 **Sphärenvermischung** liegt vor, wenn innerhalb einer Gesellschaft keine hinreichende Trennung zwischen dem Vermögen der Gesellschaft und dem der Gesellschafter vorgenommen wird (Vermögensvermischung). Ein weiterer Fall der Sphärenvermischung liegt vor, wenn die betreffende Gesellschaft in einer das Offenkundigkeitsprinzip des Firmen- und Vertretungsrechts verletzenden Weise am Rechtsverkehr teilnimmt (haftungsbegründende Sphärenvermischung)[59]; persönlich haftbar ist dann der nach außen handelnde Vertreter[60], der aber häufig vorrangig nach § 826 BGB oder unter dem Gesichtspunkt vorvertraglichen Verschuldens (c.i.c.) herangezogen werden kann[61].

143 Unter dem Stichwort **„Beherrschung der nachgeordneten Gesellschaft"** wird die Durchgriffshaftung aufgrund der sogenannten „qualifizierten Konzernabhängigkeit" diskutiert. Grund der Haftung ist das Vorliegen einer speziellen Gefährdungslage, die dann gegeben ist, wenn einer der Gesellschafter der abhängigen GmbH noch anderweitige Unternehmensinteressen verfolgt und innerhalb der abhängigen Gesellschaft die Möglichkeit besitzt, deren Geschäftätigkeit an diesem anderweitigen Geschäftsinteresse auszurichten[62]. Liegt ein Fall qualifizierter Konzernabhängigkeit vor, haftet das beherrschende Unternehmen für das beherrschte Unternehmen, vornehmlich in dem Fall, dass das beherrschte Unternehmen in Konkurs fällt und das Konkursverfahren mangels Masse nicht eröffnet werden kann[63]. Besteht dann nämlich grundsätzlich eine gesellschaftsrechtliche Eingriffspflicht des herrschenden Unternehmens, die dieses Unternehmen nicht erfüllen will, ist der ordnungsrechtliche Durchgriff gerechtfertigt[64].

144 Eine Durchgriffshaftung aufgrund **Unterkapitalisierung** ist gerechtfertigt, wenn das Eigenkapital einer Gesellschaft nicht ausreicht, um den nach Art und Umfang der Geschäftätigkeit erforderlichen mittel- oder langfristigen Kapitalbedarf zu befriedigen; so wird bei einer GmbH-Gründung mit einem Stammka-

---

[59] Hierzu *Schmitz-Rode/Bank*, DB 1999, 417, 419.
[60] Vgl. etwa *BGH* WM 1990, 600, 602.
[61] So *Schmitz-Rode/Bank*, DB 1999, 417, 419.
[62] Grundlegend hierzu BGHZ 95, 330 ff.
[63] *Knopp/Löhr*, BBodSchG in der betrieblichen Praxis, Rn. 130.
[64] In diesem Sinne *Spieth/Wolfers*, NVwZ 1999, 355, 358

III. Welche Pflichten normiert das BBodSchG? **D**

pital von 50.000,- DM als gesetzlicher Mindestsumme und einem Finanzierungsbedarf für Altlastensanierungen in Höhe von mehreren Millionen Mark von einem klaren Fall der Unterkapitalisierung auszugehen sein[65]. Ein Fall der Unterkapitalisierung kann aber auch bei Absinken des Stammkapitals erst im Laufe des Geschäftsbetriebes eintreten; bei Erkennen des Sanierungsbedarfs kann eine Pflicht zur Kapitalerhöhung entstehen[66]. Erforderlich ist aber in jedem Fall eine Missbrauchsabsicht, die jedenfalls bei Kenntnis vom Sanierungsbedarf auf firmeneigenen Grundstücken anzunehmen sein wird[67].

(bb) Einstandspflicht nach Handelsrecht

Als Haftungstatbestände eines Dritten für den Zustandsverantwortlichen kommen aus handelsrechtlicher Sicht die Vorschriften der §§ 25 bis 28 HGB in Betracht. **145**

Voraussetzung für die Haftung nach § 25 HGB ist ein Wechsel der Unternehmensträgerschaft, nicht notwendig durch Kauf, in dessen Folge der Erwerber für die im Betrieb des Geschäfts begründeten Verbindlichkeiten des früheren Inhabers haftet[68]. Es ist geklärt, dass die bloße Firmenfortführung nach § 25 Abs. 1 HGB kein Fall der Gesamtrechtsnachfolge ist[69]. Zu beachten ist, dass der alte Inhaber gemäß § 26 HGB bis zum Ablauf von fünf Jahren neben dem neuen weiter haftet. Hinzuweisen ist insoweit aber auf die Möglichkeit der Vereinbarung eines Haftungsausschlusses, die mit Eintrag in Handelsregister nach § 25 Abs. 2 HGB auch Wirkung gegenüber Außenstehenden entfaltet, und die auch für die öffentlich-rechtliche Sanierungsverpflichtung wirken kann[70]. Allerdings kann der Altunternehmer sich dann nicht wirksam von seiner Haftung befreien, wenn er Eigentümer des belasteten Grundstücks war, da er dann gemäß § 4 Abs. 6 BBodSchG unter die Nachhaftung des früheren Eigentümers fällt[71]. **146**

(c) Nachhaftung des früheren Eigentümers

Gemäß § 4 Abs. 6 BBodSchG haftet der frühere Eigentümer des Grundstücks weiter, obgleich er mit Eintrag des neuen Eigentümers im Grundbuch keinerlei aktuellen Bezug mehr zu dem übertragenen Grundstück hat[71a]. **147**

(aa) Keine Nachhaftung für Fälle vor dem 1.3.1999

Verpflichtet sind diejenigen früheren Eigentümer, die ihr Eigentum nach dem 1.3.1999 übertragen haben und die schädlichen Bodenveränderungen zu diesem **148**

---

[65] So etwa das Beispiel bei *Vierhaus*, NJW 1998, 1262, 1265.
[66] So wiederum *Vierhaus*, NJW 1998, 1262, 1265.
[67] *Knopp/Löhr*, BBodSchG in der betrieblichen Praxis, Rn. 122.
[68] *Knopp/Löhr*, BBodSchG in der betrieblichen Praxis, Rn. 133.
[69] VGH Kassel, ZfIR 2000, 305 ff (mit Anmerkung *Schwartmann*, ZfIR 2000, 256 ff.), bestätigt durch BVerwG, NVwZ 2000, 1179 ff. (mit Besprechung *Bickel*, NVwZ 2000, 1133 f.).
[70] *Knopp/Löhr*, BBodSchG in der betrieblichen Praxis, Rn. 134.
[71] *Knopp/Löhr*, BBodSchG in der betrieblichen Praxis, Rn. 134. Dazu sogleich im weiteren Rn. 147 ff.
[71a] Vgl. dazu vertiefend *Grzeszick*, NVwZ 2001, 721, 723 ff.

Zeitpunkt kannten oder kennen mussten. Nur derjenige, der zu dem vorgenannten Zeitpunkt schutzwürdig darauf vertrauen durfte, dass keine Belastung vorliegt, scheidet gemäß § 4 Abs. 6 S. 2 BBodSchG aus der Haftung aus. Eine die Haftung auslösende, schädliche Kenntnis dürfte immer dann anzunehmen sein, wenn es sich um eine altlastenverdächtige Fläche nach § 2 Abs. 4 u. 6 BBodSchG handelte oder bei hinreichender Erfüllung einer Informationspflicht des Alteigentümers Anhaltspunkte für eine Kontaminierung zutage getreten wären. Denkbar ist auch das Entstehen von Haftungsketten, wenn ein Grundstück in Kenntnis der Altlastenlage mehrfach verkauft wird; jeder der früheren Eigentümer ist dann als Zustandsstörer nach § 4 Abs. 6 BBodSchG potentiell haftbar[72].

149 Die Regelung ist insoweit verfassungsrechtlichen Bedenken ausgesetzt, als die Zustandsverantwortlichkeit im wesentlichen an die tatsächliche und rechtliche Sachherrschaft und, damit verbunden, an die Nutzungsmöglichkeit bzw. -befugnis anknüpft. Mit der Übertragung des Eigentums am Grundstück auf Dritte entfällt die Nutzungsmöglichkeit als Anknüpfungspunkt der Zustandshaftung[73]. Hiergegen wird vorgebracht, die Haftung knüpfe an eine bestehende Zustandsverantwortlichkeit an und verlängere diese lediglich. Mit der Neuregelung in § 4 Abs. 6 BBodSchG verliere der Eigentümer nur die Aussicht, mit dem Verkauf nicht mehr als Zustandsverantwortlicher zu gelten; dies stelle allenfalls eine verfassungsrechtlich insoweit unbedenkliche Neubestimmung des Inhalts des Eigentums für die Zukunft dar[74]. Diese Ansicht vermag jedoch die Bedenken, die sich aus dem Verlust der Nutzungsmöglichkeit als Anknüpfungspunkt der Zustandshaftung ergeben, nicht zu beseitigen. Eine abschließende Klärung dieser Frage steht jedoch wiederum aus, so dass die Vorschrift in der Verwaltungspraxis zunächst Anwendung finden wird. Bei der Klärung wird die Parallelwertung zum Derelinquenten zu berücksichtigen sein. An der Rechtmäßigkeit seiner Haftung werden keine Zweifel angemeldet, obwohl auch er sein früheres Eigentum nicht (mehr) nutzen kann. Der Unterschied zum „normalen" früheren Eigentümer liegt allein in der fehlenden Entgeltlichkeit der Eigentumsaufgabe.

(bb) Keine Haftung bei Gutgläubigkeit des früheren Eigentümers

150 Nicht zur Haftung herangezogen werden kann derjenige Alteigentümer, der zu dem Zeitpunkt, zu dem er selber das Grundstück erworben hat, schutzwürdig darauf vertrauen durfte, dass dieses schadstofffrei war[75]; spätere Kenntnis von der Verunreinigung schadet in Ansehung der Regelung nach § 4 Abs. 6 S. 2 BBodSchG nicht, da eine generelle Haftung des Alteigentümers nach BBodSchG nicht vorgesehen ist[76].

---

[72] Vgl. *Müggenborg*, NVwZ 2000, 50, 51. Zu verfassungsrechtlichen Bedenken gg. § 4 Abs. 6 BBodSchG mit Blick auf das Übermaßverbot vgl. *Dombert*, NJW 2001, 927, 928 ff.
[73] So etwa *Knopp/Löhr*, BBodSchG in der betrieblichen Praxis, Rn. 147.
[74] So etwa *Sanden* in Sanden/Schoeneck, BBodSchG, § 4 Rn. 47.
[75] Vgl. insoweit *Müggenborg*, NVwZ 2000, 50, 50.
[76] Gleichwohl ist der Eigentümer im Falle eines Verkaufs zur Aufdeckung der Schadstoffbelastung verpflichtet, da er sich ansonsten Mängelgewährleistungsansprüchen und möglicherweise auch dem Vorwurf des Betrugs aussetzen würde.

III. Welche Pflichten normiert das BBodSchG?

> **Praxistipp**:
> Hilfreich zum Nachweis der Gutgläubigkeit ist entweder ein Gutachten über die Altlastenfreiheit zum Zeitpunkt der Veräußerung oder dass der Alteigentümer auf eine behördliche Genehmigung verweisen kann, die eine Überprüfung auf Altlastenfreiheit mit zum Gegenstand hatte oder hätte haben müssen. In Betracht kommt etwa eine Baugenehmigung oder eine Anlagengenehmigung nach BImSchG[77].

2. Keine Heranziehung von Nichtstörern

Nicht in das Gesetz aufgenommen wurde die Haftung des Nichtstörers. Nichtstörer ist derjenige, der im Falle eines polizeirechtlichen Notstandes in die Pflicht genommen wird. Voraussetzung ist das Vorliegen einer erheblichen gegenwärtigen Gefahr, eine Unmöglichkeit der erfolgversprechenden Inanspruchnahme eines Verhaltens- oder Zustandsstörers und die Unmöglichkeit einer effektiven Gefahrenabwehr durch die Behörde selbst; weiterhin muss der Nichtstörer ohne erhebliche eigene Gefährdung oder ohne Verletzung höherwertiger eigener Pflichten in Anspruch zu nehmen sein[78]. Der Nichtstörer soll im Nachgang Ersatz der durch die Inanspruchnahme entstandenen Kosten verlangen können.

Da sich das BBodSchG im wesentlichen an die Störerbegriffe des allgemeinen Polizei- und Ordnungsrechts anlehnt, ist dennoch zu erwägen, ob nach dem BBodSchG auch ohne gesetzliche Regelung die Inanspruchnahme eines Nichtstörers erfolgen kann. Teilweise wird vertreten, die Nichtstörerhaftung sei versehentlich vergessen worden und daher Landesrecht, insbesondere das Landesordnungsrecht, ergänzend anwendbar[79]. Das Bundesverwaltungsgericht hat in seiner Entscheidung vom 16.5.2000 nicht abschließend zu der Frage Stellung bezogen, scheint aber Zweifel an der ergänzenden Heranziehbarkeit von Landesrecht zu haben, weil es den im BBodSchG festgelegten Störerkreis als abschließend bezeichnet[80].

Gegen eine Einbeziehung der Nichtstörerhaftung spricht aber insbesondere, dass eine solche Haftung im Bodenschutzrecht nicht angelegt ist. Ist kein Pflichtiger erreichbar, kann und wird die Behörde stets durch Beauftragte in der Lage sein, notwendige Maßnahmen zu ergreifen, ebenso wie der Pflichtige regelmäßig nur durch Beauftragte handeln würde. Damit entfällt aber eine Tatbestandsvoraussetzung der Nichtstörerhaftung, nämlich die Unmöglichkeit einer effektiven Gefahrenabwehr durch die Behörde selbst. Gegen eine versehentliche Nichtregelung spricht auch, dass die zur Ausführung des BBodSchG berufenen Länder ge-

---
[77] So auch *Turiaux/Knigge*, BB 1999, 377, 383.
[78] Vgl. insoweit etwa § 19 OBG NW.
[79] So *Hipp/Rech/Turian*, BBodSchG, Rn. 289.
[80] Vgl. *BVerwG*, NVwZ 2000, 1179, 1181.

rade bei der Schaffung des § 4 BBodSchG entscheidenden Einfluss geltend gemacht haben und von daher das Vorliegen einer ungewollten Regelungslücke unwahrscheinlich ist. Auch das Bundesverwaltungsgericht hält – wie erwähnt – den Störerkreis nach § 4 BBodSchG für abschließend, ohne allerdings das Problem des Nichtstörers ausdrücklich anzusprechen[81].

154 Die Nichterwähnung der Nichtstörerhaftung im BBodSchG ist damit als „beredtes Schweigen" des Bundesgesetzgebers zu werten, so dass eine ergänzende Anwendung von Landesrecht ausscheidet. Die Nichtnennung des Nichtstörers kann also ebenso wenig wie die Nichtnennung der Verrichtungsgehilfenhaftung als ausfüllungsbedürftige Lücke des BBodSchG angesehen werden[82].

3. Spezielle Pflicht zur Entsiegelung nach § 5 BBodSchG

155 § 5 BBodSchG normiert subsidiär eine Pflicht zur Entsiegelung des Bodens, sofern die Versiegelung nicht etwa durch eine bauliche Anlage herbeigeführt wird. Sie steht neben dem baurechtlichen Entsiegelungsgebot des § 179 Abs. 1 S. 2 BauGB, das bauliche Anlagen im Geltungsbereich eines Bebauungsplans erfasst und städtebauliche Gründe erfordert[83]. Ziel der Vorschrift ist es, die Filter-, Puffer- und Transformationsfunktion des Bodens, die durch Versiegelung oder Verdichtung gestört ist, wieder herzustellen. Auch Probleme der Niederschlagswasserbeseitigung können über die Entsiegelung entschärft werden.

156 Ob eine Entsiegelungspflicht nur zugunsten der Allgemeinheit, sondern – gleichsam drittschützend – auch zugunsten Privater entstehen kann, ist durch die Norm nicht klar beantwortet. Allerdings wird ein gebundener Anspruch eines Dritten auf Entsiegelung nicht anzunehmen sein, es sei denn, es läge ein Fall der Ermessensreduzierung auf Null zugunsten des privaten Dritten vor, der durch eine gegen § 5 BBodSchG verstoßende Versiegelung in seinem Eigentum konkret betroffen ist[84].

a) Adressaten der Entsiegelungspflicht

157 Für einen speziellen Pflichtenkreis, die Entsiegelung dauerhaft nicht mehr genutzter versiegelter Flächen, sieht das BBodSchG eine weitere Verantwortlichkeit des Grundstückseigentümers als Zustandsstörer vor. Rechtsnachfolger des Eigentümers haften, da die Zustandshaftung mit Eigentumserwerb neu entsteht, von dem Moment an, wo sie Eigentum an der betroffenen Fläche erwerben.

158 Umstritten ist, ob auf Grundlage des § 5 BBodSchG auch Duldungsverfügungen gegen den Inhaber der tatsächlichen Gewalt über ein Grundstück ergehen

---

[81] Vgl. *BVerwG*, NVwZ 2000, 1179, 1181.
[82] So aber *Hipp/Rech/Turian*, BBodSchG, Rn. 289.
[83] *Schönfeld* in Oerder/Numberger/Schönfeld § 5 Rn. 3, 6.
[84] In diesem Sinne auch *Hipp/Rech/Turian*, BBodSchG, Rn. 183.

III. Welche Pflichten normiert das BBodSchG?

können. Verneint man dies, könnte eine Entsiegelung vom Eigentümer nur in den Grenzen der privatrechtlichen Regelungen zwischen Eigentümer und Besitzer verlangt werden. Entsprechend dem Verständnis des § 4 BBodSchG, der eine abschließende Regelung des Kreises von Verantwortlichen darstellt, wird man solche Duldungsverfügungen aber als unzulässig ansehen müssen[85], auch wenn damit die Effektivität von Entsiegelungsanordnungen leiden mag. Eine Duldungspflicht zwischen Eigentümer und Besitzer kann, auch ohne vertragliche Absicherung, jedenfalls bei einer vertragswidrigen Nutzung der vermieteten oder verpachteten Fläche entstehen[86].

b) Versiegelte Flächen

Als Flächen sind Grundstücke oder, je nach Maß der Versiegelung, auch Grundstücksteile anzusehen[87]. Diese gelten als versiegelt, wenn durch andere Handlungen als die Errichtung baulicher Anlagen eine Verdichtung der Oberfläche eingetreten ist. Hierzu kann bereits das Planieren der Oberfläche zählen, da insoweit eine Bodenfunktion, hier die Wasserspeicherfunktion, eingeschränkt sein kann. Andererseits können auch wasserdurchlässige Beläge eine Entsiegelungspflicht auslösen, wenn dadurch andere Bodenfunktionen eingeschränkt sind[88]. **159**

c) Weitere Voraussetzungen

Eine dauerhaft fehlende Nutzung ist in Anlehnung an die Praxis zu § 179 Abs. 1 S. 2 BauGB anzunehmen, wenn eine Nutzung innerhalb der nächsten drei Jahre nicht zu erwarten ist[89]. Als gesetzlicher Anhaltspunkt für die Dreijahres-Frist kann insoweit auch § 15 Abs. 4 Nr. 1 und 2 WHG herangezogen werden, dem zufolge die Entziehung einer Wassernutzungserlaubnis ohne Entschädigung möglich ist, wenn der Nutzungsberechtigte von der Erlaubnis über drei Jahre hinweg ununterbrochen keinen Gebrauch gemacht hat oder über den gleichen Zeitraum mangels Bedarfs nur geringen Gebrauch gemacht hat[90]. **160**

Ein Widerspruch gegen planungsrechtliche Festsetzungen kann bei Verstoß gegen Planfeststellungen oder Plangenehmigungen nach Naturschutz-, Wasser-, Straßen- oder sonstigem Planungsrecht, nicht aber nach Bauplanungsrecht vorliegen. Allerdings muss die jeweilige Festsetzung, gegen die verstoßen wird, einen gewissen Konkretisierungsgrad haben, so dass ein Widerspruch etwa zu Grobpla- **161**

---

[85] In diesem Sinne auch *Hilger* in Holzwarth/Radtke/Hilger/Bachmann, BBodSchG, § 5 Rn. 3. Anders etwa *Frenz*, BBodSchG, § 5 Rn. 10, der den Besitzer einer dauerhaft nicht genutzten Fläche als regelmäßig nicht maßgeblich beeinträchtigt und damit nicht schutzbedürftig einstuft.
[86] So etwa *Hilger* in Holzwarth/Radtke/Hilger/Bachmann, BBodSchG § 5 Rn. 3.
[87] Vgl. *Sanden* in Sanden/Schoeneck, BBodSchG § 5 Rn. 14.
[88] Vgl. *Sanden* in Sanden/Schoeneck, BBodSchG § 5 Rn. 15.
[89] So etwa *Frenz*, BBodSchG, § 5 Rn. 12.
[90] Vgl. *Frenz*, BBodSchG, § 5 Rn. 12.

nungen nach Raumordnungsrecht regelmäßig nicht in Betracht kommen wird; hier wird auch der generelle Planungsgrundsatz der Entsiegelung (§ Abs. 1 Nr. 8 ROG) keinen solchen Widerspruch erzeugen können[91].

d) Einzelfallanordnungen als Übergangsrecht

162 Voraussetzung für die Festlegung einer Entsiegelungspflicht ist das Vorliegen einer entsprechenden Rechtsverordnung auf Bundesebene. Diese ist derzeit nicht in Sicht. Bis zum Erlass einer solchen Verordnung sind die Landesbehörden gemäß § 5 S. 2 BBodSchG befugt, Einzelfallanordnungen zur Entsiegelung zu treffen, sofern die Voraussetzungen zur Entsiegelungspflicht nach Satz 1 vorliegen. Diese Übergangsvorschrift beruht auf einer Forderung der Länder im Vermittlungsausschuss[92], nachdem die im Gesetzgebungsverfahren vorgelegten fachlichen Inhalte einer künftigen BBodSchV keine Regelungen zur Entsiegelung enthielten.

4. Spezielle Pflicht zum Nachweis der erfolgten Dekontamination

163 Nicht übersehen werden darf die in § 5 Abs. 1 S. 3 BBodSchV versteckte Anordnung einer Pflicht. Die Vorschrift regelt eine Nachweispflicht des Sanierungspflichtigen über die erfolgreich durchgeführte Dekontamination.

5. Grundsätze der Störerauswahl

164 Die Behörde hat bei Verfügbarkeit mehrerer Störer zu entscheiden, welcher der Betroffenen zum Adressaten einer konkreten Anordnung gemacht wird. Die Auswahl des Adressaten steht dabei, ebenso wie die Frage, welche Maßnahme angeordnet wird, im Ermessen der Behörde, sog. Auswahlermessen.

165 Das BBodSchG selbst enthält keine Leitlinien für die Ermessensbetätigung, weshalb wiederum auf allgemeine ordnungsrechtliche Grundsätze der Störerauswahl zurückzugreifen ist[93].

166 Allgemeine Kriterien der Störerauswahl, wie sie in der Rechtsprechung entwickelt wurden sind[94]:

---

[91] *Sanden* in Sanden/Schoeneck, BBodSchG, § 5 Rn. 26.
[92] Vgl. BR-Drs. 422/1/97, S. 7.
[93] So auch *Hipp/Rech/Turian*, BBodSchG, Rn. 418.
[94] Dazu auch *Bickel*, altlasten spektrum 2001, 61, 67 f.

III. Welche Pflichten normiert das BBodSchG? **D**

> – Örtliche und sachliche Nähe zur Gefahr und deren Beherrschbarkeit durch den Pflichtigen
> – Wer hat zeitlich die letzte Ursache der konkreten Gefahr gesetzt?
> – Wie hoch ist der Verursachungsbeitrag an der Gefahr?
> – Wie hoch ist das Verschulden?
> – Wie steht es um die finanzielle Leistungsfähigkeit der Verpflichteten?
> – Zumutbarkeit von Gefahrbeseitigungsmaßnahmen
> – Doppelstörer (Verhaltens- und Zustandsstörer) vor Einzelstörer[95]

Fraglich ist, inwieweit der – insgesamt umstrittene – Grundsatz „Verhaltensstörer **167** vor Zustandsstörer" Geltung verlangen kann[96]. Der VGH München etwa steht auf dem Standpunkt, dass bei Altlasten, deren Verseuchung lange zurückliegt und bei denen die Verursachung nicht eindeutig feststellbar ist, ein Vorrang des Zustandsstörers anzunehmen sei, der zudem die Beweislast für eine seines Erachtens vorrangige Verhaltenshaftung eines Dritten tragen soll[97]. Der VGH Mannheim steht auf dem Standpunkt, dass ein Vorrang des Verhaltensstörers nur in Betracht komme, wenn die Verursachung durch den konkreten Pflichtigen dem Grunde und dem Umfang nach eindeutig feststehe[98].

Die obige Aufstellung zur Störerauswahl lässt erkennen, dass verschiedene der **168** genannten Kriterien vorrangig für Verhaltensstörer gelten (etwa Verursachungsbeitrag, Verschulden, Setzen der letzten Ursache), was auf einen Vorrang des Verhaltensstörers hindeuten könnte. Im Vordergrund steht aber für die Behörde stets der Grundsatz der schnellen und effektiven Gefahrenabwehr[99]. Steht also für die Behörde ein Verhaltens- und ein Zustandsstörer zur Auswahl, mag es etwa bei größerer finanzieller Leistungsfähigkeit und schnellerer Zugriffsmöglichkeit des letzteren ermessensgerecht sein, den Zustandsstörer vor dem Verhaltensstörer in die Pflicht zu nehmen[100].

---

[95] Vgl. die entsprechenden Darstellungen bei *Kothe*, UPR 1999, 96, 97, und *Hipp/Rech/Turian*, BBodSchG, Rn. 418.

[96] Vgl. hierzu *Buck*, NVwZ 2001, 51, 52; Einen Vorrang der Verhaltenshaftung sieht *Becker*, DVBl. 2000, 595, 596 f.

[97] *VGH München*, NVwZ 1986, 942, 945 f.

[98] *VGH Mannheim*, DVBl. 1990, 1046, 1047.

[99] Vgl. VGH Mannheim, NVwZ 2000, 1199, 1200; dazu *Schwartmann*, DStR 2000, 987; *Kothe*, UPR 1999, 96, 97.

[100] Zum finanziellen Ausgleich mehrerer Pflichtiger untereinander vgl. unten Rn. 228 ff.

> **Praxistipp:**
>
> Eine privatrechtliche Verteilung der Verantwortlichkeit – etwa im Grundstückskaufvertrag[101] – kann das Auswahlermessen der Behörde beeinflussen[102].

IV. Wie wird der Bodenschutz auf Bundesebene um- und durchgesetzt?

169 Zur Umsetzung der bodenschutzrechtlichen Vorgaben enthält das neue Recht Instrumentarien zunächst zur Gefährdungsabschätzung und sodann zur Bewältigung von Altlasten. In beide Abläufe sind die Sanierungspflichtigen eingebunden.

1. Die behördliche Gefährdungsabschätzung nach § 9 BBodSchG

170 Die behördliche Gefährdungsabschätzung vollzieht sich auf zwei Stufen. Sie setzt auf der ersten Stufe bei einem Verdacht an, der sich der Behörde bei der Erfassung der Flächen in ihrem Gebiet aufdrängen muss. Verdichten sich diese Anhaltspunkte bei einem ersten fachkundigen Hinsehen nicht weiter, sind keine weiteren Maßnahmen erforderlich. Verfestigt sich der Verdacht aber im Rahmen dessen aufgrund konkreter Anhaltspunkte zu einem hinreichenden Verdacht, so ist auf der zweiten Stufe festzustellen, ob der Verdacht sich bei näherer fachkundiger Betrachtung ausräumen lässt oder erhärtet. Im ersten Fall ist die Angelegenheit abgeschlossen, im zweiten Fall sind Maßnahmen zur Gefahrenabwehr zu ergreifen. Das Stadium der Gefährdungsabschätzung schlägt dann in das eigentliche Sanierungsstadium um.

171 Dieses Vorgehen spiegelt der übliche Ablauf eines Altlastensanierungsverfahrens wieder:

---

[101] Siehe dazu unten Rn. 351 ff.
[102] *OVG Lüneburg,* NJW 1998, 97, 98; *Fabis,* ZfIR 1999, 633. 638. Vgl. dazu aber auch VGH München, NVwZ 2001, 458, 459.

IV. Durchsetzung des Bodenschutzes auf Bundesebene **D**

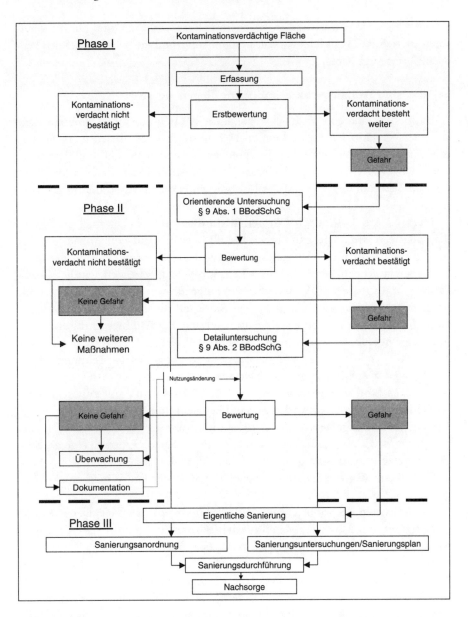

a) Verdichtung von Verdachtsmomenten nach § 9 Abs. 1 BBodSchG

Nach der Systematik des neuen Bodenschutzrechts muss in Übereinstimmung mit dem allgemeinen verwaltungsverfahrensrechtlichen Untersuchungsgrundsatz **zunächst** die **Behörde** ermitteln, ob das Vorliegen einer Gefahr in Betracht kommt. Dies ergibt sich aus § 9 Abs. 1 S. 1 BBodSchG, wonach die zuständige Behörde geeignete Maßnahmen zur Ermittlung des Sachverhalts ergreifen soll, wenn ihr Anhaltspunkte für eine schädliche Bodenveränderung oder Altlast vorliegen. Näher konkretisiert werden muss zum einen, was genau unter Anhalts-

172

punkten zu verstehen ist und in welchem Fall sie vorliegen, und zum anderen wann sie sich zu „konkreten Anhaltspunkten aufgrund eines hinreichenden Verdachts" verfestigt haben.

aa) Was sind Anhaltspunkte und wann liegen sie vor?

173 Anhaltspunkte sind eine erste Schwelle, ab der die Behörde ihre Aufmerksamkeit auf einen Standort lenken und ein erstes Tätigwerden veranlassen muss. Sie begründen einen Anfangsverdacht. Entsprechend grobmaschig und undifferenziert sind auch die Kriterien zur Festlegung von Anhaltspunkten. Für ihr Vorliegen stellt der Verordnungsgeber auf die Nutzung eines Standorts ab und nennt Beispiele.

174 Nach § 3 Abs. 1 BBodSchV ist bei **Altstandorten** – als Unterfall der Altlast, der stillgelegte Industriegrundstücke betrifft – etwa dann von Anhaltspunkten auszugehen, wenn auf dem Grundstück entweder über einen längeren Zeitraum oder aber in erheblicher Menge mit Schadstoffen umgegangen wurde. Hinzukommen muss jedoch die Vermutung, dass aufgrund von Unregemäßigkeiten im betrieblichen Ablauf oder aufgrund von Störfällen nicht unerhebliche Mengen von Schadstoffen in den Boden eingedrungen sind. Bei **Altablagerungen** – dem stillgelegte Abfallbeseitigungsanlagen betreffenden Unterfall der Altlast – sind Anhaltspunkte dann gegeben, wenn die Art des Betriebes oder der Zeitpunkt seiner Stilllegung auf nicht sachgerechte Behandlung, Lagerung oder Ablagerung von gefährlichen Stoffen hindeuten. Nach § 3 Abs. 2 BBodSchV gilt entsprechendes für **schädliche Bodenveränderungen**. Hier nennt die Verordnung aber in Nr. 1–5 ergänzende allgemeine oder konkrete Hinweise für das Vorliegen von Anhaltspunkten, die etwa Dauer und Intensität des Schadstoffeintrags, eine erhebliche Freisetzung naturbedingt hoher Schadstoffgehalte, das Austreten von schadstoffbelastetem Wasser oder Bodenabträge durch Wasser und Wind berücksichtigen.

175 Die **Schwelle** des Vorliegens von Anhaltspunkten für eine schädliche Bodenveränderung oder Altlast liegt damit **niedrig**. Grundsätzlich dürften sie vorliegen, wenn auf einem Standort industriell produziert oder mit umweltgefährdenden Stoffen gearbeitet wurde. Dies kann etwa bei einem Grundstück der Fall sein, das über Jahre zum Betrieb einer Tankstelle genutzt wurde und üblicherweise mit Kfz-Reparaturwerkstatt und einer Abstellfläche für Fahrzeuge ausgestattet war. Erst gegen Ende des 20. Jahrhunderts wurden Versiegelungen für derartige Grundstücke gesetzlich vorgeschrieben und nach und nach durchgeführt. Bis dahin war das Eindringen von Benzin und Ölen in das Erdreich in mehr oder weniger großen Mengen oft an der Tagesordnung. Ebenso war eine unsachgemäße Lagerung von Öl mit der Möglichkeit des Austritts nicht selten.[103]

---

[103] Weitere Beispiele für Anhaltspunkte bei Franzius/Wolf/Brandt, HdA, Nr. 9103–9210.

IV. Durchsetzung des Bodenschutzes auf Bundesebene **D**

bb) Was sind „konkrete Anhaltspunkte" und wann liegen sie aufgrund eines „hinreichenden Verdachts" vor?

Wesentlich differenzierter ist demgegenüber die Schwelle zur Überschreitung der konkreten Anhaltspunkte ausgestaltet. Diese wird nach § 3 Abs. 3 BBodSchV mit Hilfe der sog. Prüfwerte ermittelt. Nach der Konzeption des neuen Bodenschutzrechts ist das Zusammenspiel von **Prüf- und Maßnahmenwerten** eine wesentlicher Eckpfeiler für die Gefährdungsabschätzung. Im Falle des Absatzes 2 dürfen Maßnahmen nur auf konkreten Anhaltspunkten im Sinne von belastbaren Indizien beruhen. Es müssen Tatsachen vorliegen, die den Verdacht mit der erforderlichen Wahrscheinlichkeit stützen. **176**

Eine Schlüsselfunktion kommt damit den **Prüf- und Maßnahmenwerten** zu. Der Begriff der Prüf- und Maßnahmenwerte und deren Funktion sind in § 8 Abs. 1 S. 2 Nr. 1 und 2 BBodSchG definiert. Die Art und Weise ihrer Anwendung ist in §§ 3 und 4 BBodSchV näher bestimmt. Einige Werte sind in Anhang 2 zur BBodSchV festgelegt. Verfahrensvorgaben für Fälle in denen solche Werte (derzeit noch) fehlen enthält § 4 Abs. 5 BBodSchV[104]. Prüf- und Maßnahmenwerte definiert der Gesetzgeber, indem er Rechtsfolgen an deren Überschreitung knüpft. Werden Prüfwerte überschritten, so ist im Rahmen einer Detailuntersuchung festzustellen, ob eine schädliche Bodenveränderung oder Altlast besteht (§ 8 Abs. 1 S. 2 Nr. 1 BBodSchG). **177**

(1) Keine Gefahr bei Unterschreitung von Prüfwerten nach orientierender Untersuchung durch die Behörde

Die Feststellung der Überschreitung von Prüfwerten obliegt der Behörde im Rahmen der sog. orientierenden Untersuchung, definiert in § 2 Nr. 3 BBodSchV. Ergibt eine Bodenuntersuchung **Belastungen unterhalb der Prüfwerte**, liegt nach § 4 Abs. 2 S. 1 BBodSchV **keine Gefahr** vor. Weitere Untersuchungen oder gar Sanierungsmaßnahmen sind nicht erforderlich und ihre behördliche Anordnung wäre rechtswidrig. **178**

(2) Detailuntersuchung des Sanierungspflichtigen bei Überschreitung von Maßnahmenwerten

Bei **Überschreitung von Maßnahmenwerten** ist in der Regel von einer schädlichen Bodenveränderung oder Altlast auszugehen und es sind **Maßnahmen zur Gefahrenabwehr erforderlich** (§ 8 Abs. 1 S. 2 Nr. 2 BBodSchG). Welche insoweit in Betracht kommen, ist im Rahmen der weiteren Gefährdungsabschätzung im Form einer in § 2 Nr. 4 BBodSchV definierten sog. Detailuntersuchung zu ermitteln. Diese kann die Behörde den nach § 4 BBodSchG Verantwortlichen aufgeben. **179**

---

[104] Vgl. dazu oben Rn. 57 ff.

cc) Wo sind Prüf-, Maßnahmen- und Vorsorgewerte festgelegt und wie werden sie angewandt?

180 Schadstoffe können auf verschiedenem Wege zum Ort ihrer Wirkung gelangen. Anhang 2 der BBodSchV differenziert dementsprechend nach drei **Wirkungspfaden**:

> – Boden-Mensch (direkter Kontakt mit dem Schadstoff durch dessen Aufnahme, etwa durch spielende Kinder oder bei Bodenarbeiten)
> – Boden-Nutzpflanze (Aufnahme durch das Wachsen von Pflanzen, die zum Verzehr durch Menschen oder Nutztiere bestimmt sind)
> – Boden-Grundwasser (Eindringen von Schadstoffen über den Boden in das Grundwasser)[105]

181 Dem vorgenannten Anhang 2 zur BBodSchV liegt die folgende Regelungssystematik zugrunde:

182 Zunächst werden die vorhandenen Nutzungen voneinander abgegrenzt. Sodann werden – je nach Schadstoff – die strengeren Maßnahmenwerte und daran anschließend die weniger strengen Prüfwerte festgelegt. Beim Wirkungspfad Boden-Grundwasser hat der Verordnungsgeber bislang auf die Festsetzung von Maßnahmenwerten verzichtet. Schließlich enthält Anhang 2 in Nr. 4 Vorsorgewerte und in Nr. 5 Werte für zulässige Zusatzbelastungen. Vorsorgewerte sind nach der Definition des § 8 Abs. 2 Nr. 1 BBodSchG Bodenwerte, bei deren Überschreiten in der Regel von der Besorgnis einer schädlichen Bodenveränderung auszugehen ist.

(1) Die besondere praktische Bedeutung der Prüf- und Maßnahmewerte zur Vereinheitlichung der Anforderungen im Altlastenrecht

183 Die besondere praktische Bedeutung der Festlegung von Prüf-, Maßnahmen- und Vorsorgewerten liegt in der Vereinheitlichung der Anforderungen an die Altlastensanierung und in der damit verbundenen Abschaffung des sog. „Listendschungels"[106]. Allerdings ist die Vereinheitlichung der Anforderungen zwar theoretisch nicht aber praktisch vollständig gelöst. Bislang sind nämlich nur für wenige Stoffe Werte vorhanden. Für den besonders bedeutsamen Wirkungspfad Boden-Mensch sind Maßnahmenwerte bislang allein für Dioxine/Furane bestimmt. Die Vorgabe weiterer Werte steht aus, ist aber in absehbarer Zeit nicht zu erwarten.

184 Der Verordnungsgeber hat dieses Problem in **§ 4 Abs. 5 BBodSchV** rechtlich einwandfrei gelöst. Soweit noch keine Prüf- oder Maßnahmenwerte festgesetzt

---

[105] Dazu *Bannick/Leuchs/Ruf*, altlasten spektrum 2000, 236 ff. sowie *Mathews*, altlasten spektrum 2000, 167 ff. Vgl. auch *Sondermann/Terfehr*, altlasten spektrum 2000, 107 ff.
[106] Dazu oben Rn. 58 ff.

IV. Durchsetzung des Bodenschutzes auf Bundesebene

sind, müssen bei der Bewertung von Untersuchungsergebnissen die Methoden und Maßstäbe herangezogen werden, die der Verordnungsgeber bei der Bestimmung der vorhandenen Prüf- und Maßnahmewerte zugrundegelegt hat. In der Praxis ist dieses Verfahren aber so gut wie untauglich, weil es umfangreiche und fächerübergreifende Forschungsarbeiten zur Bestimmung eines neuen Wertes erforderlich macht, deren Kosten im Einzelfall in keinem angemessenen Verhältnis zu dem daraus gezogenen Nutzen stehen[107].

> **Praxistipp:**
> Will sich die Behörde in dem Fall, dass kein Prüf- oder Maßnahmenwert festgelegt ist, auf eine der überholten „Listen" stützen, kann dieses Vorgehen angegriffen werden, solange die Behörde den Nachweis nicht erbracht hat, dass der angewandte Listenwert auch unter Berücksichtigung der Ableitungsparameter nach BBodSchV zutrifft[108].

(2) Unterschiedliche Anforderungen an unterschiedliche Nutzungen

Bei der Abgrenzung der vorhandenen Nutzungen findet die von der Nutzung abhängige Schadstoffschwelle Berücksichtigung. Die Behörde hat bei der Bestimmung von Sanierungszielwerten stets die rechtlichen Vorgaben, insbesondere den Grundsatz der Verhältnismäßigkeit zu beachten[109]. Auf dem Wirkungspfad Boden-Mensch differenziert die Verordnung etwa nach Kinderspielflächen, Wohngebieten, Park- und Freizeitanlagen sowie nach Industrie- und Gewerbegebieten. Je empfindlicher die Nutzung, desto strenger der einzuhaltende Wert. **185**

Was unter der jeweiligen Nutzung zu verstehen ist, wird in der Verordnung einleitend definiert. Der Verordnungsgeber geht hierbei zunächst von der tatsächlichen und nicht von der bauplanungsrechtlich vorgesehenen Nutzung aus. Dies wird etwa bei der Nutzungsabgrenzung für den Wirkungspfad Boden-Mensch deutlich. Bei Kinderspielflächen wird zwar zwischen amtlich ausgewiesenen und „wilden" Spielflächen für Kinder unterschieden. Beides sind aber Spielflächen im Sinne des Anhangs 2. Anhang 2 Nr. 1.1 a) der BBodSchV stellt nämlich klar, dass eine Kinderspielfläche ein Aufenthaltsbereich ist, der ortsüblich zum Spielen genutzt wird. Es kommt nicht darauf an, ob diese Fläche amtlich zum Spielen vorgesehen wurde oder nicht. Bei amtlich ausgewiesenen Spielplätzen sind ggf. auch die Maßstäbe des öffentlichen Gesundheitswesens zu berücksichtigen. Nach Anhang 2 Nr. 1.1 d) der BBodSchV sind Gewerbegrundstücke Flächen von Produktions- und Arbeitsstätten, die nur während der Arbeitszeit genutzt werden. **186**

---

[107] Siehe dazu oben Rn. 60. Ein Beispiel für die Errechnung eines solchen Wertes findet sich bei *Knopp/Löhr*, BBodSchG in der betrieblichen Praxis, Rn. 497 ff.
[108] So auch *Hipp/Rech/Turian*, BBodSchG, Rn. 380. A.A. allerdings *OVG Lüneburg*, NVwZ 2000, 1194, 1195 f.
[109] Vgl. dazu *Scherer-Leydecker*, altlasten spektrum 2000, 149, 151 ff.

(3) Welche Nutzung ist bei Überschneidungen maßgeblich?

187 Die Nutzung eines Standorts lässt sich nicht in jedem Fall eindeutig bestimmen. Häufig kommt es zu Überschneidungen. Es fragt sich dann, ob die Werte der strengeren oder die der weniger strengen Nutzung maßgeblich sind[110]. Hierzu folgende Beispiele:

(a) Beispiel 1: „Wilder Kinderspielplatz" auf dem abgrenzbaren Teil einer Gewerbefläche

188 Zu einer Nutzungsüberschneidung kann es kommen, wenn sich in einem Ort eingebürgert hat, dass Kinder nach Arbeitsschluss auf Arbeitsstätten wie einem großen Schrottplatz spielen. Ob in diesem Fall eine Kinderspielfläche oder eine Gewerbefläche vorliegt, ist in der Praxis von besonderer Bedeutung. Im ersten Fall wäre zum Beispiel erst bei 200 [mg/kg TM] Blei im Boden der Verdacht einer schädlichen Bodenveränderung oder Altlast ausgeräumt. Im zweiten Fall wäre ein zehnfacher Bleigehalt von 2000 [mg/kg TM] zulässig. Die Antwort darauf, welche Nutzung zulässig ist, gibt **§ 4 Abs. 6 BBodSchV**. Danach gilt der für die jeweilige Nutzung maßgebliche Wert, wenn sich auf einer Verdachtsfläche oder altlastenverdächtigen Fläche von der vorherrschenden Nutzung eine abweichende empfindlichere Nutzung abgesetzt hat. Diese Norm hilft also weiter, wenn sich auf der Fläche einer Produktionsstätte etwa ein Fußballfeld herausgebildet hat oder Kinder auf einem dauerhaft vorhandenen Sandberg spielen. In diesem Bereich würden die strengeren Werte für Spielflächen gelten, während auf der restlichen Fläche nur die weiteren für Gewerbegrundstücke gälten.

(b) Beispiel 2: Ganze Gewerbefläche als „wilder Kinderspielplatz"

189 Das Problem bleibt aber ungelöst, wenn sich – vielleicht im Falle eines Schrottplatzes – kein abgrenzbarer Spielbereich herausgebildet hat, sondern Kinder auf der gesamten gewerblich genutzten Fläche spielen. Sollen hier die Maßstäbe für einen Kinderspielplatz gelten, auch wenn die Fläche auch im Bebauungsplan als Sondergebiet zum Betrieb eines Schrottplatzes ausgewiesen ist? In diesem Fall ist auf **§ 4 Abs. 4 BBodSchG** zurückzugreifen. Nach dessen Satz 1 ist bei der Erfüllung von boden- und altlastenbezogenen Pflichten die planungsrechtlich zulässige Nutzung des Grundstücks und das sich daraus ergebende Schutzbedürfnis zu beachten. Das Schutzbedürfnis für das Sondergebiet zum Betrieb eines Schrottplatzes richtet sich also in diesem Fall wegen § 4 Abs. 4 BBodSchG nach der bauplanungsrechtlichen Vorgabe und nicht nach der tatsächlichen Nutzung, so dass trotz der Funktion des Schrottplatzes als wildem Spielplatz die für Industrie- und Gewerbegrundstücke relevanten Werte maßgeblich wären. Allein eine solche Anwendung des Gesetzes ist auch sachgerecht. Die Umnutzung eines

---

[110] Dazu auch *Hilger* in Holzwarth/Radtke/Hilger/Bachmann, BBodSchG, § 4 Rn. 136 ff.; *Schröter* in Franzius/Wolf/Brandt, HdA Nr. 10616 Rn. 47 ff.

IV. Durchsetzung des Bodenschutzes auf Bundesebene　　　　　　　　　　**D**

Schrottplatzes in einen Spielplatz wäre aus Sicht des Eigentümers wegen der hohen bodenschutzrechtlichen Anforderungen fernliegend. Dieser muss allerdings Vorkehrungen treffen, um die unzulässige Nutzung als Spielplatz zu verhindern, etwa durch die Errichtung eines Zaunes[111]. Aus dem selben Grund dürfte sich die Ausweisung eines ehemals altlastenrelevanten Sondergebiets als Spielplatz auch bauplanungsrechtlich nur schwierig vertreten lassen.

dd) Der Umfang der behördlichen Gefährdungsabschätzung im Rahmen von § 9 Abs. 1 BBodSchG

Im Rahmen von § 9 Abs. 1 BBodSchG muss die Behörde, ausgehend von ihren **190** Anhaltspunkten, zunächst ermitteln, ob die vermutete Belastung unter Berücksichtigung der konkreten Umstände auch eine Gefährdung vermuten lässt, die detaillierte weitere Untersuchungen auf Kosten eines Sanierungspflichtigen rechtfertigt. Nach dem Wortlaut des Gesetzes können Maßnahmen nach § 9 Abs. 2 BBodSchG nicht bereits dann aufgegeben werden, wenn Anhaltspunkte vorliegen. Es muss im Wege der behördlich veranlassten und finanzierten orientierenden Untersuchung festgestellt werden, ob die Schwelle des § 9 Abs. 2 BBodSchG erreicht ist – ob also ein hinreichender Verdacht einer schädlichen Bodenveränderung oder Altlast besteht – oder ob er ausgeräumt ist. Dies ergibt sich aus der Definition der orientierenden Untersuchung in § 2 Nr. 3 BBodSchV. Nach der ausdrücklichen Anordnung des § 4 Abs. 2 S. 1 BBodSchV ist ein solcher Verdacht ausgeräumt, wenn der Gehalt oder die Konzentration eines Schadstoffs unterhalb des jeweiligen Prüfwertes in Anhang 2 zur BBodSchV liegen.

Ein hinreichender Verdacht einer schädlichen Bodenveränderung oder Altlast **191** liegt nach § 9 Abs. 2 BBodSchG erst bei konkreten Anhaltspunkten hierfür vor. Dies ist nach § 3 Abs. 4 BBodSchV in der Regel erst dann der Fall, wenn

> – entweder die behördlichen Untersuchungen eine Überschreitung der Prüfwerte nach Anhang 2 der BBodSchV ergeben
> *oder*
> – wenn deren Überschreitung aufgrund einer Bewertung nach § 4 Abs. 3 BBodSchV zu erwarten ist, wenn also eine sog. Sickerwasserprognose dies annehmen lässt.

Dieses Prüfprogramm für die Behörde ergibt sich aus § 9 Abs. 1 S. 2 und 3 **192** BBodSchG. Nach Satz 2 muss diese zunächst überprüfen, ob die in Anlage 2 zur BBodSchV festgelegten Prüfwerte überschritten sind. Hierzu müssen an geeigneten Stellen gegebenenfalls Bodenproben entnommen und untersucht werden. Eine Probenahme ist nur entbehrlich, wenn die Überschreitung der Prüfwerte oder ein hinreichender Verdacht auf sonstige Weise auch ohne Bohrung durch die Behörde zuverlässig nachgewiesen werden kann. Nach Satz 3 sollen bei der be-

---

[111] *Hilger* in Holzwarth/Radtke/Hilger/Bachmann, BBodSchG, § 4 Rn. 139.

hördlichen Untersuchung und Bewertung insbesondere folgende Besonderheiten berücksichtigt werden. Es handelt sich dabei um Regelbeispiele, die typischerweise aber nicht zwingend zu berücksichtigende Fälle aufführen[112].

- Art der Schadstoffe
- Konzentration der Schadstoffe
- Möglichkeit der Ausbreitung von Schadstoffen in die Umwelt
- Möglichkeit der Aufnahme von Schadstoffen durch Menschen, Tiere und Pflanzen
- Nutzung des Grundstücks nach § 4 Abs. 4 BBodSchG

ee) Gesetzliche Anforderungen an die Darlegung der Überschreitung von Prüfwerten

193 Bevor die Behörde unter Berufung auf § 9 Abs. 2 BBodSchG weitere Anordnungen gegenüber Sanierungspflichtigen erlassen darf, muss sie also die **Überschreitung von Prüfwerten darlegen**. Maßnahmen ohne den behördlichen Nachweis der Überschreitung von Prüfwerten oder aber eine Vermutung der Überschreitung von Prüfwerten ohne vorherige Sickerwasserprognose sind also nach dem Wortlaut von § 3 Abs. 4 BBodSchV rechtswidrig.

194 Sowohl die Erbringung des Nachweis der Überschreitung von Prüfwerten als auch eine fundierte Vermutung ihrer Überschreitung können aufwendig sein. Dies gilt bei der Ermittlung der Überschreitung von Prüfwerten insbesondere dann, wenn Anhang 2 zur BBodSchV für einen Stoff in einem bestimmten Wirkungspfad keine Werte festsetzt[113]. Die in § 2 Abs. 5 BBodSchV legaldefinierte Sickerwasserprognose verlangt eine aufwendige Bewertung. Nach der Begriffsbestimmung in der Verordnung ist eine „Abschätzung der von einer Verdachtsfläche, altlastenverdächtigen Fläche, schädlichen Bodenveränderung oder Altlast ausgehenden oder in überschaubarer Zukunft zu erwartenden Schadstoffeinträge über das Sickerwasser in das Grundwasser, unter Berücksichtigung von Frachten und bezogen auf den Übergangsbereich von der ungesättigten zur wassergesättigten Zone" erforderlich. Die BBodSchV setzt damit einen komplexen Bewertungsvorgang voraus.

195 Der **Betroffene** hat dieses für ihn zunächst kostenneutrale behördliche Vorgehen zu **dulden**. Die Behörde muss den Eigentümer eines Grundstücks und soweit bekannt auch den Inhaber der tatsächlichen Gewalt auf Antrag schriftlich über die im Rahmen der orientierenden Untersuchung getroffenen Feststellungen und über die Ergebnisse ihrer Bewertung informieren (§ 9 Abs. 1 S. 4 BBodSchG).

---

[112] *Schoeneck* in Sanden/Schoeneck, BBodSchG, § 9 Rn. 10.
[113] Vgl. zum Vorgehen in diesem Fall oben Rn. 57 ff. und 184.

Praxistipp:

Die Ordnungsbehörde muss also ein erhebliches Prüfprogramm absolvieren, bevor sie den Bereich der Amtsermittlung verlässt[114]. Dies übersehen Ordnungsbehörden bisweilen und greifen zu ihrer Entlastung auch ohne die durch und aufgrund Gesetzes vorgeschriebene Prüfung komplett durchgeführt zu haben, zu Maßnahmen gegen Verantwortliche nach § 9 Abs. 2 BBodSchG. In diesem Fall kann auf die Rechtswidrigkeit der Inanspruchnahme verwiesen werden und eine Ordnungsverfügung gegebenenfalls unter Berufung hierauf angegriffen werden. Ob dieses Vorgehen sinnvoll ist, muss von Fall zu Fall entschieden werden.

ff) Die Bedeutung des Begriffes „soll" in § 9 Abs. 1 S. 1 BBodSchG

Im üblichen Sprachgebrauch verlangt die Verwendung des Wortes „soll" kein verbindliches Verhalten, sondern lässt mehrere Handlungsmöglichkeiten offen[115]. Wenn sich jedoch in einem Gesetz die Wendung „soll" findet, ist damit in der Regel ein Handlungsauftrag für die Behörde als Adressat der Norm verbunden. Diese hat dann grundsätzlich keinen Ermessensspielraum hinsichtlich des Einschreitens. Nur aus wichtigem Grund oder in atypischen Fällen kann die Behörde von der Rechtsfolge abweichen, die das Gesetz für den Normalfall vorsieht[116]. In § 9 Abs. 1 S. 1 BBodSchG[117] wird das Wort „soll" verwendet. Die damit verbundene Handlungspflicht bringt Probleme für die behördliche Praxis mit sich. Die örtlichen Vollzugsbehörden haben in zahlreichen Fällen Anhaltspunkte für schädliche Bodenveränderungen oder Altlasten. In der Bundesrepublik waren Ende 1998 etwa allein ca. 300.000 altlastenverdächtige Flächen offiziell registriert[118]. Unberücksichtigt sind dabei nicht registrierte Flächen, bei denen aufgrund der niedrig ansetzenden Schwelle behördliche Anhaltspunkte vorhanden sind. Vor Schaffung des BBodSchG konnte die Behörde über den Zeitpunkt des Einschreitens nach pflichtgemäßem Ermessen entscheiden. Dringende Fälle konnten auf dieser rechtlichen Basis vordringlich behandelt werden, andere konnten zunächst zurückgestellt werden. Diese Regelung trug insbesondere den Grenzen der behördlichen Kapazität Rechnung. Nach dem geltenden Recht ist kein abgestuftes Vorgehen mehr zulässig. Bei Anhaltspunkten für schädliche Bodenveränderungen oder Altlasten sind im Rahmen der Amtsermittlung **flächendeckend orientierende Untersuchungen** durchzuführen und deren Ergebnisse zu bewerten. Die

---

[114] In diesem Sinne auch *Queitsch*, BBodSchG, Rn. 141. Vgl. auch *VG Meiningen*, NVwZ 2001, 592, 593f.; zur Abgrenzung der Untersuchungen zur Gefährdungsabschätzung und § 9 Abs. 2 BBodSchG von Sanierungsuntersuchungen nach § 13 Abs. 1 S. 1 BBodSchG OVG Berlin, NVwZ 2001, 582, 584f. Siehe auch unten Rn. 431.
[115] So auch Handbuch der Rechtsförmlichkeiten (BMJ, Hrsg.), Rn. 65.
[116] *Sachs* in Stelkens/Bonk/Sachs, VwVfG, § 40, Rn. 26f.
[117] *Hipp/Rech/Turian*, BBodSchG, Rn. 359; *Numberger* in Oerder/Numberger/Schönfeld, BBodSchG, § 9 Rn. 5; *Schoeneck* in Sanden/Schoeneck, BBodSchG, § 9 Rn. 6ff.

Behörden können diesen Auftrag mit den ihnen zur Verfügung stehenden Mitteln nicht bewältigen. Ihnen bleibt in der Praxis vielfach nichts anderes übrig, als gegen die Vorgabe des BBodSchG zu verstoßen. Zwar dürfte richtig sein, dass ein Betroffener, der grundsätzlich sanierungsbereit ist und sich eine erste Klarheit über vorhandene Verunreinigungen schaffen will, keinen Anspruch aus § 9 Abs. 1 S. 1 BBodSchG auf behördliche Sachverhaltsaufklärung hat. Einen allgemeinen Gesetzesvollziehungsanspruch kennt das geltende Recht nicht[119]. Denkbar ist aber, dass ein Behördenvertreter gegen strafrechtliche Bodenschutznormen verstößt, wenn er trotz eines strikten gesetzlichen Aufklärungsgebots und trotz eines Hinweises des Eigentümers auf das Erfordernis von Ermittlungsmaßnahmen untätig bleibt. Ein Problem entsteht in diesem Fall dann, wenn sich die Situation aufgrund der unterlassenen Maßnahmen verschlechtert und der zuständige Amtswalter dies hätte erkennen können. In diesem Fall stellt sich auch die Frage nach Amtshaftungsansprüchen. Diese können von einem Betroffenen wegen der schuldhaften Verletzung einer drittbezogenen Amtspflicht geltend gemacht werden, wenn hierdurch ein Schaden verursacht wurde[120]. Denkbar wäre bei dieser Sachlage insbesondere eine Mitschuld des Amtswalters der Ordnungsbehörde[121].

> **Praxistipp:**
>
> Auch hier besteht die Gefahr, dass eine Behörde zur eigenen Entlastung eine ihr obliegende Untersuchung und die Bewertung ihrer Ergebnisse nicht vollständig durchführt. Angesichts des Vollzugsdruckes ist es denkbar, dass die Behörde bereits bei Vorliegen von Anhaltspunkten an einen potentiellen Verantwortlichen herantritt. Auch hier ist aber die saubere Trennung des Bodenschutzrechts zu beachten. Bevor ein hinreichender Verdacht einer schädlichen Bodenveränderung oder Altlast nicht feststeht, ist der Betroffene rechtlich nicht zur eigenen Gefährdungsabschätzung, sondern nur zur Duldung behördlicher Ermittlungsmaßnahmen verpflichtet. Solange die Behörde also nicht in Erfüllung ihrer Pflicht nach § 9 Abs. 1 S. 4 BBodSchG auf Antrag schriftlich die Überschreitung von Prüfwerten oder die qualifizierte Vermutung einer solchen Überschreitung nachweist, besteht für einen in diesem Zeitpunkt nur potentiell Verantwortlichen keine Handlungspflicht und keine Pflicht zur Kostenübernahme. Wenn die Überschreitung von Prüfwerten zwar unsicher, aber wahrscheinlich ist, kann es gerade in dieser Situation sinnvoll sein, der Behörde entgegenzukommen und an dieser Stelle eine Kooperation zu beginnen. Das Beharren auf der formalen Rechtsposition macht häufig nur dann Sinn, wenn es auf reinen Zeitgewinn ankommt oder eine Unterschreiten von Prüfwerten sicher zu erwarten ist.

---

[118] So die Daten nach einer Erhebung des Umweltbundesamtes nach Daten aus den Bundesländern, abzurufen unter www.umweltdaten.de/altlast/web1/deutsch/1-6.htm.
[119] So *Hipp/Rech/Turian*, BBodSchG, Rn. 361.
[120] Siehe dazu unten Rn. 404.
[121] Mustererlass „Berücksichtigung von Flächen mit Altlasten bei der Bauleitplanung und im baugenehmigungsverfahren" der Fachkommission „Städtebau" der ARGEBAU Rn. 81, abgedruckt in Franzius/Brandt/Wolf, HdA Nr. 15223 (Rn. nur im Abdruck des HdA).

IV. Durchsetzung des Bodenschutzes auf Bundesebene D

b) Anordnung notwendiger Untersuchungsmaßnahmen zur Gefährdungsabschätzung nach § 9 Abs. 2 BBodSchG

Erst dann, wenn die Behörde im Rahmen ihrer Pflicht zur Amtsermittlung aufgrund konkreter Anhaltspunkte einen hinreichenden Verdacht für eine schädliche Bodenveränderung oder Altlast nachgewiesen hat, kann den in § 4 Abs. 3, 5 und 6 BBodSchG aufgeführten Personen die Durchführung notwendiger Untersuchungen zur endgültigen Gefährdungsabschätzung nach § 9 Abs. 2 BBodSchG aufgegeben werden. Welche Untersuchung im Einzelfall notwendig ist und welchen Umfang sie haben muss, hat die Behörde unter Berücksichtigung ihres Ermessens in den Grenzen des § 40 VwVfG festzulegen[122]. Von besonderer Bedeutung ist es in diesem Fall, dem Betroffenen unter Berücksichtigung des Bestimmtheitsgebots in § 37 VwVfG klar umrissene und genaue Vorgaben für die zu erledigenden Handlungen zu machen[123]. **197**

2. Übersicht über sonstige behördliche Anordnungen und Möglichkeiten zur Erfüllung und Durchsetzung bodenschutzrechtlicher Pflichten

Wenn eine Behörde gegenüber einem Privaten rechtliche Pflichten durchsetzen will, so bedarf sie hierzu immer einer gesetzlichen Ermächtigung. Anderenfalls verstößt sie gegen den verfassungsrechtlichen Grundsatz des Vorbehalts des Gesetzes. Danach muss jeder staatliche Eingriff in Rechte des Bürgers direkt durch Gesetz oder mittelbar aufgrund Gesetzes erfolgen. So ist also etwa für den massiven und erhebliche Kosten verursachenden staatlichen Eingriff in Form der Anordnung einer Altlastensanierung eine Vorschrift erforderlich, die der handelnden Behörde Befugnisse verleiht. Derartige Vorschriften enthält das BBodSchG zum einen selbst. Zum anderen ist auf Grund von Vorschriften in diesem Gesetz die BBodSchV erlassen worden, die ihrerseits Eingriffsbefugnisse verleiht. **198**

Die zentrale Ermächtigung des neuen Bodenschutzrechts zur Durchsetzung der materiellen bodenschutzrechtlichen Pflichten enthält **§ 10 Abs. 1 BBodSchG**. Die Norm wird zunächst durch den bereits erwähnten § 9 Abs. 2 BBodSchG ergänzt, der zur Anordnung von Maßnahmen zur Gefährdungsabschätzung im Vorfeld von Sanierungsmaßnahmen berechtigt. Weitere Anordnungsbefugnisse enthalten §§ 16 Abs. 1, 12, 13, 14 und 15 BBodSchG. **199**

---

[122] Dazu *OVG Berlin*, NVwZ 2001, 582, 583 ff.
[123] Siehe zu den Fehlerquellen behördlichen Handelns unten Rn. 384 ff. Zur Abgrenzung von Untersuchungen nach § 9 Abs. 2 BBodSchG und Sanierungsuntersuchungen vgl. unten Rn. 431.

a) Die zentrale Ermächtigungsnorm des § 10 Abs. 1 S. 1 BBodSchG zur Durchsetzung der bodenschutzrechtlichen Pflichten

200 § 10 Abs. 1 S. 1 BBodSchG ermächtigt zur Durchsetzung der im 2. Teil – also §§ 4 bis 10 BBodSchG – genannten materiellen Pflichten, die sich aus §§ 4 und 7 BBodSchG sowie aus aufgrund von § 8 BBodSchG erlassenen Rechtsverordnungen entnehmen lassen. Sie seien an dieser Stelle noch einmal zusammengefasst:

– § 4 Abs. 1 BBodSchG: Pflicht für jedermann, nachteilige Einwirkungen auf den Boden zu unterlassen[124]
– § 4 Abs. 2 BBodSchG: Pflicht zur Gefahrenabwehr für Grundstückseigentümer und Inhaber der tatsächlichen Gewalt[125]
– § 4 Abs. 3 und 6 BBodSchG: Pflicht zur Sanierung für den dort genannten Personenkreis[126]
– § 4 Abs. 5 BBodSchG: Pflicht zur vorrangigen Beseitigung bei „neuen Altlasten"[127]
– § 7 BBodSchG i.V.m. § 10 Abs. 1 S. 1 BBodSchV: Pflicht zur Vorsorge für Grundstückseigentümer und Inhaber der tatsächlichen Gewalt sowie für denjenigen, der dort Verrichtungen ausführt oder ausführen lässt[128]
– Pflichten aufgrund von Rechtsverordnungen nach
§ 5 S. 1 BBodSchG, Verhaltenspflichten bei der Entsiegelung von Böden[129],
§ 6 BBodSchG, Verhaltenspflichten für das Auf- und Einbringen von Material in den Boden)[130] i.V.m. § 12 Abs. 3 S. 1 BBodSchV,
§ 8 BBodSchG, (Werte und Anforderungen)[131] i.V.m. Anhang 2 BBodSchV.

---

201 Nach § 10 Abs. 1 S. 2 BBodSchG hat die Behörde zudem das Recht, von den Pflichtigen nach § 4 Abs. 3–6 BBodSchG eine **Sicherheitsleistung** zu verlangen. Dies ist möglich, wenn Sicherungs- und Überwachungsmaßnahmen durchzuführen sind, die noch eine gewisse Zeit in Anspruch nehmen. Bei der teilweise mehrjährigen Dauer von Sicherungs- und Überwachungsmaßnahmen soll die Staatskasse auf diese Weise davor geschützt werden, künftige Kosten nicht realisieren zu können.

---

[124] Siehe dazu im einzelnen Rn. 112.
[125] Siehe dazu im einzelnen Rn. 119.
[126] Siehe dazu im einzelnen Rn. 119 ff.
[127] Siehe dazu im einzelnen Rn. 105.
[128] Siehe dazu im einzelnen Rn. 111.
[129] Siehe dazu im einzelnen Rn. 155.
[130] Siehe dazu im einzelnen Rn. 106 f.
[131] Siehe dazu im einzelnen Rn. 177.

IV. Durchsetzung des Bodenschutzes auf Bundesebene   **D**

> **Praxistipp**:
>
> Es besteht ein wichtiger Unterschied zwischen § 7 und § 5 S. 2 BBodSchG. Während § 7 BBodSchG keine Befugnis zum Erlass einer Ordnungsverfügung zur Anordnung von Vorsorgemaßnahmen enthält, kann die Behörde bei der Anordnung von Entsiegelungspflichten vorläufig auf § 5 S. 2 BBodSchG selbst zurückgreifen.

b) Ermächtigung zum Erlass von Verfügungen zur Umsetzung der Pflichten zur Ermittlung und Bewertung von Gefahren nach §§ 13–15 BBodSchG

Das neue Bodenschutzrecht ist von der Überzeugung getragen, dass die Behandlung komplexer Altlasten nur mit Hilfe angemessener Ermittlung und Bewertung der damit verbundenen Gefahren sinnvoll möglich ist. Dem Gesetz liegt in §§ 13–15 ein System zur Bewältigung von Altlastenproblemen zugrunde. Danach sollen zunächst die Betroffenen selbst die Chance bekommen, Sanierungsuntersuchungen vornehmen zu lassen und einen Sanierungsplan zur Bewältigung des Altlastenproblems und zur Nutzbarmachung des Standorts vorzulegen. Sanierungsuntersuchungen und Planerstellung muss ein Sanierungspflichtiger auf behördliches Verlangen selbst durchführen. **202**

aa) Sanierungsuntersuchung und Sanierungsplan

In komplexen Fällen muss die Behörde gegenüber dem Sanierungspflichtigen nach § 13 Abs. 1 S. 1 BBodSchG **Sanierungsuntersuchungen** und die Vorlage eines entsprechenden **Sanierungsplans** in der Regel anordnen („soll"). Die näheren inhaltlichen Anforderungen an Sanierungsuntersuchungen und Sanierungsplan sind in Anhang 3 Nr. 1 bzw. Nr. 2 zur BBodSchV geregelt. Unter den Voraussetzungen des § 14 Abs. 1 Nr. 1–3 ist die Behörde auch dazu berechtigt, einen Sanierungsplan selbst oder durch einen von ihr benannten Sachverständigen erstellen oder ergänzen zu lassen[132]. Nach § 13 Abs. 6 BBodSchG kann die Behörde einen Sanierungsplan auch für verbindlich erklären. Dieser ersetzt dann in gewissem Umfang weitere Genehmigungen anderer Behörden (Konzentrationswirkung) und kann der Verfahrensbeschleunigung dienen[133]. **203**

bb) Sanierungsvertrag

Eine weitere Chance für den Investor erwähnt das BBodSchG jetzt in § 13 Abs. 4 mit dem **Sanierungsvertrag**. Dessen Entwurf kann einem Sanierungsplan beigelegt werden, die Behörde kann ihn aber nicht verlangen, da der Wortlaut den **204**

---

[132] Siehe dazu im einzelnen Rn. 436 ff.
[133] Zweifel daran zu Recht bei *Meißner*, ZfIR 1999, 411, 411.

Entwurf eines derartigen Vertrages durch die Verwendung des Wortes „kann" allein vom Willen des Sanierungspflichtigen abhängig macht; gleichermaßen hat der Pflichtige keinen Anspruch auf Abschluss des Vertrages. Der Sanierungsvertrag ist in komplexen Altlastenfällen ein geeignetes Instrument, Altlastenprobleme aus Sicht eines Investors oder Grundstückeigentümers aktiv anzugehen. Auf dieses wichtige und zentrale Instrument zur Altlastenbewältigung wird näher einzugehen sein[134].

cc) Überwachungsmaßnahmen

205 Nach abgeschlossener Sanierung muss deren dauerhafter Erfolg überwacht werden[135]. Derartige Überwachungsmaßnahmen können lange dauern und erhebliche Kosten verursachen. Wird etwa eine Grundwassersanierung vorgenommen, so müssen in aller Regel Beobachtungsstellen zur Überwachung des Sanierungserfolges eingerichtet werden. Die Überwachung kann im Einzelfall Jahrzehnte andauern. Nach dem Gesetz obliegt diese Überwachung der zuständigen Behörde. Allerdings kann diese den nach § 4 Abs. 3, 4 oder 6 BBodSchG Verantwortlichen auch die Durchführung von Eigenkontrollmaßnahmen und die Einrichtung von Messstellen (§ 15 Abs. 2 S. 1 BBodSchG) gegebenenfalls durch einen qualifizierten Sachverständigen (§ 15 Abs. 2 S. 4 BBodSchG) aufgeben. Die Ergebnisse der Messungen sind aufzuzeichnen und jedenfalls fünf Jahre aufzubewahren. Die Behörde kann erforderlichenfalls eine längere Aufbewahrung anordnen (§ 15 Abs. 2 S. 1 BBodSchG).

c) Ergänzende Anordnungsbefugnisse nach § 16 Abs. 1 BBodSchG

206 So wie § 10 Abs. 1 S. 1 BBodSchG zur Durchsetzung der bodenschutzrechtlichen Pflichten des 2. Teils ermächtigt, enthält § 16 Abs. 1 BBodSchG Anordnungsbefugnisse bezogen auf die materiellen Pflichten im 3. Teil. Allerdings ist der Anwendungsbereich dieser Vorschrift begrenzt, weil die Vorschriften des 3. Teils – namentlich §§ 13 und 15 BBodSchG – speziellere Ermächtigungen enthalten. Auf § 16 Abs. 1 BBodSchG kann sich die Behörde etwa stützen, wenn sie die Pflichten zur Information der von der Sanierung betroffenen Nachbarn und sonstigen Dritten nach § 12 BBodSchG geltend machen will. Entsprechendes gilt bei der Pflicht zur Information der von einem Sanierungsplan Betroffenen, § 13 Abs. 3 BBodSchG und für die Pflicht, der Behörde Ergebnisse von Eigenkontrollmaßnahmen mitzuteilen (§ 15 Abs. 3 S. 1 BBodSchG).

---

[134] Siehe unten Rn. 474 ff. und 552 ff.
[135] Vgl. hierzu auch *Knoche*, GewArch 2000, 221, 225 ff.

V. Wie wird das BBodSchG auf Landesebene um- und durchgesetzt?

Die Länder sind zur Umsetzung des neuen Bodenschutzrechts des Bundes in ihrem jeweiligen Hoheitsbereich gemäß Art. 84 Abs. 1 GG verantwortlich. Die eigentliche Ausführung des BBodSchG ist damit Sache der Länder, die das BBodSchG als eigene Angelegenheit ausführen und dabei der Rechtsaufsicht des Bundes nach Art. 84 Abs. 3 GG unterstehen. 207

Die Länder bestimmen zur Ausführung des BBodSchG gemäß Art. 84 Abs. 1 GG die nach Landesrecht zuständige Behörden. Die zuständigen Behörden führen das Gesetz in ihrer Funktion als Sonderordnungsbehörden aus, da ihnen durch das BBodSchG i.V.m. landesrechtlichen Zuständigkeitsregelungen Aufgaben der Gefahrenabwehr auf dem Gebiet des Bodenschutzes übertragen sind. Die Behörden bedienen sich zur Ausführung des Gesetzes der im BBodSchG aufgeführten Ermächtigungsnormen, sind also zum Erlass von Anordnungen auf Grundlage des BBodSchG und der BBodSchV berufen[136]. 208

VI. Wer trägt die Kosten der Sanierung?

§ 24 BBodSchG regelt in Abs. 1 die Pflicht zur Kostenübernahme für Maßnahmen nach dem BBodSchG. Zugleich enthält die Vorschrift Bestimmungen über die Kostentragung und die Kostenerstattung, sofern sich der Verdacht einer schädlichen Bodenveränderung nicht bestätigt. 209

Eine von der Kostentragung nach § 24 Abs. 1 BBodSchG streng getrennt zu betrachtende Regelung enthält § 24 Abs. 2 BBodSchG. Die Norm betrifft den Ausgleich verschiedener Pflichtiger untereinander. 210

1. Die Kostentragung nach § 24 Abs. 1 BBodSchG

Eng verknüpft mit der Ordnungspflichtigkeit nach § 4 BBodSchG ist die Frage der Kostentragung für Maßnahmen, die der Pflichtige aufgrund behördlicher Anordnung vorzunehmen hat oder die seitens der Behörde vorgenommen werden. Zu beachten ist, dass § 24 Abs. 1 BBodSchG nur zum Tragen kommt, soweit eine behördliche Anordnung oder Maßnahme vorliegt[137]. 211

Betroffen sind Kosten für folgende Maßnahmen: 212

---

[136] Siehe oben Rn. 200.
[137] Vgl. *Frenz*, BBodSchG, § 24 Rn. 3.

- Untersuchungen nach § 9 Abs. 2 BBodSchG zur Gefahrabschätzung
- Anordnungen nach § 10 Abs. 1 BBodSchG zur Konkretisierung der Pflichten nach §§ 4 und 7 BBodSchG
- Information der durch Untersuchung und Sanierung von Altlasten betroffenen sonstigen Nutzungsberechtigten und der dadurch betroffenen Nachbarschaft nach § 12 BBodSchG
- Sanierungsuntersuchungen und Erstellung eines Sanierungsplanes nach § 13 BBodSchG sowie die Erstellung eines Sanierungsplanes durch die Behörde oder durch Sachverständige nach § 14 BBodSchG im Wege der Ersatzvornahme
- Eigenkontrollmaßnahmen oder Vornahme von Kontrollmaßnahmen durch Sachverständige nach § 15 BBodSchG
- Ergänzende Anordnungen nach § 16 Abs. 1 BBodSchG, sofern diese nach §§ 12 ff. BBodSchG nicht erlassen werden können

213 Sinnvoll erscheint es zunächst, zwischen den Kosten der Gefahrabschätzung und den tatsächlichen Sanierungskosten zu differenzieren.

a) Kosten der Gefahrabschätzung

214 Kosten der Gefahrabschätzung sind solche, die zur Feststellung des Vorliegens einer Altlast oder einer schädlichen Bodenveränderung anfallen. Da die Pflicht zur Gefahrabschätzung sowohl der Behörde – im Wege der Amtsermittlungspflicht – als auch dem Bürger anheimfallen kann, ist zwischen dem Bereich der Amtsermittlung und der weiteren Gefahrabschätzung zu unterscheiden.

aa) Kosten der Amtsermittlung nach § 9 Abs. 1 BBodSchG

215 Nicht erwähnt sind in § 24 Abs. 1 BBodSchG die Kosten für die von der Behörde vorzunehmende Amtsermittlung nach § 9 Abs. 1 BBodSchG. Diese Kosten, insbesondere die Kosten für die orientierende Untersuchung nach § 3 Abs. 3 BBodSchV, sind von der Behörde zu tragen, die diese Untersuchungen im Rahmen des ihr nach § 9 Abs. 1 S. 1 BBodSchG eingeräumten Ermessens vorzunehmen hat („... soll ... die geeigneten Maßnahmen ergreifen, ..."). Eine Belastung eines Ordnungspflichtigen mit diesen Kosten wäre demnach rechtswidrig. Die Kostenpflicht des Pflichtigen setzt erst ein, wenn die Behörde zum Vorliegen eines hinreichenden und konkreten Verdachts nach § 9 Abs. 2 BBodSchG gelangt ist und der Betroffene deshalb zu weiteren Maßnahmen zur Gefahrabschätzung herangezogen werden kann[138].

---

[138] Vgl. hierzu auch *Schoeneck* in Sanden/Schoeneck, BBodSchG, § 24 Rn. 19; *Schwartmann*, Das Deutsche Bundesrecht, IL 75 zu § 9 Abs. 1, S. 29. In diesem Sinne auch *Knopp/Löhr*, BBodSchG in der betrieblichen Praxis, Rn. 174.

VI. Wer trägt die Kosten der Sanierung? **D**

> **Praxistipp**:
> Will die zuständige Behörde den Pflichtigen mit Kosten für bestimmte Maßnahmen belegen, ist genau zu prüfen, ob diese Kosten im Bereich der Amtsermittlung, insbesondere zur Durchführung der orientierenden Untersuchung angefallen sind. Gegen einen entsprechenden Bescheid kann hinsichtlich dieser Kosten unter Hinweis auf die Kostenpflicht der Behörde vorgegangen werden.

bb) Kostentragung bei Bestehen eines hinreichenden und konkreten Verdachts

Liegt ein hinreichender und konkreter Verdacht einer Altlast vor, ist über die letztendliche Kostenbelastung des Adressaten einer Untersuchungsanordnung noch nicht endgültig entschieden. **216**

Zu unterscheiden sind drei Fälle: **217**

> – Der Verdacht einer Altlast oder einer schädlichen Bodenveränderung bestätigt sich im Wege der Detailuntersuchung.
> – Der Verdacht einer Altlast oder einer schädlichen Bodenveränderung bestätigt sich nicht, oder es liegt ein Fall des § 10 Abs. 2 BBodSchG vor[139], und der zur Untersuchung Herangezogene hat die Umstände, auf die sich der Verdacht gründete, nicht zu vertreten.
> – Der Verdacht einer Altlast oder einer schädlichen Bodenveränderung bestätigt sich nicht, oder es liegt ein Fall des § 10 Abs. 2 BBodSchG vor[140], und der zur Untersuchung Herangezogene hat die Umstände, auf die sich der Verdacht gründete, zu vertreten.

(1) Bestätigung des hinreichenden und konkreten Verdachts

Unproblematisch ist der erste Fall. Bestätigt sich der seitens der Behörde festgestellte hinreichende und konkrete Verdacht des Vorliegens einer Altlast oder einer schädlichen Bodenveränderung, ist der Pflichtige zur Kostentragung hinsichtlich der weiteren notwendigen Untersuchungen nach § 9 Abs. 2 BBodSchG[141] ebenso wie der notwendigen Sanierungsmaßnahmen verpflichtet. **218**

(2) Nichtbestätigung des Verdachts oder Fall des § 10 Abs. 2 BBodSchG

Problematischer sind die Fälle, in denen sich der Verdacht im Wege der weiteren Untersuchungen, die dem Betroffenen aufgegeben werden oder die die Behörde im Wege der Ersatzvornahme durchführt, nicht bestätigt, oder in denen sie Nut- **219**

---

[139] Dazu sogleich unten Rn. 218.
[140] Dazu sogleich unten Rn. 219 ff.
[141] Vgl. insoweit auch *Hipp/Rech/Turian*, BBodSchG, Rn. 551.

zungsbeschränkungen ausspricht. Hier ist unter den Voraussetzungen des § 24 Abs. 1 S. 2 BBodSchG ein Ersatz für die aufgewandten Kosten nach § 9 Abs. 2 BBodSchG denkbar.

220 § 24 Abs. 1 S. 2 BBodSchG unterscheidet zwei Fälle einer möglichen Ersatzpflicht. Einerseits muss nach Abschluss der weiteren Untersuchungen gemäß § 24 Abs. 1 S. 2 1. Alt. BBodSchG mit Sicherheit[142] feststehen, dass entgegen dem festgestellten konkreten Verdacht nach Abschluss der Amtsermittlung keine Altlast oder schädliche Bodenveränderung vorliegt. Andererseits kann sich gemäß § 24 Abs. 1 S. 2 2. Alt. BBodSchG der Verdacht einer Altlast oder schädlichen Bodenveränderung bestätigen, aber der zur Untersuchung Herangezogene oder derjenige, dem Nutzungsbeschränkungen nach § 10 Abs. 2 BBodSchG (Beschränkung der land- und forstwirtschaftlichen Bodennutzung oder der Bodenbewirtschaftung) auferlegt werden, ist nicht Verursacher der Gefahr und durch die Untersuchungsanordnung besonders hart betroffen[143].

221 Voraussetzung einer Ersatzpflicht ist in beiden Fällen, dass die Herangezogenen den hinreichenden und konkreten Verdacht einer Altlast, der zur Anordnung weiterer Untersuchungsmaßnahmen führte, nicht zu vertreten hatten.

222 Eine Erstattungspflicht nach § 24 Abs. 1 S. 2 BBodSchG tritt ein, wenn ein Fall der Anscheinsgefahr vorliegt und der Betroffene diese Anscheinsgefahr nicht schuldhaft herbeigeführt hat. Eine Anscheinsgefahr liegt vor, wenn aus der Sicht der Behörde im Moment ihres Tätigwerdens hinreichende objektive Hinweise für die hohe Wahrscheinlichkeit eines Schadenseintritts bestanden, die Behörde also aus der Sicht ex ante zu Recht vom Vorliegen einer Gefahr ausgehen durfte. Zu vertreten hat der Betroffene den Verdacht insbesondere in folgenden Fällen:

- Der Betroffene leitet der Behörde Daten und Informationen, die auf das Vorliegen einer Altlast oder einer schädlichen Bodenveränderung hindeuten, nicht zu.
- Es lag die Annahme nahe, dass das Grundwasser unter den betroffenen Grundstücken mit Schadstoffen belastet war, die aus dem Herrschaftsbereich des Verpflichteten stammen.
- Auf den Grundflächen befinden sich Anlagenreste oder Produktionsrückstände des Verpflichteten.
- Es bestehen Hinweise, dass der Verpflichtete auf Altstandorten mit Abfällen oder Gefahrstoffen im Sinne des § 2 Abs. 5 Nr. 1 und 2 BBodSchG – insbesondere auch in nicht sachgerechter Art und Weise – umgegangen ist.

---

[142] So *Frenz*, BBodSchG, § 24 Rn. 6.
[143] Vgl. *Frenz*, BBodSchG, § 24 Rn. 7, auch zum Hintergrund der genannten Privilegierung.

VI. Wer trägt die Kosten der Sanierung?

Liegt keiner der genannten Verdachtsmomente in der Person des Verpflichteten 223
oder eventueller Erfüllungsgehilfen (§ 278 BGB) vor, hat er den Verdacht nicht
verursacht und damit einen Anspruch auf Kostenerstattung.

Zu beachten ist, dass die Verdachtsmomente in die Verantwortung des Ver- 224
pflichteten fallen müssen. Dabei muss sich zwar nicht genau der Verdacht erhärten, der die Behörde zum Anlass der Anordnung weiterer Untersuchungen bewegt hat; auch muss sich der Verdacht nicht in vollem Umfang bestätigen. Die
letztlich gefundenen Ergebnisse müssen aber in qualitativer Hinsicht dem formulierten Verdacht entsprechen[144].

Eine behördliche Ersatzpflicht tritt auch ein, wenn sich zwar der Verdacht ei- 225
ner Altlast oder einer schädlichen Bodenveränderung bestätigt hat, diese aber
nicht der von der Behörde prognostizierten Gefahr hinsichtlich des Verantwortlichen entsprach. Findet sich also eine dem Herangezogenen nicht zuzurechnende Altlast, kann er nicht zur Kostentragung für Untersuchungsmaßnahmen herangezogen werden, da er dann auch diesen Verdacht nicht zurechenbar verursacht hat.

> **Praxistipp**:
>
> Bereits bei der nach § 9 Abs. 1 S. 4 BBodSchG notwendigen Information des
> Betroffenen vom Vorliegen eines hinreichenden und konkreten Verdachts ist
> die Behörde zu einer möglichst konkreten Niederlegung des entstandenen
> Verdachts anzuhalten, um eine vorschnelle Inanspruchnahme auf Untersuchungskosten zu vermeiden. Nur eine möglichst genaue Beschreibung des
> Gefahrenverdachts macht die Entsprechung zwischen der prognostizierten
> und der tatsächlich vorgefundenen Gefahrenlage nachvollziehbar.

b) Kostentragung für Sanierungsmaßnahmen

Neben den Kosten für die Gefahrerforschung erfasst § 24 Abs. 1 BBodSchG die 226
Kosten für alle weiteren behördlich angeordneten Maßnahmen insbesondere im
Rahmen der Sanierung belasteter Flächen. Die Kostentragung gem. § 24 Abs. 1
BBodSchG unterscheidet sich nicht wesentlich von den im allgemeinen Ordnungsrecht üblichen Regelungen, denen zufolge der ordnungsrechtlich Verantwortliche regelmäßig auch kostenpflichtig ist[145].

Nach § 24 Abs. 1 BBodSchG sind insbesondere die Kosten von behördlich an- 227
geordneten Maßnahmen zu tragen, die der Verpflichtete in Eigenvornahme
durchführt. Hierzu gehört aber auch die nachträgliche Kostentragung bei Tätigwerden im Wege der Ersatzvornahme, etwa nach § 24 Abs. 1 S. 3 BBodSchG für

---

[144] So auch *Schoeneck* in Sanden/Schoeneck, BBodSchG, § 24 Rn. 21.
[145] In diesem Sinne auch *Hipp/Rech/Turian*, BBodSchG, Rn. 547.

die behördliche Erstellung eines Sanierungsplanes anstelle des Pflichtigen. Auch sind entsprechend der Aufstellung oben[146] die Kosten für eventuelle Eigenkontrollmaßnahmen und die Kontrolle durch Sachverständige zu tragen.

VII. Wie wird der Ausgleich zwischen mehreren potentiell Sanierungspflichtigen herbeigeführt?

228 Wie zuvor ausgeführt, betrifft § 24 Abs. 2 BBodSchG lediglich den Ausgleich verschiedener Pflichtiger untereinander, ist also getrennt von der Kostentragungsregelung nach § 24 Abs. 1 BBodSchG zu betrachten, die die Kosten angeordneter Maßnahmen betrifft. Nachdem der BGH einen störerinternen Lastenausgleich stets abgelehnt hatte[147], hat sich der Bundesgesetzgeber im BBodSchG für die Einführung eines gesetzlichen Ausgleichsanspruchs der Verpflichteten untereinander entschieden.

229 Umstritten ist wiederum die Geltung des Gesetzes für Altfälle. Mangels entsprechender Übergangsregelungen wird man im Interesse der Rechtsklarheit und Rechtssicherheit aber davon ausgehen müssen, dass die Regelung nur für Sanierungen gilt, die nach dem Inkrafttreten des Gesetzes begonnen wurden, also zuvor abgeschlossene oder zu diesem Zeitpunkt noch nicht beendete Sanierungsmaßnahmen keinen Ausgleichsanspruch auslösen können[148].

1. Ausgleichsberechtigte und -verpflichtete

230 Ausgleichspflichtig kann nach § 24 Abs. 2 BBodSchG auch derjenige sein, der zum Kreis der Ordnungspflichtigen nach § 4 BBodSchG gehört, aber seitens der Behörde bei Ausübung des Auswahlermessens unter mehreren Störern nicht herangezogen wurde[149]. Zugleich ist ausgleichsberechtigt auch derjenige, der vor einer behördliche Inanspruchnahme oder auch ohne jemals in Anspruch genommen worden zu sein, seiner materiellen, also nicht durch hoheitliche Anordnung festgestellten Pflicht zur Sanierung nachkommt[150]. Zudem ist nicht erforderlich, dass der Ausgleichsberechtigte bereits gehandelt hat, ihm also schon Kosten entstanden sind. Vielmehr kann er bereits im Vorhinein Ausgleich von den anderen potentiell Ordnungspflichtigen verlangen[151].

---

[146] Vgl. oben Rn. 212.
[147] Vgl. etwa *BGH*, NJW 1986, 187, 188 f. Vgl. zu den Hintergründen auch *Oerder*, NVwZ 1992, 1031, 1038.
[148] So auch *Pützenbacher*, NJW 1999, 1137, 1140.
[149] Vgl. oben Rn. 164 ff.
[150] Statt vieler anderer *Vierhaus*, NJW 1998, 1262, 1267; anderer Ansicht wohl *Knoche*, NVwZ 1999, 1198, 1198 ff.
[151] Vgl. *Frenz*, BBodSchG, § 24 Rn. 18.

VII. Ausgleich zwischen mehreren potentiell Sanierungspflichtigen   D

a) Nur Verhaltensstörer

Der Ausgleichsanspruch richtet sich dem Gesetzeswortlaut nach jedoch nur gegen andere Verhaltensstörer. Zwar ist § 24 Abs. 2 S. 1 BBodSchG, der auf den Anspruch mehrerer „Verpflichteter" abstellt, noch offen formuliert. Dagegen stellt aber § 24 Abs. 2 S. 2 BBodSchG darauf ab, inwieweit die Gefahr oder der Schaden „vorwiegend von dem einen oder dem anderen Teil verursacht worden ist". Damit scheidet dem Wortlaut nach ein Ausgleichsanspruch des Verhaltensstörers gegen den Zustandsstörer ebenso aus wie ein Anspruch verschiedener Zustandsstörern untereinander[152]. Hieraus folgt zugleich, dass ein Zustandsstörer, sofern dies tatsächlich vor dem Hintergrund der wirtschaftlichen Leistungsfähigkeit seines Gegenübers realisierbar ist, theoretisch vollen Ausgleich seiner Aufwendungen von einem oder mehreren verfügbaren Verhaltensverantwortlichen erreichen kann[153]. In Anspruch genommen werden kann zugleich der Gesamtrechtsnachfolger des Verhaltensstörers gemäß § 4 Abs. 3 S. 1 BBodSchG[154].   **231**

Der Regelungszusammenhang zwischen § 4 BBodSchG und § 24 Abs. 2 BBodSchG erscheint insofern widersprüchlich, als auf der Ebene der primären ordnungsrechtlichen Verantwortlichkeit nach § 4 BBodSchG kein Vorrang des Zustands- oder des Verhaltensstörers erkennbar ist[155], wohingegen auf der sekundären Ebene der letztendlichen Kostenverantwortlichkeit nach § 24 Abs. 2 BBodSchG eine vorrangige Pflicht des Verursachers normiert ist. Dieser scheinbare Widerspruch löst sich mit Blick auf den zuvor dargestellten Grundsatz der effektiven und schnellen Gefahrenabwehr: Die Behörde soll – im Rahmen des pflichtgemäßen Ermessens – von der Notwendigkeit langwieriger Untersuchungen hinsichtlich eventueller Verursachungsbeiträge freigestellt werden, um so eine schnelle Reaktion auf bestehende Gefährdungslagen zu ermöglichen[156].   **232**

b) Inanspruchnahme von Zustandsstörern untereinander

Nicht geregelt ist der Fall der Inanspruchnahme von Zustandsstörern untereinander, etwa zwischen Eigentümer und Voreigentümer. Dafür, dass die entsprechenden Fälle nicht gesehen worden ist, spricht die Formulierung in der Gesetzesbegründung, die nur auf das Verhältnis von Zustands- und Verhaltensstörer abstellt. Sieht man den Ausgleich zwischen Störern als generellen Rechtsgrundsatz, wäre insoweit eine analoge Anwendung des § 24 Abs. 2 BBodSchG denkbar, wobei dann allerdings ein gesetzlich festgelegter Maßstab für die Haftung fehlt[157]; auf   **233**

---

[152] So *Hipp/Rech/Turian*, BBodSchG, Rn. 563; *Kothe*, UPR 1999, 96, 98, *Schoeneck* in Sanden/Schoeneck, BBodSchG, § 24 Rn. 29. Anderer Ansicht *Gebel/Gündling*, altlasten spektrum 2000, 325, 329 f.; *Sandner*, NJW 2001, 245, 248 ff.
[153] Diese Konsequenz zieht auch *Schlette*, VerwArch 2000, 41, 55 f., stellt aber zugleich fest, dass eine solche Vorgehensweise häufig nicht dem Gerechtigkeitsempfinden entsprechen mag.
[154] Dazu *Schwartmann/Vogelheim*, ZEV 2001, 101, 104; *Frenz*, BBodSchG, § 24 Rn. 23.
[155] Vgl. hierzu schon oben die Frage der Ermessenserwägungen bei der Störerauswahl Rn. 164 ff.
[156] Vgl. hierzu auch *Frenz*, BBodSchG, Rn. 24.
[157] In diesem Sinne auch *Becker*, BBodSchG, § 24 Rn. 7.

den Grad der Verursachung jedenfalls kann nicht abgestellt werden. Denkbar ist hier eine Kostenteilung, oder, bei unvollständiger oder falscher Information über bestehende Belastungen, auch eine überwiegende Inanspruchnahme des Voreigentümers.

234 Da § 426 Abs. 1 S. 2 BGB für anwendbar erklärt wird, ist bei Ausfall eines Ausgleichspflichtigen, etwa wegen Insolvenz, sichergestellt, dass der auf ihn entfallende Anteil durch andere Ausgleichspflichtige gegenüber dem Ausgleichsberechtigten mitzutragen ist[158].

2. Ausgestaltung des Ausgleichsanspruchs

235 Der Ausgleichsanspruch ist zivilrechtlicher Natur und wird im Streitfall vor den ordentlichen Gerichten geltend gemacht, § 24 Abs. 2 S. 6 BBodSchG. Die Probleme der öffentlich-rechtlichen Störerhaftung werden somit hinsichtlich der Frage der Kostentragung auf die Zivilgerichte übertragen, nicht zuletzt mit der Folge der Geltung der Darlegungs- und Beweislastregeln nach der Zivilprozessordnung.

a) Verursachungsbeitrag als Anknüpfungspunkt

236 Maßgeblich für die Höhe des Ausgleichsanspruchs ist der Verursachungsbeitrag des in Anspruch Genommenen, und zwar an der Gefahr und am Schaden. Sofern sich ein Gefahrverdacht im Falle des § 9 Abs. 2 BBodSchG nicht bestätigt hat, wird auf den Beitrag an der Verursachung des Gefahrenverdachts abgestellt.

b) Prüfungsumfang des Zivilgerichts

237 Wird ein Anspruch aus § 24 Abs. 2 BBodSchG gestellt, ist Gegenstand des Streites zwischen Anspruchsteller und Anspruchsgegner häufig das Bestehen der Ordnungspflicht.

aa) Streitpunkte bei der Geltendmachung des Ausgleichsanspruchs

238 Zum einen wird der Anspruchsgegner bestreiten, dass der Anspruchsteller die Maßnahme, durch die ihm Kosten entstanden sind, vorzunehmen hatte, zum anderen kann er bestreiten, selbst ordnungspflichtig gewesen zu sein. Zwar muss der Anspruchsteller nicht Adressat einer Ordnungsverfügung gewesen sein, er muss aber jedenfalls zu den potentiell Ordnungspflichtigen gehört haben, da der Ausgleichsanspruch nach § 24 Abs. 2 S. 1 BBodSchG nur „Verpflichteten" zusteht.

239 Liegt bereits ein verwaltungsgerichtliches Urteil über die ordnungsrechtliche Verpflichtung des Anspruchstellers vor, so entfaltet dies grundsätzlich Bindungswirkung für das Zivilgericht[159]. Dies gilt gemäß § 121 VwGO allerdings nur, so-

---

[158] *Hilger* in Holzwarth/Radtke/Hilger/Bachmann, BBodSchG, § 24 Rn. 5.
[159] *Kopp/Schenke*, VwGO, § 121 Rn. 12.

VII. Ausgleich zwischen mehreren potentiell Sanierungspflichtigen **D**

weit der Anspruchsgegner Beteiligter des Vorprozesses war. Erstreckt sich die Bindungswirkung des Vorprozesses nicht auf den Anspruchsgegner, oder liegt noch keine verwaltungsgerichtliche Entscheidung in der Sache vor, ist das Zivilgericht gemäß § 17 Abs. 2 GVG zur Prüfung der öffentlich-rechtlichen Vorfragen des Ausgleichsanspruch verpflichtet[160].

bb) Noch fehlende behördliche Inanspruchnahme oder bestandskräftige Sanierungsverfügung

Problematisch sind die Fälle, in denen der Anspruchsteller noch nicht behördlicherseits in Anspruch genommen wurde, sowie die Fälle, in denen der Anspruchsteller einen gegen ihn ergangenen und nicht nichtigen Verwaltungsakt bestandskräftig hat werden lassen. Auch hier hat das Zivilgericht jeweils dessen Ordnungspflicht festzustellen[161]. Gleiches gilt, wenn der Anspruchsteller zum Zeitpunkt der Inanspruchnahme oder der Durchführung der Sanierung noch keinen potentiell Ausgleichspflichtigen benennen kann. **240**

In allen vorgenannten Fällen geht der Anspruchsteller ein Risiko ein. Im ersteren durch Handeln ohne entsprechende Anordnung, im zweiten durch Nichtanfechtung der Ordnungsverfügung. Das Risiko besteht jeweils darin, zunächst auf eigene Kosten zu sanieren und möglicherweise aufgrund abweichender zivilgerichtlicher Würdigung hinsichtlich des Bestehens seiner Ordnungspflicht nicht in den Genuss des Ausgleichsanspruchs zu gelangen[162]. **241**

> **Praxistipp:**
>
> Ob deswegen eine Ordnungsverfügung abgewartet und diese angefochten werden sollte, lässt sich nur im Einzelfall entscheiden; jedenfalls bietet nur das verwaltungsgerichtliche Verfahren die Möglichkeit, die zivilrechtliche Entscheidung über den Ausgleichsanspruch durch Beiladung dergestalt zu präjudizieren, da das Zivilgericht nicht mehr von der verwaltungsgerichtlichen Feststellung des Bestehens einer Ordnungspflicht des Anspruchstellers abweichen darf.

c) Durchsetzung des Ausgleichsanspruchs

Die zivilgerichtliche Durchsetzung des Ausgleichsanspruchs nach § 24 Abs. 2 BBodSchG bringt in der Praxis erhebliche Probleme mit sich. **242**

Beispiel:
Auf einem Grundstück wurde seit 1954 von wechselnden Nutzern eine Tankstelle betrieben. Der Eigentümer schloss zunächst einen Tankstellenvertrag mit einer Mineralölfirma

---

[160] Vgl. hierzu *Frenz*, BBodSchG, § 24 Rn. 49 ff.
[161] Vgl. hierzu *Frenz*, BBodSchG, § 24 Rn. 51 ff.
[162] Vgl. dazu das Schema zur öffentlich-rechtlichen Präjudizierung des Zivilprozesses, unten bei Rn. 263.

D   Fragen des Bodenschutzrechts bei Bauvorhaben

und vermietete das Grundstück mit seinen aufstehenden Gebäuden in der Zeit von 1954 bis 1991 an fünf verschiedene Pächter, die dort immer eine Tankstelle, zugleich aber immer auch andere Gewerbe – wie einen Kfz-Werkstatt, einen Gebrauchtwagenhandel oder ein Taxiunternehmen betrieben. Der letzte Pächter nutzte das Grundstück während seiner Pachtzeit von 1991 bis 1999 als Tankstelle für Diesel- und Vergaserkraftstoff. Der Treibstoff wurde in drei unterirdischen und einem oberirdischen Tank gelagert. Der rückwärtige Teil des Tankstellengeländes diente ihm darüber hinaus als Ausstellungs- und Abstellfläche für Gebrauchtwagen.

Der Pächter berichtete seinem Vermieter Anfang 1997 davon, dass einem Fahrer des ihn beliefernden Mineralölunternehmens beim Befüllen eines Dieseltanks nach dessen Errichtung im Jahr 1996 ein Schlauch abgerissen sei und Dieselkraftstoff in das Erdreich eingedrungen sei. Ein genaues Datum nannte er nicht und alle Beteiligten ließen diesen Vorfall auf sich beruhen.

Im Jahr 1998 entschloss sich der Pächter dazu, das Tankstellengrundstück gemeinsam mit seinem Mineralöllieferanten zu erwerben und schloss aus diesem Grund einen Vorvertrag zum Erwerb des Tankstellengrundstücks. Um sich einen Überblick über die Verunreinigung des Grundstücks zu verschaffen, ließ der Pächter eine Untergrunduntersuchung durchführen. Diese ergab eine Verunreinigung des Untergrundes durch Mineralölprodukte und der Pächter trat daraufhin von dem Vorvertrag zurück und bat darum, den Pachtvertrag, der an sich noch eine Laufzeit bis Ende 2000 hatte, vorzeitig aufzuheben. Der Eigentümer erklärte sich mit beidem einverstanden. Am 30.4.1999 fand ein Termin zur Übergabe des Grundstücks und seiner Aufbauten statt. An diesem nahm neben dem Eigentümer, dessen Anwalt und ein von diesem beauftragter Bodengutachter auch der Pächter und dessen Mineralöllieferant teil.

Im Anschluss an den Übergabetermin ließ der Eigentümer seinerseits eine Untergrunduntersuchung durchführen. Im Rahmen einer orientierenden Untersuchung wurden verschiedene Verdachtsstellen mittels einer Rammkernsondierung untersucht. Hierbei wurden Kontaminationen bis in das Grundgebirge nachgewiesen. Ein Teil der gefundenen Schadstoffe – im Erdreich um den Dieseltank – rührte von Dieselkraftstoff her. Der Eigentümer ließ ein Ergänzungsgutachten erstellen, um den vorhandenen Schaden genauer einzugrenzen. Es wurde ermittelt, dass etwa ca. 92 t Erdreich entsorgt und abtransportiert werden mussten. Dies betraf ca. 31 m^3 im Bereich der unterirdischen Tanks im nördlichen Tankstellenbereich, ca. 8 m^3 im Bereich einer Zapfinsel, ca. 12 m^3 an der Zapfsäule am Dieseltank. Unter der Voraussetzung, dass die zuständige Ordnungsbehörde einen Sanierungszielwert für Mineralölkohlenwasserstoff in diesen Bereichen von 1000 mg/kg akzeptieren würde, wurden die Entsorgungskosten vorläufig auf ca. 22.000,00 DM geschätzt. Die Kosten für die Behebung des Dieselschadens in der Nähe des Tanks rechnete der Sachverständige heraus und bezifferte diesen auf etwa 10.000 DM.

Der Sachverständige konnte mit technischen Mitteln grundsätzlich nicht ermitteln, aus welcher Zeit die Verunreinigungen stammten. Er ging daher davon aus, dass diese seit Beginn der Tankstellennutzung entstanden sind. Der Pachtzeit des letzten Pächters konnte er lediglich den Dieselschaden zuordnen. An der Stelle, wo dieser Schaden festgestellt wurde, befand sich nämlich erst seit 1996 ein Tank für Dieselkraftstoff. Vorher wurde in diesem Tank Vergaserkraftstoff gelagert.

Der Eigentümer informiert in dieser Situation die Ordnungsbehörde von dem Zustand und zeigte seine Sanierungsbereitschaft an. Eine Inanspruchnahme ist noch nicht erfolgt. Zugleich will der Eigentümer Ansprüche gegen seine Pächter und andere mögliche Verursacher – wie insbesondere die Mineralöllieferanten – sichern.

243 Hier hat ein Eigentümer, der nur als Zustandsstörer verantwortlich ist, theoretisch zahlreiche Mitverantwortliche, die er in Anspruch nehmen kann.

VII. Ausgleich zwischen mehreren potentiell Sanierungspflichtigen   **D**

Das kann praktisch jeder sein, der im Laufe der Zeit auf dem Tankstellen- 244
grundstück bei dem Betanken seines Fahrzeuges Benzin verschüttet hat. Dass
hierdurch entstandene Schäden sich nicht messen und sich grundsätzlich nicht
auf einzelne Störer zurückführen lassen, liegt auf der Hand.

Wesentliche Beiträge können die verschiedenen Pächter seit Beginn der Tank- 245
stellennutzung in den fünfziger Jahren und deren Mineralöllieferanten gesetzt haben. Da die Verursachungsbeiträge aber weit zurückliegen, und nicht nachvollzogen werden kann, wer welche Schäden wann verursacht hat, ist die Verfolgung
von Ansprüchen gegen diese potentiellen Mitverantwortlichen und ihre Rechtsnachfolger nicht aussichtsreich.

In Betracht kommt aber die Inanspruchnahme des letzten Pächters und die 246
seines Mineralöllieferanten, wenn diese einen messbaren Beitrag zur Verunreinigung des Grundstücks geleistet haben.

aa) Probleme bei der Beweisführung

Allen möglichen Mitverantwortlichen gegenüber wird es dem Eigentümer nicht 247
möglich sein, den vollen Beweis für deren Schadensverursachung zu erbringen.
Denkbar ist dies allenfalls im Verhältnis zum Mineralöllieferanten wegen des Dieselschadens. Aber auch hier bestehen Probleme. Zunächst müsste es dem Eigentümer gelingen, nachzuweisen, dass der Lieferant bzw. dessen Fahrer den alleinigen Verursachungsbeitrag geleistet hat. Da keine schriftlichen Aussagen vorhanden
sind und der Vorfall sonst in keiner Weise dokumentiert wurde, besteht auch hier
die Gefahr, dass der Eigentümer schon den Unfall selbst nicht beweisen kann.

> **Praxistipp**:
>
> In machen Fällen hilft ein Blick in die Prüfberichte des TÜV. Dieser überprüft
> in Abständen von fünf Jahren Tankanlagen und hält in seinen Prüfbescheinigungen Mängel fest. Über derartige Mängelprotokolle können Schadensfälle
> gegebenenfalls genauer eingeordnet werden.

(1) Beweiserleichterungen

Soll der Ausgleichsanspruch des § 24 Abs. 2 BBodSchG dem nach dieser Norm 248
berechtigten Anspruchsteller in der Praxis überhaupt etwas nützen, so müssen
diesem Beweiserleichterungen zugute kommen. Hierzu sagt das Gesetz nichts.
Wünschenswert wäre, dass der Gesetzgeber in diesem für die Praxis wichtigen
Punkt eine Regelung trifft. Denkbar ist auch, durch Einbeziehung potentiell verantwortlicher Dritter in Sanierungsverträge die Unsicherheiten im Tatsächlichen
durch vertragliche Regelungen zu minimieren, indem der Dritte, um seinerseits
dem Risiko eines Prozesses zu entgehen, beispielsweise die Übernahme eines
Teils der Sanierungskosten zugesteht[163]. Bis dahin obliegt es der Zivilrechtspre-

---

[163] Siehe unten Rn. 499 und 566. In diesem Sinne auch *Schlette*, VerwArch 2000, 41, 68.

chung Beweiserleichterungen zu entwickeln oder vorhandene anzuwenden. Es kommt etwa folgendes in Betracht.

(a) Anwendung des Rechtsgedankens der Beweisregel nach Umwelthaftungsgesetz

249 Zu denken ist an einen Rückgriff auf den Rechtsgedanken von §§ 6 ff. UmweltHG[164]. Das Umwelthaftungsgesetz hat eine seit 1.1.1991 geltende allgemeine Umweltgefährdungshaftung eingeführt; es ist nicht unmittelbar anwendbar, weil es nur die Inhaber von in dessen Anhang aufgeführten Anlagen betrifft. Allerdings enthält das Gesetz Haftungsausschlüsse (§ 4 für die Verursachung eines Schadens aufgrund höherer Gewalt) und Haftungsbeschränkungen (§ 5 bei bestimmungsgemäßem Betrieb der Anlage) sowie in § 6 eine sogenannte Ursachenvermutung. Danach wird vermutet, dass eine Anlage einen Schaden verursacht hat, wenn sie dazu nach den Gegebenheiten des Einzelfalles geeignet ist. Diese Vermutung ist unter den Voraussetzungen des § 7 weitgehend widerlegbar, wenn mehrere Anlagen geeignet sind, den Schaden zu verursachen. Hinsichtlich der Darlegungslast bleibt es auch nach der gesetzlichen Beweisregel[165] des § 6 UmweltHG im Anwendungsbereich dieser Norm dabei, dass der Anspruchsteller sämtliche Voraussetzungen des Haftungstatbestandes beweisen muss[166]. Da es letztlich nur um die Eignung eines Beitrages zur Verursachung des Schadens geht, ist aber anerkannt, dass das Gesetz nicht den nach Zivilprozessrecht erforderlichen vollen Beweis der streitigen Tatsache verlangt[167].

250 Dass Beweiserleichterungen zur Regelung vergleichbarer Sachverhalte im Umweltprivatrecht bereits bestehen, spricht auch im Zusammenhang von § 24 Abs. 2 BBodSchG für deren Einführung. Offen ist jedoch, welche dies sein können. In Betracht kommt etwa, dass für die Inanspruchnahme eine aufgrund tatsächlicher Anhaltspunkte feststellbare Wahrscheinlichkeit der Verursachung ausreicht. Hierzu könnte etwa zählen, dass der Beklagte auf dem betreffenden Grundstück über einen längeren Zeitraum hinweg mit gefährlichen Stoffen umgegangen ist und sich später entsprechende Kontaminationen finden[168]. Der in Anspruch Genommene hätte dann seinerseits die Möglichkeit, durch Erbringen des Gegenbeweises die Vermutung seiner Verantwortlichkeit zu widerlegen[169]. Diese Beweiserleichterung müsste jedenfalls dem Zustandsstörer als Anspruchsteller zustehen, da ansonsten die vorrangige Kostenverantwortlichkeit des Verhaltensstörers, wie sie in § 24 Abs. 2 S. 2 BBodSchG zum Ausdruck kommt, unterlaufen werden könnte[170].

---

[164] Diesen Weg der Beweiserleichterung offensichtlich favorisierend *Schlette*, VerwArch 2000, 41, 68.
[165] *Kloepfer*, Umweltrecht (2. Aufl.), § 6 Rn. 79.
[166] Vgl. dazu *Kloepfer*, Umweltrecht (2. Aufl.), § 6 Rn. 81.
[167] *Kloepfer*, Umweltrecht (2. Aufl.), § 6 Rn. 82.
[168] So etwa *Pützenbacher*, NJW 1999, 1137, 1140 f. *Niewerth*, NuR 1999, 558, 560, scheint davon auszugehen, dass in diesen Fällen der Nachweis leicht zu führen sei; dies erscheint jedoch zweifelhaft.
[169] *Frenz*, BBodSchG, § 24 Rn. 26.
[170] So auch *Schönfeld* in Oerder/Numberger/Schönfeld, BBodSchG, § 24 Rn. 15. Die Beweiserleichterung wohl generell ablehnend *Becker*, BBodSchG, § 24 Anm. 7.

VII. Ausgleich zwischen mehreren potentiell Sanierungspflichtigen   **D**

Wird ein Verhaltensstörer in Anspruch genommen, kann er seinerseits nur ge- **251**
gen weitere Verhaltensstörer vorgehen. Im Ausgleich zwischen Verhaltensstörern
ist dann wiederum auf die jeweiligen Verursachungsbeiträge abzustellen, da im
Verhältnis verschiedener Verhaltensstörer nicht allein auf ein Überwiegen der jeweiligen Beiträge abgestellt werden kann, sondern nur eine prozentuale Beteiligung am Schaden sachgerecht sein kann[171]. Ein Zugestehen von Beweiserleichterungen für anspruchstellende Verhaltensstörer erscheint nicht angemessen.

(b) Beweiserleichterungen in der zivilgerichtlichen Rechtsprechung zur Haftung von Umweltschäden

Ansätze zur Einführung von Beweiserleichterungen sind in der Rechtsprechung **252**
bereits vorhanden. Bei der Verschuldenshaftung für Bodenverunreinigungen
durch Betriebsstörungen geht diese abweichend von den allgemeinen Beweisgrundsätzen in Anlehnung an die Beweislastverteilung des § 906 BGB und die
zur Produzentenhaftung entwickelten Beweislastgrundsätze von einer Beweislastumkehr zu Lasten des Emittenten aus[172]. Da im Nachbarschaftsverhältnis die deliktische Rechtswidrigkeit von Immissionen anhand der Wertungsmaßstäbe des
§ 906 beurteilt werden muss, ist es nach dieser Rechtsprechung folgerichtig, auch
die dort maßgebliche Darlegungs- und Beweislastverteilung anzuwenden. Hinsichtlich des Verschuldensnachweises steht der Betriebsinhaber im Hinblick auf
die Emission seiner Anlage in der gleichen Situation wie der Produzent eines
Produkts. Allein der Betreiber kann übersehen, ob die von seinem Grundstück
ausgehenden Schadstoffe unter Einhaltung der erforderlichen Sicherheitsvorkehrungen und unter Beachtung aller zumutbaren Sicherheitsmaßnahmen behandelt
worden sind. Weil er dem Emissionsvorgang näher steht als der Geschädigte, ist
der Betriebsinhaber eher in der Lage, diese Vorgänge aufzuklären[173]. Auch materiell-rechtlich ist die Existenz des Beseitigungsanspruchs zugunsten des Eigentümers, dessen Grundstück durch Schadstoffe beeinträchtigt wurde, in der Rechtsprechung des BGH bereits anerkannt[174]. Der Anspruch erstreckt sich auch auf die
Beseitigung solcher Stoffe, die in den Boden des beeinträchtigten Grundstückes
eingedrungen sind, so dass gemäß § 946 BGB ein Eigentümerwechsel stattgefunden hat. Insbesondere schließt dieser Anspruch die Entfernung des kontaminierten Erdreichs in die Beseitigungspflicht ein[175]. Ob und inwieweit es in der Praxis
darüber hinaus zu Beweiserleichterungen kommen wird, wird die Rechtsprechung zeigen müssen[176].

---

[171] In diesem Sinne auch *Frenz*, BBodSchG, § 24 Rn. 28.
[172] *BGHZ* 92, 143, 152; *Enders*, Die zivilrechtliche Verantwortlichkeit für Altlasten und Abfälle, S. 320 ff.
[173] *BGHZ* 92, 143, 151 f.
[174] *BGHZ* 110, 313 ff.
[175] *BGH*, NJW 1996, 845, 846 f.
[176] In diesem Sinne auch *Hipp/Rech/Turian*, BBodSchG, Rn. 567 und *Kobes*, NVwZ 1998, 786, 796.

(c) Regelung der Beweislastverteilung im Kauf- und Sanierungsvertrag

253 § 24 Abs. 2 BBodSchG stellt dispositives Recht dar, kann also durch Einzelvereinbarung abbedungen werden. Dies gilt insbesondere für Kaufverträge, in denen zwischen Verkäufer und Käufer ein Haftungsausschluss vereinbart werden kann. Den Haftungsausschluss muss der Käufer, der nach § 24 Abs. 2 BBodSchG gegen andere Störer vorgehen will, im Verhältnis zum Verkäufer gegen sich gelten lassen. Hierzu sollte der Vertragstext aber einen klarstellenden Hinweis enthalten, dass der Haftungsausschluss ausdrücklich auch Ausgleichsansprüche nach § 24 Abs. 2 BBodSchG erfasst. Zweifelhaft ist, ob vollständige Haftungsausschlüsse hinsichtlich § 24 Abs. 2 BBodSchG in Formularverträgen vor § 9 AGBG Bestand haben können; im Zweifel wird eine völlige formularmäßige Abweichung von der gesetzlichen Grundregel in der AGB-Kontrolle[177], aber auch wegen Sittenwidrigkeit an den Anforderungen von § 138 BGB scheitern. Auch werden gesetzliche Haftungsregelungen, etwa auf Schadensersatz, von § 24 Abs. 2 S. 2 BBodSchG nicht erfasst. Anders als nach § 426 Abs. 1 S. 1 BGB, der eine bestimmte Ausgleichsverpflichtung nur vorsieht, soweit „nicht ein anderes bestimmt ist", ist die Formulierung nach § 24 Abs. 2 S. 2 BBodSchG enger; die Formulierung „soweit nichts anderes vereinbart ist" lässt anderweitige Haftungsverteilungen außerhalb konkreter vertraglicher Bestimmungen unberührt[178].

> **Praxistipp:**
>
> Ob die dreijährige Verjährungsfrist nach § 24 Abs. 2 BBodSchG abbedungen werden soll, will genau überlegt sein. Insbesondere für den Erwerber hat die Verkürzung der mit drei Jahren bereits kurz bemessenen Frist erhebliche Konsequenzen, weil er sich damit der Möglichkeit eines Regresses gegen Mitverursacher begibt. Trotz der Schwierigkeiten bei der Durchsetzung des Anspruchs schwebt der Ausgleichsanspruch nach § 24 Abs. 2 BBodSchG aber immer wie ein „Damoklesschwert" über potentiellen Verursachern. Bereits dies kann manchmal zur Bereitschaft führen, sich an der Beseitigung eines Schadens zu beteiligen.

(2) Geltendmachung des Ausgleichsbetrages im Wege der zivilgerichtlichen Klage

254 Nach § 24 Abs. 2 S. 6 BBodSchG sind die Ausgleichsansprüche vor den Zivilgerichten geltend zu machen. In diesem Zusammenhang treten neben der erörterten Beweislastverteilung prozessuale Probleme auf, die hier nur angerissen werden können.

---

[177] So auch *Frenz*, BBodSchG, § 24 Rn. 32.
[178] In diesem Sinne *Frenz*, BBodSchG, § 24 Rn. 33 und wohl auch *Becker*, BBodSchG, § 24 Anm. 7.

VII. Ausgleich zwischen mehreren potentiell Sanierungspflichtigen **D**

(a) Grundsätzlich Leistungsklage

Ist dem in Anspruch genommenen ein potentieller Mitverantwortlicher – im **255** Beispielsfall der letzte Pächter oder dessen Mineralöllieferant – bekannt, so liegt es in seinem Interesse, möglichst frühzeitig seinen Anspruch zu sichern. Der Ausgleichsanspruch muss grundsätzlich im Wege der **Leistungsklage** durchgesetzt werden. Der Anspruchsteller wird von dem potentiellen Mitverantwortlichen grundsätzlich ein positives Tun im Sinne der Durchführung von Sanierungsarbeiten verlangen. Hierbei ist die Haftung für das Fehlverhalten Dritter – etwa des Mineralöllieferanten oder das von Angestellten –, das der Beklagte sich zurechnen lassen muss, einzubeziehen. Will der Beklagte diese in den Prozess einbeziehen, muss *er* den Streit verkünden. Es könnte im Wege einer Leistungsklage etwa beantragt werden,

> den Beklagten zu verurteilen, durch ein Bodensanierungsunternehmen alle schädlichen Bodenveränderungen und Altlasten in Boden und Bodenluft gemäß anliegender Gutachten von.... vom.... und.... (jedenfalls[179] KW-IR1, Benzol, Toluol, Ethylbenzol, m- + -p-Xyol, o-Xyol[180]) **fachgerecht beseitigen zu lassen**, die auf dem Grundstück des Klägers in der....-Straße Nr. X (Gemarkung...., Flur...., Flurstück....) in.... aufgrund des Betriebes einer Tankstelle mit Kfz-Reparaturwerkstatt und Gebrauchtwagenhandel in der Zeit vom ... bis zum ...[181] durch den Beklagten oder durch Dritte, deren Verhalten sich der Beklagte zurechnen lassen muss, verursacht worden sind.

(b) Gegebenenfalls Feststellungsklage

Dieser Antrag trifft das Begehren aber dann nicht, wenn der Eigentümer in sei- **256** ner Eigenschaft als Kläger schon Leistungen erbracht hat, weil diese unaufschiebbar waren. Hierzu dürften neben Kosten für Sanierungsarbeiten auch Kosten für Sachverständigengutachten fallen, die im Wege des Schadensersatzes geltend gemacht werden können. Da wahrscheinlich ist, dass der aufgewandte Betrag nicht ausreicht, um den gesamten möglichen Schaden abzudecken, muss der Leistungsantrag auf Zahlung bereits verauslagten Geldes in diesem Fall um einen **Feststellungsantrag** ergänzt werden, der künftige Schäden einfängt. In diesem Fall könnte etwa beantragt werden,

> 1. den Beklagten zu verurteilen, an den Kläger ... DM nebst ... % Zinsen seit Rechtshängigkeit[182] zu zahlen
>
> sowie
>
> 2. **festzustellen**, dass der Beklagte verpflichtet ist, den über ... DM **hinausgehenden Betrag** an den Kläger zu zahlen, den dieser dazu aufwenden

---

[179] Es ist nicht ausgeschlossen, dass sich noch weitere Schadstoffe finden.
[180] Die Werte sind typisch etwa für Kontaminationen im Bereich von Tankstellen.
[181] Wiedergabe der Nutzungsdauer.
[182] Für die voraussichtlich entstehenden Kosten der Beseitigung.

> muss, um die Schäden zu ersetzen, die ihm durch solche schädlichen Bodenveränderungen und Altlasten in Boden und Bodenluft gemäß Gutachten von ... vom ... und ... (jedenfalls KW-IR 1, Benzol, Toluol, Ethylbenzol, m- + -p-Xyol, o-Xyol) auf dem Grundstück des Klägers in der ...-Straße Nr. X (Gemarkung ..., Flur ..., Flurstück ...) in ... aufgrund des Betriebes einer Tankstelle mit Kfz-Reparaturwerkstatt und Gebrauchtwagenhandel in der Zeit vom ... bis zum ...[183] durch schuldhaftes Verhalten des Beklagten oder durch schuldhaftes Verhalten Dritter, deren schuldhaftes Verhalten sich der Beklagte zurechnen lassen muss, entstanden sind und noch entstehen werden.

(c) Problem der mangelnden Bestimmtheit

257 Beiden Anträgen kann aus zivilprozessualer Sicht **mangelnde Bestimmtheit** entgegengehalten werden. In diesem Fall stellt sich für den Kläger im Zivilprozess ein ähnliches Problem, wie für die Behörde bei Erlass und Vollstreckung einer Sanierungsanordnung[184]. Allerdings dürfte es einem Eigentümer vor dem Abschluss von Sanierungsarbeiten de facto in der Regel nicht möglich sein, einen präziseren Antrag zu formulieren. Es wird auch **nicht** zulässig sein, die Höhe des Schadens nach § 287 ZPO durch das **Gericht ermitteln** zu lassen, weil der Schaden – wenn auch unter erheblichen praktischen Schwierigkeiten und gegebenenfalls erst später – ermittelbar ist. Dies führt das Dilemma der Situation des behördlich in Anspruch genommenen Anspruchstellers nach § 24 Abs. 2 BBodSchG vor Augen, der frühzeitig klagen will.

258 Besondere Probleme entstehen dann, wenn eine Klage – etwa zur Verjährungsunterbrechung – erfolgen muss, bevor die Sanierungsarbeiten abgeschlossen sind, oder bevor die Kosten durch die Behörde beigetrieben sind. Da der Beginn der dreijährigen Verjährungsfrist des § 24 Abs. 2 S. 3 BBodSchG neben der Kenntnis des Verpflichteten von der Person des Ersatzpflichtigen entweder den Abschluss der Sanierungsmaßnahme oder im Falle der behördlich durchgeführten Sanierung die erfolgte Beitreibung der Kosten voraussetzt, ist das Ergreifen verjährungsunterbrechender Maßnahmen, bevor der gesamte Schaden beziffert werden kann, in der Regel nicht erforderlich. Weil grundsätzlich keine Verjährung droht, besteht auch im Falle des Feststellungsantrages die Gefahr, dass die Zulässigkeit der Klage am gesondert erforderlichen Feststellungsinteresse scheitert, weil das Begehren zu späterer Zeit ohne Rechtseinbuße im Wege der Leistungsklage geltend gemacht werden kann[185].

---

[183] Nutzungsdauer.
[184] Siehe dazu unten Rn. 396 ff.
[185] Dies lässt *LG Hamburg*, ZMR 2001, 196, 198 (nicht rechtskräftig) bei dem Verweis auf die Möglichkeit der Feststellungsklage unerwähnt. Auch *Werner/Pastor*, Der Bauprozess, Rn. 451 ff. halten die Unbezifferbarkeit des Schadens allein für ausreichend, um das Feststellungsinteresse zu bejahen; ähnlich *Frenz*, BBodSchG, § 24 Rn. 47.

VII. Ausgleich zwischen mehreren potentiell Sanierungspflichtigen **D**

> **Praxistipp:**
> Wenn keine Verjährung droht, sollte die Klage wegen der mit ihr verbundenen prozessualen Probleme erst erhoben werden, wenn die Schadenshöhe feststeht und im Wege der Leistungsklage auf Zahlung verfolgt werden kann.

(d) Spezialproblem der Konkurrenz von § 24 Abs. 2 BBodSchG zu § 558 BGB (ab 1.9.2001 § 548 BGB)

Zusätzliche Schwierigkeiten entstehen, wenn die Verjährungsregelung des § 24 Abs. 2 BBodSchG von spezielleren Verjährungsregeln verdrängt wird. Dieses Problem stellt sich namentlich im Konkurrenzverhältnis zur Verjährungsregelung des § 558 BGB, im Zuge des Mietrechtreformgesetzes[185a] ab 1.9.2001 § 548 BGB, der insoweit inhaltsgleich ist. Diese Norm betrifft die häufig vorkommende Rücknahme eines vermieteten oder verpachteten Grundstücks. Nach ihr verjähren die Ersatzansprüche des Vermieters wegen Veränderungen oder Verschlechterungen der Mietsache innerhalb von sechs Monaten nach Rückgabe der Mietsache.[186] Wendet man diese Vorschrift im obigen Beispielsfall als vorrangig gegenüber § 24 Abs. 2 BBodSchG auf den Ausgleichsanspruch des Eigentümers gegen den Mieter der Tankstelle an, so wäre der Ausgleichsanspruch nach BBodSchG noch vor seiner Entstehung verjährt. Dieses Ergebnis wäre endgütig nur dann zu vermeiden, wenn man die Vorschrift des § 24 Abs. 2 BBodSchG als vorrangig gegenüber § 558 Abs. 1 BGB, ab 1.9.2001 § 548 Abs. 1 BGB ansähe. Dies lehnt jedoch erste Rechtsprechung zu dieser Frage ab[187]. Sie befindet sich damit in Übereinstimmung mit der Rechtsprechung des BGH zum parallel gelagerten Verhältnis zwischen § 22 WHG und § 558 Abs. 1 BGB. Danach betrifft die kurze Verjährungsfrist des § 558 BGB alle Rechtsgrundlagen, die den zugrundeliegenden Lebenssachverhalt betreffen[188]. § 558 Abs. 1 BGB wird ein Vorrang eingeräumt, weil der Gesetzgeber den Parteien des Gebrauchsüberlassungsverhältnisses eine besonders rasche Klärung der Verhältnisse ermöglichen will[189]. Ob diese Rechtsprechung auch weiterhin auf das Verhältnis zu § 24 Abs. 2 BBodSchG übertragen wird, bleibt abzuwarten. In der Literatur wird die Anwendung der kurzen Frist abgelehnt[190].

259

[185a] Gesetz zur Neugliederung, Vereinfachung und Reform des Mietrechts zitiert nach Beilage zu NJW Heft 25, 2001.
[186] Auf die Pacht ist § 558 BGB wegen § 581 Abs. 2 BGB anwendbar.
[187] *LG Hamburg*, ZMR 2001, 196, 197f (nicht rechtskräftig).
[188] BGHZ 135, 152, 154 ff. = NJW 1997, 1983, 1984.
[189] BGHZ 98, 235, 237 ff. = NJW 1987, 187, 188. Dazu *Oerder*, NVwZ 1992, 1031, 1038 f.
[190] *Schlemminger/Attendorf*, NZM 1999, 97, 98 ff.; *Wagner*, BB 2000, 417, 425 f.; *Palandt/Putzo*, BGB, 60. Aufl. 2001, § 558 BGB Rn. 7 f.

> **Praxistipp:**
> In der Praxis hilft seit dem 1.9.2001 der neu eingefügte **§ 548 Abs. 3 BGB**. Nach dieser Norm wird die sechsmonatige Verjährungsfrist des § 548 Abs. 1 S. 1 BGB unterbrochen, wenn eine Partei das **selbständige Beweisverfahren** nach der Zivilprozessordnung beantragt[191]. Dieses Verfahren konnte bislang im Mietrecht mangels gesetzlicher Bezugnahme nicht zur Verjährungsunterbrechung führen. Es wird häufig übersehen, dass das selbständige Beweisverfahren nicht generell die Verjährung unterbricht, sondern nur in bestimmten Fällen[192].

260 Ab dem 1.9.2001 muss in diesen Fällen also zur Verjährungsunterbrechung innerhalb der **Sechsmonatsfrist** des § 548 Abs. 1 BGB ein Beweissicherungsverfahren vor dem zuständigen Zivilgericht eingeleitet werden[193].

(3) Verfahrensrechtliche Einbindung potentieller Mitverantwortlicher

261 Steht die Ordnungspflicht eines behördlicherseits in Anspruch Genommenen in Streit, und hat dieser Kenntnis von möglichen Ausgleichspflichtigen, sollte der in Anspruch Genommene versuchen, die Ausgleichspflichtigen einzubinden und auch im Wege des Verfahrens seine Rechte diesen gegenüber wahren. Dies ist ihm nicht nur im zivilgerichtlichen Verfahren, sondern auch im Verwaltungsverfahren und im Verwaltungsprozess möglich.

(a) Im Verwaltungsverfahren

262 Eine Einbindung des möglichen Mitverantwortlichen ist bereits im Verwaltungsverfahren möglich. Der in Anspruch Genommene kann gegenüber der Ordnungsbehörde beantragen, die potentiellen Mitverantwortlichen nach § 13 Abs. 1 Nr. 4 i.V.m. Abs. 2 VwVfG zum Verfahren gegen ihn hinzuzuziehen. Auf diese Weise können die Mitverantwortlichen rechtliches Gehör erhalten und die Bindungswirkung von Behördenentscheidungen kann schon zu diesem frühen Zeitpunkt auf sie erstreckt werden.

(b) Im verwaltungsgerichtlichen Verfahren

263 Der Hinzuziehung im Verwaltungsverfahren entspricht im verwaltungsgerichtlichen Verfahren die Beiladung. Es ist allein die einfache Beiladung der Ausgleichspflichtigen gemäß § 65 VwGO möglich, die dem Beigeladenen prozessuale Rechte vermittelt. Er kann insbesondere Sachanträge stellen und Rechtsmittel

---

[191] Gesetz zur Neugliederung, Vereinfachung und Reform des Mietrechts, BGBl. I, 1149.
[192] Eine Zusammenstellung der Fälle findet sich bei Knacke, Anmerkung zu Formular G.I.1 in *Koeble/Kniffka*, Münchener Prozessformularhandbuch, S. 483.
[193] Vgl. zur Verjährung im übrigen unten Rn. 265 ff.

VII. Ausgleich zwischen mehreren potentiell Sanierungspflichtigen **D**

einlegen, sofern ihn die Entscheidung des Gerichts materiell beschwert. Ein verwaltungsgerichtliches Urteil entfaltet nach § 121 VwGO Bindungswirkung für den Zivilprozess und greift diesem vor; es hat damit aber auch Bindungswirkung gegenüber dem Beigeladenen.

(c) Im Zivilprozess

Wer im Zivilprozess um den Ausgleichsanspruch als potentieller Ausgleichspflichtiger verklagt ist, sollte seinerseits prüfen, ob weiteren potentiellen Mitverantwortlichen der Streit zu verkünden ist. Die Streitverkündung nach § 72 ZPO dient einer Partei dazu, bei ihr ungünstigem Ausgang des Rechtsstreits eine dritte Partei – von der sie sich für den Fall des Unterliegens schadlos halten zu können glaubt – in den Rechtsstreit einzubinden. Die Streitverkündung hat die Bindung des Richters eines Folgeprozesses an den Vorprozess zur Folge und nimmt dem Streitverkündenden so das Risiko unterschiedlicher Entscheidungen. Zudem hat die Streitverkündung entsprechend § 209 Abs. 2 Nr. 4 BGB verjährungsunterbrechende Wirkung[194]. **264**

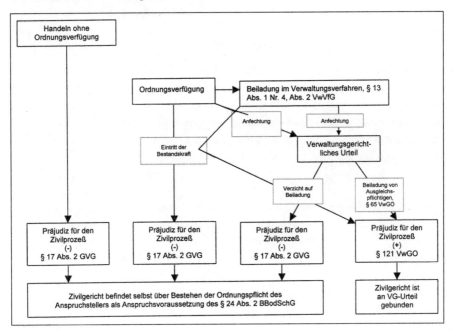

d) Verjährung

§ 24 Abs. 2 BBodSchG kennt kurze und lange Verjährungsfristen. Die Norm unterscheidet nach Kenntnis oder Unkenntnis von der Person des Ausgleichspflichtigen. **265**

---

[194] *BGH*, NJW 1997, 859, 859 f.

aa) Grundsätzlich kurze Verjährung

266 Grundsätzlich verjährt der Anspruch aus § 24 Abs. 2 BBodSchG nach drei Jahren[195]. Für den Verjährungsbeginn werden zwei Konstellationen unterschieden, nämlich die Eigenvornahme von Sanierungsmaßnahmen durch die Behörde und die Ausführung der Maßnahme durch den Pflichtigen.

(1) Eigenvornahme von Sanierungsmaßnahmen durch die Behörde

267 Hat die Behörde Sanierungsmaßnahmen selbst vorgenommen, beginnt die Verjährung frühestens mit dem Zeitpunkt, in dem die Behörde die ihr entstandenen Kosten bei einem von mehreren Verpflichteten, den sie nach pflichtgemäßem Ermessen ausgewählt hat, beigetrieben hat.

(2) Ausführung der Maßnahme durch den Pflichtigen

268 Hat ein Verpflichteter, gleich ob aufgrund behördlicher Inanspruchnahme oder aufgrund eigener Initiative, eine Sanierungsmaßnahme durchgeführt, beginnt die Verjährungsfrist frühestens mit Beendigung der Maßnahme zu laufen.

(3) Anforderungen an den Verjährungsbeginn

269 Bei beiden Konstellationen ist jedoch zu beachten, dass die Verjährungsfrist erst dann zu laufen beginnt, wenn der Ausgleichsberechtigte von der Person eines Ausgleichsverpflichteten Kenntnis erlangt. Trotz der missverständlichen Formulierung im Gesetz ist die Voraussetzung der Kenntnis von der Person des Ersatzpflichtigen auf beide Fälle zu beziehen, da kein Anlass für eine unterschiedliche Behandlung der beiden Fallkonstellationen erkennbar ist[196].

270 An die Kenntnis von der Person des Pflichtigen sind keine überzogenen Anforderungen zu stellen. Es wird, in Anlehnung an § 852 BGB, für den Fristbeginn lediglich zu verlangen sein, dass der potentielle Anspruchsteller Kenntnis der anspruchbegründenden Tatsachen hatte, nicht aber die rechtlich zutreffende Würdigung dieser Tatsachen vorgenommen hat. So reicht es aus, dass der Anspruchsteller Kenntnis von der Person etwa des Gesamtrechtsnachfolgers genommen hat, ohne zu wissen, dass gegen diesen tatsächlich ein Anspruch aus § 24 Abs. 2 BBodSchG bestand[197].

---

[195] Vgl. aber die Konkurrenz zu § 558 BGB, ab 1.9.2001 § 548 BGB, bei Ansprüchen gegenüber Mietern und Pächtern, bei denen die Rechtsprechung die kurze, sechsmonatige Verjährungsfrist anwenden will; dazu oben Rn. 259 f.

[196] So auch *Frenz*, BBodSchG § 24 Rn. 43, und *Schoeneck* in Sanden/Schoeneck, BBodSchG, § 24 Rn. 33. Anders offensichtlich *Pützenbacher*, NJW 1999, 1937, 1940, der die Kenntnis von der Person des Ausgleichsberechtigten wohl nur auf den zweiten Fall beziehen will.

[197] Vgl. insoweit *Frenz*, BBodSchG, § 24 Rn. 44.

VIII. Wertausgleich für die öffentliche Hand	D

> **Praxistipp**:
> Sobald derjenige, der mit oder ohne behördliche Anordnung Untersuchungs- oder Sanierungsmaßnahmen vornimmt, bzw. von der Behörde auf Kosten in Anspruch genommen wurde, Kenntnis von anderen eventuell Ordnungspflichtigen erhält, ist eine sofortige Prüfung von deren vorrangiger oder gleichzeitiger Kostenpflicht einzuleiten, da bereits die Kenntnis der Person die dreijährige Verjährungsfrist beginnen lässt.

bb) Ausnahmsweise lange Verjährung

Besteht keine Kenntnis von der Person eines Ausgleichspflichtigen, verjährt der **271** Anspruch spätestens dreißig Jahre nach Beendigung der Sanierungsmaßnahme, § 24 Abs. 2 S. 5 BBodSchG.

VIII. Wie wird ein Wertausgleich für die öffentliche Hand hergestellt, wenn die Sanierung aus öffentlichen Mitteln bezahlt wird?

Die Behörde kann unter den Voraussetzungen des § 25 BBodSchG einen Wert- **272** zuwachs, der aus der Sanierung eines Grundstücks herrührt, abschöpfen[198]. Die Wertausgleichsvorschrift nach § 25 BBodSchG kommt nur zum Tragen, sofern eine Sanierung durch Einsatz öffentlicher Mittel erfolgt ist. Der Anwendungsbereich der Vorschrift ist damit naturgemäß eng, da die Behörde zunächst die Störer nach BBodSchG zur Vornahme von Sanierungsmaßnahmen heranziehen wird[199]. Denkbar ist etwa der Fall, dass anstelle des Grundstückseigentümers ein solventer Verhaltensstörer herangezogen wird.

1. Voraussetzungen des Wertausgleichsanspruchs

a) Einsatz öffentlicher Mittel

Der Einsatz öffentlicher Mittel wird im Rahmen einer Sanierung vornehmlich **273** durch Ersatzvornahme oder im Wege der unmittelbaren Ausführung erfolgen, also durch Erfüllung von Pflichten, die Dritten, namentlich Störern nach § 4 BBodSchG, obliegen und die diese Pflichten nicht oder nicht rechtzeitig wahrnehmen.

---

[198] Dazu insgesamt, *Knopp*, ZUR 1999, 210, 215 f.; *Peine*, NuR 2000, 255 ff.; *Albrecht/Teifel*, RPfleger 1999, 366 ff.
[199] Vgl. dazu auch unten Rn. 108 ff.

274 Problematisch ist die Einstufung des Einsatzes von öffentlichen Subventionsmitteln. Diese werden nur dann einen Ausgleichsanspruch auslösen, wenn dies im Subventionsbescheid oder den zugrundeliegenden Richtlinien festgelegt ist und die eingesetzten Mittel lediglich zur raschen Aufnahme von Sanierungsmaßnahmen, gleichsam als Anschubfinanzierung, dienen sollen[200].

275 Die Rechtsform des leistenden Verwaltungsträgers ist ohne Belang. Einen Wertausgleichsanspruch können gleichermaßen durch Gebietskörperschaften, sowie durch öffentlich-rechtlich und privatrechtlich organisierte Träger eingesetzte Mittel auslösen[201].

b) ... zur Sanierung

276 Die Mittel müssen aufgewandt worden sein zur Verwirklichung von Pflichten nach § 4 BBodSchG, vornehmlich zur Sanierung. Hierzu gehören aber gleichwohl auch Mittel, die, als notwendige Vorstufe zur Sanierung, zum Zwecke der Untersuchung nach § 9 Abs. 2 BBodSchG und zur Durchführung von Sanierungsuntersuchungen nach § 13 Abs. 1 BBodSchG eingesetzt wurden[202].

c) Wertzuwachs

277 Das betroffene Grundstück muss durch den Einsatz öffentlicher Mittel einen Wertzuwachs erfahren haben. Dieser darf nicht nur unwesentlich sein, wobei die Frage der Wesentlichkeit eines Wertzuwachses einen gerichtlich überprüfbaren Beurteilungsspielraum der Behörde eröffnet. Ausgangspunkt der Berechnung ist der Verkehrswert des Grundstücks vor und nach der Sanierungsmaßnahme. Einzubeziehen sind nur kausal auf die Sanierungsmaßnahme zurückzuführende Wertsteigerungen. Insbesondere haben Wertzuwächse aufgrund bauleitplanerischer Maßnahmen oder der allgemeinen Preisentwicklung außer Betracht zu bleiben[203]. Sanierungsaufwendungen des Eigentümers sind in Abzug zu bringen, § 25 Abs. 4 BBodSchG; dagegen sind etwaige Ausgleichsansprüche des Eigentümers nach § 24 Abs. 2 BBodSchG wertsteigernd zu berücksichtigen.

278 Auf den Grundstücken ruhende Lasten müssen vom Verkehrswert abgezogen werden, sofern es sich nicht um den Ausgleichsbetrag selbst als Last nach § 25 Abs. 6 BBodSchG handelt[204]. Die sogenannte Bodenschutzlast wird auf Grundlage der auf § 25 Abs. 6 BBodSchG gestützten Verordnung über die Eintragung eines Bodenschutzlastvermerks[205] auf Veranlassung der Behörde ins Grundbuch eingetragen.

---

[200] So *Hipp/Rech/Turian*, BBodSchG Rn. 573. Vgl. zur öffentlichen Förderung von Sanierungsvorhaben unten Rn. 528 ff.
[201] Vgl. *Knopp/Löhr*, BBodSchG in der betrieblichen Praxis, Rn. 209.
[202] *Hipp/Rech/Turian*, BBodSchG, Rn. 574.
[203] So *Schönfeld* in Oerder/Numberger/Schönfeld, § 25 BBodSchG, Rn. 3, 7.
[204] Vgl. *Frenz*, BBodSchG, § 25 Rn. 37.
[205] BGBl. I 1999, S. 497. Abgedruckt in Teil G, IV.

VIII. Wertausgleich für die öffentliche Hand   D

Anders als die Parallelvorschriften in §§ 154 f. BauGB sieht § 25 keine gutachterliche Festlegung des Wertzuwachses vor, der Behörde ist aber der Einsatz externen Sachverstandes zur Vermeidung von Streitigkeiten anzuraten. Im übrigen können die zu §§ 154 f. BauGB entwickelten Maßgaben der Wertermittlung Anwendung finden[206]. **279**

d) Keine oder nicht vollständige Kostentragung durch den Eigentümer

Gemäß § 25 Abs. 1 S. 1 BBodSchG darf der Eigentümer die Kosten der Sanierungsmaßnahmen nicht oder nicht vollständig gezahlt haben. Hier ist insbesondere der Fall von Interesse, in dem der Eigentümer, der als Zustandsstörer pflichtig ist, die Maßnahme nicht selbst durchführt und anschließend von der Behörde auf die Kosten einer Ersatzvornahme in Anspruch genommen wird. Zahlt der Eigentümer auf Anforderung der Behörde hin die im Zuge der Ersatzvornahme aufgewandten Mittel, scheidet ein Wertausgleichsanspruch nach § 25 BBodSchG aus[207]. **280**

Im wesentlichen wird die Vorschrift solche Fälle betreffen, in denen ein Eigentümer nicht selbst zum Handeln verpflichtet ist, etwa aus Vertrauensschutzgesichtspunkten oder unter dem Aspekt des Übermaßverbotes. Dass damit letztlich derjenige, der eigentlich nicht handlungspflichtig ist, dennoch mittelbar zur Kostentragung herangezogen wird, ist ein dem Regelungszusammenhang von § 4 BBodSchG und § 25 BBodSchG innewohnender Wertungswiderspruch[208]. Dieser kann allenfalls mit Blick darauf aufgelöst werden, dass der Wertzuwachs zwar zum einen ohne eigenes Zutun, zum anderen aber aufgrund des Einsatzes öffentlicher Mittel erfolgt; letztlich handelt es sich nicht um eine Heranziehung zu Kosten der Sanierung, sondern nur um eine Abschöpfung einer nicht zu rechtfertigenden Wertsteigerung. Auch erscheint es nicht einsehbar, warum der Eigentümer, der nach der Systematik des § 24 Abs. 2 BBodSchG für die Kosten der Sanierung gegenüber einem Verhaltensstörer nachrangig haften soll, auf dem Wege des Wertausgleichs doch wieder herangezogen werden können soll[209]; ein Ausgleich wird hier aber dadurch geschaffen, dass die Behörde den Wertausgleichsbetrag auch um solche Kosten zu mindern hat, die ihr durch Erstattung von Dritten für die Sanierung zufließen, § 25 Abs. 5 S. 2 BBodSchG; ist der Wertausgleichsbetrag bereits erhoben, sind notfalls Rückerstattungen an den Wertausgleichsschuldner zu leisten. **281**

---

[206] Vgl. hierzu insgesamt *Frenz*, BBodSchG, § 25 Rn. 32 ff.
[207] Vgl. *Frenz*, BBodSchG, § 25 Rn. 16 f.
[208] Dies klingt auch an in BT-Drs. 13/6701, S. 67.
[209] Letzteren Fall scheinen *Hipp/Rech/Turian*, BBodSchG, Rn. 581, für unproblematisch zu halten.

2. Rechtsfolge

282 Rechtsfolge bei Vorliegen der Voraussetzungen des § 25 BBodSchG ist regelmäßig das Abschöpfen des Wertzuwachses; Ausnahmen von diesem Regelfall und Einschränkungen des Umfangs der Abschöpfung sind möglich.

a) Abschöpfen des Wertzuwachses

283 Der nach den oben genannten Maßstäben zu errechnende Wertzuwachs ist zu erheben. Anspruchsgegner ist der Grundstückseigentümer; Anspruchsberechtigter ist der öffentliche Kostenträger. Die Behörde unterliegt einer Erhebungspflicht[210].

b) Ausnahmen und Konkurrenzen

284 Ein Ausschlusstatbestand ergibt sich nach § 25 Abs. 1 S. 3 BBodSchG, sofern auf dem Gebiet der neuen Bundesländer eine Freistellung nach Art. 1 § 4 Abs. 3 S. 1 Umweltrahmengesetz erfolgt ist. Die mit der Freistellung bezweckte Beseitigung von Investitionshemmnissen soll nicht auf dem Umweg über § 25 BBodSchG unterlaufen werden.

285 Sofern Sanierungsmaßnahmen in einem gemäß §§ 154 f. BauGB förmlich festgelegten städtischen Sanierungsgebiet durchgeführt werden, fällt gemäß § 25 Abs. 1 S. 4 BBodSchG kein eigenständiger Wertausgleichsanspruch an.

c) Fälligkeit

286 Fällig ist der Wertausgleichsanspruch nach Abschluss der Sanierungsarbeiten und nach Festsetzung des Erstattungsbetrages durch Verwaltungsakt. Erfolgt die Festsetzung nicht binnen vier Jahren nach Abschluss der Sanierungsarbeiten, erlischt der Anspruch auf Wertausgleich, § 25 Abs. 3 S. 2 BBodSchG.

d) Absehen von der Erhebung

287 Die nach § 25 Abs. 5 BBodSchG vorgesehene Möglichkeit, von der Erhebung abzusehen, dient zur Vermeidung unbilliger Härten. Härten können entweder im persönlichen Bereich liegen, etwa bei Gefährdung der wirtschaftlichen Existenz oder bei Konkursgefahr (persönliche Unbilligkeit), oder sie können sich aus der Anwendung der Norm auf den konkreten Sachverhalt ergeben, etwa wenn Sanierungen nicht oder nicht in dem vorgenommenen Maß notwendig waren (sachliche Unbilligkeit)[211]. Die genannten Härtefälle dürften die absolute Ausnahme darstellen. Möglicherweise kann im Wege der Härtefallregeln aber versucht werden, die zuvor aufgezeigten Wertungswidersprüche im Einzelfall zu mildern.

---

[210] *Hipp/Rech/Turian*, BBodSchG, Rn. 577.
[211] Vgl. hierzu *Frenz*, BBodSchG, § 25 Rn. 61.

IX. Welche straf- und ordnungsrechtlichen Konsequenzen können Verstöße gegen bodenschutzrechtliche Pflichten und Bodenverunreinigungen haben?

Die Missachtung bestimmter bodenschutzrechtlicher Vorschriften ist bußgeldbewehrt. Welche dies sind, ergibt sich zum einen aus § 26 BBodSchG und zum anderen aus landesrechtlichen Regelungen[212]. **288**

Darüber hinaus kann eine Bodenverunreinigung aber auch strafrechtlich relevant sein. Neben dem speziellen Straftatbestand der Bodenverunreinigungen in § 324a StGB, kommen in Zusammenhang mit Altlasten insbesondere auch Verstöße gegen § 324 (Wasserverunreinigung) und § 326 StGB (Unerlaubter Umgang mit gefährlichen Abfällen) in Betracht. Es darf nicht übersehen werden, dass Verstöße gegen umweltstrafrechtliche Vorschriften häufig sind, oft bagatellisiert werden und je nach Branche sogar beinahe an der Tagesordnung liegen. **289**

> **Praxistipp:**
>
> Die straf- und ordnungsrechtliche Verantwortlichkeit kann theoretisch jeden treffen, der etwa im Zusammenhang mit der Durchführung von Bodenarbeiten einen Beitrag zu einem Umweltschaden leistet oder einen ihm zumutbaren Beitrag zur Abwendung oder Vermeidung des Schadens unterlässt. In Betracht kommen etwa Architekten, Bauunternehmer und deren Erfüllungsgehilfen, Bodengutachter, Rechtsanwälte und Amtswalter von Gemeinden. Stellt etwa einer der genannten Beteiligten im Rahmen seiner Tätigkeit auf einem Grundstück einen Umweltschaden fest und übergeht er diesen, ohne im konkreten Fall geeignete Maßnahmen zu ergreifen, so setzt er sich gegebenenfalls dem Vorwurf strafbaren Unterlassens[213] gebotener Maßnahmen aus.

1. Straftatbestände bei Bodenverunreinigungen im Zusammenhang mit der Durchführung von Bauarbeiten

Bei der Durchführung von Bodenarbeiten kann es leicht zu nachteiligen Veränderungen der Bodenbeschaffenheit kommen. Dies kann über einen direkten Eingriff in den Boden, mittelbar über eine Einwirkung auf das Wasser oder in Zusammenhang mit dem Umgang mit Abfallstoffen geschehen. Handlungen in diesem Zusammenhang ahndet das Umweltstrafrecht in §§ 324, 324a und 326 StGB. Verstöße gegen diese Normen sind bei vorsätzlicher Begehung in der Regel mit Freiheitsstrafe bis zu fünf, bei fahrlässigem Handeln bis zu drei Jahren, oder jeweils mit Geldstrafe bedroht. Da das Gesetz bereits das ungesicherte Liegenlassen **290**

---

[212] Vgl. hierzu die Übersicht bei Rn. 63 ff.
[213] Siehe zu dieser Begehungsform unten Rn. 297 ff.

gefährlicher Stoffe unter Strafe stellt, kommen als Täter neben den Verursachern auch Eigentümer und Besitzer von gefährlichen Stoffen in Betracht, die sich nicht in der gesetzlich geforderten Weise um diese kümmern.

a) Bodenverunreinigung

291 Strafbar ist zunächst unmittelbares Einbringen, Eindringenlassen oder Freisetzen von Schadstoffen in den Boden nach **§ 324a StGB**[214]. Dies kann etwa im Zusammenhang mit der Durchführung von Bauarbeiten leicht geschehen. Durch das Ausheben und Bewegen verunreinigten Erdreichs verändert sich die Beschaffenheit des Bodens sowohl an der Stelle des Aushubs als auch an der Stelle, an der das kontaminierte Erdreich gelagert oder eingebaut wird. In diesem Fall entstehen im Boden Bewegungen und neue Verbindungen, die zwar im Auftrag des Eigentümers oder eines sonstigen Nutzungsberechtigten erfolgen, die aber auf das eigenverantwortliche und in fachmännischer Ausführung geschuldete Handeln des ausführenden Unternehmens zurückzuführen sind, das für hierdurch hervorgerufene nachteilige Bodenveränderungen als Verhaltensstörer einstehen muss.

> **Praxistipp**:
>
> Zu berücksichtigen ist, dass die **Tathandlung** des § 324a StGB bereits das **ungesicherte Liegenlassen** von Stoffen erfasst, die nachteilige Folgen für den Boden haben. Insgesamt setzt der Tatbestand des § 324a StGB eine Verletzung verwaltungsrechtlicher Pflichten voraus. Solche finden sich in bodenschutzrechtlicher Hinsicht jetzt in §§ 4 und 5 BBodSchG, die § 324a StGB jetzt stärker ausfüllen und diesem schärfere Konturen verleihen.[215]

b) Gewässerverunreinigung

292 Im Zusammenhang mit der Durchführung von Bauarbeiten ist auch das Austreten- oder Ausschwemmenlassen von verunreinigtem Sickerwasser in den Boden möglich. Dies stellt **§ 324 StGB** unter Strafe. Hier muss derjenige, der diese Verunreinigung verursacht hat und den Austritt nicht unterbindet, mit Konsequenzen rechnen. Der gleiche Vorwurf trifft jeden für das Grundstück Verantwortlichen, der eine Gewässerverunreinigung durch sein Eigentum zwar nicht verursacht hat, diese aber geschehen lässt[216].

---

[214] Da § 326 StGB sich als speziell gefasste Vorschrift nur auf Abfälle – also bewegliche Stoffe – und nicht auf die fest im Boden vorhandenen Altlasten bezieht, wurde im Jahr 1994 die erwähnte Vorschrift des § 324a StGB eingeführt.
[215] *Sanden* in Sanden/Schoeneck, BBodSchG, § 26 Rn. 3.
[216] Vgl. zu weiteren Straftatbeständen im Zusammenhang mit Gewässerverunreinigungen, *Kothe*, Altlasten in der Insolvenz, Rn. 622 ff.

IX. Straf- und ordnungsrechtliche Konsequenzen **D**

c) Unerlaubter Umgang mit gefährlichen Abfällen

Viele Stoffe, die bei Bodenarbeiten anfallen, sind – insbesondere, wenn sie verun- 293
reinigt sind – Abfallstoffe.

> **Praxistipp:**
> Ob dies jeweils der Fall ist, muss im Zweifel ein Bodengutachter im Einzelfall feststellen. Es kann daher bei Aushubarbeiten erforderlich sein, einen Gutachter hinzuzuziehen, damit dieser festlegt, welcher Aushub in welcher Form entsorgungspflichtig sind und welcher wieder eingebaut werden können.

Von Bedeutung ist daher auch **§ 326 StGB**. Danach macht sich jeder strafbar, der 294
unbefugt[217] gefährliche Abfälle außerhalb einer dafür zugelassenen Anlage behandelt, oder bei der Abfallbehandlung von einem vorgeschriebenen oder zugelassenen Verfahren abweicht. Derselbe Vorwurf trifft den, der gefährliche Abfälle in entsprechender Weise lagert, ablagert, sie ablässt oder sonst beseitigt.

> **Praxistipp:**
> Es ist wichtig, das Entsorgungsunternehmen besonders sorgfältig auszuwählen. Nach der Rechtsprechung des BGH muss sich der Auftraggeber als Abfallerzeuger oder Besitzer vergewissern, ob der beauftragte Entsorger zur Ausführung seiner Tätigkeit tatsächlich imstande und rechtlich befugt ist.[218] Er sollte sich also von diesem entsprechende Nachweise vorlegen lassen und dies dokumentieren.

d) Arten der Begehung von Umweltdelikten

Umweltdelikte werden häufig auf besondere Weise begangen. Zum einen werden 295
sie oft nicht vorsätzlich, sondern unter Verstoß gegen Sorgfaltspflichten – d.h. fahrlässig – verwirklicht. Zum anderen werden vielfach Handlungen unterlassen, die geboten sind, um (weitere) Schäden abzuwehren. Sowohl fahrlässiges Handeln als auch pflichtwidriges Unterlassen ist in den oben genannten Fällen strafbar.

---

[217] Damit ist in diesem Fall kein eigenes Tatbestandsmerkmal, sondern ein Hinweis auf das allgemeine Rechtswidrigkeitserfordernis der Handlung gemeint. *Vogelsang-Rempe* in Franzius/Wolf/Brandt, HdA, Nr. 10553 Rn. 53.
[218] *BGH*, NJW 1994, 1745 ff. („Falisan"-Entscheidung).Vgl. auch *Kothe*, Altlasten in der Insolvenz, Rn. 634.

aa) Strafbarkeit durch fahrlässiges Handeln

296 §§ 324, 324a und 326 StGB können nicht nur dadurch begangen werden, dass sie mit Wissen und Wollen, also vorsätzlich begangen werden, wofür eine billigende Inkaufnahme des negativen Erfolges ausreicht (bedingter Vorsatz). Strafbar ist kraft gesetzlicher Anordnung[219] auch fahrlässiges Handeln. Darunter versteht man ein erkennbar sorgfaltswidriges Verhalten. Ist für eine Verunreinigung eine juristische Person – oder eine nach § 124 Abs. 1 HGB dieser gleichgestellte KG oder OHG – verantwortlich, so trifft der strafrechtliche Vorwurf die hinter dieser stehende verantwortliche natürliche Person, auch wenn sie von der konkreten Tat nichts weiß.

> **Praxistipp:**
>
> Die Geschäftsführung eines Unternehmens ist grundsätzlich und in letzter Konsequenz für betrieblich veranlasste Umweltschäden verantwortlich. Auf dieser Ebene setzt auch die strafrechtliche Überprüfung an (§ 14 StGB). Verantwortung kann aber verteilt und bis zu einem gewissen Grad auch delegiert werden. Hierfür ist eine Betriebsorganisation nötig, in der umweltrelevante Entscheidungen auf verschiedenen Ebenen getroffen werden. Zum einen kann innerhalb der Geschäftsführung ein Verantwortlicher für den Umweltbereich benannt werden, der sich umweltrelevanter Vorgänge annimmt. Allerdings lässt dies die Gesamtverantwortung der Leitungsebene unberührt[220]. Zum anderen können – zusätzlich zu den gegebenenfalls nach den Fachgesetzen erforderlichen Umweltbeauftragten[221] – umweltrelevante Aufgaben auf bestimmte Mitarbeiter übertragen werden. Wichtig ist jedoch, dass hier auch tatsächliche Entscheidungsebenen unterhalb der Geschäftsführung eingezogen werden. Es reicht nicht aus, wenn diese Delegation nur auf dem Papier besteht. Allerdings bleibt der Geschäftsleitung immer eine Aufsichts- und Überwachungspflicht, so dass diese sich ihrer Haftung nicht völlig entledigen kann.[222]

bb) Strafbares Unterlassen

297 Im Umweltstrafrecht spielt die **Strafverwirklichung durch Unterlassen**, also durch Nichthandeln, eine wichtige Rolle. Das aktive Ablagern von Abfällen im Sinne des § 326 StGB etwa ist für Eigentümer und Besitzer von Altlasten, Verdachtsflächen und altlastverdächtigen Flächen rechtlich häufig irrelevant, weil die Ablagerung eines Abfallstoffes schon lange Zeit vor dem In-Kraft-Treten dieser

---

[219] §§ 324 Abs. 3, 3245a Abs. 3, 326 Abs. 5 StGB.
[220] *Kummer* in Picot, Unternehmenskauf und Restrukturierung, Teil VII Rn. 29 ff.; *Kothe*, Altlasten in der Insolvenz, Rn. 636.
[221] Vgl. dazu *Kummer* in Picot, Unternehmenskauf und Restrukturierung, Teil VII Rn. 32 ff.
[222] Vgl. zur Organisation des betrieblichen Umweltschutzes eingehend *Kummer* in Picot, Unternehmenskauf und Restrukturierung, Teil VII Rn. 7 ff.

IX. Straf- und ordnungsrechtliche Konsequenzen   D

Norm am 1.7.1980 erfolgte. Gefährliche Stoffe, die zu heutigen Altlasten geführt haben, wurden zum Zeitpunkt ihrer Ablagerung oft mehr oder weniger unbekümmert und ohne hinreichendes Problembewusstsein in das Erdreich verbracht. Zu denken ist etwa an das Vergraben von Munition in der Nachkriegszeit oder an das Ablassen von Stoffen bei der Produktion, deren Gefährdungspotential in der industriellen Frühphase nicht erkennbar und nicht absehbar war. Auf all diese nach heutigen Maßstäben strafbaren Handlungen ist das Umweltstrafrecht aus dem Beginn der achtziger Jahre des 20. Jahrhunderts wegen des strafrechtlichen Rückwirkungsverbotes – wonach eine Handlung erst dann strafbar ist, wenn sie von einem gesetzlichem Verbot erfasst ist – nicht anwendbar.

Im Strafrecht ist aber nicht nur das Verwirklichen eines Verbotstatbestandes durch aktives Handeln unter Strafe gestellt. Unter bestimmten Voraussetzungen ist auch das pflichtwidrige Unterlassen rechtlich gebotener, möglicher und zumutbarer Handlungen strafbar. Nach § 13 StGB muss das Unterlassen einer Handlung hinsichtlich des Unwertgehalts einem Tun entsprechen. Das Nichtstun ist nur strafbar, wenn der Erfolg einer Handlung eintritt und der die gebotene Handlung Unterlassende für die Verhinderung des Erfolgs einzustehen, er also eine sogenannte Garantenstellung inne hat. Für ihn muss darüber hinaus eine Pflicht zum Einschreiten existierten (sog. Garantenpflicht). Diese besteht nur, wenn dem, der nicht gehandelt hat, die Abwendung des Erfolgs zumutbar war und wenn die physisch-reale Möglichkeit bestand, den Erfolg abzuwenden. Schließlich muss gerade das rechtswidrige und schuldhafte Unterlassen für die Verwirklichung des Straftatbestandes ursächlich gewesen sein.   298

(1) Bloßes Nichtstun ist nur unter engen Voraussetzungen strafbar

Die Feststellung des Erfolgseintritts ist im Falle einer Bodenverunreinigung durch Unterlassen sorgfältig zu überprüfen. Zu berücksichtigen ist hier, dass die Nichtbeseitigung einer schädlichen Bodenveränderung nicht ohne weiteres mit deren Verursachung gleichgesetzt werden kann, da bestehendes Unrecht durch das Unterlassen nicht ohne weiteres neu verwirklicht wird.   299

Neues Unrecht wird aber dann verwirklicht, wenn die bereits vorhandene Verunreinigung **durch das Nichtstun vergrößert** wird. Ist dies der Fall, so erhält das Unterlassen einen eigenen Unwert, der einem Handeln gleichkommt. Es macht in der Bewertung keinen Unterschied, ob ein Zustand aktiv herbeigeführt wird, oder ob seine Verschlimmerung hingenommen wird.[223] Auf Altlasten übertragen bedeutet dies, dass eine Gleichwertigkeit von Tun und Unterlassen und damit ein Verwirklichen des Erfolges durch Unterlassen anzunehmen ist, wenn ein Zustand durch das Liegenlassen von Abfallstoffen verschlimmert wird. Dies kann etwa der Fall sein, wenn die Möglichkeit einer weiteren Ausbreitung oder Vermischung mit anderen Stoffen sicher ist, und wenn man den Dingen ihren Lauf lässt.   300

---

[223] *BGHSt* 36, 255, 258; *Vogelsang-Rempe* in Franzius/Wolf/Brandt, HdA, Nr. 10553 Rn. 20.

> **Praxistipp**:
>
> Diese Sicherheit besteht keineswegs immer. Oftmals lassen sich Schadstoffe im Erdreich nur bis zu einem bestimmten Grad auswaschen und verändern ihre Konsistenz danach nicht mehr nachteilig. Auch kann die weitere Ausbreitung von Schadstoffen durch natürliche oder künstliche Schadstoffbarrieren gehemmt sein. In derartigen Fällen wird der bestehende Zustand nicht verschlechtert. Das Unterlassen von Sanierungsmassnahmen hat den zur Strafbarkeit erforderlichen Unwertgehalt dann nicht.

(2) Handlungspflicht bei Verschlimmerung des Zustands infolge des Nichtstuns

301 Vergrößert sich durch das ungesicherte Liegenlassen von Stoffen deren Gefährlichkeit, so hat der Eigentümer aufgrund von Art. 14 Abs. 2 GG – wonach Eigentum verpflichtet und sein Gebrauch auch dem Allgemeinwohl dienen soll – die Pflicht, Maßnahmen zu ergreifen und damit die erforderliche Garantenstellung. Gleiches dürfte wegen des Nutzungsrechts auch für den Besitzer gelten.[224] Die weiterhin erforderliche Garantenpflicht hängt von der physisch-realen Möglichkeit und der Zumutbarkeit der Abwendung künftigen Übels ab. Insoweit ist zu prüfen, ob die Durchführung von Sanierungs- oder von Schutz- und Beschränkungsmaßnahmen zur Beseitigung oder Verminderung der Gefahr geeignet und konkret zumutbar sind. Ob dies der Fall ist, muss im Rahmen einer Einzelfallprüfung festgestellt werden. In der Regel wird die Zumutbarkeit anzunehmen sein, wenn ein Sanierungsverfahren eine Verbesserung des vorhandenen Zustandes verspricht.

e) Keine Legalisierung durch alte Genehmigungen oder behördliche Duldungen

302 Die Rechtswidrigkeit des Unterlassens geeigneter Maßnahmen oder gar aktiven Tuns durch Einbringen von Schadstoffen in den Boden oder das Wasser wird regelmäßig nicht durch vorhandene Genehmigungen zum Betrieb der Anlage – die regelmäßig noch unter Geltung von §§ 16 ff. GewO a.F. erlassen wurden[225] – oder durch eine behördliche Duldung aufgehoben.

aa) Behördliche Genehmigungen

303 Vor Schaffung des modernen Umweltrechts wurden Genehmigungen zum Betrieb von umweltgefährdenden Anlagen nach dem allgemeinen Gewerberecht erteilt (§§ 16 ff. GewO a.F.) Die Legalisierungswirkung einer alten Anlagengenehmigung ist zur strafrechtlichen Rechtfertigung einer heutigen Untätigkeit nur

---

[224] *Vogelsang-Rempe* in Franzius/Wolf/Brandt, HdA, Nr. 10533 Rn. 28.
[225] *Vogelsang-Rempe* in Franzius/Wolf/Brandt, HdA, Nr. 10553 Rn. 55.

IX. Straf- und ordnungsrechtliche Konsequenzen D

unter zwei Voraussetzungen denkbar. Erstens muss die Genehmigung ausdrücklich auch auf boden- und/oder gewässerverunreinigende Ablagerungen von Stoffen bezogen sein, die bei Anlagenbetrieb anfallen. Zweitens muss die Genehmigung ausdrücklich Verunreinigungen mit umfassen, die über den Anlagenbetrieb hinausgehen.[226] Das Vorliegen dieser Voraussetzungen ist im einzelnen sorgfältig zu prüfen und wird nur in seltenen Fällen bejaht werden können.[227] Auch in der Vergangenheit wurden in den seltensten Fällen ausdrückliche Genehmigungen zur Umweltverschmutzung erteilt. Eher blieb dieser Aspekt in der behördlichen Prüfung unberücksichtigt. Selbst wenn eine solche Genehmigung vorliegt, fragt sich aber, ob die Legalisierungswirkung dieser alten Genehmigung unbegrenzten Bestand haben kann.

bb) Behördliche Duldungen

In der Praxis haben Behörden die Verursachung von Altlasten und deren Existenz 304 bisweilen auch geduldet. Eine solche Duldung ist aktiv und passiv möglich. Die aktive Duldung verlangt eine Absprache zwischen Behörde und Betroffenem über das Liegenlassen verunreinigter Grundstücke.[228] Von einer passiven Duldung dürfte bei einem bloßen behördlichen Nichteinschreiten in Kenntnis der Altlast auszugehen sein.[229] In beiden Fällen der Duldung kommt dem Unterlassen von gebotenen Maßnahmen auf Seiten des Betroffenen aber wohl **keine rechtfertigende Wirkung** zu. Diese scheitert bereits an der fehlenden Dispositionsbefugnis der Behörde über die Funktionsfähigkeit des Bodens.

In diesem Fall stellt sich allenfalls zusätzlich die Frage nach einer Mitverant- 305 wortlichkeit oder Mittäterschaft der mit der Angelegenheit betrauten behördlichen Amtswalter. Es ist dann zu fragen, ob das unterlassene behördliche Einschreiten trotz erheblicher Umweltgefährdungen selbst einen Straftatbestand erfüllt. Auch wenn dies bejaht wird, dürfte ein Fehlverhalten der Behörde einen Sanierungspflichtigen aber weder rechtfertigen noch entschuldigen.

2. Ordnungswidrigkeiten nach dem Bodenschutzrecht des Bundes und der Länder

Das BBodSchG enthält in § 26 **Bußgeldvorschriften**. Nicht alles, was das 306 BBodSchG verbietet, ist auch bußgeldbewährt. So hat sich der Gesetzgeber bewusst dafür entschieden, bestimmte Handlungen – etwa die Informationspflicht nach § 12 S. 1 BBodSchG – zu normieren, aber deren Unterlassung gleichwohl nicht als ordnungswidrig zu begreifen. Die in § 26 BBodSchG festgelegten Sanktionen setzen teilweise, wie im Falle der Nr. 1, den Erlass einer Rechtsverordnung

---

[226] *Schrader*, Altlastensanierung nach dem Verursacherprinzip (1988), S. 159.
[227] Vgl. aus jüngerer Zeit etwa BGH, NVwZ 2001, 1206, 1207 f.
[228] *Samson*, JZ 1988, 800, 801 ff.; *Wasmuth/Koch*, NJW 1990, 2434, 2435 ff.
[229] Vgl. dazu *Dahs/Pape*, NStZ 1988, 395.

voraus und knüpfen in anderen Fällen – bei Nr. 2 und 3 – an eine vollziehbare Anordnung an. Während sich die bußgeldbewährte Handlung in den Nrn. 1–3 nicht unmittelbar aus dem Bußgeldtatbestand, sondern erst über die aufgeführte Norm ergibt, nennt Nr. 4 mit der Mitteilungspflicht die bußgeldbewährte Handlung unmittelbar.[230] Hinsichtlich der Höhe des Bußgeldes hat sich der Gesetzgeber am sonstigen Umweltrecht orientiert. Die Höhe des Bußgeldes erklärt sich daraus, dass der Betrag in einer Relation zu dem Betrag stehen muss, den der Betroffene bei Nichtbefolgung des Normbefehls erspart. Da eine Geldbuße erst dann verhaltenswirksam wird, wenn das Bußgeld die Kosten einer Sanierung übersteigt, ist die Geldbuße mit 100.000 bzw. 20.000 DM nicht hoch angesetzt. Die Kosten einer Sanierung überschreiten diese Grenze häufig. Anders als bei Verstößen gegen Straftatbestände ist mit den Bußgeldern, die bei Ordnungswidrigkeiten verhängt werden, kein Unwerturteil im kriminellen Sinne verbunden. Die Geldbuße hat vielmehr mahnenden Charakter[231]. Sofern einer der in § 26 Abs. 1 Nr. 1–4 BBodSchG genannten Fälle mit einem Straftatbestand zusammentrifft – etwa weil dieselbe Handlung beide Tatbestände erfüllt –, tritt die Ordnungswidrigkeit nach BBodSchG hinter den Straftatbestand zurück[232]. Neben der Bußgeldvorschrift des § 26 BBodSchG enthält auch das **Landesrecht** vergleichbare Bußgeldtatbestände, die sich den jeweiligen Gesetzen entnehmen lassen[233].

---

[230] Vgl. zu den Tatbeständen im einzelnen *Sanden* in Sanden/Schoeneck, BBodSchG, § 26 Rn. 23 ff.

[231] *Sanden* in Sanden/Schoeneck, BBodSchG, § 26 Rn. 2; dort auch zur weiteren Abgrenzung des Umweltstrafrechts zum Ordnungswidrigkeitsrecht nach § 26 BBodSchG.

[232] *Numberger* in Oerder/Numberger/Schönfeld, BBodSchG, § 26 Rn. 2.

[233] Vgl. zu Bußgeldtatbeständen nach Landesrecht die beispielhaft aufgezeigten Regelungen unter Rn. 67 ff.

E. Problembewältigung bei Bauvorhaben auf Industriebrachen

Wie bereits eingangs geschildert[1], kumulieren sich bei Bauvorhaben auf Industriebrachen bei Vorliegen möglicher Altlasten zahlreiche Probleme. Diese rühren zum einen von der komplexen und noch unsicheren Rechtslage her, haben ihren Ursprung aber auch in dem häufig anzutreffenden Hang zu einer gewissen Altlastenhysterie auf Behörden- und Nachbarseite. Zu beachten ist zugleich das erhebliche finanzielle Risikopotential, das in der Behandlung von altlastenverdächtigen Grundstücken für Verkäufer, Erwerber und Behörden liegt. Weiterhin sind allzu häufig widerstreitende Interessen zwischen den vorgenannten Beteiligten, sowie auch etwaiger Nachbarn kontaminierter Grundstücke festzustellen, die im Umgang mit Altlasten ihre Beachtung finden müssen. 307

Die geschilderten Schwierigkeiten treten in größerem oder geringerem Ausmaß regelmäßig auf. Sie sollen aber den Blick auf das Wesentliche nicht verstellen. Die Investition in eine Industriebrache ist in vielen Fällen lohnend und das hierbei entstehende Risiko kalkulierbar. Im folgenden werden Wege aufgezeigt, Risiken zu minimieren. Die weiteren Ausführungen werden deutlich machen, dass die Durchführung und Gestaltung eines komplexen Altlastenprojekts schwierig und aufwendig ist. Sie sollen aber für ein Industriebrachenrecycling werben und zeigen, dass es praktisch mögliche und rechtlich tragfähige Wege hierfür gibt. Wenn eine Investition in eine Altlast beabsichtigt ist, stellen sich in verschiedenen **Phasen**, nämlich vor dem Erwerb (**I.**), bei der Durchführung des Erwerbs (**II.**) und nach dem Erwerb (**III.**) unterschiedliche Fragen[2]. 308

I. Das Verhalten vor dem Erwerb des Standorts

Im Zusammenhang mit der Standortplanung stellen sich nicht nur altlastenrechtliche Fragen. Vor dem Erwerb sollte ein Standort und dessen näheres Umfeld unter Berücksichtigung des Einzelfalles insgesamt auf technikrechtliche und allgemein öffentlich-rechtliche Risiken überprüft werden. Neben bodenschutz- 309

---

[1] Vgl. oben Rn. 1 ff.
[2] Zu den Aufgaben von Architekten und Planern beim Bauen auf Altlasten vgl. *Koschwitz/Webert/Weßling* in Franzius/Wolf/Brandt, HdA, Nr. 10614.

und baurechtlichen Fragen sind benachbarte Regelungsbereiche in den Blick zu nehmen. Zu denken ist etwa an das Naturschutz- und Landschaftspflegerecht, oder an das Immissionsschutz- und Kreislaufwirtschafts- und Abfallrecht.

1. Nutzungszweck festlegen und politischen Willen für diese Nutzung ermitteln

310 Die Auswahl eines Standorts sollte sich zunächst an der gewünschten Nutzung des Bauherrn oder Investors orientieren. Wie gesehen, eröffnet das Bodenschutzrecht insofern abgestufte Möglichkeiten und stellt an weniger empfindliche Nutzungen geringere Anforderungen[3]. Es ist daher von entscheidender Bedeutung, zunächst festzulegen, ob das geplante Objekt z.B. Wohnzwecken oder gewerblichen Zwecken dienen soll. Bereits im sehr frühen Stadium sollte entschieden werden, ob vorhandener Gebäudebestand abgerissen werden soll und eine neue Bebauung geplant ist, oder ob vorhandener Bestand weitergenutzt werden kann. In diesem Zusammenhang ist auch zu fragen, ob eine Umnutzung zu einem anderen Zweck – etwa von ehemals gewerblicher Nutzung in Wohnnutzung – erfolgen soll oder ob die vorhandene Nutzung fortgeführt werden soll. Es ist auch wichtig, früh zu entscheiden, ob hinsichtlich der Nutzung Flexibilität besteht. Ergeben erste Gespräche bei der Gemeinde, dass die vorgesehene Nutzung nicht erwünscht ist, so können andere Nutzungsmöglichkeiten in Betracht kommen. Als nicht altlastenverdächtige Nutzungen gelten etwa Apotheken und Arztpraxen, Bäckereien, Büglereien, Einzelhandelsgeschäfte, Friseurgeschäfte, Großmärkte und Großküchen, Kraftfahrzeugzubehörhandel, Waschsalons und Wäschereien (ohne chemische Reinigung)[4].

2. Allgemeine Prüfung bei unverdächtiger Fläche

311 Sofern eine unverdächtige Fläche erworben werden soll, ist eine Überprüfung bau- und umweltrechtlicher Rahmenbedingungen erforderlich. Zudem sollte die Akzeptanz einer Neunutzung in der Nachbarschaft und bei den Genehmigungsbehörden ermittelt werden.

a) Lässt sich dieser Nutzungszeck unter Berücksichtigung der örtlichen bauplanungsrechtlichen Vorgaben und aus naturschutzrechtlicher Sicht realisieren?

312 Bevor die Entscheidung zum Erwerb eines Standorts fällt, ist insbesondere die bauplanungsrechtliche Zulässigkeit des gewünschten Vorhabens zu überprüfen. In

---

[3] Siehe oben Rn. 185 ff.
[4] Eine Liste der unproblematischen Nutzungen findet sich bei Franzius/Wolf/Brandt, HdA, Nr. 15222, Anlage 2 zu Arbeitshilfe Altlasten und Bauen.

I. Verhalten vor dem Erwerb des Standorts **E**

Betracht kommen verschiedene planungsrechtliche Grundlagen. Es handelt sich dabei um § 30 BauGB für den Bereich einfacher und qualifizierter Bebauungspläne, um § 12 BauGB für Vorhaben- und Erschließungspläne, um § 34 BauGB für den nicht beplanten Innenbereich und um § 35 BauGB für den Außenbereich. Die bauplanungsrechtlichen Anforderungen sind je nach Gebietstyp unterschiedlich. Neben dem gewünschten Nutzungszweck sollte Klarheit darüber herrschen, welche Größe das geplante Objekt haben soll und ob es in einer bestimmten Bauweise ausgeführt werden soll. Auskunft über die bauplanungsrechtliche Zulässigkeit, also darüber, ob eine bestimmte Nutzung zulässig ist, welche Größe ein Objekt haben kann und in welcher Bauweise es ausgeführt sein darf, geben neben dem Raumordnungsplan[5], der auf Ebene der Bundesländer erlassen wird, insbesondere der Flächennutzungsplan und der Bebauungsplan der Gemeinde, jeweils in Verbindung mit den bauordnungs- und bauplanungsrechtlichen Vorschriften im übrigen.

aa) Grobplanung im Flächennutzungsplan

Der Flächennutzungsplan enthält nach § 5 BauGB Darstellungen über die sich aus der städtebaulichen Entwicklung ergebende Bodennutzung. Diese ergibt sich aus dem Bedürfnissen der Gemeinde. Der Flächennutzungsplan enthält eine großräumige Planung, die das gesamte Gemeindegebiet betrifft und die nur Grundzüge für die Bodennutzung enthalten soll. Aus den Darstellungen im Flächennutzungsplan kann entnommen werden, ob eine bestimmte Nutzungsart in einem bestimmten Bereich des Gemeindegebiets zulässig ist oder nicht. Im Flächennutzungsplan sind wegen § 5 Abs. 3 Nr. 3 BauGB **Altlasten** zu kennzeichnen. Bei den Darstellungen im Flächennutzungsplan werden – ebenso wie bei den Festsetzungen im Bebauungsplan – die Abkürzungen aus der Anlage zur Planzeichenverordnung (PlanzV 90)[6] verwendet. Diese greift insbesondere auch die BauNVO auf[7]. So werden etwa Wohnbauflächen mit „W", gemischte Bauflächen mit „M", gewerbliche Bauflächen mit „G" gekennzeichnet. Die Bedeutung dieser Abkürzungen muss man kennen, um einen Bauleitplan – also einen Flächennutzungs- oder Bebauungsplan – lesen zu können[8].

313

---

[5] *Kremer*, Städtebaurecht, Rn. 42 ff.

[6] Verordnung über die Ausarbeitung der Bauleitpläne und die Darstellung des Planinhalts (Planzeichenverordnung 1990 – PlanzV 90 v. 18.12.1990, BGBl. 1991 I S. 58, abgedruckt z.B. bei *Stüer*, Bau- und Fachplanungsgesetze, Nr. 5.

[7] Siehe dazu unten Rn. 316 f.

[8] Einen Überblick über die zeichnerischen und textlichen Festsetzungen im Bebauungsplan bietet *Stüer*, Der Bebauungsplan (2000). Allerdings steht es den Gemeinden frei, neben den Planzeichen nach PlanzV auch textliche Darstellungen im Bebauungsplan zu verwenden; vornehmliches Ziel ist die hinreichend bestimmte und deutliche Darstellung der Festsetzungen im Plan; vgl. insoweit *Stüer*, Handbuch des Bau- und Fachplanungsrechts, Rn. 215 f.

bb) Detailplanung für den „beplanten Innenbereich" im Bebauungsplan i.V.m. der BauNVO

314 Der Bebauungsplan enthält wesentlich detailliertere Aussagen als der Flächennutzungsplan. Er enthält nach § 8 BauGB rechtsverbindliche Festsetzungen für die städtebauliche Ordnung und besteht aus folgenden Bestandteilen[9]:

- den zeichnerischen Darstellungen
- der dem Bebauungsplan beizufügenden textlichen Begründung[10]
- falls erforderlich, aus textlichen Festsetzungen und aus einem Sozialplan nach § 180 BauGB.

(1) Festsetzungen im Bebauungsplan

315 § 9 BauGB eröffnet – bei Vorliegen städtebaulicher Gründe, die sich in der Regel finden lassen – mannigfaltige Möglichkeiten für bauliche Festsetzungen. In Betracht kommen etwa solche über Art und Maß der baulichen Nutzung und über die zulässige Bauweise. Festgesetzt werden können auch Flächen, die in verschiedener Weise bebaubar sind oder von Bebauung frei gehalten werden müssen. Zudem können aus Umweltschutzgründen in bestimmten Gebieten Nutzungen eingeschränkt oder verboten werden. Schließlich können in Bebauungsplänen auch Flächen für Abfall, Abwasser und Ablagerungen festgesetzt werden. Auch für diese Flächen sind in der Nr. 7 der Anlage zur PlanzV 90 feste Zeichen vorgesehen, die sofort auf Bodenbelastungen hinweisen. Schließlich sollen nach § 9 Abs. 5 BauGB im Bebauungsplan auch solche Flächen gekennzeichnet werden, deren Böden erheblich mit umweltgefährdenden Stoffen belastet sind. Diese Kennzeichnungen sollen für die Durchführung von Verfahren, die dem Bebauungsplan nachfolgen, vor Altlasten warnen[11]. Solche Verfahren sind unter anderem Baugenehmigungsverfahren oder Genehmigungsverfahren für Anlagen nach dem BImSchG.

(2) Ergänzung des Bebauungsplans durch die BauNVO

316 Der Bebauungsplan seinerseits wird durch die aufgrund von § 2 Abs. 5 BauGB erlassene **Baunutzungsverordnung** (BauNVO) konkretisiert. Sie bezieht sich in erster Linie auf die Bestimmungen über die Bauleitplanung in §§ 1 bis 13 BauGB und auf die bauplanungsrechtlichen Vorgaben für die Zulässigkeit einzelner Bauvorhaben gemäß §§ 29 bis 38 BauGB[12]. Die BauNVO enthält zum einen Maß-

---

[9] Muster finden sich bei *Stüer*, Der Bebauungsplan (2000).
[10] Originalbegründungen finden sich ebenso bei *Stüer*, Der Bebauungsplan (2000).
[11] 2.3.2.2 des Musterlasses „Berücksichtigung von Flächen mit Altlasten bei der Bauleitplanung und im Baugenehmigungsverfahren" der Fachkommission Städtebau der ARGEBAU vom 27./28.5.1991, abgedruckt bei Franzius/Wolf/Brandt, HdA Nr. 15223.
[12] *Hoppe/Grotefels*, Öffentliches Baurecht (1995), § 6 Rn. 1 ff.

I. Verhalten vor dem Erwerb des Standorts

E

gaben hinsichtlich Art (§§ 1 bis 15 BauNVO) und Maß (§§ 16 bis 21a BauNVO) der baulichen Nutzung. Zum anderen regelt sie Bauweisen und überbaubare Grundstücksflächen (§§ 22 und 23 BauNVO). Bezogen auf die Art der baulichen Nutzung, also die Frage, ob z.B. Wohnen oder Gewerbe oder beides zulässig ist, nennt die Verordnung vier allgemeine und zehn besondere Gebietstypen. Die allgemeinen Gebietstypen (§ 1 Abs. 1 Nr. 1–4 BauNVO) sind Wohnbauflächen (W), gemischte Bauflächen (M), gewerbliche Bauflächen (G) und Sonderbauflächen (S). Die besonderen Baugebiete (§ 1 Abs. 2 Nr. 1–10 BauNVO) sind Kleinsiedlungsgebiete (WS), reine Wohngebiete (WR), allgemeine Wohngebiete (WA), besondere Wohngebiete (WB), Dorfgebiete (MD), Mischgebiete (MI), Kerngebiete (MK), Gewerbegebiete (GE), Industriegebiete (GI) und Sondergebiete (SO). Nach der Systematik der Verordnung sind die Gebietstypen[13] jeweils in den Absätzen 1 der §§ 2 bis 11 BauNVO beschrieben. In den Gebieten sind bestimmte, in der Norm jeweils genannte Nutzungszwecke grundsätzlich (Absätze 2 der §§ 2 bis 11) und andere ausnahmsweise (Absätze 3 der §§ 2 bis 11) zulässig. Die Gemeinde ist bei der Festsetzung bestimmter Gebietstypen im Bebauungsplan an die Vorgaben der BauNVO gebunden. In den zeichnerischen Festsetzungen des Bebauungsplanes finden sich nur noch die in der BauNVO verwendeten und in der PlanzV 90 definierten Abkürzungen und Zeichen.

Weil in bestimmten Gebietstypen nur bestimmte Nutzungen zulässig sind, nimmt der Bundesgesetzgeber auf dem Weg über die BauNVO also gewissermaßen Einfluss auf die gemeindliche Bauleitplanung. **317**

cc) Ist ein Vorhaben- und Erschließungsplan sinnvoll?

Einen speziellen Bebauungsplantyp stellt der „Vorhaben- und Erschließungsplan" nach § 12 BauGB dar. Es handelt sich hierbei um einen vorhabenbezogenen Bebauungsplan. Er besteht aus drei Teilen, nämlich dem Vorhaben- und Erschließungsplan des Investors, der Satzung der Gemeinde und einem Durchführungsvertrag, den Investor und Gemeinde miteinander schließen. Das Bebauungsplanverfahren wird durch den Antrag eines Investors in Gang gesetzt. Dieser muss nachweisen, dass er über das Grundstück verfügen kann, und dass er zumindest für die Erschließungsmaßnahmen die Durchführung des Plans sicherstellen kann. Hierüber wird dann ein Durchführungsvertrag geschlossen, der eine Frist für die Durchführung der Investition enthält. Der Vorhaben- und Erschließungsplan hat für den Investor den Vorteil einer genau auf seine Bedürfnisse zugeschnittenen Planung, die auf seine Initiative erfolgt. Auch wenn der Investor sein Verhalten mit der Gemeinde abstimmen muss, kann er das Bebauungsplanverfahren beeinflussen und beschleunigen. Allerdings muss er auch die Kosten der Planung tragen, und er hat eine Verpflichtung, das geplante Vorhaben zu realisieren. Kommt es ohne Schuld des Investors nicht zur Durchführung des Plans, wird er **318**

---

[13] Vgl. zu Einzelheiten etwa *Kremer*, Städtebaurecht (1999), Rn. 97 ff.; *Hoppe/Grotefels*, Öffentliches Baurecht (1995), § 6 Rn. 1 ff.

entschädigt. Für die Kommune bringt der Vorhaben- und Erschließungsplan Kosteneinsparungen und wegen der Durchführungsverpflichtung des Investors Planungssicherheit[14].

dd) Vorhaben im unbeplanten Innenbereich

319 Es gibt auch in vergleichsweise dicht besiedelten Regionen Gebiete, für die eine Gemeinde keinen Bebauungsplan aufstellen will. Man spricht in diesem Fall vom „unbeplanten Innenbereich". Auch hier besteht grundsätzlich Baurecht, das heißt ein Anspruch, bei Erfüllung der bauplanerischen und bauordnungsrechtlichen Anforderungen eine Baugenehmigung zu erhalten. In diesen Gebieten richtet sich die Zulässigkeit der Art der baulichen Nutzung gemäß § 34 Abs. 2 BauGB ebenfalls nach der BauNVO, wenn die Umgebung einem der dort aufgeführten Gebietstypen entspricht. Anderenfalls – nämlich bei diffuser Bebauung eines Ortsteiles – muss sich das Vorhaben nach Art und Maß in die Eigenart der näheren Umgebung **einfügen** (§ 34 Abs. 1 BauGB)[15]. Nach § 33 BauGB gelten während der Aufstellung eines Bebauungsplanes Sonderregelungen[16].

ee) Vorhaben im Außenbereich

320 Es ist möglich, dass ein Gewerbebetrieb weder im Bereich eines Bebauungsplanes noch innerhalb eines im Zusammenhang bebauten Ortsteiles angesiedelt ist oder dort errichtet werden soll. Das Vorhaben befindet sich in diesem Fall im sogenannten Außenbereich als einer im wesentlichen naturbelassenen Freifläche, die der Erholung und der Natur dient. Die Chancen für die Errichtung eines größeren Gewerbe- oder Wohnkomplexes sind in diesem Bereich naturgemäß schlecht. Die Zulässigkeit solcher Vorhaben richtet sich in diesem Fall nach § 35 BauGB. Sie ist grundsätzlich nur dann gegeben, wenn das Vorhaben seinem Wesen nach in den ländlichen Bereich hineinpasst und/oder wenn es privilegiert ist. Zu berücksichtigen ist hier, dass der Zulässigkeit eines Vorhabens vornehmlich entgegengehalten werden kann, dass es Belange des Naturschutzes und der Landschaftspflege oder des Bodenschutzes beeinträchtigt (§ 35 Abs. 3 Nr. 5 BauGB)[17].

ff) Naturschutz

321 Naturschutzrechtliche Belange sind mit der Bebauung unbesiedelter Flächen oft nicht in Übereinstimmung zu bringen. Daher können sie Bauvorhaben verhindern. Das Verhältnis zwischen Bauplanungs- und Naturschutzrecht ist in § 8a BNatSchG i.V.m. 1a BauGB geregelt. Es ist davon auszugehen, dass die Bebau-

---

[14] Vgl. zum Vorhaben- und Erschließungsplan *Stüer*, Handbuch des Bau- und Fachplanungsrechts, Rn. 1068 ff.; *Birk*, NVwZ 1995, 625 ff.; *ders.*, BauR 1999, 205 ff.; *Turiaux*, NJW 1999, 391 ff.
[15] Vgl. dazu *Hoppe/Grotefels*, Öffentliches Baurecht (1995), § 8 Rn. 44 ff.
[16] Vgl. dazu *Hoppe/Grotefels*, Öffentliches Baurecht (1995), § 8 Rn. 36 ff.
[17] Dazu *Kremer*, Städtebaurecht (1999), Rn. 188.

I. Verhalten vor dem Erwerb des Standorts   E

ung eines Grundstücks regelmäßig einen Eingriff in Natur und Landschaft darstellt. Die Rechtsfolgen eines solchen Eingriffs richten sich danach, ob er im Rahmen der Bauleitplanung erfolgt, oder ob er sich im unbeplanten Innenbereich vollzieht. Für Eingriffe im Rahmen der Bauleitplanung bestimmt § 1a BauGB jetzt, dass die Frage, ob ein Eingriff in Natur und Landschaft vorliegt und ob dieser auszugleichen ist, letztlich Sache des Baurechts ist. Diese Punkte sind bei der Bauleitplanung, also zum Beispiel bei der Aufstellung eines Bebauungsplanes oder eines Vorhaben- und Erschließungsplanes nach § 12 BauGB zu überprüfen und Bestandteil der Abwägung nach § 1 Abs. 6 BauGB. Im Ergebnis können naturschutzrechtliche Belange aufgrund dieser letztlich baurechtsfreundlichen Regelung häufig „weggewogen" werden[18]. Im nicht beplanten Innenbereich gibt es nach der gesetzlichen Neuregelung keine Eingriffe in Natur und Landschaft mehr. Der Naturschutz kann einer Bebauung in diesem Bereich also nicht mehr entgegenstehen[19].

gg) Sicherung der Erschließung

Die gesicherte Erschließung eines Bauvorhabens ist Voraussetzung für jede Bebauung oder Nutzung. Mit Erschließung ist in erster Linie die Erreichbarkeit des Grundstücks durch Wege oder Straßen gemeint, aber auch die Ver- und Entsorgung des Grundstücks. Auch die Erschließung kann vertraglich geregelt werden. Hierfür kommt ein **Erschließungsvertrag** nach § 124 BauGB in Betracht, wonach die Gemeinde die Erschließung auf einen Dritten übertragen kann. Die Erschließung kann aber auch Gegenstand eines **städtebaulichen Vertrages** nach § 11 BauGB sein, der die dort aufgeführten umfangreichen Regelungsgegenstände haben kann. Nach § 11 Abs. 1 Satz 2 Nr. 1 BauGB kann auch die Bodensanierung Gegenstand eines solchen Vertrages sein[20]. 322

> **Praxistipp:**
>
> Wegen der komplexen Prüfung der vielschichtigen Rechtsfragen, die sich im Zusammenhang mit der Bauleitplanung stellen können, empfiehlt es sich für den Investor in jedem Fall, anwaltlichen Rat einzuholen, wenn dieser mit den Vorgaben des Bauplanungsrechts nicht hinreichend vertraut ist. Die Praxis zeigt, dass diese Aufgaben oft von Architekten wahrgenommen werden. Dies kann aber angesichts der für sie fachfremden Detailfragen zu Zeitverzögerungen, Reibungsverlusten und auch zu Fehlentscheidungen führen.

---

[18] Vgl. dazu *Bender/Sparwasser/Engel*, Umweltrecht Kapitel 5 Rn. 151 ff.
[19] *Boecker/Bosch/Lenz/Kracht*, Es geht um Ihren Standort, (4. Aufl. 1998), hrsg. durch die IHK Köln, S. 53.
[20] Vgl. zum speziellen Sanierungsvertrag eingehender unten Rn. 474 ff. und 552 ff. Vgl. zu städtebaulichen Verträgen allgemein aus jüngerer Zeit etwa *Brohm*, JZ 2000, 321 ff.; *Ohms*, BauR 2000, 983 ff.

b) Stehen dem Nutzungszweck bauordnungsrechtliche Vorgaben entgegen?

323 Zu fragen ist in diesem frühen Stadium auch schon, ob die gewünschte Nutzungsart bauordnungsrechtlichen Vorgaben entspricht. Die Genehmigungsanforderungen bestimmen sich bauordnungsrechtlich auch danach, ob ein Abriss, eine Neuerrichtung oder eine Umnutzung gewollt ist. Ob das Vorhaben genehmigungsfähig ist, kann in diesem frühen Stadium nur sehr kursorisch geprüft werden und bleibt dem späteren Baugenehmigungsverfahren vorbehalten. In dieser Planungsphase ist es regelmäßig verfrüht, eine Bauvoranfrage oder einen Bauantrag zu stellen.

> **Praxistipp:**
>
> Prüfen sollte man aber, ob die spätere Nutzung eine Nachbarzustimmung voraussetzt oder ob ein Nachbar gegebenenfalls um die Zustimmung zur Eintragung einer Baulast gebeten werden muss. Dies kann zur Überwindung des Überschreitens von Abstandflächen erforderlich sein.

c) Besteht ein Baugrundrisiko?

324 Geprüft werden sollte weiterhin, ob der Boden und der gesamte Untergrund für das gewünschte Vorhaben geeignet ist, insbesondere ob er hinreichend tragfähig ist[21].

d) Ist das Vorhaben in der Kommune politisch erwünscht und wie ist die Entwicklungstendenz?

325 Vorraussetzung für die reibungslose Durchführung eines Vorhabens ist die Bereitschaft der Gemeinde, dieses zu unterstützen. Selbst wenn das gegenwärtige örtliche Baurecht bestimmte Nutzungen zulässt, kann ein veränderter Planungswille der Gemeinde (sog. „Abwehrplanung") die Realisierung eines Vorhabens erschweren und in letzter Konsequenz auch unterbinden[21]. Kommunen sind zwar in aller Regel daran interessiert, kontaminierte Brachflächen einer neuen Nutzung zuzuführen. Es hängt aber von den Umständen des Einzelfalles ab, ob auch die seitens des Investors bevorzugte Nutzung erwünscht ist. Häufig ist Kommunen daran gelegen, innerstädtische Brachflächen einer Wohnnutzung zuzuführen. Dies wird häufig dann der Fall sein, wenn der entgegenstehende Wille der Nachbarn einer Brachfläche stark ist und die formulierten Anliegen berechtigt sind. Die Kommune ist frei, ihren Willen in der Bauleitplanung umzusetzen. Es liegt damit auf der Hand, dass der gemeindliche Planungswille bisweilen den Anforde-

---
[21] Dazu *Knoche*, Altlasten und Haftung, S. 226 f.
[22] Zum Begriff der Abwehrplanung vgl. *Grigoleit*, NJ 1998, 356 ff.

rungen des Marktes entgegenläuft. Auf der anderen Seite sind auch Kommunen häufig flexibel, gerade wenn es um das Recycling von Brachflächen geht. Es sollte daher bei der Standortentscheidung nicht nur in Erfahrung gebracht werden, ob ein bestimmtes Vorhaben rechtlich durchsetzbar ist, sondern auch, ob es politisch erwünscht ist. Sofern der Gemeinde ein interessantes Konzept unterbreitet wird, ist sie gegebenenfalls dazu bereit, ihre Bauleitplanung zu ändern. Es ist aber auch möglich, dass die seitens der Planungsbehörde vorgeschlagene Nutzung den Investor überzeugt.

e) Ist berechtigter Protest von Nachbarn zu erwarten?

Wenn ein Industriestandort in einem Gebiet neu- oder wiedererrichtet werden soll, in dem auch Wohnnutzung erlaubt ist, regt sich bei den Nachbarn nicht selten Widerstand gegen den Gewerbebetrieb. Ein Industriestandort, der fortdauernd genutzt wurde, genießt grundsätzlich auch mit seinen Emissionen Schutz vor heranrückender Bebauung. Anders ist dies allerdings, wenn ein Standort längere Zeit brachgelegen hat und zwischenzeitlich die an den Standort herangerückte Wohnnutzung dominiert. In diesem Fall kann der Widerstand von Nachbarn bestimmte Nutzungen zu Fall bringen. Da großflächiges oder produzierendes Gewerbe in der Regel mit Belästigungen für die Anwohner verbunden ist, wehren sich diese häufig bereits während der Planungsphase. Schon bei der Erkundung eines geeigneten Standorts sollte daher anhand der örtlichen Gegebenheiten abgeschätzt werden, ob berechtigter Widerstand von Anwohnern zu erwarten ist. Dies sollte in der Regel nach einer diesbezüglichen Analyse des Standorts im Wege eines Gesprächs bei der Bauplanungsbehörde angesprochen werden. Ein Gespräch mit den Anwohnern direkt empfiehlt sich – zumal in dieser frühen Phase – auch unter Berücksichtigung der Informationspflicht nach § 12 BBodSchG in aller Regel nicht[23].

326

3. Zusatzprüfungen bei Vermutung oder Bestehen von schädlichen Bodenveränderungen oder Altlasten

Vorgenannte Punkte sind generell vor einer Investition in einen neuen Standort zu erwägen. Besteht ein Altlastenverdacht oder hat sich ein solcher bereits bestätigt, so erweitert sich das Prüfprogramm beträchtlich. Zugleich steigen die mit der Investition verbundenen Risiken. Bei den Zusatzprüfungen kann man zwischen solchen bei Erwerb eines stillgelegten Standorts und bei Erwerb eines noch produzierenden Unternehmens differenzieren. Diese Trennung ist nicht starr durch-

327

---

[23] Es ist zur Vermeidung einer „Altlastenhysterie" insgesamt darauf hinzuweisen, dass bei Wahrnehmung der Informationspflicht aus § 12 BBodSchG Vorsicht geboten ist. Siehe dazu oben, Rn. 442. Ein Verstoß gegen die Pflicht nach § 12 BBodSchG ist nach § 26 BBodSchG nicht bußgeldbewehrt; vgl. oben Rn. 306.

zuhalten; sie unterstreicht aber Prüfungsschwerpunkte. Gegebenenfalls kommen die genannten Prüfkriterien in beiden Fällen in Betracht.

> **Praxistipp:**
>
> Es reicht keinesfalls aus, wenn sich der Erwerber darauf beschränkt, Auskünfte vom Veräußerer einzuholen und auf deren Richtigkeit zu vertrauen. Eine eigene sorgfältige Erkundigung des Sachverhalts ist in diesem Fall nicht allein deshalb dringend angezeigt, weil der Verkäufer einen weniger strengen Prüfungsmaßstab anlegen könnte. Nur aufgrund selbst veranlasster und gesteuerter Untersuchungen kann der Erwerber sich einen verlässlichen Überblick über die vorhandenen Risiken und damit über den Wert des Standorts verschaffen. Wenn sich nach einer sorgfältig durchgeführten und dokumentierten Untersuchung keine nennenswerten Risiken zeigen, dürfte auch Bösgläubigkeit auszuschließen sein, welche nach § 4 Abs. 6 S. 2 BBodSchG bei Grundstücksgeschäften ab dem 1. März 1999 Voraussetzung der Haftung eines Voreigentümers ist.

a) Ersterkundung bei Erwerb einer Altlast oder einer Verdachtsfläche oder altlastenverdächtigen Fläche

328 Bei dem Erwerb einer Altlast, einer Verdachtsfläche oder altlastenverdächtigen Fläche ist es zunächst von besonderer Bedeutung, **umfassende Informationen** über den zu erwerbenden Standort einzuholen. Dies geschieht in der Regel zunächst im Rahmen einer Erhebung allgemeiner Daten über den Standort und einer ersten Begehung.

> **Praxistipp:**
>
> Grundsätzlich rentiert es sich, bereits in der Entscheidungsfindungsphase externen Sachverstand einzuschalten. Auf diese Weise können Risiken von Beginn an kompetent abgewogen werden. Da sich Investitionen auf Altlasten regelmäßig kontinuierlich und **Schritt für Schritt** entwickeln, empfiehlt es sich aber nicht, externe Berater von vornherein für das gesamte Projekt zu beauftragen. Vielmehr sollte auch das Auftragsverhältnis sich nach und nach gemeinsam mit dem Verfahren entwickeln. Bei der Ersterkundung des Standorts empfiehlt es sich in der Regel, einen Bodengutachter zur Standortbegehung zu bitten. Dieser kann sich aufgrund seiner Erfahrung schnell einen Überblick über besonders augenfällige Probleme verschaffen und damit zum Problembewusstsein des Investors beitragen. Sofern auch die umwelt- und planungsrechtliche Situation eingeschätzt werden soll, ist aus dem selben Grunde bereits in diesem Stadium die Hinzuziehung eines Rechtsberaters zur Beantwortung dieser Fragen sinnvoll. Bei Einschaltung von Beratern sollte von diesen

I. Verhalten vor dem Erwerb des Standorts **E**

> auf jeden Fall eine schriftliche Einschätzung des Ergebnisses der Erstbegehung und ein Vorschlag für das weitere Vorgehen verlangt werden.

Sofern der Standort auch nach der Begehung noch interessant ist und das Umfeld[24] den Vorstellungen des Investors entspricht, schließt sich eine **historische Untersuchung** des Standorts an. Auf diesem Wege kann der Erwerber sich einen ersten Überblick über das Kaufobjekt verschaffen. Es gibt **vielfältige Quellen** aus denen Informationen über ein Grundstück oder eine Betriebsstätte eingeholt werden können. **329**

aa) Bisherige Nutzung erkunden

Zunächst sollte – vom aktuellen Eigentümer – die **bisherige Nutzung** des Grundstücks möglichst umfassend erfragt werden. Häufig existieren neben den aktuellen auch alte Grundstücks- und Betriebspläne, Luftaufnahmen oder sonstige Fotos des Standorts aus vergangener Zeit. Hieraus lassen sich häufig Lagerstätten für umweltgefährdende Materialien oder Standorte sensibler Betriebseinrichtungen ersehen. Oft existieren gerade aus der Kriegs- und Nachkriegszeit Luftaufnahmen von kriegsbedingten Schadensfällen, die sich bis in die heutige Zeit auswirken. Es sollte eine Liste der **früheren Eigentümer und Nutzungsberechtigten** des Grundstücks mit den Daten der Nutzung erstellt werden. Diese gibt Auskunft über mögliche Verursacher von Schäden, zumal diese Verursacher gegebenenfalls als Verhaltensverantwortliche in die Pflicht genommen werden können. In der Regel ist auch eine Einsichtnahme des Grundbuchs angezeigt. Es sollten Grundbuch-, Teileigentumsgrundbuch- bzw. Erbbaurechtsgrundbuchauszüge für den Standort im Eigentum des Veräußerers eingeholt werden. Ferner lassen sich aus Grundbuchauszügen benachbarter Grundstücke Baulasten, z.B. zugunsten des in Auge gefassten Grundstücks, entnehmen. Weiterhin sollten Katasterpläne (Flurkarten) für alle Flächen des Standorts eingeholt werden. Existieren geologische und/oder hydrogeologische Bodenkarten, sollten auch diese eingesehen werden. **330**

Zu beachten ist, dass der Eigentümer zwar nicht jede Vornutzung, die ihm bekannt ist, zu offenbaren hat. Allerdings bestehen bezüglich solcher Nutzungen, die hinsichtlich einer Kontamination des Grundstücks erheblich sein können, unbedingte Offenbarungspflichten des Verkäufers. Dies gilt insbesondere bei einer vormaligen Nutzung des Grundstücks als Deponie. **331**

bb) Heranziehung von Behördenakten

Eine weitere wichtige Informationsquelle stellen die behördlichen **Bauakten** des Standorts, sowie die dazu im **Liegenschafts-**, im **Ordnungsamt** und die bei den **Umweltbehörden** oder bei den **Bergämtern** geführten Vorgänge dar. Ein **332**

---
[24] Siehe oben Rn. 310 ff.

Recht zur Akteneinsicht besteht allerdings nur im Falle der Beteiligung an einem Verwaltungsverfahren[25] oder auf Antrag des Eigentümers. Sollte dieser sich weigern, sein Einverständnis zur Akteneinsicht zu erteilen, so ist zu fragen, ob der Eigentümer etwas verbergen möchte. Hilfreich ist in diesem Zusammenhang auch schon die Einsichtnahme in Versicherungsunterlagen, aus denen sich regelmäßig Schadensfälle ergeben. In den meisten Bundesländern sind darüber hinaus je nach Bundesland **Altlastenkataster**, Bodenkataster oder andere Bodendatenbanken eingerichtet. Diese sind zwar nicht vollständig. Sie geben aber häufig einen ersten Anhaltspunkt für mögliche Bodenverunreinigungen. Dort sind Grundstücke nach Belastungsgrad eingestuft. Die Terminologie für die Erfassung ist nicht einheitlich, aber in der Regel aus sich heraus verständlich.

333   In Baden-Württemberg etwa werden Flächen aufgrund einer historischen Erhebung („**Histe**") eingestuft von „A" bis „E": „A" für *ausgeschieden*, weil kein Verdacht einer schädlichen Bodenveränderung oder Altlast mehr besteht oder weil er entkräftet ist, „B" für *im Kataster belassen*, da zwar keine Belastung festgestellt werden konnte, aber ein Verdacht auch nicht ausgeräumt werden konnte, „C" für *festgestellte Verunreinigungen, die überwacht werden*, „D" für Grundstücke bei denen *Sanierungsbedarf besteht* und schließlich „E" für Grundstücke, die *akut sanierungsbedürftig* sind[26].

334   Die auch für die Erfassung schädlicher Bodenveränderungen und schädlich verunreinigten Grundwassers geltenden gemeinsamen **baufachlichen Richtlinien** des BMVBW und des BMVg sehen für bundeseigene Grundstücke bei der Gefährdungsabschätzung eine vierstufige Einteilung nach „A" bis „D"-Flächen vor. Bei „A"-Flächen hat sich ein Kontaminationsverdacht nicht bestätigt und es besteht kein Handlungsbedarf. „B"-Flächen kennzeichnen entweder eine nachgewiesene Kontamination, die aber generell keine Gefahr darstellt, oder die nur bei ihrer gegenwärtigen Nutzung keine Gefahr darstellt (latente Gefahr). Bei „C"-Flächen liegt eine Kontaminierung und eine konkrete Gefahr vor, es ist aber keine unmittelbare Sanierung, wohl aber eine Überwachung erforderlich. Flächen, bei denen eine Kontamination nachgewiesen wird, die eine akute Gefahr darstellt werden als „D"-Flächen bezeichnet. Bei ihnen ist eine Sanierung in jedem Falle erforderlich[27].

cc) Information nach Umweltinformationsgesetz

335   Eine Möglichkeit, Umweltdaten ohne Beteiligung an einem Verfahren in Erfahrung zu bringen, enthält das **Umweltinformationsgesetz** (UIG). Es vermittelt jedermann grundsätzlich einen Anspruch auf umweltrelevante Information ge-

---

[25] Vgl. unten Rn. 393 ff.
[26] *Kersten*, BWNotZ 2000, 73, 78, vgl. dazu auch Altlasten und Bauen, Flächendeckende historische Erhebung altlastenverdächtiger Flächen im Landkreis Calw, abgedruckt in Franzius/Wolf/Brandt, HdA, Nr. 15222.
[27] Baufachliche Richtlinie für die Planung und Ausführung der Sanierung von schädlichen Bodenveränderungen und Grundwasserverunreinigungen (Stand: Juni 2000), abgedruckt in Franzius/Wolf/Brandt, HdA, Nr. 15226, S. 7.

I. Verhalten vor dem Erwerb des Standorts   **E**

genüber Umweltbehörden. Ein Nachweis besonderer Voraussetzungen – wie etwa die für eine Akteneinsicht nach § 29 VwVfG erforderlichen Verfahrensbeteiligung – ist nach UIG nicht erforderlich. Die Abfrage unternehmensbezogener Daten ist grundsätzlich zulässig. Das UIG dient nicht der Industriespionage. Geschützt sind lediglich Daten, die aus wettbewerbsrechtlichen Gründen der Geheimhaltung vor Konkurrenten unterliegen.[28]

> **Praxistipp**:
> Falls keine negativen Vorkommnisse bekannt sind, sollten die zuständigen Behörden gebeten werden, dies schriftlich zu bestätigen.

dd) Heranziehung sonstiger Unterlagen

Eine weitere wichtige Informationsquelle sind **sonstige Unterlagen** zum Standort. Sofern dort mit umweltgefährdenden Stoffen umgegangen und diese dort gelagert wurden, sollte eine Liste dieser Stoffe möglichst unter Angabe der zugehörigen Zeiträume gefordert werden. Interessant ist auch, ob der Eigentümer Verpflichtungen aus öffentlich-rechtlichen oder sonstigen Verträgen übernommen hat. Sofern schon einmal Bodenuntersuchungen durchgeführt wurden und diesbezüglich Unterlagen – etwa Gutachten oder Messberichte existieren – sollten diese herausverlangt werden. Ferner kann eine Darstellung der Grundstücksgeschäfte der letzten Jahre aufschlussreich sein, insbesondere ob die Kaufverträge Altlastenfreistellungserklärungen zulasten des aktuellen Eigentümers enthalten. **336**

b) Tiefergehende Erkundung bei Erwerb eines produzierenden oder noch nicht niedergelegten Unternehmens

Zusätzliche Probleme entstehen, wenn kein brachliegender Standort mit nicht mehr genutztem Gebäudebestand erworben wird, sondern ein in Betrieb befindliches Unternehmen. Vergleichbare Probleme stellen sich bei Erwerb eines erst vor kurzem stillgelegten Standorts. Bei der sorgfältigen Auswahl des Standorts kommt der Investor um eine eingehende Überprüfung von Umweltrisiken nicht umhin. In diesen Fällen stellen sich aus Käufersicht zahlreiche umweltrechtliche Fragen, die Gegenstand der sog. umweltrechtlichen „Due Diligence"[29]-Untersuchung sind. Dieser Begriff bezeichnet einen Sorgfaltsmaßstab nach amerikanischem Recht, der sich für die Überprüfung des Wertes eines zu erwerbenden Unternehmens eingebürgert hat. Die umweltrechtliche Prüfung ist wiederum Teil einer gesetzlich nicht geregelten Überprüfung, für die sich in der Praxis des **337**

---

[28] Siehe zum UIG eingehend unten Rn. 394 ff.
[29] Dieser englische Bezeichnung hat sich insgesamt als Schlagwort für die Überprüfung der Werthaltigkeit eines Unternehmens bei Unternehmenskäufen durchgesetzt.

Unternehmenskaufs vergleichsweise feste Standards entwickelt haben[30]. Diese Untersuchung betrifft letztlich die gesamte Organisation des zu übernehmenden Betriebes, die Schlüsse auf deren umwelthaftungsrechtliche Situation zulässt[31]. Sie reicht von der Einhaltung der Betriebsgenehmigungen und deren Nebenbestimmungen für Anlagen hinsichtlich der Kapazitäts- und Umweltbelastungsgrenzen, über die baurechtliche Genehmigungssituation der baulichen Anlagen auf dem Standort und die Ermittlung von Produkthaftungsansprüchen, bis hin zum Umgang mit vorhandenen Altlasten[32]. Bei der Überprüfung lässt sich eine Aufteilung nach drei Schwerpunkten vornehmen. Erstens nach Betriebsstätte/Produktion/Genehmigungen und Auflagen, zweitens nach Behandlung von umweltrelevanten Problemen und drittens nach Betriebsorganisation und Dokumentation. Insgesamt kann sich die folgende Darstellung zu überprüfender Punkte nur auf ausgewählte Fragen beziehen. Sie erhebt keinen Anspruch auf Vollständigkeit.

aa) Betriebsstätte/Produktion/Genehmigungen und Auflagen

338 Die Prüfung kann beim Vorhandensein einer **Betriebsgenehmigung** für den ursprünglichen Betrieb und für mögliche Änderungen, sowie bei der Frage nach der Einhaltung der Grenzen dieser Genehmigungen und ihrer Nebenbestimmungen ansetzen. In diesem Zusammenhang ist eine umfassende **Detailprüfung aller Anlagen** auf dem Standort erforderlich. Zum einen ist auf deren technischen Stand und zum anderen auf ihren Genehmigungsstatus nach Immissionsschutzrecht, Wasserrecht, Kreislaufwirtschafts- und Abfallrecht, sowie nach sonstigem Umweltschutz-, Bau-, Gewerberecht und nach weiteren Vorschriften zu achten. Wichtig ist etwa zu ermitteln, ob eine Gewerbeanmeldung und ggf. Gewerbeerlaubnis sowie – unabhängig von den gesondert zu überprüfenden Anlagengenehmigungen – weitere behördliche Erlaubnisse für die Ausübung des Geschäftsbetriebes erforderlich sind und gegebenenfalls vorliegen. Zu klären ist weiterhin, ob **Baugenehmigungen** für die auf dem Standort errichteten baulichen Anlagen bestehen. Hier ist insbesondere auch die Genehmigungsbedürftigkeit nach der jeweiligen Landesbauordnung zu prüfen, um den Erwerb von „Schwarzbauten" zu verhindern. Im Falle ihrer formellen und materiellen Illegalität kann die Bauordnungsbehörde den Gebäudeabriss anordnen.

---

[30] Vgl. dazu etwa *Holzapfel/Pöllath*, Unternehmenskauf in Recht und Praxis (9. Aufl. 2000), Rn. 12 ff.; *Engelhardt*, WiB 1996, 292 ff.; umfassend für den umweltrechtlichen Bereich: *Kummer* in Picot, Unternehmenskauf und Restrukturierung (2. Aufl. 1998) (Teil VII), S. 809 ff.
[31] Vgl. dazu etwa *Turiaux/Knigge* BB, 1999, 913 ff. und die Checklisten für Projektentwickler von *Meißner*, ZfIR 1998, 437 ff. sowie die allgemeinen und umfassenden umweltrechtlichen Checklisten von *Eilers/Thiel*, M&A Review 1992, 408 ff., und *Kummer* in Picot, Unternehmenskauf und Restrukturierung (2. Aufl. 1998) (Teil VII) Rn. 231 ff.
[32] Vgl. die Problemübersicht bei *Turiaux/Knigge*, BB 1999, 913, 914.

I. Verhalten vor dem Erwerb des Standorts   **E**

> **Praxistipp:**
>
> Bauliche Anlagen sind weit mehr als Gebäude. Beispielsweise sind nach der Definition des § 2 Abs. 1 LBauO RP[33] bauliche Anlagen „mit dem Erdboden verbundene, aus Bauprodukten hergestellte Anlagen". Eine Verbindung mit dem Erdboden besteht auch dann, wenn die Anlage durch eigene Schwere auf dem Boden ruht oder wenn sie nach ihrem Verwendungszweck dazu bestimmt ist, ortsfest benutzt zu werden. Als bauliche Anlagen gelten danach etwa auch Aufschüttungen und Abgrabungen, Lager-, Abstell-, Aufstell- und Ausstellungsplätze, Stellplätze, Gerüste und Hilfseinrichtungen zur Sicherung von Bauzuständen. Es wird häufig übersehen, dass eine Aufschüttung von Erdreich oder Lagerplätze für Abfall und Altmaterial bauliche Anlagen sind. Viele der vorgenannten baulichen Anlagen sind genehmigungspflichtig und bedürfen einer Baugenehmigung, die vorgelegt werden sollte.

bb) Behandlung von umweltrelevanten Problemen seitens des Altbetreibers

Besonderes Augenmerk ist auf den Umgang mit bereits aufgetretenen Umweltproblemen zu legen. Ferner ist der Umgang des Unternehmens mit Altlasten, Abfall und Abwasser zu ermitteln. Bedeutsam ist es auch, umfassende Informationen über den Umgang mit umweltsensiblen Stoffen und deren Lagerung zu erhalten. **339**

(1) Altlastenbehandlung

Im Zusammenhang mit der **Altlastenbehandlung** fragt sich, ob es schon geplante, eingeleitete oder gar durchgeführte Maßnahmen zur Bodensanierung und Aufzeichnungen hierüber gibt? Wie ist die Bodenbeschaffenheit? Werden Verunreinigungen leicht durchgelassen oder existieren natürliche Schadstoffbarrieren unterhalb der Erdoberfläche, die – wie etwa feste Fels- oder Tonschichten – die Ausbreitung von Schadstoffen in das Grundwasser verhindern? Wie ist der Grundwasserpegel? Bei einem hohen Pegel wird das Grundwasser schneller von Schadstoffen erreicht als bei einem niedrigen Pegel. **340**

(2) Abfallbehandlung

Abfallrechtlich ist zu ermitteln, wie die Abfallentsorgung durchgeführt wird und in der Vergangenheit durchgeführt wurde. Welche Arten von Abfall fallen oder fielen in welchen Mengen an? Was geschieht oder geschah mit sonderentsorgungspflichtigen Abfall, können Transport- und Entsorgungsgenehmigungen nach KrW-/AbfG vorgelegt werden und arbeiten eingeschaltete Verwertungs- und Entsorgungsunternehmen zuverlässig? Wird und wurde Abfall getrennt, ordnungsgemäß klassifiziert und deklariert? Existiert oder existierte ein Abfallmana- **341**

---

[33] In den übrigen Bundesländern gelten vergleichbare Vorschriften.

gement oder wurde ein Abfallkonzept oder eine Abfallbilanz (§ 20 Abs. 1 KrW-/AbfG) erstellt? Unterliegt der Betrieb den Pflichten nach § 52 KrW-/AbfG; wurde bereits ein Betriebsbeauftragter für Abfall ernannt und wie arbeitet dieser?

(3) Einhaltung wasserrechtlicher Anforderungen

342 **Wasserrechtlich** ist zu prüfen, ob die tatsächliche Gewässernutzung den gesetzlichen und behördlichen Anforderungen genügt. Zu prüfen ist auch, ob Einleitungserlaubnisse für Abwässer vorliegen und wie die Abwasserbeseitigung insgesamt funktioniert und funktionierte. Interessant ist auch, wie viel Abwasser welcher Art anfällt und anfiel. Wie ist der Erhaltungszustand der Abwasserbehandlungsanlagen und des Rohrleitungssystems des Betriebes? Gibt es „alte Rechte" nach § 15 WHG?

(4) Einhaltung immissionsschutzrechtlicher Anforderungen

343 **Immissionsschutzrechtlich** sollte ermittelt werden, ob Emissionen die Richtwerte der technischen Anweisungen Lärm und Luft einhalten, welcher Art und Intensität die Ausstöße sind und ob ein Mitglied der Geschäftsführung als umweltverantwortlicher Anlagenbetreiber nach § 52a BImSchG benannt wurde. Zudem ist zu prüfen, ob Anlagen der Störfallverordnung unterfallen. Zudem sollten Anlagengenehmigungen nach BImSchG, sofern vorhanden, eingesehen und deren Einhaltung überprüft werden.

(5) Überprüfung sachgemäßer Lagerung von Problemstoffen

344 Bedeutsam ist auch, wie umweltrelevante Stoffe gelagert werden. Unsachgemäße **Lagerung** ist eine häufige Ursache für Schäden. Zu prüfen ist, wo sich Tanks und sonstige Lagerstätten befinden und befanden, in welchem Zustand sie sind, wie sie etwa gegen Feuer oder Auslaufen gesichert sind und welche Stoffe darin gelagert werden und wurden. Von Bedeutung ist die Dauer der Lagerung, und ob alle Lagerungen erlaubt oder genehmigt sind.

cc) Betriebsorganisation und Dokumentation seitens des Altbetreibers

345 Eine gute Betriebsorganisation und Dokumentation der Betriebsabläufe steht für die Nachvollziehbarkeit des ordnungsgemäßen Umgangs mit umweltgefährdenden Stoffen und Anlagen[34]. Auch behördliche Verfahren gegen das Unternehmen und Rechtsstreitigkeiten sowie Versicherungsunterlagen geben wichtige Auskünfte über den umweltrechtlichen Status des Standorts.

---

[34] Vgl. zur Bedeutung der Betriebsorganisation für die Exkulpation des Führungspersonals oben Rn. 296.

I. Verhalten vor dem Erwerb des Standorts E

(1) Überprüfung der Betriebsorganisation

Im Zusammenhang mit der **Betriebsorganisation** ist die Ausgestaltung der Be- 346
triebsorganisation des Unternehmens insgesamt zu beleuchten, etwa darauf, ob
eine nachvollziehbare und klare Organisation des Betriebsaufbaus und der Betriebsabläufe existiert. Ist zudem eindeutig festgelegt, wer Entscheidungen trifft
und wie die Verantwortlichkeiten delegiert sind? Hat die Unternehmensleitung
ein Umweltschutzkonzept entwickelt und sorgt oder sorgte sie für dessen Durchsetzung, etwa durch die Entwicklung eines einzuhaltenden Umweltschutz-Hand-
buchs? Gibt es einen Umweltbeauftragten für Immissionsschutz, Gewässerschutz,
Abfall, Brand- und Strahlenschutz sowie für Störfälle? Gibt es ein Störfallmana-
gement und entsprechende Pläne? Wurde schon einmal ein Umwelt-Audit
durchgeführt?

(2) Überprüfung der Dokumentation unternehmensinterner Vorgänge

Die **Dokumentation** unternehmensinterner Vorgänge ist auf eindeutige Aufga- 347
ben- und Zuständigkeitsverteilung zu überprüfen. Folgende Fragen sind zu stellen: Existiert eine schriftlich dokumentierte Organisation von Arbeitsabläufen?
Sind Anträge und Genehmigungen, Betriebs- und Anlagenpläne sowie Behör-
denkorrespondenz nachvollziehbar und sicher auffindbar geführt? Sind alle früheren (Datum) oder derzeitigen umweltgefährdenden Vorfälle auf dem Grundstück, bezogen auf Art, Stoff, Menge und Dauer und für Boden, Wasser, Luft und
Lärm dokumentiert? Existieren Abnahmeprotokolle und Prüfzertifikate für Anlagen und sind Verträge und Versicherungsunterlagen greifbar?

Aufschlussreich ist schließlich, ob es laufende **Verwaltungs- oder Gerichts-** 348
verfahren gibt, welche die Umweltsituation des Standorts betreffen. In Betracht
kommen privatrechtliche Verfahren vor Zivilgerichten, die insbesondere die Um-
welthaftung betreffen und umweltrelevante öffentlich-rechtliche Verfahren. Augenmerk ist zum Beispiel auf Anhörungsschreiben im Zusammenhang mit ordnungsbehördlichen Ermittlungen, bereits erlassene Sanierungsverfügungen oder
gar staatsanwaltschaftliche Ermittlungen zu legen. Zu prüfen ist auch, ob es Hinweise auf nicht erfüllte behördliche Auflagen gibt. Es muss gefragt werden, ob es
sonstige Verfahren vor Verwaltungsgerichten gibt oder gab und wie deren Ausgang war, bzw., warum ein bestimmter Ausgang laufender Verfahren erwartet
wird. Herauszubekommen ist auch, ob bereits behördliche, gerichtliche oder
schiedsgerichtliche Entscheidungen vorliegen und ob diese rechtskräftig sind.
Verlangt werden sollte schließlich die Vorlage aller behördlichen Entscheidungen,
die den Standort betreffen, insbesondere Gestattungen, Anlagen- und sonstige
Genehmigungen, sowie Verbots- und Untersagungsverfügungen.

dd) Informationsquellen zur tiefergehenden Erkundung

Die **Informationsquellen** für die Überprüfung der Einhaltung dieser Kriterien 349
entsprechen den oben genannten. Hinzu kommen jedoch in dem vertieften

Überprüfungsstadium etwa Gespräche mit Behördenvertretern, Mitarbeitern und Nachbarn des Unternehmens. Diese können etwa danach befragt werden, ob es in der Vergangenheit Schadensfälle gab und wie der Umgang damit nach dem Eindruck der Befragten war.

> **Praxistipp**:
>
> Auch das Ergebnis der eigenen Überprüfung sollte sorgfältig dokumentiert werden. Dies gilt für Ergebnisse einer Bodenuntersuchung, die durch Bodengutachter dokumentiert werden und für die Ergebnisse der Bewertung der restlichen Risiken, die regelmäßig ein anwaltlicher Berater vornimmt, behördliche Bestätigungen über Altlastenfreiheit usw. Mit Hilfe dieser Dokumentation können bei Rückgriffsansprüchen die Verursachungsbeiträge und Schadstoffbelastungen im Zeitpunkt des Gefahrenübergangs nachgewiesen werden[35].

c) Abwägung der Investitionsentscheidung auf vermuteten Problemflächen

350 Ob der Standort für eine Investition ausgewählt werden kann, hängt entscheidend von dem Ergebnis der vorgenannten Überprüfung ab und stellt eine kaufmännische Entscheidung dar. Die Untersuchung auf umweltrechtliche Risiken hin ist wichtig, um den Preis des Standorts sicher zu bestimmen. Die Kosten für dessen Sanierung können bei den **Preisverhandlungen** eingerechnet werden und den Preis erheblich reduzieren. Aber auch dann, wenn der Preis akzeptabel ist, sind weitere Kriterien zu beachten. So ist mit dem beratenden Bodengutachter zu erörtern, ob die Sanierung bei normalen Ablauf unter Berücksichtigung der konkreten Kontamination und der Bodenverhältnisse vergleichsweise kostengünstig durchgeführt werden kann. Bedeutsam ist auch, wie geeignet der Standort für das geplante Projekt ist und ob es in der näheren Umgebung Alternativen gibt. Ausschlaggebend kann auch sein, wie kooperativ die Gemeinde ist und wie weit sie Entgegenkommen bei der Verwirklichung des Projekts zeigt. Je größer das öffentliche Interesse an der Wiedernutzbarmachung der Brachfläche ist, desto leichter werden die Verhandlungen mit der Gemeinde sein. Ein entscheidender Faktor ist auch die finanzielle Leistungsfähigkeit des Veräußerers.

---

[35] *Steffen/Popp*, ZNotP 1999, 303, 307.

II. Die vertragliche Absicherung bei Erwerb des Standorts

Die Risiken beim Erwerb eines verunreinigten Standorts können immer nur minimiert, aber niemals ausgeschlossen werden. Das verbleibende Restrisiko sollte der Erwerber vertraglich absichern. Diese Absicherung erfolgt üblicherweise im Rahmen des Kaufvertrages mit dem Veräußerer des Grundstücks durch Haftungsfreistellungen[36]. Zu berücksichtigen ist allerdings, dass sämtliche vertraglichen Haftungsfreistellungsvereinbarungen im Verhältnis zwischen Erwerber und Veräußerer **nicht im Verhältnis zur Ordnungsbehörde** gelten. Die öffentlich-rechtliche Verantwortung lässt sich vertraglich weder im Verhältnis zum Veräußerer noch im Verhältnis zur Behörde ausschließen, sie steht nicht zur privatautonomen Disposition der Parteien. Der privatrechtliche Grundstückskaufvertrag hat also keine „Außenwirkung" gegenüber der Behörde[37]. Der Erwerber muss sich darüber im Klaren sein, dass er als neuer Eigentümer oder Nutzungsberechtiger, unabhängig von jeglichem Verursachungsbeitrag, häufig bevorzugtes Objekt behördlicher Inanspruchnahmen sein wird. Dies liegt unter anderem an seiner Greifbarkeit für die Behörde und an seinem Interesse an der Sanierung des Standorts, der bald wieder genutzt werden soll; zugleich vermittelt die Investitionsbereitschaft der Behörde den Eindruck einer für die Sanierung hinreichenden Liquidität. Vor diesem Hintergrund ist auch ein umsichtig abgeschlossener Vertrag über den Kauf des Standorts nur dann werthaltig, wenn der Veräußerer für nicht absehbare Risiken einstehen kann. Ist er dazu nicht in der Lage, so bleiben die oft nicht unerheblichen Risiken beim Käufer. Wer dieses Risiko scheut oder es durch eigene Mittel nicht decken kann oder will und zugleich von der nachhaltigen Finanzkraft des Veräußerers nicht überzeugt ist, sollte die Investition auf der Industriebrache überdenken. Wer dennoch bereit ist, auf Problemgrundstücken zu investieren, muss die Möglichkeit vertraglicher Absicherungsmöglichkeiten beim privatrechtlichen Grundstückserwerb nutzen.

351

Grundstückskaufverträge bedürfen der **notariellen Beurkundung**. Der Grundstückskaufvertrag wird in der Regel von den beratenden Rechtsanwälten in Zusammenarbeit mit einem Notar entworfen. Beide Berater stehen letztlich für den Vertrag ein. Rechtsanwalt und insbesondere auch Notar sollten unter Berücksichtigung ihrer Erfahrung mit der Veräußerung von Industriegrundstücken ausgewählt werden. Den Notar trifft die Verpflichtung, die Parteien eingehend nach ihren Interessen zu fragen und insbesondere die vertraglichen Gewährleistungsregeln zu erörtern, sowie die Parteien über die komplexen rechtlichen Zusammenhänge des Vertragsschlusses aufzuklären. Zudem sollte der **Notar** wegen § 19 Abs. 1 S. 2 BNotO in Zweifelsfällen in das Altlastenkataster schauen, um seiner Sorgfaltspflicht nachzukommen, bevor er den Kaufvertrag

352

---

[36] Siehe unten Rn. 369.
[37] *Fabis*, ZfIR 1999, 633, 639. Vgl. auch *VGH München*, NVwZ 2001, 458, 458 f. zum Verhältnis von Haftungsfreistellungen und Störerauswahl.

über ein gewerblich genutztes Grundstück entwirft und beurkundet[38]. Worauf es bei der vertraglichen Absicherung von Altlastenrisiken beim Grundstückskauf ankommt, soll im folgenden hauptsächlich für einen Vertrag unter Privaten aufgezeigt werden. Sodann werden Besonderheiten beim Kauf aus öffentlicher Hand behandelt. Die angesprochenen Punkte erheben keinen Anspruch auf Vollständigkeit und können lediglich Anregungen für die Vereinbarung von Vertragsklauseln aufgrund eingehender Beratung durch einen Rechtsanwalt und insbesondere auch einen Notar geben, denen der interessengerechte Entwurf des Kaufvertrages obliegt.

1. Erwerb aus privater Hand

353 Die gesetzliche Ausgangssituation für die zivilrechtliche Verteilung von Altlastenrisiken ist in den Gewährleistungsvorschriften des BGB geregelt. Anerkannt ist, dass es sich bei sanierungsbedürftigen Altlasten auf einem Grundstück grundsätzlich um Fehler im Sinne des Gewährleistungsrechts nach § 459 Abs. 1 BGB handelt, die die Rechtsfolgen nach §§ 462 ff. BGB auslösen[39]. Wegen der Besonderheiten des Altlastenrechts ist das Gewährleistungsrecht zur Lösung der entstehenden Probleme aber weitgehend ungeeignet[40]. Dies hat verschiedene Gründe. Wegen der einjährigen Gewährleistungsfrist ab Übergabe nach § 477 Abs. 1 S. 1 BGB und dem bei Grundstückskaufverträgen üblichen Gewährleistungsausschluss ist die gesetzliche Gewährleistungsregelung in der Praxis untauglich. Eine Haftung trifft den Verkäufer regelmäßig nur dann, wenn der Käufer ihm ein arglistiges Verschweigen eines Fehlers i.S.d. § 463 S. 2 BGB nachweisen kann. In diesem Fall gilt die 30-jährige Gewährleistungsfrist des § 195 BGB. Arglistiges Verschweigen hat gemäß § 476 BGB weiterhin die Nichtigkeit eines vertraglich vereinbarten Gewährleistungsausschlusses und die Ersatzfähigkeit von Sanierungskosten als Schadensersatz wegen Nichterfüllung nach § 463 BGB zur Folge. Ob eine schädliche Bodenveränderung oder Altlast arglistig verschwiegen wurde, ist also in der Praxis von besonderer Bedeutung[41]. Der BGH hat die Aufklärungspflicht des Verkäufers bezogen auf eine zur Anfechtung des Kaufvertrages nach §§ 123, 142 BGB berechtigende Täuschungshandlung in seiner jüngeren Rechtsprechung verschärft. Die Offenbarungspflicht besteht auch dann noch, wenn dem Käufer Umstände bekannt waren oder hätten bekannt sein können, aus denen sich ein Altlastenverdacht ergab. Wichtig ist, dass der allgemeine Hinweis auf einen Altlastenverdacht im Zuge einer Ortsbesichtigung nicht als ausreichende Aufklärung begriffen werden kann. Der Verkäufer ist nur dann nicht zu einer weitergehenden Aufklärung verpflichtet, wenn die Verunreinigungen offensichtlich sind, so

---

[38] Vgl. zu möglichen Inhalten der notariellen Belehrung: *Knopp/Löhr*, BBodSchG in der betrieblichen Praxis, Rn. 194 ff.; *Sorge*, MittBayNot 1999, 232, 240.
[39] Vgl. etwa *Knoche*, NJW 1995, 1985, 1986; *Knopp*, NJW 2000, 905, 908.
[40] *Turiaux/Knigge*, BB 1999, 913, 917 ff.
[41] Siehe dazu eingehend *Knoche*, NJW 1995, 1985, 1989 ff.

II. Vertragliche Absicherung bei Erwerb des Standorts E

dass eine weiterer Hinweis bloße Förmelei wäre. Der Käufer muss allerdings darlegen und beweisen, dass der Verkäufer ihn nicht gehörig über offenbarungspflichtige Umstände aufgeklärt hat; hier allerdings gelten Beweiserleichterungen[42].

a) Vorüberlegungen

Es liegt auf der Hand, dass beide Seiten eines Kaufvertrags über einen altlastenverdächtigen oder kontaminierten Standorts die ihnen jeweils nachteiligen Rechtsfolgen tunlichst umgehen sollten. Dies ist mit Hilfe eines Grundstückskaufvertrages, der den altlastenspezifischen Problemen Rechnung trägt, bis zu einem gewissen Grad möglich. Zu berücksichtigen ist aber, dass sich die Interessen von Veräußerer und Erwerber aufgrund von § 4 Abs. 6 BBodSchG in vielen Fällen entsprechen. Diese Norm sieht für Geschäfte ab dem 1. März 1999 eine öffentlich-rechtliche Nachhaftung des Verkäufers in seiner Eigenschaft als früherer Eigentümer vor, ohne dass dieser auf die Unmöglichkeit des Nachweises der Kausalität seines Verursachungsbeitrages hoffen kann. Grundsätzlich möchte der Käufer ein Grundstück erwerben, das er gefahrlos nutzen kann. Wenn es hierfür saniert werden muss, dann sollte dies so erfolgen, dass die Sanierung jedenfalls in Hinblick auf die aktuell geplante Nutzung für ihn in einer Gesamtbetrachtung der Investition kostenneutral bleibt. Mit Kontaminationen verbundene Zusatzkosten und Unsicherheiten müssen bei der Festlegung des Kaufpreises berücksichtigt werden. Der Käufer sollte nicht in die Situation geraten, einen Standort zu erwerben, der ihm weit mehr Belastungen einträgt, als er hieraus Nutzen ziehen kann.

354

b) Die Bedeutung einer sorgfältigen Klärung von Begriffen

Unabhängig von der Interessenlage der Parteien sollte bei der Vertragsgestaltung im Zusammenhang mit Altlasten auf die genaue Festlegung von Begriffen größte Sorgfalt gelegt werden[43]. Auch im allgemeinen juristischen Sprachgebrauch wird häufig jede aus vergangener Zeit stammende Verunreinigung von Erdreich als „Altlast" bezeichnet. Diese Terminologie ist nicht erst seit Geltung des BBodSchG unpräzise und daher als vertragliche Begriffsbestimmung untauglich. Von der Eingrenzung der Altlastenbegriffs und der damit zusammenhängenden Begriffe hängt der Umfang der Haftung der Vertragsparteien ab. Das Übersehen von Bezugspunkten kann für die Rechtsfolgen eines Vertrages prekäre Folgen haben, wenn sich erweist, dass die Haftung für kostenintensive Details ausgeschlossen ist, weil die Regelung dieser Facette übersehen wurde.

355

---

[42] *BGH*, ZMR 2001, 99 ff., mit Anm. *Schmidt/Vogel*; DStR 2001, 37 (LS) mit Anm. *Schwartmann*.
[43] Auch in den folgenden Ausführungen des Buches wird der Begriff „Altlast" als Synonym für die in diesem Zusammenhang in Frage kommenden Begriffe verwendet.

Beispiel:

Lässt die Vereinbarung etwa offen, wen die Haftung für Grundwasserverunreinigungen trifft, die nach der Definition des BBodSchG weder unter den Altlastenbegriff noch unter den Begriff der schädlichen Bodenveränderung fallen, und ergibt sich hier eine Verunreinigung, so entstehen regelmäßig hohe Sanierungskosten, die von einer Gewährleistungs- oder Haftungsfreistellungsregel nicht erfasst sind.

356 Auf einmal festgelegte Begriffsbestimmungen kann an anderen Stellen des Vertrages Bezug genommen werden.

c) Übersicht über wichtige Regelungsinhalte des Kaufvertrages

357 Unabhängig davon, ob ein Gewährleistungsausschluss zugunsten der Veräußerers oder eine Freistellungsvereinbarung zugunsten des Käufers vereinbart werden, sollten die vertragsgegenständlichen „Altlastenmaßnahmen" so **präzise** wie möglich aufgeführt und an Beispielen festgemacht werden. So ist es wichtig klarzustellen, was die Gewährleistung des Verkäufers bzw. deren Ausschluss erfasst. Dies kann im Detail nur mit einem Bodengutachter besprochen werden, der das Ausmaß der zu treffenden Arbeiten abschätzen kann. Zu denken ist zunächst an die Kosten der Gefährdungsabschätzung und Gefahrerforschung. Dazu zählen beispielsweise Recherchen über den Standort, Untersuchungen von Boden und Grundwasser sowie sonstige Ingenieurleistungen. Weiterhin sind die Kosten im Zusammenhang mit eventuellen Sanierungsuntersuchungen und einer möglichen Sanierungsplanung, Kosten der Durchführung der Sicherungs- oder Sanierungsmaßnahmen sowie der Vorsorge und der Nachsorge zu berücksichtigen. Bei all diesen Kosten muss auch die Kostentragung der fachtechnischen und anwaltlichen Begleitung geregelt werden. Regelungsbedürftig ist zudem die Abfallentsorgung bei Abbruch-, Aushub- und Sanierungsarbeiten. Hier ist zu klären, ob die Kosten für die Entsorgung kontaminierten Erdreichs und Bauschutts erfasst sind und die Kosten für die Wiederverfüllung der Baustellen[44]. Kann es aufgrund von Arbeiten zu Betriebsunterbrechungen oder zu einer verzögerten Nutzung des Standorts mit Folgeschäden kommen, die eingegangene vertragliche Verpflichtungen im Zusammenhang mit dem Standort unmöglich machen, so ist auch insoweit eine Kostenregelung zu treffen. Regelungsbedürftig sind auch die Kosten einer eventuell verbleibenden Wertminderung des Grundstücks. Für den Fall von Auseinandersetzungen sind Mitwirkungsrechte des Verkäufers bei der Abwehr von Sanierungsverfügungen und von Ansprüchen Dritter zu bedenken. Da es im Streitfall zur Aufklärung wichtig ist, Informationen zu erlangen, kann der Kaufvertrag bereits die Vereinbarung von Informationsrechten gegenüber aktiven und ausgeschiedenen Mitarbeitern des Veräußerers enthalten. Zudem kann die Aushändigung von Unterlagen, z.B. Organisationsdokumenten, Handbüchern zu Betriebsabläufen und Arbeitsanweisungen in Streitfällen Transparenz schaffen. So-

---

[44] *Steffen/Popp*, ZNotP 1999, 303, 307.

II. Vertragliche Absicherung bei Erwerb des Standorts

fern Unklarheiten über den Genehmigungsstatus von Betriebsstätten verbleiben, ist auch eine Zusicherung des Veräußerers, fehlende Genehmigungen nachzuholen oder dem Käufer die Kosten für die Durchführung dieser Verfahren zu erstatten, zu erwägen. Aus Gründen der Transparenz sollten mögliche regelungsbedürftige Punkte im Vertrag beispielhaft aufgeführt werden. Schließlich bietet es sich an, dem Vertrag eine Dokumentation durchgeführter Altlastenuntersuchungen zu Beweiszwecken als Anlage beizufügen[45]. Die Parteien sollten im Vertrag erklären, den Inhalt dieser Untersuchungen zu kennen. Ebenso sollte der Verkäufer seinen Kenntnisstand über den Zustand des Grundstücks insgesamt ausdrücklich niederlegen. Auch erscheint es sinnvoll, einen Passus zur geplanten Nutzung des zu erwerbenden Grundstücks durch den Käufer aufzunehmen. Für den Fall, dass sich die so festgelegte Nutzung des Grundstücks aufgrund der konkreten Altlastensituation nicht verwirklichen lässt, sollte ausdrücklich ein Rücktritts- oder Wandelungsrecht vereinbart werden. Um spätere Schadensersatzansprüche bestimmen zu können, kann im Vertrag auch festgehalten werden, wie der Kaufpreis gebildet wurde. Wichtig ist schließlich, im Vertrag Regelungen für die Haftung von Rechtsnachfolgern und sonstigen begünstigen Dritten zu treffen. Sofern derartige Regelungen nicht auf Nachfolger erstreckt werden, ist die Verkehrsfähigkeit eines Grundstücks erheblich beeinträchtigt.

d) Worauf sollte der Käufer als neuer Eigentümer achten?

Der Käufer sollte in erster Linie auf Besonderheiten bei der Festlegung von alt- **358** lastenrechtlichen Begriffsbestimmungen, auf die Reichweite von Zusicherungen, Beweislastregelungen, die Verlängerung von Verjährungsfristen und die Absicherung der Freistellungsverpflichtung achten[46].

aa) Ausprägungen des Altlastenbegriffs

Der zunächst als feststehend erscheinende Begriff der „Altlast" wird durch das **359** BBodSchG in verschiedene Formen kontaminierter oder kontaminationsverdächtiger Flächen unterteilt.

(1) Schädliche Bodenveränderungen und Altlasten

Es ist im Sinne des Käufers festzulegen, wann nach der Vereinbarung der Partei- **360** en überhaupt eine Altlast vorliegen soll. Das BBodSchG definiert diesen Begriff jetzt in § 2 Abs. 5. In § 2 Abs. 3 BBodSchG ist die schädliche Bodenveränderung näher bestimmt. Allerdings binden diese gesetzlichen Begriffsbestimmungen Pri-

---

[45] *Fabis*, ZfIR 1999, 633, 641.
[46] Beispiele für Formulierungen zugunsten des Käufers z.B. *Schröder*, NZBau 2001, 113, 114 ff.; *Knopp*, NJW 2000, 905, 909; *Meißner*, ZfIR 1999, 407, 411; *Fabis*, ZfIR 1999, 633, 639; *Pützenbacher*, NJW 1999, 1137, 1141; *Kersten*, BWNotZ 2000, 73, 78 ff; *Knopp/Löhr*, BBodSchG in der betrieblichen Praxis, Rn. 181 ff.; *Kothe*, Altlasten in der Insolvenz, Rn. 571 ff.

vatleute bei dem Abschluss von Verträgen nicht. Es können durchaus Begriffe vereinbart werden, die dem Parteiwillen und nicht der gesetzlichen Definition entsprechen. Der Erwerber ist umso besser abgesichert, je weiter die Gewährleistung reicht und je mehr Fälle erfasst sind. So ist es für ihn günstig, auch solche Verunreinigungen zu erfassen, die noch keine Gefahr im polizeirechtlichen Sinne darstellen und noch keine behördliche Handlungspflicht auslösen. Ferner sollte den Verkäufer seine Eintrittspflicht auch dann treffen können, wenn keine förmliche behördliche Sanierungsanordnung ergeht. Zudem sollten bereits in der Definition der Verunreinigung alle Formen von baulichen Anlagen – also insbesondere Gebäude und Gebäudeteile – sowie Anlagen und Anlagenteile erfasst werden, soweit sie nicht unter die Definition der Altlast in § 2 Abs. 5 BBodSchG fallen[47].

(2) Altlastenverdacht

361 Das BBodSchG definiert die **altlastenverdächtige Fläche** in § 2 Abs. 6. Erfasst sind Altablagerungen und Altstandorte, bei denen der Verdacht schädlicher Bodenveränderungen oder sonstiger Gefahren für den Einzelnen oder die Allgemeinheit besteht. Das Gesetz kennt zudem die **Verdachtsfläche** nach § 2 Abs. 4 BBodSchG. Als eine solche kommt jedes verdächtige Grundstück in Betracht. Anders als die altlastenverdächtige Fläche muss es sich bei dieser nicht um eine Altanlage oder einen Altstandort handeln. Werden diese Begriffe in einem Vertrag verwendet, so kann zu deren Auslegung auf die Prüf- und Maßnahmenwerte nach § 8 Abs. 1 S. 2 BBodSchG i.V.m. Anhang 2 zur BBodSchV bzw. auf § 4 Abs. 5 BBodSchV zurückgegriffen werden[48].

> **Praxistipp**:
>
> Da erst bei Erreichen der Prüfwerte von einem Altlastenverdacht auszugehen ist, darf unterhalb dieser Schwelle keine behördliche Inanspruchnahme erfolgen.[49] Aber auch oberhalb der Prüfwerte kann nicht sicher von einem Verdacht ausgegangen werden[50]. Die Parteien können dies für sich festlegen, indem sie zur Definition des Altlastenverdachts eine Formulierung wählen, aus der hervorgeht, dass sie von einem Altlastenverdacht bei Überschreiten von Prüfwerten nach § 8 Abs. 1 S. 2 Nr. 1 BBodSchG i.V.m. der BBodSchV ausgehen[51]. Diese Regelung ist für den Käufer günstig, weil ein Altlastenverdacht schon bei Überschreitung der Prüfwerte vorliegt, so dass es auf die nachfol-

---

[47] Erfasst sind von dem Begriff auch Gebäudekontaminationen: *Steffen/Popp*, ZNotP 1999, 303, 304.
[48] Siehe oben Rn. 176 ff.
[49] *Knopp*, NJW 2000, 905, 908.
[50] *Steffen/Popp*, ZNotP 1999, 303. 306; *Knopp/Löhr*, BBodSchG in der betrieblichen Praxis, Rn. 183.
[51] Formulierungsbeispiele finden sich etwa bei *Knopp/Löhr*, BBodSchG in der betrieblichen Praxis, Rn. 184.

II. Vertragliche Absicherung bei Erwerb des Standorts E

> gende Einzelfallprüfung nicht mehr ankommt[52]. Für den Fall, dass in Anhang 2 zur BBodSchV bislang kein Prüfwert festgelegt wurde, sollten die Parteien sich in Absprache mit dem für die Sanierung verantwortlichen Bodengutachter und nach Möglichkeit auch nach Rücksprache mit der Ordnungsbehörde auf einen Wert einigen und diesen vertraglich niederlegen.
>
> Sind die Prüfwerte unterschritten, empfiehlt es sich, einen Bauvorbescheid zu der Frage zu beantragen, ob auf dem Standort eine Bebauung unter Berücksichtigung der vorgefundenen Altlastensituation zulässig ist. So kann die Baugenehmigungsbehörde dazu gebracht werden, sich insoweit festzulegen. Damit sollte auch gegebenenfalls die Löschung aus dem Altlastenkataster einhergehen.[53]

(3) Boden und Grundwasser

Wird der Begriff Boden im Sinne des § 2 Abs. 1 BBodSchG verwendet, so sind definitionsgemäß Bodenlösung und Bodenluft, also dessen flüssige und gasförmige Bestandteile einbezogen. Nicht von der Haftung erfasst ist aber nach dem ausdrücklichen Willen des Gesetzgebers die Haftung für Verunreinigungen des Grundwassers und von Gewässerbetten[54]. Die Haftung für Grundwasserverunreinigungen bedarf also in jedem Falle einer besonderen Regelung. Grundwasser ist nicht eigentumsfähig[55]. Grundsätzlich haftet aber der Eigentümer oder Inhaber der tatsächlichen Gewalt über ein Grundstück als Verursacher von Grundwasserverunreinigungen, wenn nachweisbar ist, dass über den von ihm beherrschbaren Boden Schadstoffe in das Grundwasser eingedrungen sind. Im Rahmen einer vertraglichen Regelung sollte also klargestellt werden, dass sich die Haftung des Veräußerers auch auf Verunreinigungen des Grundwassers bezieht, die nachweisbar über sein Grundstück herbeigeführt wurden. **362**

bb) Zusicherungen

Es ist für den Erwerber günstig, wenn der Verkäufer eine möglichst weitgehende Zusicherung der Altlastenfreiheit des vertragsgegenständlichen Grundstücks sowie aufstehender baulicher Anlagen zusichern kann. **363**

---

[52] *Knopp/Löhr*, BBodSchG in der betrieblichen Praxis, Rn. 184 Fn. 525. Eine Regelung zugunsten des Verkäufers würde die Überschreitung der Verdachtsschwelle von der Bestätigung des Verdachts im Rahmen der nachfolgenden behördlichen Einzelfallprüfung abhängig machen a.a.O., Fn. 526.
[53] *Steffen/Popp*, ZNotP 1999, 303, 306.
[54] Siehe zum Verhältnis von Bodenschutz- und Wasserrecht Rn. 41 ff.
[55] *BVerfGE* 58, 300, 332 ff.

(1) Gegenstand der Zusicherung

364 Gegenstand der Zusicherung sollte unter anderem etwa sein, dass alle Anlagen und deren Genehmigungen, z.B. nach Immissionsschutz-, Wasser-, Abfall- und sonstigem Umweltschutzrecht aber auch nach Bau- und Gewerberecht sowie nach sonstigen Vorschriften, den behördlichen und gesetzlichen Anforderungen entsprechen. Zudem sollte zugesichert werden, dass keine unerfüllten Auflagen bestehen, keinerlei laufende Verfahren mit Altlastenrelevanz anhängig sind, insbesondere dass das vertragsgegenständliche Grundstück nicht Gegenstand einer Sanierungsverfügung oder eines Sanierungsplanes nach BBodSchG ist, sowie dass im Zusammenhang mit Altlasten keinerlei Ansprüche Dritter gegen den Veräußerer bestehen, weiterhin dass keine Untersagungs- oder Stilllegungsverfügungen existieren und dass das Grundstück nicht im Altlastenkataster verzeichnet ist. Insbesondere ist die Zusicherung auf die tatsächliche Gewässernutzung zu erstrecken. Diese muss den gesetzlichen und behördlichen Anforderungen entsprechen. Schließlich sollte sich die Zusicherung der Altlastenfreiheit auf alle zum Betrieb gehörenden Grundstücke beziehen, die Auswirkungen auf das vertragsgegenständliche Grundstück haben können.

> **Praxistipp:**
>
> Eine umfassende Zusicherung einer bestimmten Nutzung und der Altlastenfreiheit durch den Verkäufer gem. §§ 459 Abs. 2, 463 BGB dokumentiert nicht nur den Willen des Verkäufers, für diese Eigenschaft des verkauften Grundstücks einzustehen. Die Zusicherung schafft auch ein Indiz für die Gutgläubigkeit des Käufers[56], die ihn im Falle einer Weiterveräußerung nach dem 1.3.1999 von der Haftung des früheren Eigentümers nach § 4 Abs. 6 BBodSchG befreien kann.

(2) Reichweite der Zusicherung

365 Besteht ein Altlastenverdacht, so sollte der Käufer sich die Haftung des Verkäufers für jede Form von Altlasten und schädlichen Bodenveränderungen möglichst weitgehend zusichern lassen. Gegenstand einer Zusicherung sollte auch das Bestehen des Wandelungsrechts für den Fall der späteren Entdeckung von Verunreinigungen sein. Zudem sollte der Käufer darauf achten, von allen Aufwendungen und Kosten freigestellt zu werden, die sich im Zusammenhang mit einer möglichen Altlastenbehandlung ergeben können. Zugleich sollte der Ausgleichsanspruch des Verkäufers nach § 24 Abs. 1 S. 1 BBodSchG ausgeschlossen werden. Bei einem Altlastenverdacht sollte der Kaufpreis zudem keinesfalls vor dem Nachweis der Altlastenfreiheit durch den Verkäufer fällig werden. Für den Fall der Bestätigung des Verdachts sollte auch die Auflassung des Grundstücks von einer nach-

---

[56] *Fabis*, ZfIR 1999, 633, 641.

II. Vertragliche Absicherung bei Erwerb des Standorts E

weislich erfolgreich durchgeführten Sanierung durch den Käufer abhängig gemacht werden. Um sich auch dafür abzusichern, dass sich die Sanierung innerhalb der dafür gesetzten Frist als nicht erfolgreich erweist, sollte der Erwerber sich für diesen Fall ein Rücktrittsrecht ausbedingen. Dessen Vereinbarung kann aus Vorsorgegründen generell für den Zeitraum zwischen Vertragsschluss und Übergabe sinnvoll sein.

(3) Nichtbestehen einer Bodenschutzlast als spezieller Zusicherungsgegenstand

Ist die Sanierung des Grundstücks mit öffentlichen Mitteln erfolgt und hat diese 366
den Verkehrswert des Grundstücks nicht unwesentlich erhöht, hat der Eigentümer die staatlichen Aufwendungen auszugleichen. Aufgrund der Werterhöhung wird eine Bodenschutzlast im Grundbuch eingetragen. Nach § 25 Abs. 6 BBodSchG ruht der Ausgleichsbetrag als öffentliche Last auf dem Grundstück. Der Erwerber kann dies aber nicht anhand des Grundbuchs überprüfen, weil öffentliche Lasten nach § 54 GBO nicht im Grundbuch eingetragen werden[57]. Er muss das Vorhandensein einer Bodenschutzlast also auf sonstige Weise – etwa durch Nachfrage bei der Behörde – überprüfen und sich im Zweifel vom Verkäufer **zusichern** lassen, dass Sanierungsmaßnahmen nicht durch die öffentliche Hand erfolgt sind bzw. Ansprüche auf Wertausgleich nachweislich bereits beglichen sind[58]. Anderenfalls trifft den Käufer die Ausgleichspflicht gegenüber der Behörde.

cc) Beweislast

Die vertragliche Verteilung der Beweislast ist besonders wichtig. Der Erwerber ei- 367
nes Grundstücks wird in aller Regel große Schwierigkeiten haben, die Kausalität von Verursachungsbeiträgen früherer Eigentümer, Nutzungsberechtigter oder sonstiger Dritter nachzuweisen[59]. Namentlich die Ermittlung des Alters von Verursachungsbeiträgen und deren Zuordnung ist bereits nach kurzer Zeit unmöglich. Für den Käufer ist es günstig, dem Verkäufer die Beweislast dafür aufzubürden, dass das Grundstück und die dazugehörigen Regelungsgegenstände – also insbesondere auch das Grundwasser – im Zeitpunkt der Übergabe frei von schädlichen Bodenveränderungen und Altlasten sind, oder dass zum Zeitpunkt des Gefahrenübergangs nur genau festgelegte Verunreinigungen vorhanden waren[60].

dd) Verlängerung der Verjährungsfrist

Da die Verjährungsfrist für die Geltendmachung von Sachmängeln bei Grundstü- 368
cken nach der Regelung des § 477 Abs. 1 S. 2 BGB nur ein Jahr ab Übergabe be-

---

[57] Palandt/*Bassenge* vor § 854 Rn. 18. Zum Wertausgleich vgl. oben Rn. 272 ff.
[58] *Meißner*, ZfIR 1999, 407, 410; *Knopp*, NJW 2000, 905, 909 f.
[59] Siehe oben Rn. 122.
[60] Vgl. zu den Beweislastproblemen etwa *Pützenbacher*, NJW 1999, 1140 f., *Schlette*, VerwArch 2000, 41, 66 ff.

trägt, ist eine angemessene Verlängerung der Verjährungsfrist für die Haftung des Verkäufers für den Erwerber von essentieller Bedeutung. Altlasten stellen sich nämlich häufig erst nach vielen Jahren heraus. Der genaue Zeitraum sollte in Absprache mit einem beratenden Bodengutachter im Einzelfall bestimmt werden. Ebenso ist an die Verlängerung der dreijährigen Verjährungsfrist des Ausgleichsanspruchs nach § 24 Abs. 2 S. 2 BBodSchG zu denken.

ee) Absicherung einer Freistellungsverpflichtung

369 Da ein zwischen Verkäufer und Erwerber vereinbarter Freistellungsanspruch rein schuldrechtlicher Natur ist, sollte er nach Möglichkeit durch geeignete Sicherungsmittel abgesichert werden. Insoweit kommt etwa die Bestellung einer Bürgschaft für die Freistellungsverpflichtung, eine Bankgarantie, eine dingliche Sicherheit oder die Hinterlegung des Kaufpreises oder eines Teils davon auf einem Notar-Anderkonto in Betracht[61]. Allerdings werden solche Sicherungen in der Praxis in aller Regel schwer zu erreichen sein, da sie für denjenigen, der sie leisten soll, Risiken bergen, die dieser nicht zu tragen bereit ist. Zudem bringen sie auch der Sache nach in mehrerer Hinsicht Unsicherheiten mit sich. So lässt sich nicht sicher abschätzen, in welcher Höhe Sicherheit geleistet werden soll. Das gesamte Risiko beim Kauf einer Industriebrache lässt sich im Voraus nur in den seltensten Fällen abschätzen. Es lässt sich regelmäßig auch kein Ende des Sicherungszeitraumes festlegen, da nicht sicher ist, wann eine Gefahr definitiv nicht mehr entstehen kann[62].

e) Worauf sollte der Verkäufer als früherer Eigentümer achten?

370 Die Interessenlage des Verkäufers liegt anders als die des Erwerbers. Er sollte im wesentlichen auf einen weitreichenden Gewährleistungsausschluss und den Ausschluss des Ausgleichsanspruchs nach § 24 Abs. 2 S. 1 BBodSchG achten[63].

aa) Gewährleistungsausschluss

371 Der Verkäufer möchte insbesondere vermeiden, wegen eines Altlastenverdachts eine Kaufpreisminderung hinzunehmen oder gar nach Abschluss des Vertrags selbst für Verunreinigungen seines Grundstücks noch zahlen zu müssen. In seinem Interesse liegt der Ausschluss jeglicher Gewährleistungsansprüche für etwaige Sachmängel. Unter Berücksichtigung des neuen Bodenschutzrechts sollte der

---

[61] *Picot*, Unternehmenskauf und Restrukturierung, S. 47, Rn. 66. *Turiaux/Knigge*, BB 1999, 913, 919.
[62] Dazu *Fabis*, ZflR 1999, 633, 640, auch mit einem Formulierungsvorschlag.
[63] Beispiele für Formulierungen u.a. zugunsten des Verkäufers z.B. *Schröder*, NZBau 2001, 113, 114 ff.; *Knopp*, NJW 2000, 905, 909; *Knopp/Löhr*, Bodenschutz in der betrieblichen Praxis, Rn. 185 ff.; *Meißner*, ZflR 1999, 407, 412; *Fabis*, ZflR 1999, 633, 638; *Kersten*, BWNotZ 2000, 73, 78 ff.; *Steffen/Popp*, ZNotP 1999, 303 ff.; *Pützenbacher*, NJW 1999, 1137, 1141 f.; *Kothe*, Altlasten in der Insolvenz, Rn. 571 ff.; DNotI-Report 1999/10 BGB § 459; BBodSchG §§ 4, 24 unter www.dnoti.de.

II. Vertragliche Absicherung bei Erwerb des Standorts E

Verkäufer insbesondere seine Haftung als ehemaliger Eigentümer nach § 4 Abs. 6 BBodSchG oder als Rechtsnachfolger des Verursachers nach § 4 Abs. 3 BBodSchG und – wenn er zugleich als Verursacher von Schäden in Betracht kommt – den Ausgleichsanspruch nach § 24 Abs. 2 BBodSchG ausschließen.

> **Praxistipp**:
>
> Der vertragliche Ausschluss der Haftung aus § 4 Abs. 6 BBodSchG ist freilich nicht im Verhältnis zur Ordnungsbehörde möglich. Diese gesetzliche Haftung kann der Verkäufer nicht ausschließen. Er kann aber für den Fall seiner behördlichen Inanspruchnahme als früherer Eigentümer oder Verursacher wie für jeden anderen denkbaren Fall ordnungsbehördlicher Inanspruchnahme mit dem Erwerber im Verhältnis zu diesem eine Haftungsfreistellung vereinbaren. Danach müsste sich der Erwerber – wozu dieser sich aber nur in den seltensten Fällen bereit sein wird – verpflichten, den Verkäufer im Innenverhältnis freizustellen und sämtliche Kosten zu übernehmen, die dem Verkäufer aufgrund behördlicher Inanspruchnahme entstehen. Diese Vereinbarung ist aber nur werthaltig, solange der erwerbende Vertragspartner solvent ist. Der Behörde gegenüber hilft eine derartige Vereinbarung nicht.

372 Wegen der Nachhaftung[64] des früheren Eigentümers aus § 4 Abs. 6 BBodSchG sitzen Veräußerer und der Erwerber heute mehr „in einem Boot", als dies vor Geltung des BBodSchG der Fall war. Diese Norm konterkariert das vor dessen Schaffung aus Verkäufersicht erstrebenswerte Interesse, die zu treffenden Gefahrenabwehrmaßnahmen so weit wie möglich zu begrenzen und solange hinauszuschieben, bis im Verhältnis zum Erwerber Verjährung eingetreten ist[65]. Während dies nach der Gesetzeslage gemäß § 477 Abs. 1 S. 1 BGB schnell, nämlich innerhalb eines Jahres nach Übergabe der Fall ist, verjährt die Haftung aus § 4 Abs. 6 BBodSchG grundsätzlich nicht mehr[66]. Da der Verkäufer nach heutigem Recht über den Zeitpunkt der zivilrechtlichen Verjährung hinaus in der Pflicht bleibt, ist auch das Hinausschieben von Gefahrerforschungsmaßnahmen bis zum Eintritt der zivilrechtlichen Verjährung für ihn in vielen Fällen wertlos. Auch ihm wird die Aufklärung von Verdachtsmomenten und deren Sanierung ein wichtigeres Anliegen sein als nach der früheren Rechtslage, die den früheren Eigentümer, der nicht als Verursacher in Betracht kam, verschonte.

373 In der Regel dürfte dem Verkäufer auch ein vollständiger zivilrechtlicher Gewährleistungsausschluss nicht gelingen. Er ist aber in diesem Fall für ihn günstig, wenn die vertragliche Gewährleistung und eine Erstattungspflicht zu einem möglichst späten Zeitpunkt einsetzen.

---

[64] Siehe oben Rn. 147 ff.
[65] So noch *Wächter*, NJW 1997, 2073, 2074.
[66] *Frenz*, BBodSchG § 4 Abs. 6, Rn. 38.

> **Praxistipp:**
>
> Dem dient etwa eine Formulierung, wonach ein Altlastenverdacht erst als begründet gilt, wenn eine behördliche Untersuchung die Rechtsfolgen der §§ 462, 463 BGB auslöst und dies nicht schon durch die Überschreitung der Prüfwerte nach Anhang 2 der BBodSchV als nachgewiesen gilt[67]. Ein anderer Ansatz kann es sein, die Auslösung der Gewährleistung von einer ordnungsbehördlichen Inanspruchnahme des Käufers abhängig zu machen. Kommt es nicht dazu, trifft den Verkäufer nach dieser Vereinbarung keine Gewährleistungspflicht. Für den Fall, dass es dazu kommt, sollte der Verkäufer sich Mitwirkungsrechte im Verwaltungsverfahren und in einem sich möglicherweise anschließenden verwaltungsgerichtlichen Verfahren ausbedingen.

374 Da der Verkäufer grundsätzlich auch für latente Mängel des Grundstücks haftet, sollten auch diese vom Haftungsausschluss erfasst sein. Als latente Mängel werden solche angesehen, deren Ursache vor Vertragsschluss bereits angelegt war, die sich aber erst nach Vertragsschluss realisiert haben und bei Vertragsschluss nicht erkennbar waren.

bb) Ausschluss des Ausgleichsanspruchs nach § 24 Abs. 2 S. 1 BBodSchG

375 Der Ausgleichsanspruch nach § 24 Abs. 2 S. 1 BBodSchG besteht nach dem Gesetz nur, soweit Sanierungsmaßnahmen nach dem In-Kraft-Treten des Gesetzes am 1.3.1999 durchgeführt werden. Nach derselben Norm ist für seine Entstehung keine vorherige Inanspruchnahme durch die Ordnungsbehörde erforderlich[68]. Der Verkäufer kann diesem Ausgleichsanspruch nur ausgesetzt werden, wenn er zugleich Verursacher einer Kontamination ist. Ist dies nicht der Fall, etwa weil das Grundstück ausschließlich durch einen Pächter genutzt wurde, ist seine Inanspruchnahme ausgeschlossen. Falls der Veräußerer als Handlungsstörer in Betracht kommt, sollte ihm daran liegen den Ausgleichsanspruch vertraglich auszuschließen. Dies ist nach § 24 Abs. 2 S. 2 BBodSchG („Soweit nichts anderes vereinbart ist ...") möglich. Aber auch dann, wenn sich der Käufer nicht auf den Ausschluss einlässt, ist der Ausgleichsanspruch für ihn faktisch wertlos, wenn nicht zu seinen Gunsten Beweiserleichterungen oder eine Beweislastumkehr vereinbart werden. Der Nachweis der Kausalität eines bestimmten, oft nicht einmal genau festlegbaren Verursachungsbeitrages ist im zivilgerichtlichen Verfahren in aller Regel ausgeschlossen[69].

---

[67] *Knopp/Löhr*, BBodSchG in der betrieblichen Praxis, Rn. 184 Fn. 526.
[68] Siehe dazu oben Rn. 240 ff.
[69] Siehe dazu oben Rn. 122.

cc) Vertragliche Klarstellung der Offenbarung von Mängeln

Da den Verkäufer Offenbarungspflichten über vermutete und bekannte Verunreinigungen treffen, nützt ihm eine vertragliche Vereinbarung die klarstellt, dass er seine Offenbarungspflicht gegenüber dem Erwerber erfüllt hat und der Käufer umfassend über alle tatsächlichen und möglichen Mängel informiert ist. So kann der Verkäufer dem Vorwurf des arglistigen Verschweigens einer Altlast entgegentreten.

376

> **Praxistipp:**
>
> Auch in diesem Zusammenhang erweist es sich als Vorteil, Gutachten über Altlastenuntersuchungen zur Anlage des Kaufvertrages machen und deren Kenntnis vertraglich zu bestätigen.

2. Erwerb aus öffentlicher Hand

Auch der Erwerb eines Standortes aus öffentlicher Hand richtet sich nach zivilrechtlichem Gewährleistungsrecht. Kommunal- und Staatshaftung knüpft immer an ein Fehlverhalten von natürlichen Personen an, das der zuständigen öffentlich-rechtlichen Körperschaft über zivilrechtliche Normen (etwa §§ 31, 89, 278, 831 BGB) zugerechnet wird. Das Interesse des Veräußerers ist auch in diesem Fall auf einen möglichst weitgehenden Gewährleistungsausschluss gerichtet. Dem Erwerber liegt demgegenüber an einer möglichst umfassenden Gewährleistung.[70]

377

a) Großzügigerer Haftungsmaßstab zugunsten der öffentlichen Hand

Bei Abschluss eines Kaufvertrages mit der öffentlichen Hand gelten insbesondere hinsichtlich der Aufklärungspflichten über Mängel und die Anforderungen an

378

---

[70] Ein Sonderfall öffentlich-rechtlicher Altlastenfreistellung gilt für die neuen Bundesländer. Nach Art. 1 § 4 Abs. 3 Umweltrahmengesetz (UmwRG) können Investoren in den neuen Bundesländern von der Verantwortlichkeit von Altlasten freigestellt werden, mit denen das zu erwerbende Grundstück während der Existenz der DDR belastet wurde. Das Gesetz wurde geschaffen, um Investitionshemmnisse bei der Neunutzung der bisweilen überdurchschnittlich stark verunreinigten Grundstücke in den neuen Bundesländern zu beseitigen. Anträge auf Altlastenfreistellung konnten bis zum 30.3.1992 gestellt werden und ca. 70.000 gingen für die rund 98.000 Verdachtsflächen auf dem Gebiet der ehemaligen DDR ein. Hiervon wurden bis Ende 1998 nach Angaben der Bundesanstalt für vereinigungsbedingte Sonderaufgaben (BvS) sowie der für die Freistellungsentscheidung zuständigen Bundesländer erst 3437 positiv entschieden, teilweise allerdings mit einschränkenden Nebenbestimmungen versehen. Die restlichen Anträge sind entweder abgelehnt, zurückgenommen oder noch unbearbeitet. Der Grund für den zögerlichen Vorgang der Sachbearbeitung liegt nicht zuletzt darin, dass die Länder – zumal in Zeiten knapper Kassen – vor der mit großen Kostenrisiken behafteten Freistellung zurückschrecken. Vgl. zum aktuellen Stand und mit weiteren Nachweisen *Kobes/Spies v. Büllesheim*, VIZ 1999, 249 ff.; *Michel*, LKV 2000, 465; zum Rechtsschutz gegen unzureichende Altlastenfreistellungsbescheide *Schwartmann*, WiB 1997, 286 ff.

deren arglistiges Verschweigen im Sinne des § 463 S. 2 BGB Besonderheiten. So hat ein Organwalter, der für seinen Dienstherrn einen Grundstückskaufvertrag verhandelt, bei entsprechender Kenntnis über Sachmängel des Kaufgegenstandes aufzuklären. Besonderheiten ergeben sich aufgrund der Komplexität von Verwaltungsträgern als vielgliedrige Verwaltungsapparate. Es liegt auf der Hand, dass der Verhandlungsführer aus dem Liegenschaftsamt beim Abschluss eines Kaufvertrages nicht den Inhalt sämtlicher Akten aus anderen Ämtern, etwa dem Bau- oder Umweltamt, kennen kann, aus denen sich Hinweise auf Verunreinigungen des verkauften Grundstücks ergeben können. Den Haftungsrahmen zieht der BGH aufgrund dieser Besonderheiten zugunsten der öffentlichen Hand weiter als bei einem Erwerb von Privaten[71].

b) Zusicherung als Absicherungsmöglichkeit

379 Für die Absicherung des Risikos im Wege der Vertragsgestaltung gelten im wesentlichen die oben genannten Kriterien. Für den Fall, dass sich auf dem aus öffentlicher Hand erworbenen Grundstück wider Erwarten die Existenz einer schädlichen Bodenveränderung oder Altlast herausstellt, kann sich der Erwerber nach § 38 VwVfG **zusichern** lassen, nicht durch Verwaltungsakt zu Sanierungsmaßnahmen herangezogen zu werden. Diese Zusicherung bedarf zu ihrer Wirksamkeit der Schriftform.

> **Praxistipp**:
>
> Die Unterlassung dieses späteren Verwaltungsakts kann erhebliche finanzielle Folgen für den verkaufenden Verwaltungsträger haben. Der Erwerber sollte daher auf Einhaltung der gemeindlichen Vertretungsbestimmungen zum Schutz der Gemeinden vor nicht überschaubaren Ausgaben achten. So schreibt etwa die nordrhein-westfälische Gemeindeordnung für Verpflichtungserklärungen der Gemeinde – die nicht zu den sog. Geschäften der laufenden Verwaltung gehören und eine unerhebliche Größenordnung nicht überschreiten (§ 64 Abs. 1 S. 2 GO NW) – besondere Formerfordernisse vor. Solche Verpflichtungserklärungen sind nur rechtsverbindlich, wenn sie vom Bürgermeister oder seinem Vertreter und einem vertretungsbefugten Beamten oder Angestellten unterzeichnet sind. Ähnliche Schutzvorschriften kennen alle Gemeindeordnungen.

380 Wenn es um die formwirksame Zusicherung des Verzichts auf eine spätere Inanspruchnahme geht, erweist sich, ob die veräußernde Gemeinde, bzw. deren Organwalter, selbst an die Altlastenfreiheit des Standorts glaubt. Ist dies der Fall, so sollte weder tatsächlich noch rechtlich etwas gegen eine Zusicherung sprechen.

---

[71] Vgl. dazu *Schwartmann*, DStR 2000, 205, 205 ff. m.w.N.

II. Vertragliche Absicherung bei Erwerb des Standorts

Insbesondere dürfte die Entdeckung einer unerwarteten Verunreinigung keine Änderung der Sach- oder Rechtslage im Sinne von § 38 Abs. 3 VwVfG darstellen[72]. Insgesamt werden derartige Zusicherungen nur nach einer eingehenden Untersuchung des Standorts mit negativem Ergebnis gemacht werden können.

> **Praxistipp**:
>
> Sofern die Zusicherung verweigert wird, sollte der Erwerber auch beim Kauf aus öffentlicher Hand besonderes Gewicht auf eine eigene Standorterkundung legen. Nur auf diese Weise kann er das Risiko seines Erwerbs kalkulieren. Er sollte die veräußernde Gemeinde vor Abschluss des Vertrages schriftlich mit dem Ergebnis seiner Untersuchungen konfrontieren. Sofern sich hieraus ein Verdacht ergibt, dürfte es der öffentlichen Hand nicht gelingen, sich hinterher auf die mangelnde Kenntnis von einem Altlastenrisiko zu berufen.

3. Exkurs: Haftung der Gemeinde wegen der Überplanung von Altlasten

Auch Kommunen haben bei der Überplanung von Industrieflächen die Gesundheitsgefährdung durch Altlasten lange unterschätzt[73]. Viele Altlasten befinden sich unter Wohngebieten[74], die im Rahmen der gemeindlichen Bauleitplanung mit empfindlichen Nutzungen – etwa Wohngebäuden, Kleingärten oder Spielplätzen – überplant wurden. Als sich herausstellte, dass diese Grundstücke minderwertig waren oder sogar Gefahren für die Gesundheit bergen, wurden Kommunen mit Amtshaftungsansprüchen für die Überplanung von Altlasten überzogen. Seit der Bielefeld-Brake-Entscheidung[75] des BGH aus dem Jahr 1989 ist anerkannt, dass eine Kommune grundsätzlich auch für Altlasten haftet, die sie nicht verursacht hat[76]. Der Anknüpfungspunkt für den Amtshaftungsanspruch liegt darin, dass der Planungsträger einen Bebauungsplan erlässt oder die kommunale Bauordnungsbehörde eine Baugenehmigung für ein belastetes Grundstück erteilt. Sie kann in diesem Fall eine drittbezogene Amtspflicht verletzen und sich nach § 839 BGB, Art. 34 GG schadenersatzpflichtig machen[77]. Als verletzbare drittbezogene Amts-

381

---

[72] Vgl. dazu *Stelkens* in Stelkens/Bonk/Sachs, VwVfG, § 38 Rn. 70 ff.
[73] Vgl. zu den veränderten Belangen der Bauleitplanung unter Geltung des neuen Bodenschutzrechts auch *Schröter* in Franzius/Wolf/Brandt, HdA Nr. 10616 sowie die Baufachlichen Richtlinien für die Planung und Ausführung der Sanierung von schädlichen Bodenveränderungen und Grundwasserverunreinigungen (Stand Juni 2000), in Franzius/Wolf/Brandt, HdA Nr. 15226.
[74] In Berlin etwa liegen 50 % der festgestellten Altlasten unter Wohnbauten, Kleingärten sowie Schul- und Parkanlagen. Dazu *Enders*, Die zivilrechtliche Verantwortlichkeit für Altlasten, S. 423.
[75] BGHZ 106, 323 = NJW 1989, 976.
[76] Zu dieser Entscheidung und der Entwicklung der Rechtsprechung des BGH im Anschluss daran *Knoche*, Altlasten und Haftung, S. 224 ff.; *Kühn*, Die Amtshaftung der Gemeinden wegen der Überplanung von Altlasten (1997), S. 24 ff. Vgl. hierzu auch *Stich*, DVBl. 2001, 409, 409 ff.; Gaentzsch in Schlichter/Stich, § 9 BangB Rn. 79.
[77] Palandt/*Thomas* § 839 BGB Rn. 93 a; *Reschke-Kessler*, NJW 1993, 2275, 2276 ff. Dazu eingehend auch *Enders*, Die zivilrechtliche Verantwortlichkeit für Altlasten, S. 423 ff.

pflichten sind hier insbesondere die Amtspflicht zur Vermeidung von Gesundheitsgefahren nach § 1 Abs. 5 S. 2 Nr. 1 BauGB[78], die Amtspflicht zur Anpassung bestehender Bebauungspläne nach § 1 Abs. 3 BauGB[79] sowie die Amtspflicht zur Kennzeichnung von Altlasten im Bebauungsplan nach § 9 Abs. 5 Nr. 3 BauGB[80] zu nennen. Aufgrund fehlerhafter Bauleitplanung kommen darüber hinaus Entschädigungsansprüche nach den Vorschriften des Planschadensrechts nach § 39 ff. BauGB, nach landesrechtlichen Spezialvorschriften zur Entschädigung und eine Entschädigung aus dem sog. enteignungsgleichen Eingriff in Betracht[81]. Schließlich kann die Baugenehmigungsbehörde ihre Pflicht verletzen, eine Baugenehmigung nur dann zu erteilen, wenn hierdurch Leben und Gesundheit der Wohnbevölkerung nicht gefährdet werden[82]. Diese Pflicht besteht unabhängig von der Gültigkeit des Bebauungsplans.[83]

III. Das Verhalten nach Erwerb des Standorts

382 Die Nutzung eines verunreinigten Standorts kann in aller Regel nicht zum Nulltarif erfolgen. An einer Herrichtung des Standorts im Zusammenwirken von Verkäufer, Käufer (Investor) und Behörde führt in aller Regel kein Weg vorbei. Bei komplexen Altlasten bietet sich hier der Abschluss eines **Sanierungsvertrages** zwischen Investor und Ordnungsbehörde, gegebenenfalls unter Einbeziehung Dritter[84] an. Es kommt aber auch vor, dass ein Sanierungsvertrag nicht sinnvoll ist oder die Behörde eine **Sanierungsverfügung** erlassen will. Dies kann etwa der Fall sein, weil die Behörde die Altlast für zu wenig komplex hält oder weil sie sich generell weigert, einen Sanierungsvertrag zu schließen. Letzteres ist gerade bei kleineren Kommunen noch verbreitet, weil man dort die vertragliche Einigung mit der Folge, Ordnungsmittel aus der Hand zu geben, fürchtet. Hier ist des Aufgabe des Rechtsberaters, diese in aller Regel unbegründeten Widerstände zu entkräften.

> **Praxistipp:**
>
> Es ist nicht in allen Fällen sinnvoll, eine behördliche Verfügung anzugreifen. Es sollte aber immer sorgfältig geprüft werden, ob dies notwendig ist. In aller Regel lässt sich nicht von Anfang an absehen, ob diese Notwendigkeit besteht bzw. ob die Verfügung rechtmäßig ist. Schon um den Eintritt der Bestandskraft

---

[78] Dazu *Enders*, Die zivilrechtliche Verantwortlichkeit für Altlasten, S. 427 ff.
[79] Dazu *Enders*, Die zivilrechtliche Verantwortlichkeit für Altlasten, S. 453 f.
[80] Dazu *Enders*, Die zivilrechtliche Verantwortlichkeit für Altlasten, S. 454 f.
[81] Dazu *Enders*, Die zivilrechtliche Verantwortlichkeit für Altlasten, S. 460 f.
[82] *Reschke-Kessler*, NJW 1993, 2275, 2279 f.
[83] Dazu *Enders*, Die zivilrechtliche Verantwortlichkeit für Altlasten, S. 465 f.
[84] Siehe dazu eingehend unten Rn. 496 ff. und 563 ff.

III. Verhalten nach Erwerb des Standorts   E

> zu verhindern, wird es in den meisten Fällen ratsam sein, eine Ordnungsverfügung jedenfalls vorsorglich durch die Einlegung des Widerspruchs anzugreifen. Dies muss gegenüber der in der Rechtsbehelfsbelehrung genannten Behörde innerhalb eines Monats nach Zustellung des Bescheides geschehen. Den Widerspruch selbst muss kein Rechtsanwalt einlegen. Hierzu reicht ein formloses Schreiben des Adressaten, aus dem sich ergibt, dass er mit dem Inhalt der Verfügung, die jedoch genau bezeichnet werden muss, ganz oder zum Teil nicht einverstanden ist. Die Formulierung: „Hiermit lege ich gegen Ihren Bescheid vom … mit dem Aktenzeichen … Widerspruch ein", zu verwenden, ist ratsam, aber nicht erforderlich. Ob der Widerspruch aufrechterhalten bleiben muss oder zurückgenommen werden kann, ist zu gegebener Zeit zu entscheiden.

Sowohl bei der Entscheidung für eine Sanierungsverfügung als auch bei der für einen Sanierungsvertrag hat die Behörde verfahrensrechtliche Vorgaben zu beachten. Bereits die gesetzliche Begriffsbestimmung macht deutlich, dass einer Sanierungsverfügung – die als Verwaltungsakt ergeht – oder einem Sanierungsvertrag – der als öffentlich-rechtlicher Vertrag geschlossen wird – ein erhebliches behördliches Prüfprogramm vorausgeht. Ein Verwaltungsverfahren ist nach der Legaldefinition des § 9 VwVfG „die nach außen wirkende Tätigkeit der Behörden, die auf die Prüfung der Voraussetzungen, die Vorbereitung und den Erlass eines Verwaltungsakts oder eines öffentlich-rechtlichen Vertrages gerichtet ist; es schließt den Erlass des Verwaltungsaktes oder den Abschluss des öffentlich-rechtlichen Vertrages ein." **383**

> **Praxistipp:**
> Hier zeigt sich, dass der Sanierungsvertrag gerade für die öffentliche Hand einen besonderen Vorteil bietet. In diesem Fall wird die verfahrensrechtliche Seite des Altlastenproblems nämlich zumeist auf Kosten eines Investors gelöst. Dessen Rechtsberater übernimmt in der Regel die schwierige Ausarbeitung des Vertrages und leistet – sofern es die Behörde zulässt – die Koordination der Betroffenen. Bereits aus diesem Grund ist die Zurückhaltung der öffentlichen Hand vor Sanierungsverträgen nicht nachvollziehbar. Die Entscheidung für einen Sanierungsvertrag stellt auch für den Investor einerseits eine Chance, andererseits zugleich ein Risiko dar. Der Behörde ist es sowohl bei weniger komplexen Altlasten – etwa Tankstellen – als auch in komplexeren Fällen – etwa einer stillgelegten Zeche oder Fabrik – unbenommen, sich bis zur Unterschrift gegen einen Vertrag zu entscheiden. Sie kann – vorbehaltlich einer anderslautenden Regelung im Sanierungsvertrag[85] – bis zuletzt auf ihr ordnungs-

---

[85] Siehe unten Rn. 559.

> rechtliches Instrumentarium zugreifen. Aufgrund ihrer Bindung an Recht und Gesetz gem. Art. 20 Abs. 3 GG muss sie dies tun, wenn sie den Eintritt des Sanierungserfolges auf dem Weg des Sanierungsvertrages für nicht erreichbar hält.[86]

1. Verfahrensrechtliche Vorgaben und Fehlerquellen behördlicher Entscheidungen auf dem Weg zur eigentlichen Sanierungsentscheidung

384 Die Vorgaben des Verwaltungsverfahrensrechts bei Erlass von Verwaltungsakten sind vergleichsweise eng. Dies macht den Erlass einer rechtlich belastbaren oder gar tragfähigen Ordnungsverfügung recht schwierig. Das Bundesverfassungsgericht hat diese Anforderungen mit seiner bereits erwähnten Entscheidung vom 16.2.2000 zur Begrenzung der Zustandsstörerhaftung weiter verschärft[87]. Eine rechtlich einwandfreie Inspruchnahme vor Durchführung der Sanierung ist zur Glücksache geworden, weil die Behörde vor der Sanierung die Kosten der späteren Inanspruchnahme kennen und sie bei Erlass der Sanierungsanordnung berücksichtigen muss. Übersteigen die Kosten die Höchstgrenze der zulässigen Inanspruchnahme, ist die Verfügung bereits aus diesem Grund rechtswidrig.

> **Praxistipp:**
>
> Für die Behörde ist bedeutsam, die Fehlerquellen bei dem Erlass von Sanierungsverfügungen genau zu kennen, um Fehler zu vermeiden. Aber auch für die Seite des Investors ist es wichtig, die Schwachpunkte der Gegenseite zu kennen. Auch wenn Sanierungsverfahren letztlich immer nur im allseitigen Einvernehmen abgeschlossen werden können, wäre es lebensfremd, die unterschiedlichen Interessenlagen der Beteiligten zu negieren. Bei Verhandlungen mit der Behörde kann die besondere Kenntnis der Risiken von Ordnungsmitteln dazu eingesetzt werden, die Behörde von den Vorteilen eines Sanierungsvertrages zu überzeugen. Auch wenn es aus taktischen Gründen darum geht, ein Verfahren zu verzögern, kann das Angreifen von Einzelmaßnahmen sinnvoll sein. Schließlich erhöht sich die behördliche Bereitschaft zum Entgegenkommen insgesamt regelmäßig, wenn die Behörde nicht nur von der Fairness, sondern auch von der Kompetenz des Verhandlungspartners überzeugt ist. Letzteres erkennt die Behörde unter anderem an der Kenntnis der Gegenseite um die Schwachpunkte auf Behördenseite.

---

[86] Zum Sanierungsvertrag vgl. insgesamt ausführlich unten Rn. 474 ff. und 552 ff.
[87] *BVerfGE* 102, 1 ff. = NJW 2000, 2573 ff. Dazu etwa auch *Bickel*, NJW 2000, 2562 f.; *Kobes*, altlasten spektrum 2000, 273, 278.

III. Verhalten nach Erwerb des Standorts   E

Der Regelungsgegenstand bei „Altlastenfällen" mit ihren zahlreichen außerrechtlichen Problemen, dem Ineinandergreifen verschiedener Rechtsmaterien, ihren unterschiedlichen behördlichen Zuständigkeiten und den unterschiedlichen Interessenlagen unter den Beteiligten[88] ist komplex. Dieser vielschichtige Regelungsgegenstand ist sowohl bei Erlass einer Sanierungsverfügung als auch bei Abschluss eines Sanierungsvertrages mit den verwaltungsverfahrensrechtlichen Anforderungen in Einklang zu bringen. Die folgende Übersicht soll die verfahrensrechtlichen Vorgaben für eine Behördenentscheidung skizzieren und zugleich einen Überblick über Fehlerquellen und häufige Fehler vor und bei Erlass einer Sanierungsverfügung bieten. Im Anschluss daran wird der Sanierungsvertrag gesondert behandelt.   385

a) Pflicht der Behörde zur Sachverhaltsaufklärung (§§ 24, 26 Abs. 1 VwVfG) und Mitwirkungspflicht des Adressaten (§ 26 Abs. 2 VwVfG)

Nach § 24 Abs. 1 VwVfG hat die Behörde den für ihre Entscheidung erforderlichen Sachverhalt von Amts wegen, also aus eigenem Antrieb und eigenständig so sorgfältig zu ermitteln, dass ihr eine angemessene Entscheidung möglich ist. § 24 Abs. 2 VwVfG schreibt vor, Ermittlungen auch zugunsten der Beteiligten anzustellen. Ein Verstoß gegen dieses Ermittlungsgebot ist ein Verfahrensfehler und führt zur Rechtswidrigkeit einer Verfügung. Der Behörde ist es nach § 24 Abs. 1 und 2 i.V.m. § 26 Abs. 1 VwVfG im Rahmen der ihr durch den Verfahrensgegenstand gezogenen Grenzen des Ermessens zur eigenen Entscheidung überlassen, welche Mittel sie zur Erforschung des Sachverhalts anwendet[89]. Die Auswahl der in § 26 Abs. 1 VwVfG beispielhaft aufgezählten Beweismittel steht ihr frei. Sie ist an Beweisanträge oder Anregungen durch den Betroffenen nicht gebunden. Allerdings muss sie die Ablehnung von Beweisantritten, die einem Beteiligten günstig sind, angemessen begründen, und offen legen, warum sie ihr Vorgehen für richtig hält.   386

Die Weigerung, den Sachverhalt auf Anregung eines Beteiligten in eine bestimmte Richtung weiter zu ermitteln, kann relevant werden, wenn ein Betroffener seinen Verursachungsbeitrag an einer Altlast in Abrede stellt und die Behörde sich weigert, diesem Vortrag unter Verletzung ihrer Pflicht zur Ermittlung zugunsten der Beteiligten aus § 24 Abs. 2 VwVfG nachzugehen. In diesem Fall ist die **Ablehnung,** diesem Verdacht nachzugehen, wegen § 44a VwGO, der Rechtsbehelfe gegen behördliche Verfahrenshandlungen an die Rechtsbehelfe gegen die Sachentscheidung knüpft, **nicht isoliert angreifbar.**   387

---

[88] Siehe oben Rn. 11 ff.
[89] *BVerwG*, NVwZ 1999, 535, 53.

> **Praxistipp:**
> Will der Betroffene Rechtsschutz, muss er eine ihm gegenüber ergehende Sanierungsverfügung abwarten und diese angreifen. Einen Verstoß bei der Sachverhaltsaufklärung begeht die Behörde insbesondere dann, wenn bei umstrittenen Tatsachenfragen anstelle von mehreren nur eine wissenschaftliche Einschätzung zur Aufklärung des Sachverhalts eingeholt wird, oder wenn sie ohne adäquate Begründung vom fachlichen Votum eines Sachverständigengremiums oder von technischen Grenzwerten abweicht[90]. Ein Verstoß gegen den Untersuchungsgrundsatz ist durch die Ableitung eines hieraus resultierenden Ermessensfehlers sanktioniert und nach § 114 Abs. 1 S. 1 VwGO gerichtlich überprüfbar.

388 Die „Mitwirkungspflicht" eines Beteiligten nach § 26 Abs. 2 VwVfG begründet keinen behördlichen Anspruch auf Mitwirkung bei der Sachverhaltsermittlung. Grundsätzlich begeht die Behörde einen Verfahrensfehler durch mangelhafte Sachaufklärung, wenn sie dem Ordnungspflichtigen eine unangemessene Mitwirkungslast auferlegt[91]. Allerdings existiert jetzt für die Mitwirkung bei der **Gefahrerforschung** die spezielle Ermächtigung aus **§ 9 Abs. 1 BBodSchG**. Die bis zur Schaffung des BBodSchG streitige Befugnis zum Erlass von Verfügungen zur Gefahrerforschung im Rahmen der Amtsermittlung und die Kostentragung bei Gefahrerforschungseingriffen stellte in der Vergangenheit ein Problem dar, das jetzt durch § 9 Abs. 1 BBodSchG gelöst ist. Die Behörde kann zur Sachverhaltsermittlung auf diese Norm zugreifen und muss im Rahmen des § 9 Abs. 1 BBodSchG die Kosten dieser „orientierenden Untersuchung" tragen. Bei der Überschreitung der Grenze zum hinreichenden Verdacht aufgrund konkreter Anhaltspunkte kann sie nach § 9 Abs. 2 BBodSchG einem nach § 4 BBodSchG Verpflichteten die Durchführung weiterer genauerer Maßnahmen zur Gefahrabschätzung aufgeben und ihm zunächst die Kosten hierfür aufbürden. Bestätigt sich der Verdacht nicht, so muss die Behörde die Kosten erstatten.[92]

> **Praxistipp:**
> Die Berufung auf die fehlende Mitwirkungs kann bei einem behördlichen Verlangen gegenüber einem (potentiellen) Verantwortlichen nach § 4 BBodSchG zur Herausgabe von Unterlagen über einen Standort relevant werden. Eine Herausgabe kann unter Berufung auf § 26 Abs. 2 VwVfG zwar nicht erzwungen werden. Der Beteiligte sollte aber sorgfältig abwägen, ob er der Behörde Unterlagen vorenthält. Er muss sich nämlich eventuell nachteilige Folgen einer unterlassenen Sachverhaltsaufklärung zurechnen lassen[93]. So

---

[90] *Hufen*, Fehler im Verwaltungsverfahren, Rn. 129 ff.
[91] *Hufen*, Fehler im Verwaltungsverfahren, Rn. 135.
[92] Siehe dazu oben Rn. 219 ff. Vgl. zur früheren Rechtslage *Stelkens/Kallerhoff* in Stelkens/Bonk/Sachs, VwVfG, § 26 Rn. 62.
[93] *Stelkens/Kallerhoff* in Stelkens/Bonk/Sachs, VwVfG, § 26 Rn. 47, 50 ff.

III. Verhalten nach Erwerb des Standorts   E

> dürfte ihn die Kostenlast nach § 24 Abs. 1 S. 2 Halbsatz 2 BBodSchG treffen, wenn er der Behörde Unterlagen vorenthalten hat, die einen Altlastenverdacht entkräftet hätten. In diesem Fall dürfte er die den Verdacht begründenden Umstände zu vertreten haben.

b) Pflicht der Behörde zu Beratung und Auskunft (§ 25 VwVfG)

Wendet sich ein Betroffener in Zusammenhang mit einem komplexen Altlastenproblem an die Behörde, so treffen diese Beratungs- und Auskunftspflichten. Nach § 25 S. 2 VwVfG erteilt die Behörde, „soweit erforderlich, Auskunft über die den Beteiligten im Verwaltungsverfahren zustehenden Rechte und die ihnen obliegenden Pflichten". Diese Auskunftspflicht soll und kann keine anwaltliche Beratung ersetzen. Sie muss grundsätzlich insbesondere nicht individuell erfolgen. Merkblätter reichen in der Regel aus. Ob hierauf aber etwa im Rahmen eines Gespräches, in dem das weitere Vorgehen im Falle einer schädlichen Bodenveränderung oder Altlast erörtert wird, zurückgegriffen werden kann, ist fraglich. Aufgrund der besonderen Vielschichtigkeit der Angelegenheit muss die Beratung eher umfangreich und detailliert ausfallen. Ist eine Beratung gewünscht, so sollte der Betroffene auf Vollständigkeit drängen. Werden Auskünfte nicht richtig, nicht vollständig oder missverständlich erteilt, läuft die Behörde Gefahr, ihre Amtspflicht zu verletzen[94] und setzt sich gegebenenfalls einem Amtshaftungsanspruch wegen Erteilung einer falschen Auskunft aus.   389

c) Anhörung (§ 28 VwVfG)

Bevor die Behörde eine Sanierungsverfügung erlässt, muss sie die am Verfahren Beteiligten – also insbesondere die Verantwortlichen nach § 4 BBodSchG, bzw. die als Adressaten einer Ordnungsverfügung ins Auge Gefassten – grundsätzlich schriftlich anhören (§ 28 Abs. 1 VwVfG). Sinn dieses Verfahrens ist es, den Beteiligten in rechtlicher und tatsächlicher Hinsicht Gehör zu verschaffen, ihnen Gelegenheit zu geben, auf das Verfahren Einfluss zu nehmen, Sachverhalte aus der eigenen Sicht zu schildern sowie gegebenenfalls richtig zu stellen.[95] Das behördliche Anhörungsschreiben stellt häufig den ersten formellen Kontakt zwischen Behörde und potentiellem Sanierungspflichtigen dar. Die Bedeutung der Art und Weise einer Einlassung liegt auf der Hand. In aller Regel ist spätestens nach Eingang eines Anhörungsschreibens das Einschalten eines Anwalts dringend geboten. Mit diesem sollte im Einzelfall erörtert werden, welche Schritte nun erforderlich sind und was der Behörde offenbart werden sollte.   390

---

[94] *Stelkens/Kallerhoff* in Stelkens/Bonk/Sachs, VwVfG, § 25 Rn. 15.
[95] Eine Zusammenstellung möglicher Verfahrensfehler durch Nichtbeteiligung und Nichtanhörung findet sich bei *Hufen*, Fehler im Verwaltungsverfahren, Rn. 205.

> **Praxistipp**:
>
> Für das Verhalten im Anhörungsverfahren gibt es kein Patentrezept. Insgesamt dürfte das Zurückhalten von Informationen oder Beweismaterial aus taktischen Erwägungen nur in Ausnahmefällen sinnvoll sein. Etwa dann, wenn sich weitere eigene Ermittlungen der Behörde hätten aufdrängen müssen und diese auch ohne jeden zeitlichen und tatsächlichen Mehraufwand angestellt werden könnten[96]. Dies ist bei der kostenintensiven Ermittlung eines Verdachts auf schädliche Bodenveränderungen oder Altlasten in aller Regel nicht der Fall.

391 Noch wichtiger ist die Hinzuziehung eines Rechtsbeistandes und eines Bodengutachters, wenn es zu einer Ortsbegehung durch die Behörde oder sogar zu einer Durchsuchung im Rahmen eines **umweltstrafrechtlichen Ermittlungsverfahren** kommt. Da letztere häufig nicht angekündigt werden, sollten die Beamten gebeten werden, mit dem Beginn ihrer Tätigkeit – die in aller Regel hauptsächlich aus einer eingehenden Ortsbesichtigung und einer Einsichtnahme und Beschlagnahme von umweltrelevantren Akten über den Standort besteht – zu warten, bis der Beistand informiert und eingetroffen ist. Dabei ist ein Betreten – welches schlichtes Verwaltungshandeln und nicht Verwaltungsakt ist – außerhalb der üblichen Geschäftzeiten, etwa am Abend in der Regel unzulässig[97].

> **Praxistipp**:
>
> Gerade in dieser Situation kommt es auf besonnenes und richtiges Verhalten an. Auch hier gibt es keine grundsätzlich zu empfehlende Strategie. Prinzipiell gilt folgendes:
>
> In aller Regel sollte ein Betroffener sich zunächst nicht zur Sache äußern und dafür sorgen, dass auch Mitarbeiter dies unterlassen. Ein solches Verhalten ist hier nicht verdächtig, sondern angebracht. Die Anspannung in dieser Situation macht ein Verhalten, das sich hinterher nachteilig auswirken kann, sehr wahrscheinlich. Es wird von den Behördenvertretern in aller Regel auch akzeptiert, sofern der Rechtsbeistand nicht unangemessen lange auf sich warten lässt. Zu berücksichtigen ist, dass es sich bei einer Durchsuchung um einen massiven Eingriff in Rechtspositionen des Betroffenen handelt.
>
> Wird eine Durchsuchungsordnung vorgelegt, so sollte diese gründlich studiert werden. Auf die Einhaltung der Grenzen der Anordnung sollte man bestehen. Die Behörde darf nur solche sollte Akten einsehen, die mit der Verunreinigung in Zusammenhang stehen. Dies muss gegebenenfalls für jede Genehmigungsunterlage und für jedes Gutachten usw. erörtert werden. Insbesondere gilt es, geheime Geschäftsdaten zu schützen, die mit dem Verdacht eines Umweltschadens nicht in Verbindung stehen.

---

[96] Dazu *Oerder*, DVBl. 1992, 691, 695.
[97] Vgl. insoweit *VGH Mannheim*, NVzW 2001, 574, 575 zur Rechtslage nach KrW-/AbfG.

III. Verhalten nach Erwerb des Standorts E

d) Akteneinsichtsrecht (§ 29 VwVfG und Umweltinformationsgesetz)

Auf die besondere Bedeutung von Informationen über den Zustand fremder 392
Grundstücke wurde bereits im Zusammenhang mit der Auswahl des Standorts hingewiesen[98]. Sie sind etwa für einen Investor interessant, der sich vor einer Investition einen Überblick über die Verunreinigung auf Nachbargrundstücken verschaffen will, um Risiken abschätzen zu können, oder aber auch für einen Grundstückseigentümer, der nachteilige Auswirkungen auf sein Grundstück befürchtet und der nicht auf eine umfassende Information im Rahmen von § 12 BBodSchG[99] vertraut. Auf der anderen Seite liegt es auf der Hand, dass demjenigen, der Informationen über sein Eigentum preisgeben soll, grundsätzlich an Geheimhaltung gelegen ist. Dieses Spannungsverhältnis ist im Akteneinsichtsrecht nach § 29 VwVfG und im Umweltinformationsgesetz (UIG) geregelt.

aa) Akteneinsichtsrecht für Verfahrensbeteiligte

Nach § 29 Abs. 1 S. 1 VwVfG muss die Behörde Beteiligten an einem Verwal- 393
tungsverfahren Einsicht in die das Verfahren betreffenden Akten gestatten, soweit dies zur Rechtswahrung erforderlich ist[100]. Wer Beteiligter ist, ergibt sich aus § 13 Abs. 1 VwVfG, nämlich wer einen Antrag gestellt hat oder dessen Gegner ist (Nr. 1), der (potentielle) Adressat eines Verwaltungsaktes (Nr. 2), der (potentielle) Vertragspartner eines öffentlich-rechtlichen Vertrages (Nr. 3), sowie ein zu einem Verwaltungsverfahren nach § 13 Abs. 2 VwVfG Hinzugezogner (Nr. 4). Probleme ergeben sich regelmäßig, wenn ein Investor die behördlichen Verwaltungsvorgänge zu einem Standort einsehen möchte. Dieser muss gleichzeitig mit dem Antrag auf Akteneinsicht beantragen, nach § 13 Abs. 2 VwVfG an einem Verwaltungsverfahren gegen seinen potentiellen Verkäufer beteiligt zu werden. Wenn der Dritte – etwa ein Investor – nicht bereits Eigentümer eines benachbarten Grundstücks ist und nicht rechtlich fassbare nachteilige Beeinträchtigungen seines aktuellen Eigentums befürchten muss, wird er mit dem Antrag auf Beteiligung regelmäßig keinen Erfolg haben[101]. § 29 Abs. 2 VwVfG schränkt das Akteneinsichtsrecht nämlich insbesondere zugunsten von Dritten ein und schützt namentlich Betriebs- und Geschäftsgeheimnisse[102], wozu auch Dokumentationen über Bodenverunreinigungen mit ihren weitreichenden Konsequenzen für den Wert des Grundstücks zählen. Da es sich bei der Ablehnung eines Antrags auf Akteneinsicht in der Regel um eine behördliche Verfahrenshandlung handelt[103], ist ein Rechtsbehelf hiergegen ausgeschlossen (§ 44a VwGO).

---

[98] Siehe oben Rn. 309 ff.
[99] Vgl. dazu *Fluck*, NVwZ 2001, 9 ff.
[100] Eine Zusammenstellung möglicher Verfahrensfehler bei der Entscheidung über die Akteneinsicht findet sich bei *Hufen*, Fehler im Verwaltungsverfahren, Rn. 255.
[101] Als beinträchtigtes Interesse kommt etwa die Erteilung einer Bau- oder Anlagengenehmigung mit möglicherweise nachteiligen Folgen für den Nachbarn in Betracht.
[102] *Bonk* in Stelkens/Bonk/Sachs, VwVfG, § 29 Rn. 61 ff.; 69.
[103] *BVerwG*, NJW 1979, 177; *VGH München*, BayVBl. 1995, 631 f.

> **Praxistipp**:
>
> Erkennt die Behörde das Recht auf Akteneinsicht an, so besteht im **Verwaltungsverfahren** kein Anspruch auf Übersendung der Akte in die Kanzleiräume des verfahrensbevollmächtigten Anwalts. Wenn dieser die Akten nicht bei der Behörde, sondern in seinem Büro einsehen möchte, ist er auf den guten Willen der Behörde angewiesen[104]. Sofern die Akteneinsicht eine zu lange Anreise erforderlich macht und bezüglich des materiellen Rechtsfrage die Einleitung eines verwaltungsgerichtlichen Eilverfahrens möglich ist, kann auch allein zur Erzwingung der Aktenversendung erwogen werden, ein Eilverfahren einzuleiten. Die Behörde muss die Akte dann geordnet an das Verwaltungsgericht übersenden, das diese regelmäßig in die Kanzleiräume weiterleitet[105]. Ein derartiger „Missbrauch" des Verwaltungsgerichts zur Bereitstellung von Verwaltungsvorgängen sollte jedoch nur in besonderen Ausnahmefällen erfolgen. In der Praxis reicht oft auch die ernsthafte Ankündigung dieses Schrittes gegenüber der Behörde aus.
>
> Bei den **Gerichtsakten** des Verwaltungsgerichts verhält es sich anders. Hier besteht nach der Rechtsprechung des Bundesverfassungsgerichts zu § 100 Abs. 2 S. 3 VorGO zur Herstellung der „Waffengleichheit" zwischen Behörde und Bürger im Regelfall ein Recht auf Übersendung der Gerichtsakten in die Kanzleiräume des verfahrensbevollmächtigen Rechtsanwalts oder Rechtsbeistandes[106]. Wird dort die Übersendung der Gerichts- und Verwaltungsakten erbeten, so übersendet das Verwaltungsgericht letztere in der Regel mit. Die auch von Verwaltungsgerichten teilweise geübte Praxis, wonach Akten zur Einsichtnahme auf einer Geschäftsstelle des örtlich zuständigen Amts- oder Verwaltungsgericht übersandt werden, ist vor oben genannter Rechtsprechung nur in Ausnahmefällen haltbar[107].

bb) Der verfahrensunabhängige Umweltinformationsanspruch für Jedermann nach UIG

394 Um dem Bedürfnis der Öffentlichkeit nach Umweltinformationen Rechnung zu tragen, normiert das Umweltinformationsgesetz (UIG) vom 8.7.1994[108] einen umweltbezogenen, selbständigen und verfahrensunabhängigen (§ 4 Abs. 1 UIG)

---

[104] Vgl. etwa Art. 29 Abs. 3 S. 2 BayVwVfG; ebenso Runderlass des Innenministers der Landes NW vom 21.12.1988 – I B 2/17–21.14-, MinBl. NW 1989 S. 31 Nr. 2010 zur Auslegung von § 29 Abs. 3 S. 2 VwVfG.

[105] Wenn Klage und Eilantrag eingereicht werden, fallen folgende Kosten an: Wird die Klage vor der Einleitung prozessleitender Maßnahmen – wie etwa der Anberaumung eines Termins zur mündlichen Verhandlung zurückgenommen und hat sich für die Gegenseite keine Bevollmächtigter bestellt, entstehen wegen Nr. 2110 der Anlage 1 zum GKG keine Kosten. Für das Eilverfahren fällt nach Nr. 2210 der Anlage 1 zum GKG eine halbe Gebühr an.

[106] Vgl. dazu den für die Praxis nützlichen Beschluss *BVerfG*, NVwZ 1998, 836, 837.

[107] *BVerfG*, NVwZ 1998, 836, 837.

[108] BGBl. I S. 1490.

III. Verhalten nach Erwerb des Standorts   **E**

Informationsanspruch des Bürgers gegen Bundes-, Landes- und Kommunalbehörden[109]. Im Unterschied zum Akteneinsichtsrecht nach § 29 VwVfG knüpft der Informationsanspruch nach UIG nicht an eine bestimmte formalrechtliche Beziehung des Antragstellers zum Auskunftsbegehren, also insbesondere nicht an die Beteiligtenstellung i.S.d. § 13 VwVfG an. Über den formlos bei der nach § 9 UIG zuständigen Behörde zu stellenden Antrag muss diese nach § 5 Abs. 2 UIG innerhalb von zwei Monaten entscheiden, ohne dass der Antragsteller ein Informationsinteresse vortragen muss (Art. 3 Abs. 1 S. 2 UIR[110] und Arg. aus § 5 Abs. UIG). Insofern kann die Behörde dem Antragsteller auch keine missbräuchliche Antragstellung entgegenhalten[111]. Der Antrag muss hinsichtlich des Auskunftsbegehrens bestimmt sein.

Nach § 4 Abs. 1 UIG ist jedermann anspruchsberechtigt. Das sind nach Art. 3 **395** UIR alle natürlichen und juristischen Personen. Nicht hierzu zählen jedoch juristische Personen des öffentlichen Rechts[112], wohl aber der Ortsverband einer politischen Partei[113]. § 4 Abs. 1 S. 2 UIG regelt die Art und Weise der Auskunftserteilung. Sie kann schriftlich, mündlich durch Akteneinsicht oder dadurch erteilt werden, dass die Behörde dem Antragsteller in sonstiger Weise Informationsträger zur Verfügung stellt. §§ 7 und 8 UIG normieren Beschränkungen des Auskunftsanspruchs zum Schutz öffentlicher und privater Belange. Zugunsten Privater sind insbesondere personenbezogene Daten, geistiges Eigentum und sonstige Betriebs- und Geschäftsgeheimnisse geschützt. Nach § 8 Abs. 2 UIG sind die von der Entscheidung Betroffenen vor Offenbarung der Informationen durch die Behörde zu hören.

> **Praxistipp:**
>
> Der Antrag auf Auskunft begründet ein eigenes Verwaltungsverfahren i.S.d. § 9 VwVfG[114]. Die Verweigerung einer Auskunft unter Berufung auf §§ 7 oder 8 UIG kann also im Wege der Widerspruchs und der Verpflichtungsklage angegriffen werden. § 44a VwGO findet keine Anwendung.

e) Bestimmtheit der Ordnungsverfügung (§ 37 VwVfG)

Das Bestimmtheitserfordernis nach § 37 Abs. 1 VwVfG stellt in der behördlichen **396** Praxis ein besonderes Problem dar. Ein Verwaltungsakt leidet an einem Formmangel, wenn er inhaltlich nicht hinreichend bestimmt, in sich widersprüchlich

---

[109] Vgl. dazu eingehend *Kugelmann*, Die informatorische Rechtsstellung des Bürgers (2001), S. 197 ff. und passim *Turiaux*, UIG-Kommentar (1995); *Röger*, Umweltinformationsgesetz (1995).
[110] Richtlinie 90/313 EWG des Rates vom 7.6.1990 über den freien Zugang zu Informationen über die Umwelt (UIR). Vgl. hierzu auch *Barth/Demmke/Ludwig*, NuR 2001, 133, 137 f.
[111] BVerwG, UPR 1999, 313, 314.
[112] BVerwG, NVwZ 1996, 400, 401.
[113] BVerwG, UPR 1999, 313, 314.
[114] *Kugelmann*, Die informatorische Rechtsstellung des Bürgers, S. 219.

oder aus Sicht seines Adressaten unverständlich ist. Unbestimmtheit kann auch vorliegen, wenn mehrere nicht zusammen gehörende Angelegenheiten in einer Verfügung zusammengefasst und dadurch unverständlich werden. In diesem Fall kann der Verwaltungsakt regelmäßig nur durch seine neue Abfassung rechtmäßig werden.[115] Gerade in Altlastenfällen ist die Formulierung des Tenors, also der Handlungsanordnung in der Sanierungsverfügung, schwierig und die Verfügung deswegen nur bedingt geeignet, um Altlastenprobleme aus behördlicher Sicht in den Griff zu bekommen[116]. Dies liegt an der Ungewissheit der Behörde über den Regelungsgegenstand. Die Behörde ist bei dem Verdacht einer schädlichen Bodenveränderung oder Altlast häufig nicht über das genaue Ausmaß des vermuteten Schadens hinsichtlich seiner Art, Menge, Qualität und seiner räumlichen Ausdehnung informiert. Sie befürchtet aber vielfach das Schlimmste und möchte deswegen neben einer umfassenden Sachverhaltsaufklärung durch einen Pflichtigen eine umfassende Sanierung.

aa) Sanierungsanordnungen in komplexen Fällen

397 Das neue Bodenschutzrecht entlastet die Behörde in einem entscheidenden Punkt. In besonders komplexen Fällen kann die Behörde sich nun auf § 13 BBodSchG berufen. Wenn diese Norm einschlägig ist, ermächtigt deren Abs. 1 S. 1 die Behörde dazu, „von einem nach § 4 Abs. 3, 5 und 6 BBodSchG zur Sanierung Verpflichteten die notwendigen Untersuchungen zur Entscheidung über Art und Umfang der erforderlichen Maßnahmen (Sanierungsuntersuchungen) sowie die Vorlage eines Sanierungsplans (zu) verlangen"[117]. Aber auch insoweit obliegt der Behörde neben der sicheren Feststellung des Bestehens einer Altlast – ein Verdacht reicht insoweit nicht aus – auch der Nachweis der besonderen Komplexität der Angelegenheit im Sinne des § 13 Abs. 1 S. 1 BBodSchG. Diese wird zwar namentlich bei großen Standorten, auf denen langjährig industriell produziert wurde und bei dem nach Durchführung der orientierenden Untersuchung[118] alles auf eine vielschichtige Problemlage hindeutet, in manchen Fällen vorliegen. In vielen anderen Fällen wird die Komplexität des Sachverhalts aber nicht gegeben sein. So dürfte die erforderliche Vielschichtigkeit etwa bei einem Tankstellengrundstück oder einer vergleichbaren räumlich abgrenzbaren und überschaubaren Industriefläche in der Regel fehlen.[119]

---

[115] Dazu *Hufen*, Fehler im Verwaltungsverfahren, Rn. 292 f.
[116] Dazu auch *Frenz/Heßler*, NVwZ 2001, 13, 13 f.
[117] Siehe dazu noch eingehend unten Rn. 411 ff.
[118] Siehe zum Prüfprogramm der Behörde in diesem Zusammenhang oben Rn. 178.
[119] Zu Sanierungsuntersuchungen insgesamt vgl. unten ausführlich Rn. 428 ff.

III. Verhalten nach Erwerb des Standorts   E

bb) Anforderungen an das Bestimmtheitserfordernis in weniger komplexen Fällen

In den Fällen, in denen die Schwelle des § 13 BBodSchG nicht erreicht ist[120], **398** muss die Behörde bei der Formulierung ihrer Gefährdungsabschätzungs- und Sanierungsverfügungen die verwaltungsverfahrensrechtlichen Anforderungen des § 37 Abs. 1 VwVfG beachten. Die Verfügungen müssen also inhaltlich hinreichend bestimmt sein. Nach der Rechtsprechung muss der Adressat einer Ordnungsverfügung aus deren Entscheidungssatz – dem Tenor – im Zusammenhang mit den Gründen und den sonstigen bekannten oder ohne weiteres erkennbaren Umständen genau herauslesen können, welches Verhalten die Behörde von ihm erwartet. Die getroffene Regelung muss dazu klar, vollständig und unzweideutig sein. Für das Maß der Konkretisierung kommt es auf den Einzelfall an; es hängt von der Art des Verwaltungsakts und den Umständen seines Erlasses ab. Nicht zuletzt weil die Behörde die angeordnete Maßnahme im Wege der Ersatzvornahme vollstrecken – also auf Kosten des Ordnungspflichtigen selbst durchführen können muss –, sind die Anforderungen an die inhaltliche Bestimmtheit eines solchen Verwaltungsakts hoch.[121] Da die Behörde meist gar nicht genau weiß, ob und wo Maßnahmen welcher Art getroffen werden müssen, ist eine eher unbestimmte Formulierung von Sanierungsanordnungen häufig. Dem Pflichtigen wird dann etwa aufgegeben, ein bestimmtes, oftmals noch nicht einmal genauer bezeichnetes Areal durch einen Sachverständigen auf Altlasten untersuchen zu lassen und – sollten sich Verunreinigungen zeigen – „geeignete Maßnahmen" zu deren Sanierung zu unterbreiten.

Eine in dieser Art formulierte Anordnung von Gefährdungsabschätzungs- **399** oder Sanierungsmaßnahmen ist nicht nur zu unbestimmt und daher wegen eines Verstoßes gegen § 37 Abs. 1 VwVfG zu beanstanden. Eine derartige Verfügung trägt auch dem Prinzip der Amtsermittlung nach §§ 24, 26 VwVfG und den damit verbundenen geringen Mitwirkungspflichten des Bürgers[122] nicht hinreichend Rechnung. Nach der Regelung in § 9 Abs. 1 BBodSchG wurden die Anforderungen an das im Rahmen der Amtsermittlung von der Behörde abzuarbeitende Untersuchungsprogramm verschärft. Die Schwelle, ab der Maßnahmen zur Gefährdungsabschätzung auf den Ordnungspflichtigen übertragen werden dürfen, ist vergleichsweise hoch.[123]

Eine unbestimmte Ordnungsverfügung ist wegen eines Verstoßes gegen § 37 **400** Abs. 1 VwVfG rechtswidrig. Sie kann in aller Regel nur durch eine Neufassung wirksam werden. Die „Heilung" durch die Widerspruchsbehörde ist ebenso wenig zulässig wie das Beheben des Formmangels im Verwaltungsprozess[124]. Gewisse Fehler können zwar grundsätzlich noch im Verwaltungsverfahren unter den

---

[120] Siehe dazu unten Rn. 411 ff.
[121] Vgl. dazu *OVG Münster*, NVwZ 1993, 1000, 1000 f.
[122] Siehe oben Rn. 386 ff.
[123] Siehe oben Rn. 197 ff.
[124] *Hufen*, Fehler im Verwaltungsverfahren, Rn. 293.

Voraussetzungen der §§ 45, 46 VwVfG oder aber im Prozess geheilt werden. Die Heilungsvorschriften werden aber nur in Fällen relevant, in denen – wie etwa bei der Anhörung – die bloße spätere Durchführung der Verfahrenshandlung den Formmangel heilt. Insgesamt spielt die Heilung in der Praxis im Zusammenhang mit Gefährdungsabschätzungs- oder Sanierungsanordnungen keine große Rolle, weil sie die Erkenntnis des Fehlers voraussetzt. Dieser Erkenntnis verschließt sich die Behörde aber häufig bis zum ersten gerichtlichen Erörterungstermin. In anderen Fällen kann sie die erforderliche Korrektur auch nicht vornehmen, weil ihr die hierfür erforderlichen Informationen, etwa zur Konkretisierung einer Sanierungsanordnung, fehlen. Eine Neufassung ist damit zulässig, der Behörde aber oft nicht möglich.

Praxistipp:

Wenn eine Behörde sich zunächst geweigert hat, einen Sanierungsvertrag zu schließen, der Ordnungspflichtige dies aber möchte, kann sich der Zeitpunkt, an dem die Behörde die Rechtswidrigkeit einer Verfügung eingestehen muss, anbieten, um dieses Anliegen noch einmal an die Behörde heranzutragen.

f) Wahrung des Verhältnismäßigkeitsgrundsatzes

401 Die öffentliche Hand muss bei allem Handeln den verfassungsrechtlichen **Grundsatz der Verhältnismäßigkeit** - auch Übermaßverbot genannt – beachten[125]. Um die Einhaltung dieses fundamentalen Grundsatzes zu überprüfen, hat sich folgendes Schema eingebürgert. Das von der Behörde eingesetzte Mittel muss zunächst geeignet sein, den damit verfolgten Zweck zu erreichen (Geeignetheit). Wenn mehrere gleichermaßen geeignete Mittel in Betracht kommen, um den Zweck zu erreichen, so muss die Behörde das mildeste Mittel auswählen. Die Beeinträchtigung des von einer staatlichen Maßnahmen Betroffenen darf nicht über das Erforderliche hinausgehen (Erforderlichkeit). Schließlich müssen das im konkreten Fall angewendete Mittel und der verfolgte Zweck in einer angemessenen Relation zueinander stehen (Angemessenheit).

402 Die Einhaltung des Grundsatzes der Verhältnismäßigkeit sollte sorgfältig überprüft werden. Eine Ordnungsverfügung, die diesen Grundsatz nicht oder nicht hinreichend beachtet, ist ermessensfehlerhaft und damit rechtswidrig.

Beispiel:

Ein Gebiet ist in mehrere Parzellen aufgeteilt. Die jeweiligen Grundstücke gehören unterschiedlichen Eigentümern und werden von verschiedenen Firmen genutzt. Das Gebiet liegt in der Nähe eines Flusses und der Grundwasserstand ist hoch. Einer der Grundstückseigentümer beabsichtigt, sein brachliegendes Grundstück mit seinen nicht mehr genutzten Aufbauten zu verkaufen, damit es einer anderen industriellen Nutzung zugeführt werden kann. Er schaltet einen Bodengutachter ein, der den Standort im Rahmen einer

---

[125] *Sachs* in Stelkens/Bonk/Sachs, VwVfG, § 40 Rn. 83 m.w.N.

III. Verhalten nach Erwerb des Standorts   **E**

Gefährdungsabschätzung untersucht. Dieser stellt folgendes fest: In der langen Geschichte des Standorts sind im Rahmen der industriellen Produktion giftige Schadstoffe über das Erdreich bis in das Grundwasser gelangt. Diese breiten sich über den sog. Grundwasserstrom, also den unterirdischen Fluss des Grundwassers, aus und drohen in einen nahegelegenen Fluss zu gelangen. Die Verunreinigung des Grundwassers ist so weit fortgeschritten, dass dessen Sanierung technisch kaum mehr möglich ist. Es müsste das gesamte Grundwasser – dessen Verunreinigung verschiedene Ursachen hat – unter dem großflächigen Areal in einem langjährigen Prozess gereinigt werden. Der Sanierungserfolg bliebe gleichwohl fraglich, da nicht alle Einleiter und Schadstoffquellen bekannt sind und auch nicht festgestellt werden können. Der angrenzende Fluss sorgt für zusätzliche Bewegung im Grundwasser und damit für eine ständige Veränderung des Zustandes. Allerdings ist es technisch möglich, die weitere Ausbreitung des Schadens vom Grundstück des Auftraggebers aus zu unterbinden.

In dieser Situation tritt der Eigentümer, der sein Grundstück verkaufen will, mit seinem Problem an die Behörde heran.

Hier befinden sich die Beteiligten in einen Dilemma. Auf der einen Seite ist die **403** Behörde verpflichtet, für die Sanierung des Erdreichs zu sorgen. Der Grundstückseigentümer ist dafür verantwortlich. Hat er die Verunreinigung nachweislich nicht verursacht und das Grundstück in Unkenntnis einer derart massiven Verunreinigung erworben, ist seine Haftung jetzt nach der Rechtsprechung des Bundesverfassungsgerichts begrenzt, weil er sich in einer Opferposition befindet und die aus dem Grundstück resultierenden Pflichten nicht mehr in einem angemessenen Verhältnis zu dem aus dem Grundstück gezogenen Nutzen stehen[126]. Hat der Eigentümer aber das Grundstück auch genutzt und war der Austrag aus seinem Boden mitursächlich für die Verunreinigung des Grundwassers, so muss die Behörde ihn wegen dessen Sanierung in Anspruch nehmen. Es liegt aber auf der Hand, dass zugleich auch andere Grundstückseigentümer zur Verunreinigung des Grundwassers beigetragen haben. Zudem ist die Sanierung des Grundwassers technisch letztlich nicht möglich und es ist klar, dass der Eigentümer, der an die Behörde herangetreten ist, die Sanierung nicht finanzieren kann. Die Behörde steht aber wegen ihrer Pflicht zur Gefährdungsabschätzung nach § 9 Abs. 1 BBodSchG unter Handlungszwang zu einer großflächigen Untersuchung des gesamten Areals. Anderenfalls läuft sie Gefahr, eine Amtspflichtverletzung oder gar eine Umweltstraftat zu begehen[127].

aa) Eignung einer Sanierung des Grundwassers

Würde die Behörde in dieser Situation gegenüber dem einzelnen Eigentümer die **404** Sanierung des Grundwassers anordnen, so bestünden bereits an der **Eignung** dieser Maßnahmen erhebliche Zweifel. Die Sanierung des Grundwassers würde – ihre technische Möglichkeit unterstellt – viele Jahre in Anspruch nehmen, vermutlich Millionen verschlingen und letztlich aller Voraussicht nach keinen spürbaren Erfolg bei der Beseitigung der Gefahr bringen. Da die Fortdauer einer Grundwasserverunreinigung zu ergreifende Maßnahmen entwerten würde,

---
[126] Dazu oben Rn. 133 ff.
[127] Siehe dazu oben Rn. 288 ff.

könnte die Eignung einer Grundwassersanierung nicht einmal sinnvoll diskutiert werden, solange nicht alle neuen Schadstoffeinträge des betroffenen Grundstücks und der umliegenden Flächen unterbunden wären.

bb) Erforderlichkeit der Maßnahme

405 Unter dieser Voraussetzung stellt sich die Frage nach der Erforderlichkeit der Maßnahme nicht mehr, weil es gar kein Mittel zur Beseitigung der Gefahr gibt. Allerdings besteht die Möglichkeit, den weiteren Schadensaustritt aus dem Grundstück zu unterbinden. Es ist dann zu prüfen, ob die Beseitigung des Schadensherdes (§ 2 Abs. 7 Nr. 1 BBodSchG) oder die Verhinderung seiner Ausbreitung (§ 2 Abs. 7 Nr. 2 BBodSchG) die vorzugswürdigere Maßnahme ist. Da diese Maßnahmen bei Altlasten die vor dem 1.3.1999 entstanden sind, grundsätzlich gleichwertig nebeneinander stehen[128], wird – bei gleicher technischer Eignung – bei der Entscheidung für die mildeste Maßnahme insbesondere auch die Kostenfrage eine wichtige Rolle spielen.

> **Praxistipp:**
>
> An dieser Stelle wird die Bedeutung des Bodengutachters besonders augenfällig. Von dessen Beratung hängt die Wahl des mildesten geeigneten Mittels ab. Hier können Kosten in erheblicher Höhe entstehen oder vermieden werden.

cc) Zweck-Mittel-Relation

406 Würde die Behörde die technische Möglichkeit der Sanierung des Grundwassers gleichwohl für gegeben halten, und den Eigentümer und Verursacher, der an sie herangetreten ist, wegen der teilweisen oder kompletten Sanierung des Grundwassers in Anspruch nehmen, so dürfte dies in der oben geschilderten Situation außerhalb der Verhältnismäßigkeit stehen. Es liegt hier auf der Hand, dass ein Pflichtiger die ihm aufgebürdete Last der Beseitigung einer Grundwasserverunreinigung eines ganzen Gebiets nicht tragen kann. In dieser besonderen Situation wird die Behörde im Rahmen ihrer Ermessensentscheidung nicht umhinkommen, die Verursachungsbeiträge anderer Störer zu ermitteln und bei ihrer Entscheidung zu berücksichtigen.

407 Die **Lösung** kann in diesem Fall also letztlich nur darin liegen, dass der betroffene Grundstückseigentümer die Bodensanierung durchführt, um den Eintrag von neuen Schadstoffen zu unterbinden. Auch wenn es nachweislich zu einer durch ihn oder einen Rechtsvorgänger verursachten Grundwasserverunreinigung gekommen ist, dürfte die Anordnung der Sanierung in diesem Fall mangels Eignung zur Gefahrbeseitigung, aber auch wegen Unverhältnismäßigkeit scheitern. Das Beispiel zeigt, wie wichtig es in der Praxis ist, alle Facetten der Verhältnismäßigkeitsprüfung sorgfältig zu beleuchten.

---

[128] Siehe oben Rn. 104.

III. Verhalten nach Erwerb des Standorts   **E**

g) Sofortvollzug

Gefahrerforschungsmaßnahmen müssen bei Gefahr in Verzug, also bei Vorliegen **408** einer aktuellen Gefahrenlage, schnell erfolgen, weil nur auf diese Weise weitere Schäden vermieden werden können. Die Behörde muss in dieser Situation einen Pflichtigen kurzfristig im Wege des sog. Sofortvollzuges in Anspruch nehmen. Dies bedeutet, dass sie eine Ordnungsverfügung erlässt und diese aus besonderem Grund für sofort vollziehbar erklärt. Der Widerspruch des Empfängers gegen eine solche Verfügung hat dann – anders als üblich – keine aufschiebende Wirkung (§ 80 Abs. 2 Nr. 4 VwGO). Die Behörde muss also mit der Umsetzung der Maßnahme nicht warten, bis diese überprüft ist.

> **Praxistipp**:
>
> Sofern gegen eine derartige Maßnahme Rechtsschutz ergriffen werden soll, müssen zwei Dinge geschehen. Zunächst muss **Widerspruch** gegen die sog. Grundverfügung, welche die materielle Pflicht enthält, eingelegt werden, um deren Bestandskraft zu verhindern. Sodann muss nach § 80 Abs. 5 S. 1 VwGO ein Antrag auf **Wiederherstellung der aufschiebenden Wirkung** des eingelegten Widerspruchs bei dem zuständigen Verwaltungsgericht gestellt werden. Sofern ein vorheriger Antrag bei der Behörde nicht gesetzlich vorgeschrieben ist (§ 80 Abs. 6 VwGO), sollte er unterbleiben, da er in der Regel wenig Erfolg verspricht und unnötige zeitliche Verzögerungen mit sich bringt.

Gerade derartige Eilmaßnahmen treffen den Pflichtigen, der alles andere „stehen **409** und liegen lassen muss", besonders hart und stellen insofern eine besonders massive Form des Eingriffs dar. An die Durchführung von Sofortmaßnahmen sind daher besonders **strenge verfahrensrechtliche Anforderungen** geknüpft. Die Behörde muss die Anordnung des Sofortvollzuges gem. § 80 Abs. 3 S. 1 VwGO besonders begründen. Gerade die Begründung der Anordnung des Sofortvollzuges einer Sanierungsmaßnahme leidet häufig an Mängeln, weil die Behörde in der Eile die Reichweite des § 80 Abs. 3 S. 2 VwGO überschätzt, wonach eine besondere Begründung in bestimmten Fällen verzichtbar ist. Die Rechtsprechung nimmt das Begründungserfordernis ernst und rügt Verstöße hiergegen häufig[129]. Um dem Begründungserfordernis zu genügen, muss die Behörde auf die konkreten Umstände des Einzelfalles bezogene Gründe nennen, die sich gerade auf das Erfordernis der sofortigen Vollziehbarkeit beziehen. Zwar kann die Begründung knapp sein. Oft werden aber formelhafte oder nichtssagende Wendungen gebraucht, die auf beliebige Fallgestaltungen passen. Diese reichen nicht aus. Es genügt auch nicht, wenn sich die Begründung aus dem Zusammenhang der Erwä-

---

[129] *Schoch* in Schoch/Schmidt-Aßmann/Pietzner, VwGO, § 80 Rn. 178 m.w.N.

gungen für den Verwaltungsakt ermitteln lässt.[130] Liegt ein Begründungsmangel vor, ist die gesamte Anordnung der sofortigen Vollziehbarkeit rechtswidrig[131].

> **Praxistipp:**
>
> Gerade bei Eilmaßnahmen sollte auch besonders sorgfältig auf die Zuständigkeit der handelnden Behörde geachtet werden. Wird etwa im Rahmen des Sofortvollzuges eine Sanierung angeordnet und kommt es in diesem Zusammenhang zu einem Bodenaushub, so ist für die Anordnung der Verfüllung und zur Wiederherstellung der Standfestigkeit der Grube nicht die für die Altlastensanierung zuständige Ordnungsbehörde, sondern die Bauordnungsbehörde zuständig. Erlässt nicht letztere die Verfügung zur Verfüllung der Baugrube, ist die Anordnung bereits wegen Unzuständigkeit der handelnden Behörde rechtswidrig.

h) Rechtsbehelfsbelehrung

410 Auch eine unterbliebene oder fehlerhafte Rechtsbehelfsbelehrung der Ordnungsverfügung selbst kann im Ernstfall nützen. Fehler in diesem Bereich haben nach § 58 VwGO Einfluss auf den Lauf der Widerspruchsfrist. Eine unterbliebene Rechtsbehelfsbelehrung löst nach § 58 Abs. 1 VwGO nicht die Monatsfrist aus. Die Verfügung kann dann nach § 58 Abs. 2 VwGO innerhalb eines Jahres nach Zustellung der Verfügung angegriffen werden. Die Ordnungsverfügung sollte jedenfalls auch in dieser Hinsicht überprüft werden, wenn eine Verfügung nach Ablauf der Monatsfrist angegriffen werden soll[132].

IV. Sanierungsuntersuchungen, Sanierungsplan, Sanierungsvertrag, §§ 13 f. BBodSchG

411 Ein Sonderfall bei der Sanierung von Altlasten ist die komplexe Altlast, die aber bei geplanter Wiedernutzung und Investitionen bei Industriebrachen nicht selten ist. Den Umgang mit derartigen „qualifizierten Altlasten" regeln §§ 13 f. BBodSchG. Diese Fälle unterliegen teilweise anderen Regelungen als „normale" Altlasten, deren Sanierung durch einfache Sanierungsanordnung umgesetzt werden kann.

---

[130] *Schoch* in Schoch/Schmidt-Aßmann/Pietzner, VwGO, § 80 Rn. 178.
[131] *Schoch* in Schoch/Schmidt-Aßmann/Pietzner, VwGO, § 80 Rn. 180 m. w. N.
[132] Zu den Anforderungen an eine Rechtsbehelfsbelehrung im allgemeinen *Stelkens* in Stelkens/Bonk/Sachs, VwVfG, § 37 Rn. 4 ff., und bei der Anordnung der sofortigen Vollziehung, Rn. 8 f.

IV. Sanierungsuntersuchungen, Sanierungsplan, Sanierungsvertrag, §§ 13 f. BBodSchG   **E**

1. Sanierungsuntersuchungen und Sanierungsplan

In § 13 BBodSchG wird die Erstellung eines Sanierungsplans geregelt. Handelt es sich bei der Beseitigung einer Bodenkontamination um ein komplexes Sanierungsvorhaben, kann auf die Erstellung eines Sanierungsplans zurückgegriffen werden, um so die vielfältigen Probleme solcher Altlastenlagen zu bewältigen. Im Gegensatz zum städtebaulichen Sanierungsplan, bei dem die Wiederherstellung der städtebaulichen Nutzbarkeit des Grundstücks als Standort für Siedlungen oder ähnliches im Vordergrund steht, ist mit dem bodenschutzrechtlichen Sanierungsplan vornehmlich der stoffliche Bodenschutz mit Blick auf die Bewältigung der Altlastenproblematik bezweckt[133]. Die Erstellung des Sanierungsplans kann direkt auf den nach § 4 Abs. 3 BBodSchG Pflichtigen übertragen werden, womit die Regelung an die Erfahrungen zu entsprechenden Regelungen im BauGB, Vorhaben- und Erschließungsplan und städtebauliche Verträge, anknüpft[134].   **412**

§ 13 Abs. 4 BBodSchG verweist zudem explizit auf die Möglichkeit, die anschließende Sanierung nicht im Wege der Ordnungsverfügung, sondern durch Sanierungsvertrag zu regeln.   **413**

a) Voraussetzungen für die Anordnung von Sanierungsuntersuchungen und Sanierungsplan

aa) Überschreiten der Verdachtsschwelle

Voraussetzung für die Erstellung eines Sanierungsplanes ist das Bestehen einer Altlast i.S.d. § 2 Abs. 5 BBodSchG. Folglich muss die Schwelle des Gefahrenverdachts überschritten sein und positiv das Vorliegen einer Altlast oder schädlichen Bodenveränderung feststehen. Der Anordnung zur Erstellung eines Sanierungsplans geht daher stets die Gefahrerforschung vor. So muss die Behörde zunächst nach § 9 Abs. 1 BBodSchG vorgegangen sein und dabei hinreichend konkrete Anhaltspunkte für das Vorliegen einer Altlast gefunden haben. Sie muss sodann eine Anordnung gegenüber dem Pflichtigen zur weiteren Untersuchung nach § 9 Abs. 2 BBodSchG ausgesprochen haben, die den Gefahrenverdacht bestätigt hat[135].   **414**

bb) Hinreichend qualifizierte Altlast

Die Altlast muss so hinreichend qualifiziert sein, dass ein abgestimmtes, planmäßiges Vorgehen notwendig erscheint. Diese Notwendigkeit kann sich aus der Gefährlichkeit der Altlast, aus der Komplexität der erforderlichen Maßnahmen wie auch aus der Notwendigkeit abgestimmten Verhaltens ergeben. Die einzelnen   **415**

---

[133] *Diehr*, UPR 1998, 128, 129.
[134] *Diehr*, UPR 1998, 128, 129.
[135] Siehe zu den Anforderungen oben Rn. 197 ff.

Fallgruppen einer qualifizierten Altlast sind nicht scharf voneinander zu trennen, vielmehr gibt es zahlreiche Überschneidungen zwischen den verschiedenen Fällen qualifizierter Altlasten.

416 Das Vorliegen dieses Planbedürfnisses stellt die Behörde im Rahmen eines ihr zustehenden, recht weiten Beurteilungsspielraumes fest, der aber voller gerichtlicher Überprüfung unterliegt.

(1) Qualifikation aufgrund Gefährlichkeit der Altlast

417 Die Gefährlichkeit einer Altlast kann sich aus der Art, der Ausbreitung oder der Menge der im Boden befindlichen Schadstoffe ergeben, die eine in besonderem Maße schädliche Bodenveränderung und/oder sonstige Gefahren für den Einzelnen oder die Allgemeinheit hervorrufen können. Die Definition des Schadstoffbegriffs richtet sich hier nach § 2 Abs. 6 BBodSchV[136].

418 Die Art der Schadstoffe kann aufgrund des speziellen Gefährdungspotentials eine über das Maß der „Normal"-Altlast hinausgehende Qualifikation begründen. Zu berücksichtigen sind die Wirkungen der Stoffe in ihrem Zusammenspiel oder ihr Ausbreitungspotential.

419 Die großflächige Ausdehnung einer Kontamination kann aufgrund ihrer schweren Beherrschbarkeit, etwa mit Blick auf Trinkwassergefährdungen, eine hinreichende Qualifikation begründen.

420 Hiermit einhergehend kann auch die Menge der auf einem Grundstück befindlichen Schadstoffe, die mit zunehmender Ausdehnung der Altlast ansteigen dürfte, die Notwendigkeit von Sanierungsuntersuchungen und Sanierungsplan begründen. Andererseits kann auch eine hohe Stoffkonzentration auf kleinem Raum die besondere Gefährlichkeit einer Altlast hervorrufen, nicht zuletzt mit Blick auf die Gefahr der Auswaschung oder der flächenmäßigen Ausbreitung. Zudem kann eine hohe Schadstoffkonzentration auch auf kleinem Raum bereits Einfluss auf die Nutzbarkeit eines Grundstücks haben und eine spezielle Gefährdung Einzelner hervorrufen.[137]

(2) Qualifikation aufgrund Komplexität

421 Eine hinreichende Komplexität der notwendigen Maßnahmen liegt insbesondere vor, wenn verschiedene der denkbaren Maßnahmenarten zur Anwendung kommen müssen[138]. Denkbar ist also eine Kombination der folgenden Maßnahmenarten, die auf Grundlage der Sanierungsuntersuchung zur Anwendung gelangen können:

---

[136] Vgl. oben Rn. 104.
[137] Zu den vorgenannten Fallgruppen jeweils *Frenz*, BBodSchG, § 13 Rn. 17 ff.
[138] *Becker*, BBodSchG, § 13 Rn. 3.

IV. Sanierungsuntersuchungen, Sanierungsplan, Sanierungsvertrag, §§ 13 f. BBodSchG **E**

> – Sanierungsmaßnahmen nach § 2 Abs. 7 BBodSchG (Dekontaminierung, Sicherungsmaßnahmen, Beseitigung und Verminderung von Schadstoffen)
> – Schadstoffbeseitigung nach § 4 Abs. 5 BBodSchG (bei neueren Schadstoffeinträgen)
> – Schutz- und Beschränkungsmaßnahmen
> – Gewässersanierungen
> – Einplanung der planungsrechtlich zulässigen Nutzung bei der Sanierung

(3) Qualifikation aufgrund der Notwendigkeit abgestimmten Verhaltens

Besonderes Gewicht kommt dem Vorliegen von Gewässerverunreinigungen zu, da insoweit ein Erfordernis abgestimmten Verhaltens, hier mit den zuständigen Wasserbehörden, besteht[139]. Dies gilt gleichermaßen, wenn auf einer großen Sanierungsfläche sowohl Dekontaminierungs- als auch Sicherungsmaßnahmen erforderlich sind und diese Maßnahmen sich dergestalt ergänzen, dass sich das Maß der einen Maßnahmeart erst im Zuge des Voranschreitens der anderen Maßnahmeart ermitteln lässt. Ebenso verhält es sich, wenn eine bestimmte Abfolge von Maßnahmen erforderlich erscheint, um den Sanierungserfolg sicherzustellen. Letztlich bleibt die Feststellung der Notwendigkeit abgestimmten Verhaltens trotz der zuvor aufgezeigten typischen Konstellationen immer eine Frage des Einzelfalls[140].

422

(4) Fehlende Qualifikation der Altlast

Liegt keine qualifizierte, sondern vielmehr eine „normale" Altlast vor, darf die Behörde weder die Durchführung von Sanierungsuntersuchungen noch die Vorlage eines Sanierungsplans verlangen; hierzu lässt § 13 Abs. 1 BBodSchG keinen Raum. Eine entsprechende Anordnung kann daher bei Fehlen der Voraussetzungen des § 13 Abs. 1 BBodSchG angefochten werden.

423

b) Rechtsfolge: Regelmäßig Aufgabe von Sanierungsuntersuchungen und eines Sanierungsplans

Sind die Voraussetzungen für die Notwendigkeit eines Sanierungsplans gegeben, soll die Behörde regelmäßig die hierzu erforderlichen Sanierungsuntersuchungen anordnen; Sanierungsuntersuchungen sind nach § 13 Abs. 1 BBodSchG die notwendigen Untersuchungen zur Entscheidung über Art und Umfang der erforderlichen Maßnahmen. Die Sanierungsuntersuchungen sollen die Erstellung eines Sanierungsplanes vorbereiten und bilden dessen Grundlage[141].

424

---

[139] Vgl. *Becker*, BBodSchG, § 13 Rn. 3.
[140] Hierzu und zu den zuvor aufgezeigten Konstellationen vgl. *Frenz*, BBodSchG, § 13 Rn. 12 ff.
[141] BT-Drs. 13/6701, S. 41; *Frenz*, BBodSchG, § 13 Rn. 40.

425 Sanierungsuntersuchungen und Sanierungsplan sind bei Vorliegen der Tatbestandsvoraussetzungen so gut wie immer anzuordnen. Die Behörde hat im Rahmen ihrer Ermessensentscheidung nur geringe Möglichkeiten, hiervon abzusehen. Das Ermessen ist nahezu auf Null reduziert[142]. **Umfang und Ausmaß** des Sanierungsplanes kann die Behörde im Gegensatz zum gebundenen Ermessen bei der Frage des „Ob" eines Sanierungsplans dagegen **nach freiem Ermessen** bestimmen. Sie sollte hierzu dann jedoch Vorgaben machen[143].

aa) Pflichtige

426 Als Adressaten der Anordnung von Sanierungsuntersuchungen und Sanierungsplan nach § 13 Abs. 1 BBodSchG kommen die nach § 4 BBodSchG zu bestimmenden Pflichtigen in Betracht, die wie im Rahmen einer normalen Sanierungsverfügung ermessensfehlerfrei ausgewählt werden müssen. Insoweit ist auf die Ausführungen zur Ermessensbetätigung zu verweisen[144]. Von dem Pflichtigen kann sodann die Durchführung von Sanierungsuntersuchungen, die Vorlage eines Sanierungsplans sowie die Benachrichtigung betroffener Dritter verlangt werden.

bb) Sanierungsuntersuchungen

427 Die Anordnung von Sanierungsuntersuchungen ist ein Verwaltungsakt, der den üblichen Rechtmäßigkeitserfordernissen, insbesondere der Ermessensausübung, der Bestimmtheit und der Verhältnismäßigkeit, genügen muss. Der Pflichtige muss ermessensgerecht ausgewählt sein, die angeordneten Sanierungsuntersuchungen müssen notwendig sein, müssen sich damit also am Gebot der Verhältnismäßigkeit orientieren[145]. Je umfänglicher und komplexer die jeweilige Altlast ist und je größer die von ihr ausgehenden Gefahren sind, um so intensivere Untersuchungen können verlangt werden. Ziel der Sanierungsuntersuchungen ist, ungeeignete Sanierungsmaßnahmen auszuscheiden und aus dem Kreis der geeigneten Sanierungsmaßnahmen diejenigen auszuwählen, die für die Erfüllung der Pflichten nach § 4 Abs. 3 BBodSchG verhältnismäßig, also geeignet, erforderlich und, vor allem mit Blick auf den Sanierungszweck, angemessen sind[146].

(1) Prüfprogramm

428 Ihre Konkretisierung findet die Vorschrift in § 6 Abs. 1 BBodSchV und in Anhang 3 zur BBodSchV[147]. Insbesondere Anhang 3 zur BBodSchV gibt ein Prüfprogramm für die Sanierungsuntersuchungen vor, das regelmäßig abzuwickeln ist. Die zu untersuchenden Punkte sind im einzelnen:

---

[142] So auch *Becker*, BBodSchG, § 13 Rn. 4.
[143] *Schoeneck* in Sanden/Schoeneck, BBodSchG § 13 Rn. 9.
[144] Vgl. oben Rn. 164 ff.
[145] Vgl. *Frenz*, BBodSchG, § 13 Rn. 40.
[146] Siehe dazu oben Rn. 401 ff. Vgl. auch *Frenz*, BBodSchG, § 13 Rn. 47.
[147] Vgl. hierzu unten den Text von § 6 BBodSchV und von Anhang 3 zur BBodSchV in Teil G, II.

IV. Sanierungsuntersuchungen, Sanierungsplan, Sanierungsvertrag, §§ 13 f. BBodSchG   **E**

- Eignung der Verfahren hinsichtlich Schadstoff-, Boden-, Material- und Standortbeschaffenheit
- Technische Durchführbarkeit der Sanierung
- Darstellung des erforderlichen Zeitaufwands
- Wirksamkeit von Sanierungsmaßnahmen im Hinblick auf das Sanierungsziel
- Abschätzung der Kosten sowie Verhältnis zwischen Kostenaufwand und Sanierungswirksamkeit
- Auswirkung der Sanierungsmaßnahmen auf Betroffene nach § 12 BBodSchG (Nutzungsberechtigte, Eigentümer) und auf die Umwelt
- Notwendigkeit behördlicher Zulassungen für Sanierungsmaßnahmen
- Entstehen, Verwerten und Beseitigen von Abfällen im Zuge der Sanierung
- Arbeitsschutzaspekte der Sanierungsmaßnahmen
- Wirkungsdauer der Sanierungsmaßnahmen und deren weitere Überwachung
- Nachsorgeerfordernisse und Nachbesserungsmöglichkeiten

Trotz des vergleichsweise großen Prüfumfangs ist nicht anzunehmen, dass dieser **429** abschließend wäre, was durch die Wendung „Die Prüfung muss insbesondere ... umfassen" in Anhang 3, Pkt 1. Satz 3 zum Ausdruck kommt. Die Durchführung des obigen Prüfprogramms kann, muss aber nicht hinreichend sein.

Gleichzeitig gibt Anhang 3 zur BBodSchV eine Reihenfolge für die Sachver- **430** haltsermittlung vor. Die Prüfung soll zunächst unter Verwendung vorhandener Daten erfolgen, wie sie bereits etwa durch Untersuchungen nach § 3 BBodSchV ermittelt wurden, sowie unter Verwendung anderer aufgrund sonstiger gesicherter Erkenntnisse vorliegender Daten. Liegen solche Informationen nicht vor, insbesondere zur räumlichen Abgrenzung belasteter Bereiche und zur Beurteilung der Eignung einzelner Sanierungsverfahren, sind zusätzliche Untersuchungen anzustellen. Kann also anhand vorhandener Daten nach erfolgter Gefährdungsabschätzung keine zuverlässige Aussage über effektive Bekämpfungsmaßnahmen getroffen werden, sind weitere Ermittlungen in dieser Richtung unumgänglich[148].

(2) Abgrenzung zur Gefährdungsabschätzung

Abzugrenzen sind die Sanierungsuntersuchungen nach § 13 Abs. 1 BBodSchG **431** von den Untersuchungen zur Gefährdungsabschätzung nach § 9 Abs. 2 BBodSchG, da diese häufig deckungsgleiche Untersuchungen verlangen. Eine wesentliche Unterscheidung ist zunächst, dass § 13 Abs. 1 BBodSchG eine posi-

---

[148] So auch *Frenz*, BBodSchG, § 13 Rn. 49.

tiv festgestellte Altlast voraussetzt. Zudem dient die Gefährdungsabschätzung dazu, den Ist-Zustand eines Grundstücks festzustellen[149], während die Sanierungsuntersuchungen, wie zuvor beschrieben, dazu dienen, das weitere Maßnahmenprogramm für die komplexe Altlastensanierung festzulegen. Allerdings wird, wenn die Gefährdungsabschätzung nach § 9 Abs. 2 BBodSchG ergibt, dass das jeweilige Grundstück ein Vorgehen nach § 13 BBodSchG verlangt, die Gleichartigkeit vieler bereits vorgenommener Untersuchungen dazu führen, dass für die Sanierungsuntersuchungen bereits umfangreiches Datenmaterial vorliegt, dessen Verwendung im Rahmen dieses Vorgehens Anhang 3 zur BBodSchV gebietet.[150]

(3) Einschaltung Dritter

432 Der Pflichtige, der häufig nicht in der Lage sein wird, kraft eigenen Wissens die Pflichten nach § 13 BBodSchG zu erfüllen, kann sich des Sachverstands Außenstehender bedienen. Damit verliert er allerdings nicht die Verantwortung für die Durchführung; vielmehr ist der Dritte nur Erfüllungsgehilfe zur Erfüllung der Pflicht gegenüber der Behörde. Deswegen ist ein Sachverständiger so auszuwählen, dass er die dem Auftraggeber obliegenden Pflichten entsprechend erfüllen kann[151].

(a) Anordnung einer Sanierung durch Sachverständige

433 Darüber hinaus sieht § 13 Abs. 2 BBodSchG vor, dass die Behörde die Durchführung von Sanierungsuntersuchungen und Sanierungsplanung durch Sachverständige fordern kann. Während der Pflichtige bei Einschaltung eines Sachverständigen aus eigenem Antrieb in der Wahl des Dritten frei ist, kann die Behörde bei der Anordnung nach § 13 Abs. 2 BBodSchG jedenfalls verlangen, dass der Sachverständige die Mindestvoraussetzungen nach § 18 BBodSchG sowie nach den dazu ergangenen Landesvorschriften erfüllt[152]. Dem Landesgesetzgeber steht es frei, Sachverständige und Untersuchungsstellen, die die Anforderungen des § 18 BBodSchG erfüllen, gemäß § 18 S. 2 BBodSchG in geeigneter Weise bekannt zu machen. Letztlich ist die Behörde aber nicht in der Lage, dem Pflichtigen die Person des Sachverständigen vorzugeben; sie kann nur die Einhaltung der in § 18 BBodSchG genannten Eignungsvoraussetzungen verlangen[153]. Ebenso hat der Pflichtige die Möglichkeit, die Eignung eines bislang nicht bekannten Sachverständigen gegenüber der Behörde nachzuweisen.

---

[149] So auch *Schoeneck* in Sanden/Schoeneck, BBodSchG, § 13 Rn. 25.
[150] Vgl. zur Abgrenzung auch *OVG Berlin*, NVwZ 2001, 582, 583 ff.
[151] Vgl. *Frenz*, BBodSchG, § 13 Rn. 33 f.
[152] Die Benennung von Sachverständigen, die die Voraussetzungen des § 18 BBodSchG erfüllen und bereits die Formulierung dieser Voraussetzungen unterliegt bislang allerdings noch erheblichen Problemen; vgl. *Simson*, altlasten spektrum 2001, 101, 101 f.
[153] In diesem Sinne auch *Schoeneck* in Sanden/Schoeneck, BBodSchG, § 13 Rn. 12. *Frenz*, BBodSchG, § 13 Rn. 39, führt aus, dass die Behörde über die konkrete Benennung eines Sachverständigen letztlich den Anwendungsbereich des § 14 BBodSchG erweitern könnte, was nicht sein dürfe.

IV. Sanierungsuntersuchungen, Sanierungsplan, Sanierungsvertrag, §§ 13 f. BBodSchG E

(b) Mitsprachemöglichkeit des Pflichtigen

Die Anordnung nach § 13 Abs. 2 BBodSchG muss ihrerseits wiederum allgemeinen Rechtmäßigkeitsanforderungen genügen. Die Behörde muss ihr Ermessen hinsichtlich der Verpflichtung zur Einschaltung eines Sachverständigen, gemessen am Sanierungsziel und an den Umständen des Einzelfalls rechtmäßig ausüben. Haben sich etwa hinsichtlich des Sanierungsplans die ins Auge gefassten Sanierungsmaßnahmen derart konkretisiert, dass die zuständige Behörde sie ohne weiteres anordnen kann, wäre die Verpflichtung zur Einschaltung eines Sachverständigen insoweit ermessensfehlerhaft[154]. Auch muss der Pflichtige stets vorrangig selbst einen Sachverständigen bestimmen dürfen, bevor die Anordnung nach § 13 Abs. 2 BBodSchG erfolgt; die systematische Stellung des Absatzes 2 bringt insoweit die Subsidiarität der Vorschrift gegenüber der Einschaltung Dritter auf Initiative des Pflichtigen zum Ausdruck[155]. **434**

Damit ist die Anordnung nach § 13 Abs. 2 BBodSchG letztlich nur unter den Voraussetzungen der Ersatzvornahme oder bei Vorliegen einer Lage des § 14 BBodSchG zulässig[156]. Denkbar ist der Fall, dass der Pflichtige zur Durchführung der Anordnung nach § 13 Abs. 1 BBodSchG verpflichtet ist, er aber nicht in der Lage ist, diese Anordnung zu erfüllen, sei es, weil er dazu selbst nicht befähigt ist, oder weil er einen ungeeigneten Sachverständigen gewählt hat. Möglich ist auch, dass er die Anordnung trotz Androhung und Fristsetzung nicht erfüllt. Weiterhin ist denkbar, dass der Pflichtige nach der behördlichen Anordnung nach § 13 Abs. 1 BBodSchG unverzüglich einen geeigneten Sachverständigen benennt: Dann ist für die Anwendung des § 13 Abs. 2 BBodSchG kein Raum mehr. Ist aber der Pflichtige nur mit Hilfe Dritter in der Lage, die Anordnung nach § 13 Abs. 1 BBodSchG umzusetzen und ergeht gegen ihn zugleich die Anordnung nach § 13 Abs. 1 BBodSchG und § 13 Abs. 2 BBodSchG, ist ihm die Gelegenheit genommen, die Defizite bei der Umsetzung der Anordnung nach § 13 Abs. 1 BBodSchG durch selbständige Benennung eines entsprechenden Sachverständigen auszuräumen. Der hierin liegende Verstoß gegen die Subsidiarität der Anordnung nach § 13 Abs. 2 BBodSchG macht diese Anordnung rechtswidrig. **435**

> **Praxistipp**:
>
> Eine Verbindung der Anordnung von Sanierungsuntersuchungen und Sanierungsplan mit der Anordnung zur Durchführung durch einen Sachverständigen ist rechtswidrig. Vorrangig ist die Bestimmung eines Sachverständigen durch den Pflichtigen selbst. Werden dennoch beide Anordnungen verbunden, ist letztere anfechtbar.

---

[154] So zum wasserrechtlichen Sanierungsplan *VGH Kassel*, NVwZ-RR 1998, 747, 749.
[155] So *Frenz*, BBodSchG, § 13 Rn. 37.
[156] So *Becker*, BBodSchG, § 13 Rn. 7. Zu § 14 BBodSchG vgl. unten Rn. 444 ff.

cc) Sanierungsplan

436 In Umsetzung der Sanierungsuntersuchungen hat der Pflichtige gemäß § 13 Abs. 1 S. 1 2. Hs. BBodSchG einen Sanierungsplan vorzulegen. Dieser kann gemäß § 13 Abs. 6 BBodSchG für verbindlich erklärt werden.

(1) Funktion

437 Zentrale Funktion des Sanierungsplans ist es, der Behörde vorab die Überprüfung einer effektiven Erfüllung der Sanierungspflicht zu ermöglichen[157]. Gleichzeitig soll bei Vorlage eines geeigneten Sanierungsplans zugleich die mit einer Verbindlicherklärung nach § 13 Abs. 6 BBodSchG bezweckte Konzentrationswirkung herbeigeführt werden[158].

(2) Inhalt

438 Der notwendige Inhalt des Sanierungsplans wird zum einen durch § 13 Abs. 1 S. 1 BBodSchG und weiterhin durch die BBodSchV, hier wiederum vornehmlich durch deren Anhang 3[159] bestimmt.

439 Gesetzliche Vorgaben für den Sanierungsplan sind gemäß § 13 Abs. 1 S. 1 2. Hs. Nr. 1–3 BBodSchG:

– Eine Zusammenfassung der Gefährdungsabschätzung und der Sanierungsuntersuchungen

– Angaben über die bisherige und zukünftige Nutzung der betroffenen Grundstücke

– Angabe von Sanierungszielen, die hierfür erforderlichen Maßnahmen in den einzelnen Phasen der Sanierung sowie die Angabe eines Zeitplans

---

440 Anhang 3 zur BBodSchV konkretisiert die vorgenannten Punkte. So verlangt die Vorschrift ergänzend die Darstellung der Grundstückssituation, insbesondere der Standortverhältnisse. Der Sanierungsplan hat zudem eine Dokumentation der bisher ergangenen behördlichen Entscheidungen, und eventuell bereits geschlossener öffentlich-rechtlicher Verträge, insbesondere hinsichtlich des Maßnahmenkonzepts zu enthalten. Die Darstellung der Maßnahmen und ihrer Eignung hat sowohl textlich als auch, soweit möglich, zeichnerisch zu erfolgen. Verlangt wird zudem ein genauer Ablaufplan sowie die dezidierte Darstellung von On-Site-Anlagen zur Bodenbehandlung (Bodenbehandlungsanlagen auf dem zu sanierenden Grundstück) und Off-Site-Anlagen zur Bodenbehandlung (außerhalb dessen liegende Anlagen), auch der Einsatzumfang und eventuelle Transportwege. Zu do-

---

[157] Vgl. BT-Drs. 13/6701, S. 41.
[158] Vgl. dazu näher unten Rn. 461 ff.
[159] Vgl. hierzu den Text von Anhang 3 zur BBodSchV in Teil G, II.

IV. Sanierungsuntersuchungen, Sanierungsplan, Sanierungsvertrag, §§ 13f. BBodSchG E

kumentieren sind im weiteren die Sicherungs- und Eigenkontrollmaßnahmen, letztere zur Ablauf- und Nachsorgeüberwachung. Schließlich wird neben der Darstellung des Zeitplans auch eine Darstellung der voraussichtlichen Kosten einer Durchführung des Sanierungsplans verlangt.

Weiterhin verlangt Anhang 3 zur BBodSchV, dass die für eine Verbindlicherklärung nach § 13 Abs. 6 BBodSchG erforderlichen Angaben und Unterlagen beigefügt sind. Wie für die Sanierungsuntersuchungen bereits festgestellt, ist auch die Aufzählung in Anhang 3 zur BBodSchG nicht abschließend[160]. Hängen mit der Sanierung weitere Punkte zusammen, deren Darstellung nach der genannten Vorschrift nicht verlangt ist, sind diese, sofern für die Bewertung des Sanierungsplans von Belang, ebenfalls mitzuteilen. Genaue Vorgaben hierzu enthält § 6 BBodSchV, der durch Anhang 3 zur BBodSchV ergänzt wird[161]. **441**

(3) Information Dritter

Von dem Sanierungsplan sind gemäß § 13 Abs. 3 BBodSchG die durch den Sanierungsplan Betroffenen (Nutzungsberechtigte, Eigentümer, Nachbarn) zu informieren. Die Informationspflicht obliegt dem Pflichtigen. Zweck der Informationspflicht, die bereits in der Phase der Planerstellung einsetzt, ist es, betroffenen Dritten die Möglichkeit der Einflussnahme auf die Sanierungsplanung zu geben und damit nicht zuletzt die Akzeptanz des Sanierungsplans zu erhöhen. Das Gesetz schreibt vor, wie in § 12 BBodSchG ausgeführt den Betroffenen die zur Beurteilung der Planung notwendigen Unterlagen offen zu legen, wobei auch hier auf die Wahrung von Betriebsgeheimnissen Rücksicht zu nehmen ist[162]. § 13 Abs. 3 S. 2 BBodSchG verweist insoweit auf § 12 S. 2 und 3 BBodSchG, der parallel die Information Betroffener, allerdings hinsichtlich beschlossener Sanierungsmaßnahmen, bei „normalen" Altlasten regelt[163]. **442**

> **Praxistipp:**
>
> Nach § 12 BBodSchG müssen Sanierungspflichtige die Eigentümer von betroffenen Grundstücken, sonstige betroffene Nutzungsberechtigte und die betroffene Nachbarschaft von der bevorstehenden Durchführung geplanter Maßnahmen informieren[164]. Allerdings lässt diese Norm dem Verpflichteten großen Spielraum bei der Entscheidung über Art und Weise der Erfüllung dieser Pflicht[165]. Da die Nachbarschaft auf Altlastenmaßnahmen oft sehr empfindlich reagiert, sollte von dieser Informationspflicht – deren Verletzung nicht bußgeldbewehrt ist – sehr sorgfältig und behutsam Gebrauch gemacht werden. Auf diese Weise lässt sich die „Altlastenhysterie" begrenzen.

---

[160] Vgl. *Frenz*, BBodSchG, § 13 Rn. 61.
[161] Vgl. unten Teil G, II.
[162] Vgl. hierzu die Kommentierung bei *Becker*, BBodSchG, § 12 Rn. 4.
[163] Dazu *Fluck*, NVwZ 2001, 9, 9ff.
[164] Dazu eingehend *Fluck*, NVwZ 2001, 9, 9ff.
[165] *Fluck*, NVwZ 2001, 9, 10ff.

443 Die Information der Betroffenen wird aber nicht dazu geeignet sein, eventuelle Einwände gegen den Sanierungsplan im Sinne einer Präklusion auszuschließen, da den Dritten insoweit verbindliche Einwirkungsmöglichkeiten auf den Pflichtigen, der gegenüber der Behörde alleine für die Erstellung des Plans verantwortlich ist, fehlen[166].

> **Praxistipp**:
>
> Die Information Dritter beseitigt nicht die Möglichkeit, nach Vorlage des Sanierungsplans und nach Verbindlicherklärung des Plans notfalls gerichtlich gegen die Verbindlicherklärung vorzugehen. Deswegen gebietet es die Vernunft, bereits in der Phase der Sanierungsplanung den Konsens auch mit eventuell durch den Plan Betroffenen zu suchen, um eine Anfechtung des für verbindlich erklärten Sanierungsplans, nicht zuletzt wegen der damit verbundenen zeitlichen Verzögerungen, zu vermeiden.

(4) Exkurs: Sanierungsplanung durch die Behörde, § 14 BBodSchG

444 Unter den Voraussetzungen des § 14 BBodSchG kann die Behörde einen Sanierungsplan selbst aufstellen oder durch einen Sachverständigen aufstellen lassen, beziehungsweise einen bestehenden Sanierungsplan ergänzen.

(a) Wann darf die Behörde die Sanierungsplanung an sich ziehen?

445 Das Gesetz sieht drei Fälle des Selbsteintrittsrechts der Behörde vor, die unterschiedlichen Voraussetzungen unterliegen:

(aa) Der Pflichtige hat den Plan nicht, nicht rechtzeitig, oder unzureichend erstellt (§ 14 Abs. 1 Nr. 1 BBodSchG)

446 Aufgrund des Vorrangs der privaten Planung obliegt die Pflicht zur Erstellung eines Sanierungsplans vornehmlich dem Pflichtigen. § 14 S. 1 Nr. 1 BBodSchG regelt daher einen spezialgesetzlich angeordneten Fall der Ersatzvornahme.

447 Für die Säumnis bei der Erstellung des Plans ist kein Verschulden des Pflichtigen erforderlich. Setzt die Behörde eine Frist für die Planerstellung, ist deren Verstreichen Voraussetzung für ein Vorgehen der Behörde nach § 14 Abs. 1 Nr. 1 2. Var. BBodSchG. Die Frist muss angemessen sein, wobei sich die Angemessenheit nach den Umständen des Einzelfalls, insbesondere nach der Komplexität der vorzunehmenden Planung richtet. Ist die Frist zu kurz bemessen, wird, allgemeinen bürgerlich-rechtlichen Grundsätzen folgend, hierdurch eine angemessene Frist in Gang gesetzt, die im Zweifel so lang zu bemessen ist, dass innerhalb dieser Zeit auch eine noch nicht begonnene Sanierungsplanung abgeschlossen werden

---

[166] In diesem Sinne auch *Frenz*, BBodSchG, § 13 Rn. 70.

IV. Sanierungsuntersuchungen, Sanierungsplan, Sanierungsvertrag, §§ 13 f. BBodSchG E

kann[167]. Gibt der Pflichtige nach Fristsetzung ernstlich zu erkennen, dass er einen Sanierungsplan nicht vorzulegen gedenkt, kann die Behörde auch ohne Verstreichen der selbst gesetzten Frist gemäß § 14 Abs. 1 Nr. 1 1. Var. BBodSchG[168] vorgehen.

Da § 13 BBodSchG eine Fristsetzung nicht zwingend vorschreibt, sind die **448** Fälle problematisch, in denen die Behörde keine Frist setzt und der Pflichtige weder ausdrücklich noch konkludent zu erkennen gibt, er werde der Anordnung zur Planvorlage nicht nachkommen. Die Behörde wird in diesen Fällen die Planung erst dann übernehmen dürfen, wenn nach allgemeiner Lebenserfahrung nicht mehr damit gerechnet werden kann, dass der Pflichtige der Aufforderung nachkommt. Hier ist auch einzubeziehen, wie sich die konkrete Gefahrenlage durch die Altlast darstellt: Je größer die von der Altlast ausgehenden Gefahren für die Allgemeinheit oder einzelne Betroffene sind, um so eher wird die Behörde den Selbsteintritt vornehmen dürfen. Die vorgenannte Konstellation zeigt zugleich, dass der Behörde eine Fristsetzung im Interesse der Rechtsklarheit dringend anzuraten ist.

Ein Fall unzureichender Sanierungsplanung gemäß § 14 Abs. 1 Nr. 1 3. Var. **449** BBodSchG liegt vor, wenn die vorgelegte Planung nicht dem Stand der Technik entspricht. Ein Plan ist also nicht deshalb unzureichend, weil er besser hätte erstellt werden können; er muss vielmehr nur ausreichen, um den Zweck der Sanierung, die dauerhafte Vermeidung von Gefahren, Nachteilen oder Belästigungen für Einzelne oder die Allgemeinheit, zu verwirklichen. Der Plan unterliegt insoweit nur einer Rechtmäßigkeitskontrolle, nicht aber einer Zweckmäßigkeitskontrolle durch die Verwaltung[169].

Praxistipp:

Ein Selbsteintrittsrecht gegenüber einer vorgelegten Sanierungsplanung hat die Behörde nur dann, wenn sie behaupten kann, die vorgelegte Planung entspreche nicht dem Stand der Technik. Verlangt die Behörde nach § 24 Abs. 1 BBodSchG die Kosten für eine Sanierungsplanung im Wege der Ersatzvornahme nach § 14 Abs. 1 Nr. 1 3. Var. BBodSchG lediglich mit der Begründung, der durch die Behörde erstellte Plan sei zur Sanierung besser geeignet, kann gegen den entsprechenden Kostenbescheid nach Durchführung des Widerspruchsverfahrens aus guten Gründen Anfechtungsklage erhoben werden.

---

[167] In diesem Sinne wohl auch *Dombert* in Landmann/Rohmer, Umweltrecht Band III, § 14 BBodSchG Rn. 4.
[168] Vgl. *Frenz*, BBodSchG, § 14 Rn. 16.
[169] Vgl. *Frenz*, BBodSchG, § 14 Rn. 19.

(bb) Ein Pflichtiger kann nicht oder nicht rechtzeitig herangezogen werden (§ 14 Abs. 1 Nr. 2 BBodSchG)

450 Dieser in § 14 Abs. 1 Nr. 2 BBodSchG genannte Fall des Selbsteintritts stellt eine Befugnis zum Sofortvollzug bzw. zur sofortigen Ausführung dar[170]. Gedacht ist die Regelung für Fälle, in denen kein Pflichtiger greifbar ist und ein Vorgehen nach § 13 Abs. 1 BBodSchG deshalb keinen Erfolg verspricht. Entsprechend liegt bei einem Vorgehen nach § 14 Abs. 1 Nr. 2 BBodSchG, anders als bei einem Vorgehen nach Nr. 1, kein Verwaltungsakt gerichtet auf Erstellung eines Sanierungsplans vor.

451 Der Pflichtige kann gleichermaßen unbekannt wie auch aus Gründen von Krankheit oder dauernder Abwesenheit nicht greifbar sein. Die Vermutung mangelnder Liquidität eines greifbaren Pflichtigen reicht indes für ein Vorgehen nach § 14 Abs. 1 Nr. 2 BBodSchG nicht aus; hier muss die Behörde zunächst über § 13 Abs. 1 BBodSchG, sodann nach § 14 Abs. 1 Nr. 1 1. Var. oder 2. Var. BBodSchG vorgehen[171]. Fälle, in denen ein Verantwortlicher nur mit erheblichem Aufwand ermittelt werden kann, erlauben nur bedingt ein Vorgehen nach § 14 Abs. 1 Nr. 2 BBodSchG, da ein vorschnelles eigenes Handeln der Behörde den Vorrang privater Planung nach § 13 BBodSchG unterlaufen könnte.

452 In den Fällen der Nr. 2 BBodSchG ist zudem zu beachten, dass die Behörde, bevor sie selbst einen Sanierungsplan erstellt, weitere Pflichtige heranzuziehen bemüht sein muss.

(cc) Notwendigkeit koordinierten Vorgehens wegen Ausdehnung der Altlast oder Vielzahl der Pflichtigen (§ 14 Abs. 1 Nr. 3 BBodSchG)

453 Anders als in den vorgenannten Fällen geht § 14 Abs. 1 Nr. 3 BBodSchG nicht von einer subsidiären Verantwortung der Behörde aus; vielmehr löst die Besonderheit der festgestellten Altlast ein qualifiziertes Planungsbedürfnis aus, das nach Einschätzung der Behörde nur durch eine eigene Sanierungsplanung erfüllt werden kann.

454 Das qualifizierte Planungsbedürfnis kann einerseits aus der erheblichen Ausdehnung der Altlast oder Gewässerverunreinigung oder aus der Vielzahl der nach § 4 BBodSchG Pflichtigen folgen. Letzterer Fall kann aber bei Bereitschaft und Möglichkeit der Pflichtigen, gemeinsam eine Gesamtplanung vorzulegen, die behördliche Planung überflüssig machen. Denkbar ist auch eine behördliche Rahmenplanung, die durch Private ausgefüllt wird[172].

---

[170] Vgl. etwa *Oerder* in Oerder/Numberger/Schönfeld, BBodSchG, § 14 Rn. 3; *Schoeneck* in Sanden/Schoeneck, BBodSchG, § 14 Rn. 6.

[171] So im Ergebnis auch *Frenz*, BBodSchG, § 14 Rn. 23, der allerdings nur von einem Vorgehen nach § 14 Abs. 1 Nr. 1 BBodSchG spricht; die Anordnung nach § 13 Abs. 1 BBodSchG ist jedoch Voraussetzung für die Anwendung des § 14 Abs. 1 Nr. 1 BBodSchG.

[172] Vgl. *Schoeneck* in Sanden/Schoeneck, BBodSchG, § 14 Rn. 7.

IV. Sanierungsuntersuchungen, Sanierungsplan, Sanierungsvertrag, §§ 13 f. BBodSchG **E**

(b) Mögliche Rechtsfolgen behördlicher Planung

Die behördliche Sanierungsplanung stellt in gleicher Weise wie die nach § 13 Abs. 1 BBodSchG erfolgte Planung die Grundlage für die weitere Sanierung dar. Gleichzeitig entsteht für die Behörde die Pflicht zur Benachrichtigung betroffener Dritter; mit Vorlage der Planung kann die Behörde zudem gleichermaßen wie der private Pflichtige den Entwurf eines Sanierungsvertrages vorlegen. Ebenso kann der behördliche Sanierungsplan für verbindlich erklärt werden[173]. **455**

Grundsätzlich löst die behördliche Sanierungsplanung darüber hinaus einen **Kostenerstattungsanspruch** nach § 24 Abs. 1 BBodSchG aus, in den Fällen des § 14 Abs. 1 Nr. 1 BBodSchG einen Anspruch auf Kostenerstattung nach den Vorschriften über die Ersatzvornahme nach Landesvollstreckungsrecht. **456**

Ist die behördliche Planung fehlerhaft, kann dies Einfluss auf die Kostentragungspflicht haben. Lagen etwa die Voraussetzungen des § 13 BBodSchG, Bestehen einer qualifizierten Altlast, nicht vor, hätte der Pflichtige nicht zur Sanierungsplanung herangezogen werden können, mit der Folge, dass die Behörde auch die Kosten hierfür nicht erstattet bekommen kann. Im Fall des § 14 Abs. 1 Nr. 1 BBodSchG muss der Pflichtige hierzu allerdings die Anordnung der Sanierungsplanung nach § 13 BBodSchG angefochten haben, da bei Vorliegen eines bestandskräftigen Verwaltungsakts die Pflicht zur Sanierungsplanung auch unabhängig vom Vorliegen einer qualifizierten Altlast eintritt[174]. **457**

Lagen die Voraussetzungen des § 13 Abs. 1 BBodSchG vor und verkennt die Behörde ermessensfehlerhaft ihre Berechtigung zum Selbsteintritt, entsteht trotz dieses Fehlers die Kostenpflicht des Pflichtigen, da dieser nach § 13 BBodSchG seinerseits zur Planung verpflichtet gewesen wäre; er kann allenfalls – beweispflichtig – vortragen, dass durch die insoweit unrechtmäßige Planung seitens der Behörde Kosten entstanden sind, die bei seiner eigenen Planung nicht angefallen wären. **458**

Hält die Behörde dagegen die vorgelegte Planung des Pflichtigen zu Unrecht für unzureichend, kann der Pflichtige nicht zur Tragung der (Mehr-)Kosten für die behördliche Planung verpflichtet werden[175]. **459**

(c) Vergabe von Sanierungsleistungen durch Behörden

Werden Dritte in die Durchführung von Sanierungsmaßnahmen – über die Untersuchung und die Durchführung der eigentlichen Sanierung bis zur Nachsorge – eingeschaltet, müssen sich die Behörden an das öffentliche Vergaberecht halten. Dieses gebietet eine Vergabe entsprechender Leistungen im Einklang mit der Verdingungsordnung für Bauleistungen (VOB), der Verdingungsordnung für Leistungen (VOL) und der Verdingungsordnung für freiberufliche Leistungen (VOF). **460**

---

[173] Vgl. *Frenz*, BBodSchG, § 14 Rn. 47.
[174] So auch *Frenz*, BBodSchG, § 14 Rn. 43.
[175] Vgl. dazu schon Rn. 449.

Nur die Einhaltung des Vergaberechts sichert die Einhaltung der Grundsätze der Wirtschaftlichkeit und Sparsamkeit, die die Behörde auch bei Handeln anstelle des Pflichtigen einhalten muss.[176]

461 *(5) Verbindlicherklärung*

Zur Beschleunigung des Altlastensanierungsverfahrens ermöglicht § 13 Abs. 6 S. 1 BBodSchG der Behörde, den vorgelegten Sanierungsplan für verbindlich zu erklären.

462 *(a) Rechtsnatur der Verbindlicherklärung*

Es handelt sich bei der Verbindlicherklärung nach zutreffender Ansicht um einen Verwaltungsakt[177], der den Sanierungsplan gegebenenfalls auch mit Abänderungen oder mit Nebenbestimmungen für verbindlich erklären kann. Die Verbindlicherklärung ist dabei zunächst ein begünstigender Verwaltungsakt, da sie zum einen die vorgelegte Sanierungsplanung behördlicherseits genehmigt und zum anderen wegen der Konzentrationswirkung nach § 13 Abs. 6 S. 2 BBodSchG die Beteiligung anderer Behörden bei der Genehmigungserteilung für das Sanierungsvorhaben entbehrlich wird. Belastender Verwaltungsakt ist er jedoch gleichzeitig insoweit, als mit Verbindlicherklärung zugleich die Verpflichtung des Planerstellers einhergeht, die im Plan genannten Sanierungsziele einzuhalten und dies innerhalb der im Plan genannten Fristen. Der Ausspruch der Verbindlicherklärung steht im Ermessen der Behörde, ebenso wie die Vornahme von Änderungen am Sanierungsplan und der Erlass von Nebenbestimmungen. Die Verbindlicherklärung kann sowohl von Amts wegen als auch auf Antrag vorgenommen werden[178].

463 Jedenfalls belastend ist die Verbindlicherklärung dann, wenn die genannten Abänderungen und Nebenbestimmungen zum Sanierungsplan eine Verschärfung der Sanierungsplanung gegenüber dem vorgelegten Plan begründen. Diese Änderungen können gegebenenfalls im Klagewege, jeweils nach Durchführung eines Widerspruchsverfahrens, angefochten werden: Selbständig anfechtbare Nebenbestimmungen sind der Anfechtungsklage zugänglich, nicht selbständig anfechtbare Änderungen des Sanierungsplans müssen im Wege der Verpflichtungsklage, gerichtet auf Verbindlicherklärung des Plans in der ursprünglich vorgelegten Form angegriffen werden, wobei ein gebundener Anspruch auf Verbindlicherklärung in der Ursprungsform angesichts des behördlichen Ermessens nur unter engen Voraussetzungen gegeben sein dürfte[179].

464 Anfechtbar ist die Sanierungsplanung nach seiner Verbindlicherklärung allerdings auch durch vom Plan betroffene Dritte, da der Plan insoweit belastende Drittwirkung erzeugen kann. Da der Plan erst mit Verbindlicherklärung rechtli-

---

[176] Vgl. zur Vergabe von Sanierungsleistungen insgesamt *Bunk/Burmeier/Kloppenburg/Nowak/Wahl*, altlasten spektrum 1999, 211 ff.
[177] Vgl. insoweit *Frenz*, BBodSchG, § 13 Rn. 63.
[178] Vgl. *Frenz*, BBodSchG, § 13 Rn. 73 f.
[179] Vgl. zu den Risiken einer Verbindlicherklärung unten Rn. 473.

IV. Sanierungsuntersuchungen, Sanierungsplan, Sanierungsvertrag, §§ 13 f. BBodSchG **E**

che Relevanz erhält, ist eine formale Anfechtung durch Außenstehende auch erst in diesem Stadium möglich. Durch diese Konstruktion erhält die Information Betroffener nach § 13 Abs. 3 BBodSchG, die im Stadium der Planerstellung erfolgt, ihre besondere Bedeutung, da Einwände gegen die Planung nach Möglichkeit bereits dort ausgeräumt werden sollten[180].

(b) Rechtswirkungen der Verbindlicherklärung

Die Verbindlicherklärung entfaltet Rechtswirkungen in verschiedener Hinsicht, wobei die Einzelheiten nicht unumstritten sind.   **465**

(aa) Grundlage der weiteren Sanierung

Der Sanierungsplan bietet mit und ohne Verbindlichkeitserklärung die weitere Grundlage für die Durchführung der Sanierung, da sich die Behörde, hält sie den Sanierungsplan nicht für unzureichend, in jedem Fall für weitere Anordnungen auf den vorgelegten Sanierungsplan stützen wird; er entfaltet damit faktische Bindungswirkung[181]. Mit der Verbindlicherklärung erhält der Sanierungsplan darüber hinaus auch rechtliche Verbindlichkeit.   **466**

(bb) Verbleibende Notwendigkeit einer Sanierungsverfügung

Umstritten ist, welche Wirkungen die Verbindlicherklärung des Sanierungsplans hinsichtlich der weiteren Anordnungen zur Sanierung hat. Das ist von Bedeutung, weil von der Beantwortung dieser Frage abhängt, ob im Falle des Rechtsschutzes gegen Sanierungsmaßnahmen Gegenstand der Klage der für verbindlich erklärte Sanierungsplan oder eine hierauf gestützte Anordnung ist. Nach einer Ansicht wird der Sanierungspflichtige ohne weitere behördliche Entscheidung zur Durchführung der Sanierung verpflichtet[182]; weiterhin werden bei Vorliegen eines Sanierungsplans der Sanierungsvertrag, die Verbindlicherklärung des Plans und die separate Sanierungsanordnung als drei nebeneinander bestehende Möglichkeiten zur Durchsetzung des Plans angesehen[183], mit der Folge, dass die Verbindlicherklärung als Grundlage für die weitere Sanierung ausreichen würde. Dagegen wird an anderer Stelle der Erlass einer Sanierungsverfügung gemäß §§ 16, 10 BBodSchG für unerlässlich gehalten[184].   **467**

Für letztere Ansicht spricht, dass § 13 Abs. 4 BBodSchG die Vorlage des Entwurfs eines Sanierungsvertrages zur Durchführung des Plans vorsieht. Würde man der Verbindlicherklärung die oben genannten Wirkung zuschreiben, stünde sie also einer Sanierungsanordnung gleich. Dann würde der Sanierungspflichtige den Vertragsentwurf aus einer durch Verwaltungsakt bereits angeordneten Pflicht   **468**

---

[180] Vgl. dazu bereits oben Rn. 442 f.
[181] *Schoeneck* in Sanden/Schoeneck, BBodSchG, § 13 Rn. 18.
[182] So *Frenz*, BBodSchG, § 13 Rn. 67.
[183] So *Erbguth/Stollmann*, NuR 1999, 127, 134.
[184] So *Oerder* in Oerder/Numberger/Schönfeld, BBodSchG, § 13 Rn. 18.

zur Sanierungsdurchführung heraus vorlegen. Aus der Systematik des Gesetzes ist jedenfalls nicht ersichtlich, dass der für verbindlich erklärte Sanierungsplan nicht durch Sanierungsvertrag gemäß § 13 Abs. 4 BBodSchG umgesetzt werden könnte; Verbindlicherklärung und Sanierungsvertrag schließen sich erkennbar nicht aus[185]. Die Sanierungsverfügung in Form der Verbindlicherklärung stünde so im Raum, auch wenn die Behörde auf den Vorschlag des Pflichtigen zum Vertragsabschluß eingeht. Ebenso ist nicht einzusehen, warum der einfache, nicht für verbindlich erklärte Sanierungsplan von einer Ordnungsverfügung gefolgt werden müsste, der für verbindlich erklärte Sanierungsplan dagegen nicht[186].

469 Der für verbindlich erklärte Sanierungsplan kann daher aber auch nicht mit den üblichen Mitteln des Verwaltungszwangs, insbesondere Zwangsgeld oder Ersatzvornahme, durchgesetzt werden[187]. Der Durchsetzung im Wege des Verwaltungszwangs ist nur die der Verbindlicherklärung folgende Sanierungsverfügung zugänglich.

(cc) Umfang der Konzentrationswirkung

470 Die Konzentrationswirkung der Verbindlicherklärung ist nicht letztlich geklärt. Umfasst ist aber jedenfalls etwa die Anlagengenehmigung für Anlagen zur Bodenreinigung, soweit der Boden des betroffenen Grundstücks gereinigt werden soll. Soll darüber hinaus Boden von anderen Grundstücken gereinigt werden, ist eine Anlagengenehmigung dagegen erforderlich. Nicht dispensiert die Verbindlicherklärung jedoch von der Einhaltung materieller Vorschriften des Fachrechts im übrigen, da § 13 Abs. 6 BBodSchG nur eine Verfahrenskonzentration bewirkt[188]. Allerdings tritt die zuständige Bodenschutzbehörde in die Entscheidungszuständigkeiten ein, die sonst anderen Fachbehörden im Zusammenhang mit dem jeweiligen Sanierungsvorhaben zustünden, so etwa auf dem Gebiet des Immissionsschutzrechts, des Wasserrechts oder des Abfallrechts.

471 Ist dagegen das Einvernehmen anderer Behörden einzuholen, kann die Bodenschutzbehörde, anders als etwa in § 36 Abs. 2 BauGB, dieses Einvernehmen nicht ersetzen[189]. Es erscheint daher zutreffend, von einer beschränkten Konzentrationswirkung der Verbindlicherklärung zu sprechen.

472 Eine der Verbindlicherklärung eines Sanierungsplans gleichkommende Konzentrationswirkung besitzt der öffentlich-rechtliche Sanierungsvertrag nicht. Gleichwohl lassen sich auch im Wege der vertraglichen Vereinbarung zur Durch-

---

[185] Dies unterstreicht auch *Sahm*, UPR 1999, 374, 376, der die Verbindlicherklärung geradezu als mögliche Gegenleistung der Behörde im Rahmen eines öffentlich-rechtlichen Austauschvertrags ansieht. Anders wohl *Becker*, BBodSchG, § 13 Rn. 9, der von der Verbindlicherklärung als Alternative zum Sanierungsvertrag spricht.

[186] So hält auch das *OVG Bautzen*, LKV 1998, 62, 65, auf Grundlage des sächsischen Abfallwirtschafts- und Bodenschutzrechts (SächsEGAB) offensichtlich eine Sanierungsanordnung trotz verbindlichen Sanierungsplans für erforderlich.

[187] So aber, wenn auch in sich konsequent, *Frenz*, BBodSchG, § 13 Rn. 67.

[188] So etwa *Dombert* in Landmann/Rohmer, Umweltrecht Band III, § 13 BBodSchG Rn. 19; auch *Kobes*, NVwZ 1998, 768, 793.

[189] So *Frenz*, BBodSchG, § 13 Rn. 71.

IV. Sanierungsuntersuchungen, Sanierungsplan, Sanierungsvertrag, §§ 13 f. BBodSchG   E

führung von Sanierungsmaßnahmen Zusicherungen seitens der Behörde hinsichtlich der Erteilung notwendiger Genehmigungen erreichen[190]. Soweit andere Behörden zur Genehmigungserteilung zuständig sind, kann die zuständige Behörde im Vertrag Bemühenszusagen geben, die Genehmigungserteilung durch Dritte zu fördern[191]. Sieht der Vertrag zudem die Verbindlicherklärung eines Sanierungsplans vor, tritt die gemäß § 13 Abs. 6 BBodSchG vorgesehene Konzentrationswirkung auch bei Regelung der Sanierungsdurchführung mittels Vertrag ein.

(dd) Ist eine Verbindlicherklärung erstrebenswert?

Zweifelhaft ist jedoch, ob eine Verbindlicherklärung für den Pflichtigen vorteilhaft ist. Zunächst sind mit der Verbindlicherklärung die Sanierungsziele für beide Seiten bindend festgelegt. Auch besteht Klarheit über die vorzunehmenden Maßnahmen. Nachteilig ist jedoch, dass die Behörde infolge der nur eingeschränkten Konzentrationswirkung, die sich im wesentlichen auf eine Verfahrenskonzentration bei der zuständigen Bodenschutzbehörde beschränkt, nicht am Erlass weiterer, möglicherweise für den Pflichtigen nachteiliger Verwaltungsentscheidungen gehindert ist.   473

2. Sanierungsvertrag

§ 13 Abs. 4 BBodSchG sieht vor, dass mit Vorlage des Sanierungsplans der Entwurf eines Sanierungsvertrags vorgelegt werden kann, der für den Fall, dass die Behörde auf den Vertrag eingeht, dann die weitere Grundlage für die Sanierung darstellt.   474

a) Die Bedeutung des öffentlich-rechtlichen Vertrages im Umweltrecht

Die Ausgestaltung von Rechtsbeziehungen zwischen Pflichtigem und Behörde durch Vertrag erfährt im Umweltrecht verstärkt Anwendung, da durch den Einsatz des öffentlich-rechtlichen Vertrages allgemein von einer höheren Akzeptanz der jeweils durchzuführenden Maßnahmen gegenüber einem einseitig-hoheitlichen Handeln durch Verwaltungsakt ausgegangen wird[192]. Der Vertrag wird zum einen als Schutz von Investoren vor einseitigen Maßnahmen der Behörden gesehen, soweit die Bindungswirkung des Vertrages reicht, zum anderen können behördliche Nachforderungen vermieden werden, sofern sich der naturwissenschaftliche Kenntnisstand oder die rechtlichen Rahmenbedingungen nicht ändern. Selbst wenn die Behörde ausnahmsweise ihr Recht zur Kündigung des Ver-   475

---

[190] Vgl. insoweit *Dombert*, altlasten spektrum 1999, 272, 273 f.
[191] Vgl. unten Teil F, Vertragsmuster, § 7.
[192] Vgl. nur *Fischer*, BauR 2000, 833, 833.

trags geltend machen kann oder die Geschäftsgrundlage des Vertrags wegfällt oder geändert wird, fällt die Risikoverteilung dann nicht immer zu Lasten des Pflichtigen aus; vielmehr kann wiederum im Verhandlungswege eine gerechte Neuverteilung der Lasten erreicht werden[193]. Die Behörde wird insoweit entlastet, als sie in Anbetracht komplexer Sachverhalte häufig nicht in der Lage sein wird, Sanierungsverfügungen mit der hinreichenden Bestimmtheit zu erlassen, weshalb auch die Behörde auf ein Zugehen auf den Bürger angewiesen ist[194]. Zwar muss auch der Sanierungsvertrag hinreichend präzise gefasst sein, um zwischen den Vertragsparteien den Umfang der jeweiligen Pflichten zu umreißen. Jedoch ist der Vertrag wegen der subsidiären Anwendbarkeit des Bürgerlichen Gesetzbuches gemäß § 62 S. 2 VwVfG i.V.m. §§ 133, 157 BGB insgesamt der Auslegung zugänglich. Letztlich ist auch nicht ausgeschlossen, dass der genaue Leistungsumfang gemäß § 62 VwVfG iVm § 317 BGB der Bestimmung durch einen unabhängigen Sachverständigen überlassen wird[195], zumal der zugrundeliegende Sanierungsplan eine hinreichende behördliche Vorsteuerung des Sanierungsvorhabens ermöglicht.

> **Praxistipp**:
>
> Auch insoweit wird die besondere Bedeutung des Sachverständigen deutlich. Dieser hat also auch von Rechts wegen erhebliche Gestaltungsmöglichkeiten. Diese sollten genutzt werden. In diesem Zusammenhang wird die besondere Bedeutung der Auswahl eines geeigneten Sachverständigen für eine technisch einwandfreie, aber auch wirtschaftlich vertretbare Sanierung augenfällig.

b) Sanierungsvertrag im weiteren und im engeren Sinne

476 § 13 Abs. 4 BBodSchG sieht die Vorlage des Vertragsentwurfs nur im Fall der qualifizierten Altlast und erst in der Phase nach Erstellen des Sanierungsplans vor. § 13 Abs. 4 BBodSchG legt aber nicht die einzige Form des öffentlich-rechtlichen Vertrages im Zuge von Altlastensanierungen fest, da die Norm kein Vertragsgebot und auch keine Einschränkung gegenüber den generell zulässigen Vertragsformen nach § 54 ff. VwVfG enthält. § 13 Abs. 4 BBodSchG wird gleichsam mehr als „Merkposten" und als „Hinweis für den Gesetzesanwender" angesehen[196].

477 Denkbar ist deswegen, auch im Falle einer „normalen" Altlast oder bereits in der Phase der Gefahrabschätzung oder vor Beginn der Sanierungsplanung nach

---

[193] Zu diesen Vorteilen des öffentlich-rechtlichen Vertrages gerade im Umweltrecht vgl. *Spieth*, altlasten spektrum 1996, 163, 164.
[194] *Frenz*, BBodSchG, § 13 Rn. 93; auch *Frenz/Heßler*, NVwZ 2001, 13, 13.
[195] In diesem Sinne *Frenz*, BBodSchG, § 13 Rn. 103. Der von *Schapmann*, Der Sanierungsvertrag, S. 133, erhobene Einwand, dass es sich bei dieser Leistungsbestimmung um eine unzulässige Übertragung von Hoheitsrechten handele, erscheint in Anbetracht der nach der Konzeption des BBodSchG stets möglichen Einschaltung externen Sachverstandes nicht letztlich überzeugend.
[196] Vgl. *Schoeneck* in Sanden/Schoeneck, BBodSchG § 13 Rn. 15.

IV. Sanierungsuntersuchungen, Sanierungsplan, Sanierungsvertrag, §§ 13 f. BBodSchG   **E**

§ 13 Abs. 1 BBodSchG der Behörde den Abschluss eines öffentlich-rechtlichen Vertrages anzutragen.

Der Vertrag nach § 13 Abs. 4 BBodSchG wäre dann ein Sanierungsvertrag im engeren Sinne, die übrigen Altlastenverträge wären dann Sanierungsverträge im weiteren Sinne. Im folgenden werden sowohl die Sanierungsverträge im weiteren als auch im engeren Sinne behandelt und nur im Einzelfall auf Besonderheiten der einen oder anderen Vertragsform hingewiesen[197]. 478

Während der Aufwand des Vertragsschlusses bei einfachen Altlasten oft unangemessen sein könnte, kann sich der frühzeitige Abschluss eines öffentlich-rechtlichen Vertrages bei komplexen Altlasten als sehr hilfreich erweisen. 479

c) Die Ausgestaltung des Sanierungsvertrages anhand des Verwaltungsverfahrensgesetzes

Der rechtliche Rahmen des Sanierungsvertrages nach § 13 Abs. 4 BBodSchG ergibt sich in Ermangelung spezialgesetzlicher Festlegungen im BBodSchG aus den allgemeinen Vorschriften zum öffentlich-rechtlichen Vertrag nach §§ 54 ff. VwVfG[198]; hierbei sind über § 62 VwVfG subsidiär die übrigen Vorschriften des VwVfG, soweit auf den öffentlich-rechtlichen Vertrag anwendbar, und in entsprechender Anwendung die Vorschriften des Bürgerlichen Gesetzbuches. 480

aa) Formerfordernisse

Der Sanierungsvertrag als öffentlich-rechtlicher Vertrag verlangt gemäß § 57 VwVfG stets Schriftform. Hinzutreten können weitere, insbesondere bürgerlich-rechtliche Formvorschriften, etwa wenn mit dem Sanierungsvertrag der Verkauf von Grundstücken verbunden ist. Dieser dann als privatrechtlich einzustufende Vertragsteil ändert nichts an der öffentlich-rechtlichen Natur des Sanierungsvertrags, weil der Schwergewicht des Vertrages auf der öffentlich-rechtlichen Sanierungspflicht liegt. 481

bb) Vertragsformen nach dem VwVfG

Das VwVfG nennt zwei grundsätzliche Vertragsformen. § 54 VwVfG unterscheidet zunächst zwischen dem koordinationsrechtlichen Vertrag, der zwischen Vertragsparteien auf der Ebene der Gleichordnung geschlossen werden kann, der also bevorzugt zwischen Hoheitsträgern geschlossen wird, und dem subordinationsrechtlichen Vertrag, der als verwaltungsaktersetzender Vertrag gedacht ist. Der Sanierungsvertrag, der anstelle einer hoheitlichen Sanierungsanordnung ab- 482

---

[197] Das anliegende Vertragsmuster (vgl. unten Rn. 573) kann aber in Anbetracht der Vielzahl denkbarer Vertragskonstellationen der Sanierungsverträge im weiteren Sinne nur den Sanierungsvertrag im engeren Sinne betreffen.

[198] Vgl. auch *Steffen/Popp*, ZNotP 1999, 303, 308.

geschlossen wird, ist dem Bereich des subordinationsrechtlichen Vertrages zuzuordnen[199].

483 Innerhalb der subordinationsrechtlichen Verträge erwähnt das VwVfG weiterhin zwei Vertragstypen, zum einen den Vergleichsvertrag nach § 55 VwVfG und zum anderen den Austauschvertrag nach § 56 VwVfG. Der Sanierungsvertrag kann in beiden Typen auftreten.

(1) Der Sanierungsvertrag als Vergleichsvertrag

484 § 55 VwVfG sieht den Abschluss von **Vergleichsverträgen** dann vor, wenn eine bei verständiger Würdigung des Sachverhalts oder der Rechtslage bestehende Unsicherheit durch gegenseitiges Nachgeben beseitigt wird; ferner muss die Behörde den Abschluss des Vergleichs zur Beseitigung der jeweiligen Unsicherheit nach pflichtgemäßem Ermessen für zweckmäßig halten[200]. Wegen der Schwierigkeiten der genauen Altlastenfeststellung im einzelnen sind Unsicherheiten in Altlastenfällen häufig. Deshalb wird der Sanierungsvertrag in der Form des Vergleichsvertrags wegen Unsicherheiten des Sachverhalts oft gewählt. Dies gilt mehr noch für den Sanierungsvertrag im weiteren Sinne, der auch in der Phase bereits vor der Gefahrabschätzung abgeschlossen werden könnte, aber auch für den Sanierungsvertrag im engeren Sinne, da auch bei abgeschlossener Sanierungsplanung nicht alle tatsächlichen Risiken der anschließenden Sanierung abschätzbar sind[201].

485 Kennzeichnend für den Vergleichsvertrag ist vornehmlich das Merkmal des **beiderseitigen Nachgebens**[202], so dass beide Seiten von ihren möglichen Extrempositionen in rechtlicher oder tatsächlicher Hinsicht abgehen und sich zur Ausräumung der bestehenden Unsicherheiten gleichsam „irgendwo in der Mitte" treffen. So kann der Bürger Zugeständnisse im Hinblick auf den Umfang seiner Sanierungsverantwortlichkeit machen und die Behörde im Gegenzug beispielsweise auf Auflagen verzichten oder Sanierungsfristen verlängern.

(a) Unsicherheiten im Tatsächlichen

486 Unsicherheiten im **Tatsächlichen** bestehen immer dann, wenn Tatsachen oder Beweisergebnisse unbekannt oder ungewiss sind, und die Klärung dieser Umstände nicht oder nicht in angemessener Zeit oder mit angemessenem Aufwand möglich ist[203]. § 55 VwVfG normiert damit eine Ausnahme zum Untersuchungsgrundsatz nach § 24 VwVfG[204].

---

[199] So auch *Oerder* in Oerder/Numberger/Schönfeld, BBodSchG, § 13 Rn. 15; *Fischer*, BauR 2000, 833, 835.
[200] Vgl. *Sahm*, UPR 1999, 374, 376.
[201] Vgl. aber zu den Rechtmäßigkeitsanforderungen gerade des Sanierungsvertrages im weiteren Sinne unten Rn. 501 ff.
[202] Vgl. *Tiedemann* in Obermayer, VwVfG, § 55 Rn. 18.
[203] So *Bonk* in Stelkens/Bonk/Sachs, VwVfG, § 55 Rn. 44.
[204] *Henneke* in Knack, VwVfG, § 55 Rn. 7.

IV. Sanierungsuntersuchungen, Sanierungsplan, Sanierungsvertrag, §§ 13 f. BBodSchG **E**

Ungewissheiten im Tatsächlichen liegen etwa vor, wenn die Person eines Ver- **487** antwortlichen feststeht, der genaue Umfang seiner Verantwortlichkeit für eine bestehende Kontamination allerdings nicht eindeutig ist. In dieser Situation kann der Vergleichsvertrag dazu dienen, die Sanierungsverantwortlichkeit auf bestimmte Bereiche einer komplexen Altlast, etwa für die Bereiche, für die eine Verantwortlichkeit hinreichend sicher feststeht, zu begrenzen[205]. Die Behörde bewegt sich hier auf dem Pfad zwischen dem Erlass einer möglicherweise unverhältnismäßigen Sanierungsanordnung und einer ermessensfehlerhaften, weil übermäßigen Freistellung des Pflichtigen.

> **Praxistipp:**
>
> Solange die Behörde bei Abschluss des Vertrages sicherstellt, dass sie die Grundsätze der Gesetzmäßigkeit der Verwaltung, der Gleichbehandlung und der Verhältnismäßigkeit einhält, ist im Rahmen des § 55 VwVfG auch eine Freistellung des Bürgers von einer vollumfänglichen Sanierungspflicht für ein bestimmtes Grundstück möglich.

(b) Unsicherheiten im Rechtlichen

Ungewissheit in **rechtlicher Hinsicht** kann vorliegen, wenn die Anwendbarkeit **488** oder die Auslegung einer entscheidungserheblichen Norm unsicher ist und eine eindeutige höchstrichterliche Rechtsprechung hierzu fehlt[206]. Hier bietet gerade das BBodSchG einen breiten Anwendungsbereich, da Rechtsfragen wie beispielsweise die der zeitlichen Anwendbarkeit des BBodSchG oder der Legalisierungswirkung bestehender Genehmigungen bislang ungeklärt sind, kontrovers diskutiert werden und noch keine höchstrichterliche Klärung erfolgt ist.

(c) Überschneidungen von Unsicherheiten

Oftmals liegt die tatsächliche und die rechtliche Unsicherheit auch nah beieinan- **489** der. So kann die Frage, ob jemand, der von der Behörde als Pflichtiger ausersehen ist, tatsächlich Pflichtiger ist, sowohl tatsächliche als auch rechtliche Unsicherheiten bergen.

Steht die Verantwortlichkeit eines Betroffenen dem Grunde wie dem Umfang **490** nach nicht sicher fest, bestehen aber gleichwohl Anhaltspunkte für seine Verantwortlichkeit, liegt hierin eine tatsächliche Unsicherheit. Steht dagegen seine Verantwortlichkeit fest, gibt es aber neben ihm noch weitere Pflichtige, die der Behörde bekannt sind, birgt die Frage der Ermessensgerechtheit seiner Inanspruchnahme rechtliche Unsicherheiten. Beide Unwägbarkeiten können im Wege des Vergleichsvertrages ausgeräumt werden, so durch Beschränkung seiner Sanie-

---

[205] So das Beispiel bei *Frenz*, BBodSchG, § 13 Rn. 107.
[206] *Bonk* in Stelkens/Bonk/Sachs, VwVfG, § 55 Rn. 38.

rungspflicht auf bestimmte Bereiche eines Grundstücks oder durch Beschränkung der Kostenbeteiligung, nicht zuletzt auch durch Einbeziehung anderer denkbarer Pflichtiger, die von vornherein ihre Bereitschaft zur Kostentragung nach § 24 Abs. 2 BBodSchG erklären. Wiederum schadet im letzten Fall die Einbeziehung privatrechtlicher Vertragsinhalte dem öffentlich-rechtlichen Charakter eines solchen Vertrages nicht, da das Schwergewicht der vertraglichen Regelung nach wie vor im Bereich der öffentlich-rechtlichen Sanierungsverantwortlichkeit liegt.

(d) Wann ist ein Vergleichsvertrag sinnvoll?

491 Die Ausführungen zeigen, dass je nach Verfahrensstadium mehr oder weniger Raum für den Abschluss eines Vergleichsvertrages besteht. So wird beim Sanierungsvertrag im weiteren Sinne ein Mehr an rechtlichen und tatsächlichen Unsicherheiten vorliegen, da beispielsweise noch keine abschließenden Untersuchungen zum Gefährdungspotential und zu eventuellen Verantwortlichkeiten vorliegen. Fraglich ist hier allerdings, ob in diesem Stadium die Behörde nicht verpflichtet ist, relativ unaufwendige Untersuchungen im Rahmen der Amtsermittlung oder auch durch Anordnung gegenüber potentiell Pflichtigen zu veranlassen. Ein Rückgriff auf den Vergleichsvertrag kann ermessensfehlerhaft und auch für beide Seiten, je nach dem, von wem in welchem Maße nachgegeben wird, nachteilig sein. Liegen dagegen Sanierungsuntersuchungen und Sanierungsplan vor, dürfte der Grad der Unsicherheiten je nach Ergebnis der schon durchgeführten Untersuchungs- und Planungsleistungen relativ gering sein; verbleiben aber trotz dieser umfänglichen Vorarbeiten noch Unsicherheiten, bietet sich der Abschluss eines Vergleichsvertrages um so mehr an[207].

> **Praxistipp:**
>
> Es ist wichtig, diese Unsicherheiten im Vertragstext festzuhalten. Hierfür bietet sich zunächst die Präambel, aber gegebenenfalls auch Bestimmungen zu Detailfragen an. Hierdurch wird die Ausgangssituation für den Vergleichsvertrag dokumentiert und für eine eventuelle spätere gerichtliche Überprüfung des Vertrages unstreitig gestellt.

(2) Der Sanierungsvertrag als Austauschvertrag

492 Regelt der Sanierungsvertrag den Austausch von Leistungen zwischen Bürger und Behörde, ist er als **Austauschvertrag** gemäß § 56 VwVfG anzusehen. Leistung des Bürgers kann etwa die Durchführung von Sanierungsmaßnahmen sein,

---

[207] Der von *Becker*, BBodSchG, § 13 Rn. 9, erhobene Einwand, Fälle rechtlicher und tatsächlicher Unsicherheit dürften bei Verträgen über die Ausführung eines Sanierungsplans nicht vorkommen, überzeugt nicht; zu beachten ist, dass auch Sanierungspläne nur nach dem Stand der Technik erstellt werden können und deswegen stets Raum für Unwägbarkeiten bleibt.

IV. Sanierungsuntersuchungen, Sanierungsplan, Sanierungsvertrag, §§ 13 f. BBodSchG **E**

Leistung der Behörde der Verzicht auf Nachforderungen, wenn die vereinbarte Sanierungsleistung erbracht ist. Der Austauschvertrag ermöglicht, im Rahmen des rechtlich Zulässigen, auch den Austausch von Leistungen, für die es keine ausdrückliche gesetzliche Grundlage gibt[208].

Dabei muss die Gegenleistung der Behörde nicht zwingend im Vertragstext enthalten sein. Sie kann auch Gegenstand einer außervertraglichen Handlung der Behörde, gleichermaßen der Erlass eines Verwaltungsaktes wie tatsächliches Verwaltungshandeln[209], sein, und gleichwohl als Geschäftsgrundlage des Vertrages oder als Zweck der vertraglichen Leistungsverpflichtung des Bürgers dienen; für derartige Verträge hat sich der Begriff des „**hinkenden Austauschvertrages**" eingebürgert[210]. **493**

Der Austauschvertrag kann gleichzeitig Vergleichsvertrag sein, wenn etwa die gegenseitigen Leistungen im Wege beiderseitigen Nachgebens vereinbart worden sind oder neben dem Vergleichsteil auch Leistungselemente enthalten sind[211]. **494**

Problematisch ist bei Austauschverträgen stets das sogenannte **Koppelungsverbot**: Es dürfen nur Leistungen vom Bürger verlangt werden, wenn sie der Behörde zur Erfüllung ihrer Aufgaben dienen, sie angemessen sind und im sachlichen Zusammenhang mit vertraglichen Leistungen der Behörde stehen. **495**

Praxistipp:
Auch insoweit sind die zugrunde liegenden Tatsachen aus den genannten Gründen im Vertrag festzuhalten.

cc) Einbeziehung Dritter in den Vertrag

§ 13 Abs. 4 BBodSchG erwähnt die **Einbeziehung Dritter** in den Vertrag. Die Einbeziehung Dritter in öffentlich-rechtliche Verträge ist keine Besonderheit. Da der nach der § 13 Abs. 4 BBodSchG vorausgesetzte Vertrag zur Ausführung des Sanierungsplans dienen soll (Sanierungsvertrag im engeren Sinne), kann die Vorschrift aber nur die Einbeziehung Dritter bei Ausführung der Sanierungsmaßnahmen betreffen, nicht dagegen die Einbeziehung Dritter im allgemeinen. **496**

(1) Einbeziehung Dritter bei Verträgen im engeren Sinne

Von Interesse sind insoweit vornehmlich die Regelung von Betretungsrechten oder sonstigen Duldungspflichten, etwa wenn der Verantwortliche nicht gleichzeitig Eigentümer des Grundstücks ist. Der Eigentümer kann so nach § 13 Abs. 4 **497**

---

[208] *Bonk* in Stelkens/Bonk/Sachs, VwVfG, § 56 Rn. 19.
[209] Beispiele bei *Bonk* in Stelkens/Bonk/Sachs, VwVfG, § 56 Rn. 23.
[210] Vgl. etwa BVerwGE 42, 326, 332; *Bonk* in Stelkens/Bonk/Sachs, VwVfG, § 56 Rn. 20.
[211] Vgl. *Bonk* in Stelkens/Bonk/Sachs, VwVfG, § 56 Rn. 17.

BBodSchG in den Vertrag einbezogen werden. Damit werden Duldungspflichten, die möglicherweise der Durchsetzung durch Verwaltungsakt bedürften, einvernehmlich vereinbart.

> **Praxistipp:**
>
> Besonders deutlich wird an diesem Fall die mögliche Vorteil des öffentlich-rechtlichen Vertrags, nämlich eine erhöhte Akzeptanz und Rechtsbeständigkeit einer Verwaltungsentscheidung herbeizuführen. Mögen sich Pflichtiger und Behörde auch auf einen Sanierungsvertrag einigen können, können entgegenstehende Rechte Dritter die Wirksamkeit des Vertrages verhindern oder herauszögern; bezieht man den betroffenen Dritten von vornherein mit in den Vertrag ein, sind Einwände von dessen Seite nicht zu gewärtigen.

498 Dritter i.S.d. § 13 Abs. 4 BBodSchG kann auch der Unternehmer sein, der die Sanierung letztendlich durchführt, oder der Sachverständige, der den Sanierungsplan, möglicherweise auf behördliche Anordnung hin, erstellt hat und vertraglich zusichert, dass die von ihm vorgeschlagenen Maßnahmen zum Erreichen der Sanierungsziele geeignet sind[212].

> **Praxistipp:**
>
> Diese Zusicherung sollte sich der Sanierungspflichtige vom Sachverständigen – entweder im Zusammenhang mit dem Vertrag zu seiner Beauftragung oder separat – nach Möglichkeit schriftlich geben lassen.

(2) Einbeziehung Dritter beim Vertrag im weiteren Sinne

499 Auch außerhalb des Sanierungsvertrages im engeren Sinne kann sich die Einbeziehung Dritter in den Sanierungsvertrag anbieten. Befürchtet ein potentieller Käufer, zukünftig wegen der auf dem Grundstück befindlichen Altlast in Anspruch genommen zu werden, kann diese Inanspruchnahme vertraglich ausgeschlossen werden. Auch bietet sich bei Feststehen mehrerer Verantwortlicher an, diese einzubeziehen, um etwa privatrechtliche Ausgleichsansprüche nach § 24 Abs. 2 BBodSchG schon im Stadium der Sanierungsdurchführung abzusichern[213]; der privatrechtliche Charakter dieser Vereinbarung steht, wie bereits ausgeführt, dem öffentlich-rechtlichen Charakter des Sanierungsvertrages nicht entgegen.

---

[212] Vgl. *Frenz*, BBodSchG, § 13 Rn. 113.
[213] Vgl. hierzu etwa *Radtke* in Holzwarth/Radtke/Hilger/Bachmann, § 13 Rn. 16.

(3) Zustimmung Dritter

Zu unterscheiden von der Einbeziehung Dritter nach § 13 Abs. 4 BBodSchG wie außerhalb des § 13 Abs. 4 BBodSchG ist die **Zustimmung** von betroffenen Dritten oder anderen Behörden gemäß § 58 VwVfG. Greift der Vertrag in Rechte Dritter ein, ist er gemäß § 58 Abs. 1 VwVfG bis zur Zustimmung schwebend unwirksam; wäre an einem parallelen Verwaltungsakt eine andere Behörde zwingend zu beteiligen, tritt die Wirksamkeit des Vertrages nach § 58 Abs. 2 VwVfG erst mit der gesetzlich vorgeschriebenen Mitwirkungshandlung ein[214].

500

dd) Nichtigkeitsgründe für Sanierungsverträge

Die Nichtigkeit von Sanierungsverträgen folgt den allgemeinen Regeln des VwVfG. Merkmal dieser Regelungen ist das Enumerativprinzip der Nichtigkeitsgründe, also die abschließende Festlegung von Nichtigkeitsgründen im VwVfG. Dieses Enumerativprinzip führt gleichzeitig zur gesteigerten Rechtsbeständigkeit des öffentlich-rechtlichen Vertrages insbesondere gegenüber der Handlungsform des Verwaltungsakts.

501

(1) Nichtigkeitsgründe nach § 59 Abs. 1 VwVfG

Nichtigkeitsgründe sind zunächst in entsprechender Anwendung die des BGB, § 59 Abs. 1 VwVfG. Hier ist insbesondere der Verstoß gegen ein gesetzliches Verbot gemäß § 134 BGB zu beachten. Allerdings wird hier eine sogenannte „qualifizierte Rechtswidrigkeit" in dem Sinne verlangt, dass

502

– ein Verstoß gegen eine zwingende Rechtsnorm vorliegen muss,

– der erzielte Rechtserfolg nach Wortlaut, Sinn und Zweck der Norm unbedingt ausgeschlossen sein sollte und

– durch den Vertrag öffentliche Belange oder schützenswerte Interessen von einigem Gewicht beeinträchtigt werden.

Ein Verstoß gegen ein Verbotsgesetz kann etwa vorliegen, wenn außerhalb der engen Voraussetzungen des Vergleichsvertrages ein Pflichtiger von seiner Sanierungspflicht nach § 4 Abs. 3 BBodSchG freigestellt wird; so stellt die Regierungsbegründung mit Nachdruck auf die besondere Notwendigkeit der Einhaltung von § 4 Abs. 3 BBodSchG ab[215]. Das Gewähren übermäßiger Kostenentlastungen durch übertriebene Freistellungen von Unternehmen kann einen Verstoß gegen Art. 87 Abs. 1, 88 Abs. 3 EGV begründen und eine verbotene Subvention darstellen, die bei Verstoß gegen die Unterrichtungspflicht nach Art. 88 Abs. 3 EGV die Nichtigkeit des Sanierungsvertrags zur Folge haben kann[216].

503

---

[214] Vgl. hierzu und zur notwendigen Zustimmung Dritter *Frenz*, BBodSchG, § 13 Rn. 115 ff.
[215] Vgl. BT-Drs. 13/6701, S. 42.
[216] Vgl. hierzu näher *Frenz*, BBodSchG, § 13 Rn. 129.

(2) Nichtigkeitsgründe nach § 59 Abs. 2 VwVfG

504 Da es sich bei den Sanierungsverträgen zumeist um subordinationsrechtliche Verträge handelt, gelangen die besonderen Nichtigkeitsgründe nach § 59 Abs. 2 VwVfG zu besonderer Bedeutung, die speziell für subordinationsrechtliche Verträge gelten.

505 Folge der Nichtigkeit ist dabei stets, dass keine der Vertragsparteien Rechtsfolgen aus dem Vertrag herleiten kann; das heißt insbesondere, dass die Erfüllung der vereinbarten Leistungspflichten auf Grundlage dieses Vertrages nicht verlangt werden kann. Stellt sich ein Vertrag als nichtig heraus, ist es der Behörde allerdings unbenommen, nunmehr im Wege der Ordnungsverfügung gegen den Pflichtigen vorzugehen.

(a) Nichtigkeit nach § 59 Abs. 2 Nr. 1 VwVfG

506 Die Nichtigkeit eines öffentlich-rechtlichen Vertrages tritt regelmäßig dann ein, wenn ein entsprechender Verwaltungsakt nichtig gemäß § 44 VwVfG wäre. Hier kommt beispielsweise eine Nichtigkeit wegen Sittenwidrigkeit (§ 44 Abs. 2 Nr. 6 VwVfG) in Betracht, wenn etwa seitens eines Vertragspartners eine besondere Zwangs- oder Notsituation ausgenutzt wird. Die Rechtsprechung geht zunehmend von einer strukturellen Unterlegenheit des privaten Vertragspartners aus[217], was möglicherweise dazu führt, dass auch im Bereich der Sanierungsverträge zukünftig vermehrt die Vertragsposition der Behörde auf eine die Sittenwidrigkeit begründende Übermachtposition untersucht wird[218].

(b) Nichtigkeit nach § 59 Abs. 2 Nr. 2 VwVfG

507 Ist den Vertragspartnern bekannt, dass der Vertragsinhalt rechtswidrig war, und ist die Rechtswidrigkeit nicht lediglich in einem Form- oder Verfahrensfehler nach § 46 VwVfG begründet, ist der entsprechende Vertrag nichtig. Es soll so verhindert werden, dass Behörde und Bürger sehenden Auges materiell rechtswidrige Regelungen treffen und diesen Regelungen die besondere Bestandskraft des öffentlich-rechtlichen Vertrages zuteil wird.

(c) Nichtigkeit nach § 59 Abs. 2 Nr. 3 VwVfG

508 Fehlen die Voraussetzungen für den Abschluss eines Vergleichsvertrages, einschließlich des fehlerhaft ausgeübten Ermessens bei der Entscheidung für den Vergleich, und läge bei einem Verwaltungsakt gleichen Inhalts nicht nur ein Form- oder Verfahrensfehler nach § 46 VwVfG vor, ist der entsprechende Vertrag nichtig. Ist also etwa die Unsicherheit in der Sach- und Rechtslage leicht auszuräumen oder liegt bei verständiger Würdigung kein beiderseitiges Nachgeben vor, kann der Vertrag nichtig sein.

---

[217] Vgl. nur *BVerwGE* 89, 214, 232 ff.
[218] In diesem Sinne *Frenz*, BBodSchG, § 13 Rn. 123.

IV. Sanierungsuntersuchungen, Sanierungsplan, Sanierungsvertrag, §§ 13 f. BBodSchG **E**

(d) Nichtigkeit nach § 59 Abs. 2 Nr. 4 VwVfG

Lässt sich die Behörde beim Austauschvertrag eine unzulässige Gegenleistung **509** versprechen, verstößt sie also gegen das sogenannte Koppelungsverbot[219], kann Nichtigkeit des Vertrages eintreten. Im Einzelfall ist angesichts der erheblichen Entscheidungsspielräume im Tatsächlichen bei der Durchführung von Sanierungen aber schwer festzustellen, ob die konkrete Gegenleistung des Bürgers wirklich unzulässig ist[220].

ee) Anpassung und Kündigung von Sanierungsverträgen

Das VwVfG sieht spezielle Anpassungs- und Kündigungsregelungen vor. Ändert **510** sich während der Sanierung, die auf Grundlage eines Vergleichsvertrages durchgeführt wird, der Kenntnisstand über das tatsächliche Ausmaß der Kontamination, kann es für die eine oder die andere Seite unzumutbar sein, an dem Vertrag festgehalten zu werden. In diesem Fall wird eine entsprechende Anwendung des § 60 Abs. 1 VwVfG für möglich gehalten, da eine direkte Anwendung an dem Umstand scheitert, dass § 60 Abs. 1 VwVfG eine Änderung der tatsächlichen oder rechtlichen Lage, nicht aber lediglich eine geänderte Kenntnis der Lage voraussetzt[221]. Es ist eine Frage des Einzelfalls, wann ein Festhalten am Vertrag unzumutbar ist.

§ 60 Abs. 1 S. 2 VwVfG räumt der Behörde darüber hinaus ein Sonderkündi- **511** gungsrecht für den Fall ein, dass die Vertragsdurchführung schwere Nachteile für das Allgemeinwohl mit sich bringt. Hierfür reichen aber die reine Rechtswidrigkeit des Vertrages oder auch insbesondere rein finanzielle Nachteile für die öffentliche Hand nicht aus[222].

ff) Unterwerfung unter die sofortige Vollstreckung

Der Sanierungsvertrag kann Klauseln gemäß § 61 Abs. 1 VwVfG enthalten, denen **512** zufolge sich beide Vertragspartner der sofortigen Vollstreckung aus dem Vertrag unterwerfen können. Der Vertrag bekommt damit für die Behörde eine der vollstreckbaren Ordnungsverfügung vergleichbare Titelfunktion[223]; die Rechtsschutzmöglichkeiten gegen die Vollstreckung selbst bleiben dabei bestehen. Für den Bürger hat die sofortige Vollstreckbarkeit gegenüber der Behörde den Vorteil, dass er sich für die Vollstreckung des Vertrages direkt an das zuständige Verwaltungsgericht wenden kann, § 107 ff. VwGO[224].

---

[219] Vgl. oben Rn. 495.
[220] In diesem Sinne auch *Salzwedel* in Salzwedel, Umweltrecht, Kap. 16 Rn. 32.
[221] Zu diesen Fällen der Änderung der subjektiven Geschäftsgrundlage vgl. *Bonk* in Stelkens/Bonk/Sachs, VwVfG, § 60 Rn. 13; *Henneke* in Knack, VwVfG, § 60 Rn. 5.
[222] Vgl. *Schapmann*, Der Sanierungsvertrag, S. 195; *Frenz*, BBodSchG, § 13 Rn. 131.
[223] Vgl. *Fischer*, BauR 2000, 833, 837.
[224] Vgl. *Fischer*, BauR 2000, 833, 837.

gg) Leistungsstörungen

513 Der Sanierungsvertrag wird sich im Ergebnis regelmäßig als gegenseitiger Vertrag darstellen, da der Bürger von der Behörde, auch ohne das § 13 Abs. 4 BBodSchG solche Gegenleistungen ausdrücklich vorsieht, Zugeständnisse in Form etwa des Verzichts auf Nachforderungen oder weitere ordnungsrechtliche Anordnungen, fordern wird und kann. Denkbar ist für den Fall von Schlechtleistung der Rückgriff auf Vertragstypen des Bürgerlichen Gesetzbuches; da der Sanierungsvertrag auf die Herbeiführung eines bestimmten Sanierungserfolges gerichtet ist, ist die entsprechende Anwendung des Werkvertragsrechts denkbar[225]. Das Werkvertragsrecht bietet detaillierte Regelungen für Mängelbeseitigung, Nachbesserung (§ 633 BGB), Ersatzvornahme und Aufwendungsersatz (§ 634 BGB), Schadensersatz wegen Nichterfüllung (§ 635 BGB) Fristsetzung, Rücktritt, Verjährung und Abnahme (§§ 636 ff. BGB). Daneben ist allerdings auch eine Anwendung des Unmöglichkeitsrechts (§§ 320 ff. BGB) nicht ausgeschlossen.

d) Fazit

514 Der Abschluss eines Sanierungsvertrages bietet sich bei Vorliegen einer qualifizierten Altlast deswegen an, weil dadurch das Risiko überraschender Verwaltungsentscheidungen im Zuge der Sanierung und das Risiko einer ausufernden Kostenlast verringert werden kann. Gleichzeitig kann durch Einbeziehung Dritter, insbesondere im Bereich des Kostenausgleichs nach § 24 Abs. 2 BBodSchG, die Notwendigkeit zeitaufwendiger Folgeprozesse verringert werden. So vermag der Vertrag insgesamt Planungs- und Investitionssicherheit zu verschaffen, auch wenn dafür, etwa bei Abschluss eines Vergleichsvertrages, Zugeständnisse finanzieller oder sonstiger Art gemacht werden müssen.

515 Das Vorgehen des Gesetzgebers, den öffentlich-rechtlichen Vertrag durch ausdrückliche Nennung in § 13 BBodSchG als mögliche Handlungsform hervorzuheben, liegt im Trend des Umweltrechts, das sogenannte konsensuale Verwaltungshandeln durch Kooperation von Staat und Bürger verstärkt zur Geltung kommen zu lassen[226].

---

[225] Vgl. *Fischer*, BauR 2000, 833, 838. Entsprechende Anwendung insbesondere deshalb, weil die Behörde regelmäßig nicht zur Werklohnentrichtung als üblichem Bestandteil des Werkvertrages verpflichtet ist.

[226] Vgl. nur *Di Fabio*, DVBl. 1990, 338 ff. und *Leitzke*, UPR 2000, 361 ff.

V. Exkurs: Versicherbarkeit von Altlastenrisiken und öffentliche Förderung von Sanierungsvorhaben

Eine Minimierung der Kostenrisiken durch Altlasten ist für Investoren von erheblichem Interesse. Denkbar ist zunächst eine Absicherung von Investitionsvorhaben durch die Inanspruchnahme von Versicherungen. Von Bedeutung kann aber auch die öffentliche Förderung von Sanierungsvorhaben sein. Beide Absicherungsstrategien bieten ein weites Feld und würden in einer dezidierten Darstellung den Rahmen sprengen. Deswegen soll lediglich versucht werden, auf die bestehenden Möglichkeiten aufmerksam zu machen und durch weiterführende Hinweise entsprechende umfangreichere Quellen erschließbar zu machen.

516

1. Versicherbarkeit von Risiken durch Bodenkontaminationen

Die bei Brachflächenrecyclingmaßnahmen häufig mangelnde Kalkulierbarkeit der Kosten, die durch die nicht immer letztlich abschätzbare Grundstückssituation im Hinblick auf Altlasten entstehen, können in bestimmtem Umfang durch Versicherungen abgedeckt werden.

517

a) Betriebshaftpflichtversicherungen und Gewässerhaftpflichtversicherungen

Führen Umweltbelastungen zu Schäden an fremdem Eigentum, greifen häufig Betriebshaftpflichtversicherungen. Diese beinhalten aber zumeist einen Ausschluss für Schäden, die am Grundstück im Eigentum des Betriebsinhabers auftreten[227]. Weiterhin ist durch die häufig anzutreffenden „Allmählichkeitsklauseln" der Ersatz für solche Schäden von der Versicherung ausgeschlossen, die durch allmähliche Einwirkungen von Temperatur, von Gasen, Dämpfen, Feuchtigkeit, Abwässer oder Überschwemmungen entstehen, ferner Schäden durch Vorsatz, Kriegsereignisse oder höhere Gewalt.

518

Im Zug der Normierung einer verschuldensunabhängigen Gefährdungshaftung nach § 22 WHG wurde das Abwassereinleitungs- und das Anlagenrisiko im Rahmen der Gewässerschaden-Haftpflichtversicherung versicherbar gemacht[228]. Problematisch gestaltete sich insofern stets der Ersatz sogenannter Rettungskosten, also der Kosten, die bei der Kontamination von Grundwasser, die zumeist über den Boden erfolgt, durch Auskofferungsmaßnahmen und die Beseitigung kontaminierten Bodens entstanden. Die Erkenntnis, dass derartige Kosten grundsätzlich erst nach Eintritt des Versicherungsfalles ersetzt werden konnten, also vor-

519

---

[227] Vgl. *Brasch* in Franzius/Wolf/Brandt, HdA Nr. 10513 Rn. 13 ff. Vgl. auch die umfangreiche Bearbeitung von *Schimikowski*, Umwelthaftungsrecht und Umwelthaftpflichtversicherung, 3. Auflage, 1994, S. 181 ff.

[228] Vgl. *Brasch* in Franzius/Wolf/Brandt, HdA Nr. 10513 Rn. 16 ff.

beugende Maßnahmen zur Abwehr eines sonst nicht abwendbaren Grundwasserschaden nicht gedeckt waren, führte zu einer Änderung der Versicherungsbedingungen. Nunmehr sind auch sogenannte vorgezogene Rettungskosten versichert, die zur Abwendung derartiger, ohne ein frühzeitiges Eingreifen unvermeidbarer Grundwasserschäden aufgewandt werden[229]. Auch im Bereich der Gewässerschadenshaftpflicht waren zunächst Eigenschäden am Grund und Boden des Betriebsinhabers ausgeschlossen; mittlerweile können solche Schäden versichert werden, die am Grundstück des Betriebsinhabers durch bestimmungswidrigen Austritt gewässerschädlicher Stoffe auftreten[230].

b) Echte Altlasten-Versicherungen

520 Echte Versicherungen für die Übernahme des Altlastenrisikos finden sich erst in neuerer Zeit. So bieten verschiedene Versicherer Versicherungsmodelle an, die konkret den Ersatz von Kosten für die Beseitigung festgestellter oder zu erwartender Altlasten zum Gegenstand haben.

aa) Bedeutung von Altlasten-Versicherungen

521 Von besonderer Bedeutung sind derartige Versicherungen insbesondere deshalb, weil sie die Verkehrsfähigkeit altlastenverdächtiger Flächen erhöhen und auch die Bereitschaft von Kreditinstituten, Investitionen auf Industriebrachen zu finanzieren, erheblich vergrößern, bzw. positiven Einfluss auf Kreditkonditionen haben können.

bb) Existierende Modelle von Altlasten-Versicherungen

522 Die folgenden Modelle sind Versicherungsangebote, die so oder ähnlich von verschiedenen Unternehmen angeboten werden.

523 Zu den echten Altlastenversicherungen zählt etwa die sogenannte „**Clean-Up-Police**", die die zu erwartenden Kosten für Altlastensanierungen zum Gegenstand hat. Versichert sind sowohl die zu erwartenden Kosten einer Altlastensanierung im Bereich der Boden- und Grundwasserkontamination als auch – vornehmlich bei Kenntnis von bestehenden Altlasten – das Übersteigen dieser Kosten. Abgesichert ist vornehmlich das Auftreten von zum Zeitpunkt des Versicherungsabschlusses noch unbekannten Altlasten. Sollten die Behörden zu einem späteren Zeitpunkt eine Sanierung von Kontaminationen verlangen, die nach Durchführung der Sanierung im Boden verblieben sind, kann die Versicherung auch hierfür eintreten.

524 Regelmäßig findet vor Abschluss der Versicherung eine Zustandserhebung durch den Versicherer hinsichtlich des Grundstücks statt. Die im Zuge dessen vorgenommene Prognose zur Eintrittswahrscheinlichkeit des Versicherungsfalls

---

[229] Vgl. *Brasch* in Franzius/Wolf/Brandt, HdA Nr. 10513 Rn. 18f.
[230] Vgl. *Brasch* in Franzius/Wolf/Brandt, HdA Nr. 10513 Rn. 23f.

V. Exkurs: Versicherbarkeit von Altlastenrisiken

und die Abschätzung der hierbei auftretenden finanziellen Risiken dienen zur Festlegung der Prämien.

Die sogenannte **„Cleanup-Cost-Cap-Police"** bietet eine Absicherung von 525 Mehrkosten, die im Zuge eines projektierten Altlastensanierungsvorhabens im Bereich komplexer Altlastensanierungen i.S.d. § 13 BBodSchG auftreten können. Voraussetzung für den Abschluss der Versicherung ist die Vorlage einer Gefährdungsabschätzung und die Erstellung eines Sanierungsplans, der zudem seitens der zuständigen Behörde für verbindlich erklärt worden sein muss. Die Prämienhöhe richtet sich hier nicht zuletzt nach der Höhe der Deckungssumme, die in Relation zur voraussichtlichen Höhe der Sanierungskosten ermittelt wird (Deckungssumme = X-faches der vorgesehenen Sanierungskosten), und der Höhe der vereinbarten Eigenbeteiligung des Versicherungsnehmers.

Die sogenannte **„Select-Police"** betrifft die Absicherung des Käufers oder 526 Investors gegen das Auftreten bislang nicht bekannter oder über das Bekannte hinausgehender Altlasten. Die Versicherungsprämie kann hierbei mit dem Kaufpreis verrechnet werden.[231]

Die von verschiedenen Versicherern angebotene **Bodenkasko-Versicherung** 527 dient zur Absicherung von Schäden durch zukünftige Kontaminationen, also von Schäden durch Sanierungsbedarf nach Abschluss des Versicherungsvertrages. Zu diesen Versicherungen hat der Gesamtverband der Deutschen Versicherungswirtschaft eine unverbindliche Empfehlung zu den „Allgemeinen Bedingungen für die Versicherung von Kosten für die Dekontamination von Erdreich" ausgesprochen[232]. Es wird angenommen, dass derartige Boden-Kasko-Versicherungen im Bereich des Brachflächen-Recyclings und der Altlastensanierung allgemein von wachsender Bedeutung sein werden[233].

2. Inanspruchnahme öffentlicher Förderungen für Sanierungsvorhaben

a) Allgemeines

Auf der Ebene der Europäischen Union, auf Bundes- und auf Landesebene fin- 528 den sich zahlreiche Förder- und Finanzierungsprogramme, die im weitesten Sinne zur Förderungen von Altlastensanierungen nutzbar gemacht werden können. Dabei finden sich Programme, die zur Förderung von Sanierungsvorhaben geschaffen wurden, und solche, die zur Brachflächenentwicklung, Stadterneuerung oder zur Wirtschafts- und Infrastrukturförderung aufgelegt wurden und dabei

---

[231] Zu diesen Versicherungsmodellen vgl. jeweils *Süßkraut/Visser/Burgers*, Leitfaden über Finanzierungsmöglichkeiten und -hilfen in der Altlastenbearbeitung und im Brachflächenrecycling, hrsg. vom Umweltbundesamt, Text 04/01, S. 126 ff. mit weiterführenden Hinweisen.
[232] Vgl. unten Teil G, VI.
[233] Vgl. *Süßkraut/Visser/Burgers*, Leitfaden über Finanzierungsmöglichkeiten und -hilfen in der Altlastenbearbeitung und im Brachflächenrecycling, hrsg. vom Umweltbundesamt, Text 04/01, S. 126.

Maßnahmen zur Untersuchung und Sanierung von Altlasten ausdrücklich als förderungsfähig erwähnen.

529 Quelle der folgenden Aufzählungen ist der „Leitfaden über Finanzierungsmöglichkeiten und -hilfen in der Altlastenbearbeitung und im Brachflächenrecycling", herausgegeben durch das Umweltbundesamt[234]. Zugleich sei darauf hingewiesen, dass die genannten Programme nach Aussage der Ersteller des vorgenannten Leitfadens stetigen Veränderungen unterliegen. Der vorgenannte Bericht stellt deswegen eine Momentaufnahme aus dem April 2000 dar, er soll aber fortgeschrieben werden[235].

530 Der vorgenannte Leitfaden nennt sowohl Förderbedingungen als auch die jeweiligen Bewilligungsstellen. Auf die entsprechenden Ausführungen sei deshalb an dieser Stelle verwiesen.

b) Beispiele öffentlicher Förder- und Finanzierungsprogramme

aa) Förderprogramme auf EU-Ebene

531 – EFRE (Europäischer Fond für Regionale Entwicklung),
– URBAN II (Gemeinschaftsinitiative zur Wirtschaftlichen und sozialen Wiederbelebung von städtischen Gebieten[236]),
– INTERREG III (Gemeinschaftsinitiative betreffend die transeuropäische Zusammenarbeit[237]).

bb) Förderprogramme auf Bundesebene

532 – Gemeinschaftsaufgabe „Verbesserung der regionalen Wirtschaftsstruktur" (teilweise unter Beteiligung der neuen Bundesländer)
– Kreditprogramme der Kreditanstalt für Wiederaufbau (KfW)
– Förderprogramme der Deutschen Ausgleichsbank (DtA)
– Umweltschutz-Förderprogramme der Deutschen Bundesstiftung Umwelt (DBU)

cc) Förderprogramme auf Landesebene

533 Auf Landesebene finden sich von Bundesland zu Bundesland unterschiedliche Förderprogramme, die sich teilweise direkt an private Investoren richten, teilwei-

---

[234] *Süßkraut/ Visser/ Burgers*, Leitfaden über Finanzierungsmöglichkeiten und -hilfen in der Altlastenbearbeitung und im Brachflächenrecycling, hrsg. vom Umweltbundesamt, Text 04/01.
[235] Vgl. *Süßkraut/ Visser/ Burgers*, Leitfaden über Finanzierungsmöglichkeiten und -hilfen in der Altlastenbearbeitung und im Brachflächenrecycling, hrsg. vom Umweltbundesamt, Text 04/01, S. 6.
[236] Gemäß Beschlusses der EU-Kommission vom 18.4.2000 auf Grundlage von Art. 20 der Verordnung (EG) Nr. 1260/1999 des Rates.
[237] Gemäß Beschlusses der EU-Kommission vom 18.4.2000 auf Grundlage von Art. 20 der Verordnung (EG) Nr. 1260/1999 des Rates.

V. Exkurs: Versicherbarkeit von Altlastenrisiken   E

se aber auch Gebietskörperschaften oder andere juristische Personen des öffentlichen Rechts als Zuwendungsempfänger benennen. Sofern lediglich öffentlich-rechtliche Förderungsempfänger benannt werden, kann die Behörde im Einzelfall auf die Möglichkeit der Förderung hingewiesen werden. Die Inanspruchnahme von Fördergeldern kann so auch mittelbar dem privaten Investor zugute kommen.

Die nachfolgende Aufzählung ist nicht vollständig. Dem zuvor genannten 534
Leitfaden zufolge bieten die Länder Hamburg und Niedersachsen erkennbar keine Förderprogramme an. Beispielhaft seien für die übrigen Bundesländer erwähnt:

(1) Baden-Württemberg

- Förderungsrichtlinien Altlasten (Zuwendungsempfänger: Kommunen, Land- 535
  kreise, Zweckverbände, private Gesellschaften mit überwiegend öffentlicher Beteiligung)

(2) Bayern

- Leistungen nach dem Gesetz zur Änderung des Finanzausgleichsgesetzes (Zu- 536
  wendungsempfänger: Landkreise, kreisfreie Gemeinden)
- Leistungen nach dem Bayerischen Altlastenkreditprogramm (Zuwendungs- 537
  empfänger: Kleine und mittlere Unternehmen mit Sitz in Bayern)

(3) Brandenburg

- Richtlinien zur Förderung von öffentlichen Maßnahmen der Abfallwirtschaft, 538
  der Altlastensanierung und des Bodenschutzes (Zuwendungsempfänger: Gemeinden, Landkreise, Zweckverbände usw.)
- Förderrichtlinie zur Entwicklung städtebaulich relevanter Brachflächen (Zu- 539
  wendungsempfänger: Gemeinden, Landkreise, Zweckverbände usw.)

(4) Berlin

- Umweltentlastungsprogramm (UEP) (Zuwendungsempfänger: Kleine, mittle- 540
  re Unternehmen, teilweise auch Großunternehmen, öffentliche Institutionen ohne Erwerbscharakter)

(5) Bremen

- Investitionssonderprogramm (ISP) zur Stärkung der heimischen Wirtschaft 541
  (Zuwendungsempfänger: Überwiegend kommunale Antragsteller)

(6) Hessen

- Altlastenfinanzierungsrichtlinien (AFR) (Zuwendungsempfänger: Gemein- 542
  den, Landkreise, Zweckverbände, Umlandverband Frankfurt)

E Problembewältigung bei Bauvorhaben auf Industriebrachen

(7) Mecklenburg-Vorpommern

543 – Altlastenfinanzierungsrichtlinie (AlaFR) (Zuwendungsempfänger: Kommunen und private Gesellschaften mit überwiegend kommunaler Beteiligung)

(8) Nordrhein-Westfalen

544 – Richtlinien über die Gewährung von Zuwendungen für die Gefahrermittlung und Sanierung von Altlasten (Zuwendungsempfänger: Kommunen und private Grundstücksgesellschaften mit überwiegend kommunaler Beteiligung, Eigenbetriebe)
545 – Regionales Wirtschaftsförderungsprogramm (RWP) (Zuwendungsempfänger: Kommunen, Gemeindeverbände, natürliche und juristische Personen mit Geschäftstätigkeit ohne Gewinnerzielungsabsicht)

(9) Rheinland-Pfalz

546 – Förderung abfallwirtschaftlicher Maßnahmen und der Sanierung von Altlasten (Zuwendungsempfänger: Kommunen, Landkreise und deren Zusammenschlüsse, andere Gebietskörperschaften)

(10) Saarland

547 – Richtlinie für die Förderung der wirtschaftsnahen Infrastruktur (Zuwendungsempfänger: Kommunen, Gemeindeverbände, natürliche und juristische Personen mit Geschäftstätigkeit ohne Gewinnerzielungsabsicht, teilweise auch übertragbar auf solche mit Gewinnerzielungsabsicht)

(11) Sachsen

548 – Förderrichtlinien Altlasten (Zuwendungsempfänger: Körperschaften des öffentlichen Rechts, private Unternehmen, einzelne Eigentümer)

(12) Sachsen-Anhalt

549 – Richtlinie über die Gewährung von Zuwendungen zur Förderung von Maßnahmen zur Abfallwirtschaft, Altlastensanierung und zum Bodenschutz (Zuwendungsempfänger: Kommunale Gebietskörperschaften, deren Zusammenschlüsse, Vereine, Privatpersonen und Stiftungen)

(13) Schleswig-Holstein

550 – Richtlinien für die Förderung von Maßnahmen zur Revitalisierung von Brachen (Zuwendungsempfänger: Kommunale Gebietskörperschaften, deren Zusammenschlüsse, Entwicklungsträger, Privatpersonen, kleine und mittlere Unternehmen)

(14) Thüringen

- Richtlinie für die Förderung zur Altlastenbehandlung (Zuwendungsempfänger: Kommunale Gebietskörperschaften, deren Zusammenschlüsse, juristische Personen des öffentlichen Rechts, ohne solche des Bundes, Privatpersonen)

F. Ausgestaltung und Muster eines Sanierungsvertrages

Die Ausgestaltung eines Sanierungsvertrages ist naturgemäß von dem jeweiligen Sanierungsvorhaben abhängig und daher nur bedingt verallgemeinerungsfähig. Dies gilt selbstverständlich mehr noch für den Sanierungsvertrag im weiteren Sinne als für den im engeren Sinne nach § 13 Abs. 4 BBodSchG. Die folgenden Anmerkungen und das anhängende Muster sollen daher vornehmlich den Sanierungsvertrag zur Durchführung eines Sanierungsplans nach § 13 Abs. 4 BBodSchG betreffen. 552

Nicht in den Bereich der Sanierungsverträge im engeren Sinne gehören Verträge, die nur einzelne Teile von Sanierungsvorhaben regeln sollen; auch diese können aber Gegenstand eines Sanierungsvertrages sein. So kann es sinnvoll sein, bereits die Durchführung von Untersuchungen eines Grundstücks oder die Gefährdungsabschätzung allgemein mit der zuständigen Behörde vertraglich zu regeln. Andere Teilbereiche, die vertraglich geregelt werden können, sind Schutz- und Beschränkungs-, sowie Nachsorgemaßnahmen. Gleiches gilt für die Durchführung der eigentlichen Sanierungsmaßnahmen, die isoliert vertraglich geregelt werden können. Solche Abreden sind als öffentlich-rechtliche Verträge unproblematisch zulässig. 553

I. Allgemeine Ausgestaltung

1. Vertragsparteien und Präambel

Zu Anfang sollte der Vertrag die beteiligten Parteien, die Behörde, den Sanierungspflichtigen und eventuell einbezogene Dritte, soweit diese durch den Vertrag rechtlich betroffen sind, aufführen. Zudem ist es sinnvoll, dem eigentlichen Regelungsinhalt eine Präambel voranzustellen. Diese enthält üblicherweise Angaben zur Historie des betroffenen Grundstücks, wie etwa frühere und derzeitige Nutzungen sowie eine geplante weitere Nutzung, sowie eine Skizze bereits festgestellter Bodenbelastungen. Auch können geplante Sanierungsmaßnahmen und Sanierungsziele nach dem zugrundeliegenden Sanierungsplan kurz aufgeführt werden. Weiterhin dient die Präambel dazu, rechtliche und tatsächliche Unsicherheiten aufzuführen, deren Überwindung den Abschluss eines Vergleichsvertrages rechtfertigt. Auf die Abfassung der Präambel sollte größte Sorgfalt gelegt werden. 554

Sie ist ein wichtiges Instrument, den Sachverhalt für mögliche Folgestreitigkeiten festzulegen und damit unstreitig zu machen.

2. Sanierungsziele, Sanierungsmaßnahmen und Gegenleistungen der Behörde

a) Sanierungsziele

555 Die Werthaltigkeit des Vertrags steht oder fällt mit der verbindlichen Festlegung von Sanierungszielen. Die große Schwierigkeit liegt darin, die Behörde auf wirtschaftliche Werte festzulegen. Hier ist großes Geschick und besonderer Sachverstand der Sachverständigen erforderlich. Notwendig ist hierzu vor allem das Zusammenspiel mit Ingenieuren und insbesondere auch mit Toxikologen, die den Nachweis führen müssen, dass eine eventuell im Boden belassene Dosis nicht mehr giftig ist, dass von ihr also keine Gefahren mehr für die Umwelt ausgehen.

b) Sanierungsmaßnahmen

556 Weiterer Schwerpunkt der vertraglichen Regelung ist die Darstellung der Sanierungsverpflichtung, die der Verantwortliche als Vertragspartner übernimmt, und welche eventuellen Gegenleistungen die Behörde erbringen soll.

557 Anders als die eher allgemeine Darstellung in der Präambel muss hier eine dezidierte Beschreibung hinsichtlich folgender Punkte erfolgen:

– Welche Flächen sollen saniert werden?
– Mit welchen Mitteln sollen sie saniert werden?
– Welche Sanierungsziele sollen erreicht werden?[1]

558 An diese Stelle gehört auch die Feststellung:

– Wann soll die Sanierung beginnen?
– Sind Vorsorgemaßnahmen erforderlich?
– Wann soll die Sanierung beendet sein?[2]
– Welche Nachsorgemaßnahmen sind zu treffen?
– Wann soll die Nachsorge beendet sein?

---

[1] Vgl. *Steffen/Popp*, ZNotP 1999, 303, 308.
[2] Vgl. *Kobes*, NVwZ 1998, 786, 794; *Vierhaus*, NJW 1998, 1262, 1269.

I. Allgemeine Ausgestaltung F

c) Gegenleistung der Behörde

Der vertraglichen Feststellung bedarf ebenso die Verpflichtung der Behörde. Diese kann darin bestehen, dass die Behörde mit Erreichen der Sanierungsziele auf die Anordnung weiterer Sanierungsmaßnahmen verzichtet[3]. Auch kann und sollte im Interesse der Verkehrsfähigkeit des Grundstücks die Streichung der Fläche aus dem Altlastenkataster nach Erreichen der Sanierungsziele vereinbart werden[4]. **559**

> **Praxistipp:**
>
> Vorsicht ist geboten, wenn sich die Behörde im Sanierungsvertrag ordnungsbehördliche Maßnahmen vorbehalten will; je nach Ausgangslage könnte die Behörde für den Fall, dass im Zuge der Sanierung weitere Schadstoffbelastungen auftreten, eine Freistellung für den Fall ausschließen, dass bislang unerkannte Gefahrenherde auftreten[5]. Zu beachten ist hier allerdings, dass sich die Behörde mit ihrem Ansinnen nicht in Gegensatz zu den Feststellungen eines – möglicherweise für verbindlich erklärten – Sanierungsplans setzen darf; hat sie den Sanierungsplan gebilligt, darf der Sanierungsvertrag nicht zu einer formularmäßigen Absicherung für weitergehende Belastungen missbraucht werden. Liegen Hinweise auf weitere Belastungen vor, muss die Behörde im Vorfeld des Vertrages auf Verifikation dieser Verdachtsmomente hinwirken und/oder Einwände gegen den Sanierungsplan erheben. Einem entsprechenden Ansinnen der Behörde auf Aufnahme des vorgenannten Vorbehalts in den Vertragstext sollte folglich Widerstand entgegengesetzt werden. Andererseits kann die Möglichkeit, einen Vertrag gemäß § 60 Abs. 1 S. 1 VwVfG geänderten rechtlichen und tatsächlichen Bedingungen anzupassen, nicht völlig abbedungen werden.
>
> Beugt sich der Vertragspartner der Drohung mit Ordnungsverfügungen für den Fall, dass der Passus nicht aufgenommen wird, kann der Vertrag, der möglicherweise unter sittenwidrigem Druck zustande gekommen ist, nichtig i.S.d. §§ 59 Abs. 2 Nr. 1, 44 Abs. 2 Nr. 6 VwVfG oder § 59 Abs. 1 VwVfG iVm § 138 BGB sein. Die Berufung auf diese Nichtigkeit kann bei einer späteren, übermäßigen Inanspruchnahme auf weitere Sanierungsmaßnahmen ein adäquates Abwehrmittel darstellen.

---

[3] Vgl. *Fischer*, BauR 2000, 833, 840.
[4] *Kobes*, NVwZ 1998, 786, 794.
[5] *Müllmann*, NVwZ 1994, 876, 878.

3. Sachverständigenbestellung

560 Soll die Sanierungsdurchführung durch Sachverständige begleitet werden, können die Person des Sachverständigen oder jedenfalls die Anforderungen, die an einen Sachverständigen zu stellen sind, sowie die konkreten Aufgabe dessen in den Vertrag aufgenommen werden[6].

> **Praxistipp:**
>
> Die Qualität der eingeschalteten technischen Sachverständigen ist für den Sanierungserfolg von erheblicher Bedeutung. An den Kosten, die durch Bodengutachter, Toxikologen etc. im Rahmen der Gefährdungsabschätzung entstehen, sollte nicht gespart werden. Die gründliche Untersuchung im Vorfeld verschafft nicht nur einen wichtigen Überblick über die aus dem Zustand des Bodens resultierenden Risiken. Der Bodengutachter hat in der Praxis insbesondere auch wesentlichen Anteil an der Festlegung der Sanierungsziele und Sanierungsmethoden, sowie auf die Durchführung der Sanierung insgesamt. Das in diesem Stadium angelegte Geld führt langfristig zu Kosteneinsparungen.
>
> Für den Fall, dass ein Sachverständiger eingeschaltet wird, ist zu erwägen, diesen als Dritten in den Vertrag einzubeziehen. Hier könnte dann eine vertragliche Haftung des Sachverständigen für eventuelle Fehler in seinen Begutachtungen geregelt werden.

4. Sicherheiten/Vertragsstrafe/Vollstreckungsunterwerfung

561 Zur Sicherung der Durchführung von Sanierungsmaßnahmen, die sich teilweise über einen langen Zeitraum erstrecken und zumeist sehr kostspielig sind, kann die Gewährung von Finanzierungssicherheiten verlangt werden, die etwa durch Bürgschaften, Grundpfandrechte oder auch Patronatserklärungen erbracht werden können[7]. Auch ist die Vereinbarung einer Vertragsstrafe gemäß § 62 S. 2 VwVfG i.V.m. § 399 ff. BGB möglich und auch zulässig[8].

562 Zur Sicherung der Vertragsdurchführung kann die Behörde auch die Unterwerfung unter die sofortige Vollstreckung aus dem Vertrag gemäß § 61 VwVfG verlangen; der Vertrag erhält damit eine dem Verwaltungsakt vergleichbare Titelfunktion[9].

---

[6] Vgl. *Frenz*, BBodSchG, § 13 Rn. 134.
[7] Vgl. *Schapmann*, Der Sanierungsvertrag, S. 225 ff.
[8] Vgl. nur *Bonk* in Stelkens/Bonk/Sachs, VwVfG, § 62 Rn. 37.
[9] Vgl. oben Rn. 512.

I. Allgemeine Ausgestaltung **F**

5. Drittbeteiligte

Als Drittbeteiligte kommen sowohl Private als auch Behörden in Betracht, sofern **563**
diese jeweils durch den Vertrag betroffen sind und ein allseitiges Interesse an deren Einbeziehung besteht. Die Einbeziehung Dritter beschränkt sich nach § 13 Abs. 4 BBodSchG auf solche, die hinsichtlich der Durchführung des Sanierungsplans einzubeziehen sind. Da ein Sanierungsvertrag als Sanierungsvertrag im weiteren Sinne in seinem Regelungsgehalt durchaus über die Durchführung eines Sanierungsplans hinausgehen kann, ist in diesem Kontext auch ein wesentlich breiterer Rahmen für die Einbeziehung Dritter gegeben.

a) Beteiligung Privater

In den Vertrag einbezogen werden können private Dritte, etwa Investoren und zu- **564**
künftige Eigentümer der Flächen, Voreigentümer oder vormalige Betriebsinhaber, die mitverantwortlich für die Kontaminationen sind, oder auch Sachverständige.

Die Beteiligung von Investoren und zukünftigen Eigentümern kann einerseits **565**
nützlich sein, um diese von zukünftigen Forderungen seitens der Behörde freizustellen. Andererseits kann aber auch die Festlegung einer zukünftigen Nutzung des Geländes mit Blick auf die Anforderungen an die Intensität der Sanierung Vertragsbestandteil werden.

An dieser Stelle ist insbesondere auch die Einbeziehung eventuell Ausgleichs- **566**
verpflichteter gemäß § 24 Abs. 2 BBodSchG zu erwägen, da der Sanierungsvertrag dann eventuelle Ausgleichsansprüche ohne das Risiko von Verzögerungen durch aufwendige zivilgerichtliche Verfahren mitregeln kann.

Sachverständige können, wie bereits zuvor ausgeführt, mit Blick auf Haftungs- **567**
regelungen für ihre gutachterliche Tätigkeit zu Vertragspartnern gemacht werden.

b) Beteiligung anderer Behörden

Denkbar und gegebenenfalls besonders wichtig ist die Beteiligung weiterer Be- **568**
hörden. Dies gilt für den Fall nicht für verbindlich erklärter Sanierungspläne beispielsweise für Berg- und Oberbergämter, Immissionsschutzbehörden, Denkmalbehörden oder Wasserbehörden, je nachdem, ob etwa ehemalige Bergbauflächen im Bereich des zu sanierenden Grundstücks liegen, Bodendenkmäler vorhanden sein können oder auch immissionsschutzrechtliche oder wasserrechtliche Genehmigungen einzuholen sind. Von besonderer Bedeutung ist auch die Einbeziehung von Gemeinden als den zuständigen Bauordnungsbehörden, sofern etwa ein Investor die Baubehörde zur Sicherstellung von Baugenehmigungen oder zur Einbeziehung von Vorhaben- und Erschließungsplänen in den Vertrag einbeziehen will. Denkbar ist auch die Kombination des Sanierungsvertrages mit städtebaulichen Verträgen, wobei dann in jedem Fall die für den Abschluss des Vertrages zuständige Behörde Vertragspartner wird.

F   Ausgestaltung und Muster eines Sanierungsvertrages

> **Praxistipp:**
>
> Gerade wenn als Dritte Gemeinden in ihrer Funktion als Bauaufsichtsbehörden einbezogen werden, ist genau darauf zu achten, dass diese entsprechend den Regelungen der jeweiligen Gemeindeordnungen ordnungsgemäß vertreten sind. Soll eine Gemeinde nach außen wirksam verpflichtet werden, ist hierzu regelmäßig die Unterschrift des Bürgermeisters/Oberbürgermeisters oder seines Stellvertreters und die Unterschrift eines weiteren vertretungsberechtigten Bediensteten der Gemeinde erforderlich[10].

569   Mit der Einbeziehung anderer Behörden kann der Fortgang der Sanierung durch Sicherstellung der Erteilung notwendiger Genehmigungen erheblich beschleunigt werden. An den Stellen, an denen im Vertrag von der Erteilung notwendiger Genehmigungen die Rede ist, kann dann die jeweils zuständige Behörde, soweit einbezogen, in die Pflicht genommen werden.

6. Salvatorische Klauseln

570   Durch die Vereinbarung salvatorischer Klauseln wird sichergestellt, dass der Vertrag bei Auftreten einzelner nichtiger Regelungen im Grundsatz weiterbesteht und die betreffenden Regelungen im Zusammenwirken der Beteiligten durch wirksame Regelungen ersetzt werden. Diese Klauseln bedingen zugleich die Vermutungsregel des § 59 Abs. 3 VwVfG ab, dem zufolge ein öffentlich-rechtlicher Vertrag bei Vorliegen nichtiger Teilregelungen im Zweifel gesamtnichtig sein soll, wenn nicht der gegenteilige Wille der Beteiligten erkennbar ist.

7. Anlagen

571   Vorliegende Gutachten, Sanierungsuntersuchungen, Sanierungsplan sowie andere aussagekräftige Unterlagen sollten durch ausdrückliche Nennung im Vertrag zum Vertragsbestandteil gemacht und dem Vertrag als Anlagen beigefügt werden[11].

572   Nach neuerer Rechtsprechung ist keine dauernde, feste und nur durch Substanzeingriff zu lösende Verbindung des Vertragstextes mit den Anlagen zu verlangen[12]. Es muss aber durch wechselseitige Bezugnahme im Vertrag und in den Anlagen die Zusammengehörigkeit von Vertrag und Anlagen sichergestellt werden. Dies kann durch entsprechende Vermerke (Anlage … zum Vertrag vom …) sowie durch Nennung der einzubeziehenden Anlagen im Vertrag und das Anlegen

---

[10] Vgl. etwa für Nordrhein-Westfalen § 64 Abs. 1 GO NW.
[11] Dazu auch *Müllmann*, NVwZ 1994, 876, 877.
[12] Vgl. *BGHZ* 136, 357 ff.

eines Inhaltsverzeichnisses geschehen. Weiterhin muss für jeden Vertragsbeteiligten neben einem Original des Vertrages ein kompletter Satz der im Vertrag genannten und in diesen einbezogenen Anlagen bereitgestellt werden.

II. Vertragsmuster

Dem folgenden Vertragsmuster liegt ein fiktiver Fall zugrunde, der insbesondere die mögliche Ausprägung eines Vertrages hinsichtlich Abfassung der Präambel und der Drittbeteiligung verdeutlichen soll. Er lässt sich der Präambel entnehmen. Angelegt ist der Vertrag auf die Situation, dass nach einem Anfangsverdacht der Grundstückseigentümer eigene Untersuchungen anstellt, die nach einer Gefährdungsabschätzung gemäß § 9 BBodSchG schließlich in die Anordnung von Sanierungsuntersuchungen und die Verpflichtung zur Erstellung eines Sanierungsplans gegenüber dem jetzigen Grundstückspächter durch die zuständige Behörde münden. Der Vertrag soll schließlich zur Durchführung des Sanierungsplans dienen und entsprechende Ordnungsverfügungen der Behörde ersetzen. **573**

Öffentlich-rechtlicher Vertrag

z w i s c h e n

1. **B** (Für die Ausführung des BBodSchG zuständige Behörde nach Landesrecht)[13]

und

2. **S** (Hier: Sanierungspflichtiger und aktueller Pächter)

und

3. **D_1** (Hier: Eigentümerin und Verpächterin)[14]

---

[13] An dieser Stelle kann die Beteiligung weiterer Behörden folgen, die als Vertragspartner aufgeführt werden müssten. Dies können beispielsweise sein: Berg- und Oberbergämter, Immissionsschutzbehörden, Denkmalbehörden, Wasserbehörden je nachdem, wie weit die jeweiligen Behörden betroffen sind; dies gilt insbesondere für Sanierungspläne, die nicht für verbindlich erklärt worden sind. Von besonderer Bedeutung ist auch die Einbeziehung von Gemeinden als den zuständigen Bauordnungsbehörden, sofern etwa ein Investor die Baubehörde zur Sicherstellung von Baugenehmigungen oder zur Einbeziehung von Vorhaben- und Erschließungsplänen in den Vertrag einbeziehen will. An den Stellen, an denen im Vertrag von der Erteilung notwendiger Genehmigungen die Rede ist, kann dann die jeweils zuständige Behörde, soweit einbezogen, in die Pflicht genommen werden.

[14] Es folgen mögliche private Dritte, sofern sie in den Vertrag einbezogen werden sollen, z.B. Eigentümer, sofern nicht bereits Sanierungspflichtiger; Ausgleichspflichtige, sofern etwa Ausgleichsansprüche mitgeregelt werden sollen zukünftige Investoren, die von einer ordnungsrechtlichen Inanspruchnahme nach Erwerb oder Besitzbegründung verschont werden wollen; Sachverständige, sofern deren Haftung miteinbezogen werden soll.

und

4. **D₂** (Hier: Früherer Pächter)

und

5. **D₃** (Hier: Zukünftiger Eigentümer und Investor)

Präambel[15]

D₁ ist Eigentümerin eines etwa ... m² großen Grundstücks in der Stadt ... (vgl. beigefügte Pläne gem. Anlage ...), das im unbeplanten Innenbereich gelegen ist[16]. Hierauf sind Aufbauten errichtet, die ebenfalls im Eigentum der **D₁** stehen. Es handelt sich dabei um ein Verwaltungsgebäude, ein Sozialgebäude, eine Werkhalle, ein ehemaliges Lager sowie eine etwa ... m² große Halle zum Unterstellen von Fahrzeugen. Die Fläche ist überwiegend mit gegossenen Betonplatten versiegelt. Lediglich zwischen dem Verwaltungsgebäude und der Werkhalle befinden sich zwei größere Rasenflächen sowie ...[17].

S betrieb auf dem Grundstück der **D₁** seit 1984 eine Bleischmelz-Anlage; der Betrieb soll zum ... eingestellt werden, da S eine erweiterte Produktionsstätte an anderer Stelle eröffnen will. Von 1962 bis 1984 befand sich auf dem Grundstück eine Reparaturwerkstatt für LKW und Omnibusse, die durch **D₂** betrieben wurde. Die betroffene Fläche war vor der Nutzung durch **D₂** landwirtschaftliche Nutzfläche. Geplant ist eine weitere Nutzung des Geländes durch **D₃**, der das Gelände erwerben, und dort unter Abriss der darauf befindlichen Bauwerke einen Baumarkt mit Parkflächen errichten will[18]. Zu diesem Zweck beabsichtigt die Stadt ..., das Gebiet als Sondergebiet für großflächigen Einzelhandel nach § 11 Abs. 2 BauNVO auszuweisen.

D₁ hat zur Vorbereitung der Grundstücksübergabe auf eigene Veranlassung auf dem Betriebsgelände eine umfangreiche gutachtliche Altlastenuntersuchung durchführen lassen. Hierbei wurde im Erdreich im Bereich der Produktionshalle eine erhebliche Verunreinigung durch Bleirückstände festge-

---

[15] Der dargestellte Vertrag betrifft die Lage bei der Sanierung nach Durchführung von Sanierungsuntersuchungen und Erstellung eines Sanierungsplans nach § 13 Abs. 1 BBodSchG; folglich sind die Grundlagen für die folgende Sanierung in den Sanierungsuntersuchungen und dem Sanierungsplan, die in den Vertrag einbezogen werden, enthalten. Die Präambel enthält in diesen Fällen nur eine kursorische Darstellung der Grundstücksnutzung und der Belastungssituation. Ist dem Vertrag eine nur unzureichende Ermittlung der Sanierungsgrundlagen vorausgegangen, die aber von der Behörde akzeptiert wurde, ist es Aufgabe des Vertrages, im Interesse der Vertragsbeteiligten diese klarzustellen.

[16] Der Hinweis auf die bauplanungsrechtliche Situation ist sinnvoll.

[17] Genaue Beschreibung der Grundstückssituation. Es kann sich zum räumlichen Geltungsbereich auch eine eigene Bestimmung anbieten; etwa dann, wenn die Präambel anderenfalls überfrachtet und damit unübersichtlich wird.

[18] Beschreibung der früheren, aktuellen und zukünftigen Grundstücksnutzung, soweit für die Sanierung von Belang.

II. Vertragsmuster   **F**

stellt. Ebenso wurden im Bereich der Werkhalle, sowie im Erdreich unter der versiegelten Fläche zwischen der Werkhalle und der Fahrzeughalle punktuell Verunreinigungen durch Altöl ermittelt[19].

Die anschließend seitens **B** in Auftrag gegebene Bodenuntersuchung hat die umfangreichen Verunreinigungen bestätigt. Während die Bleibelastung nach Überzeugung aller Beteiligten auf die Produktion des S zurückzuführen ist, ist die Herkunft der Altölrückstände im Bereich ... (genaue Bezeichnung) nicht eindeutig zuzuordnen. Es besteht eine hohe Wahrscheinlichkeit einer Verursachung durch D_2, jedoch sind auch aus der Zeit der Nutzung durch S Vorfälle dokumentiert, die auf einen unsachgemäßen Umgang mit Altölprodukten schließen lassen[20].

Die seitens **S** nach § 13 Abs. 1 BBodSchG durchgeführte Sanierungsuntersuchung ergab, dass im Bereich der Verunreinigungen geringfügige Grundwasserbelastungen durch Altölrückstände aufgetreten sind. Es konnte aber nicht abschließend geklärt werden, ob durch die Bleiverunreinigungen auf dem Wirkungspfad über den Boden eine weitere Verunreinigung des Grundwassers zu befürchten steht. Da im weiteren Einzugsbereich des Grundstücks keine Grundwassernutzung erfolgt, erscheint es für die Beteiligten angemessen, hinsichtlich der Altölrückstände auf eine Grundwassersanierung zu verzichten. Unsicher und unwahrscheinlich ist auch, ob eine technisch sehr aufwendige und überaus kostenträchtige Sanierung des Grundwassers im Bereich ... – eine Gefahr unterstellt – technisch möglich wäre und ob hierdurch überhaupt eine Verbesserung der Situation im betroffenen Bereich herbeigeführt werden könnte. Letztere wäre aus derzeitiger Sicht also sowohl aus Gründen der Gefahrenabwehr als auch aus Gründen der Vorsorge weder zur Herbeiführung eines Sanierungserfolges geeignet noch dazu erforderlich. Selbst wenn ein Erfolg unterstellt wird, so würde das aufwendige und kostenintensive Mittel der Sanierung des Grundwassers auch in keiner sinnvollen Relation zu seinem Zweck – einer nachhaltigen Verbesserung des Gesamtzustandes von Boden und Wasser einschließlich Grundwasser – stehen. Eine nachhaltige Verbesserung des Grundwassers ist nämlich nach dem Kenntnisstand der Parteien ausgeschlossen. Es besteht sogar die Gefahr, dass die gegenwärtige Grundwassersituation sich infolge eines Eingriffs verschlechtert, weil das Grundwasser auf diese Weise in Bewegung gerät[21].

---

[19] Beschreibung der vorgefundenen Belastungssituation; ggf. unter Verweis auf Anlagen.
[20] Kurze Darstellung der Verursachungsbeiträge, soweit nach aktuellem Kenntnisstand möglich.
[21] Im vorliegenden gedachten Fall wurde auf die besonders kostenintensive Sanierung des Grundwassers verzichtet. Ein derartiger Verzicht ist mit der Behörde nur unter besonderen Bedingungen auszuhandeln, da diese das nachweislich verunreinigte Grundwasser – welches einen sehr hohen Rang unter den Umweltmedien genießt – unbehandelt lässt. Damit geht auch die Behörde ein Risiko ein. Allerdings wäre vorliegend eine Grundwassersanierung jedenfalls aus Gründen der Verhältnismäßigkeit auch ordnungsrechtlich nicht durchsetzbar gewesen, so dass im konkreten Fall die Entscheidung für einen Vertrag, wonach jedenfalls Neueinträge vermieden werden, für die Behörde richtig war. Denkbar ist auch, den Verzicht auf eine Grundwassersanierung in den Vertragstext auf-

Da die Wahrscheinlichkeit einer Bleiverunreinigung zwar einerseits gering ist, andererseits aber nicht letzthin ausgeschlossen werden kann, erscheint eine Sanierung des Bodens im Bereich der Werkhalle unumgänglich. Hierbei soll auch die vorhandene Altölbelastung beseitigt werden. Die entsprechenden Maßnahmen, sowie die erforderlichen Vor- und Nachsorgemaßnahmen sind entsprechend dem als Anlage.... beigefügten Sanierungsplan durchzuführen[22].

Die Vertragsparteien legen dieser Vereinbarung folgende in der Anlage beigefügten Gutachten[23] und Schriftstücke zugrunde, die sie zum Gegenstand des Vertrages machen[24].

... (Es folgt eine Auflistung der aufgenommenen Unterlagen)

Diese allen Parteien vorliegenden Unterlagen sind im Inhaltsverzeichnis vom ... chronologisch aufgelistet, das diesem Vertrag als Anlage... beigefügt ist[25].

§ 1
Sanierungsziel und Sanierungsplan

(1) Die Vertragsparteien stimmen darin überein, dass sich die Ziele der Sanierung des Geländes ... nicht lediglich an Art und Konzentration der im Erdboden aufgefundenen Schadstoffe orientieren. Die Sanierungs- und Reinigungsziele sind vielmehr speziell auf den Standort und die zukünftige Nutzung zugeschnitten. Sie wurden zudem unter Beachtung des Verhältnismäßigkeitsgrundsatzes festgelegt, um die in der Präambel benannten tatsächlichen und rechtlichen Ungewissheiten zu überwinden[26].

---

zunehmen, um die diesbezügliche Einigung zu verdeutlichen; hier wird es jedoch in weniger eindeutigen Fällen tunlich sein, auf eine solche getrennte Regelung zu verzichten, da sich die Behörde um so schwerer tun wird, eine unter Ermessensgesichtspunkten strittigere Freistellung mit der gleichen Klarheit in den Vertrag aufnehmen zu lassen. In diesen Fällen wird die Berufung auf die Präambel, die den Verzicht dann aber deutlich wiedergeben muss, genügen müssen. Im Falle der Notwendigkeit einer Grundwassersanierung sollte diese im Vertrag gesondert behandelt werden. Vgl. mit einem Formulierungsbeispiel *Schapmann*, Der Sanierungsvertrag, S. 276 f.

[22] Darstellung der geklärten und ungeklärten Umstände der Verunreinigung, auch als Grundlage für den Abschluss des Vergleichsvertrages im Wege beiderseitigen Nachgebens.

[23] Bei Verträgen nach § 13 Abs. 4 BBodSchG vornehmlich auch die Sanierungsuntersuchungen nach § 13 Abs. 1 BBodSchG; im übrigen alle Gutachten, die im Zuge der Sanierung erstellt wurden, beispielsweise Gutachten zur Bodenluftkonzentration, Grundwasseruntersuchung usw., soweit vorhanden.

[24] Nach Rücksprache mit den Sachverständigen und im Einvernehmen aller Vertragsparteien ist auch Schriftverkehr, dem Vertrag als Anlage beizufügen, wenn er dazu dienen kann, den Sachverhalt zwischen den Beteiligten zu klären und als Vertragsgrundlage zu fixieren; auch können Aktenvermerke über Behördenkontakte hilfreich sein.

[25] Die Rechtsprechung verlangt keine dauerhafte Verbindung zwischen dem eigentlichen Vertragstext und den entsprechenden Anlagen mehr (vgl. *BGHZ* 136, 357 ff.). Erforderlich ist aber dennoch eine klare Bezugnahme im Vertragstext auf die einbezogenen Unterlagen, um die entsprechenden Urkunden eindeutig als Vertragsbestandteil zu kennzeichnen. In den Unterlagen ist die Einbeziehung wiederum, wenn keine feste, nur durch Substanzeingriff trennbare Verbindung gewählt wird, durch Bezugnahme auf den Vertragstext sicherzustellen (etwa: Anlage ... zum Vertrag vom ...).

[26] Hinweis auf das Vorliegen der Voraussetzungen eines Vergleichsvertrages.

II. Vertragsmuster **F**

(2) Mit der Sanierung soll erreicht werden, dass das Grundstück zur Errichtung eines Baumarktes genutzt werden kann, ohne dass eine Gefahr von Leben und Gesundheit von Mensch, Tier oder für die Umwelt insgesamt gegeben ist, bzw. dass eine möglicherweise bestehende Gefahr für das Grundwasser abgewehrt wird[27].

Das Sanierungsziel ist erreicht, wenn

- im Kontaminationsbereich ... (genaue Angabe)
  der Sanierungszielwert ... (Konzentration des Schadstoffs im geeigneter Maßeinheit) pro (geeignete Bezugsgröße, bspw. m^3 oder l, je nach kontaminiertem Medium) ...[28] erreicht oder unterschritten wird,
(oder auch: Im Bereich: ... = 0,5 µg/l Schadstoff Naphtalin o.ä.)
- im Kontaminationsbereich ... (genaue Angabe)
  der Sanierungszielwert ... (Konzentration des Schadstoffs im geeigneter Maßeinheit) pro ... (geeignete Bezugsgröße, bspw. m^3 oder l, je nach kontaminiertem Medium) ... erreicht oder unterschritten wird,
  der Sanierungszielwert ... (Konzentration des Schadstoffs im geeigneter Maßeinheit) pro ... (geeignete Bezugsgröße, bspw. m^3 oder l, je nach kontaminiertem Medium) ... erreicht oder unterschritten wird,
- im Kontaminationsbereich ... (genaue Angabe)
  der Sanierungszielwert ... (Konzentration des Schadstoffs im geeigneter Maßeinheit) pro ... (geeignete Bezugsgröße, bspw. m^3 oder l, je nach kontaminiertem Medium) ... erreicht oder unterschritten wird[29].

(3) Wesentliche Grundlage zur Erreichung des Sanierungszieles ist der zwischen den Vertragsparteien abgestimmte und in Anlage ... aufgeführte Sanierungsplan.[30] Dieser wurde im Einvernehmen der Vertragsparteien von dem durch S beauftragten Sachverständigen unter Berücksichtigung der Vorgaben von § 13 BBodSchG i.V.m. § 6 Abs. 1 BBodSchV i.V.m. An-

---

[27] Hinweis auf die nutzungsorientierte Sanierung; die spätere Nutzung des Geländes ist von Belang für die Verhältnismäßigkeit der verlangten Sanierungsmaßnahmen. Die Nutzung des Grundstücks als Baumarkt bedingt geringere Sanierungsanforderungen als eine spätere Nutzung für Wohnbebauung.
[28] An dieser Stelle sind Werte auszuweisen, bei denen das Sanierungsziel unter sorgfältiger beiderseitiger Interessenabwägung erreicht ist. Es kann eine Formulierung gewählt werden, die darauf abstellt, dass der nutzungsbezogene Sanierungszweck bei Erreichen einer festzulegenden Grenze hinsichtlich der einzelnen Kontaminierungsbereiche erfüllt ist. Es ist hier also erforderlich, genaue Werte festzulegen, die erkennbares und nachvollziehbares Resultat einer behördlichen Ermessensausübung sind.
[29] Die Aufstellung der Sanierungszielwerte ist in dieser Weise für jeden Kontaminierungsbereich hinsichtlich aller zu sanierenden Schadstoffe aufzunehmen.
[30] Das Sanierungsziel muss in Abstimmung der Parteien unter besonderer Mitwirkung des Sachverständigen genau definiert werden. Hierzu dient der der Sanierung zugrundeliegende Sanierungsplan, auf den deswegen Bezug genommen wird.

hang 3 Nr. 1 BBodSchV und § 6 Abs. 2 BBodSchV i.V.m. Anhang 3 Nr. 2 BBodSchV erstellt[31].

§ 2
Durchführung der Sanierung

(1) **S** verpflichtet sich, unter Beachtung des vorgenannten Sanierungszieles die im Sanierungsplan (Anlage…) bezeichneten Sanierungsmaßnahmen durchführen zu lassen[32].

(2) Die Durchführung der Sanierungsmaßnahmen erfolgt durch **S** auf eigene Kosten und in eigener Verantwortung, insbesondere unter Einbeziehung des von S bestellten Sachverständigen. Die Durchführung erfolgt in Abstimmung mit **B**[33].

(3) Die Parteien des Vertrages sind sich darüber einig, dass die durch den Sachverständigen festgelegten Werte nach sorgfältiger Prüfung aller Parteien technisch richtig und in Anbetracht der angestrebten Nutzung zweckmäßig sind[34].

(4) Der Sanierungsverlauf wird entsprechend den Ausführungen im Sanierungsplan (Anlage…) und den übrigen Erlaubnissen bzw. Genehmigungen[35] überwacht[36].

§ 3
Sanierungsbeginn

(1) **S** ist verpflichtet, die von ihm geschuldeten Maßnahmen spätestens drei Monate nach Wirksamwerden dieses Vertrages[37] und nach Eintritt der Bestandskraft der notwendigen Genehmigungen/Erlaubnisse zu begin-

---

[31] Falls dies dem Pflichtigen tunlich erscheint, könnte auch eine Verpflichtung der Behörde festgehalten werden, den Sanierungsplan gemäß § 13 Abs. 6 BBodSchG für verbindlich zu erklären. Ob dies sinnvoll ist, kann nur im Einzelfall entschieden werden; vgl. oben Rn. 473.

[32] An dieser Stelle werden die Maßnahmen beschrieben, mit denen das Sanierungsziel erreicht werden soll. Dies sollte im Detail bereits auch schon im Sanierungsplan geschehen sein, auf den insoweit Bezug genommen wird.

[33] Verantwortung und Kostentragung für die Sanierung liegt beim Pflichtigen, der ansonsten Adressat einer entsprechenden Sanierungsanordnung würde.

[34] Auf diese Weise kann ein Anzweifeln der tatsächlichen Vertragsgrundlage durch die Vertragsbeteiligten vermieden werden.

[35] Dies können Genehmigungen immissionsschutzrechtlicher Art sein, etwa wenn nach BImSchG genehmigungspflichtige Bodenbehandlungsanlagen errichtet werden müssen.

[36] Als Überwachung werden im Falle der Durchführung einer Sanierung wiederkehrende örtliche Ermittlungen zu bestimmten Merkmalen verstanden, die dazu dient, den Sanierungserfolg nachhaltig zu kontrollieren. Die Überwachung wird deswegen regelmäßig noch als Teil der Sanierung angesehen (vgl. *Schapmann*, Der Sanierungsvertrag, S. 119) und kann dem Sanierungspflichtigen aufgegeben werden.

[37] Vgl. zum Wirksamwerden des Vertrages die Verpflichtung zur Vorlage einer Bürgschaft gem. § 8 i.V.m. § 11 Abs. 3 dieses Vertrages.

nen[38]; maßgeblich für den Beginn vorstehender Frist ist der jeweils spätere Zeitpunkt.

(2) Sollte sich herausstellen, dass zur Verwirklichung der von **S** geschuldeten Sanierungsmaßnahmen die Mitwirkung Dritter erforderlich ist, verpflichtet sich **B**, eine notwendige Duldung von Maßnahmen – soweit erforderlich – zu vermitteln, nötigenfalls auch durch Duldungsverfügung zu erzwingen.

§ 4
Behördliche Bestätigung der Sanierungsziele/Freistellung

(1) Die Sanierung gilt als abgeschlossen, wenn bei der Abschlussbeprobung die Sanierungsziele gemäß § 1 Abs. 2 S. 2 dieses Vertrages i.V.m. den Festlegungen des Sanierungsplans (Anlage ...) erreicht oder unterschritten werden[39]. Gleiches gilt, wenn die Beteiligten zu dem Ergebnis kommen, dass eine Weiterführung der Sanierung nicht erforderlich oder unverhältnismäßig ist[40].

(2) **B** stellt hiermit mit rechtlicher Verbindlichkeit fest, dass mit Abschluss der Sanierung gemäß § 4 Abs. 1 dieses Vertrages alle die mit der im Sanierungsplan (Anlage ...) aufgeführten Verunreinigungen zusammenhängenden öffentlich-rechtlichen Verpflichtungen von **S** und seinen Rechtsnachfolgern betreffend Gefahrenbeseitigung und -vorsorge auf dem Betriebsgelände erfüllt sind. Gleiches gilt für D_1 und dessen Rechtsnachfolger, insbesondere nach einem Erwerb des Grundstücks für D_3[41]. Dies gilt nicht, falls eine Nutzungsumwidmung weg von der gewerblichen Nutzung (beispielsweise Wohnnutzung), die zur Zeit nicht beabsichtigt ist, zu einer veränderten Beurteilung der verbleibenden Gefahren führen sollte[42]. Für

---

[38] Etwa immissionsschutzrechtliche Genehmigungen für ortsfeste Abfallbeseitigungsanlagen, z.B. zur Bodenwäsche oder wasserrechtliche Genehmigungen zur Einleitung von Wasser im Rahmen der Sanierung.

[39] Die genaue Festlegung des Endes der Sanierung ist von zentraler Bedeutung. Es kann vereinbart werden, das die Sanierung als beendet gilt, wenn eine im Sanierungsplan näher zu bezeichnende Abschlussprobenahme das Erreichen oder die Unterschreitung des Sanierungsziels ergibt. Ein Formulierungsbeispiel für einen anderen Weg findet sich bei *Dombert*, altlasten spektrum 2000, 19, 21 in § 4.

[40] Maßgeblich für das Erreichen des Sanierungsziels ist der Sanierungsplan; allerdings gibt der Vertrag die Möglichkeit, eine flexiblere Handhabung zu vereinbaren; stellt sich im Zuge der Sanierung heraus, dass der Grenzwert für das Erreichen des Sanierungsziels nahezu erreicht ist, das Erreichen des Grenzwertes aber mit nur unverhältnismäßigem Aufwand zu bewerkstelligen ist, kann im allseitigen Einvernehmen unter Beachtung der späteren Nutzung auch das erreichte Ergebnis als ausreichend für den Abschluss der Sanierung bestimmt werden. Auch hier zahlt sich die Beteiligung zukünftiger Nutzer aus, die in diesen Entscheidungsprozeß einbezogen werden können.

[41] Nachweis zur Differenzierung zwischen Verzicht gegen den aktuell Ordnungspflichtigen und zum Verzicht gegen weitere potentiell Ordnungspflichtige.

[42] Die Sanierung erfolgt nutzungsorientiert. Da aber eine bestimmte Nutzung des Grundstücks, hier als Gewerbefläche für die Errichtung eines Baumarktes, andere, hier wesentlich geringere Anforderungen an die Qualität des Bodens hinsichtlich verbleibender Kontaminationen stellt, kann das Erreichen des anvisierten Sanierungsziels nur mit Blick auf bei Vertragsschluss angestrebte Nutzung

Verunreinigungen und Bodenbelastungen, die nach Abschluss dieses Vertrages entstehen, gilt dies ebenfalls nicht[43].

(3) Unverzüglich nach Abschluss der Sanierung wird **B** veranlassen, dass das Grundstück ... aus dem Altlastenkataster ... gestrichen wird[44].

(4) **B** stellt den Abschluss der Sanierung gegenüber **S**, D_1, D_2 und D_3 schriftlich fest[45].

(5) Dieser öffentlich-rechtliche Vertrag tritt an die Stelle eines Vorgehens der **B** im Wege des Verwaltungsakts[46].

§ 5
Vollstreckungsunterwerfung/Ordnungsbehördliche Maßnahmen

(1) S unterwirft sich der sofortigen Zwangsvollstreckung (§ 61 Verwaltungsverfahrensgesetz) durch **B** aus diesem Vertrag für den Fall, dass die einvernehmlich festgelegten Maßnahmen nach § 2 Abs. 1 des Vertrages i.V.m. dem Sanierungsplan nicht fristgerecht durchgeführt werden und dies zweimal schriftlich durch **B** angemahnt wurde. Gleiches gilt, wenn einvernehmlich festgelegte Maßnahmen oder Entscheidungen nicht wie vereinbart umgesetzt werden. Auch insoweit muss eine zweimalige schriftliche Mahnung durch **B** vorausgehen[47].

(2) Werden die nach § 2 Abs. 1 einvernehmlich festgelegten Maßnahmen des Vertrages i.V.m. dem Sanierungsplan nicht fristgerecht durchgeführt und hat **B** dies zweimal schriftlich angemahnt, wird **B** frei, diesen Vertrag

---

als ausreichend angesehen werden, mit der Folge, dass die Sanierungsverpflichtungen mit Erreichen dieses Ziels als erfüllt gelten können. Wird nachträglich eine Nutzung angestrebt, die eine geringere Restbelastung des Bodens verlangt, bedarf der Vertrag insoweit der Anpassung. Für diese Situation sollte im Vertrag vorgesorgt werden.

[43] Gemäß § 60 Abs. 1 S. 1 VwVfG ist eine Vertragsanpassung bei geänderten rechtlichen und tatsächlichen Verhältnissen stets möglich und kann auch nicht generell ausgeschlossen werden. Diese Formulierung birgt damit eine Gefahr. Kann die Behörde nicht absehen, ob außer den entdeckten weitere Schadstoffe gefunden werden, dann könnte eine vorbehaltlose Freistellung ermessensfehlerhaft sein. Auf der anderen Seite könnte mit einer Differenzierung in einem Verzicht auf Ordnungsmittel argumentiert werden. Dadurch, dass die Behörde einen Störer unter Berücksichtigung des Verhältnismäßigkeitsgrundsatzes und in Ausübung ihres Ermessens auch für die Zukunft freistellt, verzichtet sie ja nicht generell auf Ordnungsmittel. Alle anderen Störer, sofern sie nach diesem Vertrag nicht selbst freigestellt werden, stehen noch zur Verfügung (dazu *Spieth*, altlasten spektrum 1996, 163, 166).

[44] Die Streichung aus dem Altlastenkataster sollte zur Verbesserung der Verkehrsfähigkeit des Grundstücks angestrebt werden.

[45] Die Klausel dient zur Absicherung des Abschlusses der Sanierung gegenüber allen derzeit greifbaren und zukünftigen Sanierungsverpflichteten.

[46] Der Vertrag soll verwaltungsaktersetzend wirken, die Klausel bezieht sich insoweit auf § 54 S. 2 VwVfG.

[47] Die Behörde kann verlangen, dass der Sanierungspflichtige sich der sofortigen Vollstreckung aus dem Vertrag unterwirft, mit der Folge, dass der Vertrag eine einem Verwaltungsakt vergleichbare Titelfunktion erlangt.

zu kündigen und die Gefahrenabwehr, soweit erforderlich, auf der Grundlage des Bundesbodenschutzgesetzes und des Verwaltungsverfahrensgesetzes zu regeln[48].

§ 6
Nachsorgemaßnahmen

Um langfristig sicherzustellen, dass durch im Einklang mit dem Sanierungsplan und unter Einhaltung der Sanierungsziele nach § 4 dieses Vertrages verbleibende Kontaminationen und durch die Durchführung der Sanierungsmaßnahmen selbst keine Gefährdung des Grundwassers eintritt, verpflichtet sich **S** entsprechend den Festlegungen im Sanierungsplan (Anlage …), auf seine Kosten in den Kontaminationsbereichen … und … durch jeweils eine Probennahme unmittelbar nach Bestätigung des Abschlusses der Sanierungsmaßnahmen und durch jeweils zwei weitere Probenahmen in den genannten Kontaminationsbereich innerhalb eines Jahren nach Bestätigung des Abschlusses der Sanierungsmaßnahmen den Nachweis einer Nichtbelastung des Grundwasserstromes zu führen[49].

§ 7
Behördliche Genehmigungen

Behördliche Genehmigungen hat **S** zu erwirken. **B** verpflichtet sich, alles in ihrer Macht stehende zu tun, um eine beschleunigte Erteilung notwendiger Genehmigungen sicherzustellen[50].

§ 8
Sicherheitsleistung

S verpflichtet sich, **B** innerhalb von vier Wochen eine selbstschuldnerische Bürgschaft einer Bank in Höhe der laut Sanierungsplan (Anlage …) mit … DM errechneten, voraussichtlichen Kosten der gesamten Sanierung beizubringen[51].

---

[48] Auch kann sich die Behörde die Vorgehensweise im Wege des Verwaltungsaktes für Fälle der vertragswidrigen Nichtumsetzung von Maßnahmen und Entscheidungen vorbehalten.

[49] Durch die Verpflichtung zur Nachsorge soll die zukünftige Nichtgefährdung des Grundwassers, die ausweislich der Präambel als Unsicherheitsfaktor des Sanierungsvorhaben verbleibt, durch entsprechende Untersuchungen innerhalb einer angemessenen Zeitraums nach Abschluss der Sanierung sichergestellt werden. Je nach der Lage des Falles sind auch wesentlich längere Fristen denkbar.

[50] In Betracht kommen eventuelle wasserrechtliche Genehmigungen, weitere immissionsrechtliche Genehmigungen und wasserrechtliche Erlaubnisse sowie Baugenehmigungen. Bei der Beteiligung der anderen Behörden sind im Vorfeld des Vertragsabschlusses letztlich alle Behörden – einschließlich der Denkmal- und Naturschutzbehörde – zu beteiligen, die gemäß § 3 BBodSchG relevant werden.

[51] Bei umfangreichen Sanierungsvorhaben mit erheblicher Dauer kann die Gewährung von Sicherheiten für die Behörde wie für Drittbeteiligte von Nutzen sein. In der Praxis wird sie jedoch nur in wenigen Fällen geleistet werden können. Die Sicherheit kann durch Bürgschaften, Grundpfandrechte oder auch Patronatserklärungen gewährt werden.

F Ausgestaltung und Muster eines Sanierungsvertrages

§ 9
Ausgleichsverpflichtung

D_2 verpflichtet sich, nach Abschluss der Sanierung die Kosten der Bodensanierung im Bereich … (genaue Bezeichnung) im Verhältnis zu **S** zu 70 % zu übernehmen. Die Kosten der Sanierung werden insoweit durch den von **S** bestellten Sachverständigen gesondert ermittelt und ausgewiesen. Weitergehende Ausgleichsverpflichtungen seitens **S** gegenüber D_2 hinsichtlich der Sanierung des Grundstücks … sind ausgeschlossen[52].

§ 10
Pflichten des D_1

D_1 verpflichtet sich,

1. die Durchführung der Maßnahmen nach §§ 2, 6 und 7 dieses Vertrages zu dulden und die Durchführung dieser Maßnahmen nicht zu behindern[53],

2. die Pflicht zur Duldung dieser Maßnahmen und die Pflicht, die Maßnahmen nicht zu behindern, im Falle der Verpachtung oder Vermietung auf den Pächter oder Mieter, und im Falle einer Veräußerung des Grundstücks oder Teilen davon auf die Folgeeigentümer rechtsverbindlich zu übertragen[54].

§ 11
Sonstiges

(1) Die Vertragsparteien verpflichten sich im Übrigen, bei der Durchführung dieses Vertrages vertrauensvoll zusammenzuarbeiten. Sie werden Schwierigkeiten – sollten sie bestehen oder noch entstehen – gemeinsam und einvernehmlich beheben[55].

---

[52] Die Einbeziehung von D_2 ermöglicht die Regelung der – wenn auch privatrechtlich ausgestalteten – Ausgleichsansprüche gemäß § 24 Abs. 2 BBodSchG im Rahmen des öffentlich-rechtlichen Sanierungsvertrages. Der Ausgleichsanspruch kann sich aus der wahrscheinlich durch D_2 verursachten Kontamination des Grundstücks in den bezeichneten Bereichen mit Altöl ergeben. Einerseits übernimmt D_2 mit dem Ausgleichsanspruch im Verhältnis zu S teilweise die kostenmäßige Verantwortung für die Kontamination, wird aber im Gegenzug von weiteren Ausgleichsforderungen freigestellt. Die Freistellung von weiteren Ansprüchen im Verhältnis zu S birgt insoweit selbstverständlich Risiken, da bei Aufdeckung weitergehender möglicherweise auf D_2 zurückgehender Verunreinigungen der Rückgriff auf diesen versperrt ist.

[53] Pflichtiger und Eigentümer fallen auseinander, so dass D_1 als Eigentümer die Maßnahmen seitens S dulden muss.

[54] Die Vertragsbestimmung hat hinsichtlich der Duldung seitens D_1 vornehmlich deklaratorischen Charakter, ist aber insbesondere hinsichtlich einer Weiterveräußerung an Dritte von Bedeutung, da auch diese in die Duldung einbezogen werden müssen. Zwar ist seitens des D_3, der als zukünftiger Eigentümer ins Auge gefasst ist, auch keine Behinderung der Maßnahmen zu erwarten, jedoch ist diese Eigentumsübertragung noch nicht vollzogen und kann noch scheitern; auch in diesem Fall muss die ungehinderte weitere Durchführung der Sanierungsmaßnahmen, die das zentrale Anliegen dieses Vertrages darstellt, gesichert werden.

[55] Die Klausel hat, da eine vertragliche Einigung erzielt ist, mehr appellativen Charakter.

(2) Sofern eine Bestimmung dieses Vertrages unwirksam ist oder wird, berührt dies die Wirksamkeit der anderen Bestimmungen dieses Vertrages nicht. Die Vertragsparteien verpflichten sich, die unwirksame Bestimmung unverzüglich durch eine andere zu ersetzen, die der unwirksamen Bestimmung rechtlich und nach Möglichkeit auch wirtschaftlich gleichkommt. Das gleiche gilt, falls der Vertrag sich als lückenhaft erweisen sollte[56].

(3) Dieser Vertrag wird erst mit Vorlage der in § 8 erwähnten Bürgschaft wirksam. Kommt S der Verpflichtung zur Vorlage der Bürgschaft nicht innerhalb der nach § 8 dieses Vertrages gesetzten Frist nach und ist die Vorlage seitens **B** zweimal angemahnt worden, wird **B** frei, diesen Vertrag zu kündigen und die Gefahrenabwehr, soweit erforderlich, auf der Grundlage des Bundesbodenschutzgesetzes und des Verwaltungsverfahrensgesetzes zu regeln. Die Bürgschaftsurkunde ist innerhalb von … Tagen nach Abschluss der Sanierung zurückzugeben[57].

(4) Änderungen und Ergänzungen dieses Vertrages dürfen nur einvernehmlich und in schriftlicher Form erfolgen. Auch eine Änderung dieser Klausel ist nur einvernehmlich und schriftlich möglich[58].

(5) **D**$_1$ erklärt, Eigentümerin des zu sanierenden Grundstückes zu sein. **D**$_1$ versichert weiterhin, dass Rechte Dritter nicht betroffen sind[59].

§ 12
Ausfertigungen

Anlagen … – … sind Bestandteil dieses Vertrages. Der Vertrag wird in 5 Originalen gefertigt und unterzeichnet. Jeder Vertragspartner erhält ein Original samt den Anlagen.

Unterschriften[60] der Beteiligten mit Ort und Datum

Anlagen

---

[56] Sogenannte salvatorische Klausel, mit der die Vermutungsregel des § 59 Abs. 3 VwVfG (im Zweifel Gesamtnichtigkeit bei Nichtigkeit einzelner Regelungen) abbedungen wird.
[57] Die Wirksamkeit des Vertrages kann, sofern eine Sicherheitsleistung verlangt wird, durch die Beibringung der Bürgschaft bedingt werden. Gleichzeitig ist Sorge zu tragen, dass die Bürgschaft, nachdem sie ihre Sicherungsfunktion verloren hat, an den Pflichtigen zurückgelangt. Eine Nachverhandlungspflicht kann für den Fall vereinbart werden, dass die Bürgschaft nicht beigebracht werden kann.
[58] Auf diese Weise wird sicher gestellt, dass nicht eine der Parteien das Erfordernis der Einvernehmlichkeit und Schriftform einseitig aufheben kann.
[59] Die Klausel dient insbesondere zur Absicherung, dass weitere eventuelle Duldungsverpflichtete nicht zu erwarten sind.
[60] An dieser Stelle sind, insbesondere bei Beteiligung von Gemeinden als Dritte – etwa als Bauplanungs- oder Bauordnungsbehörden, die Vertretungs- und Unterschriftenregelungen, vornehmlich nach den Gemeindeordnungen der Länder, zu beachten. Regelmäßig ist die Unterschrift des Bürgermeisters oder dessen Vertreters und eines weiteren unterschriftsberechtigten Bediensteten der Gemeinde vonnöten, um die Gemeinde wirksam zu verpflichten.

G. Anhang-Texte

Inhalt

		Seite
I.	Bundes-Bodenschutzgesetz (BBodSchG)	213
II.	Bundes-Bodenschutz- und Altlastenverordnung (BBodSchV) mit Anlagen	231
III.	Bekanntmachung über Methoden und Maßstäbe für die Ableitung der Prüf- und Maßnahmenwerte nach der Bundes-Bodenschutz- und Altlastenverordnung (BBodSchV)	283
IV.	Verordnung über die Eintragung des Bodenschutzlastvermerks	345
V.	Musterentwurf der Länderarbeitsgemeinschaft Boden (LABO)	347
VI.	Allgemeine Bedingungen für die Versicherung von Kosten für die Dekontamination von Erdreich (ABKDE 98)	357

I. Gesetz
zum Schutz vor schädlichen Bodenveränderungen und zur Sanierung von Altlasten
(Bundes-Bodenschutzgesetz – BBodSchG)

Vom 17. März 1998
(BGBl. I S. 502)

Der Bundestag hat mit Zustimmung des Bundesrates das folgende Gesetz beschlossen:

Inhaltsübersicht

Erster Teil
Allgemeine Vorschriften
§ 1   Zweck und Grundsätze des Gesetzes
§ 2   Begriffsbestimmungen
§ 3   Anwendungsbereich

Zweiter Teil
Grundsätze und Pflichten
§ 4   Pflichten zur Gefahrenabwehr
§ 5   Entsiegelung
§ 6   Auf- und Einbringen von Materialien auf oder in den Boden
§ 7   Vorsorgepflicht
§ 8   Werte und Anforderungen
§ 9   Gefährdungsabschätzung und Untersuchungsanordnungen
§ 10 Sonstige Anordnungen

Dritter Teil
Ergänzende Vorschriften für Altlasten

§ 11 Erfassung
§ 12 Information der Betroffenen
§ 13 Sanierungsuntersuchungen und Sanierungsplanung
§ 14 Behördliche Sanierungsplanung
§ 15 Behördliche Überwachung, Eigenkontrolle
§ 16 Ergänzende Anordnungen zur Altlastensanierung

Vierter Teil
Landwirtschaftliche Bodennutzung

§ 17 Gute fachliche Praxis in der Landwirtschaft

Verkündet als Art. 1 G zum Schutz des Bodens v. 17.3.1998 (BGBl. I S. 502). Dieses Gesetz ist am 1.3.1999 bzw. 25.3.1998 in Kraft getreten; vgl. Art. 4 aaO.

Anhang-Texte　　　　　　　　　　I. Bundes-Bodenschutzgesetz

Fünfter Teil
Schlußvorschriften

- § 18　Sachverständige und Untersuchungsstellen
- § 19　Datenübermittlung
- § 20　Anhörung beteiligter Kreise
- § 21　Landesrechtliche Regelungen
- § 22　Erfüllung von bindenden Beschlüssen der Europäischen Gemeinschaften
- § 23　Landesverteidigung
- § 24　Kosten
- § 25　Wertausgleich
- § 26　Bußgeldvorschriften

Erster Teil
Allgemeine Vorschriften

§ 1 Zweck und Grundsätze des Gesetzes

[1]Zweck dieses Gesetzes ist es, nachhaltig die Funktionen des Bodens zu sichern oder wiederherzustellen. [2]Hierzu sind schädliche Bodenveränderungen abzuwehren, der Boden und Altlasten sowie hierdurch verursachte Gewässerverunreinigungen zu sanieren und Vorsorge gegen nachteilige Einwirkungen auf den Boden zu treffen. [3]Bei Einwirkungen auf den Boden sollen Beeinträchtigungen seiner natürlichen Funktionen sowie seiner Funktion als Archiv der Natur- und Kulturgeschichte so weit wie möglich vermieden werden.

§ 2 Begriffsbestimmungen

(1) Boden im Sinne dieses Gesetzes ist die obere Schicht der Erdkruste, soweit sie Träger der in Absatz 2 genannten Bodenfunktionen ist, einschließlich der flüssigen Bestandteile (Bodenlösung) und der gasförmigen Bestandteile (Bodenluft), ohne Grundwasser und Gewässerbetten.

(2) Der Boden erfüllt im Sinne dieses Gesetzes

1. natürliche Funktionen als
    a) Lebensgrundlage und Lebensraum für Menschen, Tiere, Pflanzen und Bodenorganismen,
    b) Bestandteil des Naturhaushalts, insbesondere mit seinen Wasser- und Nährstoffkreisläufen,
    c) Abbau-, Ausgleichs- und Aufbaumedium für stoffliche Einwirkungen auf Grund der Filter-, Puffer- und Stoffumwandlungseigenschaften, insbesondere auch zum Schutz des Grundwassers,

2. Funktionen als Archiv der Natur- und Kulturgeschichte sowie

3. Nutzungsfunktionen als
    a) Rohstofflagerstätte,
    b) Fläche für Siedlung und Erholung,

c) Standort für die land- und forstwirtschaftliche Nutzung,
d) Standort für sonstige wirtschaftliche und öffentliche Nutzungen, Verkehr, Ver- und Entsorgung.

(3) Schädliche Bodenveränderungen im Sinne dieses Gesetzes sind Beeinträchtigungen der Bodenfunktionen, die geeignet sind, Gefahren, erhebliche Nachteile oder erhebliche Belästigungen für den einzelnen oder die Allgemeinheit herbeizuführen.

(4) Verdachtsflächen im Sinne dieses Gesetzes sind Grundstücke, bei denen der Verdacht schädlicher Bodenveränderungen besteht.

(5) Altlasten im Sinne dieses Gesetzes sind

1. stillgelegte Abfallbeseitigungsanlagen sowie sonstige Grundstücke, auf denen Abfälle behandelt, gelagert oder abgelagert worden sind (Altablagerungen), und
2. Grundstücke stillgelegter Anlagen und sonstige Grundstücke, auf denen mit umweltgefährdenden Stoffen umgegangen worden ist, ausgenommen Anlagen, deren Stillegung einer Genehmigung nach dem Atomgesetz bedarf (Altstandorte),

durch die schädliche Bodenveränderungen oder sonstige Gefahren für den einzelnen oder die Allgemeinheit hervorgerufen werden.

(6) Altlastverdächtige Flächen im Sinne dieses Gesetzes sind Altablagerungen und Altstandorte, bei denen der Verdacht schädlicher Bodenveränderungen oder sonstiger Gefahren für den einzelnen oder die Allgemeinheit besteht.

(7) Sanierung im Sinne dieses Gesetzes sind Maßnahmen

1. zur Beseitigung oder Verminderung der Schadstoffe (Dekontaminationsmaßnahmen),
2. die eine Ausbreitung der Schadstoffe langfristig verhindern oder vermindern, ohne die Schadstoffe zu beseitigen (Sicherungsmaßnahmen),
3. zur Beseitigung oder Verminderung schädlicher Veränderungen der physikalischen, chemischen oder biologischen Beschaffenheit des Bodens.

(8) Schutz- und Beschränkungsmaßnahmen im Sinne dieses Gesetzes sind sonstige Maßnahmen, die Gefahren, erhebliche Nachteile oder erhebliche Belästigungen für den einzelnen oder die Allgemeinheit verhindern oder vermindern, insbesondere Nutzungsbeschränkungen.

§ 3 Anwendungsbereich

(1) Dieses Gesetz findet auf schädliche Bodenveränderungen und Altlasten Anwendung, soweit

1. Vorschriften des Kreislaufwirtschafts- und Abfallgesetzes über das Aufbringen von Abfällen zur Verwertung als Sekundärrohstoffdünger oder Wirtschafts-

dünger im Sinne des § 1 des Düngemittelgesetzes und der hierzu auf Grund des Kreislaufwirtschafts- und Abfallgesetzes erlassenen Rechtsverordnungen sowie der Klärschlammverordnung vom 15. April 1992 (BGBl. I S. 912),

2. Vorschriften des Kreislaufwirtschafts- und Abfallgesetzes über die Zulassung und den Betrieb von Abfallbeseitigungsanlagen zur Beseitigung von Abfällen sowie über die Stillegung von Deponien,

3. Vorschriften über die Beförderung gefährlicher Güter,

4. Vorschriften des Düngemittel- und Pflanzenschutzrechts,

5. Vorschriften des Gentechnikgesetzes,

6. Vorschriften des Zweiten Kapitels des Bundeswaldgesetzes und der Forst- und Waldgesetze der Länder,

7. Vorschriften des Flurbereinigungsgesetzes über das Flurbereinigungsgebiet, auch in Verbindung mit dem Landwirtschaftsanpassungsgesetz,

8. Vorschriften über Bau, Änderung, Unterhaltung und Betrieb von Verkehrswegen oder Vorschriften, die den Verkehr regeln,

9. Vorschriften des Bauplanungs- und Bauordnungsrechts,

10. Vorschriften des Bundesberggesetzes und der auf Grund dieses Gesetzes erlassenen Rechtsverordnungen über die Errichtung, Führung oder Einstellung eines Betriebes sowie

11. Vorschriften des Bundes-Immissionsschutzgesetzes und der auf Grund dieses Gesetzes erlassenen Rechtsverordnungen über die Errichtung und den Betrieb von Anlagen unter Berücksichtigung von Absatz 3

Einwirkungen auf den Boden nicht regeln.

(2) ¹Dieses Gesetz findet keine Anwendung auf Anlagen, Tätigkeiten, Geräte oder Vorrichtungen, Kernbrennstoffe und sonstige radioaktive Stoffe, soweit Rechtsvorschriften den Schutz vor den Gefahren der Kernenergie und der Wirkung ionisierender Strahlen regeln. ²Dieses Gesetz gilt ferner nicht für das Aufsuchen, Bergen, Befördern, Lagern, Behandeln und Vernichten von Kampfmitteln.

(3) ¹Im Hinblick auf das Schutzgut Boden gelten schädliche Bodenveränderungen im Sinne des § 2 Abs. 3 dieses Gesetzes und der auf Grund dieses Gesetzes erlassenen Rechtsverordnungen, soweit sie durch Immissionen verursacht werden, als schädliche Umwelteinwirkungen nach § 3 Abs. 1 des Bundes-Immissionsschutzgesetzes, im übrigen als sonstige Gefahren, erhebliche Nachteile oder erhebliche Belästigungen nach § 5 Abs. 1 Nr. 1 des Bundes-Immissionsschutzgesetzes. ²Zur näheren Bestimmung der immissionsschutzrechtlichen Vorsorgepflichten sind die in einer Rechtsverordnung nach § 8 Abs. 2 festgelegten Werte heranzuziehen, sobald in einer Rechtsverordnung oder in einer Verwaltungsvorschrift des Bundes bestimmt worden ist, welche Zusatzbelastungen durch den Betrieb einer Anlage nicht als ursächlicher Beitrag zum Entstehen schädlicher Bodenveränderungen anzusehen sind. ³In der Rechtsverordnung oder der Verwaltungsvorschrift

soll gleichzeitig geregelt werden, daß bei Unterschreitung bestimmter Emissionsmassenströme auch ohne Ermittlung der Zusatzbelastung davon auszugehen ist, daß die Anlage nicht zu schädlichen Bodenveränderungen beiträgt.

Zweiter Teil
Grundsätze und Pflichten

§ 4 Pflichten zur Gefahrenabwehr

(1) Jeder, der auf den Boden einwirkt, hat sich so zu verhalten, daß schädliche Bodenveränderungen nicht hervorgerufen werden.

(2) Der Grundstückseigentümer und der Inhaber der tatsächlichen Gewalt über ein Grundstück sind verpflichtet, Maßnahmen zur Abwehr der von ihrem Grundstück drohenden schädlichen Bodenveränderungen zu ergreifen.

(3) ¹Der Verursacher einer schädlichen Bodenveränderung oder Altlast sowie dessen Gesamtrechtsnachfolger, der Grundstückseigentümer und der Inhaber der tatsächlichen Gewalt über ein Grundstück sind verpflichtet, den Boden und Altlasten sowie durch schädliche Bodenveränderungen oder Altlasten verursachte Verunreinigungen von Gewässern so zu sanieren, daß dauerhaft keine Gefahren, erheblichen Nachteile oder erheblichen Belästigungen für den einzelnen oder die Allgemeinheit entstehen. ²Hierzu kommen bei Belastungen durch Schadstoffe neben Dekontaminations- auch Sicherungsmaßnahmen in Betracht, die eine Ausbreitung der Schadstoffe langfristig verhindern. ³Soweit dies nicht möglich oder unzumutbar ist, sind sonstige Schutz- und Beschränkungsmaßnahmen durchzuführen. ⁴Zur Sanierung ist auch verpflichtet, wer aus handelsrechtlichem oder gesellschaftsrechtlichem Rechtsgrund für eine juristische Person einzustehen hat, der ein Grundstück, das mit einer schädlichen Bodenveränderung oder einer Altlast belastet ist, gehört, und wer das Eigentum an einem solchen Grundstück aufgibt.

(4) ¹Bei der Erfüllung der boden- und altlastenbezogenen Pflichten nach den Absätzen 1 bis 3 ist die planungsrechtlich zulässige Nutzung des Grundstücks und das sich daraus ergebende Schutzbedürfnis zu beachten, soweit dies mit dem Schutz der in § 2 Abs. 2 Nr. 1 und 2 genannten Bodenfunktionen zu vereinbaren ist. ²Fehlen planungsrechtliche Festsetzungen, bestimmt die Prägung des Gebiets unter Berücksichtigung der absehbaren Entwicklung das Schutzbedürfnis. Die bei der Sanierung von Gewässern zu erfüllenden Anforderungen bestimmen sich nach dem Wasserrecht.

(5) ¹Sind schädliche Bodenveränderungen oder Altlasten nach dem 1. März 1999 eingetreten, sind Schadstoffe zu beseitigen, soweit dies im Hinblick auf die Vorbelastung des Bodens verhältnismäßig ist. ²Dies gilt für denjenigen nicht, der zum Zeitpunkt der Verursachung auf Grund der Erfüllung der für ihn geltenden gesetzlichen Anforderungen darauf vertraut hat, daß solche Beeinträchtigungen

nicht entstehen werden, und sein Vertrauen unter Berücksichtigung der Umstände des Einzelfalles schutzwürdig ist.

(6) [1]Der frühere Eigentümer eines Grundstücks ist zur Sanierung verpflichtet, wenn er sein Eigentum nach dem 1. März 1999 übertragen hat und die schädliche Bodenveränderung oder Altlast hierbei kannte oder kennen mußte. [2]Dies gilt für denjenigen nicht, der beim Erwerb des Grundstücks darauf vertraut hat, daß schädliche Bodenveränderungen oder Altlasten nicht vorhanden sind, und sein Vertrauen unter Berücksichtigung der Umstände des Einzelfalles schutzwürdig ist.

§ 5 Entsiegelung

[1]Soweit die Vorschriften des Baurechts die Befugnisse der Behörden nicht regeln, wird die Bundesregierung ermächtigt, nach Anhörung der beteiligten Kreise (§ 20) durch Rechtsverordnung mit Zustimmung des Bundesrates Grundstückseigentümer zu verpflichten, bei dauerhaft nicht mehr genutzten Flächen, deren Versiegelung im Widerspruch zu planungsrechtlichen Festsetzungen steht, den Boden in seiner Leistungsfähigkeit im Sinne des § 1 so weit wie möglich und zumutbar zu erhalten oder wiederherzustellen. [2]Bis zum Inkrafttreten einer Rechtsverordnung nach Satz 1 können durch die nach Landesrecht zuständigen Behörden im Einzelfall gegenüber den nach Satz 1 Verpflichteten Anordnungen zur Entsiegelung getroffen werden, wenn die in Satz 1 im übrigen genannten Voraussetzungen vorliegen.

§ 6 Auf- und Einbringen von Materialien auf oder in den Boden

Die Bundesregierung wird ermächtigt, nach Anhörung der beteiligten Kreise (§ 20) durch Rechtsverordnung mit Zustimmung des Bundesrates zur Erfüllung der sich aus diesem Gesetz ergebenden Anforderungen an das Auf- und Einbringen von Materialien hinsichtlich der Schadstoffgehalte und sonstiger Eigenschaften, insbesondere

1. Verbote oder Beschränkungen nach Maßgabe von Merkmalen wie Art und Beschaffenheit der Materialien und des Bodens, Aufbringungsort und -zeit und natürliche Standortverhältnisse sowie
2. Untersuchungen der Materialien oder des Bodens, Maßnahmen zur Vorbehandlung dieser Materialien oder geeignete andere Maßnahmen

zu bestimmen.

§ 7 Vorsorgepflicht

[1]Der Grundstückseigentümer, der Inhaber der tatsächlichen Gewalt über ein Grundstück und derjenige, der Verrichtungen auf einem Grundstück durchführt

oder durchführen läßt, die zu Veränderungen der Bodenbeschaffenheit führen können, sind verpflichtet, Vorsorge gegen das Entstehen schädlicher Bodenveränderungen zu treffen, die durch ihre Nutzung auf dem Grundstück oder in dessen Einwirkungsbereich hervorgerufen werden können. ²Vorsorgemaßnahmen sind geboten, wenn wegen der räumlichen, langfristigen oder komplexen Auswirkungen einer Nutzung auf die Bodenfunktionen die Besorgnis einer schädlichen Bodenveränderung besteht. ³Zur Erfüllung der Vorsorgepflicht sind Bodeneinwirkungen zu vermeiden oder zu vermindern, soweit dies auch im Hinblick auf den Zweck der Nutzung des Grundstücks verhältnismäßig ist. ⁴Anordnungen zur Vorsorge gegen schädliche Bodenveränderungen dürfen nur getroffen werden, soweit Anforderungen in einer Rechtsverordnung nach § 8 Abs. 2 festgelegt sind. ⁵Die Erfüllung der Vorsorgepflicht bei der landwirtschaftlichen Bodennutzung richtet sich nach § 17 Abs. 1 und 2, für die forstwirtschaftliche Bodennutzung richtet sie sich nach dem Zweiten Kapitel des Bundeswaldgesetzes und den Forst- und Waldgesetzen der Länder. ⁶Die Vorsorge für das Grundwasser richtet sich nach wasserrechtlichen Vorschriften. ⁷Bei bestehenden Bodenbelastungen bestimmen sich die zu erfüllenden Pflichten nach § 4.

§ 8 Werte und Anforderungen

(1) ¹Die Bundesregierung wird ermächtigt, nach Anhörung der beteiligten Kreise (§ 20) durch Rechtsverordnung mit Zustimmung des Bundesrates Vorschriften über die Erfüllung der sich aus § 4 ergebenden boden- und altlastenbezogenen Pflichten sowie die Untersuchung und Bewertung von Verdachtsflächen, schädlichen Bodenveränderungen, altlastverdächtigen Flächen und Altlasten zu erlassen. ²Hierbei können insbesondere

1. Werte, bei deren Überschreiten unter Berücksichtigung der Bodennutzung eine einzelfallbezogene Prüfung durchzuführen und festzustellen ist, ob eine schädliche Bodenveränderung oder Altlast vorliegt (Prüfwerte),
2. Werte für Einwirkungen oder Belastungen, bei deren Überschreiten unter Berücksichtigung der jeweiligen Bodennutzung in der Regel von einer schädlichen Bodenveränderung oder Altlast auszugehen ist und Maßnahmen erforderlich sind (Maßnahmenwerte),
3. Anforderungen an
   a) die Abwehr schädlicher Bodenveränderungen; hierzu gehören auch Anforderungen an den Umgang mit ausgehobenem, abgeschobenem und behandeltem Bodenmaterial,
   b) die Sanierung des Bodens und von Altlasten, insbesondere an
      – die Bestimmung des zu erreichenden Sanierungsziels,
      – den Umfang von Dekontaminations- und Sicherungsmaßnahmen, die langfristig eine Ausbreitung von Schadstoffen verhindern, sowie
      – Schutz- und Beschränkungsmaßnahmen

festgelegt werden.

(2) Die Bundesregierung wird ermächtigt, nach Anhörung der beteiligten Kreise (§ 20) durch Rechtsverordnung mit Zustimmung des Bundesrates zur Erfüllung der sich aus § 7 ergebenden Pflichten sowie zur Festlegung von Anforderungen an die damit verbundene Untersuchung und Bewertung von Flächen mit der Besorgnis einer schädlichen Bodenveränderung Vorschriften zu erlassen, insbesondere über

1. Bodenwerte, bei deren Überschreiten unter Berücksichtigung von geogenen oder großflächig siedlungsbedingten Schadstoffgehalten in der Regel davon auszugehen ist, daß die Besorgnis einer schädlichen Bodenveränderung besteht (Vorsorgewerte),
2. zulässige Zusatzbelastungen und Anforderungen zur Vermeidung oder Verminderung von Stoffeinträgen.

(3) [1]Mit den in den Absätzen 1 und 2 genannten Werten sind Verfahren zur Ermittlung von umweltgefährdenden Stoffen in Böden, biologischen und anderen Materialien festzulegen. [2]Diese Verfahren umfassen auch Anforderungen an eine repräsentative Probenahme, Probenbehandlung und Qualitätssicherung einschließlich der Ermittlung der Werte für unterschiedliche Belastungen.

§ 9 Gefährdungsabschätzung und Untersuchungsanordnungen

(1) [1]Liegen der zuständigen Behörde Anhaltspunkte dafür vor, daß eine schädliche Bodenveränderung oder Altlast vorliegt, so soll sie zur Ermittlung des Sachverhalts die geeigneten Maßnahmen ergreifen. [2]Werden die in einer Rechtsverordnung nach § 8 Abs. 1 Satz 2 Nr. 1 festgesetzten Prüfwerte überschritten, soll die zuständige Behörde die notwendigen Maßnahmen treffen, um festzustellen, ob eine schädliche Bodenveränderung oder Altlast vorliegt. [3]Im Rahmen der Untersuchung und Bewertung sind insbesondere Art und Konzentration der Schadstoffe, die Möglichkeit ihrer Ausbreitung in die Umwelt und ihrer Aufnahme durch Menschen, Tiere und Pflanzen sowie die Nutzung des Grundstücks nach § 4 Abs. 4 zu berücksichtigen. [4]Der Grundstückseigentümer und, wenn dieser bekannt ist, auch der Inhaber der tatsächlichen Gewalt sind über die getroffenen Feststellungen und über die Ergebnisse der Bewertung auf Antrag schriftlich zu unterrichten.

(2) [1]Besteht auf Grund konkreter Anhaltspunkte der hinreichende Verdacht einer schädlichen Bodenveränderung oder einer Altlast, kann die zuständige Behörde anordnen, daß die in § 4 Abs. 3, 5 und 6 genannten Personen die notwendigen Untersuchungen zur Gefährdungsabschätzung durchzuführen haben. [2]Die zuständige Behörde kann verlangen, daß Untersuchungen von Sachverständigen oder Untersuchungsstellen nach § 18 durchgeführt werden. [3]Sonstige Pflichten zur Mitwirkung der in § 4 Abs. 3, 5 und 6 genannten Personen sowie Duldungspflichten der nach § 12 Betroffenen bestimmen sich nach Landesrecht.

§ 10 Sonstige Anordnungen

(1) ¹Zur Erfüllung der sich aus §§ 4 und 7 und den auf Grund von § 5 Satz 1, §§ 6 und 8 erlassenen Rechtsverordnungen ergebenden Pflichten kann die zuständige Behörde die notwendigen Maßnahmen treffen. ²Werden zur Erfüllung der Verpflichtung aus § 4 Abs. 3 und 6 Sicherungsmaßnahmen angeordnet, kann die zuständige Behörde verlangen, daß der Verpflichtete für die Aufrechterhaltung der Sicherungs- und Überwachungsmaßnahmen in der Zukunft Sicherheit leistet. ³Anordnungen zur Erfüllung der Pflichten nach § 7 dürfen getroffen werden, soweit Anforderungen in einer Rechtsverordnung festgelegt sind. ⁴Die zuständige Behörde darf eine Anordnung nicht treffen, wenn sie auch im Hinblick auf die berechtigten Nutzungsinteressen einzelner unverhältnismäßig wäre.

(2) Trifft die zuständige Behörde gegenüber dem Grundstückseigentümer oder dem Inhaber der tatsächlichen Gewalt zur Erfüllung der Pflichten nach § 4 Anordnungen zur Beschränkung der land- und forstwirtschaftlichen Bodennutzung sowie zur Bewirtschaftung von Böden, so hat sie, wenn diese nicht Verursacher der schädlichen Bodenveränderungen sind, für die nach zumutbaren innerbetrieblichen Anpassungsmaßnahmen verbliebenen wirtschaftlichen Nachteile nach Maßgabe des Landesrechts einen angemessenen Ausgleich zu gewähren, wenn die Nutzungsbeschränkung andernfalls zu einer über die damit verbundene allgemeine Belastung erheblich hinausgehenden besonderen Härte führen würde.

Dritter Teil
Ergänzende Vorschriften für Altlasten

§ 11 Erfassung

Die Länder können die Erfassung der Altlasten und altlastverdächtigen Flächen regeln.

§ 12 Information der Betroffenen

¹Die nach § 9 Abs. 2 Satz 1 zur Untersuchung der Altlast und die nach § 4 Abs. 3, 5 und 6 zur Sanierung der Altlast Verpflichteten haben die Eigentümer der betroffenen Grundstücke, die sonstigen betroffenen Nutzungsberechtigten und die betroffene Nachbarschaft (Betroffenen) von der bevorstehenden Durchführung der geplanten Maßnahmen zu informieren. ²Die zur Beurteilung der Maßnahmen wesentlichen vorhandenen Unterlagen sind zur Einsichtnahme zur Verfügung zu stellen. ³Enthalten Unterlagen Geschäfts- oder Betriebsgeheimnisse, muß ihr Inhalt, soweit es ohne Preisgabe des Geheimnisses geschehen kann, so ausführlich dargestellt sein, daß es den Betroffenen möglich ist, die Auswirkungen der Maßnahmen auf ihre Belange zu beurteilen.

§ 13 Sanierungsuntersuchungen und Sanierungsplanung

(1) ¹Bei Altlasten, bei denen wegen der Verschiedenartigkeit der nach § 4 erforderlichen Maßnahmen ein abgestimmtes Vorgehen notwendig ist oder von denen auf Grund von Art, Ausbreitung oder Menge der Schadstoffe in besonderem Maße schädliche Bodenveränderungen oder sonstige Gefahren für den einzelnen oder die Allgemeinheit ausgehen, soll die zuständige Behörde von einem nach § 4 Abs. 3, 5 oder 6 zur Sanierung Verpflichteten die notwendigen Untersuchungen zur Entscheidung über Art und Umfang der erforderlichen Maßnahmen (Sanierungsuntersuchungen) sowie die Vorlage eines Sanierungsplans verlangen, der insbesondere

1. eine Zusammenfassung der Gefährdungsabschätzung und der Sanierungsuntersuchungen,
2. Angaben über die bisherige und künftige Nutzung der zu sanierenden Grundstücke,
3. die Darstellung des Sanierungsziels und die hierzu erforderlichen Dekontaminations-, Sicherungs-, Schutz-, Beschränkungs- und Eigenkontrollmaßnahmen sowie die zeitliche Durchführung dieser Maßnahmen

enthält. ²Die Bundesregierung wird ermächtigt, nach Anhörung der beteiligten Kreise (§ 20) durch Rechtsverordnung mit Zustimmung des Bundesrates Vorschriften über die Anforderungen an Sanierungsuntersuchungen sowie den Inhalt von Sanierungsplänen zu erlassen.

(2) Die zuständige Behörde kann verlangen, daß die Sanierungsuntersuchungen sowie der Sanierungsplan von einem Sachverständigen nach § 18 erstellt werden.

(3) ¹Wer nach Absatz 1 einen Sanierungsplan vorzulegen hat, hat die nach § 12 Betroffenen frühzeitig, in geeigneter Weise und unaufgefordert über die geplanten Maßnahmen zu informieren. ²§ 12 Satz 2 und 3 gilt entsprechend.

(4) Mit dem Sanierungsplan kann der Entwurf eines Sanierungsvertrages über die Ausführung des Plans vorgelegt werden, der die Einbeziehung Dritter vorsehen kann.

(5) Soweit entnommenes Bodenmaterial im Bereich der von der Altlastensanierung betroffenen Fläche wieder eingebracht werden soll, gilt § 27 Abs. 1 Satz 1 des Kreislaufwirtschafts- und Abfallgesetzes nicht, wenn durch einen für verbindlich erklärten Sanierungsplan oder eine Anordnung zur Durchsetzung der Pflichten nach § 4 sichergestellt wird, daß das Wohl der Allgemeinheit nicht beeinträchtigt wird.

(6) ¹Die zuständige Behörde kann den Plan, auch unter Abänderungen oder mit Nebenbestimmungen, für verbindlich erklären. ²Ein für verbindlich erklärter Plan schließt andere die Sanierung betreffende behördliche Entscheidungen mit Ausnahme von Zulassungsentscheidungen für Vorhaben, die nach § 3 in Verbindung mit der Anlage zu § 3 des Gesetzes über die Umweltverträglichkeitsprüfung oder kraft Landesrechts einer Umweltverträglichkeitsprüfung unterliegen, mit

ein, soweit sie im Einvernehmen mit der jeweils zuständigen Behörde erlassen und in dem für verbindlich erklärten Plan die miteingeschlossenen Entscheidungen aufgeführt werden.

§ 14 Behördliche Sanierungsplanung

¹Die zuständige Behörde kann den Sanierungsplan nach § 13 Abs. 1 selbst erstellen oder ergänzen oder durch einen Sachverständigen nach § 18 erstellen oder ergänzen lassen, wenn

1. der Plan nicht, nicht innerhalb der von der Behörde gesetzten Frist oder fachlich unzureichend erstellt worden ist,
2. ein nach § 4 Abs. 3, 5 oder 6 Verpflichteter nicht oder nicht rechtzeitig herangezogen werden kann oder
3. auf Grund der großflächigen Ausdehnung der Altlast, der auf der Altlast beruhenden weiträumigen Verunreinigung eines Gewässers oder auf Grund der Anzahl der nach § 4 Abs. 3, 5 oder 6 Verpflichteten ein koordiniertes Vorgehen erforderlich ist.

²§ 13 Abs. 3 bis 6 gilt entsprechend.

§ 15 Behördliche Überwachung, Eigenkontrolle

(1) ¹Altlasten und altlastverdächtige Flächen unterliegen, soweit erforderlich, der Überwachung durch die zuständige Behörde. ²Bei Altstandorten und Altablagerungen bleibt die Wirksamkeit von behördlichen Zulassungsentscheidungen sowie von nachträglichen Anordnungen durch die Anwendung dieses Gesetzes unberührt.

(2) ¹Liegt eine Altlast vor, so kann die zuständige Behörde von den nach § 4 Abs. 3, 5 oder 6 Verpflichteten, soweit erforderlich, die Durchführung von Eigenkontrollmaßnahmen, insbesondere Boden- und Wasseruntersuchungen, sowie die Einrichtung und den Betrieb von Meßstellen verlangen. ²Die Ergebnisse der Eigenkontrollmaßnahmen sind aufzuzeichnen und fünf Jahre lang aufzubewahren. ³Die zuständige Behörde kann eine längerfristige Aufbewahrung anordnen, soweit dies im Einzelfall erforderlich ist. ⁴Die zuständige Behörde kann Eigenkontrollmaßnahmen auch nach Durchführung von Dekontaminations-, Sicherungs- und Beschränkungsmaßnahmen anordnen. ⁵Sie kann verlangen, daß die Eigenkontrollmaßnahmen von einem Sachverständigen nach § 18 durchgeführt werden.

(3) ¹Die Ergebnisse der Eigenkontrollmaßnahmen sind von den nach § 4 Abs. 3, 5 oder 6 Verpflichteten der zuständigen Behörde auf Verlangen mitzuteilen. ²Sie hat diese Aufzeichnungen und die Ergebnisse ihrer Überwachungsmaßnahmen fünf Jahre lang aufzubewahren.

Anhang-Texte I. Bundes-Bodenschutzgesetz

§ 16 Ergänzende Anordnungen zur Altlastensanierung

(1) Neben den im Zweiten Teil dieses Gesetzes vorgesehenen Anordnungen kann die zuständige Behörde zur Erfüllung der Pflichten, die sich aus dem Dritten Teil dieses Gesetzes ergeben, die erforderlichen Anordnungen treffen.

(2) Soweit ein für verbindlich erklärter Sanierungsplan im Sinne des § 13 Abs. 6 nicht vorliegt, schließen Anordnungen zur Durchsetzung der Pflichten nach § 4 andere die Sanierung betreffende behördliche Entscheidungen mit Ausnahme von Zulassungsentscheidungen für Vorhaben, die nach § 3 in Verbindung mit der Anlage zu § 3 des Gesetzes über die Umweltverträglichkeitsprüfung oder kraft Landesrechts einer Umweltverträglichkeitsprüfung unterliegen, mit ein, soweit sie im Einvernehmen mit der jeweils zuständigen Behörde erlassen und in der Anordnung die miteingeschlossenen Entscheidungen aufgeführt werden.

Vierter Teil
Landwirtschaftliche Bodennutzung

§ 17 Gute fachliche Praxis in der Landwirtschaft

(1) ¹Bei der landwirtschaftlichen Bodennutzung wird die Vorsorgepflicht nach § 7 durch die gute fachliche Praxis erfüllt. ²Die nach Landesrecht zuständigen landwirtschaftlichen Beratungsstellen sollen bei ihrer Beratungstätigkeit die Grundsätze der guten fachlichen Praxis nach Absatz 2 vermitteln.

(2) ¹Grundsätze der guten fachlichen Praxis der landwirtschaftlichen Bodennutzung sind die nachhaltige Sicherung der Bodenfruchtbarkeit und Leistungsfähigkeit des Bodens als natürlicher Ressource. ²Zu den Grundsätzen der guten fachlichen Praxis gehört insbesondere, daß

1. die Bodenbearbeitung unter Berücksichtigung der Witterung grundsätzlich standortangepaßt zu erfolgen hat,
2. die Bodenstruktur erhalten oder verbessert wird,
3. Bodenverdichtungen, insbesondere durch Berücksichtigung der Bodenart, Bodenfeuchtigkeit und des von den zur landwirtschaftlichen Bodennutzung eingesetzten Geräten verursachten Bodendrucks, so weit wie möglich vermieden werden,
4. Bodenabträge durch eine standortangepaßte Nutzung, insbesondere durch Berücksichtigung der Hangneigung, der Wasser- und Windverhältnisse sowie der Bodenbedeckung, möglichst vermieden werden,
5. die naturbetonten Strukturelemente der Feldflur, insbesondere Hecken, Feldgehölze, Feldraine und Ackerterrassen, die zum Schutz des Bodens notwendig sind, erhalten werden,

I. Bundes-Bodenschutzgesetz **Anhang-Texte**

6. die biologische Aktivität des Bodens durch entsprechende Fruchtfolgegestaltung erhalten oder gefördert wird und
7. der standorttypische Humusgehalt des Bodens, insbesondere durch eine ausreichende Zufuhr an organischer Substanz oder durch Reduzierung der Bearbeitungsintensität erhalten wird.

(3) Die Pflichten nach § 4 werden durch die Einhaltung der in § 3 Abs. 1 genannten Vorschriften erfüllt; enthalten diese keine Anforderungen an die Gefahrenabwehr und ergeben sich solche auch nicht aus den Grundsätzen der guten fachlichen Praxis nach Absatz 2, so gelten die übrigen Bestimmungen dieses Gesetzes.

Fünfter Teil
Schlußvorschriften

§ 18 Sachverständige und Untersuchungsstellen

[1]Sachverständige und Untersuchungsstellen, die Aufgaben nach diesem Gesetz wahrnehmen, müssen die für diese Aufgaben erforderliche Sachkunde und Zuverlässigkeit besitzen sowie über die erforderliche gerätetechnische Ausstattung verfügen. [2]Die Länder können Einzelheiten der an Sachverständige und Untersuchungsstellen nach Satz 1 zu stellenden Anforderungen, Art und Umfang der von ihnen wahrzunehmenden Aufgaben, die Vorlage der Ergebnisse ihrer Tätigkeit und die Bekanntgabe von Sachverständigen, welche die Anforderungen nach Satz 1 erfüllen, regeln.

§ 19 Datenübermittlung

(1) [1]Soweit eine Datenübermittlung zwischen Bund und Ländern zur Erfüllung der jeweiligen Aufgaben dieses Gesetzes notwendig ist, werden Umfang, Inhalt und Kosten des gegenseitigen Datenaustausches in einer Verwaltungsvereinbarung zwischen Bund und Ländern geregelt. [2]Die Übermittlung personenbezogener Daten ist unzulässig.

(2) Der Bund kann unter Verwendung der von Ländern übermittelten Daten ein länderübergreifendes Bodeninformationssystem für Bundesaufgaben einrichten.

§ 20 Anhörung beteiligter Kreise

[1]Soweit Ermächtigungen zum Erlaß von Rechtsverordnungen die Anhörung der beteiligten Kreise vorschreiben, ist ein jeweils auszuwählender Kreis von Vertretern der Wissenschaft, der Betroffenen, der Wirtschaft, Landwirtschaft, Forstwirt-

schaft, der Natur- und Umweltschutzverbände, des archäologischen Denkmalschutzes, der kommunalen Spitzenverbände und der für den Bodenschutz, die Altlasten, die geowissenschaftlichen Belange und die Wasserwirtschaft zuständigen obersten Landesbehörden zu hören. ²Sollen die in Satz 1 genannten Rechtsvorschriften Regelungen zur land- und forstwirtschaftlichen Bodennutzung enthalten, sind auch die für die Land- und Forstwirtschaft zuständigen obersten Landesbehörden zu hören.

§ 21 Landesrechtliche Regelungen

(1) Zur Ausführung des Zweiten und Dritten Teils dieses Gesetzes können die Länder ergänzende Verfahrensregelungen erlassen.

(2) Die Länder können bestimmen, daß über die im Dritten Teil geregelten altlastverdächtigen Flächen und Altlasten hinaus bestimmte Verdachtsflächen

1. von der zuständigen Behörde zu erfassen und
2. von den Verpflichteten der zuständigen Behörde mitzuteilen sind sowie

daß bei schädlichen Bodenveränderungen, von denen auf Grund von Art, Ausbreitung oder Menge der Schadstoffe in besonderem Maße Gefahren, erhebliche Nachteile oder erhebliche Belästigungen für den einzelnen oder die Allgemeinheit ausgehen,

1. Sanierungsuntersuchungen sowie die Erstellung von Sanierungsplänen und
2. die Durchführung von Eigenkontrollmaßnahmen

verlangt werden können.

(3) Die Länder können darüber hinaus Gebiete, in denen flächenhaft schädliche Bodenveränderungen auftreten oder zu erwarten sind, und die dort zu ergreifenden Maßnahmen bestimmen sowie weitere Regelungen über gebietsbezogene Maßnahmen des Bodenschutzes treffen.

(4) ¹Die Länder können bestimmen, daß für das Gebiet ihres Landes oder für bestimmte Teile des Gebiets Bodeninformationssysteme eingerichtet und geführt werden. ²Hierbei können insbesondere Daten von Dauerbeobachtungsflächen und Bodenzustandsuntersuchungen über die physikalische, chemische und biologische Beschaffenheit des Bodens und über die Bodennutzung erfaßt werden. ³Die Länder können regeln, daß Grundstückseigentümer und Inhaber der tatsächlichen Gewalt über ein Grundstück zur Duldung von Bodenuntersuchungen verpflichtet werden, die für Bodeninformationssysteme erforderlich sind. ⁴Hierbei ist auf die berechtigten Belange dieser Personen Rücksicht zu nehmen und Ersatz für Schäden vorzusehen, die bei Untersuchungen verursacht werden.

§ 22 Erfüllung von bindenden Beschlüssen der Europäischen Gemeinschaften

(1) Zur Erfüllung von bindenden Beschlüssen der Europäischen Gemeinschaften kann die Bundesregierung zu dem in § 1 genannten Zweck mit Zustimmung des Bundesrates Rechtsverordnungen über die Festsetzung der in § 8 Abs. 1 und 2 genannten Werte einschließlich der notwendigen Maßnahmen zur Ermittlung und Überwachung dieser Werte erlassen.

(2) Die in Rechtsverordnungen nach Absatz 1 festgelegten Maßnahmen sind durch Anordnungen oder sonstige Entscheidungen der zuständigen Träger öffentlicher Verwaltungen nach diesem Gesetz oder nach anderen Rechtsvorschriften des Bundes und der Länder durchzusetzen; soweit planungsrechtliche Festlegungen vorgesehen sind, haben die zuständigen Planungsträger zu befinden, ob und inwieweit Planungen in Betracht zu ziehen sind.

§ 23 Landesverteidigung

(1) ¹Das Bundesministerium der Verteidigung kann Ausnahmen von diesem Gesetz und von den auf dieses Gesetz gestützten Rechtsverordnungen zulassen, soweit dies zwingende Gründe der Verteidigung oder die Erfüllung zwischenstaatlicher Verpflichtungen erfordern. ²Dabei ist der Schutz vor schädlichen Bodenveränderungen zu berücksichtigen.

(2) Die Bundesregierung wird ermächtigt, durch Rechtsverordnung mit Zustimmung des Bundesrates zu bestimmen, daß der Vollzug dieses Gesetzes und der auf dieses Gesetz gestützten Rechtsverordnungen im Geschäftsbereich des Bundesministeriums der Verteidigung und für die auf Grund völkerrechtlicher Verträge in der Bundesrepublik Deutschland stationierten Streitkräfte dem Bundesministerium der Verteidigung oder den von ihm bestimmten Stellen obliegt.

§ 24 Kosten

(1) ¹Die Kosten der nach § 9 Abs. 2, § 10 Abs. 1, §§ 12, 13, 14 Satz 1 Nr. 1, § 15 Abs. 2 und § 16 Abs. 1 angeordneten Maßnahmen tragen die zur Durchführung Verpflichteten. ²Bestätigen im Fall des § 9 Abs. 2 Satz 1 die Untersuchungen den Verdacht nicht oder liegen die Voraussetzungen des § 10 Abs. 2 vor, sind den zur Untersuchung Herangezogenen die Kosten zu erstatten, wenn sie die den Verdacht begründenden Umstände nicht zu vertreten haben. ³In den Fällen des § 14 Satz 1 Nr. 2 und 3 trägt derjenige die Kosten, von dem die Erstellung eines Sanierungsplans hätte verlangt werden können.

(2) ¹Mehrere Verpflichtete haben unabhängig von ihrer Heranziehung untereinander einen Ausgleichsanspruch. ²Soweit nichts anderes vereinbart wird, hängt die Verpflichtung zum Ausgleich sowie der Umfang des zu leistenden Ausgleichs davon ab, inwieweit die Gefahr oder der Schaden vorwiegend von dem einen

Anhang-Texte I. Bundes-Bodenschutzgesetz

oder dem anderen Teil verursacht worden ist; § 26 Abs. 1 Satz 2 des Bürgerlichen Gesetzbuches findet entsprechende Anwendung. ³Die Verjährung beginnt nach der Beitreibung der Kosten, wenn eine Behörde Maßnahmen selbst ausführt, im übrigen nach der Beendigung der Maßnahmen durch den Verpflichteten zu dem Zeitpunkt, zu dem der Verpflichtete von der Person des Ersatzpflichtigen Kenntnis erlangt. ⁴Der Ausgleichsanspruch verjährt ohne Rücksicht auf diese Kenntnis dreißig Jahre nach der Beendigung der Maßnahmen. 5 Für Streitigkeiten steht der Rechtsweg vor den ordentlichen Gerichten offen.

§ 25 Wertausgleich

(1) ¹Soweit durch den Einsatz öffentlicher Mittel bei Maßnahmen zur Erfüllung der Pflichten nach § 4 der Verkehrswert eines Grundstücks nicht nur unwesentlich erhöht wird und der Eigentümer die Kosten hierfür nicht oder nicht vollständig getragen hat, hat er einen von der zuständigen Behörde festzusetzenden Wertausgleich in Höhe der maßnahmenbedingten Wertsteigerung an den öffentlichen Kostenträger zu leisten. ²Die Höhe des Ausgleichsbetrages wird durch die Höhe der eingesetzten öffentlichen Mittel begrenzt. ³Die Pflicht zum Wertausgleich entsteht nicht, soweit hinsichtlich der auf einem Grundstück vorhandenen schädlichen Bodenveränderungen oder Altlasten eine Freistellung von der Verantwortung oder der Kostentragungspflicht nach Artikel 1 § 4 Abs. 3 Satz 1 des Umweltrahmengesetzes vom 29. Juni 1990 (GBl. I Nr. 42 S. 649), zuletzt geändert durch Artikel 12 des Gesetzes vom 22. März 1991 (BGBl. I S. 766), in der jeweils geltenden Fassung erfolgt ist. ⁴Soweit Maßnahmen im Sinne des Satzes 1 in förmlich festgelegten Sanierungsgebieten oder Entwicklungsbereichen als Ordnungsmaßnahmen von der Gemeinde durchgeführt werden, wird die dadurch bedingte Erhöhung des Verkehrswertes im Rahmen des Ausgleichsbetrags nach § 154 des Baugesetzbuchs abgegolten.

(2) Die durch Sanierungsmaßnahmen bedingte Erhöhung des Verkehrswerts eines Grundstücks besteht aus dem Unterschied zwischen dem Wert, der sich für das Grundstück ergeben würde, wenn die Maßnahmen nicht durchgeführt worden wären (Anfangswert), und dem Verkehrswert, der sich für das Grundstück nach Durchführung der Erkundungs- und Sanierungsmaßnahmen ergibt (Endwert).

(3) ¹Der Ausgleichsbetrag wird fällig, wenn die Sicherung oder Sanierung abgeschlossen und der Betrag von der zuständigen Behörde festgesetzt worden ist. ²Die Pflicht zum Wertausgleich erlischt, wenn der Betrag nicht bis zum Ende des vierten Jahres nach Abschluß der Sicherung oder Sanierung festgesetzt worden ist.

(4) ¹Die zuständige Behörde hat von dem Wertausgleich nach Absatz 1 die Aufwendungen abzuziehen, die der Eigentümer für eigene Maßnahmen der Sicherung oder Sanierung oder die er für den Erwerb des Grundstücks im berechtigten Vertrauen darauf verwendet hat, daß keine schädlichen Bodenveränderun-

gen oder Altlasten vorhanden sind. ²Kann der Eigentümer von Dritten Ersatz erlangen, so ist dies bei der Entscheidung nach Satz 1 zu berücksichtigen.

(5) ¹Im Einzelfall kann von der Festsetzung eines Ausgleichsbetrages ganz oder teilweise abgesehen werden, wenn dies im öffentlichen Interesse oder zur Vermeidung unbilliger Härten geboten ist. ²Werden dem öffentlichen Kostenträger Kosten der Sicherung oder Sanierung erstattet, so muß insoweit von der Festsetzung des Ausgleichsbetrages abgesehen, ein festgesetzter Ausgleichsbetrag erlassen oder ein bereits geleisteter Ausgleichsbetrag erstattet werden.

(6) ¹Der Ausgleichsbetrag ruht als öffentliche Last auf dem Grundstück. ²Das Bundesministerium der Justiz wird ermächtigt, durch Rechtsverordnung mit Zustimmung des Bundesrates die Art und Weise, wie im Grundbuch auf das Vorhandensein der öffentlichen Last hinzuweisen ist, zu regeln.

§ 26 Bußgeldvorschriften

(1) Ordnungswidrig handelt, wer vorsätzlich oder fahrlässig

1. einer Rechtsverordnung nach § 5 Satz 1, §§ 6, 8 Abs. 1 oder § 22 Abs. 1 oder einer vollziehbaren Anordnung auf Grund einer solchen Rechtsverordnung zuwiderhandelt, soweit die Rechtsverordnung für einen bestimmten Tatbestand auf diese Bußgeldvorschrift verweist,
2. einer vollziehbaren Anordnung nach § 10 Abs. 1 Satz 1 zuwiderhandelt, soweit sie sich auf eine Pflicht nach § 4 Abs. 3, 5 oder 6 bezieht,
3. einer vollziehbaren Anordnung nach § 13 Abs. 1 oder § 15 Abs. 2 Satz 1, 3 oder 4 zuwiderhandelt oder
4. entgegen § 15 Abs. 3 Satz 1 eine Mitteilung nicht, nicht richtig, nicht vollständig oder nicht rechtzeitig macht.

(2) Die Ordnungswidrigkeit kann in den Fällen des Absatzes 1 Nr. 2 mit einer Geldbuße bis zu hunderttausend Deutsche Mark, in den übrigen Fällen mit einer Geldbuße bis zu zwanzigtausend Deutsche Mark geahndet werden.

II. Bundes-Bodenschutz- und Altlastenverordnung (BBodSchV)
Bundes-Bodenschutz Verordnung

Vom 12. Juli 1999
(BGBl. I S. 1554)

Auf Grund der §§ 6, 8 Abs. 1 und 2 und des § 13 Abs. 1 Satz 2 des Bundes-Bodenschutzgesetzes vom 17. März 1998 (BGBl. I S. 502) verordnet die Bundesregierung nach Anhörung der beteiligten Kreise:

Inhaltsübersicht

Erster Teil
Allgemeine Vorschriften

§ 1   Anwendungsbereich
§ 2   Begriffsbestimmungen

Zweiter Teil
Anforderungen an die Untersuchung und Bewertung von Verdachtsflächen und altlastverdächtigen Flächen

§ 3   Untersuchung
§ 4   Bewertung

Dritter Teil
Anforderungen an die Sanierung von schädlichen Bodenveränderungen und Altlasten

§ 5   Sanierungsmaßnahmen, Schutz- und Beschränkungsmaßnahmen

Vierter Teil
Ergänzende Vorschriften für Altlasten

§ 6   Sanierungsuntersuchung und Sanierungsplanung

Fünfter Teil
Ausnahmen

§ 7   Ausnahmen

Sechster Teil
Ergänzende Vorschriften für die Gefahrenabwehr von schädlichen Bodenveränderungen auf Grund von Bodenerosion durch Wasser

§ 8   Gefahrenabwehr von schädlichen Bodenveränderungen auf Grund von Bodenerosion durch Wasser

Siebter Teil
Vorsorge gegen das Entstehen schädlicher Bodenveränderungen

§ 9   Besorgnis schädlicher Bodenveränderungen
§ 10 Vorsorgeanforderungen

Anhang-Texte

II. Bundes-Bodenschutz-AltlastenVO

§ 11   Zulässige Zusatzbelastung
§ 12   Anforderungen an das Aufbringen und Einbringen von Materialien auf oder in den Boden

Achter Teil
Schlußbestimmungen

§ 13   Zugänglichkeit von technischen Regeln und Normblättern
§ 14   Inkrafttreten

Anhang 1
Anforderungen an die Probennahme, Analytik und Qualitätssicherung bei der Untersuchung

1.   Untersuchungsumfang und erforderlicher Kenntnisstand
1.1   Orientierende Untersuchung
1.2   Detailuntersuchung

2.   Probennahme
2.1   Probennahmeplanung für Bodenuntersuchungen – Festlegung der Probennahmestellen und Beprobungstiefen
2.1.1 Wirkungspfad Boden – Mensch
2.1.2 Wirkungspfad Boden – Nutzpflanze
2.1.3 Wirkungspfad Boden – Grundwasser
2.2   Probennahmeplanung Bodenluft
2.3   Probennahmeplanung bei abgeschobenem und ausgehobenem Bodenmaterial
2.4   Probengewinnung
2.4.1 Böden, Bodenmaterial und sonstige Materialien
2.4.2 Bodenluft
2.5   Probenkonservierung, -transport und -lagerung

3.   Untersuchungsverfahren
3.1   Untersuchungsverfahren für Böden, Bodenmaterial und sonstige Materialien
3.1.1 Probenauswahl und -vorbehandlung
3.1.2 Extraktion, Elution
3.1.3 Analysenverfahren
3.2   Untersuchung von Bodenluft
3.3   Verfahren zur Abschätzung des Stoffeintrags aus Verdachtsflächen oder altlastverdächtigen Flächen in das Grundwasser

4.   Qualitätssicherung
4.1   Probennahme und Probenlagerung
4.2   Probenvorbehandlung und Analytik

5.   Abkürzungsverzeichnis
5.1   Maßeinheiten
5.2   Instrumentelle Analytik
5.3   Sonstige Abkürzungen

6.   Normen, Technische Regeln und sonstige Methoden, Bezugsquellen
6.1   Normen, Technische Regeln und sonstige Methoden
6.2   Bezugsquellen

Anhang 2
Maßnahmen-, Prüf- und Vorsorgewerte

1   Wirkungspfad Boden – Mensch (direkter Kontakt)
1.1   Abgrenzung der Nutzungen
1.2   Maßnahmenwerte
1.3   Anwendung der Maßnahmenwerte
1.4   Prüfwerte

II. Bundes-Bodenschutz-AltlastenVO Anhang-Texte

2. Wirkungspfad Boden – Nutzpflanze
2.1 Abgrenzung der Nutzungen
2.2 Prüf- und Maßnahmenwerte – Ackerbauflächen und Nutzgärten im Hinblick auf die Pflanzenqualität
2.3 Maßnahmenwerte – Grünlandflächen im Hinblick auf die Pflanzenqualität
2.4 Prüfwerte – Ackerbauflächen im Hinblick auf Wachstumsbeeinträchtigungen bei Kulturpflanzen
2.5 Anwendung der Prüf- und Maßnahmenwerte

3. Wirkungspfad Boden – Grundwasser
3.1 Prüfwerte zur Beurteilung des Wirkungspfads Boden -Grundwasser
3.2 Anwendung der Prüfwerte

4. Vorsorgewerte für Böden
4.1 Vorsorgewerte für Metalle
4.2 Vorsorgewerte für organische Stoffe
4.3 Anwendung der Vorsorgewerte

5. Zulässige zusätzliche jährliche Frachten an Schadstoffen über alle Wirkungspfade

Anhang 3
Anforderungen an Sanierungsuntersuchungen und den Sanierungsplan

1. Sanierungsuntersuchungen
2. Sanierungsplan

Anhang 4
Anforderungen an die Untersuchung und Bewertung von Flächen, bei denen der Verdacht einer schädlichen Bodenveränderung auf Grund von Bodenerosion durch Wasser vorliegt

1. Anwendung
2. Untersuchung und Bewertung

Erster Teil
Allgemeine Vorschriften

§ 1 Anwendungsbereich

Diese Verordnung gilt für

1. die Untersuchung und Bewertung von Verdachtsflächen, altlastverdächtigen Flächen, schädlichen Bodenveränderungen und Altlasten sowie für die Anforderungen an die Probennahme, Analytik und Qualitätssicherung nach § 8 Abs. 3 und § 9 des Bundes-Bodenschutzgesetzes,

2. Anforderungen an die Gefahrenabwehr durch Dekontaminations- und Sicherungsmaßnahmen sowie durch sonstige Schutz- und Beschränkungsmaßnahmen nach § 4 Abs. 2 bis 5, § 8 Abs. 1 Satz 2 Nr. 3 des Bundes-Bodenschutzgesetzes,

3. ergänzende Anforderungen an Sanierungsuntersuchungen und Sanierungspläne bei bestimmten Altlasten nach § 13 Abs. 1 des Bundes-Bodenschutzgesetzes,

4. Anforderungen zur Vorsorge gegen das Entstehen schädlicher Bodenveränderungen nach § 7 des Bundes-Bodenschutzgesetzes einschließlich der Anforderungen an das Auf- und Einbringen von Materialien nach § 6 des Bundes-Bodenschutzgesetzes,

5. die Festlegung von Prüf- und Maßnahmenwerten sowie von Vorsorgewerten einschließlich der zulässigen Zusatzbelastung nach § 8 Abs. 1 Satz 2 Nr. 1 und 2 und Abs. 2 Nr. 1 und 2 des Bundes-Bodenschutzgesetzes.

§ 2 Begriffsbestimmungen

Im Sinne dieser Verordnung sind

1. Bodenmaterial: Material aus Böden im Sinne des § 2 Abs. 1 des Bundes-Bodenschutzgesetzes und deren Ausgangssubstraten einschließlich Mutterboden, das im Zusammenhang mit Baumaßnahmen oder anderen Veränderungen der Erdoberfläche ausgehoben, abgeschoben oder behandelt wird;

2. Einwirkungsbereich: Bereich, in dem von einem Grundstück im Sinne des § 2 Abs. 3 bis 6 des Bundes-Bodenschutzgesetzes Einwirkungen auf Schutzgüter zu erwarten sind oder in dem durch Einwirkungen auf den Boden die Besorgnis des Entstehens schädlicher Bodenveränderungen hervorgerufen wird;

3. Orientierende Untersuchung: Örtliche Untersuchungen, insbesondere Messungen, auf der Grundlage der Ergebnisse der Erfassung zum Zweck der Feststellung, ob der Verdacht einer schädlichen Bodenveränderung oder Altlast ausgeräumt ist oder ein hinreichender Verdacht im Sinne des § 9 Abs. 2 Satz 1 des Bundes-Bodenschutzgesetzes besteht;

4. Detailuntersuchung: Vertiefte weitere Untersuchung zur abschließenden Gefährdungsabschätzung, die insbesondere der Feststellung von Menge und räumlicher Verteilung von Schadstoffen, ihrer mobilen oder mobilisierbaren Anteile, ihrer Ausbreitungsmöglichkeiten in Boden, Gewässer und Luft sowie der Möglichkeit ihrer Aufnahme durch Menschen, Tiere und Pflanzen dient;

5. Sickerwasserprognose: Abschätzung der von einer Verdachtsfläche, altlastverdächtigen Fläche, schädlichen Bodenveränderung oder Altlast ausgehenden oder in überschaubarer Zukunft zu erwartenden Schadstoffeinträge über das Sickerwasser in das Grundwasser, unter Berücksichtigung von Konzentrationen und Frachten und bezogen auf den Übergangsbereich von der ungesättigten zur wassergesättigten Zone;

6. Schadstoffe: Stoffe und Zubereitungen, die auf Grund ihrer Gesundheitsschädlichkeit, ihrer Langlebigkeit oder Bioverfügbarkeit im Boden oder auf Grund anderer Eigenschaften und ihrer Konzentration geeignet sind, den Boden in seinen Funktionen zu schädigen oder sonstige Gefahren hervorzurufen;

7. Expositionsbedingungen: Durch örtliche Gegebenheiten und die Grundstücksnutzung im Einzelfall geprägte Art und Weise, in der Schutzgüter der Wirkung von Schadstoffen ausgesetzt sein können;
8. Wirkungspfad: Weg eines Schadstoffes von der Schadstoffquelle bis zu dem Ort einer möglichen Wirkung auf ein Schutzgut;
9. Hintergrundgehalt: Schadstoffgehalt eines Bodens, der sich aus dem geogenen (natürlichen) Grundgehalt eines Bodens und der ubiquitären Stoffverteilung als Folge diffuser Einträge in den Boden zusammensetzt;
10. Erosionsfläche:Fläche, von der Bodenmaterial mit Oberflächenabfluß abgespült wird;
11. Durchwurzelbare Bodenschicht: Bodenschicht, die von den Pflanzenwurzeln in Abhängigkeit von den natürlichen Standortbedingungen durchdrungen werden kann.

Zweiter Teil
Anforderungen an die Untersuchung und Bewertung von Verdachtsflächen und altlastverdächtigen Flächen

§ 3 Untersuchung

(1) ¹Anhaltspunkte für das Vorliegen einer Altlast bestehen bei einem Altstandort insbesondere, wenn auf Grundstücken über einen längeren Zeitraum oder in erheblicher Menge mit Schadstoffen umgegangen wurde und die jeweilige Betriebs-, Bewirtschaftungs- oder Verfahrensweise oder Störungen des bestimmungsgemäßen Betriebs nicht unerhebliche Einträge solcher Stoffe in den Boden vermuten lassen. ²Bei Altablagerungen sind diese Anhaltspunkte insbesondere dann gegeben, wenn die Art des Betriebs oder der Zeitpunkt der Stillegung den Verdacht nahelegen, daß Abfälle nicht sachgerecht behandelt, gelagert oder abgelagert wurden.

(2) ¹Absatz 1 Satz 1 gilt für schädliche Bodenveränderungen entsprechend. Anhaltspunkte für das Vorliegen einer schädlichen Bodenveränderung ergeben sich ergänzend zu Absatz 1 insbesondere durch allgemeine oder konkrete Hinweise auf

1. den Eintrag von Schadstoffen über einen längeren Zeitraum und in erheblicher Menge über die Luft oder Gewässer oder durch eine Aufbringung erheblicher Frachten an Abfällen oder Abwässer auf Böden,
2. eine erhebliche Freisetzung naturbedingt erhöhter Gehalte an Schadstoffen in Böden,
3. erhöhte Schadstoffgehalte in Nahrungs- oder Futterpflanzen am Standort,
4. das Austreten von Wasser mit erheblichen Frachten an Schadstoffen aus Böden oder Altablagerungen,
5. erhebliche Bodenabträge und -ablagerungen durch Wasser oder Wind.

²Einzubeziehen sind dabei auch Erkenntnisse auf Grund allgemeiner Untersuchungen oder Erfahrungswerte aus Vergleichssituationen insbesondere zur Ausbreitung von Schadstoffen.

(3) Liegen Anhaltspunkte nach Absatz 1 oder 2 vor, soll die Verdachtsfläche oder altlastverdächtige Fläche nach der Erfassung zunächst einer orientierenden Untersuchung unterzogen werden.

(4) ¹Konkrete Anhaltspunkte, die den hinreichenden Verdacht einer schädlichen Bodenveränderung oder Altlast begründen (§ 9 Abs. 2 Satz 1 des Bundes-Bodenschutzgesetzes), liegen in der Regel vor, wenn Untersuchungen eine Überschreitung von Prüfwerten ergeben oder wenn auf Grund einer Bewertung nach § 4 Abs. 3 eine Überschreitung von Prüfwerten zu erwarten ist. ²Besteht ein hinreichender Verdacht im Sinne des Satzes 1 oder auf Grund sonstiger Feststellungen, soll eine Detailuntersuchung durchgeführt werden.

(5) ¹Bei Detailuntersuchungen soll auch festgestellt werden, ob sich aus räumlich begrenzten Anreicherungen von Schadstoffen innerhalb einer Verdachtsfläche oder altlastverdächtigen Fläche Gefahren ergeben und ob und wie eine Abgrenzung von nicht belasteten Flächen geboten ist. ²Von einer Detailuntersuchung kann abgesehen werden, wenn die von schädlichen Bodenveränderungen oder Altlasten ausgehenden Gefahren, erheblichen Nachteile oder erheblichen Belästigungen nach Feststellung der zuständigen Behörde mit einfachen Mitteln abgewehrt oder sonst beseitigt werden können.

(6) Soweit auf Grund der örtlichen Gegebenheiten oder nach den Ergebnissen von Bodenluftuntersuchungen Anhaltspunkte für die Ausbreitung von flüchtigen Schadstoffen aus einer Verdachtsfläche oder altlastverdächtigen Fläche in Gebäude bestehen, soll eine Untersuchung der Innenraumluft erfolgen; die Aufgaben und Befugnisse anderer Behörden bleiben unberührt.

(7) Im Rahmen von Untersuchungsanordnungen nach § 9 Abs. 2 Satz 1 des Bundes-Bodenschutzgesetzes kommen auch wiederkehrende Untersuchungen der Schadstoffausbreitung und der hierfür maßgebenden Umstände in Betracht.

(8) Die Anforderungen an die Untersuchung von Böden, Bodenmaterial und sonstigen Materialien sowie von Bodenluft, Deponiegas und Sickerwasser bestimmen sich im übrigen nach Anhang 1.

§ 4 Bewertung

(1) Die Ergebnisse der orientierenden Untersuchungen sind nach dieser Verordnung unter Beachtung der Gegebenheiten des Einzelfalls insbesondere auch anhand von Prüfwerten zu bewerten.

(2) ¹Liegen der Gehalt oder die Konzentration eines Schadstoffes unterhalb des jeweiligen Prüfwertes in Anhang 2, ist insoweit der Verdacht einer schädlichen Bodenveränderung oder Altlast ausgeräumt. ²Wird ein Prüfwert nach Anhang 2 Nr. 3 am Ort der Probennahmen überschritten, ist im Einzelfall zu ermitteln, ob die Schadstoffkonzentration im Sickerwasser am Ort der Beurteilung den Prüf-

wert übersteigt. ³Maßnahmen im Sinne des § 2 Abs. 7 oder 8 des Bundes-Bodenschutzgesetzes können bereits dann erforderlich sein, wenn im Einzelfall alle bei der Ableitung eines Prüfwertes nach Anhang 2 angenommenen ungünstigen Umstände zusammentreffen und der Gehalt oder die Konzentration eines Schadstoffes geringfügig oberhalb des jeweiligen Prüfwertes in Anhang 2 liegt.

(3) ¹Zur Bewertung der von Verdachtsflächen oder altlastverdächtigen Flächen ausgehenden Gefahren für das Grundwasser ist eine Sickerwasserprognose zu erstellen. ²Wird eine Sickerwasserprognose auf Untersuchungen nach Anhang 1 Nr. 3.3 gestützt, ist im Einzelfall insbesondere abzuschätzen und zu bewerten, inwieweit zu erwarten ist, daß die Schadstoffkonzentration im Sickerwasser den Prüfwert am Ort der Beurteilung überschreitet. ³Ort der Beurteilung ist der Bereich des Übergangs von der ungesättigten in die gesättigte Zone.

(4) Die Ergebnisse der Detailuntersuchung sind nach dieser Verordnung unter Beachtung der Gegebenheiten des Einzelfalls, insbesondere auch anhand von Maßnahmenwerten, daraufhin zu bewerten, inwieweit Maßnahmen nach § 2 Abs. 7 oder 8 des Bundes-Bodenschutzgesetzes erforderlich sind.

(5) ¹Soweit in dieser Verordnung für einen Schadstoff kein Prüf- oder Maßnahmenwert festgesetzt ist, sind für die Bewertung die zur Ableitung der entsprechenden Werte in Anhang 2 herangezogenen Methoden und Maßstäbe zu beachten. ²Diese sind im Bundesanzeiger Nr. 161a vom 28. August 1999* veröffentlicht.

(6) Liegt innerhalb einer Verdachtsfläche oder altlastverdächtigen Fläche auf Teilflächen eine von der vorherrschenden Nutzung abweichende empfindlichere Nutzung vor, sind diese Teilflächen nach den für ihre Nutzung jeweils festgesetzten Maßstäben zu bewerten.

(7) ¹Liegen im Einzelfall Erkenntnisse aus Grundwasseruntersuchungen vor, sind diese bei der Bewertung im Hinblick auf Schadstoffeinträge in das Grundwasser zu berücksichtigen. ²Wenn erhöhte Schadstoffkonzentrationen im Sickerwasser oder andere Schadstoffausträge auf Dauer nur geringe Schadstofffrachten und nur lokal begrenzt erhöhte Schadstoffkonzentrationen in Gewässern erwarten lassen, ist dieser Sachverhalt bei der Prüfung der Verhältnismäßigkeit von Untersuchungs- und Sanierungsmaßnahmen zu berücksichtigen. ³Wasserrechtliche Vorschriften bleiben unberührt.

(8) ¹Eine schädliche Bodenveränderung besteht nicht bei Böden mit naturbedingt erhöhten Gehalten an Schadstoffen allein auf Grund dieser Gehalte, soweit diese Stoffe nicht durch Einwirkungen auf den Boden in erheblichem Umfang freigesetzt wurden oder werden. ²Bei Böden mit großflächig siedlungsbedingt erhöhten Schadstoffgehalten kann ein Vergleich dieser Gehalte mit den im Einzelfall ermittelten Schadstoffgehalten in die Gefahrenbeurteilung einbezogen werden.

---

* Abdruckt unter III.

Dritter Teil
Anforderungen an die Sanierung von schädlichen Bodenveränderungen und Altlasten

§ 5 Sanierungsmaßnahmen, Schutz- und Beschränkungsmaßnahmen

(1) ¹Dekontaminationsmaßnahmen sind zur Sanierung geeignet, wenn sie auf technisch und wirtschaftlich durchführbaren Verfahren beruhen, die ihre praktische Eignung zur umweltverträglichen Beseitigung oder Verminderung der Schadstoffe gesichert erscheinen lassen. ²Dabei sind auch die Folgen des Eingriffs insbesondere für Böden und Gewässer zu berücksichtigen. ³Nach Abschluß einer Dekontaminationsmaßnahme ist das Erreichen des Sanierungsziels gegenüber der zuständigen Behörde zu belegen.

(2) ¹Wenn Schadstoffe nach § 4 Abs. 5 des Bundes-Bodenschutzgesetzes zu beseitigen sind und eine Vorbelastung besteht, sind vom Pflichtigen grundsätzlich die Leistungen zu verlangen, die er ohne Vorbelastung zu erbringen hätte. ²Die zuvor bestehenden Nutzungsmöglichkeiten des Grundstücks sollen wiederhergestellt werden.

(3) ¹Sicherungsmaßnahmen sind zur Sanierung geeignet, wenn sie gewährleisten, daß durch die im Boden oder in Altlasten verbleibenden Schadstoffe dauerhaft keine Gefahren, erheblichen Nachteile oder erheblichen Belästigungen für den einzelnen oder die Allgemeinheit entstehen. ²Hierbei ist das Gefahrenpotential der im Boden verbleibenden Schadstoffe und deren Umwandlungsprodukte zu berücksichtigen. ³Eine nachträgliche Wiederherstellung der Sicherungswirkung im Sinne des Satzes 1 muß möglich sein. ⁴Die Wirksamkeit von Sicherungsmaßnahmen ist gegenüber der zuständigen Behörde zu belegen und dauerhaft zu überwachen.

(4) Als Sicherungsmaßnahme kommt auch eine geeignete Abdeckung schädlich veränderter Böden oder Altlasten mit einer Bodenschicht oder eine Versiegelung in Betracht.

(5) ¹Auf land- und forstwirtschaftlich genutzten Flächen kommen bei schädlichen Bodenveränderungen oder Altlasten vor allem Schutz- und Beschränkungsmaßnahmen durch Anpassungen der Nutzung und der Bewirtschaftung von Böden sowie Veränderungen der Bodenbeschaffenheit in Betracht. ²Über die getroffenen Schutz- und Beschränkungsmaßnahmen sind Aufzeichnungen zu führen. ³Mit der zuständigen landwirtschaftlichen Fachbehörde ist Einvernehmen herbeizuführen. ⁴§ 17 Abs. 3 des Bundes-Bodenschutzgesetzes bleibt unberührt.

(6) Soll abgeschobenes, ausgehobenes oder behandeltes Material im Rahmen der Sanierung im Bereich derselben schädlichen Bodenveränderung oder Altlast oder innerhalb des Gebietes eines für verbindlich erklärten Sanierungsplans wieder auf- oder eingebracht oder umgelagert werden, sind die Anforderungen nach § 4 Abs. 3 des Bundes-Bodenschutzgesetzes zu erfüllen.

Vierter Teil
Ergänzende Vorschriften für Altlasten

§ 6 Sanierungsuntersuchung und Sanierungsplanung

(1) Bei Sanierungsuntersuchungen ist insbesondere auch zu prüfen, mit welchen Maßnahmen eine Sanierung im Sinne des § 4 Abs. 3 des Bundes-Bodenschutzgesetzes erreicht werden kann, inwieweit Veränderungen des Bodens nach der Sanierung verbleiben und welche rechtlichen, organisatorischen und finanziellen Gegebenheiten für die Durchführung der Maßnahmen von Bedeutung sind.

(2) ¹Bei der Erstellung eines Sanierungsplans sind die Maßnahmen nach § 13 Abs. 1 Satz 1 Nr. 3 des Bundes-Bodenschutzgesetzes textlich und zeichnerisch vollständig darzustellen. ²In dem Sanierungsplan ist darzulegen, daß die vorgesehenen Maßnahmen geeignet sind, dauerhaft Gefahren, erhebliche Nachteile oder erhebliche Belästigungen für den einzelnen oder die Allgemeinheit zu vermeiden. ³Darzustellen sind insbesondere auch die Auswirkungen der Maßnahmen auf die Umwelt und die voraussichtlichen Kosten sowie die erforderlichen Zulassungen, auch soweit ein verbindlicher Sanierungsplan nach § 13 Abs. 6 des Bundes-Bodenschutzgesetzes diese nicht einschließen kann.

(3) Die Anforderungen an eine Sanierungsuntersuchung und an einen Sanierungsplan bestimmen sich im übrigen nach Anhang 3.

Fünfter Teil
Ausnahmen

§ 7 Ausnahmen

Auf schädliche Bodenveränderungen und Altlasten, bei denen nach Feststellung der zuständigen Behörde Gefahren, erhebliche Nachteile oder erhebliche Belästigungen mit einfachen Mitteln abgewehrt oder sonst beseitigt werden können, findet § 6 keine Anwendung.

Sechster Teil
Ergänzende Vorschriften für die Gefahrenabwehr von schädlichen Bodenveränderungen auf Grund von Bodenerosion durch Wasser

§ 8 Gefahrenabwehr von schädlichen Bodenveränderungen auf Grund von Bodenerosion durch Wasser

(1) Von dem Vorliegen einer schädlichen Bodenveränderung auf Grund von Bodenerosion durch Wasser ist insbesondere dann auszugehen, wenn

1. durch Oberflächenabfluß erhebliche Mengen Bodenmaterials aus einer Erosionsfläche geschwemmt wurden und

2. weitere Bodenabträge gemäß Nummer 1 zu erwarten sind.

(2) Anhaltspunkte für das Vorliegen einer schädlichen Bodenveränderung auf Grund von Bodenerosion durch Wasser ergeben sich insbesondere, wenn außerhalb der vermeintlichen Erosionsfläche gelegene Bereiche durch abgeschwemmtes Bodenmaterial befrachtet wurden.

(3) ¹Bestehen Anhaltspunkte nach Absatz 2, ist zu ermitteln, ob eine schädliche Bodenveränderung auf Grund von Bodenerosion durch Wasser vorliegt. ²Ist feststellbar, auf welche Erosionsfläche die Bodenabschwemmung zurückgeführt werden kann und daß aus dieser erhebliche Mengen Bodenmaterials abgeschwemmt wurden, so ist zu prüfen, ob die Voraussetzungen des Absatzes 1 Nr. 2 erfüllt sind.

(4) ¹Die Bewertung der Ergebnisse der Untersuchungen erfolgt einzelfallbezogen unter Berücksichtigung der Besonderheiten des Standortes. ²Weitere Bodenabträge sind zu erwarten, wenn

1. in den zurückliegenden Jahren bereits mehrfach erhebliche Mengen Bodenmaterials aus derselben Erosionsfläche geschwemmt wurden oder

2. sich aus den Standortdaten und den Daten über die langjährigen Niederschlagsverhältnisse des Gebietes ergibt, daß in einem Zeitraum von zehn Jahren mit hinreichender Wahrscheinlichkeit mit dem erneuten Eintritt von Bodenabträgen gemäß Absatz 1 Nr. 1 zu rechnen ist.

(5) Die weiteren Anforderungen an die Untersuchung und Bewertung von Flächen, bei denen der Verdacht einer schädlichen Bodenveränderung auf Grund von Bodenerosion durch Wasser vorliegt, sind in Anhang 4 bestimmt.

(6) ¹Wird die Erosionsfläche landwirtschaftlich genutzt, ist der zuständigen Beratungsstelle gemäß § 17 des Bundes-Bodenschutzgesetzes die Gelegenheit zu geben, im Rahmen der Beratung geeignete erosionsmindernde Maßnahmen für die Nutzung der Erosionsfläche zu empfehlen. ²Bei Anordnungen ist Einvernehmen mit der zuständigen landwirtschaftlichen Fachbehörde herbeizuführen.

Siebter Teil
Vorsorge gegen das Entstehen schädlicher Bodenveränderungen

§ 9 Besorgnis schädlicher Bodenveränderungen

(1) ¹Das Entstehen schädlicher Bodenveränderungen nach § 7 des Bundes-Bodenschutzgesetzes ist in der Regel zu besorgen, wenn

1. Schadstoffgehalte im Boden gemessen werden, die die Vorsorgewerte nach Anhang 2 Nr. 4 überschreiten, oder

2. eine erhebliche Anreicherung von anderen Schadstoffen erfolgt, die auf Grund ihrer krebserzeugenden, erbgutverändernden, fortpflanzungsgefährdenden oder toxischen Eigenschaften in besonderem Maße geeignet sind, schädliche Bodenveränderungen herbeizuführen.

²§ 17 Abs. 1 des Bundes-Bodenschutzgesetzes bleibt unberührt

(2) Bei Böden mit naturbedingt erhöhten Schadstoffgehalten besteht die Besorgnis des Entstehens schädlicher Bodenveränderungen bei einer Überschreitung der Vorsorgewerte nach Anhang 2 Nr. 4 nur, wenn eine erhebliche Freisetzung von Schadstoffen oder zusätzliche Einträge durch die nach § 7 Satz 1 des Bundes-Bodenschutzgesetzes Verpflichteten nachteilige Auswirkungen auf die Bodenfunktionen erwarten lassen.

(3) Absatz 2 gilt entsprechend bei Böden mit großflächig siedlungsbedingt erhöhten Schadstoffgehalten.

§ 10 Vorsorgeanforderungen

(1) ¹Sind die Voraussetzungen des § 9 Abs. 1 Satz 1 Nr. 1, Abs. 2 oder 3 gegeben, hat der nach § 7 des Bundes-Bodenschutzgesetzes Verpflichtete Vorkehrungen zu treffen, um weitere durch ihn auf dem Grundstück und dessen Einwirkungsbereich verursachte Schadstoffeinträge zu vermeiden oder wirksam zu vermindern, soweit dies auch im Hinblick auf den Zweck der Nutzung des Grundstücks verhältnismäßig ist. ²Dazu gehören auch technische Vorkehrungen an Anlagen oder Verfahren sowie Maßnahmen zur Untersuchung und Überwachung von Böden. ³Für die Untersuchung gilt Anhang 1 entsprechend.

(2) ¹Einträge von Schadstoffen im Sinne des § 9 Abs. 1 Satz 1 Nr. 2, für die keine Vorsorgewerte festgesetzt sind, sind nach Maßgabe von Absatz 1 soweit technisch möglich und wirtschaftlich vertretbar zu begrenzen. ²Dies gilt insbesondere für die Stoffe, die nach § 4a Abs. 1 der Gefahrstoffverordnung als krebserzeugend, erbgutverändernd oder fortpflanzungsgefährdend eingestuft sind.

§ 11 Zulässige Zusatzbelastung

(1) ¹Werden die in Anhang 2 Nr. 4.1 festgesetzten Vorsorgewerte bei einem Schadstoff überschritten, ist insoweit eine Zusatzbelastung bis zur Höhe der in Anhang 2 Nr. 5 festgesetzten jährlichen Frachten des Schadstoffes zulässig. ²Dabei sind die Einwirkungen auf den Boden über Luft und Gewässer sowie durch unmittelbare Einträge zu beachten.

(2) Soweit die in Anhang 2 Nr. 5 festgesetzte zulässige Zusatzbelastung bei einem Schadstoff überschritten ist, sind die geogenen oder großflächig siedlungsbedingten Vorbelastungen im Einzelfall zu berücksichtigen.

(3) Die in Anhang 2 Nr. 5 festgesetzten Frachten bestimmen nicht im Sinne des § 3 Abs. 3 Satz 2 des Bundes-Bodenschutzgesetzes, welche Zusatzbelastungen

durch den Betrieb einer Anlage nicht als ursächlicher Beitrag zum Entstehen schädlicher Bodenveränderungen anzusehen sind.

§ 12 Anforderungen an das Aufbringen und Einbringen von Materialien auf oder in den Boden

(1) Zur Herstellung einer durchwurzelbaren Bodenschicht dürfen in und auf Böden nur Bodenmaterial sowie Baggergut nach DIN 19731 (Ausgabe 5/98) und Gemische von Bodenmaterial mit solchen Abfällen, die die stofflichen Qualitätsanforderungen der nach § 8 des Kreislaufwirtschafts- und Abfallgesetzes erlassenen Verordnungen sowie der Klärschlammverordnung erfüllen, auf- und eingebracht werden.

(2) [1]Das Auf- und Einbringen von Materialien auf oder in eine durchwurzelbare Bodenschicht oder zur Herstellung einer durchwurzelbaren Bodenschicht im Rahmen von Rekultivierungsvorhaben einschließlich Wiedernutzbarmachung ist zulässig, wenn

- insbesondere nach Art, Menge, Schadstoffgehalten und physikalischen Eigenschaften der Materialien sowie nach den Schadstoffgehalten der Böden am Ort des Auf- oder Einbringens die Besorgnis des Entstehens schädlicher Bodenveränderungen gemäß § 7 Satz 2 des Bundes-Bodenschutzgesetzes und § 9 dieser Verordnung nicht hervorgerufen wird und
- mindestens eine der in § 2 Abs. 2 Nr. 1 und 3 Buchstabe b und c des Bundes-Bodenschutzgesetzes genannten Bodenfunktionen nachhaltig gesichert oder wiederhergestellt wird.

[2]Die Zwischenlagerung und die Umlagerung von Bodenmaterial auf Grundstücken im Rahmen der Errichtung oder des Umbaus von baulichen und betrieblichen Anlagen unterliegen nicht den Regelungen dieses Paragraphen, wenn das Bodenmaterial am Herkunftsort wiederverwendet wird.

(3) [1]Die nach § 7 des Bundes-Bodenschutzgesetzes Pflichtigen haben vor dem Auf- und Einbringen die notwendigen Untersuchungen der Materialien nach den Vorgaben in Anhang 1 durchzuführen oder zu veranlassen. [2]Die nach § 10 Abs. 1 des Bundes-Bodenschutzgesetzes zuständige Behörde kann weitere Untersuchungen hinsichtlich der Standort- und Bodeneigenschaften anordnen, wenn das Entstehen einer schädlichen Bodenveränderung zu besorgen ist; hierbei sind die Anforderungen nach DIN 19731 (Ausgabe 5/98) zu beachten.

(4) Bei landwirtschaftlicher Folgenutzung sollen im Hinblick auf künftige unvermeidliche Schadstoffeinträge durch Bewirtschaftungsmaßnahmen oder atmosphärische Schadstoffeinträge die Schadstoffgehalte in der entstandenen durchwurzelbaren Bodenschicht 70 Prozent der Vorsorgewerte nach Anhang 2 Nr. 4 nicht überschreiten.

(5) Beim Aufbringen von Bodenmaterial auf landwirtschaftlich einschließlich gartenbaulich genutzte Böden ist deren Ertragsfähigkeit nachhaltig zu sichern oder wiederherzustellen und darf nicht dauerhaft verringert werden.

(6) Bei der Herstellung einer durchwurzelbaren Bodenschicht für eine landwirtschaftliche Folgenutzung im Rahmen von Rekultivierungsvorhaben einschließlich Wiedernutzbarmachung soll nach Art, Menge und Schadstoffgehalt geeignetes Bodenmaterial auf- oder eingebracht werden.

(7) ¹Die Nährstoffzufuhr durch das Auf- und Einbringen von Materialien in und auf den Boden ist nach Menge und Verfügbarkeit dem Pflanzenbedarf der Folgevegetation anzupassen, um insbesondere Nährstoffeinträge in Gewässer weitestgehend zu vermeiden. ²DIN 18919 (Ausgabe 09/90) ist zu beachten.

(8) ¹Von dem Auf- und Einbringen von Materialien sollen Böden, welche die Bodenfunktionen nach § 2 Abs. 2 Nr. 1 und 2 des Bundes-Bodenschutzgesetzes im besonderen Maße erfüllen, ausgeschlossen werden. ²Dies gilt auch für Böden im Wald, in Wasserschutzgebieten nach § 19 Abs. 1 des Wasserhaushaltsgesetzes, in nach den §§ 13, 14, 14a, 17, 18, 19b und 20c des Bundesnaturschutzgesetzes rechtsverbindlich unter Schutz gestellten Gebieten und Teilen von Natur und Landschaft sowie für die Böden der Kernzonen von Naturschutzgroßprojekten des Bundes von gesamtstaatlicher Bedeutung. ³Die fachlich zuständigen Behörden können hiervon Abweichungen zulassen, wenn ein Auf- und Einbringen aus forst- oder naturschutzfachlicher Sicht oder zum Schutz des Grundwassers erforderlich ist.

(9) ¹Beim Auf- und Einbringen von Materialien auf oder in den Boden sollen Verdichtungen, Vernässungen und sonstige nachteilige Bodenveränderungen durch geeignete technische Maßnahmen sowie durch Berücksichtigung der Menge und des Zeitpunktes des Aufbringens vermieden werden. ²Nach Aufbringen von Materialien mit einer Mächtigkeit von mehr als 20 Zentimetern ist auf die Sicherung oder den Aufbau eines stabilen Bodengefüges hinzuwirken. ³DIN 19731 (Ausgabe 5/98) ist zu beachten.

(10) ¹In Gebieten mit erhöhten Schadstoffgehalten in Böden ist eine Verlagerung von Bodenmaterial innerhalb des Gebietes zulässig, wenn die in § 2 Abs. 2 Nr. 1 und 3 Buchstabe b und c des Bundes-Bodenschutzgesetzes genannten Bodenfunktionen nicht zusätzlich beeinträchtigt werden und insbesondere die Schadstoffsituation am Ort des Aufbringens nicht nachteilig verändert wird. ²Die Gebiete erhöhter Schadstoffgehalte können von der zuständigen Behörde festgelegt werden. ³Dabei kann die zuständige Behörde auch Abweichungen von den Absätzen 3 und 4 zulassen.

(11) § 5 Abs. 6 bleibt unberührt.

(12) Absatz 3 gilt nicht für das Auf- und Einbringen von Bodenmaterial auf die landwirtschaftliche Nutzfläche nach lokal begrenzten Erosionsereignissen oder zur Rückführung von Bodenmaterial aus der Reinigung landwirtschaftlicher Ernteprodukte.

Achter Teil
Schlußbestimmungen

§ 13 Zugänglichkeit von technischen Regeln und Normblättern

(1) ¹Technische Regeln und Normblätter, auf die in dieser Verordnung verwiesen wird, sind beim Deutschen Patentamt archivmäßig gesichert hinterlegt. ²Die Bezugsquellen sind in Anhang 1 Nr. 6.2 aufgeführt.

(2) Verweisungen auf Entwürfe von technischen Normen in den Anhängen beziehen sich jeweils auf die Fassung, die zu dem in der Verweisung angegebenen Zeitpunkt veröffentlicht ist.

§ 14 Inkrafttreten

Diese Verordnung tritt am Tage nach der Verkündung in Kraft.

Anhang 1
Anforderungen an die Probennahme, Analytik und Qualitätssicherung bei der Untersuchung

Dieser Anhang findet Anwendung bei der Untersuchung von Böden, Bodenmaterialien und sonstigen Materialien, die im Boden oder auf den Böden von Verdachtsflächen oder altlastverdächtigen Flächen vorkommen, oder zum Auf- und Einbringen vorgesehen sind, sowie von Bodenluft.

Bei altlastverdächtigen Altablagerungen richten sich der Untersuchungsumfang und die Probennahme, insbesondere hinsichtlich der Untersuchungen auf Deponiegas, leichtflüchtige Schadstoffe, abgelagerte Abfälle und des Übergangs von Schadstoffen in das Grundwasser, nach den Erfordernissen des Einzelfalles.

Im Sinne dieses Anhangs ist der Stand von Verfahren und Methoden der Entwicklungsstand fortschrittlicher Verfahren und Methoden, der ihre praktische Eignung zu den vorstehend genannten Untersuchungen gesichert erscheinen läßt. Erkenntnisse über solche Verfahren und Methoden und über ihre Anwendung werden durch einen ausgewählten Kreis von Fachleuten aus Bund und Ländern sowie der Betroffenen im Benehmen mit den Ländern zusammengestellt, der vom Bundesministerium für Umwelt, Naturschutz und Reaktorsicherheit einberufen wird.

1. Untersuchungsumfang und erforderlicher Kenntnisstand

Die Untersuchungen nach § 3 dieser Verordnung beziehen sich auf die Wirkungspfade, für die sich auf Grund der im Einzelfall vorliegenden Informationen der Verdacht einer Gefahr ergibt. Bei der Festlegung des Untersuchungsumfangs sind die Ergebnisse der Erfassung, insbesondere die Kenntnisse oder begründeten Vermutungen über das Vorkommen bestimmter Schadstoffe und deren Verteilung, die gegenwärtige Nutzung und die Nutzung gemäß § 4 Abs. 4 des Bundes-Bodenschutzgesetzes und die sich daraus ergebenden Schutzbedürfnisse sowie die sonstigen beurteilungserheblichen örtlichen Gegebenheiten zu berücksichtigen. Die E DIN ISO 10 381-3: 02.96 ist zu beachten. Zum Arbeitsschutz wird auf die ZH 1/183: 04.97 hingewiesen.

Bei der Untersuchung zum Wirkungspfad Boden – Mensch sind als Nutzungen

- Kinderspielflächen
- Wohngebiete
- Park- und Freizeitanlagen
- Industrie- und Gewerbegrundstücke

und bei der Untersuchung zum Wirkungspfad Boden – Nutzpflanze die Nutzungen
- Ackerbau, Nutzgarten
- Grünland

zu unterscheiden.

Bei Untersuchungen zum Wirkungspfad Boden – Grundwasser ist nicht nach der Art der Bodennutzung zu unterscheiden.

1.1 Orientierende Untersuchung

Orientierende Untersuchungen von Verdachtsflächen und altlastverdächtigen Altstandorten sollen insbesondere auch auf die Feststellung und die Einschätzung des Umfangs von Teilbereichen mit unterschiedlich hohen Schadstoffgehalten ausgerichtet werden.

Bei altlastverdächtigen Altablagerungen sind in der Regel Untersuchungen von Deponiegas und auf leichtflüchtige Schadstoffe sowie Untersuchungen insbesondere auch hinsichtlich des Übergangs von Schadstoffen in das Grundwasser durchzuführen.

Sind bei Verdachtsflächen oder altlastverdächtigen Flächen auf Verlangen der dafür zuständigen Behörde Untersuchungen des Grund- oder Oberflächenwassers durchzuführen, ist dies bei der Festlegung von Umfang und Ablauf der orientierenden Untersuchung für Boden- oder Sickerwasseruntersuchungen zu berücksichtigen.

Kann bei Verdachtsflächen nicht auf vorhandene Bodenkartierungen zurückgegriffen werden oder liegen keine geeigneten bodenbezogenen Informationen vor, soll im Rahmen der orientierenden Untersuchung eine bodenkundliche Kartierung oder Bodenansprache am Ort der Probennahme auf der Grundlage der Bodenkundlichen Kartieranleitung, 4. Auflage, berichtigter Nachdruck 1996, in dem Umfange durchgeführt werden, der für die Gefahrenbeurteilung erforderlich ist.

Die Untersuchungsvorschriften für Böden und Bodenmaterialien gelten für die §§ 9, 10 und 12 entsprechend.

1.2 Detailuntersuchung

Bei der Detailuntersuchung sollen neben den unter § 3 Abs. 5 und 6 dieser Verordnung genannten Sachverhalten auch die für die Wirkungspfade maßgeblichen Expositionsbedingungen, insbesondere die für die verschiedenen Wirkungspfade bedeutsamen mobilen oder mobilisierbaren Anteile der Schadstoffgehalte, geklärt werden. Es soll auch festgestellt werden, ob sich aus räumlich begrenzten Anreicherungen von Schadstoffen innerhalb einer Verdachtsfläche oder altlastverdächtigen Fläche Gefahren ergeben und ob und wie eine Abgrenzung von nicht belasteten Flächen geboten ist.

2. Probennahme

Das Vorgehen bei der Probennahme richtet sich insbesondere nach den im Einzelfall berührten Wirkungspfaden, der Flächengröße, der auf Grund der Erfassungsergebnisse vermuteten vertikalen und horizontalen Schadstoffverteilung sowie der gegenwärtigen, der planungsrechtlich zulässigen und der früheren Nutzung. Dabei sind die unter den Nummern 2.1 bis 2.3 genannten Anforderungen zu beachten. Das Vorgehen bei der Probennahme ist zu begründen und zu dokumentieren. Die Anforderungen des Arbeitsschutzes sind zu beachten.

Untersuchungsflächen sollen für die Probennahme in geeignete Teilflächen gegliedert werden. Die Teilung soll auf Grund eines unterschiedlichen Gefahrenverdachts, einer unterschiedlichen Bodennutzung, der Geländeform oder der Bodenbeschaffenheit sowie von Auffälligkeiten, wie z.B. einer unterschiedlichen Vegetationsentwicklung, oder anhand von Erkenntnissen aus der Erfassung erfolgen.

2.1 Probennahmeplanung für Bodenuntersuchungen – Festlegung der Probennahmestellen und Beprobungstiefen

Soll die räumliche Verteilung der Schadstoffe ermittelt werden, ist die zu untersuchende Fläche oder Teilfläche grundsätzlich unter Zuhilfenahme eines Rasters repräsentativ zu beproben. Soweit aus Vorkenntnissen, bei altlastverdächtigen Altstandorten insbesondere nach den Ergebnissen der Erfassung, eine Hypothese über die räumliche Verteilung der Schadstoffe abgeleitet werden kann, ist diese bei der Festlegung der Probennahmestellen und des Rasters zu berücksichtigen. Für die Festlegung von Probennahmestellen können auch Ergebnisse aus einer geeigneten Vor-Ort-Analytik herangezogen werden.

Vermutete Schadstoffanreicherungen sind gezielt zu beproben. Die Beprobung ist, insbesondere hinsichtlich Zahl und räumlicher Anordnung der Probennahmestellen, so vorzunehmen, daß der Gefahrenverdacht geklärt, eine mögliche Gefahr bewertet werden und eine räumliche Abgrenzung von Schadstoffanreicherungen erfolgen kann.

Bei der Festlegung der Beprobungstiefen für die Wirkungspfade Boden – Mensch und Boden – Nutzpflanze sollen für die Untersuchung auf anorganische und schwerflüchtige organische Schadstoffe die in Tabelle 1 genannten Beprobungstiefen zugrundegelegt werden.

Böden sind möglichst horizontweise zu beproben. Grundlage für die Ermittlung der Horizontabfolge ist die Bodenkundliche Kartieranleitung der Geologischen Landesämter (AG Bodenkunde, 4. Auflage, 1994). Bis in den Unterboden gestörte Böden sind lagenweise zu beproben (siehe Tabelle 1). Die Lagen- oder Horizontmächtigkeit, die durch Entnahme einer Probe repräsentiert werden kann, beträgt in der Regel 30 cm. Mächtigere Horizonte oder Lagen sind gegebenenfalls zu unterteilen. Ergänzend zur Tabelle 1 ist die Beprobungstiefe zu berücksichtigen, für die bei der nach § 4 Abs. 4 des Bundes-Bodenschutzgesetzes zu berücksichtigenden Nutzung besondere Vorkehrungen getroffen werden müssen. Die Gründe für abweichende Beprobungstiefen sind zu dokumentieren.

Anhang-Texte

II. Bundes-Bodenschutz-AltlastenVO

Bei der Probennahme ist hinsichtlich der Wirkungspfade folgendes zu beachten:

Tabelle 1: Nutzungsorientierte Beprobungstiefe bei Untersuchungen zu den Wirkungspfaden Boden – Mensch und Boden – Nutzpflanze

Wirkungspfad	Nutzung	Beprobungstiefe
Boden – Mensch	Kinderspielfläche, Wohngebiet	0–10 cm[1]
		10–35 cm[2]
	Park- und Freizeitanlage	0–10 cm[1]
	Industrie- und Gewerbegrundstücke	0–10 cm[1]
Boden – Nutzpflanze	Ackerbau, Nutzgarten	0–30 cm[3]
		30–60 cm
	Grünland	0–10 cm[4]
		10–30 cm

2.1.1 Wirkungspfad Boden – Mensch

Im Rahmen der Festlegung der Probennahmestellen und der Beprobungstiefe sollen auch Ermittlungen zu den im Einzelfall vorliegenden Expositionsbedingungen vorgenommen werden, insbesondere über

- die tatsächliche Nutzung der Fläche (Art, Häufigkeit, Dauer),
- die Zugänglichkeit der Fläche,
- die Versiegelung der Fläche und über den Aufwuchs,
- die Möglichkeit der inhalativen Aufnahme von Bodenpartikeln,
- die Relevanz weiterer Wirkungspfade.

Für die Beurteilung der Gefahren durch die inhalative Aufnahme von Bodenpartikeln sind die obersten zwei Zentimeter des Bodens maßgebend. Inhalativ bedeutsam sind solche Schadstoffe, für die sich der inhalative Pfad nach den Ab-

---

[1] Kontaktbereich für orale und dermale Schadstoffaufnahme, zusätzlich 0–2 cm bei Relevanz des inhalativen Aufnahmepfades.

[2] 0–35 cm: durchschnittliche Mächtigkeit aufgebrachter Bodenschichten; zugleich max. von Kindern erreichbare Tiefe.

[1] Kontaktbereich für orale und dermale Schadstoffaufnahme, zusätzlich 0–2 cm bei Relevanz des inhalativen Aufnahmepfades.

[1] Kontaktbereich für orale und dermale Schadstoffaufnahme, zusätzlich 0–2 cm bei Relevanz des inhalativen Aufnahmepfades.

[3] Bearbeitungshorizont.

[4] Hauptwurzelbereich.

II. Bundes-Bodenschutz-AltlastenVO Anhang-Texte

leitungsmaßstäben gemäß § 4 Abs. 5 dieser Verordnung als ausschlaggebend für die Festlegung des Prüfwertes erwiesen hat. Durch Rückstellproben ist sicherzustellen, daß der Schadstoffgehalt in der für die Staubbildung relevanten Feinkornfraktion bis 63 μm gegebenenfalls getrennt analysiert werden kann.

Ist auf Grund vorliegender Erkenntnisse davon auszugehen, daß die Schadstoffe in der beurteilungsrelevanten Bodenschicht annähernd gleichmäßig über eine Fläche verteilt sind, kann auf Flächen bis 10 000 m² für jeweils 1000 m², mindestens aber von 3 Teilflächen, eine Mischprobe entnommen werden. Die Mischprobe soll aus 15 bis 25 Einzelproben einer Beprobungstiefe gewonnen werden. Bei Flächen unter 500 m² sowie in Hausgärten oder sonstigen Gärten entsprechender Nutzung kann auf eine Teilung verzichtet werden. Für Flächen über 10 000 m² sollen mindestens jedoch 10 Teilflächen beprobt werden.

2.1.2 Wirkungspfad Boden – Nutzpflanze

Bei landwirtschaftlich einschließlich gartenbaulich genutzten Böden mit annähernd gleichmäßiger Bodenbeschaffenheit und Schadstoffverteilung soll auf Flächen bis 10 Hektar in der Regel für jeweils 1 Hektar, mindestens aber von 3 Teilflächen eine Mischprobe entsprechend den Beprobungstiefen entnommen werden. Bei Flächen unter 5000 m² kann auf eine Teilung verzichtet werden. Für Flächen größer 10 Hektar sollen mindestens jedoch 10 Teilflächen beprobt werden. Die Probennahme erfolgt nach den Regeln der Probennahme auf landwirtschaftlich genutzten Böden (E DIN ISO 10381-1: 02.96, E DIN ISO 10381-4: 02.96) durch 15 bis 25 Einzeleinstiche je Teilfläche, die zu jeweils einer Mischprobe vereinigt werden.

In Nutzgärten erfolgt die Probennahme in der Regel durch Entnahme einer grundstücksbezogenen Mischprobe für jede Beprobungstiefe und im übrigen in Anlehnung an die Regeln der Probennahme auf Ackerflächen.

Für die Eignung von Geräten zur Probennahme ist E DIN ISO 10381-2: 02.96 maßgebend.

2.1.3 Wirkungspfad Boden – Grundwasser

Beim Wirkungspfad Boden – Grundwasser ist zur Feststellung der vertikalen Schadstoffverteilung die ungesättigte Bodenzone bis unterhalb einer mutmaßlichen Schadstoffanreicherung oder eines auffälligen Bodenkörpers zu beproben. Die Beprobung erfolgt horizont- oder schichtspezifisch. Im Untergrund dürfen Proben aus Tiefenintervallen bis max. 1 m entnommen werden. In begründeten Fällen ist die Zusammenfassung engräumiger Bodenhorizonte bzw. -schichten bis max. 1 m Tiefenintervall zulässig. Auffälligkeiten sind zu beurteilen und gegebenenfalls gesondert zu beproben. Die Beprobungstiefe soll reduziert werden, wenn erkennbar wird, daß bei Durchbohrung von wasserstauenden Schichten im Untergrund eine hierdurch entstehende Verunreinigung des Grundwassers zu besorgen ist. Ist das Durchbohren von wasserstauenden Schichten erforderlich, sind besondere Sicherungsmaßnahmen zu ergreifen. Für die Eignung von Geräten zur Probennahme ist DIN 4021: 10.90 maßgebend.

2.2 Probennahmeplanung Bodenluft

Die Probennahme erfolgt nach VDI-Richtlinie 3865, Blatt 1 und 2.

2.3 Probennahmeplanung bei abgeschobenem und ausgehobenem Bodenmaterial

Die Probennahme erfolgt in Anlehnung an DIN 52101: 03.88 oder nach DIN EN 932-1: 11.96.

2.4 Probengewinnung

2.4.1 Böden, Bodenmaterial und sonstige Materialien

Die notwendige Probemenge richtet sich gemäß DIN 18123: 11.96 nach dem Größtkorn und muß ausreichen, um nach sachgerechter Probenvorbehandlung die Laboruntersuchung sowie gegebenenfalls die Bereitstellung von Rückstellproben zu gewährleisten. Eine Abstimmung mit der Untersuchungsstelle sollte erfolgen.

Grobmaterialien (Materialien > 2 mm) und Fremdmaterialien, die möglicherweise Schadstoffe enthalten oder denen diese anhaften können, sind aus der gesamten Probemenge zu entnehmen und gesondert der Laboruntersuchung zuzuführen. Ihr Massenanteil an dem beprobten Bodenhorizont bzw. der Schichteinheit ist zu ermitteln und zu dokumentieren.

Zur Entnahme von Boden, Bodenmaterial und sonstigen Materialien sind Verfahren anzuwenden, die in der DIN 4021: 10.90 und E DIN ISO 10381-2: 02.96 aufgeführt sind. Bei der Verfahrensauswahl sind über die in der Norm enthaltenen Angaben hinaus die erforderliche Probemenge und der Aufbau des Untergrundes zu berücksichtigen.

2.4.2 Bodenluft

Für die Entnahme von Bodenluftproben gilt VDI-Richtlinie 3865, Blatt 2.

2.5 Probenkonservierung, -transport und -lagerung

Für die Auswahl von Probengefäßen sowie für Probenkonservierung, -transport und -lagerung sind die entsprechenden Regelungen in den Untersuchungsvorschriften nach Nummer 3.1.3, Tabellen 3 bis 7 einzuhalten. Fehlen derartige Regelungen, sind E DIN ISO 10381-1: 02.96 und DIN EN ISO 5667-3: 04.96 zu beachten.

Der Transport der Bodenproben für die Untersuchung organischer Schadstoffe sowie ihre Lagerung erfolgt gemäß E DIN ISO 14507: 02.96.

3. Untersuchungsverfahren

3.1 Untersuchungsverfahren für Böden, Bodenmaterial und sonstige Materialien

3.1.1 Probenauswahl und -vorbehandlung

Im Falle gestufter Untersuchungen ist für den Einzelfall zu entscheiden, in welcher Abfolge im Feld gewonnene Proben zu analysieren sind, und ob ggf. auch eine Zusammenfassung mehrerer Proben zweckmäßig ist. Die Entscheidung und ihre Gründe sind zu dokumentieren.

Die Probenvorbehandlung, einschließlich der Trocknung des Probenmaterials, erfolgt für die Bestimmung physikalisch-chemischer Eigenschaften (Nummer 3.1.3, Tabelle 3) und die Bestimmung anorganischer Schadstoffe (Nummer 3.1.3, Tabelle 4) nach DIN ISO 11464: 12.96. Für organische Schadstoffe ist E DIN ISO 14507: 02.96 anzuwenden.

Ist bei Böden, Bodenmaterial und sonstigen Materialien (insbesondere Schlacken und Bauschutt) eine Auftrennung in Grob- und Feinanteil erforderlich, hat dies über ein Sieb mit einer Maschenweite von 2 mm in die Fraktionen 2 mm (Feinanteil) und > 2 mm (Grobanteil) Korndurchmesser zu erfolgen. Verklumpungen sind zu zerkleinern, wobei aber geringstabile Aggregate (z.B. Carbonat-, Eisen-Konkretionen, Bims) möglichst nicht zerbrochen werden sollten. Beide Fraktionen sind zu wägen, zu beschreiben und zu dokumentieren, und deren Trockenmasseanteil ist zu bestimmen. Der Feinanteil ist zu homogenisieren und zu untersuchen. Bestehen Anhaltspunkte für einen erhöhten Schadstoffgehalt der Fraktion > 2 mm, ist diese Fraktion zu gewinnen und nach Vorzerkleinerung und Homogenisierung ebenfalls zu untersuchen. Im Probenmaterial enthaltene Fremdmaterialien sind erforderlichenfalls getrennt zu untersuchen und bei der Bewertung zu berücksichtigen.

Repräsentative Teile der im Feld entnommenen Proben sind als Rückstellproben aufzubewahren. Art und Umfang der Rückstellung sind nach den Erfordernissen des Einzelfalls zu vereinbaren.

3.1.2 Extraktion, Elution

Königswasserextrakt
Die Bestimmung des Gehaltes an anorganischen Schadstoffen zum Vergleich der Schadstoffaufnahme auf dem Wirkungspfad Boden – Mensch mit den Werten nach Anhang 2 Nummer 1 mit Ausnahme der Cyanide, für den Wirkungspfad Boden – Nutzpflanze auf Ackerbauflächen und in Nutzgärten bezüglich Arsen und Quecksilber nach Anhang 2 Nummer 2.2 und für den Wirkungspfad Boden – Nutzpflanze auf Grünland nach Anhang 2 Nummer 2.3 sowie hinsichtlich der Vorsorgewerte nach Anhang 2 Nummer 4.1 erfolgt aus dem Königswasserextrakt nach DIN ISO 11466: 06.97 aus aufgemahlenen Proben (Korngröße < 150 µm).

Anhang-Texte II. Bundes-Bodenschutz-AltlastenVO

Ammoniumnitratextraktion
Der Ammoniumnitratextrakt nach DIN 19730: 06.97 ist zur Ermittlung der Gehalte anorganischer Schadstoffe für die Bewertung der Schadstoffe im Wirkungspfad Boden – Nutzpflanze auf Ackerbauflächen und in Nutzgärten im Hinblick auf die Pflanzenqualität bezüglich Cadmium, Blei und Thallium nach Anhang 2 Nummer 2.2 sowie auf Ackerbauflächen im Hinblick auf Wachstumsbeeinträchtigungen bei Kulturpflanzen nach Anhang 2 Nummer 2.4 anzuwenden und kann zur Abschätzung von anorganischen Schadstoffkonzentrationen im Sickerwasser nach Nummer 3.3 dieses Anhangs eingesetzt werden.

Extraktion organischer Schadstoffe
Die Bestimmung des Gehaltes an organischen Schadstoffen zum Vergleich der Schadstoffaufnahme auf dem Wirkungspfad Boden – Mensch mit den Werten nach Anhang 2 Nummer 1.2 sowie hinsichtlich der Vorsorgewerte nach Anhang 2 Nummer 4.2 erfolgt aus den in Nummer 3.1.3, Tabelle 5 angegebenen Bodenextrakten. Sollen andere Verfahren angewendet werden, ist dies zu begründen und nachzuweisen, daß deren Ergebnisse mit den Ergebnissen der oben angegebenen Verfahren gleichwertig oder vergleichbar sind.

Elution mit Wasser
Für die Herstellung von Eluaten mit Wasser zur Abschätzung von Schadstoffkonzentrationen im Sickerwasser nach Nummer 3.3 dieses Anhangs sind die in Tabelle 2 angegebenen Verfahren anzuwenden.

Tabelle 2: Verfahren zur Herstellung von Eluaten mit Wasser

Verfahren	Verfahrenshinweise	Methode

– Probenmasse unter Berücksichtigung der Trockenmasse nach DIN 38414–2: 11.85 bzw. nach DIN ISO 11465: 12.96
– Filtration siehe (2)

anorganische Stoffe		
Bodensättigungsextrakt	Verfahren siehe (1)	
Elution mit Wasser		DIN 38414–4: 10.84
organische Stoffe		
Säulen- oder Lysimeterversuch	Die zu erwartende Geschwindigkeit, mit der sich stoffspezifisch die Gleichgewichtskonzentration einstellt, ist zu beachten.	

II. Bundes-Bodenschutz-AltlastenVO **Anhang-Texte**

(1) Gewinnung des Bodensättigungsextraktes

Zur Vorbereitung wird der Bodenprobe in einem Polyethylen-Gefäß langsam soviel bidestilliertes Wasser zugegeben, daß sie vollständig durchfeuchtet ist. Die benötigte Menge an Wasser zur Vorbefeuchtung ist bodenartabhängig und sollte ungefähr der Feldkapazität entsprechen. Bei sandigen Proben wird von ca. 25 %, bei lehmig/schluffigen Proben von ca. 35 % und bei tonigen Proben von ca. 40 % der Einwaage lufttrockenen Bodens ausgegangen. Die zugegebene Wassermenge ist gravimetrisch zu erfassen und zu notieren. Die Probe wird gut vermischt und unter Verdunstungsschutz 24 h bei 5 °C stehengelassen.

Zur Herstellung des Bodensättigungsextrakts wird das vorbefeuchtete Bodenmaterial in Zentrifugenbecher überführt. Bidestilliertes Wasser wird unter ständigem Rühren langsam zugegeben, bis die Fließgrenze erreicht ist (Bildung einer glänzenden Oberfläche und Zerfließen einer Spachtelkerbe). Bei tonigen Proben muß 15 min bis zum Abschluß der Quellung gewartet und gegebenenfalls Wasser nachgegeben werden. Die zugegebene Wassermenge wird gravimetrisch erfaßt und die Bodenpaste mit einem Glasstab verrührt. Die Bodenpaste ist zur Gleichgewichtseinstellung 24 h im Kühlschrank oder -raum bei 5 °C unter Verdunstungsschutz aufzubewahren.

Aus der Einwaage lufttrockenen Bodens und zweimaliger Wasserzugabe wird das Boden/Wasser-Verhältnis berechnet. Dabei ist der Wassergehalt der lufttrockenen Probe an einem Aliquot separat zu erfassen (Trocknung bei 105 °C bis zur Gewichtskonstanz) und rechnerisch zu berücksichtigen.

Zur Gewinnung der Gleichgewichtsbodenlösung erfolgt die Zentrifugation in einer Kühlzentrifuge für 30 min. Die überstehende Lösung wird dekantiert und zur Abtrennung suspendierter Partikel in zuvor gewogene Polyethylen-Weithalsflaschen mittels Unterdruck membranfiltriert. Die Filtratmenge ist gravimetrisch zu bestimmen. Die Lösungen sind durch Zugabe von 10 Volumenanteilen Salpetersäure (c = 5 mol/l) zu stabilisieren, wobei die Säurezugabe bei der Auswertung von Meßergebnissen und der Erstellung von Kalibrierlösungen zu berücksichtigen ist.

(2) Filtrationsschritt

Verwendet wird eine Druckfiltrationseinheit für Membranfilter (142 mm Durchmesser, medienführende Teile aus PTFE) mit einem Membranfilter mit 0,45 µm Porenweite. Bei Nutzung abweichender Geräte ist das zu filtrierende Volumen entsprechend der Filterfläche zu verändern; das Verhältnis von filtrierendem Volumen und Filterfläche ist einzuhalten.

Nach dem Schütteln ist die Suspension ca. 15 min zur Sedimentation der gröberen Partikel stehenzulassen. Die überstehende Flüssigkeit ist im Zentrifugenbecher weitestgehend zu dekantieren. Die Zentrifugation erfolgt für 30 min mit 2000 g. Danach erfolgt das weitestgehend vollständige Dekantieren der überstehenden Flüssigkeit in die Membrandruckfiltrationsapparatur. Nach 5 min druckloser Filtration wird zur Beschleunigung der Filtration ein Druck von 1 bar angelegt. Haben nach 15 min weniger als zwei Drittel des Eluats das Filter passiert, wird der Druck auf 2 bar erhöht. Falls erforderlich, wird der Druck nach weiteren 30 min auf 3,5 bar erhöht. Die Filtration wird solange fortgesetzt, bis der gesamte Überstand der Zentrifugation das Filter passiert hat. Ist die Filtration nach 120 min noch unvollständig, wird sie abgebrochen und mit dem unvollständigen Filtrat weitergearbeitet.

3.1.3 Analysenverfahren

Böden, Bodenmaterial und sonstige Materialien
Die Analyse von Böden, Bodenmaterial und gegebenenfalls von sonstigen Materialien ist nach den in den Tabellen 3 bis 5 aufgeführten Untersuchungsverfahren auszuführen.

Sollen unter Nennung der Gründe andere Verfahren angewendet werden, ist nachzuweisen und zu dokumentieren, daß deren Ergebnisse mit den Ergebnissen der in den Tabellen 3 bis 5 angegebenen Verfahren gleichwertig oder vergleichbar sind. Inwieweit einzelne Verfahren insbesondere auch unter den unter Nummer 4.2 genannten Gesichtspunkten anwendbar sind, ist im Einzelfall zu prüfen. Die Schadstoffgehalte sind auf Trockenmasse (105 °C) zu beziehen. Sie müssen in der gleichen Einheit wie die entsprechenden Prüf-, Maßnahmen- und Vorsorgewerte in Anhang 2 angegeben werden.

II. Bundes-Bodenschutz-AltlastenVO   **Anhang-Texte**

Tabelle 3: Analyse physikalisch-chemischer Eigenschaften

Untersuchungsparameter	Verfahrenshinweise	Methode

1) „Fingerprobe" im Gelände★
2) Siebung, Dispergierung, Pipett-Analyse★
3) Siebung, Dispergierung, Aräometermethode

Bestimmung der Trockenmasse	feldfrische oder luftgetrocknete Bodenproben	DIN ISO 11465: 12.96
Organischer Kohlenstoff und Gesamtkohlenstoff nach getrockneter Verbrennung	luftgetrocknete Bodenproben	DIN ISO 10694: 08.06
pH-Wert-CaCl	Suspension der feldfrischen oder luftgetrockneten Bodenprobe in CaCl-Lösung; c(CaCl): 0,01 mol/l	DIN ISO 10390: 05.07
Korngrößenverteilung		Bodenkundliche Kartieranleitung, 4. Auflage, 1994; DIN 19682-2: 04.97
		E DIN ISO 11277: 06.94 DIN 19683-2: 04.07
		DIN 18123: 11.96 E DIN ISO 11277: 06.94
Rohdichte	Trocknung einer volumengerecht entnommenen Bodenprobe bei 105 °C, rückwigen	E DIN ISO 11272: 19683-12: 04.73

★ Empfohlene Methoden.

Anhang-Texte II. Bundes-Bodenschutz-AltlastenVO

Tabelle 4: Analyse anorganischer Schadstoffgehalte

Untersuchungsparameter	Verfahrenshinweise	Methode

1) Extraktion mit phosphatgepufferter Aluminiumsulfatlösung
2) Elution mit Wasser, Abtrennung von Cr(III), Bestimmung von löslichem Cr(VI) in Böden

Untersuchungsparameter	Verfahrenshinweise	Methode
Cd, Cr, Cu, Ni, Pb, Tl, Zn	AAS	E DIN ISO 11047: 06.95
As, Cd, Cr, Cu, Ni, Pb, Tl, Zn	ICP-AES (ICP-MS möglich) Berücksichtigung von spektralen Störungen bei hohen Matrixkonzentrationen erforderlich	DIN EN ISO 11885: 04.98
Arsen (As)	ET-AAS	In Analogie zu E DIN ISO 11047: 06.95
	Hydrid-AAS	DIN EN ISO 11969: 11.96
Quecksilber (Hg)	AAS-Kaltdampftechnik Bei der	DIN EN 1483: 08.97 Reduktion
	Probenvorbehandlung darf die Trocknungstemperatur 40 °C nicht überschreiten	mit Zinn(II)-chlorid oder NaBH4
Chrom & (VI)		Spiktralphotometrie DIN 19734: 01.99 DIN 38405-24: 05.87
Cyanide		E DIN ISO 11262: 06.95

Tabelle 5: Analyse organischer Schadstoffgehalte

Untersuchungsparameter	Verfahrenshinweise	Methode

1) Soxhlet-Extraktion mit Toluol, chromatographisches Cleanup; Quantifizierung mittels GC-MS
2) Extraktion mit Tetrahydrofuran oder Acetonitril; Quantifizierung mittels HPLC-UV/DAD/F★
3) Extraktion mit Aceton, Zugeben von Petrolether, Entfernung des Acetons, chromatographische Reinigung des Petroletherextraktes, Aufnahme in Acetonitril; Quantifizierung mittels HPLC-UV/DAD/F
4) Extraktion mit einem Wasser/Aceton/Petrolether-Gemisch in Gegenwart von NaCl; Quantifizierung mittels GC-MS oder HPLC-UV/DAD/F
1) Extraktion mit Petrolether oder Aceton/Petrolether-Gemisch, chromatographische Reinigung; Quantifizierung mittels GC-ECD oder GC-MS★
2) Extraktion mit Wasser/Aceton/Petrolether-Gemisch; Quantifizierung mittels GC-ECD oder GC-MS

★ Empfohlene Methode

II. Bundes-Bodenschutz-AltlastenVO **Anhang-Texte**

1) Extraktion mit Heptan oder Aceton/Petrolether, chromatographische Reinigung; Quantifizierung mittels GC-ECD (GC-MS möglich)
2) Soxhlet-Extraktion mit Heptan, Hexan oder Pentan, chromatographische Reinigung an AgNO)3(/) Kieselgelsäule; Quantifizierung mittels GC-ECD (GC-MS möglich)
3) Extraktion mit einem Wasser/Aceton/Petrolether-Gemisch in Gegenwart von NaCl; Quantifizierung mittels GC-ECD (GC-MS möglich)

Polycyclische aromatische Kohlenwasserstoffe (PAK): 16 PAK (EPA) Benzo(a)pyren		Merkblatt Nr. 1 des LUA-NRW, 1994*
		Merkblatt Nr. 1 des LUA-NRW, 1994* E DIN ISO 13877: 06.95 VDLUFA-Methodenbuch, Band VII; Handbuch Altlasten Bd. 7, LfU HE
Hexachlorbenzol	Extraktion mit Aceton/Cyclohexan-Gemisch oder Aceton/Petrolether, ggf. chromagische Reinigung nach Entfernen des Actons; Quantifizierung mittels GC-ECD oder GC-MS	E DIN ISO 10382: 02.98
Pentachlorphenol	Soxhlet-Extraktion mit oder Aceton/Heptan (50:50); Derivatisierung mit Essigsäureanhydrid; Quantifizierung mittels GC-ECD oder GC-MS	E DIN ISO 14154: 10.97
Aldrin, DDT, HCH-Gemisch		E DIN ISO 10382: 02.98* VDLUFA-Methodenbuch, Band VII
Polychlorierte Biphenyle (PCB): 6 PCB-Kongenere (Nr. 28, 52, 101, 138, 153 180 nach Ballschmiter)		E DIN ISO 10382: 02.98
		DIN 38414-20: 01.96 VDLUFA-Methodenbuch, Band VII
Polychlorierte Dibenzodioxine und Dibenzofurane	Soxhlet-Extraktion gefriergetrockneter Proben mit Toluol, chromatographische Reinigung; Quantifizierung mittels GC-MS	nach Klärschlammverordnung unter Beachtung von DIN 38414-24: 04.98, VDI-Richtlinie 3499, Blatt 1: 03.90

* Empfohlene Methode.
* Durch geeignete Maßnahmen oder eine geeignete gerätetechnische Ausstattung ist die Bestimmungsgrenze dem Untersuchungsziel anzupassen.

Anhang-Texte

II. Bundes-Bodenschutz-AltlastenVO

Eluate und Sickerwasser

Die analytische Bestimmung der anorganischen Stoffkonzentrationen in Eluaten und Sickerwasser ist nach den in Tabelle 6 aufgeführten Analyseverfahren durchzuführen, die Bestimmung der organischen Stoffkonzentrationen im Sickerwasser erfolgt nach den in Tabelle 7 genannten Methoden.

Sollen unter Nennung der Gründe andere Verfahren angewendet werden, ist nachzuweisen, daß deren Ergebnisse mit den Ergebnissen der in Tabelle 6 und 7 angegebenen Verfahren gleichwertig oder vergleichbar sind.

Tabelle 6: Bestimmung der Konzentration anorganischer Schadstoffe in Eluaten und Sickerwasser

Untersuchungsparameter	Verfahrenshinweise	Methode
As, Cd, Cr, Co, Cu, Mo, Ni, Pb, Sb, Se, Sn, Tl, Zn	ICP-AES (ICP-MS möglich)	Auf der Grundlage DIN EN ISO 11885: 04.98*
Arsen (As), Antimon (Sb)	Hydrid-AAS	DIN EN ISO 11969: 11.96
Blei (Pb)	AAS	DIN 38406-6: 07.98
Cadmium (Cd)	AAS	DIN EN ISO 5961: 05.95
Chrom (Cr), gesamt	AAS	DIN EN 1233: 08.96
Chrom (Cr VI)	Spektralphotometrie Ionenchromatographie	DIN 38405-24: 05.87 DIN EN ISO 10 304-3: 11.97
Cobalt (Co)	AAS	DIN 38406-24: 03.93
Kupfer (Cu)	AAS	DIN 38406-7: 09.91
Nickel (Ni)	AAS	DIN 38406-11: 09.91
Quecksilber (Hg)	AAS-Kaltdampftechnik	DIN EN 1483: 08.97
Selen (Se)	AAS	DIN 38405-23: 10.94
Zink (Zn)	AAS	DIN 38406-8: 10.80
Cyanid (CN-), gesamt	Spektralphotometrie	DIN 38405-13: 02.81 E DIN EN ISO 14403: 05.98
Cyanid (CN-), leicht freisetzbar	Spektralphotometrie	DIN 38405-13: 02.81
Fluorid (F-)	Fluoridsensitive Elektrode Ionenchromatographie	DIN 38405-4: 07.85 DIN EN ISO 10304-1: 04.95

* Durch geeignete Maßnahmen oder eine geeignete gerätetechnische Ausstattung ist die Bestimmungsgrenze dem Untersuchungsziel anzupassen.

II. Bundes-Bodenschutz-AltlastenVO   **Anhang-Texte**

Tabelle 7: Bestimmung der Konzentration organischer Schadstoffe in Bodensickerwasser

Untersuchungsparameter	Verfahrenshinweise	Methode
Benzol	GC-FID	DIN 38 407-9: 05.91*
BTEX	GC-FID Matrixbelastung beachten	DIN 38 407-9: 05.91
Leichtflüchtige Halogenkohlenwasserstoffe (LHKW)	GC-ECD	DIN EN ISO 10 301: 08.97
Aldrin	GC-ECD (GC-MS möglich)	DIN 38 407-2: 02.93
DDT	GC-ECD (GC-MS möglich)	DIN 38 407-2: 02.93
Phenole	GC-ECD	ISO/DIS 8165-2: 01.97
Chlorphenole	GC-ECD oder GC-MS	ISO/DIS 8165-2: 01.97
Chlorbenzole	GC-ECD (GC-MS möglich)	DIN 38 407-2: 02.93
PCB, gesamt	GC-ECD GC-ECD oder GC-MS	DIN EN ISO 6468: 02.97 DIN 51 527-1: 05.87 DIN 38 407-3: 07.98
PAK, gesamt	HPLC-F	DIN 38 407-8: 10.95
Naphthalin	GC-FID oder GC-MS	DIN 38 407-9: 05.91
Mineralölkohlenwasserstoffe	Extraktion mit Petrolether, gaschromatographische Quantifizierung	nach ISO/TR 11 046: 06.94

* Anpassung der Bestimmungsgrenze erforderlich.

3.2 Untersuchung von Bodenluft

Die Untersuchung von Bodenluft erfolgt nach VDI-Richtlinie 3865 Blatt 2 und 3.

3.3 Verfahren zur Abschätzung des Stoffeintrags aus Verdachtsflächen oder altlastverdächtigen Flächen in das Grundwasser

Die Stoffkonzentrationen und -frachten im Sickerwasser und der Schadstoffeintrag in das Grundwasser im Übergangsbereich von der ungesättigten zur wassergesättigten Bodenzone (Ort der Beurteilung) können abgeschätzt werden, es sei denn, günstige Umstände ermöglichen eine repräsentative Beprobung von Sickerwasser am Ort der Beurteilung.

Diese Abschätzung kann annäherungsweise

– durch Rückschlüsse oder Rückrechnungen aus Untersuchungen im Grundwasserabstrom unter Berücksichtigung der Stoffkonzentration im Grundwasseranstrom, der Verdünnung, des Schadstoffverhaltens in der ungesättigten und gesättigten Bodenzone sowie des Schadstoffinventars im Boden,
– auf der Grundlage von Insitu-Untersuchungen oder

– auf der Grundlage von Materialuntersuchungen im Labor (Elution, Extraktion), bei anorganischen Stoffen insbesondere der Elution mit Wasser, gemäß Tabelle 2

auch unter Anwendung von Stofftransportmodellen erfolgen.

Die Stoffkonzentrationen im Sickerwasser können am Ort der Probennahme

– für anorganische Schadstoffe mit den Ergebnissen des Bodensättigungsextraktes ansatzweise gleichgesetzt werden; Abschätzungen unter Heranziehung von Analysenergebnissen nach Tabelle 6 und anderer Elutionsverfahren (z.B. DIN 19730 oder DIN 38414-4) sind zulässig, wenn die Gleichwertigkeit der Ergebnisse insbesondere durch Bezug dieser Ergebnisse auf den Bodensättigungsextrakt sichergestellt ist; Ergebnisse nach DIN 38414-4:10.84 können nur verwendet werden, wenn die Filtration nach Nummer 3.1.2 dieser Verordnung durchgeführt wurde;

– für organische Stoffe aus Säulenversuchen der entnommenen Proben unter Beachtung der Standortbedingungen am Entnahmeort, insbesondere im Hinblick auf die Kontaktzeit, mit Verfahren nach Tabelle 7 ermittelt werden.

Die Analysenergebnisse der Untersuchung von Sickerwasser, Grundwasser, Extrakten und Eluaten sowie von Bodenproben sind mit dem jeweiligen Untersuchungsverfahren anzugeben. Die darauf beruhende Abschätzung der Sickerwasserbeschaffenheit und -frachten für den Übergangsbereich von der ungesättigten zur wassergesättigten Zone ist im einzelnen darzulegen und zu begründen.

Für die Abschätzung sind insbesondere Verfahren heranzuziehen, die mit Erfolg bei praktischen Fragestellungen angewendet worden sind. Hierzu sind im Einzelfall gutachterliche Feststellungen zu treffen.

Ergänzend sind folgende Anwendungshinweise zu beachten:

Wenn im Einzelfall einer schädlichen Bodenveränderung oder Altlast ein Zutritt von sauren Sickerwässern, ein Zutritt von Lösevermittlern bzw. eine Änderung des Redoxpotentials zu erwarten ist, sollten entsprechende weitere Extraktionsverfahren angewendet werden.

Bei der Abschätzung des Schadstoffeintrags im Übergangsbereich von der ungesättigten zur gesättigten Zone ist insbesondere die Abbau- und Rückhaltewirkung der ungesättigten Zone zu berücksichtigen. Hierbei sind vor allem folgende Kriterien maßgebend:

– Grundwasserflurabstand,
– Bodenart,
– Gehalt an organischer Substanz (Humusgehalt),
– pH-Wert,
– Grundwasserneubildungsrate/Sickerwasserrate,
– Mobilität und Abbaubarkeit der Stoffe.

II. Bundes-Bodenschutz-AltlastenVO **Anhang-Texte**

Der Einfluß dieser Faktoren auf die Stoffrückhaltung in der ungesättigten Zone wird auf Grund allgemein vorliegender wissenschaftlicher Erkenntnisse und Erfahrungen für den jeweiligen Standort abgeschätzt. Auch der Einsatz von Stofftransportmodellen kann zweckmäßig sein.

Bei direkter Beprobung und Untersuchung von Sickerwasser ist bei der Bewertung der gemessenen Stoffkonzentrationen deren witterungsbedingte Dynamik zu berücksichtigen.

4. Qualitätssicherung

4.1 Probennahme und Probenlagerung

Die Festlegung der Probennahmestellen und der Beprobungstiefen sowie die Probennahme sind durch hierfür qualifiziertes Personal durchzuführen.

Probennahme, Probentransport und Probenlagerung haben so zu erfolgen, daß eine Beeinflussung der chemischen, physikalischen und biologischen Beschaffenheit des Probenmaterials durch Arbeitsverfahren und/oder -materialien sowie aus Lagerungsbedingungen so weit wie möglich ausgeschlossen wird.

Die Probennahme ist zu dokumentieren. Die Dokumentation soll alle für die Laboruntersuchung und die Auswertung der Untersuchungsergebnisse relevanten Informationen enthalten, insbesondere Angaben zu

- Probennahmezeitpunkt, Probennehmer,
- der Lage der Untersuchungsfläche und der Probennahmepunkte,
- Flächenbezeichnung,
- Beprobungstiefe,
- Bodenhorizonten, gemäß Bodenkundlicher Kartieranleitung, 4. Auflage, berichtigter Nachdruck 1996,
- Schichtenverzeichnis,
- Entnahmeverfahren,
- ehemaliger und gegenwärtiger Flächennutzung, Vorkenntnissen zu Kontaminationen.

Bestehende Normen, Regelungen der Länder und fachliche Regeln zur Qualitätssicherung sind zu beachten.

4.2 Probenvorbehandlung und Analytik

Es sind geeignete interne und externe Qualitätssicherungsmaßnahmen, insbesondere hinsichtlich der Reproduzierbarkeit (Präzision) und Richtigkeit der Untersuchungsergebnisse, durchzuführen, zu überwachen und zu dokumentieren.

Anhang-Texte
II. Bundes-Bodenschutz-AltlastenVO

Interne Qualitätssicherungsmaßnahmen sind insbesondere:

- die Durchführung von unabhängigen Mehrfachbestimmungen,
- die Kalibrierung von Meß- und Prüfmitteln,
- der Einsatz zertifizierter und/oder laborinterner Referenzmaterialien zur Qualitätskontrolle von Reproduzierbarkeit und Richtigkeit,
- Plausibilitätskontrolle der Untersuchungsergebnisse.

Externe Qualitätssicherungsmaßnahmen sind insbesondere:

- die erfolgreiche Teilnahme an Vergleichsprüfungen, insbesondere Ringversuche,
- Kompetenzbestätigung gemäß DIN EN 45001: 05.90.

Für die angewendeten Untersuchungsverfahren sind die Nachweis- und Bestimmungsgrenzen nach DIN 32645: 05.94 anzugeben. Das Bestimmungsverfahren ist so auszuwählen, daß auf Grund der Bestimmungsgrenze die Über- und Unterschreitung der entsprechenden Prüf-, Maßnahmen- und Vorsorgewerte nach Anhang 2 sicher beurteilt werden kann. Die angewendeten Bestimmungsverfahren sind zu dokumentieren.

Für das Analysenergebnis ist eine Meßunsicherheit gemäß DIN 1319-3: 05.96 und/oder DIN 1319-4: 12.85 anzugeben.

5. Abkürzungsverzeichnis

5.1 Maßeinheiten

-9-6-33-6-3-2421 ng (Nanogramm)	= 10 g	= 0,000 000 001 Gramm
1 µg (Mikrogramm)	= 10 g	= 0,000 001 Gramm
1 mg (Milligramm)	= 10 g	= 0,001 Gramm
1 kg (Kilogramm)	= 10 g	= 1000 Gramm
1 µm (Mikrometer)	= 10 m	= 0,000 001 Meter
1 mm (Millimeter)	= 10 m	= 0,001 Meter
1 cm (Zentimeter)	= 10 m	= 0,01 Meter
1 ha (Hektar)	= 10 m	= 10 000 Quadratmeter
°C – Grad Celsius		

5.2 Instrumentelle Analytik

AAS	–	Atomabsorptionsspektrometrie
ET AAS	–	Atomabsorptionsspektrometrie mit elektrothermaler Anregung
ICP-AES	–	Atomemissionsspektrometrie mit induktiv gekoppeltem Plasma
GC	–	Gaschromatographie
HPLC	–	Hochleistungsflüssigkeitschromatographie

Detektoren (GC, HPLC):

DAD	–	Dioden-Array-Detektor
ECD	–	Elektroneneinfangdetektor
FID	–	Flammenionisationsdetektor
F	–	Fluoreszenzdetektor
UV	–	Ultraviolett- Detektor
MS	–	Massenspektrometer

5.3 Sonstige Abkürzungen

TM	–	Trockenmasse
I-TEq	–	Internationale Toxizitätsäquivalente
PTFE	–	Polytetrafluorethylen

6 PCB-Kongonere PCB6 nach Ballschmiter:

Nr. 28:	2,4,4'	Trichlorbiphenyl
Nr. 52:	2,2',5,5'	Tetrachlorbiphenyl
Nr. 101:	2,2',4,5,5'	Pentachlorbiphenyl
Nr. 138:	2,2',3,4,4',5	Hexachlorbiphenyl
Nr. 153:	2,2',4,4',5,5'	Hexachlorbiphenyl
Nr. 180:	2,2',3,4,4',5,5'	Heptachlorbiphenyl

16 PAK (EPA):

Naphthalin
Acenaphthylen
Acenaphthen
Fluoren
Phenanthren
Anthracen
Fluoranthen
Pyren
Benz(a)anthracen
Chrysen
Benzo(b)fluoranthen
Benzo(k)fluoranthen
Benzo(a)pyren
Dibenz(a,h)anthracen
Indeno(1,2,3-cd)pyren
Benzo(g,h,i)perylen

Anhang-Texte II. Bundes-Bodenschutz-AltlastenVO

6. Normen, Technische Regeln und sonstige Methoden, Bezugsquellen

6.1 Normen, Technische Regeln und sonstige Methoden

E DIN ISO 10 381-1: 02.96
Bodenbeschaffenheit – Probenahme – Teil 1: Anleitung zur Aufstellung von Probenahmeprogrammen (ISO/DIS 10 381-1: 1995)
E DIN ISO 10 381-2: 02.96
Bodenbeschaffenheit – Probenahme – Teil 2: Anleitung für Probenahmeverfahren (ISO/DIS 10 381-2: 1995)
E DIN ISO 10 381-3: 02.96
Bodenbeschaffenheit – Probenahme – Teil 3: Anleitung zur Sicherheit (ISO/DIS 10 381-3: 1995)
E DIN ISO 10 381-4: 02.96
Bodenbeschaffenheit – Probenahme – Teil 4: Anleitung für das Vorgehen bei der Untersuchung von natürlichen, naturnahen und Kulturstandorten (ISO/DIS 10 381-4: 1995)
E DIN ISO 10382: 02.98
Bodenbeschaffenheit – Gaschromatographische Bestimmung des Gehaltes an polychlorierten Biphenylen (PCB) und Organopestiziden (OCP) (ISO/CD 10 382: 1995)
DIN ISO 10 390: 05.97
Bodenbeschaffenheit – Bestimmung des pH-Wertes (ISO 10 390: 1994)
DIN ISO 10 694: 08.96
Bodenbeschaffenheit – Bestimmung von organischem Kohlenstoff und Gesamtkohlenstoff nach trockener Verbrennung (Elementaranalyse) (ISO 10 694: 1995)
ISO/TR 11 046: 06.94
Soil quality – Determination of mineral oil content – Methods by infrared spectrometry and gas chromatographic method
E DIN ISO 11 047: 06.95
Bodenbeschaffenheit – Bestimmung von Cadmium, Chrom, Cobalt, Kupfer, Blei, Mangan, Nickel und Zink – Flammen- und elektrothermisches atomabsorptionsspektrometrisches Verfahren (ISO/DIS 11 047)
E DIN ISO 11 262: 06.94
Bodenbeschaffenheit – Bestimmung von Cyaniden
E DIN ISO 11 272: 01.94
Bodenbeschaffenheit – Bestimmung der Trockenrohdichte (ISO/DIS 11 272: 1992)
E DIN ISO 11 277: 06.94
Bodenbeschaffenheit – Bestimmung der Partikelgrößenverteilung in Mineralböden – Verfahren durch Sieben und Sedimentation nach Entfernen der löslichen Salze, der organischen Substanz und der Carbonate (ISO/DIS 11 277: 1994)

DIN ISO 11 464: 12.96
Bodenbeschaffenheit – Probenvorbehandlung für physikalisch-chemische Untersuchungen (ISO/DIS 11 464: 1994)

DIN ISO 11 465: 12.96
Bodenbeschaffenheit – Bestimmung des Trockenrückstandes und des Wassergehalts auf Grundlage der Masse -Gravimetrisches Verfahren (ISO 11 465: 1993)

DIN ISO 11 466: 06.97
Bodenbeschaffenheit – Extraktion in Königswasser löslicher Spurenelemente (ISO 11 466: 1995)

E DIN ISO 13 877: 06.95
Bodenbeschaffenheit – Bestimmung von polycyclischen aromatischen Kohlenwasserstoffen (PAK) – Hochleistungs-Flüssigkeitschromatographie – (HPLC) Verfahren (ISO/DIS 13 877)

E DIN ISO 14 154: 10.97
Bodenbeschaffenheit – Bestimmung von ausgewählten Chlorphenolen in Böden – Gaschromatographisches Verfahren (ISO/CD 14 154: 1997)

E DIN ISO 14 507: 02.96
Bodenbeschaffenheit – Probenvorbehandlung für die Bestimmung von organischen Verunreinigungen in Böden (ISO/DIS 14 507)

DIN 19 730: 06.97
Bodenbeschaffenheit – Extraktion von Spurenelementen mit Ammoniumnitratlösung

DIN 19 731: 05.98
Bodenbeschaffenheit – Verwertung von Bodenmaterial

DIN 19 734: 01.99
Bodenbeschaffenheit – Bestimmung von Chrom(VI) in phosphatgepufferter Lösung

DIN 19 682-2: 04.97
Bodenuntersuchungsverfahren im Landwirtschaftlichen Wasserbau – Felduntersuchungen – Teil 2: Bestimmung der Bodenart

DIN 19 683-2: 04.97
Bodenuntersuchungsverfahren im Landwirtschaftlichen Wasserbau – Physikalische Laboruntersuchungen, Bestimmung der Korngrößenzusammensetzung nach Vorbehandlung mit Natriumpyrophosphat

DIN 19 683-12: 04.73
Bodenuntersuchungsverfahren im Landwirtschaftlichen Wasserbau; Physikalische Laboruntersuchungen, Bestimmung der Rohdichte

DIN EN 1233: 08.96
Wasserbeschaffenheit – Bestimmung von Chrom – Verfahren mittels Atomabsorptionsspektrometrie; Deutsche Fassung EN 1233: 1996

Anhang-Texte II. Bundes-Bodenschutz-AltlastenVO

DIN EN ISO 5667-3: 04.96
Wasserbeschaffenheit – Probenahme – Teil 3: Anleitung zur Konservierung und Handhabung von Proben (ISO 5667-3: 1994); Deutsche Fassung EN ISO 5667-3: 1995 (A 21)

DIN EN ISO 5961: 05.95
Wasserbeschaffenheit – Bestimmung von Cadmium durch Atomabsorptionsspektrometrie (ISO 5961: 1994); Deutsche Fassung EN ISO 5961: 1995 (A 19)

DIN EN ISO 6468: 02.97
Wasserbeschaffenheit – Bestimmung ausgewählter Organoinsektizide, Polychlorbiphenyle und Chlorbenzole; Gaschromatographisches Verfahren nach Flüssig-Flüssig-Extraktion (ISO 6468: 1996); Deutsche Fassung EN ISO 6468: 1996

ISO/DIS 8165-2: 01.97
Water quality – Determination of Selected Monohydric Phenols by Derivatisation and Gas Chromatography

DIN EN ISO 10301: 08.97
Wasserbeschaffenheit – Bestimmung leichtflüchtiger halogenierter Kohlenwasserstoffe – Gaschromatographische Verfahren (ISO 10301: 1997); Deutsche Fassung EN ISO 10301: 1997

DIN EN ISO 10304-1: 04.95
Wasserbeschaffenheit – Bestimmung der gelösten Anionen Fluorid, Chlorid, Nitrit, Orthophosphat, Bromid, Nitrat und Sulfat mittels Ionenchromatographie – Teil 1: Verfahren für gering belastete Wässer (ISO 10304-1: 1992); Deutsche Fassung EN ISO 10304-1: 1995 (D 19)

DIN EN ISO 10304-3: 11.97
Wasserbeschaffenheit – Bestimmung der gelösten Anionen mittels Ionenchromatographie – Teil 3: Bestimmung von Chromat, Iodid, Sulfit, Thiocyanat und Thiosulfat (ISO 10304-3: 1997); Deutsche Fassung EN ISO 10304-3: 1997 (D 22)

DIN EN ISO 11885: 04.98
Wasserbeschaffenheit – Bestimmung von 33 Elementen durch induktiv gekoppelte Plasma-Atom-Emissionsspektrometrie (ISO 11885: 1996); Deutsche Fassung EN ISO 11885: 1997

DIN EN ISO 11969: 11.96
Wasserbeschaffenheit – Bestimmung von Arsen – Atomabsorptionsspektrometrie (Hydridverfahren)

E DIN EN ISO 14403: 05.98
Wasserbeschaffenheit – Bestimmung des gesamten Cyanids und des freien Cyanids mit der kontinuierlichen Fließanalytik (ISO/DIS 14403: 1998); Deutsche Fassung prEN ISO 14403: 1998

DIN 38405-4: 07.85
Deutsche Einheitsverfahren zur Wasser-, Abwasser- und Schlammuntersuchung – Anionen (Gruppe D); Bestimmung von Fluorid (D 4)

DIN 38 405-13: 02.81
Deutsche Einheitsverfahren zur Wasser-, Abwasser- und Schlammuntersuchung –
Anionen (Gruppe D); Bestimmung von Cyaniden (D 13)

DIN 38 405-23: 10.94
Deutsche Einheitsverfahren zur Wasser-, Abwasser- und Schlammuntersuchung –
Anionen (Gruppe D) – Teil 23: Bestimmung von Selen mittels Atomabsorptionsspektrometrie (AAS) (D 23)

DIN 38 405-24: 05.87
Deutsche Einheitsverfahren zur Wasser-, Abwasser- und Schlammuntersuchung –
Anionen (Gruppe D) – Teil 24: Photometrische Bestimmung von Chrom(VI) mittels 1,5-Diphenylcarbazid (D 24)

DIN 38 406-6: 07.98
Deutsche Einheitsverfahren zur Wasser-, Abwasser- und Schlammuntersuchung –
Kationen (Gruppe E) – Bestimmung von Blei mittels Atomabsorptionsspektrometrie (AAS) (E 6)

DIN 38 406-7: 09.91
Deutsche Einheitsverfahren zur Wasser-, Abwasser- und Schlammuntersuchung;
Kationen (Gruppe E); Bestimmung von Kupfer mittels Atomabsorptionsspektrometrie (AAS) (E 7)

DIN 38 406-8: 10.80
Deutsche Einheitsverfahren zur Wasser-, Abwasser- und Schlammuntersuchung;
Kationen (Gruppe E); Bestimmung von Zink (E 8)

DIN 38 406-11: 09.91
Deutsche Einheitsverfahren zur Wasser-, Abwasser- und Schlammuntersuchung;
Kationen (Gruppe E); Bestimmung von Nickel mittels Atomabsorptionsspektrometrie (AAS) (E 11)

DIN 38 406-24: 03.93
Deutsche Einheitsverfahren zur Wasser-, Abwasser- und Schlammuntersuchung;
Kationen (Gruppe E); Bestimmung von Cobalt mittels Atomabsorptionsspektrometrie (AAS) (E 24)

DIN 38 407-2: 02.93
Deutsche Einheitsverfahren zur Wasser-, Abwasser- und Schlammuntersuchung;
Gemeinsam erfaßbare Stoffgruppen (Gruppe F); Gaschromatographische Bestimmung von schwerflüchtigen Halogenkohlenwasserstoffen (F 2)

DIN 38 407-3: 07.98
Deutsche Einheitsverfahren zur Wasser-, Abwasser- und Schlammuntersuchung;
Gemeinsam erfaßbare Stoffgruppen (Gruppe F); Teil 3: Gaschromatographische Bestimmung von polychlorierten Biphenylen (F 3)

DIN 38 407-8: 10.95
Deutsche Einheitsverfahren zur Wasser-, Abwasser- und Schlammuntersuchung;
Gemeinsam erfaßbare Stoffgruppen (Gruppe F); Bestimmung von 6 polycycli-

schen aromatischen Kohlenwasserstoffen (PAK) in Wasser mittels Hochleistungs-Flüssigkeitschromatographie (HPLC) mit Fluoreszenzdetektion (F 8)

DIN 38 407-9: 05.91

Deutsche Einheitsverfahren zur Wasser-, Abwasser- und Schlammuntersuchung; Gemeinsam erfaßbare Stoffgruppen (Gruppe F); Bestimmung von Benzol und einigen Derivaten mittels Gaschromatographie (F 9)

DIN 38 414-2: 11.85

Deutsche Einheitsverfahren zur Wasser-, Abwasser- und Schlammuntersuchung; Schlamm und Sedimente (Gruppe S); Bestimmung des Wassergehaltes und des Trockenrückstandes bzw. der Trockensubstanz (S 2)

DIN 38 414-4: 10.84

Deutsche Einheitsverfahren zur Wasser-, Abwasser- und Schlammuntersuchung; Schlamm und Sedimente (Gruppe S); Bestimmung der Eluierbarkeit mit Wasser (S 4)

DIN 38 414-20: 01.96

Deutsche Einheitsverfahren zur Wasser-, Abwasser- und Schlammuntersuchung – Schlamm und Sedimente (Gruppe S) -Teil 20: Bestimmung von 6 polychlorierten Biphenylen (PCB) (S 20)

DIN 38 414-24: 04.98

Deutsche Einheitsverfahren zur Wasser-, Abwasser- und Schlammuntersuchung – Schlamm und Sedimente (Gruppe S) -Teil 24: Bestimmung von polychlorierten Dibenzodioxinen (PCDD) und polychlorierten Dibenzofuranen (PCDF) (S 24)

DIN EN 1483: 08.97

Wasseranalytik – Bestimmung von Quecksilber; Deutsche Fassung EN 1483: 1997 (E 12)

DIN 32 645: 05.94

Chemische Analytik – Nachweis-, Erfassungs- und Bestimmungsgrenze – Ermittlung unter Wiederholungsbedingungen -Begriffe, Verfahren, Auswertung

DIN 1319-3: 05.96

Grundlagen der Meßtechnik – Teil 3: Auswertung von Messungen einer Meßgröße, Meßunsicherheit

DIN 1319-4: 12.85

Grundbegriffe der Meßtechnik; Behandlung von Unsicherheiten bei der Auswertung von Messungen

DIN EN 45 001: 05.90

Allgemeine Kriterien zum Betreiben von Prüflaboratorien; Identisch mit EN 45 001: 1989

DIN 4021: 10.90

Baugrund – Aufschluß durch Schürfe und Bohrungen sowie Entnahme von Proben

DIN 18 123: 11.96
Baugrund – Untersuchung von Bodenproben – Bestimmung der Korngrößenverteilung

DIN EN 932-1: 11.96
Prüfverfahren für allgemeine Eigenschaften von Gesteinskörnungen – Teil 1: Probenahmeverfahren; Deutsche Fassung EN 932–1: 1996

DIN 52 101: 03.88
Prüfung von Naturstein und Gesteinskörnungen – Probenahme

DIN 51 527-1: 05.87
Prüfung von Mineralölerzeugnissen; Bestimmung polychlorierter Biphenyle (PCB) – Flüssigchromatographische Vortrennung und Bestimmung 6 ausgewählter PCB mittels eines Gaschromatographen mit Elektronen-Einfang-Detektor (ECD)

ZH 1/183: 04.97
Regeln für Sicherheit und Gesundheitsschutz bei der Arbeit in kontaminierten Bereichen, Hauptverband der gewerblichen Berufsgenossenschaften – Fachausschuß Tiefbau, Ausgabe April 1997

VDI-Richtlinie 3865: Messen organischer Bodenverunreinigungen

– Blatt 1: Messen leichtflüchtiger halogenierter Kohlenwasserstoffe, Meßplanung für Bodenluft-Untersuchungsverfahren (Okt. 1992);
– Blatt 2: Techniken für die aktive Entnahme von Bodenluftproben (Januar 1998);
– Blatt 3: Messen organischer Bodenverunreinigungen; Gaschromatographische Bestimmung von niedrigsiedenden organischen Verbindungen in Bodenluft nach Anreicherung an Aktivkohle oder XAD-4 und Desorption mit organischen Lösungsmitteln (Entwurf November 1996);

VDI-Richtlinie 3499, Blatt 1: Messen von Emissionen – Messen von Reststoffen. Messen von polychlorierten Dibenzodioxinen und -furanen in Rein- und Rohgas von Feuerungsanlagen mit der Verdünnungsmethode, Bestimmung in Filterstaub, Kesselasche und in Schlacken. VDI-Handbuch Reinhaltung der Luft, Band 5 (Entwurf März 1990)

Arbeitsgruppe Bodenkunde der Geologischen Landesämter und der Bundesanstalt für Geowissenschaften und Rohstoffe (1994): Bodenkundliche Kartieranleitung.- 4. Auflage, berichtigter Nachdruck Hannover 1996, E. Schweizerbart'sche Verlagsbuchhandlung Stuttgart

Landesumweltamt Nordrhein-Westfalen (LUA NRW): Bestimmung von polyzyklischen aromatischen Kohlenwasserstoffen (PAK) in Bodenproben. Merkblätter LUA NRW Nr. 1, Essen 1994

Hessische Landesanstalt für Umwelt (LfU HE): Bestimmung von Polycyclischen Aromatischen Kohlenwasserstoffen in Feststoffen aus dem Altlastenbereich. Handbuch Altlasten, Band 7, Wiesbaden 1998

Verband Deutscher Landwirtschaftlicher Untersuchungs- und Forschungsanstalten (VDLUFA): Methodenbuch, Band VII Umweltanalytik, VDLUFA-Verlag Darmstadt 1996

Anhang-Texte   II. Bundes-Bodenschutz-AltlastenVO

6.2 Bezugsquellen

Die in dieser Verordnung aufgeführten Normen, Technische Regeln und sonstige Methodenvorschriften sind zu beziehen:

a) DIN- und ISO-Normen und Normentwürfe, VDI-Richtlinien: Beuth-Verlag GmbH, 10772 Berlin

b) Bodenkundliche Kartieranleitung: E. Schweizerbart'sche Verlagsbuchhandlung, 70176 Stuttgart

c) VDLUFA-Methodenbuch: VDLUFA-Verlag, 64293 Darmstadt

d) Merkblatt LUA NRW: Landesumweltamt NRW, 45023 Essen

e) Handbuch Altlasten LfU HE: Hessische Landesanstalt für Umwelt, 65022 Wiesbaden

f) ZH 1/183: Hauptverband der gewerblichen Berufsgenossenschaften, Fachausschuß Tiefbau, 81241 München

Anhang 2
Maßnahmen-, Prüf- und Vorsorgewerte

1. Wirkungspfad Boden – Mensch (direkter Kontakt)

1.1 Abgrenzung der Nutzungen

a) KinderspielflächenAufenthaltsbereiche für Kinder, die ortsüblich zum Spielen genutzt werden, ohne den Spielsand von Sandkästen. Amtlich ausgewiesene Kinderspielplätze sind ggf. nach Maßstäben des öffentlichen Gesundheitswesens zu bewerten.

b) WohngebieteDem Wohnen dienende Gebiete einschließlich Hausgärten oder sonstige Gärten entsprechender Nutzung, auch soweit sie nicht im Sinne der Baunutzungsverordnung planungsrechtlich dargestellt oder festgesetzt sind, ausgenommen Park- und Freizeitanlagen, Kinderspielflächen sowie befestigte Verkehrsflächen.

c) Park- und FreizeitanlagenAnlagen für soziale, gesundheitliche und sportliche Zwecke, insbesondere öffentliche und private Grünanlagen sowie unbefestigte Flächen, die regelmäßig zugänglich sind und vergleichbar genutzt werden.

d) Industrie- und GewerbegrundstückeUnbefestigte Flächen von Arbeits- und Produktionsstätten, die nur während der Arbeitszeit genutzt werden.

1.2 Maßnahmenwerte

nach § 8 Abs. 1 Satz 2 Nr. 2 des Bundes-Bodenschutzgesetzes für die direkte Aufnahme von Dioxinen/Furanen auf Kinderspielflächen, in Wohngebieten, Park- und Freizeitanlagen und Industrie- und Gewerbegrundstücken (in ng/kg Trockenmasse, Feinboden, Analytik nach Anhang 1)

II. Bundes-Bodenschutz-AltlastenVO **Anhang-Texte**

Stoff	Maßnahmewerte [ng I-TEq/kg TM]*			
	Kinderspielflächen	Wohngebiete	Park- u. Freizeitanlagen	Industrie. und Gewerbegrundstücke
Dioxine/Furane (PCDD/F)	100	1 000	1 000	10 000

* Summe der 2, 3, 7, 8-TCDD-Toxizitätsäquivalente (nach NATO/CCMS).

1.3 Anwendung der Maßnahmenwerte

Bei Vorliegen dioxinhaltiger Laugenrückstände aus Kupferschiefer („Kieselrot") erfolgt eine Anwendung der Maßnahmenwerte aufgrund der geringen Resorption im menschlichen Organismus nicht unmittelbar zum Schutz der menschlichen Gesundheit als vielmehr zum Zweck der nachhaltigen Gefahrenabwehr.

1.4 Prüfwerte

nach § 8 Abs. 1 Satz 2 Nr. 1 Bundes-Bodenschutzgesetzes für die direkte Aufnahme von Schadstoffen auf Kinderspielflächen, in Wohngebieten, Park- und Freizeitanlagen und Industrie- und Gewerbegrundstücken (in mg/kg Trockenmasse, Feinboden, Analytik nach Anhang 1)

Stoff	Prüfwerte [mg/kg TM]			
	Kinderspielflächen	Wohngebiete	Park- u. Freizeitanlagen	Industrie. und Gewerbegrundstücke
Arsen	25	50	125	140
Blei	200	400	1 000	2 000
Cadmium	10[1]	20[1]	50	60
Cyanide	50	50	50	100
Chrom	200	400	1 000	1 000
Nickel	70	140	350	900
Quecksilber	10	20	50	80
Aldrin	2	4	10	–

[1] In Haus- und Kleingärten, die sowohl als Aufenthaltsbereiche für Kinder als auch für den Anbau von Nahrungspflanzen genutzt werden, ist für Cadmium der Wert von 2,0 mg/kg TM als Prüfwert anzuwenden.

Anhang-Texte II. Bundes-Bodenschutz-AltlastenVO

Stoff	Prüfwerte [mg/kg TM] (Fortsetzung)			
	Kinderspielflächen	Wohngebiete	Park- u. Freizeitanlagen	Industrie. und Gewerbegrundstücke
Benzo(a)pyren	2	4	10	12
DDT	40	80	200	–
Hexachlorbenzol	4	8	20	200
Hexachlorcyclohexan (HCH-Gemisch oder β-HCH)	5	10	25	400
Pentachlorphenol	50	100	250	250
Polychlorierte Biphenyle (PCB)[2]	0,4	0,8	2	40

[2] Soweit PCB-Gesamtgehalte bestimmt werden, sind die ermittelten Meßwerte durch den Faktor 5 zu dividieren.

2. Wirkungspfad Boden – Nutzpflanze

2.1 Abgrenzung der Nutzungen

a) AckerbauFlächen zum Anbau wechselnder Ackerkulturen einschließlich Gemüse und Feldfutter, hierzu zählen auch erwerbsgärtnerisch genutzte Flächen.

b) NutzgartenHausgarten-, Kleingarten- und sonstige Gartenflächen, die zum Anbau von Nahrungspflanzen genutzt werden

c) GrünlandFlächen unter Dauergrünland

2.2 Prüf- und Maßnahmenwerte

nach § 8 Abs. 1 Satz 2 Nr. 1 und 2 des Bundes-Bodenschutzgesetzes für den Schadstoffübergang Boden – Nutzpflanze auf Ackerbauflächen und in Nutzgärten im Hinblick auf die Pflanzenqualität (in mg/kg Trockenmasse, Feinboden, Analytik nach Anhang 1)

II. Bundes-Bodenschutz-AltlastenVO   **Anhang-Texte**

	Ackerbau, Nutzgarten		
Stoff	Methode[1]	Prüfwert	Maßnahmenwert
Arsen	KW	200[2]	–
Cadmium	AN	–	0,04/0,1[3]
Blei	AN	0,1	–
Quecksilber	KW	5	
Thallium	AN	0,1	–
Benzo(a)pyren	–	1	–

2.3 Maßnahmenwerte

nach § 8 Abs. 1 Satz 2 Nr. 2 des Bundes-Bodenschutzgesetzes für den Schadstoffübergang Boden – Nutzpflanze auf Grünlandflächen im Hinblick auf die Pflanzenqualität (in mg/kg Trockenmasse, Feinboden, Arsen und Schwermetalle im Königswasser-Extrakt, Analytik nach Anhang 1)

	Grünland
Stoff	Maßnahmenwert
Arsen	50
Blei	1200
Cadmium	20
Kupfer	1300 [1]
Nickel	1900
Quecksilber	2
Thallium	15
Polychlorierte Biphenyle PCB	0,2

[1] Extraktionsverfahren für Arsen und Schwermetalle: AN = Ammoniumnitrat, KW = Königswasser.
[2] Bei Böden mit zeitweise reduzierenden Verhältnissen gilt ein Prüfwert von 50 mg/kg Trockenmasse.
[3] Auf Lächen mit Brotweizenanbau oder Anbau stark Cadmium-anreichernder Gemüsearten gilt als Maßnahmenwert 0,04 mg/kg Trockenmasse; ansonsten gilt als Maßnahmewert 0,1 mg/kg Trockenmasse.
[1] Bei Gründlandnutzung durch Schafe gilt als Maßnahmenwert 200 mg/kg Trockenmasse.

Anhang-Texte II. Bundes-Bodenschutz-AltlastenVO

2.4 Prüfwerte

nach § 8 Abs. 1 Satz 2 Nr. 1 des Bundes-Bodenschutzgesetzes für den Schadstoffübergang Boden-Pflanze auf Ackerbauflächen im Hinblick auf Wachstumsbeeinträchtigungen bei Kulturpflanzen (in mg/kg Trockenmasse, Feinboden, im Ammoniumnitrat-Extrakt, Analytik nach Anhang 1)

Stoff	Ackerbau Prüfwert
Arsen	0,4
Kupfer	1
Nickel	1,5
Zink	2

2.5 Anwendung der Prüf- und Maßnahmenwerte

Die Prüf- und Maßnahmenwerte gelten für die Beurteilung der Schadstoffgehalte in der Bodentiefe von 0 bis 30 cm bei Ackerbauflächen und in Nutzgärten sowie in der Bodentiefe von 0 bis 10 cm bei Grünland entsprechend Anhang 1 Nr. 2.1 Tabelle 1. Für die in Anhang 1 Nr. 2.1 Tabelle 1 genannten größeren Bodentiefen gelten die 1,5fachen Werte.

3. Wirkungspfad Boden – Grundwasser

3.1 Prüfwerte zur Beurteilung des Wirkungspfads Boden – Grundwasser

nach § 8 Abs. 1 Satz 2 Nr. 1 des Bundes-Bodenschutzgesetzes (in µg/l, Analytik nach Anhang 1)

Anorganische Stoffe	Prüfwert [µg/l]
Antimon	10
Arsen	10
Blei	25
Cadmium	5
Chrom, gesamt	50
Chromat	8
Kobalt	50
Kupfer	50
Molybdän	50

Anorganische Stoffe (Fortsetzung)	Prüfwert [µg/l]
Nickel	50
Quecksilber	1
Selen	10
Zink	500
Zinn	40
Cyanid, gesamt	50
Cyanid, leicht freisetzbar	10
Fluorid	750

Organische Stoffe	Prüfwert [µg/l]
Mineralölkohlenwasserstoffe [1]	200
BTEX [2]	20
Benzol	1
LHKW [3]	10
Aldrin	0,1
DDT	0,1
Phenole	20
PCB, gesamt [4]	0,05
PAK, gesamt [5]	0,20
Naphthalin	2

[1] n-Alkane C 10 C39, Isoalkane, Cycloalkane und aromatische Kohlenwasserstoffe.
[2] Leichtflüchtige aromatische Kohlenwasserstoffe (Benzol, Toluol, Xylole, Ethylbenzon, Styrol, Cumol).
[3] Leichtflüchtige Halogenkohlenwasserstoffe (Summe der halogenierten C1- und C2-Kohlenwasserstoffe).
[4] PCB, gesamt: Summe der polychlorierten Biphenyle; in der Regel Bestimmung über die 6 Kongeneren nach Ballschmiter gemäß Altöl-VO (DIN 51 527) multipliziert mit 5; ggf. z.B. bei bekanntem Stoffspektrum einfache Summenbildung aller relevanten Einzelstoffe (DIN 38 407-3-2 bzw. -3-3).
[5] PAK, gesamt: Summe der polycyclischen aromatischen Kohlenwasserstoffe ohne Napthalin und Methylnaphthaline; in der Regel Bestimmung über die Summe von 15 Einzelsubstanzen gemäß Liste der US-Environmental Protection Agency (EPA) ohne Naphthalin; ggf. unter Berücksichtigung weiterer relevanter PAK (z.B. Chinoline).

Anhang-Texte   II. Bundes-Bodenschutz-AltlastenVO

3.2 Anwendung der Prüfwerte

a) Die Prüfwerte gelten für den Übergangsbereich von der ungesättigten zur wassergesättigten Bodenzone (Ort der Beurteilung). Der Ort der Bodenprobennahme stimmt nicht notwendigerweise mit dem Ort der Beurteilung für das Grundwasser überein.

b) Bei der Bewertung, ob es zu erwarten ist, daß die Prüfwerte für das Sickerwasser am Ort der Beurteilung überschritten werden, sind die Veränderungen der Schadstoffkonzentrationen im Sickerwasser beim Durchgang durch die ungesättigte Bodenzone sowie die Grundwasserflurabstände und deren Schwankungen zu berücksichtigen.

c) Bei Altablagerungen ist die Abschätzung der Schadstoffkonzentrationen im Sickerwasser durch Materialuntersuchungen auf Grund von Inhomogenitäten der abgelagerten Abfälle in der Regel nicht zweckmäßig. Entsprechendes gilt für Altstandorte mit besonders ungleichmäßiger Schadstoffverteilung. In diesen Fällen kann durch Rückschlüsse oder Rückrechnung aus Abstrommessungen im Grundwasser unter Berücksichtigung insbesondere auch der Stoffkonzentration im Anstrom eine Abschätzung der Schadstoffkonzentrationen im Sickerwasser erfolgen.

d) Soweit die Schadstoffkonzentrationen im Sickerwasser direkt gemessen werden können, soll die Probennahme nach Möglichkeit am Ort der Beurteilung für das Grundwasser durchgeführt werden.

e) Soweit schädliche Bodenveränderungen und Altlasten in der wassergesättigten Bodenzone liegen, werden sie hinsichtlich einer Gefahr für das Grundwasser nach wasserrechtlichen Vorschriften bewertet.

f) Die geogen bedingte Hintergrundsituation der jeweiligen Grundwasserregion ist bei der Anwendung der Prüfwerte zu berücksichtigen.

4. Vorsorgewerte für Böden

nach § 8 Abs. 2 Nr. 1 des Bundes-Bodenschutzgesetzes (Analytik nach Anhang 1)

4.1 Vorsorgewerte für Metalle

(in mg/kg Trockenmasse, Feinboden, Königswasseraufschluß)

II. Bundes-Bodenschutz-AltlastenVO Anhang-Texte

Böden	Cadmium	Blei	Chrom	Kupfer	Quecksilber	Nickel	Zink
B9 Abs. 2 und 3							
Bodenart Ton	1,5	100	100	60	1	70	200
Bodenart Lehm/Schluff	1	70	60	40	0,5	50	150
Bodenart Sand	0,4	40	30	20	0,1	15	60
Böden mit naturbedingt und großflächig siedlungsbedingt erhöhten Hintergrundgehalten	unbedenklich, soweit eine Freisetzung der Schadstoffe oder zusätzliche Einträge nach § dieser Verordnung keine nachteiligen Auswirkungen auf die Bodenfunktionen erwarten lassen						

4.2 Vorsorgewerte für organische Stoffe

(in mg/kg Trockenmasse, Feinboden)

Böden	Polychlorierte Biphenyle (PCB)	Benzo (a)pyren	Polycycl. Aromatische Kohlenwasserstoffe (PAK)
Humusgehalt > 8 %	0,1	1	10
Humusgehalt ≥ 8 %	0,05	0,3	3

4.3 Anwendung der Vorsorgewerte

a) Die Vorsorgewerte werden nach den Hauptbodenarten gemäß Bodenkundlicher Kartieranleitung, 4. Auflage, berichtigter Nachdruck 1996, unterschieden; sie berücksichtigen den vorsorgenden Schutz der Bodenfunktionen bei empfindlichen Nutzungen. Für die landwirtschaftliche Bodennutzung gilt § 17 Abs. 1 des Bundes-Bodenschutzgesetzes.

b) Stark schluffige Sande sind entsprechend der Bodenart Lehm/Schluff zu bewerten.

c) Bei den Vorsorgewerten der Tabelle 4.1 ist der Säuregrad der Böden wie folgt zu berücksichtigen:
– Bei Böden der Bodenart Ton mit einem pH-Wert von < 6,0 gelten für Cadmium, Nickel und Zink die Vorsorgewerte der Bodenart Lehm/Schluff.

– Bei Böden der Bodenart Lehm/Schluff mit einem pH-Wert von < 6,0 gelten für Cadmium, Nickel und Zink die Vorsorgewerte der Bodenart Sand. § 4 Abs. 8 Satz 2 der Klärschlammverordnung vom 15. April 1992 (BGBl. I S. 912), zuletzt geändert durch Verordnung vom 6. März 1997 (BGBl. I S. 446), bleibt unberührt.
– Bei Böden mit einem pH-Wert von < 5,0 sind die Vorsorgewerte für Blei entsprechend den ersten beiden Anstrichen herabzusetzen.

d) Die Vorsorgewerte der Tabelle 4.1 finden für Böden und Bodenhorizonte mit einem Humusgehalt von mehr als 8 Prozent keine Anwendung. Für diese Böden können die zuständigen Behörden ggf. gebietsbezogene Festsetzungen treffen.

5. Zulässige zusätzliche jährliche Frachten an Schadstoffen über alle Wirkungspfade

nach § 8 Abs. 2 Nr. 2 des Bundes-Bodenschutzgesetzes (in Gramm je Hektar)

Element	Fracht [g/ha · a]
Blei	400
Cadmium	6
Chrom	300
Kupfer	360
Nickel	100
Quecksilber	1,5
Zink	1 200

Anhang 3
Anforderungen an Sanierungsuntersuchungen und den Sanierungsplan

1. Sanierungsuntersuchungen

Mit Sanierungsuntersuchungen bei Altlasten sind die zur Erfüllung der Pflichten nach § 4 Abs. 3 des Bundes-Bodenschutzgesetzes geeigneten, erforderlichen und angemessenen Maßnahmen zu ermitteln. Die hierfür in Betracht kommenden Maßnahmen sind unter Berücksichtigung von Maßnahmenkombinationen und von erforderlichen Begleitmaßnahmen darzustellen.

Die Prüfung muß insbesondere

- die schadstoff-, boden-, material- und standortspezifische Eignung der Verfahren,
- die technische Durchführbarkeit,
- den erforderlichen Zeitaufwand,
- die Wirksamkeit im Hinblick auf das Sanierungsziel,
- eine Kostenschätzung sowie das Verhältnis von Kosten und Wirksamkeit,
- die Auswirkungen auf die Betroffenen im Sinne von § 12 Satz 1 des Bundes-Bodenschutzgesetzes und auf die Umwelt,
- das Erfordernis von Zulassungen,
- die Entstehung, Verwertung und Beseitigung von Abfällen,
- den Arbeitsschutz,
- die Wirkungsdauer der Maßnahmen und deren Überwachungsmöglichkeiten,
- die Erfordernisse der Nachsorge und
- die Nachbesserungsmöglichkeiten

umfassen.

Die Prüfung soll unter Verwendung vorhandener Daten, insbesondere aus Untersuchungen nach § 3 dieser Verordnung, sowie auf Grund sonstiger gesicherter Erkenntnisse durchgeführt werden. Soweit solche Informationen insbesondere zur gesicherten Abgrenzung belasteter Bereiche oder zur Beurteilung der Eignung von Sanierungsverfahren im Einzelfall nicht ausreichen, sind ergänzende Untersuchungen zur Prüfung der Eignung eines Verfahrens durchzuführen.

Die Ergebnisse der Prüfung und das danach vorzugswürdige Maßnahmenkonzept sind darzustellen.

2. Sanierungsplan

Ein Sanierungsplan soll die unter den Nummern 1 bis 5 genannten Angaben sowie die für eine Verbindlichkeitserklärung nach § 13 Abs. 6 des Bundes-Bodenschutzgesetzes erforderlichen Angaben und Unterlagen enthalten.

1. Darstellung der Ausgangslage, insbesondere hinsichtlich
    - der Standortverhältnisse (u.a. geologische, hydrogeologische Situation; bestehende und planungsrechtlich zulässige Nutzung),
    - der Gefahrenlage (Zusammenfassung der Untersuchungen nach § 3 dieser Verordnung im Hinblick auf Schadstoffinventar nach Art, Menge und Verteilung, betroffene Wirkungspfade, Schutzgüter und -bedürfnisse),
    - der Sanierungsziele,
    - der getroffenen behördlichen Entscheidungen und der geschlossenen öffentlich-rechtlichen Verträge, insbesondere auch hinsichtlich des Maßnah-

Anhang-Texte II. Bundes-Bodenschutz-AltlastenVO

menkonzeptes, die sich auf die Erfüllung der nach § 4 des Bundes-Bodenschutzgesetzes zu erfüllenden Pflichten auswirken, und
- der Ergebnisse der Sanierungsuntersuchungen.

2. Textliche und zeichnerische Darstellung der durchzuführenden Maßnahmen und Nachweis ihrer Eignung, insbesondere hinsichtlich
   - des Einwirkungsbereichs der Altlast und der Flächen, die für die vorgesehenen Maßnahmen benötigt werden,
   - des Gebietes des Sanierungsplans,
   - der Elemente und des Ablaufs der Sanierung im Hinblick auf
     • den Bauablauf,
     • die Erdarbeiten (insbesondere Aushub, Separierung, Wiedereinbau, Umlagerungen im Bereich des Sanierungsplans),
     • die Abbrucharbeiten,
     • die Zwischenlagerung von Bodenmaterial und sonstigen Materialien,
     • die Abfallentsorgung beim Betrieb von Anlagen,
     • die Verwendung von Böden und die Ablagerung von Abfällen auf Deponien und
     • die Arbeits- und Immissionsschutzmaßnahmen,
   - der fachspezifischen Berechnungen zu
     • on-site-Bodenbehandlungsanlagen,
     • in-situ-Maßnahmen,
     • Anlagen zur Fassung und Behandlung von Deponiegas oder Bodenluft,
     • Grundwasserbehandlungsanlagen,
     • Anlagen und Maßnahmen zur Fassung und Behandlung insbesondere von Sickerwasser,
   - der zu behandelnden Mengen und der Transportwege bei Bodenbehandlung in off-site-Anlagen,
   - der technischen Ausgestaltung von Sicherungsmaßnahmen und begleitenden Maßnahmen, insbesondere von
     • Oberflächen-, Vertikal- und Basisabdichtungen,
     • Oberflächenabdeckungen,
     • Zwischen- bzw. Bereitstellungslagern,
     • begleitenden passiven pneumatischen, hydraulischen oder sonstigen Maßnahmen (z.B. Baufeldentwässerung, Entwässerung des Aushubmaterials, Einhausung, Abluftfassung und -behandlung) und
   - der behördlichen Zulassungserfordernisse für die durchzuführenden Maßnahmen.

3. Darstellung der Eigenkontrollmaßnahmen zur Überprüfung der sachgerechten Ausführung und Wirksamkeit der vorgesehenen Maßnahmen, insbesondere
   - das Überwachungskonzept hinsichtlich
     • des Bodenmanagements bei Auskofferung, Separierung und Wiedereinbau,

- der Boden- und Grundwasserbehandlung, der Entgasung oder der Bodenluftabsaugung,
  - des Arbeits- und Immissionsschutzes,
  - der begleitenden Probennahme und Analytik und
- das Untersuchungskonzept für Materialien und Bauteile bei der Ausführung von Bauwerken.

4. Darstellung der Eigenkontrollmaßnahmen im Rahmen der Nachsorge einschließlich der Überwachung, insbesondere hinsichtlich
   - des Erfordernisses und der Ausgestaltung von längerfristig zu betreibenden Anlagen oder Einrichtungen zur Fassung oder Behandlung von Grundwasser, Sickerwasser, Oberflächenwasser, Bodenluft oder Deponiegas sowie Anforderungen an deren Überwachung und Instandhaltung,
   - der Maßnahmen zur Überwachung (z.B. Meßstellen) und
   - der Funktionskontrolle im Hinblick auf die Einhaltung der Sanierungserfordernisse und Instandhaltung von Sicherungsbauwerken oder -einrichtungen.

5. Darstellung des Zeitplans und der Kosten.

Anhang 4
Anforderungen an die Untersuchung und Bewertung von Flächen, bei denen der Verdacht einer schädlichen Bodenveränderung auf Grund von Bodenerosion durch Wasser vorliegt

1. Anwendung

Dieser Anhang findet gemäß § 8 Anwendung bei der Untersuchung von Flächen, bei denen der Verdacht einer schädlichen Bodenveränderung auf Grund von Bodenerosion durch Wasser besteht.

2. Untersuchung und Bewertung

Bestehen Anhaltspunkte für das Vorliegen einer schädlichen Bodenveränderung auf Grund von Bodenerosion durch Wasser, so ist zunächst zu prüfen,

a) ob erhebliche Mengen Bodenmaterials aus der Erosionsfläche geschwemmt wurden und

b) auf welche Erosionsflächen und auf welche Verursacher die Bodenabschwemmung zurückzuführen ist.

Hinweise für eine Identifikation der Erosionsfläche ergeben sich vor allem durch deutlich sichtbare Übertrittsstellen von Bodenmaterial von der Erosionsfläche zu den außerhalb der Erosionsfläche gelegenen und durch Bodenmaterial beeinträchtigten Bereichen. Weitere Hinweise ergeben sich aus dem Vorliegen deutlich sichtbarer Erosionsformen auf der Erosionsfläche. Bei der Prüfung gemäß Buchstabe a kann es erforderlich sein, die bei einem Erosionsereignis oder in Folge von Erosionsereignissen, die im Abstand von maximal wenigen Wochen nacheinander aufgetreten sind, von einer Verdachtsfläche abgeschwemmte Bodenmenge abzuschätzen. Dies kann mit Hilfe der „Kartieranleitung zur Erfassung aktueller Erosionsformen" (DVWK 1996) erfolgen.

Für die Abschätzung der Wiedereintrittswahrscheinlichkeit von Bodenabträgen gemäß § 8 Abs. 1 sind insbesondere gebietsspezifische statistische Auswertungen langjähriger Niederschlagsaufzeichnungen des Deutschen Wetterdienstes heranzuziehen. Hierzu können auch Erosionsprognosemodelle als Hilfsmittel genutzt werden, soweit sie nachweislich geeignet sind, die aus den Erosionsflächen abgeschwemmten Bodenmengen bei konkret eingetretenen Erosionsereignissen mit hinreichender Genauigkeit abzuschätzen.

Die Bedingungen für die Erwartung weiterer Bodenabträge gemäß § 8 Abs. 1 Nr. 2 sind in der Regel erfüllt, wenn innerhalb der letzten zehn Jahre mindestens in einem weiteren Fall erhebliche Mengen Bodenmaterials aus derselben Erosionsfläche geschwemmt wurden.

III. Bekanntmachung
über Methoden und Maßstäbe für die Ableitung der Prüf- und Maßnahmenwerte nach der Bundes-Bodenschutz- und Altlastenverordnung (BBodSchV)

Vom 18. Juni 1999
BAnz. Nr. 161 a vom 28. 8. 1999

Gemäß § 4 Abs. 5 Satz 2 der Bundes-Bodenschutz- und Altlastenverordnung werden die Methoden und Maßstäbe zur Ableitung der nach § 8 des Bundes-Bodenschutzgesetzes festzulegenden Prüf- und Maßnahmenwerte veröffentlicht. Die Veröffentlichung dient ausschließlich der Sicherstellung des Vollzugs des Bundes-Bodenschutzgesetzes und der Bundes-Bodenschutz- und Altlastenverordnung (BBodSchV). Die Anwendung der Methoden und Maßstäbe und ihrer Grundlagen ist auf andere Rechtsgebiete des Umwelt- und Gesundheitsschutzes nicht ohne weiteres übertragbar.

Die Methoden und Maßstäbe zur Ableitung dienen

– der sachgerechten und einheitlichen Anwendung der Prüf- und Maßnahmenwerte der BBodSchV im Einzelfall sowie

– der Sicherstellung gleichwertiger Einzelfallentscheidungen bei Stoffen, für die die BBodSchV keinen Prüf- oder Maßnahmenwert enthält.

Abweichungen von diesen Methoden und Maßstäben sind nur bei gesicherten neuen wissenschaftlichen Erkenntnissen zulässig. Zu gegebener Zeit erfolgt eine Anpassung der Ableitungsmaßstäbe an den neuen wissenschaftlichen Erkenntnisstand.

Bonn, den 18. Juni 1999

Bundesministerium für Umwelt, Naturschutz und Reaktorsicherheit
Im Auftrag

Dr. Schäfer

Inhaltsübersicht

1	Allgemeines
2	Prüf- und Maßnahmenwerte nach Anhang 2 Nr. 1 BBodSchV für Kinderspielflächen, Wohngebiete, Park- und Freizeitanlagen sowie Industrie- und Gewerbegrundstücke
2.1	Abgrenzung der Nutzungen

Anhang-Texte

III. Bekanntmachung zu BBodSchV

2.2	Maßnahmenwerte des Anhanges 2 Nr. 1.1 für die direkte Aufnahme von Dioxinen/Furanen auf Kinderspielflächen, in Wohngebieten, Park- und Freizeitanlagen und auf Industrie- und Gewerbegrundstücken
2.3	Humantoxikologische Bewertungsmaßstäbe
2.3.1	Ableitung der humantoxikologischen Bewertungsmaßstäbe im Rahmen von § 8 BBodSchG sowie § 4 BBodSchV
2.3.1.1	Definition
2.3.1.2	Datenbasis
2.3.1.3	Schutzniveau
2.3.1.4	Kriterien für adverse Effekte
2.3.1.5	Bewertungsmaßstab für krebserzeugende Stoffe
2.3.1.6	Annahmen für Resorption
2.3.1.7	Extrapolation, Verwendung von Sicherheitsfaktoren
2.3.1.8	Zeitbezug
2.3.1.9	Berechnung von Körperdosen (LOAEL, NOAEL) aus tierexperimentellen Daten
2.3.1.10	Vorgehensweise hinsichtlich der Bewertungsmaßstäbe für Kanzerogene
2.3.1.11	Zur Frage einer höheren Empfindlichkeit von Kindern gegenüber krebserzeugenden Stoffen
2.3.1.12	Validierung der TRD-Ableitungen
2.3.2	Gefahrenbezug
2.3.2.1	Verständnis einer gefahrenbezogenen Dosis
2.3.2.2	Stoffe mit Wirkungsschelle
2.3.2.3	Stoffe ohne Wirkungsschwelle
2.3.3	Hintergrundbelastung/Ausschöpfungsquote
2.3.4	Liste vorliegender humantoxikologischer Bewertungsmaßstäbe und Begründungen
2.4	Expositionsannahmen im Rahmen der Ableitung von Prüfwerten
2.4.1	Nutzungsszenarien im Überblick
2.4.1.1	Orale Bodenaufnahme
2.4.1.1.1	Expositionsfaktoren
2.4.1.1.2	Direkte Bodenaufnahme bei Kanzerogenen
2.4.1.1.3	Berechnungsformeln für die orale Bodenaufnahme
2.4.1.2	Inhalative Bodenaufnahme in den Szenarien Kinderspielflächen, Wohngebiete sowie Park- und Freizeitanlagen
2.4.1.2.1	Expositionsfaktoren
2.4.1.2.2	Berechnungsformeln
2.4.1.3	Inhalative Bodenaufnahme im Szenario Industrie-und Gewerbegrundstücke
2.4.1.3.1	Expositionsfaktoren
2.4.1.3.2	Berechnungsformeln
2.4.1.4	Dermaler Bodenkontakt und perkutane Aufnahme
2.4.1.4.1	Datengrundlage und Methode
2.4.1.4.2	Weitere Einflußfaktoren auf die perkutane Resorption
2.4.1.4.2.1	Einfluß der Dicke der Bodenschicht auf der Haut
2.4.1.4.2.2	Einfluß der Expositionszeit
2.4.1.4.2.3	Bodeneigenschaften
2.4.1.4.2.4	Tiermodell
2.4.1.4.3	Konsequenzen für die Berücksichtigung der perkutanen Resorption bei der Ableitung von Prüfwerten
2.4.1.4.4	Vorgehensweise zur Berücksichtigung der perkutanen Resorption von Pentachlorphenol
2.4.1.5	Berücksichtigung einmaliger hoher Aufnahmemengen bei Stoffen mit hoher akuter Toxizität

III. Bekanntmachung zu BBodSchV **Anhang-Texte**

2.5	Kriterien für die Plausibilitätsbetrachtung der rechnerischen Ergebnisse bei der Ableitung von Prüfwerten
3	Prüf- und Maßnahmenwerte nach Anhang 2 Nr. 2 BBodSchV für Böden unter Ackerbau, Gartenbau, Nutzgarten sowie Grünland
3.1	Vorbemerkung
3.2	Abgrenzung der Nutzungen
3.3	Schutzgutbezug
3.4	Vorgehensweise
3.5	Vorgaben zulässiger Schwermetallkonzentrationen in Pflanzen
3.6	Abgeleitete höchstzulässige Schadstoffkonzentrationen in Pflanzen
3.7	Schwermetalltransfer Boden/Pflanze

Verzeichnis der Tabellen

Tabelle 1:	Übericht zu den für TRD-Werten relevanten Sicherheitsfaktoren
Tabelle 2:	Speziesspezifische Parameter zur Berechnung von Körperdosen
Tabelle 3:	Noxen mit epidemiologischen oder experimentellen Hinweisen auf eine erhöhte Empfindlichkeit des infantilen Organismus (Quellenangaben in Schneider, 1999)
Tabelle 4:	Stoffe mit vorliegenden humantoxikologischen Bewertungsmaßstäben (TRD-Werten)
Tabelle 5:	In Abhängigkeit von der Nutzung zu betrachtende Expositionspfade
Tabelle 6:	Ergebnisse von In vivo-Untersuchungen am Tier zur perkutanen Resorption von bodengebundenen Schadstoffen (für die Stoffe wird zusätzlich der Haut-Wasser-Permeabilitätskoeffizient angegeben)
Tabelle 7:	Einordnung von Stoffen nach den Kriterien von McKone anhand der physiko-chemischen Eigenschaften
Tabelle 8:	Beispielhaft für Blei und Cadmium genannte Richtwerte für Schadstoffe in pflanzlichen Lebensmitteln (BGVV, 1997) in mg/kg Frischmasse in Angebotsform (verzehrbare Anteile)
Tabelle 9:	Zulässige Höchstgehalte an Cadmium und Blei nach Futtermittelverordnung (FMVO, 1992), ergänzt durch VDI-Richtwerte für Futtermittel (VDI, 1991, 1992) in mg/kg Futtermittel mit 88 % TS
Tabelle 10:	Zur Ableitung von Bodenprüfwerten beispielhaft für Cd und Pb herangezogene höchstzulässige Schadstoffgehalte in Pflanzen [mg/kg TM], rechnerisch ermittelt aus den 2fachen ZEBS-Werten bzw. den 1fachen FMVO-Werten sowie umgerechnet auf TM unter Berücksichtigung der Wassergehalte (WG %) der verzehrbaren Anteile (Nährwerttabellen, Souci et al., 1986) bzw. von 12 % WG bei Grünlandaufwuchs
Tabelle 11:	Ergebnisse der Auswertungen der Datenbank TRANSFER zu Ackerbau, Erwerbsgemüsebau, Klein- und Hausgärten: Für Cd und Pb errechnete Bodenwerte in μg/kg; AN = Ammoniumnitrat-Extrakt, KW = Königswasser-Extrakt; B = Bestimmtheitsmaß; zusammengefaßt aus Knoche et al. (1997)
Tabelle 12:	Ergebnisse der Auswertungen der Datenbank TRANSFER zu Grünland und Futterbau, Bodenwerte in mg/kg für Cd und Pb; Grünlandaufwuchs incl. 3 % Verschmutzungszuschlag; KW = Königswasser-Extrakt, B = Bestimmtheitsmaß; zusammengefaßt aus Knoche et al. (1997)

1. Allgemeines

Gemäß § 8 Abs. 1 BBodSchG legt die Bundes-Bodenschutz und Altlastenverordnung (BBodSchV) Prüf- und Maßnahmenwerte fest. Dabei sind

Prüfwerte: Werte, bei deren Überschreiten unter Berücksichtigung der Bodennutzung eine einzelfallbezogene Prüfung durchzuführen und festzustellen ist, ob eine schädliche Bodenveränderung oder Altlast vorliegt und

Maßnahmenwerte: Werte für Einwirkungen oder Belastungen, bei deren Überschreiten unter Berücksichtigung der jeweiligen Bodennutzung in der Regel von einer schädlichen Bodenveränderung oder Altlast auszugehen ist und Maßnahmen erforderlich sind.

Die BBodSchV stellt in § 4 fest, daß Ergebnisse von Untersuchungen nach dieser Verordnung unter Beachtung der Gegebenheiten des Einzelfalls insbesondere auch anhand von Prüf- und Maßnahmenwerten zu bewerten sind. Soweit die BBodSchV für einen Schadstoff keinen Prüf- oder Maßnahmenwert festsetzt, sind für die Bewertung von Untersuchungsergebnissen im Einzelfall die zur Ableitung der entsprechenden Werte in Anhang 2 der BBodSchV herangezogenen Methoden und Maßstäbe zu beachten.

Die Ableitung von Prüf- und Maßnahmenwerten stellt auf § 8 Abs. 1 BBodSchG und dessen Bezugnahme auf die Erfüllung der sich aus § 4 des Gesetzes ergebenden Pflichten zur Gefahrenabwehr bei bestehenden schädlichen Bodenveränderungen oder Altlasten ab. Ausgangspunkt sind im wesentlichen Bodenfunktionen in ihrer Bedeutung für

– den Menschen im direkten Kontakt mit Boden
– die Reinhaltung von Nahrungs- und Futterpflanzen und
– das Bodensickerwasser auf dem Weg zum Grundwasser.

Schutzgüter sind dabei die menschliche Gesundheit, die Qualität von Nahrungspflanzen und Futtermitteln sowie das Bodensickerwasser auf dem Weg zum Grundwasser. Diese Schutzgüter werden bei der Ableitung von Prüf- und Maßnahmenwerten in spezifischer Weise differenziert. Dies schließt nicht aus, daß im Einzelfall einer schädlichen Bodenveränderung oder Altlast unter Beachtung aller Umstände auch weitere Schutzgüter zu bewerten sind, etwa die Lebensraumfunktion von Böden; einschlägige Methoden und Maßstäbe sind hierzu noch in Entwicklung.

Zur Einbindung einschlägiger Vollzugserfahrungen der Länder sind Arbeiten im Rahmen der Bund/Länderarbeitsgemeinschaft Bodenschutz (LABO), der Länderarbeitsgemeinschaften für Abfall (LAGA) und Wasser (LAWA) sowie der Arbeitsgemeinschaft der Obersten Landesgesundheitsämter (AOLG, vormals AGLMB) in die Erarbeitung von Eckpunkten und fachlichen Grundlagen für die

Ableitung der Prüf- und Maßnahmenwerte einbezogen (vor allem LABO/ LAGA, 1996).

Neben den genannten Ländergremien wurde in einer Reihe von Fach- und Abstimmungsgesprächen auch wissenschaftlicher Sachverstand in die Erarbeitung der Prüfwerte einbezogen (im einzelnen hierzu: BMU-Umwelt, 1998)

Die Ableitung der Prüf- und Maßnahmenwerte berücksichtigt hinsichtlich der Exposition

- Stoffeigenschaften, die die Ausbreitung von Stoffen und ggf. ihre Verfügbarkeit bei der Aufnahme beeinflussen,
- Bodeneigenschaften, die die stofflichen Verbindungen und deren Verhalten in der Umwelt bedingen,
- Verhaltensunterschiede des Menschen (Spielen, Arbeiten; unterschiedliche Aufnahmepfade und Aufenthaltsdauer) und
- die Qualität und Anzahl der verfügbaren Daten (statistische Angaben, epidemiologische Feststellungen).

Für die Ableitung von Prüfwerten wird die Exposition so bemessen, daß „im ungünstigen Expositionsfall" auf das Vorliegen einer Gefahr für das Schutzgut zu schließen ist. Dabei ist auch das Ausmaß der möglichen Beeinträchtigung des Schutzgutes zu beachten. Je nach Zuverlässigkeit und Umfang der für die Expositionsabschätzung zur Verfügung stehenden Datenmenge wird für den „ungünstigen Fall" von einem hohen Perzentil der möglichen Expositions-bedingungen ausgegangen. Prüfwerte für den Schutz der menschlichen Gesundheit im direkten Kontakt mit Boden werden als Gesamtgehalt des jeweiligen Schadstoffes angegeben. Maßnahmenwerte werden in Anhang 2 Nr. 1 der BBodSchV – bis auf die Ausnahme Dioxin – nicht angegeben, weil die fachlichen Grundlagen und Methoden noch ausstehen, um den Maßnahmenwert als den für den Menschen resorptionsverfügbaren Gehalt eines Schadstoffes im Boden anzugeben. Die Messung des resorptionsverfügbaren Anteils am Gesamtgehalt eines Schadstoffes im Boden wird als wesentliche methodische Voraussetzung für die Einführung von Maßnahmenwerten angesehen.

Die Anwendung der Methoden und Maßstäbe zur Berechnung der Prüfwerte ist im einzelnen für jeden Stoff des Anhanges 2 BBodSchV in einer Dokumentation des Umweltbundesamtes dargestellt (Umweltbundesamt, 1999). Für andere Stoffe und Stoffeigenschaften wie insbesondere flüchtige Stoffe und Nitroaromaten sind unter Umständen weitere Ableitungsmaßstäbe heranzu-ziehen, die ebenfalls in der Dokumentation des Umweltbundesamtes (1999) genannt sind.

2. Prüf- und Maßnahmenwerte nach Anhang 2 Nr. 1 BBodSchV für Kinderspielflächen, Wohngebiete, Park- und Freizeitanlagen sowie Industrie-und Gewerbegrundstücke

2.1 Abgrenzung der Nutzungen

Der Nutzungsbezug der Prüf- und Maßnahmenwerte erfordert die Zuordnung der in Anhang 2 der BBodSchv festgelegten einzelnen Werte zu bestimmten Nutzungen. Liegt innerhalb einer Verdachtsfläche oder altlastverdächtigen Fläche auf Teilflächen eine von der vorherrschenden Nutzung abweichende empfindlichere Nutzung vor, sind diese Teilflächen nach den für ihre Nutzung jeweils festgesetzten Maßstäben zu bewerten. Für Werte nach Anhang 2 Nr. 1 BBodSchV sind folgende Nutzungen unterschieden (vgl. auch Nr. 1.1 im Anhang 2 der BBodSchV):

1. **Kinderspielflächen**
   Hierunter fallen Aufenthaltsbereiche für Kinder, die ortsüblich zum Spielen genutzt werden, ohne den Spielsand von Sandkästen, der in der Regel gesonderten Regelungen unterliegt. Diese Definition verweist darauf, daß es sich hier um die tatsächlich für das Spielen genutzten Flächen handelt. Die bestimmungsgemäß für das Spielen von Kindern hergerichteten Flächen (Kinderspielplätze) fallen in diese Kategorie. Im Rahmen der Daseinsvorsorge der öffentlichen Hand gilt bei amtlich ausgewiesenen Kinderspielplätzen eine besondere öffentliche Sorgfalt; insofern sind diese auch nach den Maßstäben des öffentlichen Gesundheitswesens zu bewerten.

2. **Wohngebiete**
   Abgestellt wird auf die dem Wohnen dienenden Gebiete einschließlich Haus- und Kleingärten oder sonstigen Gärten entsprechender Nutzung, auch soweit sie nicht im Sinne der Baunutzungsverordnung planungsrechtlich dargestellt oder festgesetzt sind. Die Baunutzungsverordnung spricht als „Wohngebiete" unter anderem Kleinsiedlungsgebiete, reine und allgemeine Wohngebiete und Dorfgebiete an. Hier sind Park- und Freizeitanlagen ausgenommen, die als eigene Nutzungskategorie bewertet werden. Soweit unbefestigte Flächen in Wohngebieten als Kinderspielflächen genutzt werden, sind diese als solche zu bewerten. Diese Abgrenzung gegenüber der erstgenannten Nutzungsform ermöglicht es, Teilflächen mit einer von der vorherrschenden Nutzung abweichenden, empfindlicheren Nutzung nach den für ihre Nutzung jeweils festgesetzten Maßstäben zu beurteilen. Werden die ebenfalls angesprochenen Hausgärten zum Anbau von Gemüse zum Eigenverzehr genutzt, ist im Einzelfall zu prüfen, ob diese Nutzung eine solche Relevanz hat, daß auch eine Bewertung nach den für den Wirkungspfad Boden-Pflanze vorgegebenen Kriterien erfolgen muß.

III. Bekanntmachung zu BBodSchV **Anhang-Texte**

3. **Park- und Freizeitanlagen**
Unter Park- und Freizeitanlagen werden Anlagen für soziale, gesundheitliche und sportliche Zwecke, insbesondere öffentliche und private Grünanlagen sowie unbefestigte Flächen, die regelmäßig zugänglich sind, verstanden. Die regelmäßige Zugänglichkeit ist eine Bedingung, die auf den bei der Ableitung der Werte unterstellten Aufenthalt von Kindern abstellt.

4. **Industrie- und Gewerbegrundstücke**
Hierunter werden unbefestigte Flächen von Arbeits- und Produktionsstätten, die nur während der Arbeitszeit genutzt werden, die aber nicht Gegenstand von Arbeiten sind, verstanden. Militärisch genutzte Flächen werden grundsätzlich dieser Kategorie zugeordnet.

Für die Bewertung von weiteren Stoffen, für die die BBodSchV keine Prüf- oder Maßnahmenwerte nennt, insbesondere für flüchtige Stoffe, können die Nutzungen spezifiziert werden (Umweltbundesamt, 1999).

2.2 Maßnahmenwerte des Anhanges 2 Nr. 1.1 für die direkte Aufnahme von Dioxinen/Furanen auf Kinderspielflächen, in Wohngebieten, Park- und Freizeitanlagen und auf Industrie-und Gewerbegrundstücken

Generell sollten sich Ableitungsmaßstäbe für diese Maßnahmenwerte auf die für den Menschen resorptionsverfügbaren Schadstoffanteile im Boden beziehen. Hinsichtlich des Schutzgutes menschliche Gesundheit werden verschiedene Methoden zur Bestimmung des resorptionsverfügbaren Anteils eines Schadstoffes im Boden entwickelt und getestet. Untersuchungen mit verschiedenen Extraktionsmitteln (Hack, Kraft, Selenka, 1997) machen deutlich, daß Matrixeffekte eine große Bedeutung haben können, ein Beispiel hierfür ist Blei in unterschiedlichen Bodenmaterialien. Auch die Heterogenität des Materials ist ggf. zu berücksichtigen. Genormte und damit auch fachlich abgesicherte Methoden zur Resorptionsverfügbarkeit liegen noch nicht vor; zur Auswahl und Validierung des „richtigen", physiologienahen Elutionsverfahrens laufen derzeit sowohl Forschungs- als auch Normungsaktivitäten.

Daneben kann die Ableitung eines Maßnahmenwertes hilfsweise auch an der Ermittlung des Gesamtgehaltes eines Stoffes im Boden festgemacht werden, wenn die Festlegung eines Maßnahmenwertes gegenüber der Festlegung eines Prüfwertes aus Gründen der Verhältnismäßigkeit des durch einen Prüfwert ausgelösten Untersuchungsaufwandes als das vollzugsgerechtere Instrument erscheint. Dies ist für Dioxine/Furane der Fall.

Berechnungsergebnisse analog zu der weiter unten beschriebenen Vorgehensweise für die Prüfwerte bestätigen den von der Bund/Länder-AG „Dioxine" festgelegten Bodenrichtwert für Kinderspielflächen. Als Werte für Kinderspielflächen und Wohngebiete sowie für Park- und Freizeitflächen werden daher die von der Bund/Länder-Arbeitsgruppe Dioxine genannten Werte übernommen.

Weitere Prüfungen bei Überschreiten dieser Werte im Sinne weiterer Messungen und z.B. Untersuchungen zum Humanbiomonitoring sind im Regelfall nicht sachgerecht und wären aufgrund der erheblichen Kosten nicht verhältnismäßig. Die genannten Werte werden daher als Maßnahmenwerte festgelegt. Zur Anwendung dieser Maßnahmenwerte wird festgelegt, daß bei Vorliegen dioxinhaltiger Laugenrückstände aus Kupferschiefer („Kieselrot") eine Anwendung der Maßnahmenwerte aufgrund der geringen Resorption im menschlichen Organismus nicht unmittelbar zum Schutz der menschlichen Gesundheit, sondern vielmehr zum Zweck der nachhaltigen, das heißt vorbeugenden Gefahrenabwehr erfolgt. Damit wird dem heute als weitgehend gesichert geltenden Kenntnisstand Rechnung getragen, daß Dioxine/Furane in Kieselrot nur eine geringe Resorptionsverfügbarkeit aufweisen.

2.3 Humantoxikologische Bewertungsmaßstäbe

Die für die Ableitung der Prüfwerte herangezogenen Methoden und Maßstäbe müssen dem aktuellen Stand des Wissens entsprechen. Humantoxikologische Bewertungsmaßstäbe werden nach einer einheitlichen Methodik herangezogen. Neben der oralen Aufnahme von Schadstoffen aus dem Boden ist auch die inhalative und ggf. dermale Aufnahme zu beachten. Hierzu werden tolerierbare resorbierte Dosen (TRD) als Bewertungsmaßstab für die innere Belastung herangezogen (Kalberlah, Hassauer, Schneider, 1998), die in ihrer Definition, Ableitungsmethodik und ihrem Schutzniveau weitgehend den analog von der Weltgesundheitsorganisation (WHO) oder von anderen Organisationen wie der US-amerikanischen Umweltbehörde „Environmental Protection Agency" (EPA) eingeführten Werten entsprechen. Abweichungen der TRD-Werte von diesen Werten können sich insbesondere ergeben, wenn die genannten Gremien kein einheitliches Ergebnis vorlegen oder neuere Studien eine Neubewertung notwendig machen. Die TRD-Werte kennzeichnen definitionsgemäß die tägliche Belastung, bei der bei Exposition über Lebenszeit auch bei empfindlichen Personen nicht mit Gesundheitsschädigungen zu rechnen ist.

Die humantoxikologischen Bewertungsmaßstäbe werden als wissenschaftliche Bewertungen von Daten abgeleitet und begründet, die auch empirische und plausibel begründete Extrapolationen auf das Schutzgut menschliche Gesundheit enthalten können.

Die tolerablen resorbierten Dosen (TRD) stellen als Bewertungsmaßstäbe eine mögliche Grundlage dar, Prüfwerte für den Boden zu begründen. Grundsätzlich wären auch andere humantoxikologische Bewertungsmaßstäbe verwendbar, soweit sie die sich aus den nachfolgenden Darstellungen ergebenden Anforderungen erfüllen (LABO/LAGA, 1996). Tatsächlich zeigen die für die einzelnen Stoffe der BBodSchV durchgeführten Berechnungen der Prüfwerte auch z.B. im Falle von Blei und Arsen, daß ergänzend weitere humantoxikologische Bewertungsmaßstäbe herangezogen werden (Umweltbundesamt, 1999).

2.3.1 Ableitung der humantoxikologischen Bewertungsmaßstäbe im Rahmen von § 8 BBodSchG sowie § 4 BBodSchV

2.3.1.1 Definition

Tolerierbare resorbierte Dosen (TRD) werden definiert als tolerierbare täglich resorbierte Körperdosen eines Gefahrstoffs, bei denen mit hinreichender Wahrscheinlichkeit bei Einzelstoffbetrachtung nach dem gegenwärtigen Stand der Kenntnis keine nachteiligen Effekte auf die menschliche Gesundheit erwartet werden bzw. bei denen nur von einer geringen Wahrscheinlichkeit für Erkrankungen ausgegangen wird. Kombinationswirkungen sind dabei nicht berücksichtigt. Der TRD-Wert bezeichnet die täglich ausschließlich über den betrachteten Pfad resultierende innere Belastung, die gerade noch zu tolerieren ist.

TRD-Werte liegen für die nach Bundes-Bodenschutz- und Altlastenverordnung, Anhang 2 Nr. 1 bezeichneten Stoffe für den inhalativen und den oralen Pfad vor. Erforderlichenfalls wird auch die dermale Stoffaufnahme berücksichtigt. Sie werden als täglich resorbierte Schadstoffmenge pro kg Körpergewicht (mg/kg·d) angegeben. Idealerweise basiert ein TRD-Wert auf Kenntnissen zu den Wirkungen bei den empfindlichsten Mitgliedern der Bevölkerung. Häufig stehen solche Daten (Humandaten) nicht oder nicht hinreichend zur Verfügung. In diesen Fällen wird der TRD-Wert mit Hilfe von Faktoren aus tierexperimentellen Daten oder ungenügenden Humandaten extrapoliert.

Für die inhalative Belastung werden medienbezogene Werte angegeben, z.B. als Luftkonzentration in mg/m^3, wenn bei lokaler Wirkung auf den Atemtrakt die Ermittlung einer Körperdosis nicht sinnvoll ist. Da es sich hierbei nicht um resorbierte Dosen handelt, werden diese Konzentrationswerte nicht als TRD-Werte sondern als **Referenz-Konzentrationen (RK)** bezeichnet.

Das Konzept der Toxizitätsäquivalente kann in geeigneten Fällen angewendet werden.

2.3.1.2 Datenbasis

Als Sekundärquellen zur ausführlichen Dokumentation der toxischen Eigenschaften der behandelten Substanzen können folgende quellen dienen:

- Air Quality Guidelines der WHO (Weltgesundheitsorganisation)
- Guidelines for Drinking Water Quality der WHO
- Bewertungen von WHO/FAO (Food and Agricultural Organization)-Expertengremien zu Lebensmittelzusatzstoffen oder -kontaminanten
- Berichte im Rahmen des International Programme on Chemical Safety (IPCS) der WHO (Environmental Health Criteria)
- Monographien der International Agency for Research on Cancer (IARC) der WHO
- Luftqualitätskriterien des Umweltbundesamtes (Einzelveröffentlichungen)

Anhang-Texte III. Bekanntmachung zu BBodSchV

- Risk Reduction Monographs des Environment Directorate der Europäischen Union
- Stoffberichte des Beratergremiums Umweltrelevante Altstoffe (BUA)
- Medizinisch-toxikologische Begründungen der MAK-Werte sowie entsprechende Veröffentlichungen zu Arbeitsplatzgrenzwerten im Ausland wie z.B. Arbeitsplatzwertbegründungen der ACGIH (American Conference of Governmental Industrial Hygienists USA)
- Toxikologische Bewertungen der Berufsgenossenschaft der chemischen Industrie
- Integrated Risk Informtion System (IRIS) der US-amerikanischen Umweltschutzbehörde EPA (Environmental Protection Agency)
- Stoffberichte der Agency for Toxic Substances and Disease Registry (ATSDR)
- Health Effects Assessment Summary Tables der EPA
- Health Effects Assessment Documents, Ambient Water Quality Criteria und Drinking Water Health Advisories der EPA
- Priority Substance List Assessment Reports der kanadischen Regierung

In Einzelfällen können auch z.B. „toxicity reviews" des englischen „Health and Safety Executive", der amerikanischen Arbeitsschutzbehörde „National Institute for Occupational Safety and Health" (NIOSH) oder holländische oder schwedische Veröffentlichungen entsprechender Einrichtungen eine wichtige Datenbasis bieten.

Folgende Online-Datenbanken enthalten einschlägig verwendbare Veröffentlichungen zu toxischen Wirkungen im Niedrigdosisbereich:

- RTECS
- HSDB
- ECDIN
- Somed
- Chemical Abstracts
- Toxline
- Toxall

Für die Darstellung und Bewertung von Krebsrisikoangaben können die

- Beurteilungsmaßstäbe zur Begrenzung des Krebsrisikos durch Luftverunreinigungen der Arbeitsgruppe „Krebsrisiko durch Luftverunreinigungen" der Arbeitsgruppe „Krebsrisiko durch Luftverunreinigungen" des Länderausschusses für Immissionsschutz (LAI),
- Bewertungen des Deutschen Krebsforschungszentrums Heidelberg,
- Air Quality Guidelines der WHO und
- das Integrated Risk Information System (IRIS) der US-EPA

genutzt werden. Für den Zweck der Ableitung von Boden-Prüfwerten werden keine eigenständigen Einstufungen des Krebspotentials vorgenommen: Angaben zum Krebsrisiko werden übernommen.

2.3.1.3 Schutzniveau

Ausgangspunkt für die Ableitung von TRD-Werten sind Beobachtungen beim Menschen (z.B. vom Arbeitsplatz) oder im Tierversuch. Es wird jeweils für kurzfristige und langfristige Exposition und für die Aufnahmepfade inhalativ, oral und dermal der sogenannte „LOAEL" bzw. „NOAEL" ermittelt:

LOAEL lowest observed adverse effect level = die niedrigste Gefahrstoffdosis bzw. -konzentration, bei der (in der vorliegenden Studie) noch adverse Effekte beobachtet wurden.

NOAEL no observed adverse effect level = die höchste Gefahrstoffdosis bzw. -konzentration, bei der keine adversen Effekte mehr beobachtet wurden.

Dabei werden die empfindlichsten Endpunkte bei den empfindlichsten Tierspezies zugrunde gelegt, wenn nicht begründete Hinweise auf eine nicht gegebene Übertragbarkeit auf den Menschen bestehen. Falls zwar ein LOAEL, nicht aber ein NOAEL in der Literatur berichtet wurde, wird letzterer mit Hilfe von Faktoren (siehe unten) abgeschätzt. Dies entspricht üblicher Praxis, auch wenn dem (abgeschätzten) NOAEL dann keine Beobachtung („observed effect") mehr zugrunde liegt (definitorische Ungenauigkeit). Hinsichtlich kanzerogener Effekte ist kein NOAEL zu ermitteln.

2.3.1.4 Kriterien für adverse Effekte

Welche Effekte als advers anzusehen sind, wird in Anlehnung an die WHO-Definition bewertet. Die WHO (1994) gibt folgende Definition für den Begriff „adverser Effekt":

Veränderung in Morphologie, Physiologie, Wachstum, Entwicklung oder Lebenserwartung eines Organismus, die zu einer Beeinträchtigung der Funktionsfähigkeit oder zu einer Beeinträchtigung der Kompensationsfähigkeit gegenüber zusätzlichen Belastungen führt oder die Empfindlichkeit gegenüber schädlichen Wirkungen anderer Umwelteinflüsse erhöht[1].

Im einzelnen werden unter adversen Effekten neben den histopathologisch bzw. klinisch erfaßbaren Veränderungen auch solche Effekte verstanden wie z.B.:

– gravierende Körpergewichtsreduktionen (> 10 %),

---

[1] Übersetzung der Verfasser, der Originaltext lautet: „Change in morphology,. physiology, growth, development or life span of an organism which results in impairment of functional capacity or impairment of capacity to compensate for additional stress or increase in susceptibility to the harmful effects of other environmental influences."

Anhang-Texte   III. Bekanntmachung zu BBodSchV

- enzymatische Veränderungen, falls diese indikativ für beginnende pathologische Prozesse sind (insbesondere mit Dosis-/Wirkungskorrelationen),
- signifikante Verhaltensveränderungen und neurophysiologisch erfaßbare Abweichungen.

Andererseits werden z.B. leichte Effekte auf das Körpergewicht oder enzymatische Veränderungen ohne Korrelat zu in höherer Dosis dokumentierten Organschäden nicht als advers betrachtet. Auch reversible Effekte werden nach Art und Größe als advers gewertet, die unterschiedliche qualitative Bedeutung gegenüber irreversiblen Effekten ggf. bei der Extrapolation (z.B. durch einen geringeren Faktor für den Abstand zwischen LOAEL und NOAEL bei Reizeffekten) berücksichtigt.

2.3.1.5 Bewertungsmaßstab für krebserzeugende Stoffe

Für kanzerogene Wirkungen wird kein TRD-Wert abgeleitet, weil grundsätzlich nicht von einer tolerierbaren Stoffdosis gesprochen werden kann. Statt dessen wird bei kanzerogenen Stoffen von einer resorbierten Körperdosis ausgegangen, die einem einzelstoffbezogenen zusätzlichen rechnerischen Risiko von $1:100\,000$ (1×10^{-5}), durch lebenslange Exposition gegenüber dem betreffenden Gefahrstoff an Krebs zu erkranken, entspricht. Diese Risikohöhe geht auf ein Votum des Sachverständigenrates für Umweltfragen zurück (SRU, 1993). Die Gesundheitsministerkonferenz folgt dem SRU in der Erläuterung ihrer Entschließung vom 17./18. November 1994 zum Stellenwert quantitativer Risikoabschätzungen im umweltbezogenen Gesundheitsschutz. Das Risiko von 10^{-5} könnte demnach für Einzelsubstanzen das Ziel für eine stufenweise Absenkung von Konzentrationswerten sein. In diesem Sinne ist hier das rechnerische Risiko von 10^{-5} für kanzerogene Wirkungen zugrunde zu legen. Es ist dem Schutzniveau des TRD-Wertes gleichgesetzt. Diese Festlegung entspricht 1/40 des vom Länderausschuß für Immissionsschutz (LAI) verwendeten Bewertungsmaßstabes für Vielstoffbelastungen (Risiko $1:2\,500$ oder 40×10^{-5}, LAI, 1992), den er für einen ersten Schritt der Minimierung des Risikos durch alle krebserzeugenden Luftverunreinigungen anstrebt.

Die Grundlage der dem rechnerischen Risiko entsprechenden stoffspezifischen Dosis ist das „unit risk", das aus Veröffentlichungen anderer kompetenter Organisationen oder Institutionen wie LAI, DKFZ (Deutsches Krebsforschungszentrum Heidelberg), WHO und US-EPA zu entnehmen ist. Der Bewertungsmaßstab für krebserzeugende Stoffe hebt die hinreichende Wahrscheinlichkeit einer schädlichen Wirkung einer durch eine Bodenkontamination/Altlast bedingten Zusatzbelastung aus dem „Rauschpegel" einer ubiquitären Wirkung durch die weitgehend in der Umwelt verteilten Schadstoffe heraus. Unterhalb dieses Bewertungsmaßstabes sind die durch eine Bodenkontamination/Altlast bedingten Zusatzbelastungen für den Menschen in der Regel kaum meßbar und zuzuordnen. Gleichwohl bedeutet die Nicht-Meßbarkeit aber keineswegs, daß das Vorkommen krebserzeugender Stoffe in Böden und in der Umwelt damit unbedenklich wäre.

Die „akzeptierbare" Zunahme der Tumorinzidenz um einen Fall bei 100 000 Exponierten berücksichtigt nur das statistische Kriterium der Inzidenz, und zwar durchgängig für alle Tumorarten. Krebserkrankungen wird aber ein höchst unterschiedlicher Stellenwert im Hinblick auf Frühwarnsymptome, Malignität und Metastasierungsneigung, Heilbarkeit, Behandlungskosten und vor allem Verlauf und dessen Einfluß auf die Lebensqualität zugeordnet (siehe Sachverständigenrat für Umweltfragen, 1995, Kasten in Tz. 86). Eine derartig differenzierte Betrachtung wird für die „Ableitungsmaßstäbe ..." jedoch nicht vorgenommen. Sie wäre in Zukunft erneut zu prüfen, wenn im Sinne der Anforderung des Sachverständigenrates für Umweltfragen ein übergreifendes Konzept für die Bewertung der unterschiedlichen gesundheitlichen Beeinträchtigungen von Krebserkrankungen gefunden werden kann.

2.3.1.6 Annahmen zur Resorption

Bei bestimmten Expositionsszenarien können mehrere Aufnahmewege (häufig inhalativ und oral) gleichzeitig eine Rolle spielen. Für die Möglichkeit einer angemessenen Berücksichtigung der pfadspezifischen Anteile werden die humantoxikologischen Bewertungsmaßstäbe als resorbierte Dosen ausgewiesen. Um eine innere Gesamtbelastung zu ermitteln, wird die jeweilige pfadspezifisch zugeführte Schadstoffmenge mit der Resorptionsquote multipliziert, um die anteilige innere Belastung zu erhalten. Es wird stoffspezifisch angegeben (Umweltbundesamt, 1999), welche Resorptionsquote zur Ableitung des TRD-Wertes aus den tierexperimentellen Daten eingesetzt und welche Quote beim Menschen zur Rückrechnung auf die zugeführten Schadstoffmengen verwendet wird.

Bei vielen Stoffen existieren keine Untersuchungen zur Resorptionsquote bei Mensch oder Tier. In diesen Fällen wird, falls die qualitative Betrachtung der Stoffeigenschaften für eine gute Bioverfügbarkeit spricht, als angenommene Resorption 100 % verwendet.

2.3.1.7 Extrapolation, Verwendung von Sicherheitsfaktoren

Bei der Ableitung wird möglichst auf detailliert berichtete und belastbare Humandaten zurückgegriffen. Soweit diese nicht vorliegen, wird auf tierexperimentelle Untersuchungen zurückgegriffen und mit Faktoren auf das Schutzgut empfindliche Personen(gruppen) extrapoliert. Die verwendeten Sicherheitsfaktoren entsprechen im wesentlichen denen, die von WHO und EPA verwendet werden. Weitere (Sicherheits-)Faktoren, die auch von der WHO und der EPA angewendet werden und die unwägbare Risiken oder einer unzureichenden Datenlage Rechnung tragen, werden nicht vorgesehen. Die einzelnen Sicherheitsfaktoren beruhen nur zu einem Teil auf Konventionen, im wesentlichen bezüglich des angestrebten Schutzniveaus und der statistischen Sicherheit. Zu einem weiteren Teil beruhen sie auf biologisch plausiblen Annahmen zu den Variabilitäten und Empfindlichkeitsunterschieden zwischen Mensch und Tier und stellen in diesem Sinne eher eine Extrapolation als die Einrechnung eines Sicherheitsspielraumes dar

Anhang-Texte
III. Bekanntmachung zu BBodSchV

(Kalberlah und Schneider, 1998). Ausgehend von der dokumentierten Effektdosis bzw. -konzentration werden im einzelnen folgende Sicherheitsfaktoren (SF) zum Ansatz gebracht, um den TRD-Wert abzuleiten:

Tabelle 1: Übersicht zu den für TRD-Werte relevanten Sicherheitsfaktoren

Art der SF		Art der Extrapolation:
a) SF_a:	Zur Abschätzung eines chronischen NOAEL durch Hochrechnung von subchronischer auf chronische Expositionsdauer (entfällt bei Vorliegen bewertbarer chronischer experimenteller oder epidemiologischer Untersuchungen)	Unterschied zwischen Lang- und Kurzzeitbelastung bei Mensch oder Versuchstier
b) SF_b: oder oder	Zur Abschätzung eines $NOAEL_{TV}$[1] aus einem experimentellen $LOAEL_{TV}$ (entfällt bei Vorliegen bewertbarer [sub]chronischer epidemiologischer Daten) mit Hilfe der Konvention $NOAEL_{TV}$ = $LOAEL_{TV}$: SF_b zur Abschätzung eines $NOAEL_E$[2] aus einem epidemiologisch ermittelten $LOAEL_E$ mit Hilfe der Konvention $NOAEL_E$ = $LOAEL_E$: SF_b (entfällt bei bekanntem $NOAEL_E$ oder $LOAEL_e$[3] oder $NOAEL_e$) zur Abschätzung eines $NOAEL_e$ aus einem $LOAEL_e$ mit Hilfe der Konvention $NOAEL_e$ = $LOAEL_e$: SF_b (entfällt bei bekanntem $NOAEL_e$)	Gestalt der Dosis-Wirkungskurve bei Mensch und/oder Versuchstier
c) SF_c:	zur Überbrückung der zwischenartlichen Varianz zwischen Mensch und Versuchstier mit Hilfe der Konvention $LOAEL_E$ = $LOAEL_{TV}$: SF_c bzw. NOAEL = $NOAEL_{TV}$: SF_c (entfällt bei Vorliegen bewertbarer [sub]chronischer epidemiologischer Daten)	Zwischenartliche Varianz Mensch zwischen und Versuchstier
d) SF_d: oder:	zur Überbrückung der innerartlichen Varianz beim Menschen, falls der $NOAEL_E$ ersatzweise aus einem Tierversuch abgeleitet wurde mit Hilfe der Konvention $NOAEL_e$ = $NOAEL_E$: SF_d zur Abdeckung der innerartlichen Varianz beim Menschen, falls der $NOAEL_E$ epidemiologisch ermittelt wurde mit Hilfe der Konvention $NOAEL_e$ = $NOAEL_E$: SF_d (entfällt bei bekanntem $LOAEL_e$ oder $NOAEL_e$)	Innerartliche Varianzen beim Menschen

[1] TV = aus Tierversuchen
[2] E = für die gesunde erwachsene Bevölkerung
[3] e = für empfindliche Personengruppen

Üblicherweise werden für die einzelnen Faktoren im Sinne eines Default-Wertes (= gesetzter Wert) jeweils 10 angenommen (Kalberlah et al., 1998). Maximal ergibt sich bei multiplikativer Verknüpfung ein Sicherheitsfaktor von insgesamt 10 000. Ein derartig großer Gesamtsicherheitsfaktor muß als Ausdruck sehr hoher Datenunsicherheiten angesehen werden. Grundsätzlich sind Sicherheitsfaktoren durch bessere Schätzungen zu ersetzen, wenn Informationen hierzu vorhanden sind. Folgende beispielhaft aufgeführten Gründe können zu einer Abänderung (in der Regel Verringerung) der Sicherheitsfaktoren führen:

SF_a: Es existieren Daten, die nahelegen, daß beim Übergang von subchronischer zu chronischer Exposition nur eine geringe Progredienz (Wirkungsverstärkung) der Effekte zu erwarten ist.

SF_b: Die Effekte beim beobachteten LOAEL waren bereits marginal und/oder der Verlauf der Dosis/Wirkungsbeziehung läßt erwarten, daß der vermutete NOAEL in geringem Abstand zum LOAEL liegt.

SF_c: Es existieren begründete Hinweise (z.B. aus Modellrechnungen) auf geringe Speziesunterschiede zwischen Tier und Mensch (hinsichtlich Toxikodynamik oder -kinetik).

SF_d: Die zugrunde gelegte Untersuchung umfaßt bereits Effekte bei besonders sensiblen Bevölkerungsgruppen (z.B. epidemiologische Untersuchungen an großen Bevölkerungsgruppen die auch empfindliche Personen einschließen).

Ist eine Beurteilung einer schädlichen Bodenveränderung durch Stoffe mit hoher Datenunsicherheit (Gesamtsicherheitsfaktor > 3 000) geboten, sind über die wissenschaftlichen Grundlagen und Bewertungskriterien der TRD-Werte hinaus normativ zu setzende stoff- und wirkungsspezifische Konventionen heranzuziehen, zu begründen und offenzulegen.

2.3.1.8 Zeitbezug

Die Abgrenzung zwischen kurzfristiger (akuter und subakuter) und langfristiger (subchronischer und chronischer) Exposition wird von verschiedenen Organisationen unterschiedlich gehandhabt. Vor diesem Hintergrund werden von dem Versuchstiermodell Nagetier ausgehend folgende Zeitspannen zugeordnet:

akut	bis 1 d	kurzfristig
subakut	bis 30 d	
subchronisch	bis 180 d	langfristig
chronisch	> 180 d	

Unter kurzfristiger Exposition wird ein Zeitraum bis zu 4 Wochen verstanden (sowohl in bezug auf die tierexperimentellen Bedingungen als auch in bezug auf den Geltungsbereich des TRD-Wertes für kurzfristige Exposition für den Menschen), während TRD-Werte für langfristige Exposition auch bei Lebenszeitexposition hinreichend Schutz gewähren sollen.

Ergebnisse kurzfristiger Studien werden grundsätzlich nicht zur Ableitung eines langfristigen TRD-Wertes herangezogen. Zu den kurzfristigen Effekten werden auch Beobachtungen aus Tierversuchen gezählt, bei denen fruchtschädigende (fetotoxische und/oder teratogene) Effekte nach Gefahrstoffexposition während der Trächtigkeit auftraten. Bei diesen Effekten steht häufig der Einwirkungszeitpunkt (Tag der Gravidität), das heißt die Phase der Fruchtentwicklung, gegenüber der Expositionsdauer im Vordergrund.

2.3.1.9 Berechnung von Körperdosen (LOAEL, NOAEL) aus tierexperimentellen Daten

Im Tierversuch, aber auch beim Menschen sind häufig Konzentrationsangaben (Gefahrstoff in der Nahrung oder in der Luft) auf Körperdosen und/oder Werte für intermittierende Exposition auf kontinuierliche Exposition umzurechnen. Ferner sind bei der Übertragung von Tier auf Mensch bei inhalativer Aufnahme verschiedene Atemvolumina zu beachten. Falls diese Umrechnungen nicht vom Autor einer Studie selbst mit konkreten Daten angegeben wurden, erfolgt die Berechnung nach einem allgemeinen Schema mit folgenden Parametern:

a) Tier/Mensch

Für die speziesspezifischen Daten werden folgende Parameter eingesetzt:

Tabelle 2: Speziesspezifische Parameter zur Berechnung von Körperdosen

Spezies	Lebens-dauer (Jahre)	Gewicht (kg)	Atem-volumen (m^3/d)	Wasserauf-nahme (l/d)	Futter-faktor[1]
Maus	2,0	0,03	0,039	0,0057	0,13
Ratte	2,0	0,35	0,223	0,049	0,05
Hamster	2,4	0,14	0,13	0,027	0,083
Meerschwein	4,5	0,84	0,40	0,20	0,040
Kaninchen	7,8	3,8	2,0	0,41	0,049
Mensch	70,0	70,0	20,0	2,0	0,028

[1] Futterfaktor: Die Angaben in mg/kg Futter sind mit diesem Wert zu multiplizieren, es ergeben sich die Körperdosen in mg/kg · d. Falls in der Literatur hiervon abweichende Angaben vorliegen, werden diese berücksichtigt.

Die Umrechnung von Tier auf Mensch erfolgt über das Gewicht.

b) Berechnung von Körperdosen aus Luftkonzentrationen

Auf Basis von Humandaten wird wie folgt vorgegangen (KG = Körpergewicht):

$$\text{Körperdosis} \left[\frac{\text{mg}}{\text{kg KG} \cdot \text{d}}\right] = \frac{\text{Konzentration in } \frac{\text{mg}}{\text{m}^3} \cdot 20 \frac{\text{m}^3}{\text{d}} \cdot \text{Resorptionsquote}}{70 \text{ kg KG}}$$

Auf Basis von tierexperimentellen Daten wird wie folgt vorgegangen, zum Beispiel für die Ratte:

$$\text{Körperdosis} \left[\frac{\text{mg}}{\text{kg KG} \cdot \text{d}}\right] = \frac{\text{Konzentration in } \frac{\text{mg}}{\text{m}^3} \cdot 0{,}223 \frac{\text{m}^3}{\text{d}} \cdot \text{Resorptionsquote}}{0{,}35 \text{ kg KG}}$$

Die Rückrechnung von der Körperdosis auf eine Luftkonzentration erfolgt für den Menschen analog in umgekehrter Richtung mit den Standardannahmen für den Menschen: 70 kg Körpergewicht, 20 m^3/d Atemvolumen und der entsprechenden Resorptionsquote. Besonderheiten bei lokalen Reizeffekten sind gesondert zu betrachten.

c) *Umrechnung von intermittierender auf kontinuierliche Exposition bei inhalativer Exposition*

Falls eine Studie mit nicht kontinuierlicher Exposition zugrunde lag, wurde linear auf kontinuierliche Exposition umgerechnet (auf 24 Stunden pro Tag und 7 Tage pro Woche). Eine derartige Umrechnung ist nicht statthaft, wenn z.B. die absolute Dosis („Bolusgabe") oder Konzentrationsspitzen in der Luft für die Wirkung ausschlaggebend sind. In solchen Fällen wird auf die Umrechnung verzichtet.

2.3.1.10 Vorgehensweise hinsichtlich der Bewertungsmaßstäbe für Kanzerogene

Die Bewertung der Kanzerogenität einer Substanz erfolgt nach zwei Gesichtspunkten:

1. Zeigt die Substanz kanzerogene Effekte? (Besitzt der Stoff kanzerogenes Potential?)
2. Wie ist die Wirkungsstärke bezüglich kanzerogener Effekte beim Menschen zu beurteilen? (Welche kanzerogene Potenz kommt dem Stoff zu?)

Bewertung des kanzerogenen Potentials – Kanzerogenitätseinstufungen
Zur Kennzeichnung des kanzerogenen Potentials der Stoffe werden die Einstufungen der Europäischen Union, des Ausschusses für Gefahrstoffe (AGS), der Senatskommission zur Prüfung gesundheitsschädlicher Arbeitsstoffe der Deutschen Forschungsgemeinschaft, der Internationalen Krebsagentur (IARC) der WHO und/oder der US-EPA zugrunde gelegt.

Die Kennzeichnung der Europäischen Union gemäß § 4 der Gefahrstoffverordnung wird als für die Bundesrepublik verbindlich übernommen, alternativ wird die des AGS (Technische Regeln für Gefahrstoffe, TRGS 905) herangezogen. Liegt keine Einstufung der EU oder des AGS vor, wird auf die der Senatskommission der DFG zurückgegriffen bzw., wenn auch diese fehlt, auf Einstufungen der anderen Organisationen. Dabei wird das Datum der jeweils verwendeten Datenbasis oder das Jahr der Einstufung nicht berücksichtigt.

Bewertung der kanzerogenen Potenz

Die kanzerogene Potenz wird mittels einer Krebsrisikoberechnung nach dem unit risk-Konzept abgeschätzt und gibt das mit der Aufnahme einer bestimmten Dosis verbundene Risiko für einen Schadenseintritt an.

Qualitätskriterien für unit risk-Schätzungen

Die Berechnung des unit risk erfordert in der Regel die Extrapolation von hohen Konzentrationen in den Niedrigdosisbereich. Diese Extrapolationen können mit erheblichen Unsicherheiten verbunden sein. Daher ist stoffbezogen die Qualität von Krebsrisikoberechnungen zu beurteilen und über die Berücksichtigung der kanzerogenen Potenz als quantitativem Bewertungsmaßstab zu entscheiden. Die Bewertung von kanzerogener Potenz und von kanzerogenem Potential werden dabei getrennt. So kann das unit risk eines Stoffes, der beim Menschen als eindeutig krebserzeugend angesehen wird, als qualitativ ungenügend angesehen werden, wenn die fehlende Dosis-Wirkungsbeziehung eine ausreichend sichere quantitative Aussage nicht zuläßt. Umgekehrt kann das unit risk eines Schadstoffes, der nur bei einer Spezies kanzerogen wirkt (mit Dosis-Wirkungsbeziehung) und deshalb im Sinne z.B. der Gafahrstoffverordnung nicht als eindeutig kenzerogen im Tier angesehen wird, als qualitativ gut angesehen werden. Die Qualität vorliegender unit risk-Ableitungen wird in folgende Kategorien gegliedert (Kalberlah et al., 1999):

Kategorie UR++: „unit risk gut geeignet":
   Prinzipiell erscheint die linearisierte Abschätzung des zusätzlichen Krebsrisikos im Niedrigrisikobereich (0 bis 10% Zusatzrisiko) aus gut durchgeführten Tierversuchen und/oder gut abgesicherten epidemiologischen Studien als Grundlage für weitere Risikobetrachtungen gut geeignet. Kenntnisse zum Wirkmechanismus sprechen nicht gegen die gewählte Extrapolationsmethode. Stoffe, bei denen eindeutig eine Wirkungsschwelle für Kanzerogenität vorhanden und quantifizierbar ist, sollen nicht in Kategorie UR++ eingestuft werden.

Kategorie UR+: „unit risk geeignet":
   Prinzipiell erscheint die linearisierte Abschätzung des zusätzlichen Krebsrisikos im Niedrigrisikobereich (0 bis 10% Zusatzrisiko) als Grundlage für weitere Risikobetrachtungen geeignet. Kenntnisse zum Wirkmechanismus sprechen nicht gegen die gewählte Extrapolationsmethodik. Die Abgrenzungskriterien für die Zuordnung zur entsprechenden Kategorie sind zu beachten.

III. Bekanntmachung zu BBodSchV   **Anhang-Texte**

Kategorie UR–: „unit risk nicht geeignet":
Prinzipiell erscheint eine linearisierte Abschätzung des zusätzlichen Krebsrisikos im Niedrigrisikobereich (0 bis 10% Zusatzrisiko) als Grundlage für weitere Risikobetrachtungen nicht geeignet, oder es bestehen gravierende Mängel in der Datenlage (Tierversuch oder epidemiologische Studie) und/oder in der verwendeten Extrapolationsmethodik, oder Kenntnisse zum Wirkmechanismus sprechen gegen die gewählte Extrapolationsmethode.

Vorgehensweise bei durch unit risk ungeeigneten Risikoquantifizierungen
Während bei sehr guter und guter unit risk-Qualität (Kategorie UR++ und UR+) die Ergebnisse dieser Risikoextrapolation verwendet werden, liegt für den Fall nicht ausreichender Qualität in der Risikoquantifizierung (Kategorie UR–) kein national oder international konsentiertes Konzept vor. In diesen Fällen wird wie folgt vorgegangen:

– Bei Humankanzerogenen kann bei eindeutiger kanzerogener Potenz wegen Studienmängeln, nicht ausreichenden Expositionsdaten, zu kleinem Kollektiv etc. die Risikoextrapolation als qualitativ ungeeignet (UR–) bewertet werden. Hierunter können Kanzerogene der EU-Kategorie 1 sowie Kanzerogene der EU-Kategorie 2 oder 3 fallen, bei denen ein unit risk auf epidemiologischer Basis abgeleitet wurde. Für diese Fälle wird wegen des qualitativ hochwertigen Kanzerogenitätsnachweises die unit risk-Abschätzung trotz ungenügender Qualität beibehalten.

– Dies gilt wegen der vermutlich fehlenden Wirkungsschwelle auch für gentoxische Stoffe, für die sich die Bewertung UR– ergeben kann, wenn das tierexperimentelle Versuchsdesign deutliche Mängel aufweist.

– Bei Stoffen mit anzunehmender heterogener oder unbekannter Wirkungsstruktur wie Kanzerogene, bei denen Speziesspezifität nicht ausgeschlossen werden kann, mit vermuteten nichtgentoxischem Wirkmechanismus oder bei denen keine angemessene Dosis-Wirkungsbeziehung vorliegt, findet zur Betrachtung kanzerogener Wirkungen bei der Bodenwertberechnung neben der unit risk-Abschätzung eine weitere Vorgehensweise Anwendung (Konietzka, 1999):
Gegenüber der niedrigsten Dosis, bei der Krebs im Tierversuch mit Signifikanz belegt werden kann (cancerogenic effect level, CEL_{min}), soll ein ausreichender Sicherheitsabstand gewahrt werden, der mindestens die Größenordnung wie für schwere nicht kanzerogene Effekte besitzt. Vereinfachend kann von einem ersten detektierbaren (signifikanten) Krebsrisiko im Tierversuch bei mindestens 10% (Risiko 1 : 10) der Versuchstiere ausgegangen werden. Als Grundlage für die hieraus vorzunehmende Ableitung von Boden-Prüfwerten muß allerdings auf ein Risiko von 1:100 000 geschlossen werden. Daher wird als Bezugsgröße die $CEL_{min}/10 000$ aus den Kanzerogenitätsstudien ermittelt. Parallel zu den Bodenprüfwertberechnungen für nicht kanzerogene Wirkungen auf Basis des TRD-Wertes wird mit dieser Bezugsgröße eine Bodenprüf-

wertberechnung für kanzerogene Wirkungen durchgeführt. Führt die Berechnung mit $CEL_{min}/10\,000$ zu einem niedrigeren Bodenwert, so ist in diesen Fällen die Kanzerogenität als relevanter toxikologischer Endpunkt zu betrachten. Im Rahmen der Plausibilitätsprüfung für den Stoff wird weiterhin diskutiert, ob die zu der Beurteilung als UR– führenden Gründe so gravierend sind, daß der unit risk-Abschätzung geringere Bedeutung zukommt, oder ob sie als zusätzliches Argument unter Vergleich zu den Berechnungsergebnissen mit TRD-Wert und $CEL_{min}/10\,000$ zur Bestimmung eines plausiblen Prüfwertes herangezogen werden müssen.

Krebserzeugende Substanzen, für die bisher kein unit risk abgeleitet wurde, werden analog behandelt; das heißt, wenn die Kanzerogenitätseinstufung auf Basis tierexperimenteller Daten erfolgte, werden sie so betrachtet, als sei bisher nur eine ungenügende Risikoquantifizierung vorgenommen worden (UR–).

2.3.1.11 Zur Frage einer höheren Empfindlichkeit von Kindern gegenüber krebserzeugenden Stoffen

Ausgangssituation
Bei der Prüfwertableitung im Szenario Kinderspielflächen wird davon ausgegangen, daß orale Bodenaufnahme nur in den ersten acht Lebensjahren stattfindet. Unter der Annahme, daß Kinder und Erwachsene gleich sensitiv auf die Wirkung kanzerogener Stoffe reagieren, kann die mit dem tolerierten Risiko verbundene kumulative Dosis auf acht Jahre verteilt werden (siehe Nummer 2.4.1.1.2.).

Die Annahme einer vergleichbaren Sensitivität von Kindern und Erwachsenen ist anhand stoffspezifischer Daten für die in Anhang 2 Nr. 1 BBodSchV genannten Stoffe überprüft worden. Danach liegen für diese Stoffe keine klaren Hinweise auf eine erhöhte Empfindlichkeit von Kindern vor; für andere Stoffe kann dies gleichwohl gegeben sein (Schneider, 1999). Als ein grundlegendes Defizit erscheint es, daß eine generalisierende (modellhafte) Betrachtung noch nicht vorliegt.

Für die Wirkung ionisierender Strahlung liefern epidemiologische Studien Belege für ein höheres Krebsrisiko bei Exposition in der Kindheit gegenüber der Exposition von Erwachsenen. Diese Belege stammen von Untersuchungen an Überlebenden der Atombombenabwürfe in Japan, an Anwohnern eines Atombombentestgebietes im Pazifik und an Tumorpatienten mit Strahlentherapie.

Relevante Daten zu chemischen Stoffen stammen überwiegend aus Tierversuchen. In dieser Beziehung gut untersucht sind Vinylchlorid sowie einige Nitrosamine und -amide. Ebenso liegen einige Studien zu Benzo(a)pyren (B(a)P), weiteren polyzyklischen aromatischen Kohlenwasserstoffen (PAK) wie Dimethylbenzanthracen (DMBA) sowie komplexen, PAK-haltigen Gemischen wie Dieselruß vor. In den Untersuchungen wurden unterschiedliche Studiendesigns verwendet. Gemeinsam zeigen sie auf, daß eine Exposition in frühen Lebensphasen unter ansonsten vergleichbaren Bedingungen zu höherer Tumorhäufigkeit führt als die Exposition erwachsener Tiere. Für eine Reihe weiterer Stoffe liegen ähnliche Ergebnisse aus unterschiedlichen Studien vor. Sie sind nachfolgend dargestellt. Die in der Tabelle 3 genannten Stoffe gelten als gentoxische Kanzerogene. Tatsächlich machen mechanistische Untersuchungen plausibel, daß die höheren Tumorinzidenzen durch ein Zusammenwirken der gentoxischen Aktivität der Stoffe mit der hohen Zellteilungsaktivität in Zielorganen des wachsenden Organismus verursacht werden. Ein vergleichbares Verhalten ist grundsätzlich auch bei anderen Stoffen mit gentoxischer Wirkung anzunehmen.

Tabelle 3: Noxen mit epidemiologischen oder experimentellen Hinweisen auf eine erhöhte Empfindlichkeit des infantilen Orgnismus

Substanzname	Gentoxizität	Datenbasis
Ionisierende Strahlung	ja	Humandaten
Vinylchlorid	ja	Tierdaten
Diethylnitrosamin	ja	Tierdaten
Methyl- und Ethylnitrosoharnstoff	ja	Tierdaten
Nitrosomorpholin	ja	Tierdaten
N-Methyl-N'-nitrosoguanidin	ja	Tierdaten
Benzidin	ja	Tierdaten
PAK (B(a)P, Teerpech-Aerosol, Dieselruß, DMBA)	ja	Tierdaten
2-Acetylaminofluoren	ja	Tierdaten
Aflatoxin B1	ja	Tierdaten
Cycasin und Methylazoxymethanol	ja	Tierdaten
Urethan	ja	Tierdaten

(Quellenangaben in Schneider, 1999)

Untersuchungen mit Stoffen, für die andere Kanzerogenesemechanismen angenommen werden, erbrachten hingegen keine klaren Belege für eine erhöhte Empfindlichkeit des infantilen Organismus. Polybromierte Biphenyle, Ethylenthioharnstoff und Diphenylhydantoin sind Stoffe ohne gentoxische Wirkung in verschiedenen Testsystemen. Diese Stoffe wurden in Langzeitstudien getestet. Dabei zeigten sich keine relevanten Unterschiede in der Tumorzahl bei Tiergruppen, die sowohl pränatal via Muttertier, postnatal mit der Muttermilch als auch nach dem Entwöhnen chronisch mit dem Futter exponiert wurden, gegenüber Tieren mit ausschließlicher Exposition nach dem Entwöhnen.

Bei Saccharin, einem in hohen Dosen als Blasenkanzerogen wirkenden Stoff ohne gentoxische Aktivität, wurde allerdings eine Wirkungsverstärkung beobachtet, wenn die Tiere vor und nach der Geburt exponiert waren. Im Gegensatz zu den Versuchen mit den oben genannten gentoxischen Stoffen war die Langzeitexposition im Erwachsenenalter aber für die Tumorbildung notwendig.

Anhang-Texte   III. Bekanntmachung zu BBodSchV

Die Datenlage zu kanzerogenen Metallen ist nicht aussagekräftig. Als relevanter Hinweis ist jedoch eine Studie mit Nickelacetat zu werten. Dabei wurden nach Verabreichung in den Bauchraum der Muttertiere durch transplazentare Exposition bei den Nachkommen Nierentumore hervorgerufen. Eine ausführliche Darstellung ist in Schneider (1999) nachzulesen.

Als Schlußfolgerung ergibt sich folgendes:

– Für einige gentoxische Kanzerogene liegen Belege für eine höhere Empfindlichkeit des kindlichen Organismus vor. Diese Stoffe, z.B. Vinylchlorid, sind jedoch nicht Gegenstand der Prüfwertableitung im Rahmen des Anhangs 2 Nr. 1.4 BBodSchV.

– Werden im Einzelfall der Gefahrenbeurteilung nach § 4 Abs. 5 BBodSchV allerdings Bewertungen insbesondere für diese Stoffe erforderlich, so ist hierbei eine erhöhte Empfindlichkeit der Kinder im Expositionszeitraum zu beachten. Soweit die toxikologischen Daten für eine Quantifizierung nicht ausreichen, kann eine höhere Empfindlichkeit von Kindern mit Hilfe eines Default-Wertes (gesetzter Wert) von in der Regel 10 berücksichtigt werden, durch den die risikobezogene Dosis zu verringern (dividieren) ist.

Für Benzo(a)pyren resp. PAK ist zusätzlich folgendes zu beachten:

– Für PAK ist festgestellt worden, daß epidemiologische oder experimentelle Hinweise auf eine erhöhte Empfindlichkeit des infantilen Organismus vorliegen, und zwar sowohl für PAK-Gemische (DMBA, Teerpech-Aerosole) als auch für B(a)p.

2.3.1.12 Validierung der TRD-Ableitungen

Die Ableitung eines TRD-Wertes als humantoxikologischer Bewertungsmaßstab soll nach Möglichkeit durch Vorlage und Beratung in Expertenkreisen validiert werden.

2.3.2 Gefahrenbezug

2.3.2.1 Verständnis einer gefahrenbezogenen Dosis

Bei einer Belastung des Menschen mit einem Schadstoff bis zur Höhe des auf empfindlich Personengruppen der Allgemeinbevölkerung zugeschnittenen $NOAEL_e$ ist eine Schädigung der Gesundheit selbst empfindlicher Personen nicht wahrscheinlich. Eine Überschreitung dieser „praktisch sicheren Dosis" stellt nicht zwangsläufig eine Gesundheitsgefährdung dar; es kann aber gesundheitlich bedenklich sein, wenn die Überschreitung erheblich ist und über längere Dauer erfolgt. Bei einer Belastung der gesunden erwachsenen Bevölkerung in Höhe der niedrigsten Dosis mit für sie noch als wahrscheinlich schädlich bewerteter Wirkung ($LOAEL_E$) erscheint dagegen eine Schädigung der Gesundheit empfindlicher Personen bereits gewiß.

Der Gefahrenbegriff im Sinne des BBodSchG ist allerdings nur mit der hinreichenden Wahrscheinlichkeit eines Schadeneintritts, nicht mit dem sicheren Eintreten der Gefahr, korreliert. Die gefahrenbezogene Dosis GD liegt zwischen dem $NOAEL_e$ und dem $LOAEL_E$. Für empfindliche Individuen wäre der Gefahrenbezug zwischen „unwahrscheinlich" ($NOAEL_e$) und „sehr wahrscheinlich" ($LOAEL_E$), mithin auf dem Niveau „hinreichend wahrscheinlich" anzusetzen. Für die Bestimmung der gefahrenbezogenen Dosis ist eine Interpolation notwendig, die von dem $NOAEL_e$ bzw. TRD-Wert ausgeht und zu einem Ergebnis führt, das deutlich kleiner ist als der $LOAEL_E$ und nach Möglichkeit dem vermuteten $LOAEL_e$ entspricht (Konietzka und Dieter, 1998).

2.3.2.2 Stoffe mit Wirkungsschwelle

Das Folgende gilt nur für chronische/lebenslange Expositionen, so daß für die Abschätzung einer gefahrenbezogenen Dosis grundsätzlich nur extrapolierte oder beobachtete Daten chronischer Belastungen herangezogen werden können.

Die gefahrenbezogene Dosis GD ist in dem Bereich zwischen „innere Gesamtexposition größer als $NOAEL_e$" und „innere Gesamtexposition kleiner als $LOAEL_E$" zu suchen. Für die Ableitung der gefahrenbezogenen Dosis muß eine Abschätzung vom $NOAEL_e$ aus auf einen Wert „kleiner als $LOAEL_E$" möglichst nahe heran an den vermuteten $LOAEL_e$ vorgenommen werden. Ein sinnvolles und plausibles Ergebnis für eine gefahrenbezogene Dosis ergibt sich aus der Multiplikation des TRD-Wertes mit jeweils dem geometrischen Mittelwert der humanrelevanten Sicherheitsfaktoren (SF), die für die Extrapolation des TRD-Wertes verwendet worden sind. Dieser Mittelwert entspricht der Quadratwurzel aus dem Gesamtextrapolationsfaktor zwischen dem chronischen $NOAEL_e$ = TRD und dem chronischen gemessenen $NOAEL_{TV}$ (TV = aus Tierversuchen), $LOAEL_E$ oder $NOAEL_E$.

Der Bezug zu den humanrelevanten Sicherheitsfaktoren begründet sich aus Art und Notwendigkeit ihrer Anwendung:

– Mit den Faktoren SF_b und SF_d soll die kritische Dosis-Wirkungskurve für den Menschen (E und e) berücksichtigt und deren toxikologische Relevanz bewertet werden. Die Höhe der Faktoren wird abhängig von der vermuteten Steilheit der Dosis-Wirkungskurve gewählt.

– Der SF_c soll die toxikokinetischen und toxikodynamischen Unterschiede zwischen Versuchstier und Mensch überbrücken. Die Höhe des Faktors ist nicht nur von systematischen Unterschieden (die Wirkstärke ist abhängig von dem Konzentrations-/Zeitintegral im Zielorgan, das sich wiederum entsprechend dem Grundumsatz der verschiedenen Spezies unterscheidet), sondern auch von der vermuteten oder bekannten zwischenartlichen Variabilität der Sensitivität abhängig.

Begründen diese Extrapolationen eine zum Schutz der menschlichen Gesundheit noch tolerierbare Dosis, so führt die Reduzierung dieses (humanbezogenen) Gesamtsicherheitsfaktors zu einer Erhöhung dieser Dosis in einen Bereich zwischen der Wirkungsschwelle für empfindliche Personen und dem LOAEL$_E$. Da die Lage der gefahrenbezogenen Dosis unbekannt ist und mit vertretbarem Aufwand experimentell in der Regel nicht ermittelt werden kann, muß ein angemessenes Surrogat definiert werden. Die Wahl des geometrischen Mittelwertes der humanrelevanten SF als Multiplikator zur Ableitung dieses gesuchten Surrogates aus der tolerierbaren resorbierten Dosis erscheint aus folgenden Gründen plausibel:

– Durch die Bindung an die humanrelevanten SF besteht Stoffspezifität; jedem Stoff wird ein spezifischer Surrogat-LOAEL$_e$ zugedacht.
– Durch die Beachtung der Höhe der Sicherheitsfaktoren besteht Erkenntnisabhängigkeit, da stoffspezifische Erkenntnisse zum Dosis-Wirkungsverlauf in die Extrapolation bzw. Höhe des Faktors eingehen.
– Die denkbaren Ergebnisse sind plausibel, der theoretische LOAEL$_e$ wird maximal erreicht, aber nicht überschritten.

Die geometrische Mittelwertbildung entspricht der gegenseitigen Unabhängigkeit der einzelnen humanrelevanten Sicherheitsfaktoren. Unter Berücksichtigung der jeweils stoffspezifisch zugrundeliegenden Datenbasis wird die Interpolation einer gefahrenbezogenen Dosis für Stoffe mit Wirkungsschwelle mit Hilfe eines entsprechenden Gefahrenfaktors F$_{(Gef)}$ vorgenommen. Es ist wie folgt vorzugehen:

1. Datenbasis LOAEL$_E$ (F$_{(Gef)1}$ = $\sqrt{SF_b \cdot SF_d}$):
   Gefahrenbezogene Dosis GD = TRD-Wert $\cdot \sqrt{SF_b \cdot SF_d}$
2. Datenbasis NOAEL$_E$ (F$_{(Gef)2}$ = $\sqrt{SF_d}$):
   Gefahrenbezogene Dosis GD = TRD-Wert $\cdot \sqrt{SF_d}$
3. Datenbasis LOAEL$_e$ (F$_{(Gef)3}$ = SF$_b$):
   Gefahrenbezogene Dosis GD = TRD-Wert $\cdot$ SF$_b$
4. Datenbasis NOAEL$_{TV}$ oder LOAEL$_{TV}$ ohne Kenntnisse über die Steilheit der Dosis-Wirkungskurven in Versuchstier und Mensch (F$_{(Gef)4}$ = $\sqrt{SF_c \cdot SF_d}$):
   Gefahrenbezogene Dosis GD = TRD-Wert $\cdot \sqrt{SF_c \cdot SF_d}$
5. Datenbasis LOAEL$_{TV}$ bei nachweislich gleicher Steilheit der Dosis-Wirkungskurven in Versuchstier und Mensch (F$_{(Gef)5}$ = $\sqrt{SF_b \cdot SF_c \cdot SF_d}$):
   Gefahrenbezogene Dosis GD = TRD-Wert $\cdot \sqrt{SF_c} \cdot SF_d$

Der TRD-Wert wird dabei in allen Fällen als „zugeführte Dosis" (nicht als resorbierter Anteil) angegeben und in die Berechnung der gefahrenbezogenen Dosis einbezogen. Stoffspezifische Angaben enthält die Dokumentation des Umweltbundesamtes (Umweltbundesamt, 1999).

Für Stoffe mit Wirkungsschwelle ergibt sich daraus,

– bei toxikologisch weniger gut charakterisierten Stoffen ist der durch das Produkt der humanrelevanten Sicherheitsfaktoren gebildete Abstand zwischen TRD-Wert und tierexperimentell ermitteltem LOAEL$_{TV}$ relativ groß. Die durch Multiplikation des TRD-Wertes mit der Quadratwurzel dieser Sicherheitsfaktoren abgeschätzte gefahrenbezogene Dosis GD liegt deshalb ebenfalls deutlich unterhalb dieses $LOAEL_{TV}$ und überschreitet damit den TRD-Wert relativ wendig. Die Sicherheitsspanne wird, trotz absolut hoher Multiplikation, durch die GD also immer nur zu einem relativ geringen Anteil ausgeschöpft.

— bei toxikologisch gut charakterisierten Stoffen ist der humanrelevante Gesamt-Sicherheitsfaktor zwischen TRD-Wert und dem meist epide-miologisch oder mit anderen Humandaten ermittelten LOAEL relativ gering. Die gefahrenbezogene Dosis GD liegt deshalb nach dem oben formulierten Verfahren relativ knapp unter dem epidemiologisch ermittelten LOAEL, also relativ weit über dem TRD-Wert. Von der Sicherheitsspanne wird also durch die Multiplikation ein höherer Bruchteil ausgeschöpft, obwohl der Multiplikator niedriger ist, als bei einer Datenbasis „Tierversuche".

2.3.2.3 Stoffe ohne Wirkungsschwelle

In Analogie zu den Betrachtungen für Stoffe mit Wirkungsschwelle muß ein Gefahrenfaktor $F_{(Gef)}$ für einen krebserregenden Stoff durch die Multiplikation mit der dem zusätzlichen Risiko entsprechenden Dosis zu einer gefahrenbezogenen Dosis führen, die Gefahren im Sinne des BBodSchG hinreichend wahrscheinlich erscheinen läßt.

Wegen der Wirkung von Kanzerogenen erscheint es plausibel, ein gefahrenbezogenes Risiko für Kanzerogene mit einem in der Regel kleineren maximalen Faktor aus dem zusätzlichen akzeptablen Risiko abzuleiten als entsprechende Werte für nicht kanzerogene Stoffe. Für Stoffe ohne Wirkungsschwelle wird daher das „gefahrenbezogene" Risiko auf der Basis einer Hochrechnung (Quantifizierung der kanzerogenen Potenz) für das akzeptable zusätzliche Krebsrisiko (ZR_{akz}) abgeleitet, indem dieses zusätzliche rechnerische Risiko mit dem gewählten Faktor $F_{(Gef)}$ = 5 multipliziert wird:

Gefahrenbezogenes Risiko = $ZR_{akz} \cdot 5$
(ZR_{akz} = zusätzliches und akzeptables Krebsrisiko)

Für Stoffe ohne Wirkungsschwelle wäre folglich z.B. für $ZR_{akz} = 10^{-5}$ das „gefahrenbezogene" Risiko rechnerisch erreicht, wenn von 100 000 lebenslang mit der entsprechenden Schadstoffdosis belasteten Menschen zusätzlich fünf aufgrund dieser Exposition an Krebs erkranken würden ($ZR_{akz} \cdot 5$). Für kanzerogenverdächtige Stoffe, die nur experimentell mit der Auslösung von Krebs in Verbindung gebracht werden können und/oder für die eine Quantifizierung der kanzerogenen Potenz qualitativ ungenügend ist, ist eine ausreichend tragfähige wissenschaftliche Datenbasis für die Berechnung eines akzeptablen zusätzlichen Krebsrisikos (ZR_{akz}) nicht gegeben. Wegen des im Vergleich zu den Nicht-Kanzerogenen verbleibenden Kanzerogenitätsverdachts kann in Anlehnung an die Vorgehensweise der WHO für Trinkwasserleitwerte ein zusätzlicher Sicherheitsfaktor in Höhe von 10 bzw. ein Multiplikator von 0,10 für die Gefährdungsabschätzung solcher Stoffe verwendet werden. Bei lediglich möglicher kanzerogener Wirkung kann dieser Multiplikator zusätzlich auf den pfadgleichen TRD-Wert für langfristige Exposition angewendet werden, so daß ein Wert erhalten wird, der 10mal tiefer ist, als der abgeleitete toxikologische TRD-Wert für dieselbe Substanz. Zur Ermittlung einer gefahrenbezogenen Dosis wird dieser Wert in gleicher Weise mit dem von der Datenbasis abhängigen Faktor $F_{(Gef)}$ multipliziert, wie er für alle Substanzen und abhängig von der Datenlage (Nr. 2.3.2.2 Punkte 1–5) definiert wurde:

$$\text{Gefahrenbezogene Dosis}_{(mkanz.)} = \text{TRD-Wert} \cdot 0{,}1 \cdot F_{(Gef)}$$

Die Entscheidung, welcher toxikologische Endpunkt einer Werteableitung zugrunde gelegt werden soll, muß, insbesondere vor dem Hintergrund nicht eindeutig ermittelbarer Kanzerogenitätspotentiale (EU-Legaleinstufung C 3, mögliches Kanzerogen), im stoffspezifischen Einzelfall der Ableitung entschieden werden.

2.3.3 Hintergrundbelastung/Ausschöpfungsquote

Die gefahrenbezogene Körperdosis soll durch die gesamte Belastung über alle Pfade zum Menschen hin für den relevanten Stoff nicht überschritten werden. Die Gesamtbelastung des Menschen besteht aus der Belastung durch die schädliche Bodenveränderung und aus einer Hintergrundexposition über Nahrungsmittel und Umgebungsluft.

Für die Berücksichtigung dieser Hintergrundbelastung sollten nach Möglichkeit Daten zur realen Belastung mit dem entsprechenden Stoff herangezogen werden. Es liegen allerdings nur für wenige Stoffe empirische Daten über die („Hintergrund"-)Belastung der Nahrung und der Luft vor. Nach einer überschlägigen Berechnung für die Stoffe Arsen, Blei und Cadmium hat sich die Annahme einer 80%igen Auslastung der tolerierbaren Dosis angeboten. Auch für die übrigen Stoffe ist nicht davon auszugehen, daß die tatsächliche Belastung der Nahrung und der Luft diesen Wert wesentlich überschreitet und sich damit zum Nachteil des Schutzgutes auswirkt. Es wird daher von einer Hintergrundbelastung mit 80% des TRD-Wertes als Regelannahme ausgegangen. Im Falle von systemischer Wirkung gilt dies auch für die Betrachtung der inhalativen Exposition.

Für weitere Stoffe, für die Datengrundlagen hinsichtlich der Hintergrundbelastung (wenn möglich aus Duplikatstudien) vorliegen, können nach oben und nach unten abweichende Annahmen getroffen werden. Der Gefahrenbezug wird insoweit betroffen, als die tatsächliche oder angenommene Hintergrundbelastung des Menschen als entsprechende Teilmenge des TRD-Wertes von der gefahrenbezogenen Körperdosis abgezogen wird.

In der Annahme zur Höhe der Hintergrundbelastung ist in der Regel auch eine geringfügig erhöhte Aufnahme über andere, hier nicht betrachtete, von Bodenbelastungen ausgehende Wirkungspfade eingeschlossen (z.B. bodenbürtigem Hausstaub, wofür eine exakte Quantifizierung zur Zeit nicht möglich ist). Ist eine erhebliche Aufnahme über mehrere Pfade anzunehmen, so sollte dies grundsätzlich im Einzelfall ermittelt werden.

Da im Falle von kanzerogenen Wirkungen das durch die schädliche Bodenveränderung verursachte **zusätzliche** Krebsrisiko beurteilt wird, entfällt hier die rechnerische Berücksichtigung der Hintergrundbelastung. Auch bei Stoffen mit lokaler Wirkung auf den Atemtrakt entfällt die Berücksichtigung der Gesamthintergrundbelastung.

2.3.4 Liste vorliegender humantoxikologischer Bewertungsmaßstäbe und Begründungen

Für nachstehende Stoffe oder Stoffgruppen liegen beim Umweltbundesamt humantoxikologische Bewertungen (soweit von der Datengrundlage her möglich mit TRD-Werten) und Begründungen vor (siehe nach Eikmann et al., 1999).

Tabelle 4: Stoffe mit vorliegenden humantoxikologischen Bewertungsmaßstäben (TRD-Werten)

Lfd. Nr.	Name	CAS-Nr.:	Lfd. Nr.	Name	CAS-Nr.:
1.	Acenaphthen	83-32-9	33.	Dichlorphenol	120-83-2 (2,4-)
2.	Acrylnitril	107-13-1	34.	Dichlorpropan; 1,2-	78-87-5
3.	Aldrin	309-00-2	35.	Diethylhexylphthalat	117-81-7
4.	Ammonium u. Verb.	–	36.	Diehtylphthalat	84-66-2
5.	Anthracen	120-12-7	37.	Dihydroxybenzol; 1,2-	120-80-9
6.	Antimon u. Verb.	7440-36-0 (Sb)			
7.	Arsen und Verb.	7440-38-2 (As)	38.	Dinitrophenol; 2,4-	51-28-5
8.	Asbest	1332-21-4 (As)	39.	Dinitrotoluol; 2,4-	121-14-2
9.	Benzin	8006-61-9	40.	Dinitrotoluol; 2,6-	606-20-2
10.	Benzo(a)pyren	50-32-8	41.	Dinitrotoluol; techn.	25321-14-6
11.	Benzol	71-43-2	42.	Epichlorhydrin	106-89-8
12.	Beryllium u. Verb.	7440-41-7 (Be)	43.	Ethylbenzol	100-41-4
13.	Blei u. Verb.	7439-92-1	44.	Fluoranthen	206-44-0
14.	Buthylbenzylphthalat	85-68-7	45.	Fluoren	86-73-7
15.	Cadmium u. Verb.	7440-43-9 (Cd)	46.	Fluoride	7681-49-4(NaF)
16.	Chlorbenzol	108-90-7	47.	Fluorsilikate	16893-85-9(Na-)
17.	Chloroform	67-66-3	48.	HCH; Gemisch	–
18.	Chrom (VI)	18540-29-9 (VI)	49.	HCH; alpha-	319-84-6
19.	Chrom (auß. Cr.VI)	–	50.	HCH; beta-	319-85-7
20.	Cobalt	7440-48-4	51.	HCH; gamma-	58-89-9
21.	Cyanide	57-12-5	52.	Hexachlorbenzol	118-74-1
22.	DDT	50-29-3 (p,p-DDT)	53.	Hydrochinon	123-31-3
			54.	Kresole	1319-77-3
23.	Di-n-buthylphthalat	84-74-2	55.	Kupfer u. Verb.	7440-50-8 (Cu)
24.	Dibromethan	106-93-4	56.	Mineralöle	8012-95-1
25.	Dichlorbenzol; m-	541-73-1	57.	Molybdän	7439-98-7
26.	Dichlorbenzol o-	95-50-1	58.	Monochlorphenole	96-57-8 (2-CP)
27.	Dichlorbenzol; p-	106-46-7	59.	Naphtalin	91-20-3
28.	Dichlorethan; 1,1-	75-34-3	60.	Natriummetavanadat	13718-26-8
29.	Dichlorethan; 1,2-	107-06-2	61.	Nickel u. Verb.	7440-02-0 (Ni)
30.	Dichlorethen; 1,1-	75-35-4	62.	Nitrobenzol	98-95-3
31.	Dichlorethen; 1,2-	156-59-2 (cis)	63.	Oktan	113-65-9
32.	Dichlormethan	75-00-2	64.	PAH	–

Anhang-Texte III. Bekanntmachung zu BBodSchV

Tabelle 4: Stoffe mit vorliegenden humantoxikologischen Bewertungsmaßstäben (TRD-Werten) *(Fortsetzung)*

Lfd. Nr.	Name	CAS-Nr.:	Lfd. Nr.	Name	CAS-Nr.:
65.	Pentachlorphenol	87-86-5	83.	Thallium u. Verb.	7440-28-0 (Tl)
66.	Phenanthren	85-01-8	84.	Thiocyanate, anorg.	–
67.	Phenol	108-95-2	85.	Toluol	108-88-3
68.	Polychlor. Biphenyle	1336-36-3	86.	Trichlorbenzol; 1,2,4-	120-82-1
69.	Polychlor. Naphthaline	–	87.	Trichlorethan; 1,1,1-	71-55-6
70.	Pyridin	110-86-1	88.	Trichlorethan; 1,1,2-	79-00-5
71.	Quecksilber (org.)	115-09-3	89.	Trichlorethen	79-01-6
72.	Quecksilber (anorg.)	7439-97-6	90.	Trichlorphenole; 2,4,5-	95-95-4
73.	Selen u. Verb.	7782-49-2 (Se)	91.	Trimethylbenzol; 1,3,5-	108-67-8
74.	Styrol	100-42-5	92.	Trinitrotoluol; 2,4,6-	118-96-7
75.	TCDD/F	1746-01-6	93.	Uran	7440-61-1
76.	Teer/-öle	8007-45-2	94.	Vanadiumpentoxid	1314-62-1
77.	Tetraalkylblei	75-74-1 Pb(Et)4	95.	Vanadylsulfat	27774-13-6
78.	Tetrachlorethan; 1,1,2,2-	79-34-5	96.	Vinylchlorid	75-01-4
79.	Tetrachlorethen (PER)	127-18-4	97.	Xylole	1330-20-7
80.	Tetrachlormethan	56-23-5	98.	Zink u. Verb.	7440-66-6 (Zn)
81.	Tetrachlorphenol	58-90-2 (2,3,4,6)	99.	Zinn; anorg.	7440-31-5
82.	Tetrahydrofuran	109-99-9			

2.4 Expositionausnahmen im Rahmen der Ableitung von Prüfwerten

2.4.1 Nutzungsszenarien im Überblick

In Kapitel 2.1 wurden die für die Prüfwertberechnung für den direkten Übergang Boden-Mensch relevanten Nutzungsszenarien beschrieben:

– Kinderspielflächen

– Wohngebiete,

– Park- und Freizeitanlagen,

– Industrie- und Gewerbegrundstücke.

In Abhängigkeit von den Charakteristika der potentiell exponierten Personengruppen ist davon auszugehen, daß in den verschiedenen Szenarien unterschiedliche Expositionspfade relevant sind. Folgende Expositionspfade werden im Regelfall betrachtet:

– orale Bodenaufnahme,

– inhalative Bodenaufnahme (Inhalation kontaminierter Stäube),

– dermale Bodenaufnahme (perkutane Resorption).

Danach ergeben sich für die verschiedenen Szenarien folgende zu berücksichtigende Expositionspfade.

Tabelle 5: In Abhängigkeit von der Nutzung zu betrachtende Expositionspfade

Exposition durch	orale BA[1]	inhalative BA	dermale BA
Kinderspielflächen	X	X	X
Wohngebiete	X	X	X
Park- und Freizeitanlagen	X	X	X
Industrie- und Gewerbeflächen		X	

[1] BA: Bodenaufnahme

Nachfolgend wird die Berechnung von Bodenwerten für die genannten Expositionspfade beschrieben.

2.4.1.1 Orale Bodenaufnahme

2.4.1.1.1 Expositionsfaktoren

Die Beurteilung der Wirkung von Schadstoffgehalten in Böden im Hinblick auf die menschliche Gesundheit hat nicht nur auf Basis einheitlicher toxikologischer Grundlagen, sondern auch auf Grund einheitlich verwendeter Annahmen und Faktoren zur Beschreibung der Expositionsbedingungen zu erfolgen. Dabei entscheidet in der Regel die Nutzung der Fläche über den jeweils zu betrachtenden relevanten Expositionspfad und die betroffenen Personengruppen.

Es ist festzuhalten, daß die für die Ableitung von Bodenwerten zugrunde zu legenden Bodenaufnahmeraten nicht streng wissenschaftlich im Sinne umfangreicher Tests begründet sind. Sie können und sollten sich soweit wie möglich auf empirische Daten stützen. Vielfach ist es aber unumgänglich, auf Konventionen zurückzugreifen, die aber anhand empirischer Untersuchungen plausibel begründet sein müssen. Es werden folgende Annahmen für die Abschätzung der ingestiven Bodenaufnahme herangezogen:

Kinder: 10 kg Körpergewicht: 0,5 g Bodenaufnahme pro Tag.

Die Kalkulation der Expositionsbedingungen des Szenarios „Kinderspielfläche" wird analog für die anderen Nutzungskategorien Wohngebiet bzw. Park- und Freizeitanlagen interpretiert, indem für diese eine jeweils geringere Exposition um den Faktor 2 bzw. Faktor 5 angenommen wird, die durch die geringere Zugänglichkeit des (offenen) Bodenmaterials gegeben ist. Die Expositionsfaktoren für das Szenario „Kinderspielfläche" sind an den in der internationalen Literatur angegebenen Untersuchungsbefunden orientiert.

Zur Begründung wird folgendes angeführt:

– Körpergewicht: Es wird davon ausgegangen, daß das Szenario „Kinderspielfläche" für Kinder im Alter von 1 bis 8 Jahren relevant ist. In der Literatur ist unumstritten, daß Kinder im Alter von 1 bis 3 Jahren verhaltensbedingt we-

Anhang-Texte III. Bekanntmachung zu BBodSchV

sentlich mehr Bodenmaterial aufnehmen als Kinder im Alter von 4 bis 8 Jahren. In einer Zusammenstellung der AGLMB (BAGS, 1995) wird der Medianwert des Körpergewichts von 1- bis 3jährigen mit 9,1 bis 15 kg, derjenige von 4- bis 6jährigen mit 16,2 bis 21,6 kg und der 7- bis 9jährigen mit 9,1 bis 15 kg, derjenige von 4- bis 6jährigen mit 16,2 bis 21,6 kg und der 7- bis 9jährigen mit 23,27 bis 29 kg angegeben; für den ungünstigen, seltenen Fall werden 7,6 und 13,54 bzw. 18,7 kg angegeben. Auf der Grundlage dieser Daten wird für die Ableitung von Prüfwerten im Sinne des ungünstigen Falles von einem Körpergewicht von 10 kg ausgegangen.

– Bodenaufnahme/Menge: Messungen und Beobachtungen zu durch Kinder beim Spielen regelmäßig aufgenommenen Bodenmengen liegen vorwiegend aus den USA und aus den Niederlanden vor. Die Interpretation und eine Übertragung der Ergebnisse auf deutsche Verhältnisse hat eine Reihe methodischer Probleme zu beachten. So benutzen die Schlüsselstudien unterschiedliche Untersuchungskonzepte bei unterschiedlichen untersuchten Zielgruppen. Beispiele hierfür sind etwa, ob und inwieweit die Aufnahme von Boden mit der von Hausstaub korreliert wird, ob und inwieweit die Aufnahme von Schadstoffen durch die Nahrung und durch andere Quellen erfaßt wird. Zudem ist zu berücksichtigen, daß der Untersuchungszeitraum (z.B. zwei mal vier Tage) zu kurz ist, um Aussagen über die gewöhnlich übliche Aufnahme abzuleiten, und daß teilweise Probleme durch eine unvollständige Probennahme hinsichtlich Nahrungsmitteln, Urin und Stuhl beobachtet werden und Unsicherheit über die Heterogenität der Stoffgehalte der untersuchten Böden besteht. Schließlich ist auch die soziale Stellung der untersuchten Kinder zu beachten (z.B. Universitätskindergarten in den USA). Die US-EPA hat eine Überarbeitung des „Exposure Factors Handbook" vorgelegt (EPA, 1997). Hierin wird festgehalten, daß die in der Literatur angegebenen Mittelwerte eine Annahme von 200 mg/Tag Bodenaufnahme stützen, wobei jedoch die Möglichkeit eingeräumt wird, daß sich eine höhere Aufnahme ergibt, wenn über einen längeren Zeitraum gemessen würde. Aus den Studien ergeben sich laut EPA obere Perzentilwerte (90. Perzentil) von 106 mg/Tag bis 1 432 mg/Tag, im Mittel 383 (nur Bodeningestion) bzw. 587 mg/Tag (Boden-und Staubingestion).

Eine neuere Untersuchung mit 64 Kindern im Alter von 1 bis 6 Jahren in den USA, die in der Nähe eines mit Arsen kontaminierten Bereichs lebten, ergab eine Bodenaufnahme von im Mittel 117 mg/Tag und einem 90. Perzentil von 277 mg/Tag. Der Maximalwert lag bei 899 mg/Tag (Walker und Griffin, 1998). Diese Angaben stützen die hier gewählte Vorgehensweise, im Sinne des Grundsatzes, daß der ungünstige Fall zur Ableitung von Prüfwerten herangezogen werden soll, von 500 mg/Tag auszugehen.

– Bodenaufnahme/Frequenz: Die Unterstellung, daß eine Bodenaufnahme an 365 Tagen im Jahr stattfindet, erscheint unter mitteleuropäischen Witterungsbedingungen und bei den bestehenden sozialen Verhältnissen nicht plausibel. Es muß davon ausgegangen werden, daß bei „schlechtem Wetter" andere Freizeitmöglichkeiten genutzt werden. Andererseits gibt das o.g. EPA-Handbuch zu bedenken, daß, obwohl die Expositionsmessungen durchweg im Sommer vorgenommen worden sind, eine Bodenaufnahme während der Wintermonate nicht als null anzusehen ist. Im Sinne einer Annahme des ungünstigen Falles ist daher eine entsprechend angepaßte Frequentierung anzunehmen. Allerdings liegen entsprechende Untersuchungen des Freizeitverhaltens, für Deutschland nicht vor. Als plausible Annahme wird daher eine Nutzungsfrequenz von 240 Tagen im Jahr angenommen. Dies erscheint auch im Hinblick auf die Exposition bei anderen Nutzungen (Wohngebiete) als eine konsistente Annahme.

Zur Beurteilung von Industrie- und Gewerbeflächen und der dort vorherrschenden inhalativen Bodenaufnahme erscheint die Anwendung eines pauschalen Multiplikationsfaktors auf die anderen Nutzungsklassen wegen der unterschiedlichen Aufnahmepfade nicht begründet. Der andere Expositionspfad, der ggf. andere Wirkort und die möglicherweise unterschiedliche Resorption in der Lunge und im Magen-Darm-Trakt machen die Quantifizierung der inhalativen Bodenaufnahmerate notwendig.

Versuche zur Quantifizierung der ingestiven Bodenaufnahme durch Erwachsene haben bei sehr schmaler Datenbasis zur Annahme einer minimalen ingestiven Bodenaufnahme geführt. Sie dokumentiert im Grunde nur, daß Erwachsene Boden oral aufnehmen, die Menge aber zu vernachlässigen ist. Zur Abschätzung der ingestiven Bodenaufnahme durch Erwachsene geben die US-amerikanischen Studien keine ausreichend verläßliche Entscheidungsgrundlage für die Ableitung von Bodenwerten. In der Literatur und auch in dem weiter oben genannten Exposure Factor Handbook, EPA, 1997, wird von 50 mg/Tag ausgegangen. Diese Annahme stellt einen selbst im Vergleich zu den für die Bodenaufnahme durch Kinder angestellten Überlegungen recht willkürlichen Versuch dar, zu signalisieren, daß die Bodenaufnahme durch Erwachsene nicht „vergessen" worden ist.

Das Bemühen, die Variabilität von Wirkungsdaten sowie die Bandbreite ([Un-]Sicherheit) von Annahmen und Daten zur Exposition zu berücksichtigen, hat vor allem in den USA, NL und UK zu Ansätzen geführt, statistische Häufigkeitsverteilungen mit sogenannten Monte-Carlo-Methoden zu berechnen. Hierdurch soll eine verbesserte Absicherung der getroffenen Konventionen erreicht werden. Eine Analyse von Häufigkeitsverteilungen kann, soweit die statistischen Voraussetzungen hinsichtlich der Kollektivgröße etc. gegeben sind, auch zur weiteren Sachverhaltsermittlung im Einzelfall eingesetzt werden. Insbesondere können statistische Analysen von Häufigkeitsverteilungen dazu dienen, zu prüfen, ob mehrfache Verknüpfungen von „ungünstigen Fällen" zu einem unverhältnismäßig unwahrscheinlichen Fall führen.

2.4.1.1.2 Direkte Bodenaufnahme bei Kanzerogenen

Als toxikologische Basisdaten liegen im Falle von Kanzerogenen Krebsrisikoberechnungen vor, die das zusätzliche Krebsrisiko bei lebenslanger Aufnahme einer Einheitsdosis darstellen (siehe Nummer 2.3.1). Bei krebserzeugenden Stoffen wird von einem kalkulatorischen Krebsrisiko von $1 \cdot 10^{-5}$ je Einzelstoff durch die orale Bodenaufnahme ausgegangen. Ein Gefahrenbezug wird dann gesehen, wenn das Populationsrisiko von $5 \cdot 10^{-5}$ überschritten wird. Dementsprechend beträgt die gefahrenbezogene Körperdosis das 5fache der mit einem Krebsrisiko von $1 \cdot 10^{-5}$ verknüpften Dosis (siehe Nummer 2.3.2).

Bei den Berechnungen wird im Falle der kanzerogenen Stoffe mit Bezug auf das Lebenszeitrisiko proportional auf die Expositionszeit bzw. die zu bewertende kumulierte Dosis umgerechnet. Dies bedeutet, daß die einem kalkulatorischen Risiko von entsprechend 1 : 100 000 aufgenommene lebenslange Schadstofffracht auf die 8 Jahre, in denen die orale Bodenaufnahme relevant ist, verteilt werden muß. Dies ergibt mit einem angenommenen Lebensalter von 70 Jahren und der angenommenen Bodenaufnahmezeit von 8 Jahren den Faktor L von 8,75 (70 a/8 a). Diese Vorgehensweise unterstellt, daß ab dem achten Lebensjahr keine Exposition durch orale Aufnahme aus der schädlichen Bodenveränderung mehr erfolgt und daß von einer linearen Beziehung zwischen Krebsrisiko und Expositionszeit ausgegangen wird.

Zur Frage einer höheren Sensibilität von Kindern gegenüber kanzerogenen Stoffen liegen für einige Stoffe experimentelle Hinweise vor. Diese wurden zusammenfassend in Nummer 2.3.1.11 beschrieben.

2.4.1.1.3 Berechnungsformeln für die orale Bodenaufnahme

Berechnungsformel für nichtkanzerogene Wirkung

Mit den oben beschriebenen Expositionsfaktoren

– Körpergewicht 10 kg,
– tägliche orale Bodenaufnahme: 500 mg/d,
– Aufenthaltszeit 240 d/a

ergibt sich eine orale Bodenaufnahmerate von 33 mg/kg·d im Szenario Kinderspielflächen.

Für die Szenarien Wohngebiet sowie Park- und Freizeitflächen ergeben sich mit der Annahme einer um den Faktor 2 bzw. 5 geringeren Bodenaufnahme folgende Bodenaufnahmeraten:

– Wohngebiet: 16,5 mg/kg·d
– Park- und Freizeitflächen: 6,6 mg/kg·d

Der Prüfwert für Kinderspielflächen wird dann wie folgt berechnet:

Formel 1

$$\text{Prüfwert [mg/kg]} = \frac{\text{Gefahrenbezogene Körperdosis}}{\text{Bodenaufnahmerate}}$$

$$= \frac{\text{Zugeführte Dosis} \cdot (\text{Gefahrenf. } F_{(Gef)} - \text{Standardw. Hintergrund})}{\text{Bodenaufnahmerate}}$$

$$= \frac{\text{Zugeführte Dosis} \left[\dfrac{\text{ng}}{\text{kg} \cdot \text{d}}\right] \cdot (F_{(Gef)} - 0{,}8)}{33 \, \dfrac{\text{mg}}{\text{kg} \cdot \text{d}}}$$

Gefahrenbezogene Körperdosis	= nach Nummer 2.3.2
Bodenaufnahmerate	= nach Nummer 2.4.1.1
zugeführte Dosis (auf Zufuhr umgerechnete tolerierbare resorbierte Dosis)	= nach Nummer 2.3.1
Gefahrenfaktor	= nach Nummer 2.3.2
Standardwert Hintergrund	= nach Nummer 2.3.3

Die Berechnung für Wohngebiete bzw. Park- und Freizeitflächen erfolgt analog mit dem jeweiligen Wert für die Bodenaufnahmerate.

Berechnungsformel für kanzerogene Wirkung

Mit den oben beschriebenen Expositionsannahmen zur Bodenaufnahme nur während der ersten 8 Lebensjahre ergibt sich wie oben beschrieben ein Expositionszeitfaktor L von 8,75. Bewertungsgrundlage ist die Dosis, die einem Risiko von $1:100\,000$ ($= 1 \cdot 10^{-5}$) entspricht. Der Gefahrenfaktor ist wie oben beschrieben im Falle von kanzerogenen Wirkungen 5. Mit den obigen Bodenaufnahmeraten ergibt sich als Berechnungsformel für die orale Exposition gegenüber Kanzerogenen im Szenario Kinderspielflächen:

Formel 2

$$\text{Prüfwert [mg/kg]} = \frac{\text{Gefahrenbezogene Körperdosis} \cdot \text{Expositionszeitfaktor L}}{\text{Bodenaufnahmerate}}$$

$$= \frac{\text{Doris bei Risiko } 10^{-5} \cdot \text{Gefahrenfaktor } F_{(Gef)} \cdot L}{\text{Bodenaufnahmerate}}$$

$$= \frac{\text{Doris bei Risiko } 10^{-5} \left[\frac{ng}{kg \cdot d}\right] \cdot 5 \cdot 8{,}75}{33 \frac{mg}{kg \cdot d}}$$

Expositionszeitfaktor = nach Nummer 2.4.1.1.2 in Verbindung mit Nummer 2.3.1.11

Dosis bei Risiko 10^{-5} = nach Nummer 2.3.1.5

Die Berechnung für Wohngebiete bzw. Park- und Freizeitflächen erfolgt analog mit dem jeweiligen Wert für die Bodenaufnahmerate.

2.4.1.2 Inhalative Bodenaufnahme in den Szenarien Kinderspielflächen, Wohn-gebiete sowie Park- und Freizeitanlagen

2.4.1.2.1 Expositionsfaktoren

Ergänzend zu der Berechnung der oralen Schadstoffaufnahme wird die inhalative Aufnahme von Boden-Feinpartikeln insbesondere für solche Stoffe berücksichtigt, bei denen die inhalative Aufnahme wesentlich toxischer ausfällt als die orale (andere Endpunkte, andere Resorption).

Im Nutzungsszenario Kinderspielflächen kommt der Wert von 1 mg/m^3 Staub in der Luft zur Anwendung. Dieser Wert basiert auf einem Simulationsversuch bei Gartenarbeit unter trockenen Witterungsbedingungen zur Abschätzung der Exposition eines während der Gartenarbeit in der Nähe spielenden Kindes. Der Versuch ist im Bericht der Arbeitsgruppe „Risikoabschätzung und -bewertung in der Umwelthygiene" des Ausschusses für Umwelthygiene (AUH) der AGLMB (BAGS, 1995) angeführt. Es wurden 6 mg/m^3 atembarer Staub gemessen, so daß die hier als wirkungsrelevant angenommene Menge plausibel erscheint.

In der Prüfwertberechnung für inhalative Aufnahme ist ein Anreicherungsfaktor Boden/Staub zu berücksichtigen.

Anreicherungsfaktor (A)
Die Feinkornfraktion des Bodens weist aufgrund physikalischer Gegebenheiten eine relativ zur Grobkornfraktion (und zur Masse) höhere Anreicherung von Schadstoffen auf. Zur Berücksichtigung dieser relativ höheren Anreicherung von

Schadstoffen in der Feinkornfraktion wird ein Anreicherungsfaktor von 5 für anorganische Stoffe und Faktor 10 für organische Stoffe angenommen. Soweit in Einzelfällen für zu bewertende Böden besondere Materialien wie z.B. Kohlestaub vorkommen und bewertungsrelevant sind, ist der Anreicherungsfaktor unter Umständen anzupassen.

Der Faktor 5 für anorganische Stoffe ist für Blei aus der Studie Dresch et al. (1976) belegt, andere Untersuchungen stützen dies (Reich und Frels, 1992). Über die Anreicherung organischer Stoffe liegen keine Informationen aus der Literatur vor. Erfahrungen aus den Dioxin-Messungen im Kieselrot zeigen, daß abhängig von den verglichenen Korngrößenfraktionen verschieden starke Anreicherungen gefunden werden. Der Faktor 10 scheint aber ausreichend konservativ.

2.4.1.2.2 Berechnungsformeln

Bodenaufnahmeraten

Für das Expositionsszenario Kinderspielfläche und inhalative Bodenaufnahme wird für das Schutzgut Kind

– mit einem Körpergewicht von 10 kg,
– einem Atemvolumen bei mäßiger Aktivität 15 m³/d (= 0,625 m³/h),
– einer Spielzeit von 2 h/d an 240 d/a,
– einem angenommenen Staub-Konzentrationswert von 1 mg/m³ Luft

eine Aufnahmerate von 0,082 mg/kg · d zugrunde gelegt. Für die Szenarien Wohngebiet sowie Park- und Freizeitflächen ergeben sich wiederum mit der Annahme einer um den Faktor 2 bzw. 5 geringeren täglichen Bodenaufnahme folgende Bodenaufnahmeraten:

– Wohngebiet: 0,041 mg/kg · d
– Park- und Freizeitflächen: 0,016 mg/kg · d

Der Bodenwert für die inhalative Staubaufnahme auf Kinderspielflächen ergibt sich dann wie folgt:

Formel 3

$$\text{Prüfwert [mg/kg]} = \frac{\text{Zugeführte Dosis} \cdot (\text{Gefahrenf. } F_{(Gef)} - \text{Standardw. Hintergrund})}{\text{Bodenaufnahmerate} \cdot \text{Anreicherungsfaktor A}}$$

$$= \frac{\text{Zugeführte Dosis} \left[\frac{ng}{kg \cdot d}\right] \cdot (F_{(Gef)} - 0{,}8)}{0{,}082 \dfrac{mg}{kg \cdot d} \cdot A}$$

Die Berechnung für Wohngebiete bzw. Park- und Freizeitflächen erfolgt analog mit dem jeweiligen Wert für die Bodenaufnahmerate.

Anhang-Texte

III. Bekanntmachung zu BBodSchV

Respirationstoxische Stoffe

Für Stoffe, bei denen die lokale Wirkung im Atemtrakt bewertungsrelevant ist, wird eine tolerable Luftkonzentration, die Referenz-Konzentration (RK) angegeben (siehe Nummer 2.3.1). In diesem Fall wird bei der Prüfwertberechnung keine Körperdosis berechnet. Bei Wirkungen auf den Atemtrakt ist davon auszugehen, daß die lokale Konzentration am Wirkort und nicht die in den Körper aufgenommene Dosis entscheidend für die Ausprägung der Wirkung ist. Es kann deshalb eine Äquipotenz der Expositionskonzentration bei Individuen unterschiedlichen Körpergewichts angenommen werden. Mit den obigen Angaben zur Aufenthaltszeit kann ein Gewichtungsfaktor G von 18,25 (24 h/2 h x 365 d/240 d) angegeben werden, der die anteilige Aufenthaltszeit berücksichtigt. Als Staubkonzentration wird wie oben 1 mg/m³ verwendet.

Formel 4

$$\text{Prüfwert [mg/kg]} = \frac{\text{Referenzkonzentration RK} \cdot F_{(Gef)} \cdot \text{Gewichtungsf. G}}{\text{Staubkonzentration} \cdot \text{Anreicherungsfaktor A}}$$

$$= \frac{RK\,[\frac{ng}{m^3}] \cdot (F_{(Gef)} \cdot 18{,}25}{1\,\frac{mg}{m^3} \cdot A}$$

Kanzerogene Stoffe

Im Falle von Stoffen mit krebserzeugender Wirkung wird analog zur Vorgehensweise bei oraler Exposition verfahren. Bewertungsgrundlage ist die zugeführte Körperdosis, die aus einer lebenslangen Inhalation des Stoffes resultiert, und zwar bei einer Konzentration, die einem zusätzlichen Krebsrisiko von 1 : 100 000 entspricht. Der Gefahrenfaktor $F_{(Gef)}$ ist wiederum 5. Die Annahme, daß nur in den ersten 8 Lebensjahren eine Exposition gemäß den hier behandelten Szenarien erfolgt, resultiert im Expositionszeitfaktor 8,75. Wie bei nichtkanzerogener inhalativer Belastung wird die Anreicherung von Schadstoffen im Staub mit dem Anreicherungsfaktor A (für organische Stoffe 5, für organische Stoffe 10) berücksichtigt.

Formel 5

$$\text{Prüfwert [mg/kg]} = \frac{\text{Dosis bei Risiko } 10^{-5} \cdot \text{Gefahrenfaktor } F_{(Gef)} \cdot \text{ExpositionszeitfaktorL}}{\text{Staubkonzentration} \cdot \text{Anreicherungsfaktor A}}$$

$$= \frac{\text{Dosis bei Risiko } 10^{-5}\,[\frac{ng}{m^3}] \cdot 5 \cdot 8{,}75}{0{,}082\,\frac{mg}{kg \cdot d} \cdot A}$$

III. Bekanntmachung zu BBodSchV   **Anhang-Texte**

Wie für nichtkanzerogene respirationstoxische Stoffe beschrieben, wird auch im Falle von kanzerogenen Stoffen, die vorwiegend lokale Tumoren im Atemtrakt verursachen, auf die Berechnung einer tolerablen Körperdosis verzichtet. Als Bewertungsgrundlage wird die Luftkonzentration zugrunde gelegt, die einem zusätzlichen Krebsrisiko von 1:100000 entspricht. Analog zur Vorgehensweise bei Formel 4 findet die anteilige Expositionszeit von 2 h pro Tag und 240 Tagen pro Woche im Gewichtungsfaktor G (24/2 x 365/240 = 18,25) Berücksichtigung. Es wird wiederum die Staubkonzentration zu 1 mg/m³ festgelegt.

Formel 6

$$\text{Prüfwert [mg/kg]} = \frac{\text{Konz. bei Risiko } 10^{-5} \cdot F_{(Gef)} \cdot \text{Gewichtungsf. G} \cdot \text{Expositionszeitf. L}}{\text{Staubkonzentration} \cdot \text{Anreicherungsfaktor A}}$$

$$= \frac{\text{Konz. bei Risiko } 10^{-5} \left[\frac{ng}{m^3}\right] \cdot 5 \cdot 18{,}25 \cdot 8{,}75}{1 \frac{mg}{m^3} \cdot A}$$

2.4.1.3 Inhalative Bodenaufnahme im Szenario Industrie-und Gewerbegrundstücke

2.4.1.3.1 Expositionsfaktoren

Wesentlicher Expositionspfad für die Ableitung der Prüfwerte im Szenario Industrie-und Gewerbegrundstücke ist die langfristige inhalative Aufnahme. Bei der Abschätzung der inhalativen Exposition sind mehrere expositionsabhängige Parameter zu berücksichtigen. Bei partikulären Verunreinigungen handelt es sich um die Atemrate, die Expositionshäufigkeit, die Bestimmung der lungengängigen Fraktion bzw. des Anteils atembaren Staubes am Gesamtstaub, die Deposition der eingeatmeten staubförmigen Partikel, die Anreicherung bzw. den Kontaminationsanteil im Boden im Verhältnis zum Staub sowie die Staubkonzentration in der Außenluft. Eine umfassende Abschätzung aller Faktoren zur Charakterisierung des Expositionsszenarios ist für die Ableitung von Prüfwerten nicht erforderlich.

Vereinfachend werden folgende expositionsabhängige Faktoren festgelegt:

a) angenommene Staubkonzentration (mg/m³) entspricht dem Anteil des aufgenommenen Staubes,

b) dauernde hohe körperliche Aktivität wird ausgeschlossen,

c) Expositionshäufigkeit (h,d),

d) Anreicherungsfaktor (Anteil feinkörnige Staubpartikel/Schadstoffkonzentration Boden),

e) Deposition 100%

In Abgrenzung zu den Regelungen des Arbeitsschutzes wird auf folgendes hingewiesen:

Eine maximale Arbeitsplatzkonzentration (MAK) nach Gefahrstoffverordnung (GefStoffV) ist die Konzentration eines Arbeitsstoffes in der Luft, bei der im allgemeinen die Gesundheit des Arbeitnehmers nicht beeinträchtigt wird. MAK-Werte werden auf Vorschlag der Senatskommission zur Prüfung gesundheitsschädlicher Arbeitsstoffe der Deutschen Forschungsgemeinschaft vom Ausschuß für Gefahrstoffe (AGS) aufgestellt als höchstzulässige Konzentration von Arbeitsstoffen als Gas, Dampf oder Schwebstoff in der Luft am Arbeitsplatz, die nach dem gegenwärtigen Stand der Kenntnis auch bei wiederholter und langfristiger, in der Regel achtstündiger Exposition, jedoch bei Einhaltung einer durchschnittlichen Wochenarbeitszeit von 40 h im allgemeinen die Gesundheit der Beschäftigten nicht beeinträchtigt und diese nicht unangemessen belästigt (entsprechend § 3 Abs. 5 GefStoffV).

Eine Technische Richtkonzentration (TRK) nach Gefahrstoffverordnung ist die Konzentration eines Stoffes in der Luft am Arbeitsplatz, die nach dem Stand der Technik erreicht werden kann (§ 3 Abs. 7 GefStoffV). TRK-Werte werden vom AGS aufgestellt.

Die Grenzwerte in der Luft am Arbeitsplatz werden in den Technischen Regeln für Gefahrstoffe, TRGS, festgelegt (TRGS 900, Grenzwerte in der Luft am Arbeitsplatz – „Luftgrenzwerte", Bundesarbeitsblatt 5/1998, S. 63). Die TRGS geben allein Werte für Arbeitsstoffe in ml/m^3 für die Luft am Arbeitsplatz an, nicht für andere Medien und andere Schadstoffe. Sie enthalten insbesondere keine auf Feststoffe und Böden bezogenen Angaben. Für die Festlegung der Höhe der Werte sind maßgeblich (nach: HVBG, 1994):

– die Möglichkeit, die Stoffkonzentrationen im Bereich des TRK-Wertes analytisch zu bestimmen,

– der derzeitige Stand der verfahrens- und lüftungstechnischen Maßnahmen unter Berücksichtigung des in naher Zukunft technisch Erreichbaren,

– die Berücksichtigung vorliegender arbeitsmedizinischer Erfahrungen oder toxikologischer Erkenntnisse.

Die genannten Kriterien machen deutlich, daß zum Zweck der toxikologisch begründeten Ableitung von Bodenwerten nicht auf die auch durch technische Gesichtspunkte mitbestimmten TRK-Werte abgestellt werden kann. Der unterschiedliche Schutzzweck (Luft am Arbeitsplatz, Boden in der Umgebung der Anlage und an unversiegelten Stellen eines Betriebsgeländes) macht darüber hinaus deutlich, daß eine Überschneidung der Regelungsbereiche (Arbeitsschutz – umweltbezogene Gefahrenbeurteilung schädlicher Bodenveränderungen) nicht gegeben ist. Dessenungeachtet gelten die Maßstäbe des Arbeitsschutzes beim Arbeiten an und mit kontaminierten Böden.

Da sich die toxikologischen Basisdaten auf eine dauerhafte Exposition (24 h/d, 365 d/a) beziehen, aber im Bereich von Industrie- und Gewerbegrund-

III. Bekanntmachung zu BBodSchV **Anhang-Texte**

stücken die Exposition nur während der Arbeitszeit gegeben ist, wird ein Gewichtungsfaktor eingeführt. Dieser Faktor gibt die Relation Stunden pro Jahr zu Stunden Aufenthaltsdauer im Bereich von belasteten Industrie- und Gewerbegrundstücken pro Jahr an.

Dabei wurde von folgenden Annahmen ausgegangen:

- Arbeitszeit: 8 h/d an 5 d/w und 45 w/a,
- Reduzierung der Exposition gegenüber Staub durch Bodenfeuchte und andere Faktoren auf 1/3 des Jahres.

Die Expositionsdauer (D) berechnet sich demnach wie folgt:
D = 45 w/a x 5 d/w x 8 h/d : 3 = 600 h/a.
Als Gewichtungsfaktor Z ergibt sich somit:
Z = 365 d/a x 24 h/d : 600 h/a = 14,6

Die Anzahl der Tage mit für den Wirkungspfad relevanter Verwehung von Bodenmaterial ist nur mit vereinfachten Annahmen abzuschätzen. Zu berücksichtigen sind im wesentlichen zwei Einflußfaktoren:

a) Windgeschwindigkeit,

b) Niederschlag (als Einflußfaktor auf die Bodenfeuchte, die die Abwehung verhindert).

Wiesert el al. (1996) geben an, daß Winderosion im wesentlichen bei Windgeschwindigkeiten von mehr als 7 m/s (gemessen in 10 m Höhe) eine Rolle spielt (diese Zahl ist wenig belegt, Verwirbelungen am Boden werden nicht berücksichtigt). Angaben einer Wetterstation (Bocholt) besagen, daß an 92–100 Tagen des Jahres Windgeschwindigkeiten von mehr als 6 m/s (in 10 m Höhe) auftreten. Für die Belastung von angrenzenden Flächen ist zu berücksichtigen, daß die Windrichtung wechselt. An etwa einem Drittel aller Tage im Jahr fällt an der genannten Wetterstation mindestens 1 mm Niederschlag. Diese Angaben sind naturgemäß regional sehr unterschiedlich

In Anlehnung an die Konventionen der US-EPA (EPA, 1997) mit $0,1\,mg/m^3$ als niedrige bzw. $2\,mg/m^3$ als hohe Staubkonzentration sowie des RIVM mit $0,165\,mg/m^3$ als mittlere bzw. $0,382\,mg/m^3$ als höchste ermittelte Staubkonzentration in niederländischen Industriegebieten wird der Ableitung eine Staubexposition (E) von $1\,mg/m^3$ für 2 h/d und $0,1\,mg/m^3$ für 6 h/d zugrunde gelegt. Daraus ermittelt sich eine durchschnittliche Staubkonzentration von 0,325 mg/m^3 für 8 h/d (Arbeitszeit als Expositionszeit).

Als Anreicherungsfaktor (A) für Schadstoffe in der Feinkornfraktion des Bodens wird 5 für anorganische Stoffe bzw. 10 für organische Stoffe festgelegt. Die Begründung für diese Faktoren wurde bereits in Nummer 2.3.4.3.1 dargelegt.

2.4.1.3.2 Berechnungsformeln

Bewertungsgrundlage für die Betrachtung nichtkanzerogener Wirkungen ist die dem TRD-Wert für langfristige inhalative Exposition entsprechende Luftkonzentration bzw. im Falle von Stoffen mit lokaler Wirkung auf den Atemtrakt die Referenz-Konzentration RK.

Die anteilige Aufenthaltszeit unter arbeitsplatztypischen Bedingungen wird mit dem oben beschriebenen Gewichtungsfaktor Z berücksichtigt.

Formel 7

$$\text{Prüfwert [mg/kg]} = \frac{\text{TRD} - \text{analoge Konz.} \cdot (F_{(Gef)} - \text{Hintergrund}) \cdot \text{Gewichtungsf. Z}}{\text{Staubkonzentration} \cdot \text{Anreicherungsfaktor A}}$$

$$= \frac{\text{TRD} - \text{Analoge Konz.} \left[\frac{ng}{m^3}\right] \cdot (F_{(Gef)} - 0{,}8) \cdot 14{,}6}{0{,}325 \; \frac{mg}{m^3}}$$

Im Falle von Stoffen mit lokaler Wirkung auf den Atemtrakt resultiert mit der Referenz-Konzentration RK eine analoge Formel. Allerdings findet in diesen Fällen die allgemeine Hintergrundbelastung keine Berücksichtigung.

Formel 8

$$\text{Prüfwert [mg/kg]} = \frac{\text{Referenzkonzentration RK} \cdot F_{(Gef)} \cdot \text{Gewichtungsfaktor Z}}{\text{Staubkonzentration} \cdot \text{Anreicherungsfaktor A}}$$

$$= \frac{\text{RK} \left[\frac{ng}{m^3}\right] \cdot (F_{(Gef)} \cdot 14{,}6}{0{,}325 \; \frac{mg}{m^3} \cdot A}$$

Kanzerogene Stoffe

Die Ableitung von Prüfwerten für kanzerogene Stoffe erfolgt weitgehend analog zu der für nichtkanzerogene. Bewertungsgrundlage ist die Schadstoffkonzentration in der Luft, die einem zusätzlichen Risiko von 1:100 000 entspricht. Der Gefahrenfaktor im Falle kanzerogener Wirkungen ist wiederum 5.

Da bei kanzerogenen Stoffen die kumulative Exposition über die gesamte Lebenszeit zu berücksichtigen ist und die Krebsrisikoberechnungen sich auf eine kontinuierliche Exposition über die gesamte Lebenszeit (70 Jahre) beziehen, wird die Relation Lebenszeit zu Expositionszeit wie folgt berechnet:

Die Lebenszeit, ausgedrückt in Stunden, beträgt bei einer angenommenen mittleren Lebenserwartung von 70 Jahren 70 a x 365 d/ x 24 h/d = 613 200 h.

Die Expositionszeit im Bereich eines unbefestigten Industrie-/Gewerbegrundstückes beträgt nach den in Nummer 2.3.4.4.1 genannten Prämissen bei einer Arbeitszeit von 20 Jahren 12000 h, bei einer Arbeitszeit von 40 Jahren 24000 h. Der Gewichtungsfaktor (Z) beträgt somit 51,6 bei einer Arbeitszeit von 20 Jahren und 25,8 bei einer Arbeitszeit von 40 Jahren.

Formel 9

$$\text{Prüfwert [mg/kg]} = \frac{\text{Konz. bei Risiko } 10^{-5} \cdot F_{(Gef)} \cdot \text{Gewichtungsfaktor Z}}{\text{Staubkonzentration} \cdot \text{Anreicherungsfaktor A}}$$

$$= \frac{\text{Konz. bei Risiko } 10^{-5} \left[\frac{ng}{m^3}\right] \cdot 5 \cdot 51{,}6 \text{ (bzw. } 25{,}8)}{0{,}325 \frac{mg}{m^3} \cdot A}$$

2.4.1.4 Dermaler Bodenkontakt und perkutane Aufnahme

2.4.1.4.1 Datengrundlage und Methode

Experimentelle Untersuchungen zur perkutanen Bioverfügbarkeit von bodenassoziierten Schadstoffen am Tier liegen nur für wenige Stoffe vor (siehe Tabelle 8 sowie EPA, 1992) Eine relevante Resorption durch die Haut wird vor allem bei organischen Stoffen mit amphiphilem Verhalten (das heißt mit lipophilem Charakter bei gleichzeitig nicht zu geringer Wasserlöslichkeit) vermutet. Die Situation bei anorganischen Stoffen ist noch schwieriger zu beurteilen. Generell wird bei Metallverbindungen die perkutane Resorption aus dem Boden für vernachlässigbar gehalten. Aufgrund der komplexen Bindungssituation im Boden und den im Vergleich zu organischen Stoffen fehlenden Anhaltspunkten wird im Falle der anorganischen Stoffe davon ausgegangen, daß die dermale Exposition nicht von Bedeutung ist.

Von den hier zur Diskussion stehenden organischen Substanzen wurde Pentachlorphenol von der Arbeitsgruppe um Wester und Maibach (Wester et al., 1993a) in vitro und in vivo am Rhesusaffen untersucht (siehe unten). Dieselbe Arbeitsgruppe unternahm auch analoge Untersuchungen an Rhesusaffen mit DDT und Benzo(a)pyren (Wester et al., 1990) sowie mit polychlorierten Biphenylen (Wester et al., 1993b).

Weiter liegen Arbeiten einer Gruppe aus New Jersey, USA, zu Benzol, Xylol, Toluol und Phenol vor (Skowronski et al., 1990; Abdel-Rahman et al., 1992; Abdel-Rahman et al., 1993; Skowronski et al., 1994). Für alle Stoffe wurde eine praktisch vollständige Resorption der auf die Haut aufgebrachten Menge beobachtet. Diese In-vitro- und In-vivo-Untersuchungen (Rattenmodell) wurden jedoch mit einer Suspension des Bodens in den Substanzen (Konzentration der Stoffe im Boden > 20%) durchgeführt. Sie repräsentieren deshalb eher das Verhalten von reinen Stoffen und sind nicht aussagekräftig für die Situation in Böden. Außerdem wurden die Untersuchungen in einer Anordnung durchgeführt,

Anhang-Texte III. Bekanntmachung zu BBodSchV

die das Verdampfen der flüchtigen Stoffe verhindert. Dies führt zu höheren Resorptionsquoten als unter realen Bedingungen. Dabei wurde erst der Boden auf die Haut der Tiere aufgebracht und die Substanzen anschließend in reiner Form zugegeben, so daß eine Durchmischung mit und Bindung an den Boden nicht gewährleistet war (siehe auch Diskussion hierzu in EPA, 1992). Aus diesen Gründen werden die Ergebnisse dieser Untersuchungen nicht zur Beurteilung der perkutanen Resorption von bodenassoziierten Schadstoffen herangezogen.

Bei fehlenden experimentellen Daten besteht die Möglichkeit, durch Modellierung eine Abschätzung der realen Verhältnisse vorzunehmen. Folgende Modellansätze sind vorhanden (eine Übersicht hierzu siehe in EPA, 1992):

Abschätzung der perkutanen Resorption von Stoffen nach dermalem Bodenkontakt

– ausgehend von den Haut-Permeabilitätskoeffizienten für Schadstoffe in wässriger Umgebung (Haut-Wasser-Permeabilitätskoeffizient, K_p) (Reifenrath, 1994)

– ausgehend vom Oktanol-Wasser-Verteilungskoeffizienten und von der Henry-Konstante (McKone, 1990).

Beide Ansätze sind eingeschränkt durch den Mangel an Daten zur Validierung. In Tabelle 6 sind die wesentlichen experimentellen In-vivo-Befunde zur perkutanen Resorption von Schadstoffen aus Boden dargestellt. Die Mehrzahl der Arbeiten stammt aus der Arbeitsgruppe um Wester und Maibach. Die Ergebnisse können mit den Modellaussagen verglichen werden.

McKone (McKone, 1990, sowie Weiterentwicklung in McKone und Howd, 1992) schlug ein Modell für nichtionische organische Substanzen vor, das den Diffusionsprozeß aus dem Boden durch die Haut beschreibt und damit eine Abschätzung des perkutan resorbierten Anteils ermöglicht. Wesentliche Einflußgrößen sind dabei der Oktanol-Wasser-Verteilungskoeffizient $P_{o/w}$ und die Henry-Konstante K_h. Auf die mathematischen Details des Modells wird an dieser Stelle nicht eingegangen. Im Ergebnis lassen sich nach McKone (1990) die Substanzen nach ihren physikochemischen Eigenschaften einteilen: Für Stoffe mit einer Lipophilie im Bereich von Werten für $P_{o/w}$ von 10 bis 106 wird die Resorption in Abhängigkeit von der Henry-Konstante[2] wie folgt vorhergesagt:

Klasse 1:	$K_h < 0,001$:	100 %	in 12 h
Klasse 2:	$0,001 < K_h < 0,01$:	40 % – 100 %	in 12 h
Klasse 3:	$0,01 < K_h < 0,1$:	< 40 %	in 12 h
Klasse 4:	$K_h > 0,1$:	< 3 %	in 12 h

---

[2] Die Henry-Konstante kann dimensionslos (K_h) oder mit der Einheit Pa m³/mol, dann als H benannt, angegeben werden: $H = 101080 \cdot R \cdot T \cdot K_h = 2430$ Pa · m³/mol · K_h mit R = ideale Gaskonstante ($8,206 \cdot 10^{-5}$ Pa · m³ K/mol) und T = Temperatur (293 K)

III. Bekanntmachung zu BBodSchV   **Anhang-Texte**

In Tabelle 7 ist eine qualitative Einordnung der Stoffe nach diesen Kriterien gegeben. Einige der sehr lipophilen Stoffe (DDT, Benzo(a)pyren, PCB) überschreiten danach knapp die Grenze für den Oktanol-Wasser-Verteilungskoeffizienten von 10^6. Näherungsweise können aber auch diese Stoffe aufgrund ihrer physikochemischen Eigenschaften der Klasse 1 zugeordnet werden.

Der Versuch einer Validierung anhand der experimentellen Ergebnisse aus 7 zeigt, daß das Modell von McKone (1990) für diese Stoffe zu hohe resorbierte Anteile vorhersagt. Vom Modell werden Resorptionsquoten abgeschätzt, die weit über den experimentell gefundenen Werten liegen. Die höchste Resorption im In-vivo-Versuch wies Pentachlorphenol mit 24,4% auf. Dabei ist zu beachten, daß die experimentellen Ergebnisse bei längerer Expositionszeit (24 h) gewonnen wurden, während die Modellaussagen für den Zeitraum von 12 Stunden gelten. Eine Korrektur auf gleiche Zeiträume würde die Diskrepanz noch verschärfen.

Tabelle 6: Ergebnisse von In-vivo-Untersuchungen am Tier zur perkutanen Resorption von bodengebundenen Schadstoffen (für die Stoffe wird zusätzlich der Haut-Wasser-Permeabilitätskoeffizient angegeben)

Substanz	In-vivo-Modell	Resorption	Applikationszeit	Hautbedeckung mg/cm²	Quelle	Einordnung nach McKone[1]	K_p[2] cm/h
Pentachlorphenol	Rhesusaffe	24,4%	24 h	40	Wester et al., 1993a	1	0,65 (s)
DDT	Rhesusaffe	3,3%	24 h	40	Wester et al., 1990	$P_{o/w} > 10^6$	0,43 (s)
Benzo(a)pyren	Rhesusaffe	13,2%	24 h	40	Wester et al., 1990	$P_{o/w} > 10^6$	1,2 (s)
Chlordan	Rhesusaffe	4,2%	24 h	40	Wester et al., 1992	1	0,052 (s)
2,4-Dichlorphenoxyessigsäure	Rhesusaffe	10–16% 2,2% 0,05%	24 h 16 h 8 h	1 oder 40	Wester et al., 1996		
PCB	Rhesusaffe	14%	24 h	?	Wester et al., 1993 b	$P_{o/w} > 10^6$	0,71 (s) (HCBP)
2,4,6-Trinitrotoluol	Schwein	3,3%	96 h	1	Reifenrath, 1994	1	0,011[3] (exp.)
Benzo(a)pyren (aus Erdöl)	Ratte	1,1% 3,7% 9,2%	24 h 48 h 96 h	9 9 9	Yang et al.,	$P_{o/w} > 10^6$	1,2 (s)

[1] Einordnung der Substanzen nach den Kriterien von McKone (1990), siehe unten.
[2] wenn nicht anders angegeben: aus EPA (1992) entnommen
[3] aus Reifenrath (1994) entnommen

Anhang-Texte III. Bekanntmachung zu BBodSchV

Die relativen Aussagen des Modells, nach denen bei flüchtigen Stoffen mit Henry-Konstanten >0,01 (Klassen 3 und 4) eine starke Abnahme der Resorption stattfinden sollte, erscheint aber plausibel. Bei flüchtigen Stoffen besteht eine Konkurrenz zwischen dem Durchtritt durch die Haut und der Verflüchtigung aus dem Boden, der sich auf der Haut befindet, in die Luft. McKone gibt für Benzol (Klasse 4) eine um 2 Größenordnungen geringere Hautresorption an als für 2,4,6-Trinitrotoluol (Klasse 1).

Tabelle 7: Einordnung von Stoffen nach den Kriterien von McKone anhand der physiko-chemischen Eigenschaften

Klasse 1	Klasse 2	Klasse 3	Klasse 4
Aldrin Benzo(a)pyren DDT Hexachlorbenzol Hexachlorcyclohexan Pentachlorphenol Phenol Polychlor Biphenyle		o-Dichlorbenzol 1,2-Dichlorpropan 1,1,2,2-Tetrachlorethan 1,2,4-Trichlorbenzol	Chlorbenzol Chloroform m-, p-Dichlorbenzol Dichlormethan Tetrachlorethen Toluol 1,1,1-Trichlorethan Trichlorethen 1,3,5-Trimethylbenzol o-, m-, p-Xylol

Stoffe der Gruppen 3 und 4 sind Stoffe mit einer hohen Henry-Konstante ($K_h = 0,01$). Pentachlorphenol und Phenol besitzen wegen ihres polaren Charakters und einer geringeren Flüchtigkeit eine deutlich kleinere Henry-Konstante. Dies gilt auch für die lipophilen chlororganischen Verbindungen mit geringer Flüchtigkeit und Benzo(a)pyren.

Die Modellbetrachtungen von McKone (1990) lassen für Stoffe mit hoher Henry-Konstante ($K_h > 0,01$) eine geringe bis mäßige perkutane Resorption aus dem Boden von wenigen Prozenten erwarten. Burmaster und Maxwell (1991) errechneten mit dem McKone-Modell für Benzol, das ähnliche physiko-chemische Eigenschaften aufweist wie einige hier zu behandelnde Stoffe (z.B. Toluol, Ethylbenzol), für übliche Bodenschichtdicken auf der Haut eine Resorption von 1 bis 2%. Die Verflüchtigung von der Haut konkurriert demnach mit der perkutanen Resorption und führt zu einer geringeren Resorption. Für keinen Stoff der Gruppe liegen allerdings valide experimentelle Untersuchungen vor, mit denen eine Überprüfung des Modells möglich wäre.

Reifenrath (1994) untersuchte experimentell die perkutane Resorption von 2,4,6-Trinitrotoluol in vitro und in vivo und verglich die Ergebnisse mit Modellaussagen auf Basis des Haut-Wasser-Permeabilitätskoeffizienten K_p. Während das Modell eine praktisch vollständige Resorption vorhersagte, lag die In-vivo-Resorption bei nur ca. 3%.

Die Haut-Wasser-Permeabilitätskoeffizienten der untersuchten Stoffe lassen keine Korrelation zum Resorptionsverhalten aus dem Boden erkennen. Folglich sind auch theoretische Abschätzungen anhand des Haut-Wasser-Permeabilitätskoeffizienten – zumindest in dieser Form – mit hohen Unsicherheiten behaftet.

2.4.1.4.2 Weitere Einflußfaktoren auf die perkutane Resorption

2.4.1.4.2.1 Einfluß der Dicke der Bodenschicht auf der Haut

Die theoretischen Betrachtungen anhand des McKone-Modells (McKone, 1990; Burmaster und Maxwell, 1991) zeigen bei einigen Substanzen einen starken Einfluß der Bodenschichtdicke auf der Haut. Dies gilt insbesondere für sehr lipophile Stoffe mit $P_{o/w} > 10^5$. Yang et al. (1989) konnten das für Benzo(a)pyren bei In-vitro-Untersuchungen bestätigen. Bei einer Bedeckung mit 56 mg/cm² war die relative Resorption geringer als bei 9 mg/cm². Hierzu im Widerspruch steht allerdings die Untersuchung von Wester et al. (1996) mit 2,4-Dichlorphenoxyessigsäure, die weder in vitro noch in vivo eine Abhängigkeit von der Bodenschichtdicke fanden. Die verwendeten Bedeckungen der Haut mit Boden waren 1 bzw. 40 mg/cm².

Bei der Abschätzung der Exposition gegenüber altlastenbürtigen Stoffen wird generell von Bodenbedeckungen der Haut von max. 1,7 mg/cm² (95. Perzentil) ausgegangen (BAGS, 1995, siehe unten). Diese Empfehlung beruht im wesentlichen auf den Arbeiten von Finley et al. (1994). Bei diesen Werten kann näherungsweise angenommen werden, daß der größte Teil des Schadstoffs mit Haut in Berührung kommt. Damit hat die Bodenschichtdicke auf der Haut einen vernachlässigbaren Einfluß auf den resorbierten Anteil an der gesamten auf der Haut liegenden Schadstoffmenge (in % der Schadstoffmenge im Boden auf der Haut). Die Annahmen zur Hautbedeckung werden auch durch neuere Datenerhebungen bestätigt (Kissel et al., 1996).

2.4.1.4.2.2 Einfluß der Expositionszeit

Üblicherweise wird von einer linearen Abhängigkeit der resorbierten Schadstoffmenge von der Expositionszeit bzw. von einer geringen Retardationszeit im Bereich von Minuten und anschließend linearem Verlauf ausgegangen (EPA, 1992) Wester et al. (1996) fanden im Falle von 2,4-Dichlorphenoxyessigsäure, daß bei Applikation der reinen Substanz zwar ein linearer Verlauf mit der Zeit beobachtbar war, bei Applikation in Boden jedoch eine Retardationszeit von mehreren Stunden auftrat.

In anderen Untersuchungen (siehe z.B. zu Benzo(a)pyren von Yang et al., 1989) wurde hingegen diese Beobachtung nicht bestätigt, so daß evtl. ein stoffspezifisches Phänomen vorliegt. Im folgenden wird von einer linearen Abhängigkeit und einer vernachlässigbaren Retardation ausgegangen.

2.4.1.4.2.3 Bodeneigenschaften

Die Adsorption von Schadstoffen an Bodenpartikeln wird außer durch die Schadstoffeigenschaften auch stark durch die Bodeneigenschaften wie Gehalt an organischer Substanz und an Tonmineralien sowie Ionenaustauschkapazität bestimmt. Die Übertragung der experimentellen Ergebnisse, die mit einem speziellen Boden gewonnen wurden, auf andere ist entsprechend mit Unsicherheiten behaftet, stellt aber für den Zweck der Prüfwertableitung eine Näherung bezüglich der realen Standortsituation dar.

2.4.1.4.2.4 Tiermodell

Die Resorption, die im In-vivo-Modell mit Nagerspezies ermittelt wird, liegt meist über der aus in vitro-Daten geschätzten oder in vivo beobachteten Resorption beim Menschen (Watkin und Hull, 1991). Gründe hierfür sind in der anatomischen Struktur der Haut und der dichteren Behaarung der Fellträger zu sehen. Affen zeigen im Vergleich zu Ratten eine geringere perkutane Schadstoffresorption und ähneln diesbezüglich mehr dem Menschen als Nager (Franklin et al., 1989). Die in den Untersuchungen der Arbeitsgruppe um Wester und Maibach (Wester et al., 1990; 1992; 1993 a u.b; 1996) verwendeten Rhesusaffen sind danach ein geeignetes Modell, um die Verhältnisse beim Menschen abzuschätzen.

2.4.1.4.3 Konsequenzen für die Berücksichtigung der perkutanen Resorption bei der Ableitung von Prüfwerten

Generell wird für organische Stoffe die perkutane Resorption bei direktem Bodenkontakt als relevant angesehen. Für die behandelten Stoffe liegen – mit den Ausnahmen Pentachlorphenol, DDT, PCB und Benzo(a)pyren – jedoch keine experimentellen Untersuchungen vor, die eine valide Abschätzung möglich machen würden. Die höchste Aufnahmerate wurde für PCP festgestellt (24% in 24h). Für PCB (14% in 24h), Benzo(a)pyren (13% in 24h) und DDT (3% in 24h) war die perkutane Aufnahme deutlich geringer.

Abschätzungen aus dem theoretischen Modell von McKone (1990) lassen Tendenzaussagen zu. Jedoch fehlen Validierungsmöglichkeiten speziell für die Gruppe der leichtflüchtigen Stoffe. Für Pentachlorphenol liegen hinreichende experimentelle Daten vor. PCP kann aber wegen der starken Unterschiede in der Henry-Konstante nicht als Leitsubstanz für andere hier behandelte flüchtige Stoffe herangezogen werden. Lediglich für Phenol kann ein zu PCP vergleichbares Verhalten angenommen werden.

2.4.1.4.4 Vorgehensweise zur Berücksichtigung der perkutanen Resorption von Pentachlorphenol

Es erfolgt eine Abschätzung der perkutanen Resorption für Pentachlorphenol anhand der Daten von Wester et al. (1993a).

Die Autoren applizierten ^{14}C-markiertes Pentachlorphenol auf die Haut von Rhesusaffen

- entweder als acetonische Lösung
- oder als PCP-kontaminierter Boden

Die Konzentration des PCP im Boden betrug 17 mg/kg, die Bedeckung der Haut mit Boden war 40 mg/cm². Der Boden wurde wie folgt chrakterisiert: 26% Sand; 26% Ton, 48% Schluff, 0,9% organische Substanz.

Die Resorption aus Boden erwies sich hierbei als ähnlich hoch wie aus Aceton: Während nach Applikation von Boden eine Resorption von 24,4% festgestellt wurde, waren es bei Auftragung der acetonischen Lösung 29,2%. Wegen des geringen Einflusses der Bodensorption auf die Bioverfügbarkeit ist es wahrscheinlich, daß die Schichtdicke des Bodens auf der Haut in diesem Fall eine geringe Rolle spielte.

Für Pentachlorphenol kann ausgehend von der experimentell beobachteten Resorption von ca. 24% über 24 Stunden für die geschätzte Expositionszeit von 5 Stunden unter Annahme eines linearen Zusammenhangs zwischen Expositionszeit und resorbierter Menge eine Resorptionsquote von 5% verwendet werden.

Grundlagen für die Berechnung der Exposition bei perkutaner Resorption im Szenario „Kinderspielflächen"

Für die Berechnung der perkutanen Resorption für das Szenario Kinderspielflächen müssen verschiedene expositionsbeschreibende Parameter festgelegt werden. Dabei wird im wesentlichen den Vorschlägen des Ausschusses für Umwelthygiene der Arbeitsgemeinschaft der leitenden Medizinalbeamtinnen und -beamten der Länder (AGLMB) (BAGS, 1995) gefolgt:

exponierte Personengruppe:	Kinder (2–3 Jahre) mit Körpergewicht 10 kg
Expositionszeit:	5 h. Es wird von einer Aufenthaltszeit von 2 Stunden pro Tag ausgegangen. Es ist jedoch anzunehmen, daß die Entfernung des Bodens von der Haut durch Abwaschen nicht in jedem Fall direkt nach dem Spielen erfolgt. Deshalb wird eine Expositionszeit von 5 h angesetzt.
Bedeckte Körperoberfläche:	2 100 cm² (nach BAGS, 1995, 95. Perzentil, siehe unten)
Bedeckung der Haut mit Boden:	1,7 mg/cm² (nach BAGS, 1995, 95. Perzentil, gestützt durch neuere Daten: Kissel et al., 1996a und b)
Resorption von PCP:	nach Wester et al. (1993a): 24% in 24 h. Annahme eines linearen Zusammenhangs: Für die 5stündige Expositionszeit wird eine Resorption von 5% angenommen.

Formel 10

$$\text{Bodenaufnahmerate} = \frac{\text{Körperoberfläche} \cdot \text{Bodenschichtdicke} \cdot \text{Resorption}}{\text{Körpergewicht}}$$

$$= \frac{2\,100\,\text{cm}^2 \cdot 1{,}7\,[\frac{\text{mg}}{\text{cm}^2}] \cdot 0{,}05\,\frac{1}{\text{d}}}{10\,\text{kg}}$$

$$= 17{,}85\,\frac{\text{mg}}{\text{kg} \cdot \text{d}}$$

Die Rechnung ergibt die aufnahmerelevante Bodenkontaktmenge und gibt die Intensität des Schadstoffkontaktes an. Zur Beibehaltung einheitlicher Begriffe wird er analog zur oralen Exposition als Bodenaufnahmerate bezeichnet.

Im Falle von PCP kann dieser Wert für die Bodenaufnahmerate bei dermalem Kontakt direkt mit der Bodenaufnahmerate für oralen Bodenkontakt verglichen werden, da bei oraler Exposition eine Resorption von 100 % angenommen wird. Diese ist mit 33 mg/kg · d etwa doppelt so hoch wie die für PCP errechnete dermale Bodenaufnahmerate.

Die Summation der Bodenaufnahmeraten ermöglicht die Ermittlung eines Prüfwertes bei gleichzeitigem Vorliegen beider Expositionspfade. Diese Berechnung wird in der Prüfwertableitung zu Pentachlorphenol durchgeführt (Umweltbundesamt, 1999)

Vorgehen bei anderen Stoffen

Leichtflüchtige Stoffe
Die Aussagen des Modells von McKone (1990) lassen erwarten, daß für die Stoffgruppe mit hoher Henry-Konstante die Resorption deutlich unter der von Pentachlorphenol liegt. Eine Ausnahme stellt Phenol dar. Wegen der übereinstimmenden physiko-chemischen Eigenschaften können die Ergebnisse zu PCP näherungsweise auf Phenol übertragen werden.
Für die leichtflüchtigen organischen Schadstoffe unterscheiden sich die physikochemischen Daten, die für die Hautresorption wichtig sind (insbesondere die Henry-Konstante), stark von Pentachlorphenol. Aufgrund des geringeren Dampfdrucks des PCP liegt das Gleichgewicht bei dieser Substanz stärker auf Seiten der wäßrigen Phase. Die Verflüchtigung als zur Hautresorption konkurrierender Weg verliert an Bedeutung. Aus diesem Grund ist PCP nicht als Leitsubstanz für die leichtflüchtigen organischen Stoffe anzusehen.
Ein Vergleich der Bedeutung der einzelnen Expositionspfade für Pentachlorphenol zeigt, daß bei dieser Substanz unter den getroffenen Annahmen die orale Exposition bedeutsamer ist als die dermale. Die perkutane Schadstoffaufnahme beträgt ca. 50 % der oralen. Für die organischen Stoffe mit höherer Flüchtigkeit ist dementsprechend anzunehmen, daß die Bedeutung des dermalen Bodenkon-

taktes deutlich geringer ist (<50% der oralen Bodenaufnahme). Zudem zeigt die Prüfwertableitung, daß die Verflüchtigung und der Transport über die Bodenluft in bewohnte Räume für diese Stoffe den potentiell wichtigsten Expositionspfad darstellt und alle anderen Expositionspfade überwiegt. Deshalb wird die dermale Aufnahme bei diesen Stoffen nicht weiter quantitativ berücksichtigt.

DDT, Polychlorierte Biphenyle und Benzo(a)pyren sowie andere lipophile schwerflüchtige Stoffe

Für diese Stoffe bzw. Stoffgruppen liegen Untersuchungsergebnisse aus der Arbeitsgruppe Wester vor. Im Ergebnis waren für alle Stoffe die Resorptionsraten deutlich niedriger als für PCP. Im Falle der PCB resultierte aus der In-vivo-Untersuchung an Rhesusaffen eine Resorption von 14% bei einer Exposition über 24 Stunden. Eine Überprüfung der möglichen Konsequenzen für die Prüfwertableitung analog der oben für PCP beschriebenen Vorgehensweise ergab, daß die Einbeziehung der dermalen Exposition praktisch ohne Konsequenzen auf die Prüfwertermittlung bliebe. Entsprechend ist die dermale Exposition bei DDT noch unbedeutender. Eine analoge Situation ist auch für die liphophilen Stoffe aus Tabelle 7, Klasse 1 (Aldrin, Hexachlorcyclohexan, Hexachlorbenzol) anzunehmen. Es erscheint deshalb gerechtfertigt, beim gegenwärtigen Kenntnisstand zu diesen Stoffen die dermale Exposition wegen geringer quantitativer Relevanz unberücksichtigt zu lassen.

Im Falle des Benzo(a)pyren handelt es sich um einen kanzerogenen Stoff mit lokaler Wirkungsweise. Das heißt, er wird in die Haut aufgenommen, dort metabolisiert und führt zu Hauttumoren. Unter diesen Gesichtspunkten erscheint für diesen Stoff die Überprüfung der Bedeutung dieses Expositionspfades im Rahmen der noch anstehenden Ableitung eines PAK-Prüfwertes angezeigt.

2.4.1.5 Berücksichtigung einmaliger hoher Aufnahmemengen bei Stoffen mit hoher akuter Toxizität

Bei der Ableitung der Prüfwerte wird eine langfristige Aufnahme niedriger Dosen zugrunde gelegt, um chronische und subchronische toxische Wirkungen durch die Aufnahme von Boden-Kontaminanten zu vermeiden. Akute toxische Wirkungen können u.U. jedoch nach der einmaligen Aufnahme hoher Dosen eines Schadstoffes verursacht werden. Solche Expositionen sind nur unter extremen Bedingungen denkbar, die bei Zusammentreffen ungünstiger Einflußfaktoren wie z.B. massiver Bodenverunreinigungen, hoher Resorptionsverfügbarkeit von Schadstoffen, pica-Verhalten u.a. erfüllt sein können. Als pica-Verhalten bezeichnet man die absichtliche Aufnahme größerer Mengen (im Grammbereich) von Boden. Pica-Verhalten wird auch bei älteren Kindern beobachtet.

Zur Prüfung der Relevanz akut toxischer Wirkungen bei einmalig hoher Bodenaufnahme wird von folgenden Überlegungen ausgegangen:

– Es wird eine einmalige Bodenaufnahme von 10 g und ein Körpergewicht von 10 kg angenommen.

– Ausgehend von der niedrigsten berichteten akut wirksamen Dosis beim Menschen wird als toxikologischer Bewertungsmaßstab ein Abstand von einem Faktor 10 zu ersten Vergiftungserscheinungen angenommen.

Im Falle von Cyaniden ergeben sich aus den Überlegungen zur akuten Toxizität Konsequenzen für die Höhe der Prüfwerte. Für Cyanide wird in der Literatur eine niedrigste Letaldosis von 0,56 mg/kg genannt. Mit den obigen Vorgaben ergibt sich hieraus ein Bodenwert von 56 mg/kg. Dieser Wert liegt niedriger als die für alle Szenarien für langfristige Exposition berechneten Bodenwerte. Da in den Szenarien Kinderspielflächen, Wohngebiete sowie Park- und Freizeitflächen eine einmalige hohe Bodenaufnahme nicht ausgeschlossen ist, ist für diese Szenarien der Prüfwert auf Basis der Betrachtungen zur akuten Toxizität festzulegen.

Prinzipiell wird auch im Szenario Industrie- und Gewerbeflächen eine einmalige hohe Bodenaufnahme durch Kinder für möglich gehalten. Ein regelmäßiger Aufenthalt von Kindern auf Industriegeländen ist zwar unter regulären Bedingungen praktisch ausgeschlossen. Nicht immer ist jedoch davon auszugehen, daß diese Gebiete so gesichert sind, daß ein einmaliges Eindringen von Kindern auszuschließen ist. Allerdings sind hierbei größere Kinder als gefährdete Gruppe anzusehen. Exposition gegenüber Schadstoffen im Boden ist durch Tätigkeiten wie Erdbewegungen, Bewerfen mit Erde und Wälzen auf dem Boden möglich. Eine Abschätzung der Exposition unter solchen Bedingungen ist schwierig. Es ist wahrscheinlich, daß gegenüber dem pica-Verhalten von Kleinkindern die Exposition auch unter extremen, nur selten auftretenden Bedingungen geringer ist. Diesem quantitativ nicht näher einzugrenzenden Umstand wird dadurch Rechnung getragen, daß der im Szenario „Kinderspielflächen" für die Betrachtung der akuten Toxizität bei Kleinkindern errechnete Bodenwert für das Szenario „Industrie- und Gewerbeflächen" mit dem Faktor 2 multipliziert wird. Der resultierende Prüfwert sollte bei Überschreitung insbesondere Anlaß geben, die mögliche Exposition von Kindern zu prüfen.

2.5 Kriterien für die Plausibilitätsbetrachtung der rechnerischen Ergebnisse bei der Ableitung von Prüfwerten

Alle Berechnungsergebnisse werden in der Plausibilitätsbetrachtung insbesondere dahin gehend geprüft, ob epidemiologische Studien vorliegen, die die Berechnungsergebnisse bestätigen oder ggf. Modifizierungen nahelegen. So können sich aus epidemiologischen Studien Anhaltspunkte dafür ergeben, daß die Resorptionsquote eines bestimmten Schadstoffes bei Aufnahme aus Böden sich von seiner Resorptionsquote bei Aufnahme mit Lebensmitteln unterscheidet und die herangezogenen Körperdosis-Werte dies zuwenig berücksichtigen. Daneben ist das Rechenergebnis auch mit Daten zu Hintergrundgehalten in Böden zu vergleichen. Rechnerische Ergebnisse, die kleiner oder gleich den Hintergrundwerten der Böden sind, können zwar eine toxikologisch unerwünschte Belastung anzeigen, sie spiegeln jedoch keine einer Bodenveränderung zuzuordnende Gefahr wider und erscheinen daher als Prüfwert nicht geeignet. Weiter gehend kann postuliert werden, daß in einem solchen Fall die Zufuhr dieses Schadstoffes über die orale Bodenaufnahme erst dann als Gefahr zu interpretieren ist, wenn sie sich von der Zufuhr über Lebensmittel abhebt.

Insoweit fachlich begründete Kriterien zur Plausibilitätsprüfung werden nachstehend zusammengefaßt:

- Abgleich des rechnerischen Ergebnisses mit Daten zu Hintergrundgehalten vom Böden vor dem Hintergrund, daß ein Prüfwert sinnvollerweise höher als die ubiquitären Gehalte liegt.
- Vergleich des rechnerischen Ergebnisses mit beurteilungsrelevanten humantoxikologischen Belastungsdaten (Humanbiomonitoring), sofern diese Daten Aussagen im Hinblick auf die relevanten Endpunkte zulassen. In die im Einzelfall einer schädlichen Bodenveränderung ausgelösten Untersuchungs- und Prüfschritte kann das Humanbiomonitoring einbezogen werden, um eine innere Belastung beim Menschen festzustellen.
- Wahl des Prüfwertes aus dem niedrigsten Ergebnis aus der parallelen Berechnung für die inhalative und ingestive Bodenaufnahme sowohl für kanzerogene als auch nichtkanzerogene Wirkung. Kommt die Berechnung für beide Pfade zu gleichen Konzentrationen, soll dieses Ergebnis durch Wahl eines niedrigeren Prüfwertes berücksichtigt werden.
- Berücksichtigung des perkutanen Aufnahmepfades, ggf. in Summation mit den ingestiv aufgenommenen Schadstoffmengen.
- Abgleich mit Betrachtung zu akuten Wirkungen bei einmalig hoher Bodenaufnahme, soweit dies mit den vorliegenden Daten möglich ist.
- Abgleich der Berechnungen mit Erkenntnissen zu Geruchsschwellenkonzentrationen zur Prüfung möglicher erheblicher Belästigungen.
- Hinweise auf typischerweise vorkommende gemeinsame Wirkungen mit anderen Stoffen.
- Bei der Plausibilitätsprüfung zur kanzerogenen Potenz sind die Maßstäbe aus den Nummern 2.3.1.5 und 2.3.1.10 zu beachten.
- Prüfung der Abstufung zwischen Prüfwert für Kinderspielflächen und für Industrie- und Gewerbegrundstücke. Es wird davon ausgegangen, daß die Abstufung dann sachgerecht ist, wenn sichergestellt ist, daß es bei Einhaltung der Prüfwerte für Industrie- und Gewerbegrundstücke nicht zu sekundären Verunreinigungen auf umgebenden Flächen kommen kann, wenn Bodenmaterial von Industrie- und Gewerbegrundstücken ungezielt und diffus abgeschwemmt und verweht oder durch Rutschungen verbracht wird.

3. Prüf- und Maßnahmenwerte nach Anhang 2 Nr. 2 BBodSchV für Böden unter Ackerbau, Gartenbau, Nutzgarten sowie Grünland

3.1 Vorbemerkung

Bei der Ableitung von Prüf- und Maßnahmenwerten nach Anhang 2 Nr. 2 BBodSchV steht die Bodenfunktion als Standort für den Anbau von Nutzpflanzen im Vordergrund. Hinsichtlich der Pflanzen sind verschiedene Fallgestaltungen und Schutzgüter zu unterscheiden:

– Ausschluß von humantoxischer Wirkungen beim Verzehr von pflanzlichen Lebensmitteln, insbesondere von Weizen, Kartoffeln und Gemüse,
– Vermarktbarkeit von Nahrungspflanzen aus Acker- und Erwerbsgartenbau als Lebensmittel,
– Verwertbarkeit von Ackerfutter und Grünlandaufwuchs als Futtermittel.

Ergänzend kommt auch der Ausschluß phytotoxischer Wirkungen auf Nahrungs- und Futterpflanzen infolge schädlicher Bodenveränderungen als Schutzgut in Frage. Soweit Stoffe in lebensmittel- oder futtermittelrechtlichen Richtlinien oder Vorschriften (Festlegungen zu Höchstmengen, Richtlinien der Zentralen Erfassungs- und Bewertungsstelle ZEBS für Metalle in Nahrungsmitteln, Grenzwerte für Futtermittel) geregelt sind, werden diese Festlegungen als ein Ableitungsmaßstab für die in der Pflanze nicht zu überschreitenden Schadstoffgehalte herangezogen. Ein weiterer wesentlicher Ableitungsmaßstab ergibt sich aus dem stoffspezifischen Anteil eines Stoffgehaltes im Boden, der von der Nahrungspflanze systemisch aufgenommen werden kann oder dem Anteil eines Stoffes im Bodenmaterial, das der Pflanze anhaftet, und zur Belastung des Futtermittels beiträgt.

3.2 Abgrenzung der Nutzungen

Der Nutzungsbezug der Prüf- und Maßnahmenwerte erfordert, daß die in Anhang 2 festgelegten Werte im einzelnen bestimmten Nutzungen zugeordnet werden. Für die Prüfwerte nach Nummer 2 werden Nutzungen des Bodens als Ackerbau, Gartenbau, Nutzgarten sowie Grünland unterschieden. Für die Bodennutzungen Ackerbau, Gartenbau und Nutzgärten sind einheitliche Prüf- und Maßnahmenwerte insbesondere auch aus Gründen der Nachvollziehbarkeit für die Bodennutzer sinnvoll. Dabei wird davon ausgegangen, daß bei Unterschreitung der aus den Lebensmittelrichtwerten abgeleiteten maximal zulässigen Pflanzenkonzentrationen auch unter toxikologischen Gesichtspunkten der Eigenverzehr von in privaten Nutzgärten angebautem Obst und Gemüse unbedenklich ist (s.w.u.). Da für Ackerflächen, die zum Anbau von Futtergräsern genutzt werden, die gleichen Transferbeziehungen Boden/Pflanze anzunehmen sind wie bei Gründlandflächen, werden diese wie Grünland beurteilt. Für Ackerflächen zum Silomaisanbau werden bei Einhaltung der Werte für Grünland in der Regel die Vorgaben der Futtermittelverordnung gewährleistet. Daher wird auch für diese Flächen eine Anwendung der Werte für Grünland vorgesehen.

3.3 Schutzgutbezug

Bezüglich einer Gefahrenbeurteilung beim Pfad Boden/Pflanze sind in Abhängigkeit von der Bodennutzung folgende Fallgestaltungen zu unterscheiden:

a) Vermarktung von Nahrungspflanzen aus Ackerbau und Erwerbsgemüsebau,

b) Vermarktung/Verwertung von Futterpflanzen aus Ackerfutterbau und Grünlandnutzung,

c) Verzehr von Obst und Gemüse aus Eigenanbau in Privatgärten (Haus-/Kleingärten).

Als Schutzgüter ergeben sich damit

– die Vermarktungsfähigkeit/Verwertbarkeit von Lebens- bzw. Futtermitteln (Fallgestaltung a und b),
– die menschliche Gesundheit (Fallgestaltung c; a und b mittelbar).

Die Pflanzengesundheit (phytotoxische Wirkungen von Bodenkontaminationen auf Pflanzen) kann daneben von Bedeutung sein.

Hinsichtlich einer Schwermetallbelastung von Pflanzen auf kontaminierten Böden sind vorrangig zwei verschiedene Einwirkungspfade von Bedeutung. Zum einen werden in der Bodenlösung enthaltene Schwermetalle von den Pflanzenwurzeln aufgenommen und anschließend innerhalb der Pflanze transportiert (systemischer Aufnahmepfad). Zum anderen wird durch äußerliche Verschmutzung mit kontaminiertem Bodenmaterial eine Schwermetallbelastung von Pflanzen hervorgerufen, die im Falle von Nahrungspflanzen auch durch Waschen und küchentechnische Aufbereitung nicht vollständig entfernt werden kann (Verschmutzungspfad).

Zur Prognose des Schwermetalltransfers Boden/Pflanze über den systemischen Aufnahmepfad ist aus agrikulturchemischer/bodenkundlicher Sicht eine Bodenuntersuchungsmethode anzuwenden, die eine geeignete Schätzgröße für die für eine Wurzelaufnahme bedeutsame Schwermetallfraktion im Boden liefert. Nach allen bisherigen Erfahrungen kommt dafür am ehesten eine Bodenextraktion mit verdünnten Salzlösungen (z.B. Ammoniumnitrat-Extraktion nach DIN 19730) in Frage. Allerdings kann diese für die systemische Aufnahme relevante Schwermetallfraktion im Boden auch indirekt auf Basis einer den annähernden Schwermetallgesamtgehalt charakterisierenden Bodenuntersuchungsmethode (z.B. Königswasser-Extraktion nach DIN 38414, Teil 7) unter zusätzlicher Berücksichtigung verfügbarkeitsbestimmender Bodenparameter (wie z.B. pH, C_{org}-,

Tongehalt) geschätzt werden. Für den Schwermetalltransfer Boden/Pflanze über den Verschmutzungspfad kommt der pflanzenverfügbaren Schwermetallfraktion weniger Bedeutung zu als dem Schwermetallgesamtinhalt.

Wenn auch grundsätzlich stets beide Aufnahmepfade wirksam sind, so bestehen hinsichtlich der relativen Bedeutung für den Schwermetallgehalt von Pflanzen jedoch deutliche element- und pflanzenart- bzw. pflanzenorganspezifische Unterschiede. Im Extrem kann dabei einerseits die systemische Aufnahme allein bestimmend (z.B. Cd-Gehalt in Weizenkörnern) und in anderen Fällen (z.B. Pb-Gehalt von Grünlandaufwuchs) gegenüber dem Verschmutzungspfad nur unbedeutend sein.

Für den Bereich der **Grünlandnutzung** ist die Königswasser-Extraktion im Rahmen der Auswertungen der Datenbank TRANSFER gegenüber der Ammoniumnitrat-Bodenextraktion aussagekräftiger. Da bei einer Grünlandnutzung zudem generell von einer unvermeidbaren Futterverschmutzung (bei Beweidung auch durch Bodenaufnahme der Tiere) auszugehen ist und diese schon bei vergleichsweise niedrigen Bodenkonzentrationen bestimmend für die Schwermetallaufnahme der Tiere ist, erscheint eine Gefahrenbeurteilung auf Basis der königswasserlöslichen Bodengehalte als besser geeignet.

3.4 Vorgehensweise

Die Ableitung der Prüf- und Maßnahmenwerte sieht folgende Schritte vor (LABO, 1997):

– Heranziehen höchstzulässiger Schadstoffkonzentrationen in Pflanzen (Vorgabe pflanzenbezogener Bewertungsmaßstab),
– Beschreibung des Schwermetalltransfers vom Boden in die Pflanze und daraus rechnerische Ableitung einer zulässigen Bodenkonzentration zur Einhaltung der höchst zulässigen Pflanzenkonzentration,
– Prüfung der errechneten Bodenwerte auf Plausibilität, einschl. der Abschätzung der toxikologischen Belastung durch Gemüse aus schwermetallbelasteten Gärten, insbesondere für Cadmium (Delschen, Th. & J. Leisner-Saaber, 1998),
– Festlegung von Prüf- und Maßnahmenwerten.

3.5 Vorgaben zulässiger Schwermetallkonzentrationen in Pflanzen

Im Hinblick auf die „Vermarktungsfähigkeit von Lebensmitteln" sind die gültigen Lebensmittelrichtwerte der ZEBS[3] (BGVV, 1997) als Vorgabe zugrunde zu legen (Tabelle 8).

---

[3] Zentrale Erfassungs-und Bewertungsstelle für Umweltchemikalien

III. Bekanntmachung zu BBodSchV   **Anhang-Texte**

Tabelle 8: Beispielhaft für Blei und Cadmium genannte Richtwerte für Schadstoffe in pflanzlichen Lebensmitteln (BGVV, 1997) in mg/kg Frischmasse in Angebotsform (verzehrbare Anteile)

	PB	Cd
Weizenkörner	0,30	0,10
Roggenkörner	0,40	0,10
Sonnenblumenkerne	–	0,60
Schalenobst	0,50	0,05
Kartoffeln	0,25	0,10
Blattgemüse (ausgenommen Petersilienblätter, Küchenkräuter und Spinat)	0,80	0,10
Petersilienblätter	2,00	0,10
Küchenkräuter	2,00	0,10
Spinat	0,80	0,50
Sproßgemüse	0,50	0,10
Fruchtgemüse	0,25	0,10
Wurzelgemüse (ausgenommen Knollensellerie)	0,25	0,10
Knollensellerie	0,25	0,20
Beerenobst	0,50	0,05
Kernobst	0,50	0,05
Steinobst	0,50	0,05
Früchte und Rhabarber	0,50	0,05

Die ZEBS-Richtwerte haben keinen gesetzlich bindenden, sondern einen administrativen, orientierenden Charakter. Sie sollen aufzeigen, wann unerwünscht hohe Schadstoffkonzentrationen in Lebensmitteln vorliegen. Zum Zwecke eines vorbeugenden Verbraucherschutzes sollen Spitzenbelastungen von Schadstoffen erkannt und nach Möglichkeit abgestellt werden. Im wesentlichen spiegeln sie eine empirische Verteilung, nicht jedoch eine stringent humantoxikologisch bestimmte Unbedenklichkeitgrenze in Lebensmitteln wider.

Zur Ableitung von zulässigen Höchstgehalten für Schwermetalle in Futtermitteln ist die Futtermittelverordnung (FMVO, 1992) heranzuziehen (Tabelle 9). Als sogenannte „unerwünschte Stoffe" sind darin u.a. für Cd und Pb Höchstgehalte festgelegt.

Tabelle 9: Zulässige Höchstgehalte an Cadmium und Blei nach Futtermittelverordnung (FMVO, 1992) ergänzt durch VDI-Richtwerte für Futtermittel (VDI, 1991, 1992) in mg/kg Futtermittel mit 88% TS

Cd	1	Einzelfuttermittel pflanzlichen Ursprungs, Alleinfuttermittel für Rinder, Schafe und Ziegen (ausgenommen Kälber und Lämmer)
Pb	40	Grünfutter, Weidegras, Rübenblätter, Grünfuttersilage, Heu
	10	andere Einzelfuttermittel
	20	Alleinfuttermittel für Kälber, Schaf- und Ziegenlämmer
	30	andere Alleinfuttermittel für Rinder, Schafe und Ziegen
	5	andere Alleinfuttermittel

3.6 Abgeleitete höchst zulässige Schadstoffkonzentrationen in Pflanzen

Aus diesen Vorgaben werden die unten beispielhaft aufgeführten höchstzulässigen Schadstoffkonzentrationen in Pflanzen für die Bestimmung von Bodenprüf- oder Maßnahmenwerten abgeleitet. Dazu wurden die doppelten ZEBS-Werte sowie die einfachen Werte der FMVO zugrunde gelegt. Die doppelten ZEBS-Werte sind in der Praxis der Lebensmittelüberwachung als Indikator einer „echten" Richtwertüberschreitung gebräuchlich. Die einfachen FMVO-Werte gelten für die Vermarktung von Futtermitteln; bei der Verwertung im eigenen Betrieb und Verschnitt mit unbelasteten Futtermitteln ist nach FMVO eine Überschreitung bis zum 2,5fachen der Grenzwerte zulässig.

Zur Umrechnung von Frischmasse auf Trockenmasse wurden die Wassergehalte der verzehrbaren Anteile aus Nährwerttabelle (Souci et al., 1986), bei Grünland nach FMVO (88% TS) herangezogen.

3.7 Schwermetalltransfer Boden/Pflanze

Datengrundlage für die Auswertungen zum Schwermetalltransfer Boden/Pflanze ist die Datenbank „TRANSFER" beim UBA, in die zu dem bereits enthaltenen Datenbestand im Rahmen der Arbeit der Bund/Länder-Arbeitsgemeinschaft Bodenschutz weitere, umfangreiche Daten der Länder eingestellt wurden (u.a. Daten des 1995 durchgeführten länderübergreifenden Untersuchungsprogramms [LABO-ad-hoc-AG Schwermetalltransfer Boden/Pflanze, 1995]).

Die Datenbank TRANSFER enthält z.Zt. ca. 320 000 Datenpaare Boden/Pflanze[4], die sich aus Kombinationen von ca. 120 Pflanzenarten bzw. -teilen und

---

[4] Davon ca. 61 000 Datenpaare für Königswasser- und ca. 21 000 Datenpaare für Ammoniumnitrat-Extraktion, jeweils aus Freilanduntersuchungen.

Tabelle 10: Zur Ableitung von Bodenprüfwerten beispielhaft für Cd und Pb herangezogene höchstzulässige Schadstoffgehalte in Pflanzen [mg/kg TM], rechnerisch ermittelt aus den 2fachen ZEBS-Werten bzw. den 1fachen FMVO-Werten sowie umgerechnet auf TM unter Berücksichtigung der Wassergehalte (WG %] der verzehrbaren Anteile (Nährwerttabellen, Souci et al., 1986) bzw. von 12% WG bei Grünlandaufwuchs;

	WG [%]	Cd	Pb
Weizenkörner	13,2	0,23	0,69
Roggenkörner	13,7	0,23	0,93
Blattgemüse (ausgenommen Petersilienblätter, Küchenkräuter und Spinat)	90,0	2,0	16
Petersilienblätter	81,9	1,1	22
Küchenkräuter	81,9	1,1	22
Spinat	91,6	12	19
Kopfsalat u.a. Salate	95,0	4,0	32
Wurzelgemüse (ausgenommen Knollensellerie)	90,0	2,0	5,0
Knollensellerie	88,6	3,5	4,4
Kartoffeln	77,8	0,9	2,3
Möhren	88,2	1,7	4,2
Sproßgemüse	90,0	2,0	10
Fruchtgemüse	92,0	2,5	6,3
Früchte und Rhabarber	94,5	1,8	18
Gemüse	90,0		
(Schalen-)Obst	90,0	1,0	10
Grünland, Silomais	12,0	1,1[1]	45[1]

[1] Allein- oder Einzelfuttermittel [Rinder]

verschiedenen Bodenextraktionsmitteln ergeben. Zum Teil existieren zu einem Pflanzenergebnis mehrere zugehörige Bodenuntersuchungsergebnisse (Anwendung verschiedener Extraktionsmittel an der gleichen Bodenprobe).

Die Auswertung der Datenbank wurde mit fachlicher Begleitung durch die LABO im Auftrag des UBA durchgeführt (Knoche et al., 1997). Als Bodenextraktionsmethode wird Königswasser berücksichtigt, weil es bislang in weiten Bereichen als Extraktionsmittel bei der Untersuchung der Schwermetallbelastung von Böden eingesetzt wird und infolgedessen dazu in der Datenbank TRANSFER ein umfangreicher Datenbestand vorliegt. Darüber hinaus ist es insbesondere bei Pflanzenarten/-teilen, bei denen mit einer nennenswerten Schadstoffbelastung über die Verschmutzung mit belastetem Bodenmaterial zu rechnen ist (insbesondere Grünlandaufwuchs), sinnvoll, die Tranferbetrachtungen auf Basis der

Anhang-Texte   III. Bekanntmachung zu BBodSchV

königswasserextrahierbaren Gehalte[5] durchzuführen. Bei den Transferauswertungen auf Basis der Königswasser-Extraktion ist zusätzlich der Einfluß mobilitätsbestimmender Bodenparameter (pH, C_{org}-, Tongehalt) zu beachten.

Die Ammoniumnitrat-Extraktion wird herangezogen, weil sie die leicht pflanzenverfügbaren Schwermetallfunktionen des Bodens erfaßt, und damit eine Abschätzung des Schwermetalltransfers Boden/Pflanze (systemisch Aufnahme über die Wurzeln) eher ermöglicht als die mittels Königswasser erfaßten Schwermetallgehalte. Zu weiteren Gesichtspunkten der Anwendbarkeit der Ammoniumnitrat-Extraktion wird auf die DIN 19730 vorwiesen.

Aus dem zur Ableitung von Prüf- und Maßnahmenwerten herangezogenen Datenbestand werden alle Datensätze entfernt, die aus Versuchen mit künstlicher Schadstoffbelastung des Bodens (insbesondere durch Zusatz von wasserlöslichen Schwermetallsalzen) und/oder aus Gefäßversuchen stammen. Die Auswertung zieht nur Daten aus realistischen Freilanduntersuchungen heran. Sie wird in Form von Regressionsberechnungen vorgenommen. Abhängige Variable ist die jeweilige Schwermetallkonzentration in der Pflanze (TM), unabhängige Variable die Schwermetallkonzentration im Boden. In die Auswertung werden nur Werte aufgenommen, die oberhalb der jeweils angegebenen Bestimmungsgrenzen liegen. Die Daten werden grundsätzlich in logarithmierter Form verrechnet.

Bei den Auswertungen zur Grünlandnutzung werden die Regressionsberechnungen außer mit den Original-Pflanzendaten auch mit rechnerisch korrigierten Pflanzendaten durchgeführt. Dem liegt die Überlegung zugrunde, daß die in Felderversuchen und -erhebungen gewonnenen Daten zur Schwermetallbelastung des Grünlandaufwuchses den unter der realen Nutzung gegebenen Schwermetalltransfer Boden/Pflanze/Nutztier tendenziell unterschätzen. In der Realität wird dieser Schwermetalltransfer nämlich über die unvermeidbare Verschmutzung des Futters bei der Beerntung bzw. die direkte Bodenaufnahme der Weidetiere nicht unwesentlich erhöht. Nach einer Literaturauswertung (Böcker et al., 1995) ist von einer unvermeidbaren Verschmutzung bzw. Bodenaufnahmerate mindestens im Bereich von 2–4% bezogen auf die Futtertrockenmasse auszugehen. Die rechnerisch korrigierten Daten werden daher derart errechnet, daß zu den tatsächlich gemessenen Pflanzenkonzentrationen 3% der königswasserlöslichen Schwermetallkonzentration des jeweils zugehörigen Bodens addiert wurden.

Die Regressionsgleichung zeigt die statistische Beziehung zwischen Boden- und Pflanzenkonzentrationen. Als Schätzintervall wird zusätzlich das 60%-Konfidenzintervall der Einzelwerte (Wertepaare Boden/Pflanze) berechnet (das heißt, daß ca. 20% der Werte oberhalb des oberen und ca. 20% der Werte unterhalb des unteren Konfidenzintervalles vorzufinden sind). Bei einer gegebenen

---

[5] Mit Königswasser wird der mobile Schwermetallgehalt und ein Großteil des nichtmobilen Schwermetallgehaltes, jedoch nicht der Gesamtgehalt erfaßt. Aus Vereinfachungsgründen wird im folgenden der königswasserextrahierbare Schwermetallgehalt dennoch als „Schwermetallgesamtgehalt" bezeichnet.

höchstzulässigen Pflanzenkonzentration wird damit abgeschätzt (prognostiziert), bei welcher Bodenkonzentration 20, 50 oder 80% der Pflanzen die zulässige Konzentration überschreiten.

Mit den berechneten Regressionsbeziehungen sind aussagekräftigere Abbildungen des Boden-Pflanze-Transfers möglich als mit den herkömmlicherweise angegebenen Transferfaktoren, weil die Transferfaktoren auch stark von der Bodenkonzentration abhängen (sehr geringe Bodenkonzentration und geringe Pflanzenkonzentration = geringer Transferfaktoren); sie weisen keinen konstanten, linearen Verlauf auf. Deshalb werden in Einzelstudien je nach Konzentrationsbereich sehr unterschiedliche Transferfaktoren ermittelt.

In den nachstehenden Tabellen sind die für die Ableitung von Prüf- oder Maßnahmenwerten berücksichtigten Ergebnisse der statistischen Auswertungen zusammengefaßt. Die Einzelergebnisse der durchgeführten Auswertungen sind gesondert veröffentlicht (Knoche et al., 1997).

Tabelle 11: Ergebnisse der Auswertungen der Datenbank TRANSFER zu Ackerbau, Erwerbsgemüsebau, Klein- und Hausgärten; für Cd und Pb errechnete Bodenwerte in µg/kg; AN = Ammoniumnitrat-Extrakt, KW = Königswasser-Extrakt; B = Bestimmtheitsmaß; zusammengefaßt aus Knoche et al. (1997)

Element	Extrakt	Pflanzenart	UICI (80 P.)	Regression (50 P.)	LiCI (20 P.)	B (%)	n
Cd	AN	Weizenkorn	10	30	70	66	401
		Kartoffeln	> 350			21	33
		Möhren	50	170	> 460	54	159
		Spinat	70	140	300	76	155
		Salat	30	90	250	67	72
		Sellerie	10	20	40	39	102
		Mäßig anreich. Gemüse	40	110	> 200	73	502
Pb	AN	Weizenkorn	120	3900	> 25 000	12	302
		Kartoffeln	> 1500			39	27
		Möhren	80	> 510		26	142
		Spinat	260	> 510		40	118
		Salat	1300	> 6.300		23	57
		Mäßig anreich. Gemüse	1180	4750	> 6300	34	511

Anhang-Texte   III. Bekanntmachung zu BBodSchV

Tabelle 12: Ergebnisse der Auswertungen der Datenbank TRANSFER zu Grünland und Futterbau, Bodenwerte in mg/kg für Cd und Pb; Grünlandaufwuchs incl. 3% Verschmutzungszuschlag; KW = Königswasser-Extrakt, B = Bestimmtheitsmaß; zusammengefaßt aus Knoche et al. (1997)

Element	Extrakt	Pflanzenart	UICI (80 P.)	Regression (50 P.)	LiCI (20 P.)	B[1] (%)	n
Cd	KW	Grünlandaufwuchs Silomais	6,3 2,0	23 18	> 45 160	40	744 139
Pb	KW	Grünlandaufwuchs Silomais	850 > 20 000	1230	1790	17	468 114

[1] bei Grünlandaufwuchs keine Angabe, da Interkorrelation zwischen Pflanzen- und Bodendaten durch rechnerische Berücksichtigung von 3% Verschmutzungsanteil in der Pflanzen-TM

Erläuterung der Ableitungsmaßstäbe am Beispiel Blei und Cadmium/Nutzung: Ackerbau (nach LABO, 1997)

1. *Blei:* Beim vergleich des Transfers von mobilisierbarem Blei (Extraktion mit Ammoniumnitrat) aus dem Boden in Pflanzen mit den ZEBS-Werten für die jeweilige Pflanzenart erweisen sich die ackerbauliche Kultur Weizen und gartenbauliche Kultur Möhren als die jeweils empfindlichsten Fruchtarten. Bei der Auswertung der Datenbank TRANSFER für Blei ergeben sich nur niedrige Bestimmtheitsmaße für die Regressionsgleichungen (0,26 für Möhren und 0,12 für Weizen); die Ergebnisse der Regressionsgleichungen sind daher nur bedingt geeignet, Bodenwerte abzuleiten. Für Möhren werden bei Bodenwerten < 100 µg/kg in 19% der untersuchten Fälle und bei Bodenwerten > 100 µg/kg in 36% der untersuchten Fälle Überschreitungen des doppelten ZEBS-Wertes gefunden. Für Weizen werden bei Bodenwerten < 100 µg/kg in 9% der untersuchten Fälle und für Bodenwerte zwischen 300 und 1 000 µg/kg in 27% der untersuchten Fälle Überschreitungen des doppelten ZEBS-Wertes gefunden. Die Ad-hoc-AG Schwermetalltransfer Boden/Pflanze der LABO hat auf dieser Basis einen Prüfwert von 100 µg/kg ammoniumnitrat-extrahierbares Blei vorgeschlagen. Mäßig anreichernde Gemüsearten überschreiten bei 500 µg/kg den einfachen ZEBS-Wert in 27% der Fälle, daher ist bei Bodengehalten, die sehr erheblich über 100 µg/kg liegen, mit einer toxikologisch relevanten Zusatzbelastung durch den Verzehr von selbsterzeugtem Gemüse zu rechnen.

2. *Cadmium:* Cadmium ist das Schwermetall mit der engsten Beziehung zwischen Boden- und Pflanzengehalten, die Vorhersagegenauigkeit der zu erwartenden Pflanzengehalte aus dem Bodenuntersuchungsergebnis ist vergleichsweise hoch. Der Umfang der der Ableitung zugrunde liegenden Daten ist ebenfalls relativ hoch (z.B. Weizen n = 401).
Für den Maßnahmenwert von 40 µg/kg bildet Weizen die Ableitungsgrundlage. Mit einem Bestimmtheitsmaß von 66% ist die Tranferbeziehung sehr eng.

Die Wahrscheinlichkeit der Überschreitung des doppelten Lebensmittelrichtwertes in Weizen bei diesem Bodengehalt liegt zwischen 50% und 80%.

Oberhalb von 40 µg/kg Boden wird bei allen Bodengehalten des Datenbestandes der einfache ZEBS-WErt überschritten. Der Wert prognostiziert die Überschreitung des doppelten ZEBS-Wertes mit hoher Sicherheit (Wahrscheinlichkeit 50–80%. Bei Bodengehalten von über 40 µg/kg Cd überschreiten 91% der vorliegenden Daten den doppelten ZEBS-Wert, nur in 9% der Fälle liegt der Gehalt in der Pflanze zwischen dem einfachen und dem doppelten ZEBS-Wert. Selbst unterhalb von 40 µg/kg Cd im Boden wird in 25% der Fälle der einfache ZEBS-Wert überschritten, und in über 20% der zweifache ZEBS-Wert. Das bedeutet, daß auch Bodengehalte unterhalb von 40 µg/kg nicht generell unproblematisch sind.

Unterhalb des Maßnahmenwertes ist jedoch mit hoher Wahrscheinlichkeit keine toxikologisch relevante Zusatzbelastung des Menschen durch den Verzehr von selbsterzeugtem Gemüse gegeben.

Für Cadmium ist wegen der hohen Pflanzenverfügbarkeit auch eine Gefahrenbeurteilung aus dem Königswasser-Extrakt zulässig. Die Auswertung der Cadmium-Daten zu Ammoniumnitrat- und Königswasser-Extrakten zeigt, daß der Maßnahmenwert für mittlere Böden im Durchschnitt der Schwankungen mit pH-Wert und Tongehalt einem mit Königswasser-Extrakt ermittelten Wert von 2 mg/kg TM entspricht.

IV. Verordnung
über die Eintragung des Bodenschutzlastvermerks

Vom 18. März 1999
(BGBl. I S. 497)

Auf Grund des § 25 Abs. 6 des Bundes-Bodenschutzgesetzes vom 17. März 1998 (BGBl. I S. 502) verordnet das Bundesministerium der Justiz:

Artikel 1
Änderung der Grundbuchverfügung

Die Grundbuchverfügung in der Fassung der Bekanntmachung vom 24. Januar 1995 (BGBl. I S. 114), zuletzt geändert durch Artikel 2 der Verordnung vom 10. Februar 1999 (BGBl. I S. 147), wird wie folgt geändert:

1. Nach Abschnitt XIII wird folgender Abschnitt XIV eingefügt:
„Abschnitt XIV
Vermerke über öffentliche Lasten

§ 93 a Eintragung öffentlicher Lasten

Öffentliche Lasten auf einem Grundstück, die im Grundbuch einzutragen sind oder eingetragen werden können, werden nach Maßgabe des § 10 in der zweiten Abteilung eingetragen.

§ 93 b Eintragung des Bodenschutzlastvermerks

(1) Auf den Ausgleichsbetrag nach § 25 des Bundes-Bodenschutzgesetzes wird durch einen Vermerk über die Bodenschutzlast hingewiesen. Der Bodenschutzlastvermerk lautet wie folgt:

„Bodenschutzlast. Auf dem Grundstück ruht ein Ausgleichsbetrag nach § 25 des Bundes-Bodenschutzgesetzes als öffentliche Last."

(2) Der Bodenschutzlastvermerk wird auf Ersuchen der für die Festsetzung des Ausgleichsbetrages zuständigen Behörde eingetragen und gelöscht. Die zuständige Behörde stellt das Ersuchen auf Eintragung des Bodenschutzlastvermerks, sobald der Ausgleichsbetrag als öffentliche Last entstanden ist. Sie hat um Löschung des Vermerks zu ersuchen, sobald die Last erloschen ist. Die Einhaltung der in den

Sätzen 2 und 3 bestimmten Zeitpunkte ist vom Grundbuchamt nicht zu prüfen. Eine Zustimmung des Grundstückseigentümers ist für die Eintragung und die Löschung des Vermerks nicht erforderlich.

Der bisherige Abschnitt XIV wird Abschnitt XV.

Artikel 2
Inkrafttreten

Diese Verordnung tritt am 1. März 1999 in Kraft.

V. Musterentwurf der Länderarbeitsgemeinschaft Boden (LABO)

Stand 28. April 1998

A. Vorbemerkung

Die Bund/Länder-Arbeitsgemeinschaft Bodenschutz (LABO) hat in ihrer 12. Sitzung am 22./23. September 1997 in Berlin den Arbeitskreis Recht und Grundsatz mit der Erarbeitung eines Musterentwurfes eines Gesetzes zur Ausführung und Ergänzung des Bundes-Bodenschutzgesetzes beauftragt.

Grundgedanke und Hintergrund dieses Auftrages ist es, ähnlich wie in anderen Rechtsgebieten üblich,

a) die Zielrichtung des Bundes-Bodenschutzgesetzes, bundeseinheitliche Standards und Normen für Bodenschutz und Altlastensanierung zu schaffen, nun auch bei der Erarbeitung des Länderrechts zu unterstützen, um eine unnötige Rechtszersplitterung bei der Umsetzung in den Ländern vermeiden zu helfen,

b) verfassungsrechtliche Fragen zu diskutieren, um Klarheit über die bestehenden Spielräume für die Längergesetze zu erhalten,

c) den 16 obersten Bodenschutz-/Altlastenbehörden der Länder eine konkrete und rationelle Arbeitserleichterung für die Formulierung und Gestaltung des eigenen Landesrechts anzubieten und

d) die aus bodenschützerischer Sicht für notwendig oder wünschenswert gehaltenen Regelungen vorzuschlagen.

Ferner wird darauf hingewiesen, daß dieser Musterentwurf die Länder in ihrer Umsetzung nicht bindet, sondern lediglich eine Hilfestellung intendiert ist. Der Musterentwurf orientiert sich bei der Gestaltung insbesondere bei Verfahrens- und Zuständigkeitsfragen am Bild eines Flächenlandes z.B. mit dreistufigem Verwaltungsaufbau. Es ist selbstverständlich, daß in einem solchen Entwurf aufgrund der unterschiedlichen Staats- und Verwaltungsorganisationen sowie politischen Unterschiede viele Details oder Grundentscheidungen nicht für alle Bundesländer stimmig sein können. Dies gilt grundsätzlich für alle Paragraphen und ist nur für den § 7 a dort nochmals besonders erläutert.

Anhang-Texte

V. LABO

B. Gesetzestext

Der Landtag/Senat hat am .... folgendes Gesetz beschlossen:

Landes-Bodenschutzgesetz
Gesetz zur Ausführung und Ergänzung des Bundes-Bodenschutzgesetzes (LBod-SchG)

Inhaltsübersicht

Erster Teil
Allgemeine Bestimmungen

§ 1 Aufgaben der Behörden
§ 2 Pflichten anderer Behörden und öffentlicher Planungsträger
§ 3 Mitwirkungs- und Duldungspflichten, Betretungsrecht
§ 4 Sondervorschriften bei schädlichen Bodenveränderungen
§ 5 Sachverständige und Untersuchungsstellen
§ 6 Ergänzende Verwaltungsvorschriften

Zweiter Teil
Gebietsbezogener Bodenschutz

§ 7 Bodenbelastungsgebiete
§ 7a Archive der Natur- und Kulturgeschichte*

Dritter Teil
Boden- und Altlasteninformationen

§ 8 Erfassung
§ 9 Boden- und Altlasteninformationssystem
§ 10 Dauerbeobachtungsflächen
§ 11 Bodenprobenbank
§ 12 Grundlagenermittlung

Vierter Teil
Ausgleichs- , Entschädigungs- und Schlußvorschriften

§ 13 Ausgleich für Nutzungsbeschränkungen nach § 10 Abs. 2 Bundes-Bodenschutzgesetz
§ 14 Enschädigung für Untersuchungen für Boden- und Altlasteninformationen nach § 3 Abs. 3
§ 15 Datenschutz, -verarbeitung, und Übertragung
§ 16 Daten
§ 17 Zuständigkeiten
§ 18 Ordnungswiedrigkeiten
§ 19 Änderung bzw. Außerkrafttreten von Rechtsvorschriften
§ 20 Inkrafttreten

---

* s. Fn. zu § 7a

Erster Teil
Allgemeine Bestimmungen

§ 1 Aufgaben der Behörden

Die zuständigen Behörden haben darüber zu wachen, daß die Bestimmungen des Bundes-Bodenschutzgesetzes, dieses Gesetzes und der auf die vorgenannten Gesetze gestützten Rechtsverordnungen eingehalten und auferlegte Verpflichtungen erfüllt werden.

§ 2 Pflichten anderer Behörden und öffentlicher Planungsträger

(1) Behörden und sonstige Einrichtungen des Landes sowie die Körperschaften, Anstalten und Stiftungen des öffentlichen Rechts haben bei Planungen, Baumaßnahmen und sonstigen Vorhaben die Belange des Bodenschutzes im Sinne des § 1 Bundes-Bodenschutzgesetz zu berücksichtigen

(2) Bei Planungsverfahren, behördlichen Gestattungen und Maßnahmen sowie sonstigen Vorhaben sind die nach diesem Gesetz zuständigen Behörden zu beteiligen, soweit Belange des Bodenschutzes zu berücksichtigen sind.

(3) Die in Abs. 1 genannten Stellen haben die ihnen bekannten Anhaltspunkte dafür, daß eine schädliche Bodenveränderung oder Altlast vorliegt, der zuständigen Behörde mitzuteilen.

§ 3 Mitwirkungs- und Duldungspflichten, Betretungsrecht

(1) Der Eigentümer, der ehemalige Eigentümer und der Inhaber der tatsächlichen Gewalt über ein Grundstück sowie derjenige, der auf Grund von Tatsachen als Verursacher einer schädlichen Bodenveränderung oder Altlast in Betracht kommt und dessen Gesamtrechtsnachfolger, haben der zuständigen Behörde und deren Beauftragten alle verlangten Auskünfte zu erteilen und die geforderten Unterlagen vorzulegen, die diese zur Erfüllung der Aufgaben nach dem Bundes-Bodenschutzgesetz oder nach diesem Gesetz benötigen. Der nach Satz 1 Verpflichtete kann die Auskunft auf solche Fragen verweigern, deren Beantwortung ihn selbst oder einen der in § 383 Abs. 1 Nr. 1 bis 3 der Zivilprozeßordnung bezeichneten Angehörigen der Gefahr strafgerichtlicher Verfolgung oder eines Verfahrens nach dem Gesetz über Ordnungswidrigkeiten aussetzen würde.

(2) Der Grundstückseigentümer und der Inhaber der tatsächlichen Gewalt über ein Grundstück sind verpflichtet, den zuständigen Behörden und deren Beauftragten zur Wahrnehmung der Aufgaben nach dem Bundes-Bodenschutzgesetz oder nach diesem Gesetz den Zutritt zu Grundstücken und die Vornahme von Ermittlungen, insbesondere die Entnahme von Boden- und Wasser- und Aufwuchsproben zu gestatten und die Einrichtung von Meßstellen zu dulden. Zur Verhütung von dringenden Gefahren für die öffentliche Sicherheit und Ord-

nung ist auch der Zutritt zu Wohnräumen und die Vornahme von Ermittlungen in Wohnräumen zu gewähren. Das Grundrecht der Unverletzlichkeit der Wohnung (Artikel 13 des Grundgesetzes) wird insoweit eingeschränkt.

§ 4 Sondervorschriften bei schädlichen Bodenveränderungen

Bei schädlichen Bodenveränderungen, von denen auf Grund von Art, Ausbreitung oder Menge der Schadstoffe in besonderem Maße Gefahren, erhebliche Nachteile oder erhebliche Belästigungen für den einzelnen oder die Allgemeinheit ausgehen, kann die zuständige Behörde Sanierungsuntersuchungen, die Erstellung von Sanierungsplänen und die Durchführung von Eigenkontrollmaßnahmen verlangen. Die §§ 13 bis 15 Bundes-Bodenschutzgesetz gelten entsprechend.

§ 5 Sachverständige und Untersuchungsstellen nach § 18

Die oberste Landesbehörde wird ermächtigt, durch Rechtsverordnung

1. Einzelheiten der an Sachverständige und Untersuchungsstellen nach § 18 Satz 1 Bundes-Bodenschutzgesetz zu stellenden Anforderungen.
2. Art und Umfang der von ihnen wahrzunehmenden Aufgaben und
3. die Vorlage der Ergebnisse ihrer Tätigkeit

festzulegen.

(2) Sachverständige und Untersuchungsstellen, welche die Anforderungen nach Absatz 1 Nummer 1 erfüllen, sind von der zuständigen Behörde im amtlichen Anzeiger bekanntzugeben.

§ 6 Ergänzende Verwaltungsvorschriften

Die oberste Bodenschutzbehörde kann zur Abwehr von schädlichen Bodenveränderungen Schadstoffe und Schadstoffwerte, die in der Bodenschutz- und Altlastenverordnung nicht festgelegt sind, durch Verwaltungsvorschrift ergänzen.

Zweiter Teil
Gebietsbezogener Bodenschutz

§ 7 Bodenbelastungsgebiete

(1) Gebiete, in denen flächenhaft schädliche Bodenveränderungen auftreten oder zu erwarten sind, können durch Rechtsverordnung als Bodenbelastungsgebiete festgesetzt werden.

(2) In der Rechtsverordnung sind der Gegenstand, der wesentliche Zweck und die erforderlichen Verbote, Beschränkungen und Schutzmaßnahmen zu bestimmen. Insbesondere kann vorgeschrieben werden, daß in diesen Gebieten

1. der Boden auf Dauer oder je nach Art und Maß der schädlichen Bodenveränderung auf bestimmte Zeit nicht oder nur eingeschränkt genutzt werden darf,
2. nur bestimmte Nutzungen zugelassen sind,
3. bestimmte Stoffe nicht eingesetzt werden dürfen,
4. der Grundstückseigentümer oder der Inhaber der tatsächlichen Gewalt über ein Grundstück näher festzulegende Maßnahmen zur Vorsorge gegen schädliche Bodenveränderungen oder zu deren Beseitigung oder Verminderung zu dulden oder durchzuführen hat.

(3) Vor dem Erlaß einer Rechtsverordnung nach Abs. 1 hat die zuständige Behörde den Entwurf den betroffenen Gemeinden zur Stellungnahme zuzuleiten. Die Stellungnahme ist innerhalb von sechs Wochen gegenüber der zuständigen Behörde abzugeben.

(4) Die zuständige Behörde hat den Entwurf der Rechtsverordnung, bei Verweisungen auf eine Karte auch diese, auf die Dauer eines Monats zur Einsicht während der Sprechzeiten öffentlich auszulegen. Ort und Dauer der Auslegung sind mindestens eine Woche vorher in der für Verordnungen der betroffenen Gebietskörperschaften bestimmten Form der Verkündung bekanntzumachen. In der Bekanntmachung ist darauf hinzuweisen, daß Bedenken und Anregungen bei der zuständigen Behörde während der Auslegungsfrist vorgebracht werden können.

(5) Soll das Gebiet über den im Entwurf der Rechtsverordnung vorgesehenen Umfang räumlich erweitert oder sollen die Schutzbestimmungen nicht unerheblich geändert werden, so ist das Verfahren nach den Absätzen 3 und 4 zu wiederholen.

(6) Auf eine Auslegung kann verzichtet werden, wenn der Kreis der Betroffenen bekannt ist und ihnen innerhalb angemessener Frist Gelegenheit gegeben wird, den Entwurf der Rechtsverordung einzusehen.

§ 7a Archive der Natur- und Kulturgeschichte*

(1) Archive der Natur- und Kulturgeschichte sind erdgeschichtliche Bildungen (Geotope) und Archivböden (Pedotope), die wegen ihrer Seltenheit, Schönheit und für Wissenschaft, Forschung, Lehre sowie für Natur- und Heimatkunde von besonderem Wert sind.

---

* Die verfassungsrechtliche Zulässigkeit der Regelung von Archiven (Geotope, Pedotope, Bodenschutzgebieten und Bodenvorranggebieten) durch Landesrecht aufgrund § 21 Abs. 3 Bundes-Bodenschutzgsetz wurde vom LABO-Arbeitskreis Recht und Grundsatz ausdrücklich bejaht. Da diese Vorschrift aus bodenschutzrechtlicher Sicht grundsätzlich für wünschenswert gehalten wird, jedoch in besonderem Maße vom politischen Gestaltungswillen des Landesgesetzgebers abhängt, wird sie hier nur nachrichtlich geführt. Deshalb wurde auf eine detaillierte juristische Ausarbeitung zum jetzigen Zeitpunkt verzichtet).

Anhang-Texte V. LABO

(2) Archive der Natur- und Kulturgeschichte können durch Rechtsverordnung als Geotope oder als Pedotope festgesetzt werden. In ihr sind Zweck, Verbote, Beschränkungen sowie Schutz- und Pflegemaßnahmen zu bestimmen.

(3) Für die Ausweisung ist die untere Bodenschutz- und Altlastenbehörde zuständig. Die betroffenen Gemeinden sind zu beteiligen.

(4) Auslegungs-und Verkündungsmodalitäten

Dritter Teil
Boden- und Altlasteninformationen

§ 8 Erfassung

(1) Der Verursacher einer schädlichen Bodenveränderung oder Altlast, dessen Gesamtrechtsnachfolger, der Grundstückseigentümer und der Inhaber der tatsächlichen Gewalt, über ein Grundstück sind verpflichtet, Anhaltspunkte dafür, daß eine schädliche Bodenveränderung oder Altlast vorliegt, unverzüglich der zuständigen Behörde mitzuteilen.

(2) Die zuständigen Behörden erfassen nach pflichtgemäßem Ermessen schädliche Bodenveränderungen, Verdachtsflächen, Altlasten und altlastenverdächtige Flächen.

§ 9 Boden- und Altlasteninformationssystem

(1) Bei den zuständigen Behörden wird zum Zwecke der Aufgabenerfüllung nach dem Bundes-Bodenschutzgesetz, nach diesem Gesetz sowie für staatliche und kommunale Planungen ein Boden- und Altlasteninformationssystem eingerichtet und geführt. Es enthält neben den Erkenntnissen aus den Dauerbeobachtungsflächen (12) und den untersuchten Proben aus der Bodenprobenbank (13) insbesondere Daten über

1. Erfassung, Erkundung, Bewertung, Sanierung und Überwachung von Altlasten, schädlichen Bodenveränderungen, Bodenfunktionsbeeinträchtigungen und Verdachtsflächen,
2. Bezeichnung, Größe und Lage von Flurstücken,
3. Art, Beschaffenheit und Versiegelung der Böden,
4. Stoffeinträge,
5. Auf- und Abträge sowie sonstige Veränderungen der Böden,
6. frühere Nutzungen, insbesondere stillgelegte Anlagen und Einrichtungen, bestehende und geplante Nutzungen sowie die Nutzungsfähigkeit,
7. Art, Menge und Beschaffenheit von Abfällen und Stoffen, die abgelagert sein können oder mit denen umgegangen worden sein kann,

8. derzeitige und ehemalige Eigentümer und Nutzungsberechtigte sowie Betreiber von bestehenden und stillgelegten Anlagen,
9. Umwelteinwirkungen, die von Böden ausgehen oder zu besorgen sind,
10. sonstige für die Nutzung der Böden, Ermittlung und Sanierung schädlicher Bodenveränderungen sowie die Feststellung der Verpflichteten bedeutsamen Sachverhalte und Rechtsverhältnisse.

(2) Zur Mitteilung an das Boden- und Altlasteninformationssystem verpflichtet sind die zuständigen Behörden für die von ihnen getroffenen Anordnungen über Nutzungsbeschränkungen und die Ausweisung von Bodenbelastungsgebieten einschließlich der dort getroffenen Festsetzungen und Angaben.

(3) Erfolgt die Aufnahme einer Fläche in das Boden- und Altlasteninformationssystem, ist dies dem betroffenen Grundstückseigentümer und der betroffenen Gemeinde zur Erfüllung ihrer Aufgaben nach diesem Gesetz, dem Baugesetzbuch und dem Polizeigesetz mitzuteilen.

§ 10 Dauerbeobachtungsflächen

Um den Zustand und die Veränderung der Beschaffenheit von Böden, die für die Gebiete des Landes typisch sind, zu erkennen und zu überwachen, wird ein Netz von Dauerbeobachtungsflächen durch die [Landesamt/Landesanstalt] eingerichtet und betreut. Die Dauerbeobachtungsflächen sind in Abständen von mehreren Jahren auf Veränderungen der physikalischen, chemischen und biologischen Bodenbeschaffenheit zu untersuchen. In bezug auf die Dauerbeobachtungsflächen werden neben Angaben zur Bodenbeschaffenheit, Lage, Größe, Nutzung und Eigentumsverhältnisse festgehalten.

§ 11 Bodenprobenbank

Zur Sicherung von Feststellungen über den Zustand des Bodens und zur Beurteilung von Veränderungen des Bodens kann Material von ausgewählten Bodenproben durch die [Landesamt/Landesanstalt] oder deren Beauftragte untersucht und unter Bezeichnung von Ort, Zeitpunkt und Verfahren der Probenentnahme in einer Bodenprobenbank eingelagert werden.

§ 12 Grundlagenermittlung

Das [Landesamt/Landesanstalt] ermittelt im Zusammenwirken mit Sachverständigen und Behörden, deren Belange berührt sind, die fachlichen Grundlagen für die Erforschung und Abwehr von Gefahren, die von schädlichen Bodenveränderungen und Altlasten ausgehen können. Sie werden dabei vom [Geologischen Landesamt] unterstützt.

Anhang-Texte

Vierter Teil
Ausgleichs-, Entschädigungs- und Schlußvorschriften

§ 13 Ausgleich für Nutzungsbeschränkungen nach § 10 Abs. 2 Bundes-Bodenschutzgesetz

(1) Der Ausgleich nach § 10 Abs. 2 Bundes-Bodenschutzgesetz erfolgt auf Antrag.

(2) Die Höhe des Ausgleichs ist nach den zumutbaren innerbetrieblichen Anpassungsmaßnahmen begrenzt auf höchstens den Wert der Differenz zischen dem durchschnittlichen Gewinn vor der Nutzungsbeschränkung und dem tatsächlich erzielten Gewinn. Davon abzuziehen ist ein Abschlag für die hinzunehmende allgemeine Belastung im Sinne des § 10 Abs. 2.

(3) Der Ausgleich wird jährlich als einmalige Geldleistung zum [Datum] gewährt. Der Ausgleichsbetrag wird durch die [Behörde] festgesetzt.

(4) Die Behörde kann die zur Festsetzung des Ausgleiches erforderlichen Auskünfte und Einsicht in die Betriebsunterlagen verlangen.

(5) Der Anspruch verjährt in fünf Jahren. Die Verjährungsfrist beginnt mit dem Ende des Jahres, für den der Anspruch hätte geltend gemacht werden können. Für Streitigkeiten steht der Rechtsweg vor den ordentlichen Gerichten offen.

§ 14 Entschädigungen für Untersuchungen für Boden- und Altlasteninformationen nach § 3 Abs. 3

Soweit Grundstückseigentümer und Inhaber der tatsächlichen Gewalt über ein Grundstück zur Duldung von Bodenuntersuchungen nach § 3 Abs. 3 verpflichtet sind, die ausschließlich für Bodeninformationssysteme einschließlich Dauerbeobachtungsflächen erforderlich sind, ist ihnen ein dadurch entstandener oder entstehender Schaden zu ersetzen.

§ 15 Datenschutz; Zweckbindung

(1) Die zuständige Behörde ist berechtigt, die zum Zwecke der Aufgabenerfüllung nach diesem Gesetz, insbesondere zur Führung des in § 9 bezeichneten Boden- und Altlasteninformationssystems erforderlichen personenbezogenen Daten im Sinne des *[§ 4 Abs. 1 des Hamburgischen Datenschutzgesetzes]* zu erheben und weiter zu verarbeiten.

(2) Personenbezogene Daten sollen bei dem Betroffenen erhoben werden. Ohne Kenntnis der Betroffenen dürfen die Daten bei anderen öffentlichen und nichtöffentlichen Stellen erhoben werden, wenn die Erhebung beim Betroffenen

1. nicht oder nicht rechtzeitig möglich ist,
2. nur mit unverhältnismäßig hohem Aufwand möglich ist und keine Anhaltspunkte bestehen, daß schutzwürdige Interessen des Betroffenen beeinträchtigt werden oder

3. die Erfüllung der Aufgaben nach diesem Gesetz gefährden würde.

(3) Die weitere Verarbeitung von Daten, die für andere Zwecke erhoben wurden, ist zur Erfüllung der Aufgaben nach diesem Gesetz zulässig, soweit die zuständige Behörde die Daten zu diesem Zweck erheben dürfte, ansonsten nach Maßgabe der in *[§ 13 Absatz 2 Nummer 2 bis 8 Hamburgisches Datenschutzgesetz]* genannten Voraussetzungen.

§ 16 Übermittlung und Nutzung von Daten

(1) Die für die Führung des Boden- und Altlasteninformationssystems zuständige Behörde darf einer anderen Behörde oder sonstigen öffentlichen Stelle die in § 16 genannten Daten übermitteln, soweit

1. dies zur Erfüllung der in ihrer Zuständigkeit oder der Zuständigkeit des Empfängers liegenden Aufgaben erforderlich ist und
2. der Empfänger die Daten beim Betroffenen nicht oder nur mit unverhältnismäßigem Aufwand erheben kann und
3. kein Grund zu der Annahme besteht, daß das schutzwürdige Interesse des Betroffenen an der Geheimhaltung überwiegt.

(2) Die Prüfung der Voraussetzungen nach Absatz 1 durch die für das Boden- und Altlasteninformationssystem zuständige Behörde entfällt, wenn die zuständige Behörde von folgenden Behörden oder öffentlichen Stellen um Übermittlung von Daten im Rahmen der Erfüllung ihrer Aufgaben ersucht wird:

1. Grundbuchämter,
2. Finanzbehörden,
3. Vermessungsämter,
4. Bauaufsichtsbehörden
5. planende und bauende öffentliche Stellen sowie deren Beauftragte,
6. Gutachterausschüsse für Grundstückswerte und ihre Geschäftsstellen,
7. mit der Wertminderung nach *[§ 64 Landeshaushaltsordnung]* beauftragte Stellen,
8. Vollzugspolizei,
9. Stellen der staatlichen Landwirtschaftsverwaltung,
10. andere berechtigte öffentliche Stellen, soweit diese Daten aufgrund einer Rechtsvorschrift erhoben werden dürfen.

(3) Die jeweiligen Empfänger der Daten dürfen diese nur für den Zweck nutzen, zu dem sie übermittelt worden sind. Eine Weitergabe an Dritte ist nur zulässig, soweit andere Rechtsvorschrift dies gestattet. Die Sätze 1 und 2 gelten nicht, wenn die Daten an den Eigentümer oder Erbbauberechtigten übermittelt wurden.

(4) Regelmäßige Datenübermittlungen an andere Behörden oder öffentliche Stellen sind zulässig, soweit dies durch Bundes- oder Landesrecht unter Festlegung des Anlasses oder Zwecks der Ermittlungen, der Datenempfänger und der zu übermittelnden Daten bestimmt ist.

(5) An die in Absatz 1 genannten Stellen können Daten auch durch automatisierte Abrufverfahren gegeben werden.

§ 17 Zuständigkeiten

(1) Der Vollzug dieses Gesetzes obliegt den [Bodenschutz- und Altlastenbehörden].

(2) Zuständige Behörden sind

1. als oberste Bodenschutz- und Altlastenbehörde [das Umweltministerium];
2. als höhere Bodenschutz- und Altlastenbehörden [die Regierungspräsidien];
3. als untere Bodenschutz- und Altlastenbehörden [die unteren Verwaltungsbehörden].

(3) Die unteren Bodenschutz- und Altlastenbehörden sind sachlich zuständig, soweit nichts anderes bestimmt ist.

(4) Rechtsverordnungen nach § 7 [und 7a] erläßt die untere Bodenschutz- und Altlastenbehörde mit Zustimmung der höheren Bodenschutz- und Altlastenbehörde. Erstreckt sich das Gebiet über den Bezirk einer unteren Bodenschutz- und Altlastenbehörde hinaus, so kann die gemeinsame übergeordnete Behörde die zuständige Behörde bestimmen oder, soweit sie höhere Behörde ist, die Rechtsverordnung selbst erlassen.

§ 18 Ordnungswidrigkeiten

Ordnungswidrig handelt, wer vorsätzlich oder fahrlässig

1. entgegen § 3 Abs. 1 Auskünfte nicht, nicht richtig, nicht vollständig oder nicht rechtzeitig erteilt oder Unterlagen nicht vorlegt,
2. entgegen § 3 Abs. 2 den Zutritt zu Grundstücken und Wohnräumen und die Vornahme von Ermittlungen sowie die Entnahme von Bodenproben nicht gestattet.
3. entgegen § 4 Satz 2 in Verbindung mit §§ 13 Abs. 1 oder § 15 Abs. 2 Satz 1, 3 oder 4 Bundes-Bodenschutzgesetz einer vollziehbaren Anordnung zuwiderhandelt oder entgegen § 4 Satz 2 in Verbindung mit § 15 Abs. 3 Satz 1 Bundes-Bodenschutzgesetz eine Mitteilung nicht, nicht richtig, nicht vollständig oder nicht rechtzeitig macht oder
4. entgegen § 10 Abs. 1 eine Meldung nicht oder nicht unverzüglich erstattet,
5. einer Rechtsverordnung nach §§ 5, 7 [7a] oder einer vollziehbaren Anordnung

auf Grund einer solchen Rechtsverordnung zuwiderhandelt, soweit die Rechtsverordnung für einen bestimmten Tatbestand auf diese Bußgeldvorschrift verweist.

Ordnungswidrigkeiten nach Absatz 1 Nr. 1, 3 und 4 können mit einer Geldbuße bis zu 20 000 DM, Ordnungswidrigkeiten nach Absatz 1 Nr. 2 und 5 mit einer Geldbuße bis zu 100 000 DM geahndet werden.

(3) Verwaltungsbehörde im Sinne von § 36 Abs. 1 Nr. 1 des Gesetzes über Ordnungswidrigkeiten ist bei Ordnungswidrigkeiten nach diesem Gesetz die jeweils für die Vollzugsaufgabe zuständige Bodenschutz- und Altlastenbehörde.

§ 19 Änderung bzw. Außerkrafttreten von [Landes-] Rechtsvorschriften

§ 20 Inkrafttreten

Dieses Gesetz tritt am .... in Kraft.

VI. Allgemeine Bedingungen für die Versicherung von Kosten für die Dekontamination von Erdreich (ABKDE 98)

Unverbindliche Empfehlung des Gesamtverbandes der Deutschen Versicherungswirtschaft e.V. Abweichende Vereinbarungen sind möglich.

Inhaltsübersicht

§ 1	Gegenstand der Versicherung	§ 13	Obliegenheiten des Versicherungsnehmers im Versicherungsfall
§ 2	Versicherte Kosten		
§ 3	Sachen des Versicherungsnehmers	§ 14	Wegfall der Entschädigungspflicht; Klagefrist; Verzicht auf Schadensersatzansprüche gegenüber Dritten
§ 4	Versicherungsort		
§ 5	Aufwendungen zur Abwendung oder Minderung von Kontamination des Erdreichs	§ 15	Sachverständigenverfahren
		§ 16	Zahlung der Entschädigung; Abtretung
§ 6	Nicht versicherte Tatbestände	§ 17	Rechtsverhältnis nach dem Versicherungsfall
§ 7	Gefahrenumstände bei Antragstellung; Gefahrerhöhung nach Antragstellung		
		§ 18	Schriftliche Form; Zurückweisung von Kündigungen
§ 8	Beitrag; Beginn und Ende der Haftung; Kündigung	§ 19	Repräsentanten
		§ 20	Agentenvollmacht
§ 9	Mehrfache Versicherung	§ 21	Schlußbestimmung; Rechtswahl; Gerichtsstand
§ 10	Mitversicherung; Führung		
§ 11	Versicherung für fremde Rechnung		
§ 12	Versicherungssumme; Jahreshöchstentschädigung; Selbstbehalt		

§ 1 Gegenstand der Versicherung

1. Der Versicherer leistet Entschädigung für Kosten, die der Versicherungsnehmer aufwenden muß, um die durch einen Sachschaden an Sachen des Versicherungsnehmers während der Wirksamkeit des Versicherungsvertrages verursachte Kontamination des Erdreichs zu beseitigen (Versicherungsfall).
Ein Sachschaden liegt vor, wenn innerhalb des Versicherungsortes Sachen des Versicherungsnehmers plötzlich und unvorhergesehen zerstört oder beschädigt werden. Als Zerstörung oder Beschädigung gilt eine nachteilige Veränderung der Sachsubstanz.

2. Nur soweit dies im Versicherungsschein besonders vereinbart ist, stehen dem Sachschaden gleich die Fehlbedienung oder Fehlfunktion von
   - Einrichtungen des Versicherungsnehmers zur Verhinderung vom Umweltbeeinträchtigungen, wie z.B. Filteranlagen, Auffangwannen, Überfüllsicherungen;
   - Anlagen des Versicherungsnehmers zur Lagerung, Abfüllung, Herstellung, Behandlung, Ver- oder Bearbeitung, Verwendung, Beförderung oder Wegleitung von umweltgefährdenden Stoffen.

Dies gilt jedoch nur, soweit die die Kontamination des Erdreichs auslösenden Schadstoffe plötzlich und unvorhergesehen aus den vorgenannten Einrichtungen oder Anlagen ausgetreten sind.
Im übrigen bleiben die Bestimmungen der Nr. 1 unberührt.

3. Unvorhergesehen sind Sachschäden im Sinne von Nr. 1 und Schadstoffaustritte im Sinne von Nr. 2, die der Versicherungsnehmer oder sein Repräsentant weder rechtzeitig vorhergesehen hat, noch mit dem für die im Betrieb ausgeübte Tätigkeit erforderlichen Fachwissen hätte vorhersehen können. Dabei schadet grob fahrlässige Unkenntnis.

§ 2 Versicherte Kosten

1. Kosten sind solche, die der Versicherungsnehmer aufgrund behördlicher Anordnungen infolge eines Versicherungsfalles aufwenden muß, um
    a) Erdreich von eigenen oder gepachteten Versicherungsgrundstücken innerhalb der Bundesrepublik Deutschland zu untersuchen und nötigenfalls zu dekontaminieren oder auszutauschen;
    b) den Aushub in die nächstgelegene geeignete Deponie zu transportieren und dort abzulagern oder zu vernichten;
    c) insoweit den Zustand des Versicherungsgrundstückes vor Eintritt des Versicherungsfalles wiederherzustellen.
2. Die Aufwendungen gemäß Nr. 1 werden nur ersetzt, sofern die behördlichen Anordnungen
    a) aufgrund von Gesetzen und Verordnungen ergangen sind, die vor Eintritt des Versicherungsfalles erlassen wurden;
    b) eine Kontamination betreffen, die nachweislich infolge dieses Versicherungsfalles entstanden ist;
    c) innerhalb von neun Monaten seit Eintritt des Versicherungsfalles ergangen sind und dem Versicherer ohne Rücksicht auf Rechtsmittelfristen innerhalb von drei Monaten seit Kenntniserhalt gemeldet wurden.
3. Wird durch den Versicherungsfall eine bestehende Kontamination des Erdreichs erhöht, so werden nur Aufwendungen ersetzt, die den für eine Beseitigung der bestehenden Kontamination erforderlichen Betrag übersteigen, und zwar ohne Rücksicht darauf, ob und wann dieser Betrag ohne den Versicherungsfall aufgewendet worden wäre. Die hiernach nicht zu ersetzenden Kosten werden nötigenfalls durch Sachverständige festgestellt.
4. Aufwendungen aufgrund sonstiger behördlicher Anordnungen oder aufgrund sonstiger Verpflichtungen des Versicherungsnehmers einschließlich der sogenannten Einliefererhaftung werden nicht ersetzt.
5. Für die Kosten der Ermittlung und Feststellung der Kontamination des Erdreichs gilt ergänzend § 66 VVG.

§ 3 Sachen des Versicherungsnehmers

1. Sachen des Versicherungsnehmers sind sämtliche innerhalb des Versicherungsortes befindlichen Sachen soweit der Versicherungsnehmer

a) Eigentümer ist;
   b) sie unter Eigentumsvorbehalt erworben hat oder
   c) sie gemietet, gepachtet oder geleast hat.
2. Über Nr. 1 hinaus ist fremdes Eigentum ebenfalls hierunter einzuordnen, soweit es seiner Art nach zu den Sachen des Versicherungsnehmers gehört und diesem in Obhut gegeben wurde.
3. Nicht zu den versicherten Sachen des Versicherungsnehmers gehören
   a) Gewässer, Grund und Boden;
   b) Anlagen des Kernbrennstoffkreislaufes, einschließlich dort befindlicher Sachen;
   c) Anlagen oder Einrichtungen zur Endablagerung von Abfällen.

§ 4 Versicherungsort

Versicherungsschutz besteht nur innerhalb des Versicherungsortes.

1. Versicherungsort sind die im Versicherungsvertrag bezeichneten eigenen oder gepachteten Versicherungsgrundstücke des Versicherungsnehmers innerhalb der Bundesrepublik Deutschland.
2. Soweit dies vereinbart ist, gelten als Versicherungsort auch nicht im Versicherungsvertrag bezeichnete Betriebsgrundstücke des Versicherungsnehmers innerhalb der Bundesrepublik Deutschland. Die Entschädigung ist jedoch je Versicherungsfall auf den vertraglich vereinbarten Betrag begrenzt.

§ 5 Aufwendungen zur Abwendung oder Minderung von Kontaminationen des Erdreichs

1. Aufwendungen, auch erfolglose, die der Versicherungsnehmer zur Abwertung oder Minderung eines Versicherungsfalles für geboten halten durfte, hat der Versicherer zu ersetzen. Der Ersatz dieser Aufwendungen und die Entschädigung für versicherte Kosten betragen zusammen höchstens die Versicherungssumme als Jahreshöchstentschädigung; dies gilt nicht, soweit die Maßnahmen auf Weisung des Versicherers erfolgt sind.
2. Aufwendungen für Leistungen der Feuerwehren oder anderer im öffentlichen Interesse zur Hilfeleistung Verpflichteter werden nicht ersetzt, wenn diese Leistungen im öffentlichen Interesse erbracht werden.

§ 6 Nicht versicherte Tatbestände

Soweit nichts anderes vereinbart ist, gilt:

1. Die Versicherung erstreckt sich ohne Rücksicht auf mitwirkende Ursachen nicht auf Kosten im Sinne von § 2, die verursacht werden durch

Anhang-Texte

VI. ABKDE

   a) Krieg, kriegsähnliche Ereignisse, Bürgerkrieg, Revolution, Rebellion, Aufstand;
   b) innere Unruhen;
   c) Verfügung oder Maßnahme von hoher Hand, die ihrerseits zu einer Kontamination des Versicherungsortes führt;
   d) Erdbeben;
   d) Überschwemmung;
   f) Kernenergie*
   g) energiereiche ionisierende Strahlen (z.B. von radioaktiven Substanzen emittierte Alpha-, Beta- und Gammastrahlen sowie Neutronen oder in Teilchenbeschleunigern erzeugte Strahlen) auch als mittelbar wichtigste Ursache.

2. Nicht versichert sind Kosten im Sinne von § 2, soweit der Versicherungsfall durch Kontamination (z.B. Vergiftung, Verrußung, Ablagerung, Verstaubung, Beaufschlagung und dergleichen) oder Korrosion an Sachen des Versicherungsnehmers verursacht wurde und das auslösende Ereignis nicht am Versicherungsort eingetreten ist.

3. Führt der Versicherungsnehmer den Versicherungsfall vorsätzlich oder grob fahrlässig herbei, so ist der Versicherer von der Entschädigungspflicht frei.
Ist die vorsätzliche Herbeiführung eines Versicherungsfalles durch ein rechtskräftiges Strafurteil festgestellt, so gelten insoweit die Voraussetzungen des Absatzes 1 als bewiesen.

4. Nicht versichert sind ferner Kosten im Sinne von § 2,
   a) soweit der Versicherungsfall infolge eines vorsätzlichen oder grob fahrlässigen Abweichens von Gesetzen, Verordnungen oder an den Versicherungsnehmer gerichteten behördlichen Anordnungen oder Verfügungen, die dem Umweltschutz dienen, oder von den im Versicherungsvertrag vereinbarten Sicherheitsvorschriften eingetreten ist;
   Abweichungen von Vorschriften, denen das Gewerbeaufsichtsamt oder die Berufsgenossenschaft schriftlich zugestimmt hat, beeinträchtigen die Entschädigungspflicht nicht;
   b) soweit der Versicherungsfall dadurch eingetreten ist, daß es der Versicherungsnehmer in vorsätzlicher oder grob fahrlässiger Weise unterlassen hat, die vom Hersteller gegebenen oder nach dem Stand der Technik einzuhaltenden Richtlinien oder Gebrauchsanweisungen für Anwendung, regelmäßige Kontrollen, Inspektionen oder Wartungen zu befolgen oder er notwendige Reparaturen in vorsätzlicher Weise nicht durchgeführt hat;
   c) wenn der Versicherungsfall infolge Zwischen-, Endlagerung oder anderweitiger Entsorgung von Abfällen ohne die dafür erforderliche behördliche Genehmigung, unter fehlerhafter oder unzureichender Deklaration oder an

---

* Der Ersatz von Schäden durch Kernenergie richtet sich in der Bundesrepublik Deutschland nach dem Atomgesetz. Die Betreiber der Kernanlagen sind zur Deckunsvorsorge verpflichtet und schließen hierfür Haftpflichtversicherungen ab.

einem Ort, der nicht im erforderlichen Umfang dafür behördlich genehmigt ist, eingetreten ist;

d) soweit der Versicherungsfall dadurch eingetreten ist, daß Sachen noch nicht betriebsfertig aufgestellt oder montiert sind oder deren Probelauf noch nicht erfolgreich abgeschlossen ist;

e) soweit der Versicherungsfall durch Ablaufen, Abtropfen, Umfüllen, Verplanschen und Verkleckern eingetreten ist;

f) soweit der Versicherungsfall an unterirdischen Leitungen und/oder Behältnissen eingetreten ist.

5. Kein Versicherungsschutz besteht für Kosten im Sinne von § 2 aufgrund eines Brandes, eines Blitzschlages, einer Explosion oder des Anpralls oder Absturzes eines Flugkörpers, seiner Teile oder dessen Ladung.

6. Entschädigung wird nicht geleistet, soweit der Versicherungsnehmer aus einem anderen Versicherungsvertrag Ersatz beanspruchen kann.

§ 7 Gefahrenumstände bei Antragstellung; Gefahrenerhöhung nach Antragstellung

Soweit nichts anderes vereinbart ist, gilt:

1. Der Versicherer erkennt an, daß ihm alle Umstände bekanntgeworden sind, die im Zeitpunkt der Antragstellung gegeben und für die Übernahme der Gefahr erheblich waren. Dies gilt nicht für Umstände, die arglistig verschwiegen worden sind.
Absatz 1 gilt auch für den Zeitpunkt der Besichtigung.

2. Nach Antragstellung darf der Versicherungsnehmer ohne Einwilligung des Versicherers keine Gefahrenerhöhung vornehmen oder gestatten.
Der Versicherungsnehmer hat jede Gefahrenerhöhung, die ihm bekannt wird, dem Versicherer unverzüglich anzuzeigen, und zwar auch dann, wenn sie ohne seinen Willen eintritt.
Im übrigen gelten die §§ 23 bis 30 VVG. Danach kann der Versicherer zur Kündigung berechtigt oder auch leistungsfrei sein.

3. Für vorschriftsmäßige Anlagen des Zivilschutzes und für Zivilschutzübungen gelten Nr. 2 und die §§ 23 bis 30 VVG nicht.

4. Die Anzeige einer Gefahrenerhöhung gilt als rechtzeitig, wenn sie unverzüglich erstattet wird, nachdem die Versicherungsabteilung/der Versicherungsreferent des Versicherungsnehmers Kenntnis von der Erhöhung der Gefahr erhalten hat.
Der Versicherungsnehmer hat dafür zu sorgen, daß die jeweils zuständigen Stellen des Betriebes die erforderlichen Meldungen an die Versicherungsabteilung/den Versicherungsreferenten unverzüglich erstatten.

5. Die Aufnahme oder Veränderung eines Betriebes, gleich welcher Art und welchen Umfangs, ist dem Versicherer unverzüglich anzuzeigen. Bauliche

Veränderungen (auch Neubauten) sowie Betriebsverlegungen innerhalb des Versicherungsgrundstückes sind nur anzeigepflichtig, wenn damit eine Gefahrerhöhung verbunden ist.
Im übrigen gelten die §§ 23 bis 30 VVG.
Der Versicherer hat von dem Tag der Aufnahme oder Veränderung des Betriebes an Anspruch auf den aus einem etwa erforderlichen höheren Beitragssatz errechneten Beitrag. Dies gilt jedoch nicht, soweit der Versicherer in einem Versicherungsfall wegen Gefahrerhöhung leistungsfrei geworden ist.

6. Gefahrerhöhende Umstände werden durch Maßnahmen des Versicherungsnehmers oder durch sonstige gefahrmindernde Umstände ausgeglichen, wenn diese mit dem Versicherer vereinbart sind.

§ 8 Beitrag; Beginn und Ende der Haftung; Kündigung

1. Der erste oder einmalige Beitrag (Prämie) wird, wenn nichts anderes bestimmt ist, sofort nach Abschluß des Versicherungsvertrages fällig, Folgebeiträge am Ersten des Monats, in dem ein neues Versicherungsjahr beginnt. Die Folgen nicht rechtzeitiger Zahlung des ersten Beitrages oder der ersten Rate des ersten Beitrages ergeben sich aus § 38 VVG; im übrigen gelten §§ 39, 91 VVG. Der Versicherer ist bei Verzug berechtigt, Ersatz des Verzugschadens nach § 286 BGB sowie Verzugszinsen nach § 288 BGB oder § 352 HGB zu fordern. Rückständige Folgebeiträge dürfen nur innerhalb eines Jahres seit Ablauf der nach § 39 VVG für sie gesetzten Zahlungsfrist eingezogen werden.

2. Ist Ratenzahlung vereinbart, so gelten die ausstehenden Raten bis zu den vereinbarten Zahlungsterminen als gestundet.

3. Die Haltung des Versicherers beginnt mit dem vereinbarten Zeitpunkt und zwar auch dann, wenn zur Beitragszahlung erst später aufgefordert, der Beitrag aber unverzüglich gezahlt wird. Ist dem Versicherungsnehmer bei Antragstellung bekannt, daß ein Versicherungsfall bereits eingetreten ist, so entfällt hierfür die Haftung.

4. Die Haftung des Versicherers endet mit dem vereinbarten Zeitpunkt. Versicherungsverträge mit mindestens einjähriger Dauer verlängern sich jedoch von Jahr zu Jahr, wenn sie nicht spätestens drei Monate vor Ablauf schriftlich gekündigt werden.

5. Endet das Versicherungsverhältnis durch eine Kündigung des Versicherungsnehmers nach Eintritt eines Versicherungsfalles oder als Rechtsnachfolger bei Eigentumswechsel oder wird das Versicherungsverhältnis nach Beginn rückwirkend aufgehoben oder ist es von Anfang an nichtig, so gebührt dem Versicherer der Beitrag oder die Geschäftsgebühr gemäß dem VVG.
Bei sonstiger vorzeitiger Aufhebung des Versicherungsverhältnisses, bei Änderung der Versicherungssummen oder der Beitragssätze wird der Beitrag pro rata temporis verrechnet.

6. Ist eine Kündigung des Versicherungsnehmers unwirksam, ohne daß dies auf Vorsatz oder grober Fahrlässigkeit beruht, so wird die Kündigung wirksam, falls der Versicherer sie nicht unverzüglich zurückweist.

§ 9 Mehrfache Versicherung

1. Mehrfache Versicherung ist spätestens im Versicherungsfall anzuzeigen.
2. Ist ein Selbstbehalt vereinbart und besteht mehrfache Versicherung, so kann abweichend von § 59 Absatz 1 VVG als Entschädigung aus den mehreren Verträgen nicht mehr als der Schaden abzüglich des vereinbarten Selbstbehaltes verlangt werden.
3. Erlangt der Versicherungsnehmer oder der Versicherte aus anderen Versicherungsverträgen Entschädigung für denselben Schaden, so ermäßigt sich der Anspruch aus vorliegendem Vertrag in der Weise, daß die Entschädigung aus allen Verträgen insgesamt nicht höher ist, als wenn der Gesamtbetrag der Versicherungssummen, aus denen Beiträge errechnet wurden, nur in dem vorliegenden Vertrag in Deckung gegeben worden wäre.

§ 10 Mitversicherung; Führung

1. Bei Versicherungen, die von mehreren Versicherern gezeichnet worden sind, haften diese stets nur für ihren Anteil und nicht als Gesamtschuldner.
2. Der führende Versicherer ist bevollmächtigt, Anzeigen und Willenserklärungen des Versicherungsnehmers für alle beteiligten Versicherer entgegenzunehmen.
3. Soweit die vertraglichen Grundlagen für die beteiligten Versicherer die gleichen sind, ist folgendes vereinbart:
   a) Der Versicherungsnehmer wird bei Streitfällen aus diesem Vertrag seine Ansprüche nur gegen den führenden Versicherer und nur wegen dessen Anteil gerichtlich geltend machen.
   b) Die beteiligten Versicherer erkennen die gegen den führenden Versicherer rechtskräftig gewordene Entscheidung sowie die von diesem mit dem Versicherungsnehmer nach Rechtshängigkeit geschlossenen Vergleiche als auch für sich verbindlich an.
   c) Falls der Anteil des führenden Versicherers die Berufungs- oder Revisionssumme nicht erreicht, ist der Versicherungsnehmer berechtigt und auf Verlangen des führenden oder eines mitbeteiligten Versicherers verpflichtet, die Klage auf einen zweiten, erforderlichenfalls auf weitere Versicherer auszudehnen, bis diese Summe erreicht ist. Wird diesem Verlangen nicht entsprochen, so gilt Nr. 3 b) nicht.

Anhang-Texte

§ 11 Versicherung für fremde Rechnung

1. Soweit die Versicherung für fremde Rechnung genommen ist, kann der Versicherungsnehmer, auch wenn er nicht im Besitz des Versicherungsscheins ist, über die Rechte des Versicherten ohne dessen Zustimmung im eigenen Namen verfügen, insbesondere die Zahlung der Entschädigung verlangen und die Rechte des Versicherten übertragen. Der Versicherer kann jedoch vor Zahlung der Entschädigung den Nachweis verlangen, daß der Versicherte seine Zustimmung dazu erteilt hat.
2. Der Versicherte kann über seine Rechte nicht verfügen, selbst wenn er im Besitz des Versicherungsscheines ist. Er kann die Zahlung nur mit Zustimmung des Versicherungsnehmers verlangen.
3. Soweit Kenntnis oder Verhalten des Versicherungsnehmers von rechtlicher Bedeutung ist, kommt auch Kenntnis oder Verhalten des Versicherten in Betracht. Im übrigen gilt § 79 VVG.

§ 12 Versicherungssumme; Jahreshöchstentschädigung; Selbstbehalt

1. Der Versicherer leistet Entschädigung je Versicherungsfall höchstens bis zu der vereinbarten Erst-Risiko-Versicherungssumme als Jahreshöchstentschädigung.
2. Alle Versicherungsfälle, die im laufenden Versicherungsjahr beginnen, fallen insgesamt unter die Jahreshöchstentschädigung.
3. § 56 VVG gilt nicht.
4. Der bedingungsgemäß als entschädigungspflichtig errechnete Betrag einschließlich Aufwendungsersatz gemäß § 5 wird je Versicherungsfall um den vereinbarten Selbstbehalt gekürzt.

§ 13 Obliegenheiten des Versicherungsnehmers im Versicherungsfall

1. Der Versicherungsnehmer hat bei Eintritt eines Versicherungsfalles, für den er Ersatz verlangt
   a) die Kontamination des Erdreichs dem Versicherer unverzüglich anzuzeigen; gegenüber dem Versicherer gilt die Anzeige noch als unverzüglich, wenn sie innerhalb von drei Tagen abgesandt wird;
   b) die dem Versicherer gegenüber obliegende Anzeige einer Kontamination des Erdreichs gilt als rechtzeitig, wenn sie unverzüglich erstattet wird, nachdem die Versicherungsabteilung/der Versicherungsreferent des Versicherungsnehmers Kenntnis von der Kontamination des Erdreichs erhalten hat; der Versicherungsnehmer hat dafür zu sorgen, daß die jeweils zuständigen Stellen des Betriebes die erforderlichen Meldungen an die Versicherungsabteilung/den Versicherungsreferenten unverzüglich erstatten;

c) die Kontamination des Erdreichs nach Möglichkeit abzuwenden oder zu mindern und dabei die Weisungen des Versicherers zu befolgen; er hat, soweit die Umstände es gestatten, solche Weisungen einzuholen;

d) dem Versicherer auf dessen Verlangen im Rahmen des Zumutbaren jede Untersuchung über Ursache und Höhe der Kontamination des Erdreichs und über den Umfang seiner Entschädigungspflicht zu gestatten, jede hierzu dienliche Auskunft – auf Verlangen schriftlich – zu erteilen und die erforderlichen Belege beizubringen;

e) Veränderungen der Schadenstelle möglichst zu vermeiden, solange der Versicherer nicht zugestimmt hat; dies gilt nicht, falls es zur Vermeidung von Betriebsstörungen erforderlich ist, unverzüglich mit den Dekontaminations- und Wiederherstellungsarbeiten zu beginnen.

Die Schadennachweispflicht des Versicherungsnehmers bleibt unberührt.

2. Verletzt der Versicherungsnehmer eine der vorstehenden Obliegenheiten, so ist der Versicherer nach Maßgabe des Versicherungsvertragsgesetzes (§§ 6 Absatz 3, 62 Absatz 2 VVG) von der Entschädigungspflicht frei.

3. Hatte eine vorsätzliche Obliegenheitsverletzung Einfluß weder auf die Feststellung des Versicherungsfalles noch auf die Feststellung oder den Umfang der Entschädigung, so entfällt die Leistungsfreiheit gemäß Nr. 2, wenn die Verletzung nicht geeignet war, die Interessen des Versicherers ernsthaft zu beeinträchtigen, und wenn außerdem den Versicherungsnehmer kein erhebliches Verschulden trifft.

§ 14 Wegfall der Entschädigungspflicht; Klagefrist; Verzicht auf Schadenersatzansprüche gegenüber Dritten

Soweit nichts anderes vereinbart ist, gilt:

1. Versucht der Versicherungsnehmer den Versicherer arglistig über Tatsachen zu täuschen, die für den Grund oder die Höhe der Entschädigung von Bedeutung sind, so ist der Versicherer von der Entschädigungspflicht frei.
Ist eine Täuschung gemäß Absatz 1 durch ein rechtskräftiges Strafurteil wegen Betruges oder Betrugsversuchs festgestellt, so gelten die Voraussetzungen von Absatz 1 als bewiesen.

2. Wird der Anspruch auf die Entschädigung nicht innerhalb einer Frist von sechs Monaten gerichtlich geltend gemacht, nachdem ihn der Versicherer unter Angabe der mit dem Ablauf der Frist verbundenen Rechtsfolge schriftlich abgelehnt hat, so ist der Versicherer von der Entschädigungspflicht frei. Durch ein Sachverständigenverfahren (§ 15) wird der Ablauf der Frist für dessen Dauer gehemmt.

3. Die Entschädigungspflicht bleibt unberührt, wenn der Versicherungsnehmer vor Eintritt des Versicherungsfalles auf Schadenersatzansprüche für Kosten im Sinne von § 2 gegenüber Dritten im Rahmen des Üblichen verzichtet hat.

Anhang-Texte

§ 15 Sachverständigenverfahren

1. Versicherungsnehmer und Versicherer können nach Eintritt des Versicherungsfalles vereinbaren, daß die Höhe der Kosten im Sinne von § 2 durch Sachverständige festgestellt wird. Das Sachverständigenverfahren kann durch Vereinbarung auf sonstige tatsächliche Voraussetzungen des Entschädigungsanspruches sowie der Höhe der Entschädigung ausgedehnt werden.
Der Versicherungsnehmer kann ein Sachverständigenverfahren auch durch einseitige Erklärung gegenüber dem Versicherer verlangen.

2. Für das Sachverständigenverfahren gilt:
    a) Jede Partei benennt schriftlich einen Sachverständigen und kann dann die andere unter Angabe des von ihr benannten Sachverständigen schriftlich auffordern, den zweiten Sachverständigen zu benennen. Wird der zweite Sachverständige nicht binnen zwei Wochen nach Empfang der Aufforderung benannt, so kann ihn die auffordernde Partei durch das für den Schadenort zuständige Amtsgericht ernennen lassen. In der Aufforderung ist auf diese Folge hinzuweisen.
    b) Beide Sachverständige benennen schriftlich vor Beginn des Feststellungsverfahrens einen dritten Sachverständigen als Obmann. Einigen sie sich nicht, so wird der Obmann auf Antrag einer Partei durch das für den Schadenort zuständige Amtsgericht ernannt.
    c) Der Versicherer darf als Sachverständige keine Personen benennen, die Mitbewerber des Versicherungsnehmers sind oder mit diesem in Geschäftsverbindung stehen, ferner keine Personen, die bei Mitbewerbern oder Geschäftspartnern angestellt sind oder mit ihnen in einem ähnlichen Verhältnis stehen. Dies gilt entsprechend für die Benennung eines Obmannes durch die Sachverständigen.

3. Die Feststellung der Sachverständigen müssen Angaben enthalten über
    a) die Ursache der Kontamination des Erdreichs;
    b) Art und Umfang der Kontamination des Erdreichs;
    c) Art und Umfang einer bei Eintritt des Versicherungsfalles bereits bestehenden Kontamination des Erdreichs;
    d) entstandene Kosten, die gemäß § 2 versichert sind.

4. Die Sachverständigen übermitteln beiden Parteien gleichzeitig ihre Feststellungen. Weichen die Feststellungen voreinander ab, so übergibt der Versicherer sie unverzüglich dem Obmann. Dieser entscheidet über die streitig gebliebenen Punkte innerhalb der durch die Feststellungen der Sachverständigen gezogenen Grenzen und übermittelt seine Entscheidung beiden Parteien gleichzeitig.

5. Jede Partei trägt die Kosten ihres Sachverständigen. Die Kosten des Obmannes tragen beide Parteien je zur Hälfte.

6. Die Feststellungen der Sachverständigen oder des Obmannes sind verbindlich, wenn nicht nachgewiesen wird, daß sie offenbar von der wirklichen Sachlage

erheblich abweichen. Aufgrund dieser verbindlichen Feststellungen berechnet der Versicherer gemäß den §§ 2, 5 und 12 die Entschädigung.

7. Durch das Sachverständigenverfahren werden die Obliegenheiten des Versicherungsnehmers gemäß § 13 Nr. 1 nicht berührt.

§ 16 Zahlung der Entschädigung; Abtretung

1. Ist die Leistungspflicht des Versicherers dem Grunde und der Höhe nach festgestellt, so hat die Auszahlung der Entschädigung binnen zwei Wochen zu erfolgen. Jedoch kann zwei Wochen nach Anzeige der Kontamination des Erdreichs als Abschlagszahlung der Betrag beansprucht werden, der nach Lage der Sache mindestens zu zahlen ist.

2. Die Entschädigung ist seit Anzeige der Kontamination des Erdreichs mit 1 Prozent unter dem jeweiligen Basiszinssatz im Sinne von § 1 Abs. 1 Diskontsatz-Überleitungsgesetz zu verzinsen, mindestens jedoch mit 4 Prozent und höchstens mit 6 Prozent pro Jahr, soweit nicht aus anderen Gründen ein höherer Zins zu entrichten ist.
Die Verzinsung entfällt, soweit die Entschädigung innerhalb eines Monats seit Anzeige der Kontamination des Erdreichs gezahlt wird.
Zinsen werden erst fällig, wenn die Entschädigung fällig ist.

3. Der Lauf der Fristen gemäß Nr. 1 und 2 ist gehemmt, solange infolge Verschulden des Versicherungsnehmers die Entschädigung nicht ermittelt oder nicht gezahlt werden kann.

4. Der Versicherer kann die Zahlung aufschieben,
   a) solange Zweifel an der Empfangsberechtigung des Versicherungsnehmers bestehen;
   b) wenn gegen den Versicherungsnehmer oder einen seiner Repräsentanten aus Anlaß des Versicherungsfalls ein behördliches oder strafgerichtliches Verfahren aus Gründen eingeleitet worden ist, die auch für den Entschädigungsanspruch rechtserheblich sind, bis zum rechtskräftigen Abschluß des Verfahrens.
   Der Versicherer wird von der Berechtigung, die Verzinsung und Zahlung aufzuschieben, keinen Gebrauch machen, sofern sich das behördliche oder strafgerichtliche Verfahren nicht ausdrücklich gegen den Versicherungsnehmer selbst, seine gesetzlichen Vertreter oder Repräsentanten richten sollte.
   c) Die gesetzlichen Vorschriften über die Sicherung des Realkredits bleiben unberührt.
   d) Der Entschädigungsanspruch kann vor Fälligkeit nur mit Zustimmung des Versicherer abgetreten werden. Die Zustimmung muß erteilt werden, wenn der Versicherungsnehmer sie aus wichtigem Grund verlangt.

Anhang-Texte

§ 17 Rechtsverhältnis nach dem Versicherungsfall

Nach dem Eintritt des Versicherungsfalles kann der Versicherer oder der Versicherungsnehmer den Versicherungsvertrag kündigen.

Die Kündigung ist schriftlich zu erklären. Sie muß spätestens einen Monat nach Auszahlung der Entschädigung zugehen. Der Zahlung steht es gleich, wenn die Entschädigung aus Gründen abgelehnt wird, die den Eintritt des Versicherungsfalles unberührt lassen.

Die Kündigung wird drei Monate nach ihrem Zugang wirksam. Der Versicherungsnehmer kann bestimmen, daß seine Kündigung sofort oder zu einem anderen Zeitpunkt wirksam wird, jedoch spätestens zum Schluß des laufenden Versicherungsjahres.

§ 18 Schriftliche Form

Anzeigen und Erklärungen bedürfen der Schriftform. Dies gilt nicht nur für die Anzeige einer Kontamination des Erdreichs gemäß § 13 Nr. 1 a).

§ 19 Repräsentanten

Dem Versicherungsnehmer stehen seine Repräsentanten gleich.

§ 20 Agentenvollmacht

Ein Agent des Versicherers ist nur dann bevollmächtigt, Anzeigen und Erklärungen des Versicherungsnehmers entgegenzunehmen, wenn er den Versicherungsvertrag vermittelt hat oder laufend betreut.

§ 21 Schlußbestimmungen; Rechtswahl; Gerichtsstand

1. Soweit nicht in den Versicherungsbedingungen Abweichendes vereinbart ist, gelten die gesetzlichen Vorschriften.
2. Der Vertrag unterliegt in allen seinen Teilen, auch hinsichtlich aller Fragen, die das Zustandekommen, seine Wirksamkeit oder Auslegung betreffen, ausschließlich deutschem Recht.
3. Ausschließlich zuständig sind deutsche Gerichte. Gerichtsstand ist auch der Sitz des Versicherungsnehmers, soweit sich dieser innerhalb der Bundesrepublik Deutschland befindet.
4. Ein Auszug aus dem Gesetz über den Versicherungsvertrag (VVG) ist dem Bedingungstext beigefügt.

Klauseln zu den Allgemeinen Bedingungen für die Versicherung von Kosten für die Dekontamination von Erdreich (ABKDE 98)

Unverbindliche Empfehlung des Gesamtverbandes der Deutschen Versicherungswirtschaft e.V.

– wahlweise Einschluss von Nr. 1–4 möglich –

– *Soweit nicht etwas anderes vereinbart ist* –

Die Versicherung erstreckt sich auch auf Kosten im Sinne von § 2 ABKDE 98, soweit der Versicherungsfall gemäß § 1 ABKDE 98 verursacht wurde durch:

1. Brand, Blitzschlag, Explosion, Anprall oder Absturz eines Flugkörpers, seiner Teile oder seiner Ladung – abweichend von § 6 Nr. 5 ABKDE 98 –

2. Innere Unruhen – abweichend von § 6 Nr. 1 b) ABKDE 98 –
   Innere Unruhen liegen vor, wenn zahlenmäßig nicht unerhebliche Teile des Volkes in einer die öffentliche Ruhe und Ordnung störenden Weise in Bewegung geraten und Gewalttätigkeit gegen Personen oder Sachen verüben.

3. Erdbeben – abweichend von § 6 Nr. 1 d) ABKDE 98 –
   Erdbeben ist eine naturbedingte Erschütterung des Erdbodens, die durch geophysikalische Vorgänge im Erdinnern ausgelöst wird.
   Erdbeben wird unterstellt, wenn der Versicherungsnehmer nachweist, dass
   a) die naturbedingte Erschütterung des Erdbodens in der Umgebung des Versicherungsgrundstückes Schäden an Sachen in einwandfreiem Zustand angerichtet hat oder
   b) der Schaden wegen des einwandfreien Zustandes der Sache nur durch ein Erdbeben entstanden sein kann.

4. Überschwemmung – abweichend von § 6 Nr. 1 e) ABKDE 98 –
   c) Überschwemmung ist eine Überflutung des Grund und Bodens des Versicherungsortes durch
      – Ausuferung von oberirdischen (stehenden oder fließenden) Gewässern;
      – Witterungsniederschläge.
   b) Nicht versichert sind ohne Rücksicht auf mitwirkende Ursachen Schäden durch
      – Ausuferung von oberirdischen (stehenden oder fließenden) Gewässern auf Versicherungsorte, die in den letzten 10 Jahren (zurückgerechnet ab dem Zeitpunkt des Schadeneintritts) durch Ausuferung von oberirdischen (stehenden oder fließenden) Gewässern überschwemmt worden sind, sofern nicht durch eine ausdrückliche, auf den jeweiligen Versicherungsort bezogene Vereinbarung etwas anderes bestimmt ist;
      – Sturmflut.

Sachverzeichnis

Die Zahlen bezeichnen die Randnummern

Abdeckungs- und Versiegelungsmaßnahmen 104
Abfallbehandlung durch Altbetreiber 341
Abfallbehörden 11
Abfallrecht 24
Akteneinsicht
  bei Sanierungsverfügung 392
  Betriebs- und Geschäftsgeheimnisse 393
  Dokumentation des Altbetreibers 347 f.
  für Verfahrensbeteiligte 393
  in Behördenakten bei Altlastenverdacht 332
  nach Umweltinformationsgesetz 335, 392 ff.
Altablagerung 99 f.
  und Altlastenverdacht 174
Altlasten *(siehe auch – qualifizierte Altlast)*
  hinreichender Verdacht 197
Altlastenbegriff 98 ff., 359 ff.
Altlastenbehandlung durch Altbetreiber 340
Altlastenerfassung 20
Altlastenförderung, öffentliche
  Baden-Württemberg 535
  Bayern 536 f.
  Berlin 540
  Brandenburg 538 f.
  Bremen 541
  Bundesebene 532
  EU-Ebene 531
  Hamburg 534
  Hessen 542
  Mecklenburg-Vorpommern 543
  Niedersachsen 534
  Nordrhein-Westfalen 544 f.
  Rheinland-Pfalz 546
  Saarland 547
  Sachsen 548
  Sachsen-Anhalt 549
  Schleswig-Holstein 550
  Thüringen 551
Altlastenhysterie 4, 307
Altlastenkataster 332
  Streichung aus 559, Muster § 4
Altlastenverdacht
  Anfangsverdacht 173 ff.
  Anhaltspunkte 170 ff.
  Ersterkundung 328 ff.
  hinreichender Verdacht 197

Kosten bei Bestätigung 218
Kosten bei Nichtbestätigung 219 ff.
Prüfprogramm 327 ff.
und Altstandorte 174
Altlastenverdächtige Fläche 98, 101, 361
Altlasten-Versicherungen
  Bedeutung 521
  Betriebshaftpflichtversicherung 518
  Bodenkasko-Versicherung 527
  Cleanup-Cost-Cap-Police 525
  Clean-Up-Police 523 f.
  Gewässerhaftpflichtversicherung 519
  Modelle 522 ff.
  Select-Police 526
Altstandorte 99 f.
  und Altlastenverdacht 174
Amtsermittlung 172 ff.
  orientierende Untersuchung 18, 178
  Pflicht zur Ermittlung von Altlasten 196
  und strafrechtliche Verantwortung 196
Amtshaftung 196
  wegen Überplanung von Altlasten 381
Anfangsverdacht 173 ff.
  Schwelle 175
Anhaltspunkte für Altlasten,
  erste 19, 170 ff.
  konkrete 19, 170 ff.
Anordnungsbefugnisse 199 ff.
  ergänzende 206
  Kostentragung 212
Anscheinsgefahr 222 ff.
Atomrecht 27
Auf- und Einbringen von Baumaterial 106 f.
Ausgleich zwischen Pflichtigen 228 ff.
  Ausgleichsanspruch ohne Sanierungsverfügung 240 f.
  Ausgleichsberechtigte 230 ff.
  Ausgleichverpflichtete 230 ff.
  Beweiserleichterung 248 ff.
  Beweisführung 247 ff.
  Beweislastverteilung 247 ff.
  Bindungswirkung von Vorentscheidungen 239
  Durchsetzung 242 ff.
  Einbeziehung anderer Pflichtiger in das Verfahren 261
  prozessuale Probleme 254 ff.
  Prüfungsumfang des Zivilgerichts 237 ff.

373

Rechtsnatur des Ausgleichsanspruchs 235
Regelung im Vertrag 449, 556, Muster § 9
Verhaltensstörer 231
Verjährungsfragen 258, 259 f., 265 ff.
Verursachungsbeitrag als Anknüpfungspunkt 236
Voraussetzungen des Ausgleichsanspruchs 235 ff.
zeitliche Anwendbarkeit des BBodSchG 229
Zustandsstörer untereinander 233
Ausgleichsanspruch
   Ausgleichsberechtigte 230 ff.
   Ausgleichverpflichtete 230 ff.
   Ausschluss 375
   Beweiserleichterung 248 ff.
   Beweislastverteilung 247 ff.
   Einbeziehung Ausgleichspflichtiger in Sanierungsvertrag 499, 566, Muster § 9
   Geltendmachung vor Gericht 238 ff., 254 ff.
   ohne Sanierungsverfügung 240 f.
   Rechtsnatur 235
   Voraussetzungen 235 ff.
Austauschvertrag 492 ff. *(siehe auch – Sanierungsvertrag)*
   Gegenleistung der Behörde 493
   hinkender 493
   Koppelungsverbot 495, 509

Baden-Württemberg
   Altlastenförderung 535
Baden-Württemberg
   Altlastenförderung 535
   Landesbodenschutzrecht 75
Bauaufsichtsbehörden, Bauordnungsbehörden 11,
   Einbeziehung in Sanierungsvertrag 568
Bauantrag 11
Baufachliche Richtlinien 334
Bauherren und Bauherrinnen als Pflichtige 69, 71
Bauleitplanung
   Träger der 11
Baunutzungsverordnung 316 f.
Bauordnungsrecht 24, 37
Bauplanungs- und Bauordnungsrecht 24, 37
Bauvoranfrage 11
Bayern
   Altlastenförderung 536 f.
   Landesbodenschutzrecht 67
Bebauung, heranrückende 326
Bebauungsplan 314 ff.
Begriffsklärung im Grundstückskaufvertrag 355 f.
Beherrschung der nachgeordneten Gesellschaft 143
Behörde
   Handlungspflicht 196
   Heranziehung von Akten 332

Behördenzuständigkeit 208
Bergämter 11
   Einbeziehung in Sanierungsvertrag 568
Bergrecht 24, 38
Berlin
   Altlastenförderung 540
Beschränkung der Erbenhaftung bei Verhaltenshaftung 128
Beseitigungs- und Verminderungsmaßnahmen 104
Besitzer als Zustandsstörer 129 ff.
Bestimmtheit der Sanierungsverfügung 396 ff.
   in komplexen Sanierungsfällen 397
   in weniger komplexen Fällen 398 ff.
Bestimmtheit des Klageantrags im Zivilprozess
Betriebshaftpflichtversicherung 518
Betriebsorganisation des Altbetreibers 345 ff.
Beweiserleichterung bei Ausgleichsanspruch 248 ff.
   Anwendung Rechtsprechung zu Umweltschäden 252
   Anwendung Umwelthaftungsgesetz 249 ff.
Beweisführung für Schadensverursachung 247
Beweislastverteilung für Ausgleichsanspruch 247 ff.
   Regelung im Kauf- oder Sanierungsvertrag 253
Billigsanierung 80
Bisherige Nutzung bei Altlastenverdacht
   Betriebsorganisation des Altbetreibers 345 ff.
   Bisherige Nutzer und Eigentümer 330
   Dokumentation des Altbetreibers 347 f.
   Due Diligence 337 ff.
   Einsichtnahme in Behördenakten 332
   Ersterkundung 328 ff.
   Genehmigungsstatus 338
   Information nach Umweltinformationsgesetz 335
   Preisbildung 350
   Risikoabwägung 350
   Umweltmanagement des Altbetreibers 339
Boden- und Altlasteninformationssysteme 62
Boden
   Definition 88 ff.
Bodenaufbringung 72
Bodenfunktionen 90 ff.
   Archivfunktion 91
   Beeinträchtigung 94
   Filter-, Puffer-, Transformationsfunktion 155
   Nutzungsfunktion 92
   Ökonomische Funktion 92
Bodenkasko-Versicherung 527
Bodenkataster 332
Bodenschutz
   Durchsetzung 169 ff.
   materielle Anforderungen 17

Sachverzeichnis

Bodenschützende Norm 26
Bodenschutzklausel, baurechtliche 80
Bodenschutzlast 17, 366
  Nichtbestehen und Zusicherung 366
Bodenschutzlastvermerk, Verordnung über Eintragung 278
Bodenschutzrecht
  als Polizei- und Ordnungsrecht 114
  Ausführung durch Länder 207
  Bauausführung 81
  Bedeutung 77 f.
  der Länder 47 ff.
  des Bundes 18 ff.
  Geltungsbereich 87 ff.
  im engeren Sinne 17, 23
  im weiteren Sinne 23
  Konfliktvermeidung 82
  materielle Anforderungen 17, 26
  Schutzauftrag 79
  Verantwortliche 114 ff.
  Verfahrensbeschleunigung 82
  Verhältnis zu Abfallrecht 24
  Verhältnis zu Atomrecht 27
  Verhältnis zu Bauplanungs- und Bauordnungsrecht 24, 37
  Verhältnis zu Bergrecht 24, 38
  Verhältnis zu Düngemittel- und Pflanzenschutzrecht 24, 32 f.
  Verhältnis zu Gefahrgüterrecht 24
  Verhältnis zu Gentechnikrecht 24
  Verhältnis zu Flurbereinigungsrecht 24
  Verhältnis zu Immissionsschutzrecht 24, 28, 39
  Verhältnis zu Kampfmittelrecht 27
  Verhältnis zu Kreislaufwirtschafts- und Abfallrecht 24, 31
  Verhältnis zu Naturschutzrecht 44 ff.
  Verhältnis zu Raumordnungsrecht 36
  Verhältnis zu Verkehrswegerecht 24, 26, 35
  Verhältnis zu Waldrecht 24, 34
  Verhältnis zu Wasserrecht 41 ff.
Bodenveränderung, schädliche 93 ff., 360
  Erheblichkeit 97
  Gefahr 96
  hinreichender Verdacht 197
  Nachteil/Belästigung 97
  Relevanz 95 ff.
  und Altlastenverdacht 174 f.
Brachflächenrecycling 82
Brandenburg
  Altlastenförderung 538 f.
Bremen
  Altlastenförderung 541
Bundesbodenschutz- und Altlastenverordnung 17 ff.
Bundesbodenschutzrecht
  abschließende Regelungsbereiche 50 ff.

Cleanup-Cost-Cap-Police 525
Clean-Up-Police 523 f.

Datenübermittlung, behördeninterne 22
Dekontaminationsmaßnahmen 104
  Vorrang bei Neulasten 105
Denkmalbehörde, Einbeziehung in Sanierungsvertrag 568
Dereliktion und Zustandshaftung 137, 149
Detailuntersuchung 177
Due Diligence 337 ff.
Duldungspflichten 497
Duldungsverfügung Muster § 3
Düngemittel- und Pflanzenschutzrecht 24, 32 f.

Effektivität der Gefahrenabwehr und Störerauswahl 168
Eigenkontrollmaßnahmen 205
  Anordnung gegenüber Nichteigentümer und -besitzer 74
  Information der Behörde 206
  Kostentragung 212
Eigentümer
  als Zustandsstörer 117, 129 ff.
  Gutgläubigkeit 150
  Nachhaftung des früheren 147 ff.
  Einbeziehung des künftigen Eigentümers in Sanierungsvertrag 565
Einstandspflicht nach Gesellschaftsrecht 138 ff.
  Beherrschung der nachgeordneten Gesellschaft 143
  Sphärenvermischung 142
  Unterkapitalisierung 144
Einstandspflicht nach Handelsrecht 138, 145 f.
Entsiegelungsgebot 19, 155 ff.
  Adressaten 157 f.
  drittschützender Charakter 156
  versiegelte Flächen 159
  Voraussetzungen 155 ff.
Entsiegelungspflicht
Ermessen
  Ausübung bei der Störerauswahl 164 ff.
Ersatzvornahme
  Kostenpflicht 227
Erschließungsvertrag 322

Feststellungsklage gegen Mitverantwortliche 256
  Feststellungsantrag 256, 258
  Feststellungsinteresse 258
Firmenfortführung 146
Flurbereinigungsrecht 24
Forstwirtschaft 21

Gefahr 96
  prognostizierte 225
  Gefahrabschätzung durch Pflichtigen 190

Abgrenzung zu Sanierungsuntersuchungen 431
Kosten 214
Kostentragung 212
Gefahrabschätzung, behördliche 170 ff.
Duldung 195
Information über Ergebnisse 195
Kostentragung 190, 215
Umfang 190 ff.
Gefahrgüterrecht 24
Gegenleistung der Behörde bei Sanierungsvertrag 493, 559
Streichung aus Altlastenkataster 559, Muster § 4
Gentechnikrecht 24
Gesamtschuldnerausgleich 234, 253
Gesetzeszweck 18
Gewässerhaftpflichtversicherung 519
Grundstückserwerb aus öffentlicher Hand 377 ff.
Haftungsmaßstab 378
Überplanung von Altlasten 381 ff.
Grundstückserwerb aus privater Hand 353 ff.
Grundstückskauf 354 ff.
Begriffsklärung im Vertrag 355 f.
Regelungsinhalte 357
Grundstückskaufvertrag
Ausschluss des Ausgleichsanspruchs 375
Begriffsklärung im Vertrag 355 f.
Beweislastverteilung für Altlasten 253, 367
Erwerb aus öffentlicher Hand 377 ff.
Erwerb aus privater Hand 353 ff.
Freistellungsverpflichtung 369
Gewährleistungsausschluss 371 ff., 377
Haftungsausschlüsse 253
latente Mängel, Haftung 375
Mängeloffenbarung 376
Rücktritts- und Wandelungsrecht 357
Verjährungsfristen für Sachmängel 368
Zusicherungen 363 ff.
Grundwasser 362
Eigentumsfähigkeit 362
Verhältnismäßigkeit der Sanierung 404
Verunreinigung 362

Haftungsausschluss im Grundstückskaufvertrag 253
Haftungsgrenzen bei Zustandshaftung 131 ff.
Verkehrswert als Haftungsgrenze 133
Hamburg
Altlastenförderung 534
Hessen
Altlastenförderung 542
Landesbodenschutzrecht 76
Histe 333

Immissionsschutzbehörde, Einbeziehung in Sanierungsvertrag 568
Immissionsschutzrecht 24, 28, 39

Einhaltung durch Altbetreiber 343
Industriebrache 1 ff.
Investition in 3, 307 f., 411
Wiedernutzbarmachung 5
Information von Nachbarn und Betroffenen 206
Kostentragung 212
Inhaber der tatsächlichen Gewalt als Zustandsstörer 117, 129 ff.
Insolvenzverwalter, als Störer 120

Juristische Personen als Verhaltensstörer 120

Kampfmittelrecht 27
Kinderspielplatz 186
wilder 188 f.
Konzernabhängigkeit, Durchgriffshaftung bei qualifizierter 140
Koppelungsverbot 495, 509
Kostentragung für Sanierung 209 ff.
betroffene Maßnahmen 212
Kreislaufwirtschafts- und Abfallrecht 24, 31

Lagerung umweltgefährdender Stoffe durch Altbetreiber 346
Land- und Forstwirtschaft 21
Landesbodenschutzrecht
Baden-Württemberg 75
Bayern 67
Boden- und Altlasteninformationssysteme 62
Hessen 76
Musterentwurf LABO 64
Niedersachsen 68
Nordrhein-Westfalen 69 ff.
Saarland 73 f.
verbliebene Zuständigkeit 61 ff.
Verhältnis zu Bundesrecht 48 ff.
Landeslisten, Rückgriff auf 55, 58 ff., 183 f.
Legalisierungswirkung 121
Leistungsklage gegen Mitverantwortliche 255
Liegenschaftsämter 11
„Listen" (siehe Landeslisten)
Luxussanierung 80

Mängel, latente, des Grundstücks 374
Mecklenburg-Vorpommern
Altlastenförderung 543

Nachbarn
Information durch Pflichtigen 206
Verhinderungswille 14
Widerstand gegen Neunutzungen 326
Nachfolge in Verhaltensverantwortung 123 ff.
abstrakte Ordnungspflicht 125 ff.
Beschränkung der Erbenhaftung 128
Einzelrechtsnachfolge 123 ff.
Gesamtrechtsnachfolge 123 ff.
konkretisierte Ordnungspflicht 125

Sachverzeichnis

zeitliche Anwendbarkeit 127
Nachhaftung des früheren Eigentümers 147 ff., 354, 372
　Grundstückskauf 354 ff.
　Gutgläubigkeit 150
　zeitliche Begrenzung der 148 f.
Natürliche Personen als Verhaltensstörer 120
Naturschutzrecht 44 ff.
„Neulasten" 19, 105
Nichtigkeitsgründe des Sanierungsvertrages 501 ff.
Nichtstörer 118
　keine Heranziehung nach BBodSchG 151 ff.
Niedersachsen
　Altlastenförderung 534
　Landesbodenschutzrecht 68
Nordrhein-Westfalen
　Altlastenförderung 544 f.
Nordrhein-Westfalen
　Altlastenförderung 544 f.
　Landesbodenschutzrecht 69 ff.
Nutzungsbeschränkungen 220
Nutzungsorientierte Sanierung 19, 185 ff.

On-Site-Anlage 440
Off-Site-Anlage 440
Ordnungsämter 11
Ordnungswidrigkeiten 288 ff.,
　nach Bundesrecht 306
　nach Landesrecht 67 ff., 306
Ortsbesichtigung 353

Personengesellschaften als Verhaltensstörer 120
Pflanzenschutzrecht 24, 33
Pflicht zur Ermittlung von Altlasten 196
Pflichten nach BBodSchG 108 ff.
　Anordnungsbefugnisse zur Erfüllung 199 ff.
　Informationspflicht 206
　Nachweispflicht 163
　Sanierungspflicht 113
　Vorsorgepflicht 111
　Vermeidungspflicht 112
Planungswille, behördlicher 8
Planzeichenverordnung 315 ff.
Prüf- und Maßnahmewerte 176 ff.
　Darlegung der Überschreitung 193 f.
　Festlegung 180 ff.
　Vereinheitlichung 183 f.

Qualifizierte Altlast 415 ff.
　aufgrund Gefährlichkeit 417 ff.
　aufgrund Komplexität 421
　aufgrund Notwendigkeit abgestimmten Verhaltens 422
　Fehlen der Qualifikation 423

Raumordnungsrecht 36
Rechtsaufsicht des Bundes 207
Rechtsbehelfsbelehrung, Fehlerquelle 410
Restrisiko bei Grundstückserwerb 2
Rheinland-Pfalz
　Altlastenförderung 546
Risikominimierung bei Erwerb 351 ff. *(siehe auch − Grundstückskaufvertrag)*
　Beweislastregelung 367
　Erwerb aus öffentlicher Hand 377 ff.
　Erwerb aus privater Hand 353 ff.
　Kaufvertragsgestaltung 352, 357 ff.
　Nachhaftung des Alteigentümers 354, 372
　Rücktritts- und Wandelungsrecht 357
　Zusicherungen 363 ff.
Risikominimierung vor Erwerb 309 ff. *(siehe auch − Bisherige Nutzung bei Altlastenverdacht)*
　Akzeptanz der Neunutzung 311 ff.
　Allgemeine Prüfung 311
　Baugrundrisiko 324
　Bauordnungsrecht 323
　Erschließung 322
　Ersterkundung bei Altlastenverdacht 328
　Flächennutzungsplan 313
　Nachbarwiderstände 326
　Naturschutz 321
　Nicht altlastenverdächtige Flächen 310
　Nutzungsfestlegung vor Erwerb 310
　Politische Akzeptanz der Neunutzung 325
　Prüfprogramm bei Altlastenverdacht 327 ff.
　Risikoüberprüfung vor Erwerb 309 ff.
　Vorhaben im Außenbereich 320
　Vorhaben im Bebauungsplangebiet 314 ff.
　Vorhaben im unbeplanten Innenbereich 319
　Vorhaben- und Erschließungsplan 318
　Zulässigkeit der Neunutzung 312 ff.

Saarland
　Altlastenförderung 547
　Landesbodenschutzrecht 73 f.
Sachsen
　Altlastenförderung 548
Sachsen-Anhalt
　Altlastenförderung 549
Sachverständige
　und Sanierungsuntersuchungen 433
Salvatorische Klauseln, im Sanierungsvertrag 570, Muster § 11
Sanierung
　Kostentragung 209 ff.
　nutzungsorientierte 19, 80, 185 ff.
　öffentliche Förderung 528 ff.
Sanierungsablauf, Schema 171
Sanierungsmaßnahmen 102 ff., 554
　Abdeckungs- und Versiegelungsmaßnahmen 104
　bei Neulasten 105

Beschränkungsmaßnahmen 103, 553
Beseitigungs- und Verminderungsmaßnahmen 104
Dekontaminationsmaßnahmen 104
Eignung 104
Gleichrangigkeit 104
Kostentragung 212 ff., 226 f.
Verhältnis zu Schutz- und Sicherungsmaßnahmen 104
Sanierungspflicht 113
Sanierungsplan 202 f, 412 ff., 436 ff. *(siehe auch – Sanierungsplanung durch Behörde)*
  durch die Behörde 444 ff.
  Funktion 437
  Information Dritter 442 f.
  Inhalt 438 ff.
  Pflichtige 426
  qualifizierte Altlast 415 ff.
  Überschreiten der Verdachtsschwelle 414
  Verbindlicherklärung 461 ff.
Sanierungsplanung durch Behörde
  Ersatzvornahme 446 ff.
  Fristsetzung durch Behörde 447 f.
  Folgen der Fehlerhaftigkeit 457 ff.
  Kostenerstattungsanspruch 456
  Leistungsvergabe durch Behörden 460
  Nichterstellung durch Pflichtigen 446 ff.
  Notwendigkeit koordinierten Vorgehens 453 ff.
  Nichtheranziehbarkeit des Pflichtigen 450 ff.
  Rechtsfolgen 455 ff.
  Unzureichende Planung des Pflichtigen 449
  Voraussetzungen 445 ff.
Sanierungsuntersuchungen 202 f., 412 ff., 427 ff.
  Abgrenzung zur Gefahrabschätzung 431
  Einschaltung Dritter 432 ff.
  Kostentragung 212
  Mitsprache des Pflichtigen 434 f.
  Pflichtige 426
  Prüfprogramm 428 ff.
  qualifizierte Altlast 415 ff.
  Sachverständige 433
  Überschreiten der Verdachtsschwelle 414
Sanierungsverfügung 382 ff.
  Akteneinsicht 392 ff.
  Anhörung 390
  Auskunfts- und Beratungspflicht 389
  Bestimmtheit 396 ff.
  Fehlerquellen 384 ff.
  Gefahrerforschung 388
  Mitwirkungspflicht des Adressaten 386 ff.
  Rechtsbehelfsbelehrung 410
  Regelungsgegenstand 385
  Sachverhaltsaufklärung 386 ff.
  Sofortvollzug 409 f.
  und Ausgleichsanspruch 240 f.
  verfahrensrechtliche Vorgaben 384 ff.
  Verhältnismäßigkeitsgrundsatz 401 ff.
Sanierungsverpflichtete
  abschließende Regelung 51 ff.
  einheitliche Regelung 54
  Rechtssicherheit 54
Sanierungsvertrag 204, 382, 411, 474 ff.
  Anlagen 571 f.
  Anpassung 510
  Ausfertigungen Muster § 12
  Ausgleichsanspruch Muster § 9
  Austauschvertrag 492 ff.
  Bedeutung 475
  Beteiligung anderer Behörden 568 ff.
  Beteiligung privater Dritter 496 ff., 564 ff.
  Duldungspflichten 497
  Duldungsverfügung Muster § 3
  Einbeziehung von Sachverständigen 567
  Freistellung Muster § 4
  Form 481
  Grundstückshistorie 554, Muster Präambel
  im engeren Sinne 476 ff.
  im weiteren Sinne 476 ff.
  Kombination mit städtebaulichem Vertrag 568
  koordinationsrechtlicher Vertrag 482
  Kündigung 511
  Leistungsstörungen 513
  Nachsorgemaßnahmen 553, Muster § 6
  Nichtigkeitsgründe 501 ff.
  Nutzungsfestlegung 554, Muster Präambel, Muster § 4
  öffentlich-rechtlicher Vertrag 480
  ordnungsbehördliche Maßnahmen Muster § 5
  Präambel 554, Muster Präambel
  Regelungsinhalte 553
  Sachverständigenbestellung 560, Muster § 1, Muster § 2
  Salvatorische Klauseln 570, Muster § 11
  Sanierungsbeginn 557, Muster § 3
  Sanierungsdurchführung Muster § 2
  Sanierungsende 558
  Sanierungsmaßnahmen 554, 556
  Sanierungsplan 476, Muster § 1
  Sanierungsziele 555, 557, Muster § 1, Muster § 4
  Schutz- und Beschränkungsmaßnahmen 553
  Sicherheiten 561, Muster § 8, Muster § 11
  Streichung aus Altlastenkataster 559, Muster § 4
  subordinationsrechtlicher Vertrag 483
  Teilnichtigkeit 570
  Teilregelungen durch Sanierungsvertrag 553
  Titelfunktion 512, 562
  und Verwaltungsverfahrensrecht 480 ff.
  Urkundeneinheit 572

Sachverzeichnis

Vergleichsvertrag 484
Verkehrsfähigkeit des Grundstücks 559
Vertragsformen 482
Vertragsparteien 554
Vertragsstrafe 561
Vertretungserfordernisse, kommunale 568, Muster Unterschriften
Verzicht auf weitere Sanierungsmaßnahmen 559
Vollstreckungsunterwerfung 512, 562, Muster § 5
Vorsorgemaßnahmen 558
Vorteile 475
Zustimmung Dritter 500
Sanierungswerte
   abschließende Regelung 55 ff.
   Lückenfüllung 57
   und Landeslisten 58 ff., 183 f.
Sanierungsziele 554, Muster § 1, Muster § 4
   behördliche Bestätigung Muster § 4
   verbindliche Festlegung 555
Schädliche Bodenveränderung 93 ff., 360
   Erheblichkeit 97
   Gefahr 96
   hinreichender Verdacht 197
   Nachteil/Belästigung 97
   Relevanz 95 ff.
   und Altlastenverdacht 174 f.
Schadstoff 104
Schleswig-Holstein
   Altlastenförderung 550
Schutz- und Beschränkungsmaßnahmen 102 ff.
   Verhältnis zu Sanierungsmaßnahmen 103
Selbsteintrittsrecht der Behörde 20
Select-Police 526
Sicherheitsleistung 201
Sicherungs- und Überwachungsmaßnahmen 201
   Zuständigkeit 205
Sicherungsmaßnahmen 104
Sickerwasserprognose 191
Sittenwidrige Übertragung und Zustandshaftung 137
Sofortvollzug der Sanierungsverfügung 408 f.
   Anforderungen 409
Sonderopfer 19
Sonderordnungsbehörden 11, 208
Sphärenvermischung 142
Städtebaulicher Vertrag 322
   Kombination mit Sanierungsvertrag 568
Standortauswahl *(siehe auch – Bisherige Nutzung bei Altlastenverdacht)*
   Akzeptanz der Neunutzung 311 ff.
   Allgemeine Prüfung 311
   Baugrundrisiko 324
   Bauordnungsrecht 323
   Erschließung 322
   Ersterkundung bei Altlastenverdacht 328

Flächennutzungsplan 313
Nachbarwiderstände 326
Naturschutz 321
Nicht altlastenverdächtige Flächen 310
Nutzungsfestlegung vor Erwerb 310
Politische Akzeptanz der Neunutzung 325
Prüfprogramm bei Altlastenverdacht 327 ff.
Risikoüberprüfung vor Erwerb 309 ff.
Vorhaben im Außenbereich 320
Vorhaben im Bebauungsplangebiet 314 ff.
Vorhaben im unbeplanten Innenbereich 319
Vorhaben- und Erschließungsplan 318
Zulässigkeit der Neunutzung 312 ff.
Störerauswahl 164 ff.
   Effektivität der Gefahrenabwehr 168
   Ermessen 164 ff.
   Kriterien 166 ff.
Strafrechtliche Verantwortlichkeit Sanierungspflichtiger 288 ff.
   Begehungsarten 295 ff.
   Bodenverunreinigung 291
   Ermittlungsverfahren 391
   Fahrlässigkeit 295
   Gewässerverunreinigung 292
   Handlungspflicht bei Verschlimmerung des Zustands 301
   keine Legalisierung durch alte Genehmigungen oder Duldungen 302 f.
   Straftatbestände 290 ff.
   Umgang mit Abfällen 293
   Unterlassen 297 ff.
Streitverkündung im Zivilprozess 264

Thüringen
   Altlastenförderung 551

Überplanung von Altlasten 381
Überschneidung von Nutzungen 187 ff.
Überwachungsmaßnahmen 205
   Eigenkontrollmaßnahmen 205
   Zuständigkeit 205
Umweltinformationsgesetz 335, 394 ff.
Umweltstrafrecht 288 ff.
Umweltverträglichkeitsprüfung 26
Unternehmensspaltung 124
Unternehmensumwandlung 124
Unterkapitalisierung 144
Untersuchung
   Detail- 177, 179 ff.
   Kostentragung 190, 212, 215 ff.
   Orientierende 18, 178
Untersuchungsgrundsatz 172 ff.
   Pflicht zur Ermittlung 196
   und strafrechtliche Verantwortung 196

Verbindlicherklärung 461 ff.
   Anfechtbarkeit 464
   Konzentrationswirkung 470 ff.

Notwendigkeit einer Sanierungsverfügung 467 ff.
Rechtsnatur 462 ff.
Rechtswirkungen 465 ff.
Verdacht
  Anfangs- 170
  hinreichender 170, 191
  Nichtbestätigung und Kostentragung 219 ff.
  Verdichtung 172 ff., 197
Verdachtsfläche 98, 101, 170 ff., 361
Vergleichsvertrag 484 ff. *(siehe auch − Sanierungsvertrag)*
  beiderseitiges Nachgeben 485
  Ermessensfehler 491
  Unsicherheiten im Rechtlichen 488 ff., 554
  Unsicherheiten im Tatsächlichen 486 ff., 554
Verhaltensstörer 116, 120 ff.
  Beschränkung der Erbenhaftung bei Verhaltenshaftung 128
  juristische Personen 120
  Legalisierungswirkung 121
  mehrere 122
  Nachfolge in Verhaltensverantwortung 123 ff.
  natürliche Personen 120
  Personengesellschaften 120
  Störerauswahl 164 ff.
  Unterlassen 116
  Verschuldensunabhängigkeit 116, 121
Verhältnismäßigkeit der Sanierungsverfügung 401 ff.
  Eignung 404
  Erforderlichkeit 405
  und Grundwassersanierung 404
  Zweck-Mittel-Relation 406 f.
Verhinderungswille der Nachbarn 14
Verjährung
  des Ausgleichsanspruchs 265
  des Ausgleichsanspruchs gegen Mieter und Pächter 259 f.
  Verjährungsunterbrechung 260
Verkehrswegerecht 24, 26, 35
Vermeidungspflicht 112
Verschuldensunabhängigkeit
  der Verhaltenshaftung 116
  der Zustandshaftung 130
Versicherbarkeit von Altlastenrisiken 517 ff.
  (siehe auch − Altlasten-Versicherungen)
  Altlasten-Versicherungen 520 ff.
  Betriebshaftpflichtversicherung 518

Gewässerhaftpflichtversicherung 519
Versiegelungsmaßnahmen, Abdeckungs- und 104
Vertretungserfordernisse, kommunale 568, Muster Unterschriften
Verwaltungsverfahren 383
Vorbehalt des Gesetzes 198
Vorsorgepflicht 111
Vorsorgeprinzip 19
Vorsorgewerte 182

Waldrecht 24, 34
Wasserbehörden 11
Wasserrecht 41 ff.
  Einhaltung durch Altbetreiber 342
Wertausgleichsanspruch 272 ff.
  Absehen von Erhebung 287
  Einsatz öffentlicher Mittel 273 ff.
  Mitteleinsatz zur Sanierung 276
  Fälligkeit 286
  Härtefälle 287
  keine Kostentragung durch Eigentümer 280 f.
  Rechtsfolge 282
  Voraussetzungen 273 ff.
  Wertungswiderspruch 281
Wertermittlung 279
Wertzuwachs 277
Wertzuwachs, Abschöpfung 283
  Ausnahmen 284 f.
Wirkungspfade 180 ff.
  und Sanierungsanforderungen 185 f.

Zusicherung im Grundstückskaufvertrag 363 ff.
  durch Behörde 379 f.
  Gegenstand 364
  Nichtbestehen Bodenschutzlast 366
  Reichweite 365
Zustandshaftung
  Einstandspflicht nach Gesellschaftsrecht 138 ff.
  Einstandspflicht nach Handelsrecht 138, 145 f.
  und Dereliktion 137
  und sittenwidrige Übertragung 137
Zustandsstörer 117
  Eigentümer 117 129 ff.
  Haftungsgrenzen 131 ff.
  Inhaber der tatsächlichen Gewalt 117, 129 ff.
  Störerauswahl 164 ff.
  Verschuldensunabhängigkeit 130